2판

JN431414

3차원 측정 따라하기

김범식 저

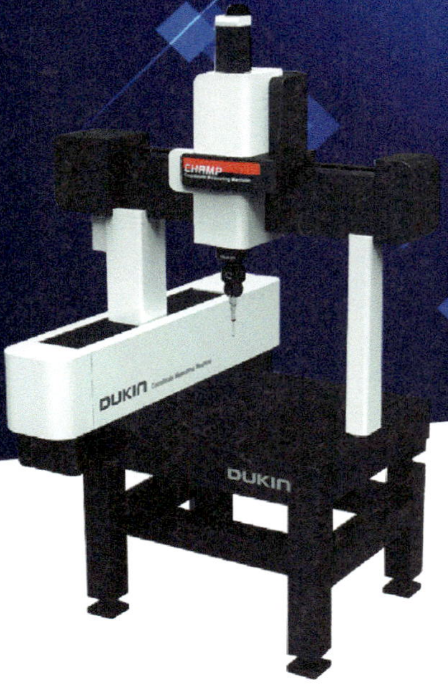

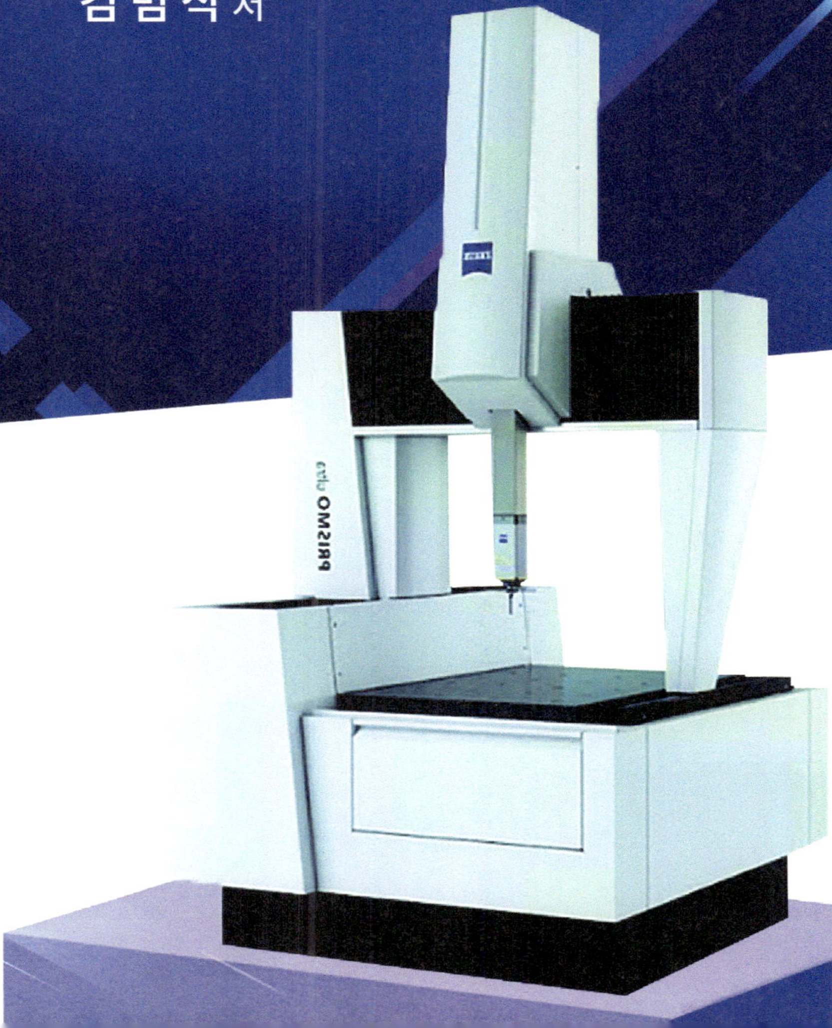

B.C.Info

PREFACE

이 책은 3차원 측정기를 배우는 학생들이나 직장에서 3차원 측정기를 처음 접하는 분들께 꼭 필요한 기초 지식에서 중급 정도의 실력을 습득하는데 목표를 두었다. 특히 산업현장에서 선배들에게 일일이 물어볼 수 없을 때 필요하도록 자세하게 또 반복적으로 기술하여 따라 하면 쉽게 습득할 수 있도록 하였다.

저자는 정밀측정 분야에 기업 현장과 학교에서 오랜 강의 경험을 토대로 초보자가 실수하는 부분에는 자세하게 설명하였다. 국내에 많은 회사의 3차원 측정기가 보급되어 있으나 그중에 ㈜덕인의 뉴로메저(s/w)와 Carl Zeiss 사의 칼립소(s/w)를 다루었다. 이 책은 크게 3장으로, 제1장에서는 3차원 측정 개론 부분으로 기초 이론을 서술하였으며 3차원 측정기의 구조, 프로브의 종류와 좌표 설정, 기본 요소 측정 및 주의사항, 6자유도에 대하여 자세히 서술하였다. 특히 Carl Zeiss 사의 칼립소 s/w와 ㈜덕인 사의 뉴로메저 s/w의 서로 다른 부분은 비교하여 서술하였다. 제2장에서는 ㈜덕인 사의 뉴로메저5 교육용 매뉴얼을 일부 편집 및 추가한 실습과제를 실었으며, 제3장에서는 Carl Zeiss 사의 칼립소 소프트웨어를 사용하여 실습할 수 있는 16과제를 수록하였고 이 과제들만 잘 이해하여도 현업에 큰 도움이 될 것으로 생각된다. 제2장과 제3장의 실습과제에서 반복적으로 하여 습득할 수 있도록 하였으며 더 이상 반복 학습이 불필요할 것으로 판단되는 부분은 생략하였다.

끝으로 교재의 집필에 최선을 다하였으나 내용 중 오류나 오타가 있으리라 생각되고 있더라도 독자 여러분의 기탄없는 지도 편달을 받아 수정 보완할 것을 약속드린다. 그리고 칼자이스코리아(주) 관계자와 ㈜덕인의 교육담당자분께 많은 질문에도 성실히 답해주신 데 대하여 감사의 말씀을 드린다. 또 3차원 측정기를 사용하도록 허락해주신 중소벤처기업연수원 담당자를 비롯한 출판에 도움을 주신 모든 분께 감사드린다.

김범식

CONTENTS

CHAPTER 1 3차원 측정의 개요

SECTION 1. 3차원 측정기 개요 ········ 2

1.1 3차원 측정이란? ········ 2
1.1.1 차원의 의미 | 4
1.2 3차원 측정기의 구성 ········ 5
1.2.1 3차원 측정기의 본체 | 5
1.2.2 3차원 측정기의 본체 소재에 따른 분류 및 특징 | 7
1.2.3 3차원 측정기의 조작 방법에 따른 분류 | 7
1.2.4 3차원 측정기 본체의 구성요소 | 8

SECTION 2. 3차원 측정순서 및 좌표계 ········ 19

2.1 3차원 측정순서 ········ 19
2.2 좌표계 ········ 20
2.2.1 기계 좌표계와 측정 좌표계 | 20
2.2.2 직각 좌표계와 원통 좌표계 | 21
2.4 측정 좌표계 설정 ········ 24

SECTION 3. 6 자유도(6 Degree of Freedom) ········ 27

3.1 6자유도란 ········ 27
3.2 데이텀의 상호 관계 ········ 28
3.3 구속되는 자유도 결정하기 ········ 29
3.4 데이텀에 따른 3차원 좌표계 작도 방법 ········ 30
3.5 6 자유도 연습 ········ 33

SECTION 4. 기본 요소 측정 ········ 36

4.1 점(Point) ········ 36
4.2 직선(Line) ········ 37

4.3 면(Surface) 38
4.4 원(Circle) 39
4.5 원통(Cylinder) 40
4.6 구(Sphere) 42
4.7 원추(Cone) 43
4.8 타원(Ellipse) 45
4.9 슬롯(Slot) 46

CHAPTER 2 3차원 측정 실습하기 I

(주)덕인 3차원 측정기 뉴로메저

SECTION 1. 3차원 측정기 시작하기 49

1.1 사전 준비 작업 49
1.2 3차원 측정기 켜기(Power on) 49
1.3 3차원 측정기 작동이 안될 때 체크 사항 54
1.4 3차원 측정기 끄기(Power off) 55

SECTION 2. 프로브 교정 56

2.1 프로브 교정 순서 56
2.2 프로브 재교정 62
2.3 프로브 변경 방법 64

SECTION 3. 캐드 모델을 이용한 가상 실습 66

3.1 캐드 모델 열기 66
3.2 캐드 모델 이동(Ctrl+T) 67
3.3 캐드 모델 측정하기 70

SECTION 4. 3차원 측정 실습하기 74

실습과제 01 (좌표계 설정, 요소(원, 원뿔) 측정, 각도 단위변경) 74
실습과제 02 (좌표계 설정(요소 연결), 되부름, PCD, 원점 이동) 80
실습과제 03 (원통 데이텀(1차 데이텀), 원점 이동, 원통좌표) 84
실습과제 04 (좌표계 평면회전(각도 회전)) 87
실습과제 05 (평면 회전(거리 지정), 둥근 슬롯 측정) 90
실습과제 06 (요소 간 거리, 원통좌표, 좌표계저장, ZX 평면 이해) 92
실습과제 07 (요소 측정(관계 설정)) 103

실습과제 08 (옵션, 관계 설정, 점 정의, 되부름(1)) ········· 107
실습과제 09 (옵션 / 관계 / 되부름(2)) ········· 113
실습과제 10 (좌표계 매크로, 기하 공차 1, (⌖ , //, ⊥)) ········· 119
실습과제 11 (기하 공차 2, (//, ⊥, ∠, ◎, ○, ⌯)) ········· 123
실습과제 12 (원통 좌표계) ········· 128
실습과제 13 (CAD 파일을 이용한 자동측정(캐드 모델 정렬)) ········· 131
실습과제 14 (기하공차 4, (⌯)) ········· 142
실습과제 15 (디미스 1, (캐드 모델 없을 때)) ········· 145
실습과제 16 (디미스 2, (캐드 모델 이용)) ········· 152
실습과제 17 (그래픽보고서) ········· 159

CHAPTER 3 3차원 측정 실습하기 II

칼자이스 3차원 측정기 Calypso

SECTION 1. 3차원 측정기 시작하기 ········· 167

1.1 사전 준비 작업 ········· 167
1.2 3차원 측정기 켜기(Power on) ········· 168
1.3 CALYPSO 시작 ········· 169
1.4 3차원 측정의 단계별 순서 ········· 176
1.5 3차원 측정기 정상 작동이 안될 때 체크 사항 ········· 176
1.6 3차원 측정기 끄기(Power off) ········· 177

SECTION 2. 프로브 교정 ········· 178

2.1 회전식 프로브(RDS) 교정 순서 ········· 178
2.1.1 프로브의 방향 | 178
2.1.2 마스터 프로브 교정 | 180
2.1.3 프로브 교정 및 각도 추가 | 183
2.1.4 새로운 스타일러스 시스템 추가(새 프로브 설치) | 190
2.1.5 프로브 일괄 (재)교정 | 191
2.2 고정식 프로브(Prismo VAST) 교정 순서 ········· 195
2.2.1 마스터 프로브 교정 | 195
2.2.2 고정식 프로브 교정 | 197

SECTION 3. 캐드 모델을 이용한 가상 실습 ………… 200

3.1 캐드 모델 열기 ………… 200
3.2 캐드 모델 측정하기 ………… 201
3.3 인쇄하기 ………… 207

SECTION 4. 3차원 측정 실습하기 ………… 211

실습과제 01 (좌표계 설정, 공차 입력) ………… 211
실습과제 02 (되부르기, PCD) ………… 223
실습과제 03 (평면회전(각도에 의한 회전), 경사각 측정, 각도 단위 변경) ………… 231
실습과제 04 (거리 지정에 의한 좌표원점 이동, PCD 계산) ………… 242
실습과제 05 (제2 좌표계 설정, 원통좌표 측정(요소 표현)) ………… 249
실습과제 06 (거리 회전, XZ평면 이해) ………… 260
실습과제 07 (요소 간 거리, 각도(거리종합), 포뮬라) ………… 265
실습과제 08 (캘리퍼 거리, 특성복사, 이중 원호(포뮬라)) ………… 273
실습과제 09 (수선, 교차, 대칭, 투영, 요소 사이의 각도) ………… 283
실습과제 10 (원추 측정) ………… 291
실습과제 11 (기하공차 측정(○, ∠, ⊥, ▱), CNC 운영, 이층제거) ………… 297
실습과제 12 (기하공차(⌖, //, ↗, —, Ⓜ) ………… 324
실습과제 13 (기하공차(◎, ⌯, ⌭, ⌓), 수선, 대칭) ………… 339
실습과제 14 (원형 패턴) ………… 348
실습과제 15 (CAD 파일을 이용한 프로그래밍) ………… 356
실습과제 16 (측정 결과 CAD 창에 표시하기) ………… 379

▌ 참고문헌 ………… 383

CHAPTER 1

3차원 측정의 개요

SECTION 01 3차원 측정기 개요

1.1 3차원 측정이란

3차원 측정이란 측정하고자 하는 위치를 서로 직각인 X, Y, Z 3축을 이동하여 측정점의 좌표값을 읽어 그 데이터를 컴퓨터를 이용하여 점, 선, 면, 원, 원통, 구, 원추, 타원, … 등의 여러 요소를 계산하고 거리, 각도, 곡면, 기하학적 형상 편차 등을 산출하는 것을 말한다. 따라서 3차원 측정기를 좌표측정기로 표현하기도 한다. 영문 약자로 CMM(Coordinate Measuring Machine)으로 표기한다.

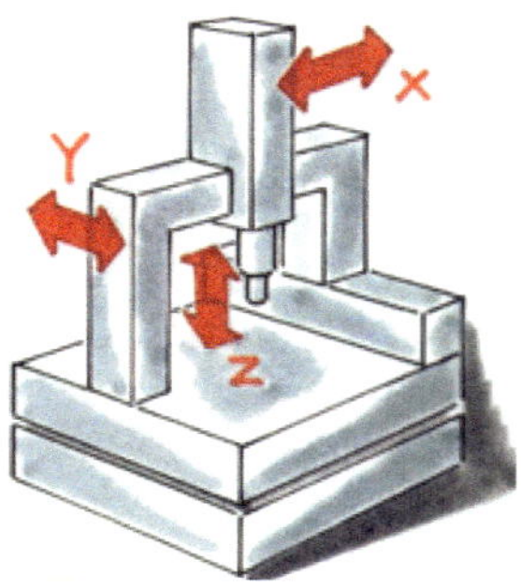

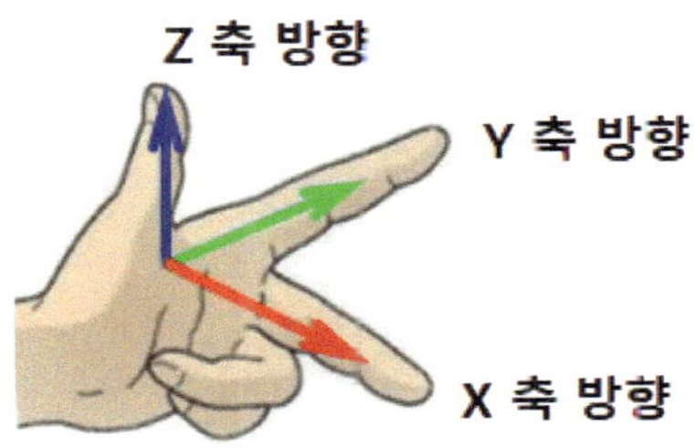

[그림 1-1]

위 그림과 같이 X, Y, Z축의 방향은 좌우 방향이 X축, 전후 방향이 Y축, 상하 방향이 Z축 즉, 왼손을 폈을 때를 생각하면 이해하기 쉽다.

1.1.1 차원의 의미

(1) 1차원 측정

직선 방향(X, Y, Z)으로 측정되는 측정기를 말하며 캘리퍼스, 마이크로미터 등이 이에 속한다.

[그림 1-2] 캘리퍼스

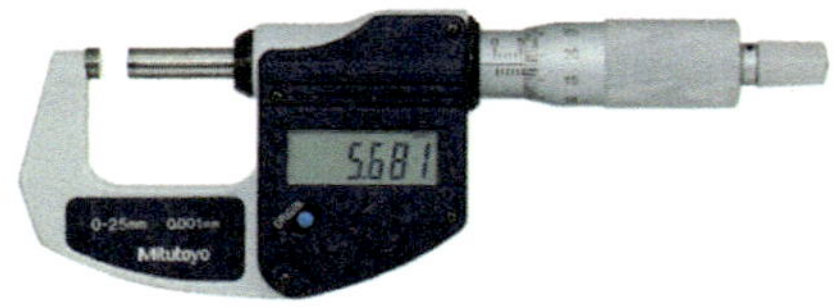

[그림 1-3] 마이크로미터

(2) 2차원 측정

직각인 두 방향에 의한 면(XY, YZ, XZ)으로 측정되는 측정기를 말하며 투영기, 공구현미경 등이 이에 속한다.

[그림 1-4] 투영기

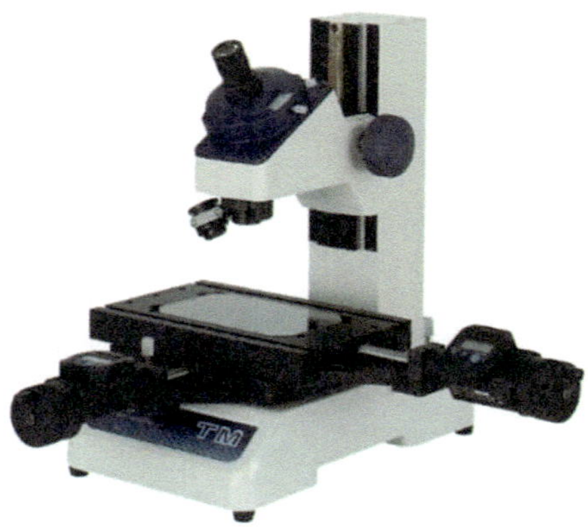

[그림 1-5] 공구현미경

(3) 3차원 측정

서로 직각인 3축에 의한 공간, 입체적(XYZ)으로 측정되는 측정기로 3차원 측정기, Lay-out machine 등이 이에 속한다.

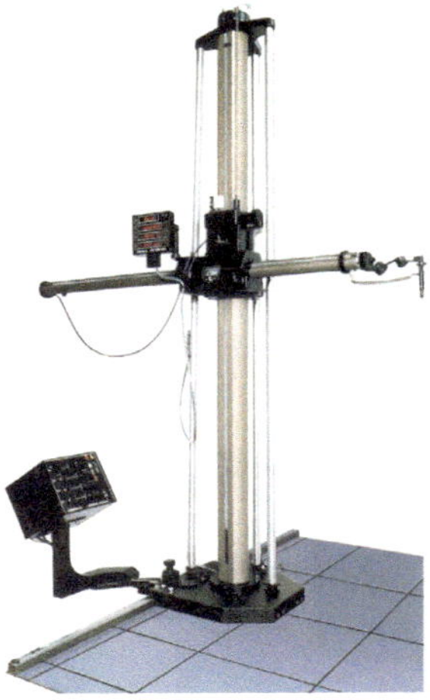

[그림 1-6] 레이아웃 머신

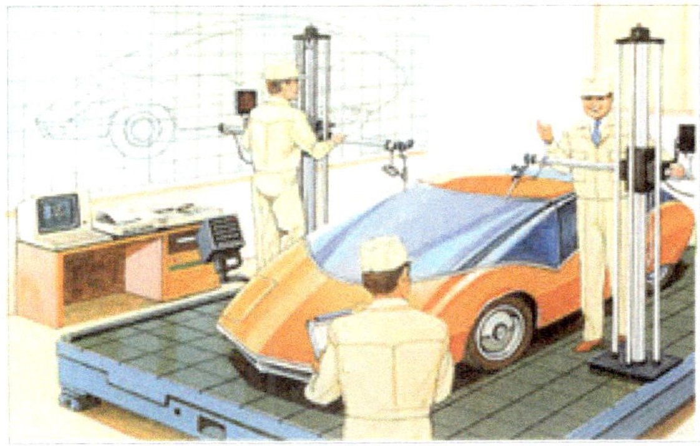

[그림 1-7] 레이아웃 머신 측정 장면

1.2 3차원 측정기의 구성

3차원 측정기는 본체, 제어장치, 데이터처리장치(컴퓨터, 소프트웨어) 및 출력장치로 구성되어 있다.

1.2.1 3차원 측정기의 본체

(1) 3차원 측정기 본체의 형태에 따른 분류

3차원 측정기 형태에 따른 분류로 대표적인 것 몇 가지를 소개하고자 한다.

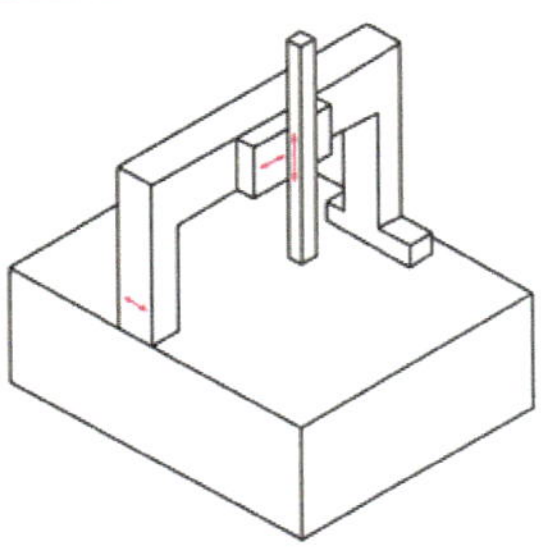	브리지 이동형(Moving Bridge Type) - 3차원 측정기의 구조 형태 중 가장 많이 사용되는 일반적인 구조로 공작물 반·출입이 쉽다. - 무거운 공작물 설치 및 해체가 쉽다. - Z축을 좌우로 움직이면 무게중심의 이동으로 인한 변형으로 오차 발생의 소지가 있으나 현재는 기술적으로 많이 개선되었다.

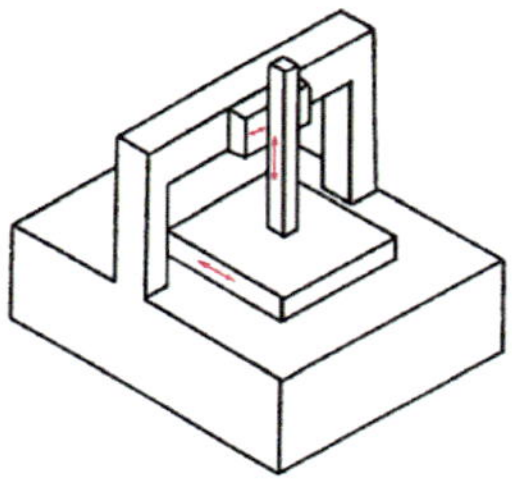	브리지 고정형(Fixed Bridge Type) - 브리지가 고정되어 있고 y축은 테이블이 움직인다. - 고정형은 높은 정밀도를 가지나 브리지의 옆면 벽 때문에 공작물의 반 · 출입이 어려우며 대형 측정물의 측면 측정이 곤란하다.
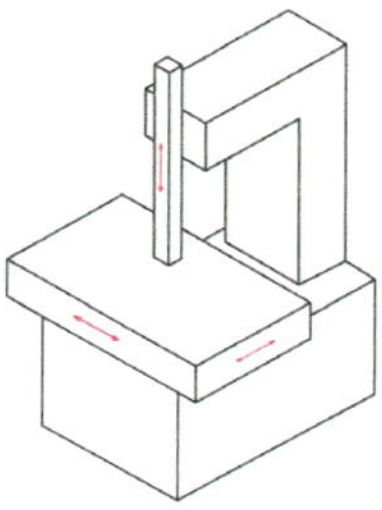	칼럼형(Column Type) - 칼럼형은 초고정도 3차원 측정기에 사용된다. - 테이블과 칼럼 등이 강성이 높아 변형이 거의 일어나지 않고 기하학적으로 높은 정밀도를 얻도록 설계되어 있으나 측정물의 무게와 크기에 제한을 받는다.
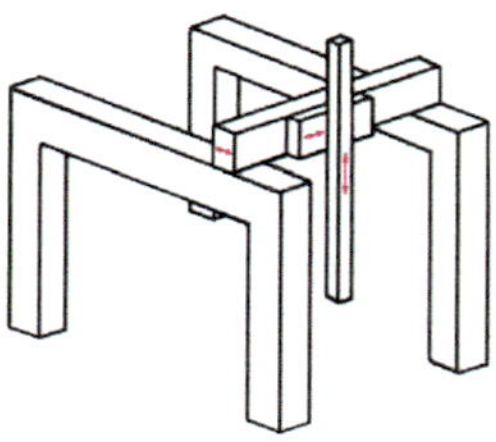	플로어형(Gantry Type) - 초대형 3차원 측정기로 측정물의 반 · 출입이 쉬우며 - 구조물의 형태로 설계되어 안정성에 바탕을 둔 구조로 사용자는 측정기 안쪽에서 측정을 한다.
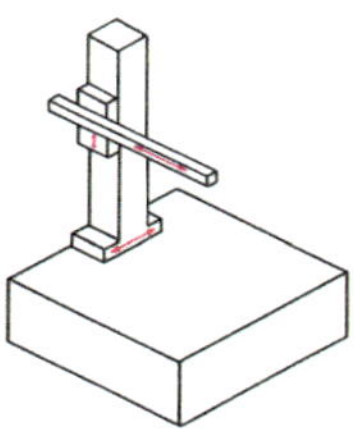	수평암형(Moving Horizontal Arm Type) - 대형 3차원 측정기로 측정물의 반 · 출입이 용이하나 Arm의 처짐이 발생하기 때문에 정밀도가 떨어진다. - 크기에 비해 가격이 저렴하다.
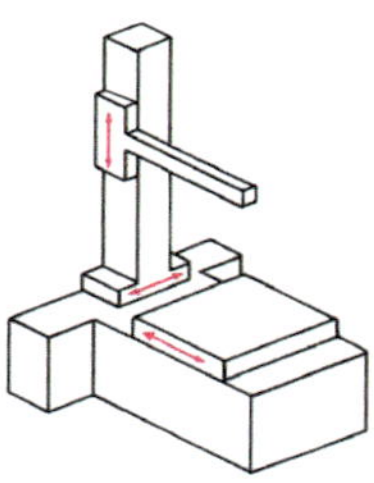	테이블이동형(Moving Table Horizontal Arm Type) - 위의 수평 암형의 단점을 보완하기 위하여 고안된 3차원 측정기로 정밀도는 좋으나 - 측정물을 적재하고 이동하기 때문에 큰 중량물의 제품은 측정하기 곤란하다.

1.2.2 3차원 측정기의 본체 소재에 따른 분류 및 특징

화강암	• 장점 - 경년변화가 적고 방진 효과가 크다. 열팽창계수가 작다. • 단점 - 가공성이 나쁘다. 열전도도가 적다. 습기를 흡수에 의한 변형이 있다. 무게가 무거워서 측정 속도에 제약이 크다.
주물강	• 장점 - 가공성이 좋다. 가격이 저렴하다. 대부분 피 측정물과 열적 특성이 같다. • 단점 – 녹 발생이 쉽다. 변형에 약하다.
알루미늄 합금	• 장점 - 열전도도가 좋고 가볍다. 빠른 측정이 요구되는 곳에 사용된다. 중량이 가벼워서 고속측정에 적합하다. • 단점 - 합금 자체의 기계적 특성이 나쁘다.
세라믹	• 장점 - 기계적 특성 및 열적인 특성이 우수하다. 화강암보다 가공성이 좋다. • 단점 - 가격이 비싸다, 충격에 약하다.

1.2.3 3차원 측정기의 조작 방법에 따른 분류

(1) 수동식(Manual Type)

- 각축의 이동 및 조작을 사람의 손으로 움직이는 3차원 측정기
- 구조가 간단하고 보수유지가 쉬움.
- 고정식 프로브의 사용이 가능함.
- 자동식에 비해 일부 측정이 제한됨.
- 대형 측정물 또는 대량 생산에는 부적합.
- 반자동식이나 자동식으로 전환이 어렵다.

(2) 반자동식

- 각축에 구동장치(모터 등)가 부착되어 이동, 조작을 조이스틱으로 원격조작할 수 있는 3차원 측정기
- 조이스틱으로 이동속도를 일정하게 유지할 수 있음.
- 원격조정으로 작업자의 피로를 덜 수 있다.
- 현재는 CNC type으로 대체되고 있다.

(3) 자동식 (컴퓨터 수치제어 CNC Type)

- 각축에 구동장치가 부착되어 이동 및 조작을 컴퓨터로 수치 제어할 수 있는 3차원 측정기로 가장 많이 사용되고 있다.

- 자동화, 무인화로 가동효율을 극대화할 수 있다.
- 반복 정밀도가 좋고 개인 오차가 매우 적다.
- CAD/CAM과 연계하여 CIM(컴퓨터 통합 생산) 구축이 가능하다.
- 작업자의 피로가 적고 측정 작업 시간을 활용할 수 있다.

1.2.4 3차원 측정기 본체의 구성요소

(1) 공기베어링

압축공기를 이용하여 안내면과 에어 패드 사이에 미세한 간극으로 띄워 이동하는 방식이다. 비접촉식이므로 마찰이 없고 마모에 의한 손상이 없다. 또한 가동부의 운동에 히스테리시스(hysteresis) 오차가 발생하지 않는다.

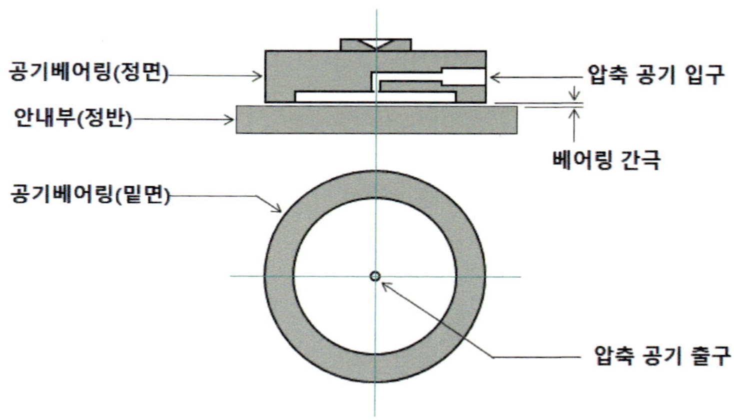

[그림 1-8] 공기베어링

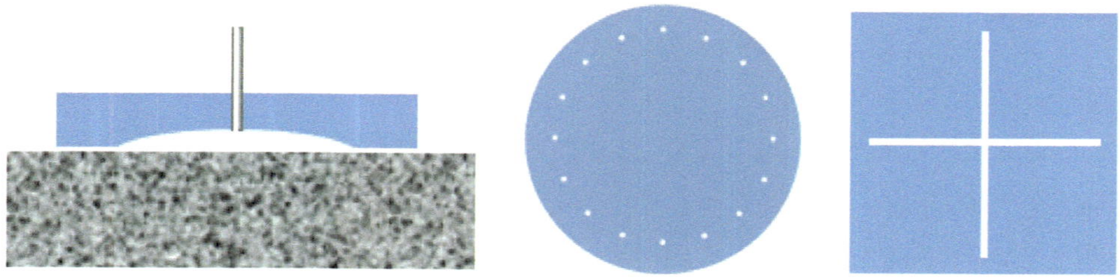

[그림 1-9] 공기베어링 패드의 종류

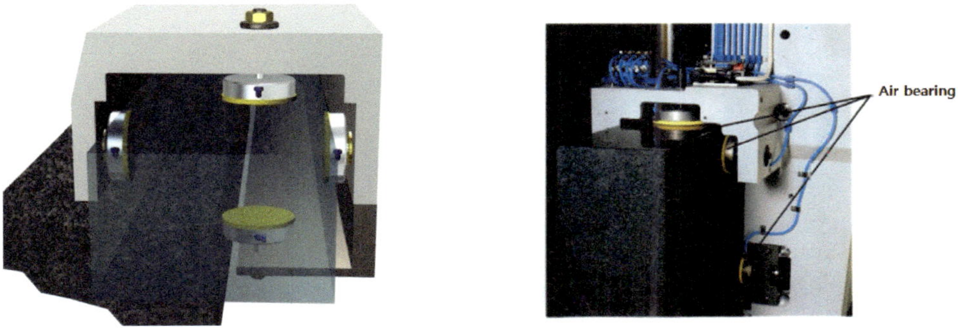

[그림 1-10] 공기베어링의 설치 사진

(2) 스케일(Scale)

3차원 측정기는 X, Y, Z축에 스케일이 붙어 있어서 각축이 이동한 양을 카운트하게 된다. 현재 널리 사용되는 측정 신호 발생 장치로는 부호기(Encorder)가 있으며 이를 간단하게 소개한다.

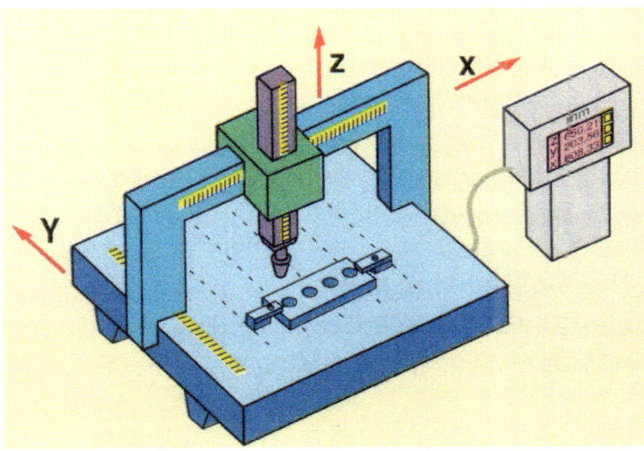

[그림 1-11] 각 축의 스케일

❶ Linear Scale 방식 Encorder

투과형과 반사형이 있으며 투과형은 유리, 반사형은 금속(주로 스테인리스 스틸)으로 Scale이 제작되어 있다. 이 장치는 그림과 같이 광원, Main Scale, Index Scale, 광원 소자로 구성되며 투과형은 Main Scale 면에 8~20[μm] 같은 간격의 명암을 갖는 광학격자가 부식되어 있다. Index Scale은 4개 또는 2개의 평행 격자를 갖고 광원 및 광전소자와 고정되어 있다. 이동할 때 광전소자에 한 피치마다 주기적으로 증감하는 광량을 이용하여 이동량을 검출하게 된다.

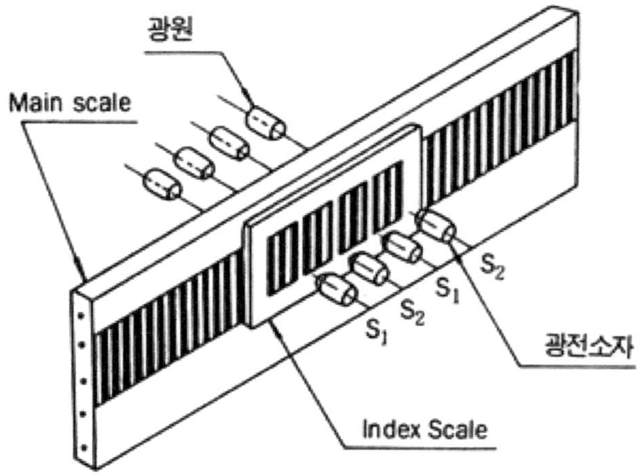

[그림 1-12] Linear Scale Encorder

반사형의 경우에는 20[μm] 또는 40[μm] 피치의 광학격자가 이용되고 있으며 반사 광량 검출하는 외에는 투과형과 그 원리가 같다.

❷ 모아레 무늬 방식 Encoder

Linear Scale 방식과 같이 투과형과 반사형이 있고 모레아 무늬의 원리는 피치가 a인 두 개의 격자를 다음 그림과 같이 θ각(라디안 각)만큼 경사시켜 겹치면 격자의 선과는 별도로 간격 W의 큰 모아레 무늬가 나타난다. a, θ, W는 근사적으로 $W = a/\theta$의 관계가 있으며 한 개의 격자를 X축 방향으로 한 피치 이동시키면 모레아 무늬도 Y축 방향으로 한 피치(W) 만큼 움직이고 X축 이동 방향을 반대 방향으로 하면 모레아 무늬의 이동 방향도 반대가 된다. 이와 같은 특성을 이용하여 a 대신 피치가 큰 W의 피치 수를 세어 X축 이동량을 알아낼 수 있게 된다. 또한 명암의 변화를 광전소자를 이용하여 펄스화 하면 디지털 방식에 사용할 수 있다.

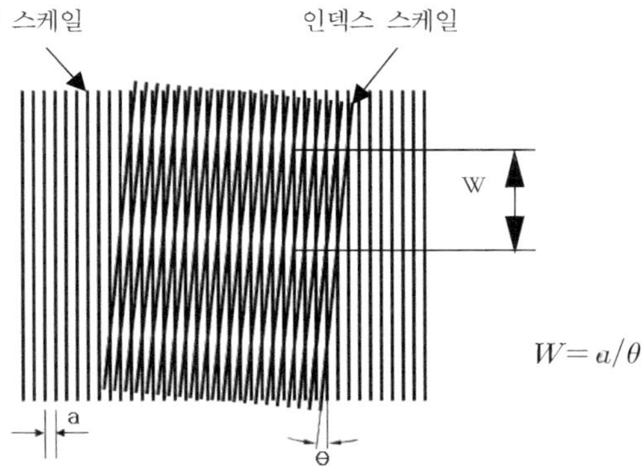

[그림 1-13] 모아레 무늬의 원리

❸ 전자유도식 ENCORDER

전자유도식은 강재의 스케일과 슬라이더 상에 색 접착제로 동박을 입혀 그 동박을 Print Etching에 의하여 지그재그형 코일을 만든다. 스케일 표면에는 1피치 2[mm]의 코일이 연속해 있고 다른 방향에 있는 슬라이더 표면에는 1피치 2[mm]로 대략 1/4 피치 차이가 있는 2개의 코일이 배치되어 있다. 이 스케일과 슬라이더를 평행으로 배치하고 스케일 코일을 교류로 여자 시키면 다른 쪽의 코일에는 전자 결합에 의해 유도전압이 발생하는데 이 유도전압은 코일의 피치마다 하나의 sine 파형이 주기적으로 발생한다. 이 파형의 수를 세면 이동량이 측정된다.

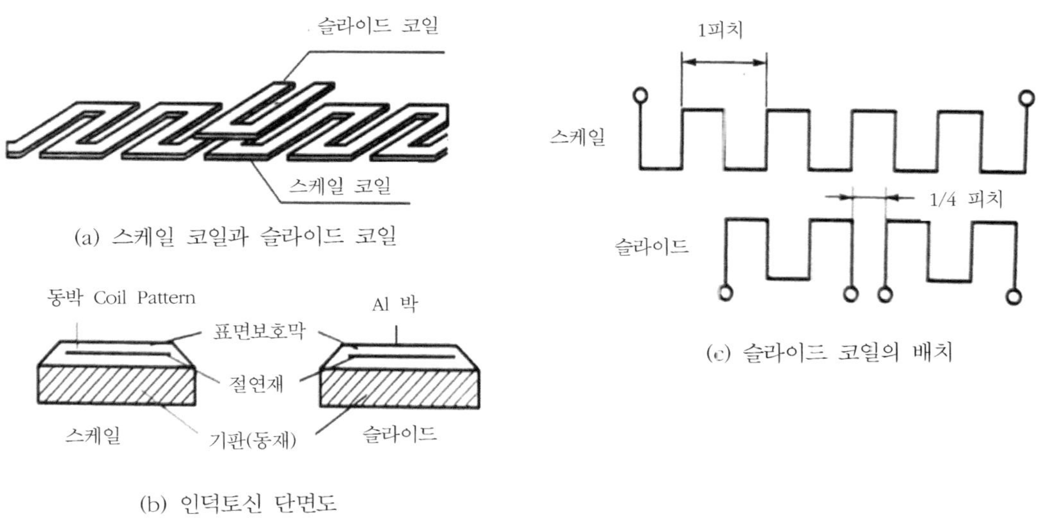

[그림 1-14] 전자유도식 엔코더의 원리

(3) 제어장치

3차원 측정기의 본체의 각축의 이송 속도, 정확한 위치 제어와 컴퓨터와의 통신을 주고받는다. 조이스틱에서 주는 명령어와 프로브에서 감지되는 신호를 컴퓨터와 연계하여 처리하게 된다.

[그림 1-15] 제어장치

(4) 스타일러스 시스템

3차원 측정기의 정도에 중요한 역할을 하며 데이터의 입력을 담당한다. 공작물에 접촉하는 순간의 위치 좌표(X, Y, Z)값을 컴퓨터에 전송하는 시스템이다. 프로브(촉 침)가 부착된 전체를 의미한다.

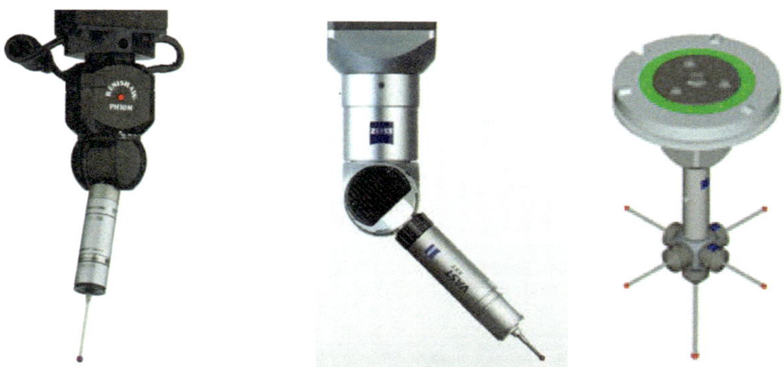

[그림 1-16] 각종 스타일러스 시스템

❶ 프로브의 종류

프로브의 종류는 많으나 여기서는 가장 많이 사용되는 일반적인 프로브 몇 가지를 소개한다.

① 트리거 프로브

구조적으로 가장 간단하고 널리 쓰이는 것으로 물체에 접촉하면 지렛대 원리를 이용하여 접점이 떨어지면서 신호를 컴퓨터로 보내 위치가 입력된다. 이 트리거 프로브는 3개의 접점에 의한 지렛대 원리를 이용하기 때문에 접촉하는 방향에 따라 신호 발생을 위한 힘이 다르게 되는 구조적인 특성을 가지고 있다. 트리거 프로브는 프로빙 시간이 짧고 고속 이동이 가능하며 구조가 간단하므로 보수, 유지가 편리하다는 장점이 있으나 연결되는 축 침의 무게에 의해 측정값이 영향을 받을 수 있으므로 가벼운 상태에서 무게 균형을 유지해야 하는 점을 고려해야 한다.

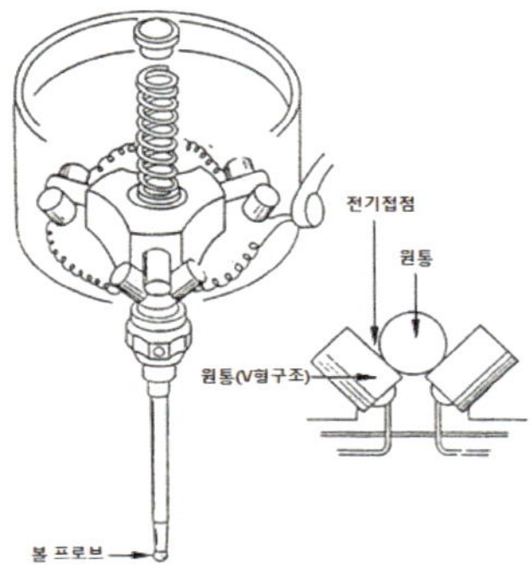

(a) 트리거 프로브의 구조

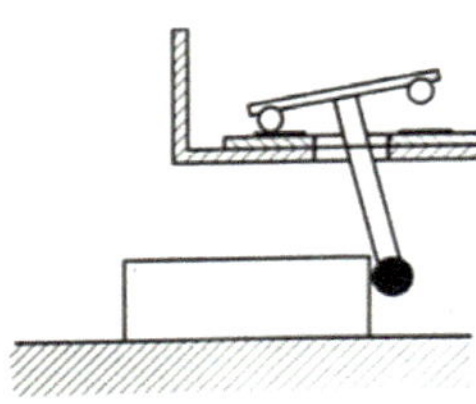

(b) 신호 발생 원리

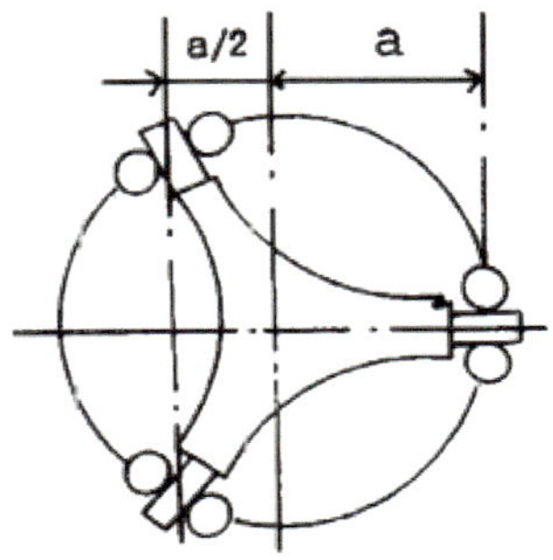

(c) 프로브의 평면도

(d) Renishaw사의 트리거 프로브

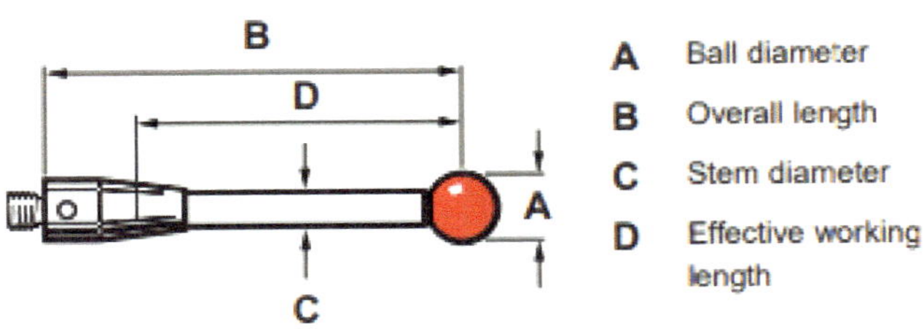

(e) 프로브의 명칭

[그림 1-15] 트리거 프로브

② 판 스프링형 프로브

하나의 운동 방향에 수직이 되도록 두 장의 판 스프링을 배열하여 측정자가 피 측정물과 접촉하게 되면 판 스프링이 휘게 되어 접촉점의 좌표값을 읽을 수 있도록 신호를 발생시키는 구조이다. 근래에 와서 피 측정물 형상의 복잡화로 인해 하나의 프로브로 모든 방향으로의 측정자의 변위를 감지하여야 하는 필요성이 높아져 최소한 X, Y. Z축 방향으로의 운동을 감지하기 위해서 세 개가 필요하게 되고 프로브의 크기가 너무 커지게 되어 범용성이 없고 방향성으로 인해 정밀도도 떨어지게 되었다.

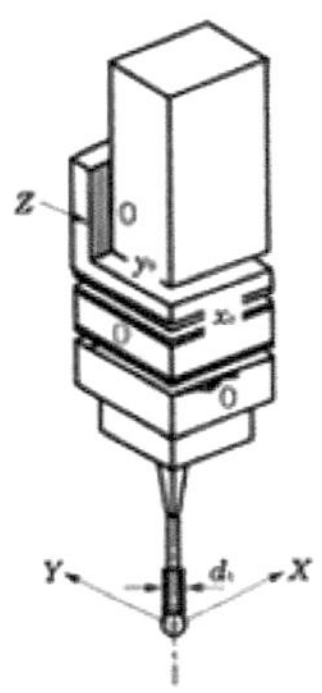

(a) 판 스프링 프로브의 구조

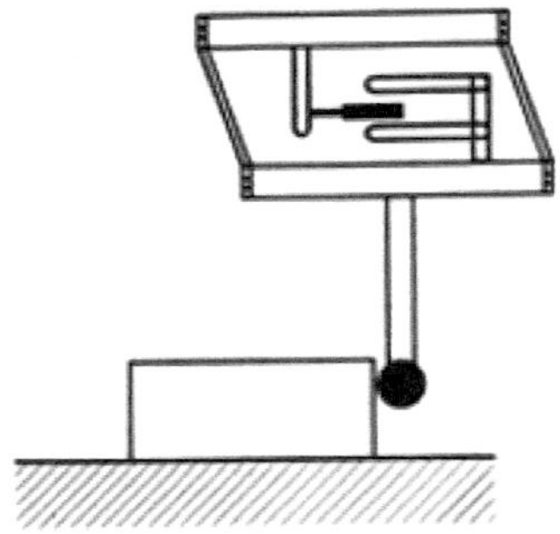

(b) 판 스프링 프로브의 신호 발생 원리

[그림 1-16] 판 스프링형 프로브

③ 스캐닝 프로브

트리거 프로브는 한 번에 하나의 정보만 출력하지만, 스캐닝 프로브는 기계 위치와 결합하여 표면의 위치를 도출해 내는 지속적인 편향 출력을 제공한다. 스캐닝할 때 프로브 스타일러스 팁이 형상에 접근하여 닿은 후 표면을 따라 이동하면서 데이터를 수집한다. 측정이 진행되는 동안 프로브 스타일러스의 편향이 프로브 측정 범위 내로 유지되어야 하며 최상의 결과를 위해선 센서와 기계 제어의 긴밀한 통합과 측정 데이터를 사용 가능한 표면 정보로 전환하는 정교한 필터링 알고리즘이 필요하다. 스캐닝 구동 알고리즘은 측정물의 곡면을 적용하여 곡률에 맞게 스캐닝 속도를 변경(평면에서는 속도 증가)하고 데이터 캡처 속도를 조정(표면 변동이 심하면 더 많은 데이터 수집)할 수 있다.

[그림 1-17] Carl Zeiss 사의 스캐닝 프로브

❷ 프로브 볼의 소재 종류

① 루비(Ruby)
- 표준 스타일러스로 사용, Ø0.12[mm]~12[mm]
- 비용이 저렴하다.

② 질화규소(Siliconnitride)
- 강도가 높고 내 마모, 내식성이 우수함.
- 알루미늄 측정에 적합, Ø0.3[mm]~12[mm]

③ 텅스텐 카바이드(Tungstencarbide)
- Ø2[mm]~30[mm]

예) 기어의 over ball 직경 측정에 사용 가능

④ 세라믹(Ceramics)
- 거친 표면 스캔에 사용 Ø8[mm]~45[mm]
- 무게 문제로 반구형으로 제조되기도 함

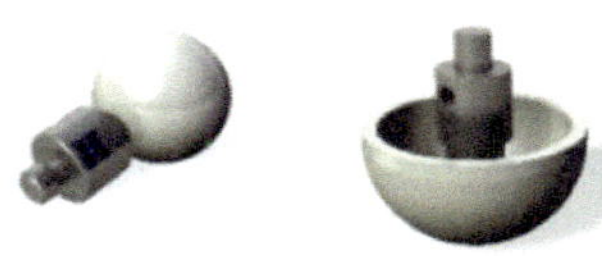

⑤ 다이아몬드(Diamond) Ø1[mm], 2[mm], 3[mm]
- 세상에서 가장 단단한 재질
- 스캔할 때 마모가 거의 안 됨
- 측정 대상에 의해 오염되지 않음

⑥ 강철(Steel)

- 주로 디스크 스타일러스에 사용
- Ø80[mm]~100[mm]

⑦ 다이아몬드 코팅(Diamond coating)

- 스타일러스와 샤프트가 일체형으로 다이아몬드 코팅한 것이다.

❸ 프로브 볼의 형상 종류

① 구(sphere)

- 일반적으로 많이 사용. 정확한 진원도 검사 경우 정밀도가 높은 것을 사용한다.

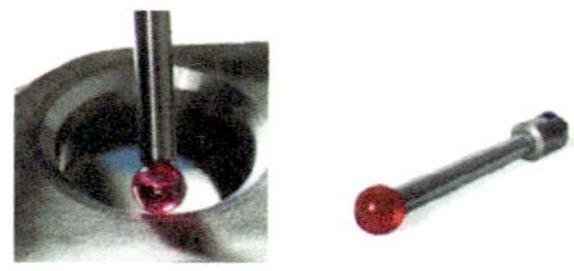

② 원통(Cylinder)

- 얇은 판재 및 좁은 공작물 모서리 측정에 사용한다.

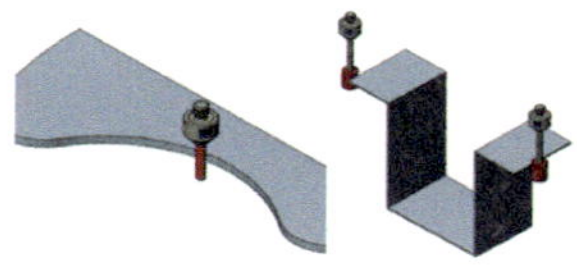

③ 디스크(Disk, Ball Disk)

- 원통의 내부의 홈이나, 외부 홈의 깊은 곳을 측정할 때 사용한다.

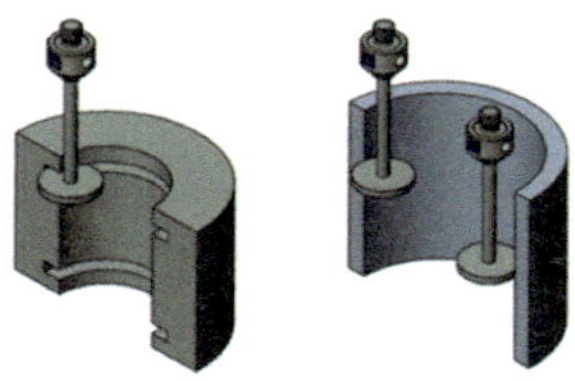

④ 반구(Hemisphere)

- 측정에 큰 깊이가 필요한 경우 사용하며
- 언더컷 측정에 자주 사용된다.

⑤ 포인트 스타일러스(Point stylus)

- 조금 더 정확한 형상을 보고 싶을 때나
- 지정된 위치 마킹용으로 사용된다.

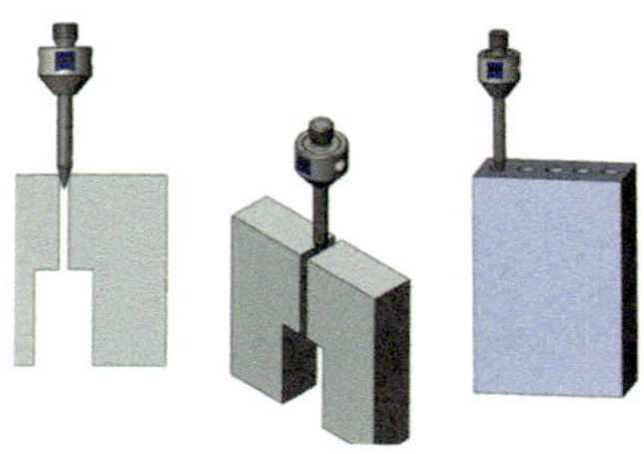

⑥ Special Stylus

- 별 모양, L자형, T자형 등이 있다.

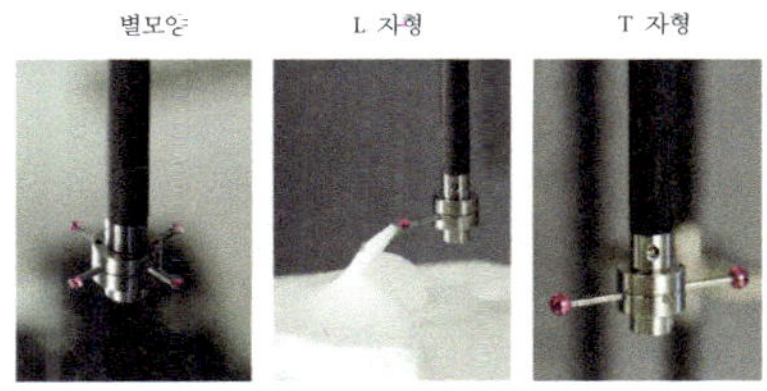

(5) 프로브의 교정

❶ 프로브 교정의 목적

측정에 사용될 프로브의 지름 및 각 프로브 간의 상대 위치를 정확히 산출하여 측정값 계산에 활용하기 위하여 프로브 교정을 실시하며 프로브 교정 오차는 측정값에 직접적인 영향을 미치므로 대단히 중요하다. 프로브 교정은 게이지 블록, 기준구 등 기준 게이지의 교정값을 바탕으로 이루어지므로 반드시 국가표준기관과의 소급성을 유지하고 있는 게이지를 사용하여야 한다.

❷ 교정 원리

진원도가 양호한 기준구를 프로빙하여 계산한 값과 기준구 교정값의 차(프로브 지름)를 구하고, 여러 개의 프로브로 기준구를 프로빙하여 각 프로브 간의 상더 위치를 구한다.

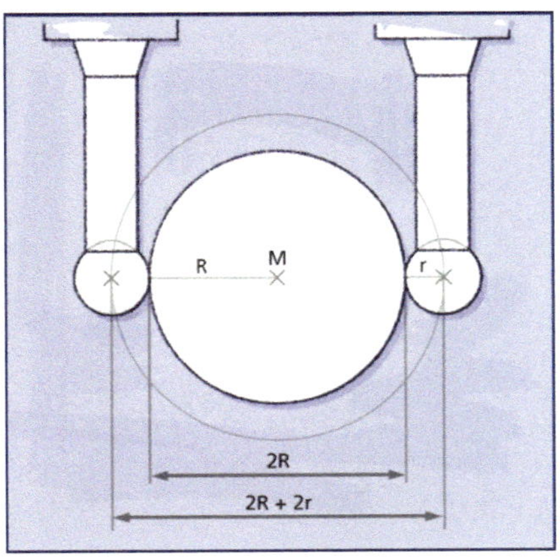

프로브로 기준구 측정

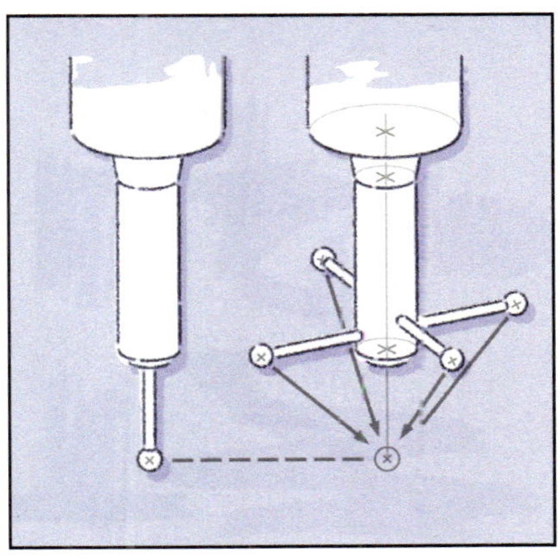

여러 개의 프로브를 하나의 기준구에 프로빙 해야 한다.

[그림 1-18]

기준구를 사용하여 프로브 지름은 다음과 같이 계산된다.

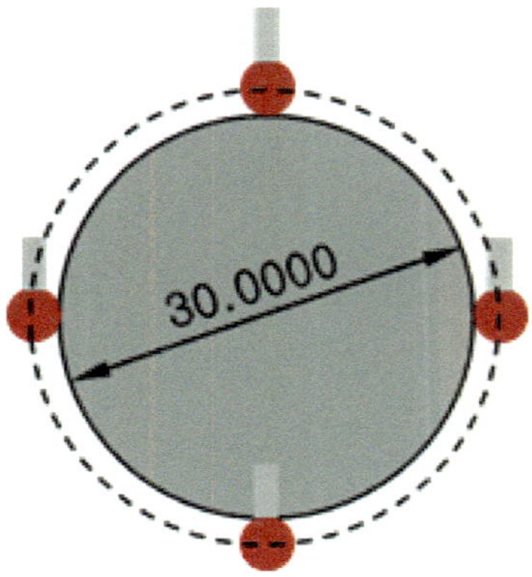

기준구의 지름(D) : 30.000

3차원 측정기로 측정된 값(D_m) : 34.002

라고 하면

프로브의 지름(d)$= D_m - D$

즉, $34.002 - 30.000 = 4.002$가 프로브의 지름이 된다.

프로브 교정 방법의 세부적인 내용은 실습 편에서 자세하게 서술하였다.

SECTION 02 3차원 측정순서 및 좌표계

2.1 3차원 측정순서

① 도면 요구 사항 검토

도면을 보고 측정할 부분을 정한다.

② 제품 재료의 종류, 수량 확인

측정할 제품의 재질(연한 재질일 경우 측정압을 낮게 한다)을 파악하고 수량이 많을 경우는 프로그램으로 반복 측정할 수 있도록 한다.

③ 도면에서 측정 위치 및 순서 결정

도면에서 측정순서를 결정한다.

④ 기준(데이텀)을 설정하고 제2 좌표계가 필요한지 살펴본다.

⑤ 프로브 위치(각도) 및 크기를 선택하고 장착 여부를 확인한다.

⑥ 프로브 교정

표준구(기준구)를 이용하여 필요한 각도를 모두 교정한다.

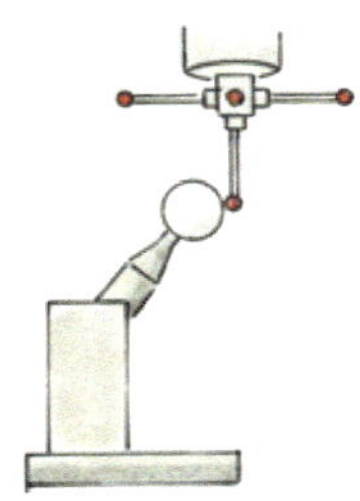

[그림 1–19]

⑦ 측정물을 고정한다.

측정 시 프로브 간섭(충돌)이 일어나지 않도록 설치를 한다.

⑧ 좌표계 설정하고 요소 측정한다.

공간정렬, 평면회전, 원점지정을 하여 좌표원점을 설정한 후 요소 측정을 한다.

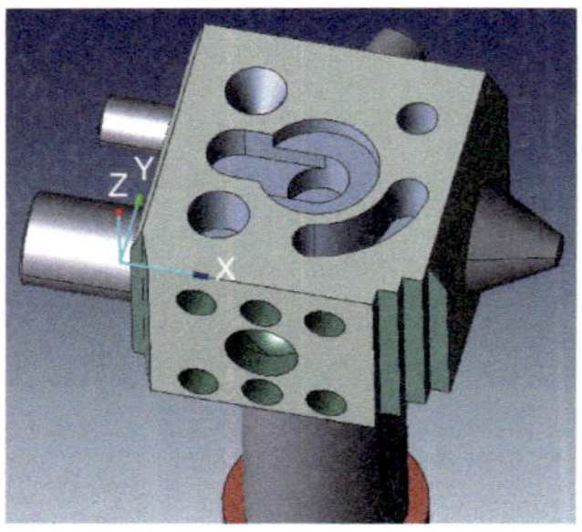

좌표계 설정

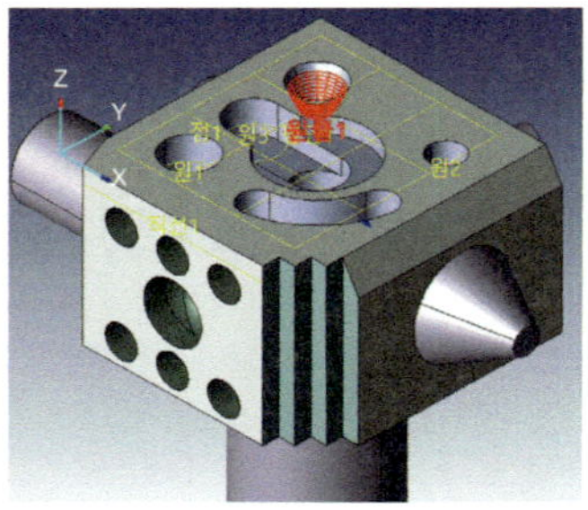

요소 측정

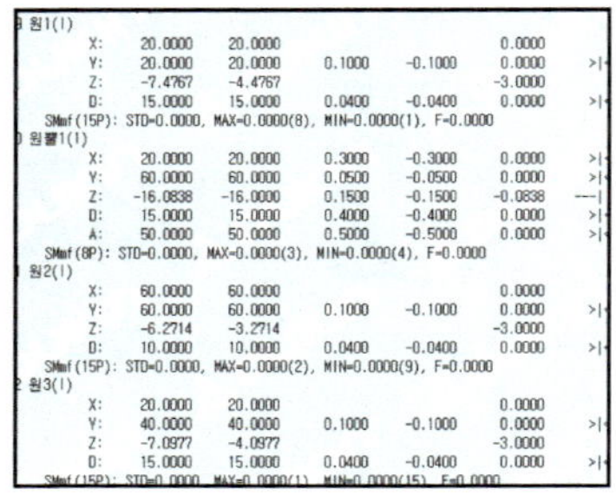

측정 결과

[그림 1-20]

⑨ 측정 결과를 검토한다.
⑩ 인쇄 또는 보고서 작성을 한다.

2.2 좌표계

2.2.1 기계 좌표계와 측정 좌표계

(1) 기계 좌표계(MCS : Machine Coordinate System)

3차원 측정기에 부착된 스케일 X, Y, Z축의 좌표계를 말하며 각 축은 서로 직각을 이루고 있으며 컴퓨터의 기억이나 CNC 구동의 기준이 된다. 3차원 측정기 전원을 켰을 때 원점좌표로 이동하게 된다.

(2) 측정 좌표계(PCS : Part Coordinate System)

기계 좌표계와는 관계가 없고 측정자가 도면 등에서 주어진 좌표를 바탕으로 하여 작성하는 좌표계가 측정 좌표계이다(면 보정. 축 보정에 따라 만들어지는 좌표계). 이 좌표계는 측정면의 기준이 되는 부분을 측정해서 좌표계를 설정하고, 설계기준이나 가공기준에 적합한 좌표계를 설정하는 것이 중요하다. 변경이 가능하다.

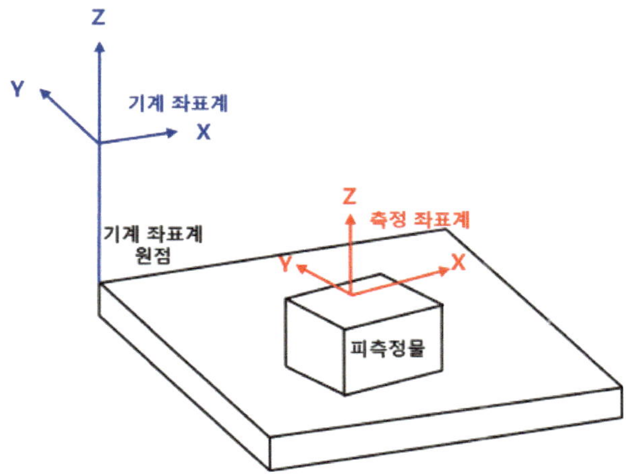

[그림 1-21] 기계 좌표계와 측정 좌표계

2.2.2 직각 좌표계와 원통 좌표계

(1) 직각 좌표계(Rectangular coordinate system)

직각 좌표계는 한 점의 위치를 서로 직각인 X, Y, Z값으로 나타내는 것을 말하며 다음 그림에서 점 p까지의 거리를 X, Y, Z값으로 나타낸다. 두 축으로 측정 평면을 형성하며 나머지 축이 공간(기준) 축이 된다.

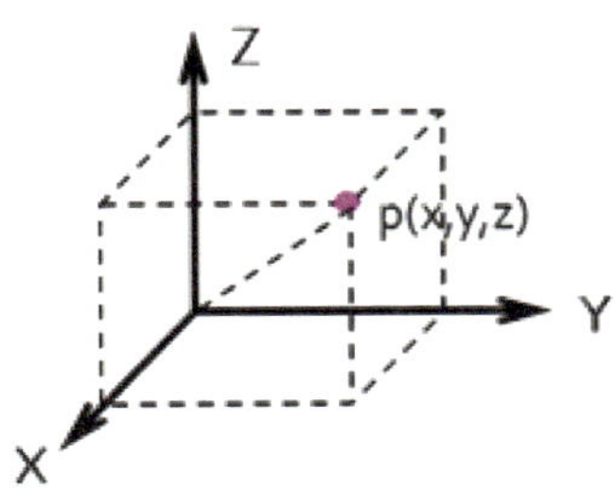

[그림 1-22] 직각 좌표계

(2) 원통 좌표계(Cylindrical coordinate system)

원통 좌표계는 한 점의 위치를 공간 축으로부터 수직거리 R, 각도 기준 축으로부터의 회전각 Φ, 기준평면으로부터의 높이 H로 나타낸다. H가 0인 형태를 극좌표계라고 한다.

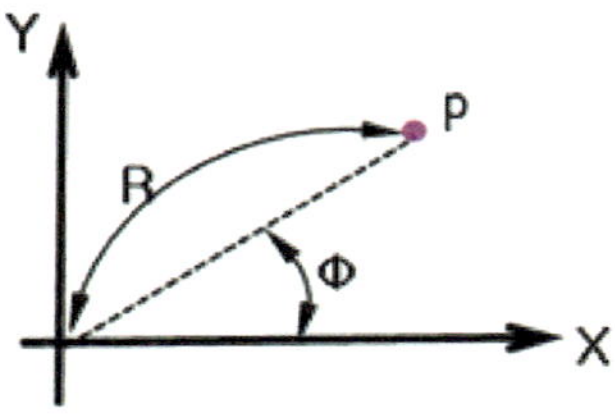

[그림 1-23] 극좌표계

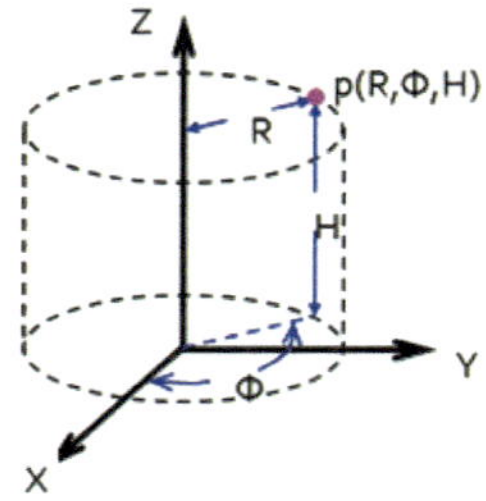

$$R = \sqrt{x^2 + y^2}$$
$$\phi = \tan^{-1}\left(\frac{y}{x}\right)$$
$$H = z$$
$$x = R \cdot \cos\phi$$
$$y = R \cdot \sin\phi$$
$$z = z$$

[그림 1-24] 원통 좌표계

원통 좌표계의 특징은 다음과 같다.

① 각각의 좌표축은 서로 직각으로 구성된다.
② 수직거리 R은 항상 0보다 크며 +부호를 가진다.
③ 회전각 Φ는 공간 축의 +방향에서 기준평면을 볼 때 시계 반대 방향(CCW)이 +방향이다.
④ 높이 H는 좌표계에 평행한 공란축 방향의 높이를 나타낸다.

회전각 Φ를 위한 각도 기준 축은 다음과 같다.

작업평면	각도 기준축	주축(보는 방향)
XY	+X	+Z
YZ	+Y	+X
ZX	+Z	+Y

(3) 구 좌표계(Spherical coordinate system)

구 좌표계는 3차원 공간상의 점들을 나타내는 좌표계의 하나로 좌표원점으로부터의 거리 R, 각도 기준 축으로부터의 회전각 ϕ, 공간 축(+)으로 부의 경사각 θ로 나타낸다.

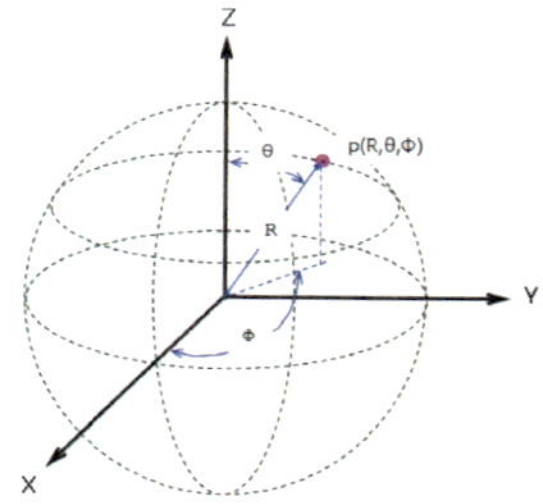

$$R = \sqrt{x^2 + y^2 + z^2}$$
$$\theta = \cos^{-1}\left(\frac{z}{R}\right)$$
$$\phi = \tan^{-1}\left(\frac{y}{x}\right)$$
$$x = R \cdot \sin\theta \cdot \cos\phi$$
$$y = R \cdot \sin\theta \cdot \sin\phi$$
$$z = R \cdot \cos\theta$$

[그림 1-25] 구 좌표계

구 좌표계의 특징은 다음과 같다.

① 각각의 좌표축은 서로 직각이다.
② 수직거리 R은 항상 0보다 크며 +부호를 가진다.
③ 회전각 ϕ는 공간 축의 +방향에서 기준평면을 볼 때 CCW가 +방향이다.
④ 경사각 θ의 기준은 공간 축의 +방향이며 0보다 큰 각도를 가진다.

회전각 ϕ를 위한 각도 기준 축은 다음과 같다.

작업평면	각도 기준축	주축(보는 방향)
XY	+X	+Z
YZ	+Y	+X
ZX	+Z	+Y

(4) 좌표계 정렬(수학적 정렬)

❶ 기계적 정렬(Machanical Alignment)

① 기계 축과 공작물 축이 일치하도록 정렬(공작기계 등에서 주로 사용)하는 것
② 평행 블록, 다이얼 게이지 등을 이용하여 기계 축과 동일하게 공작물을 정렬하는 것을 말한다. (공작물을 움직인다.)

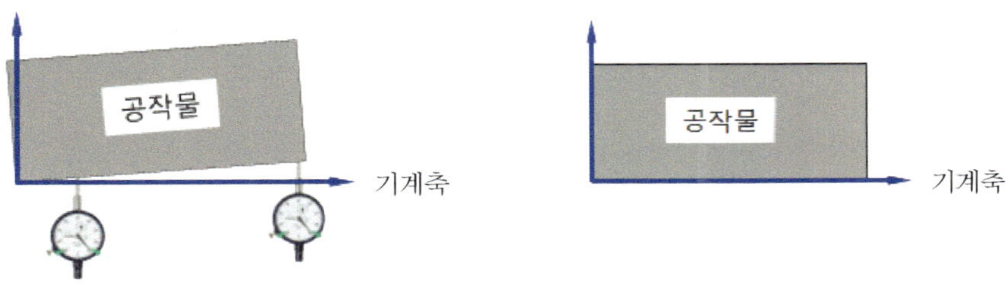

[그림 1-26] 기계적 정렬

❷ 수학적 정렬(Mathematical Alignment)

공작물 좌표축과 3차원 측정기 축을 수학적으로 일치시키는 것을 말하며 공작물은 회전하지 않는다. 이것은 좌표를 컴퓨터에 입력시켜 소프트웨어적으로 처리하므로 기계적 정렬에 비해 편리하게 데이텀을 설정할 수 있다.

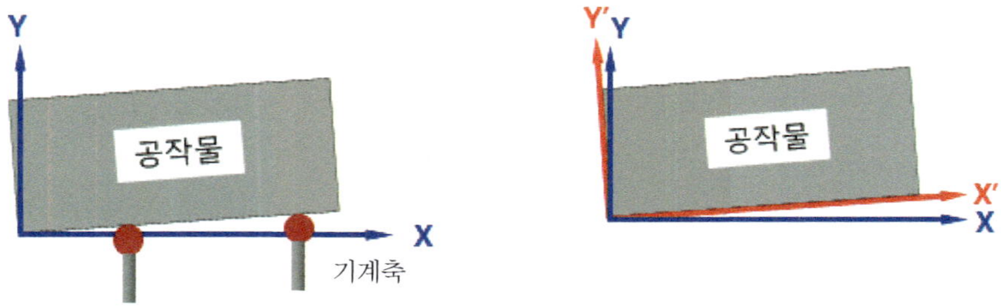

[그림 1-27] 수학적 정렬

2.3 측정 좌표계 설정

(1) 공간정렬(Rotate Space)

공간회전, 공간보정이라고도 하며 3차원 측정기에서 공작물의 기준평면(축)을 설정하는 작업이다. 이것은 맨 먼저 설정되는 1차 데이텀이다.

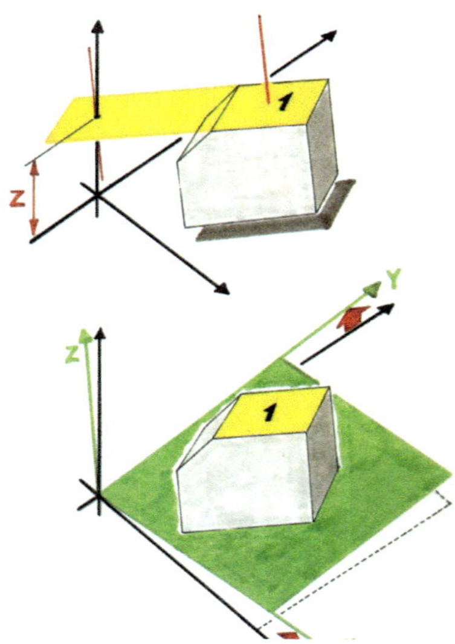

공간정렬

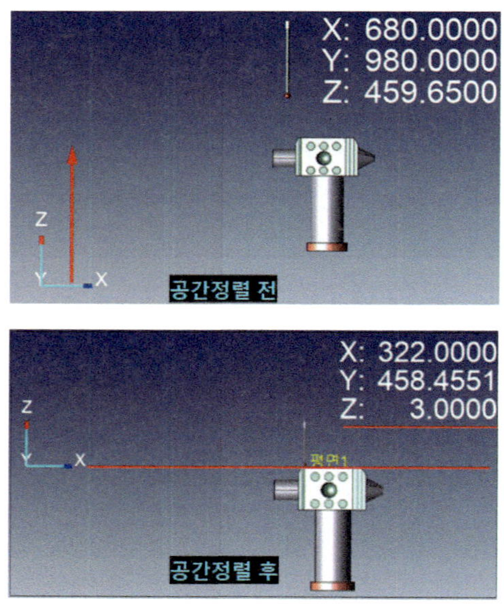

공간정렬 전과 후

[그림 1-28] 공간정렬

1차 데이텀으로 설정되는 평면은 XY, YZ, ZX 평면이 될 수 있으며 축은 X, Y, Z축이 설정될 수 있다. 기준평면(축)으로 설정되면 공간회전에 의해 1(2)개의 직선운동과 2개의 회전운동이 구속된다(다음 6자유도 편에서 자세히 설명함). 공간정렬에 사용되는 요소는 평면, 원통, 원뿔, 단차 원통 등이 있다.

(2) 평면회전(Rotate Plane)

공간정렬에 기준면(축)이 설정되었으면 이제 X축을 설정해야 한다. 이것은 45° 가 넘으면 Y축으로 인식하게 된다. 1차 데이텀에 구속을 받으며 1차 데이텀과 직각으로 설정된다. 평면회전에 의해 직선운동 1개와 회전운동 1개가 구속된다. 평면회전에 사용되는 요소는 직선, 평면, 원통, 원뿔, 단차 원통 등이 있다.

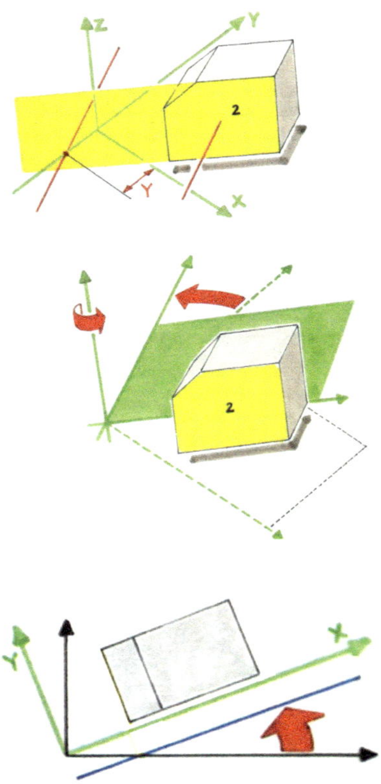

평면회전

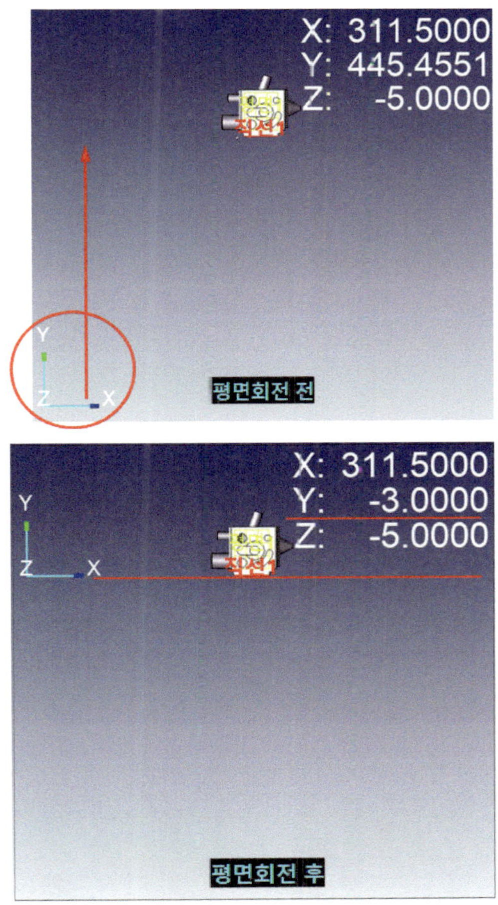

평면회전 전과 후

[그림 1-28] 공간정렬

(3) 원점지정(Zero Point)

3축 중에 마지막 원점이 결정되며 1차 데이텀과 2차 데이텀의 구속을 받는다. 원점지정으로 직선운동이 구속된다. 원점지정에 사용되는 요소는 모든 형상이 사용되며 그림과 같이 원점지정 후에 모든 좌표값은 측정 좌표값을 기준으로 현재 프로브 위치를 나타내고 있다.

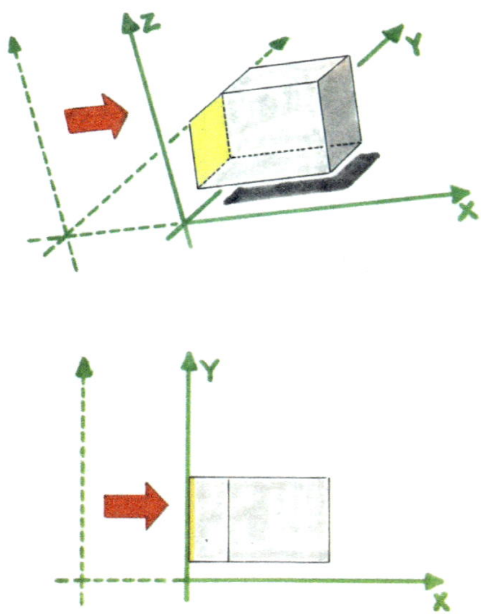

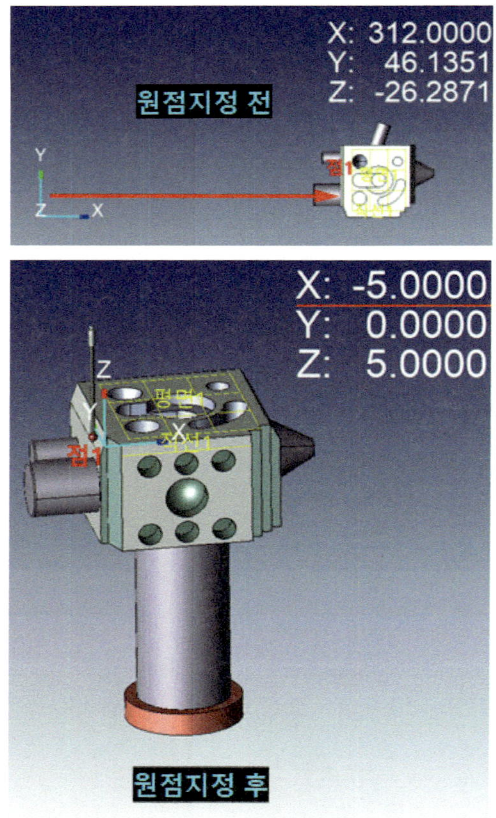

원점지정　　　　원점지정 전과 후

[그림 1-29] 원점지정

(4) 좌표 설정 예

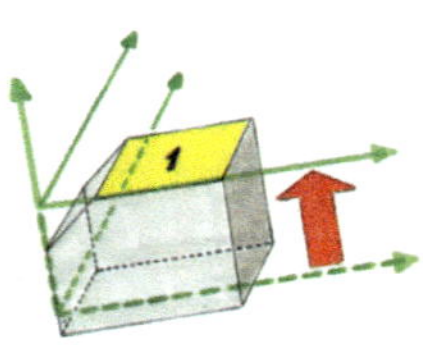

공간정렬

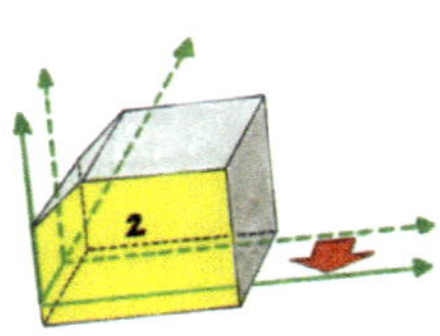

평면회전

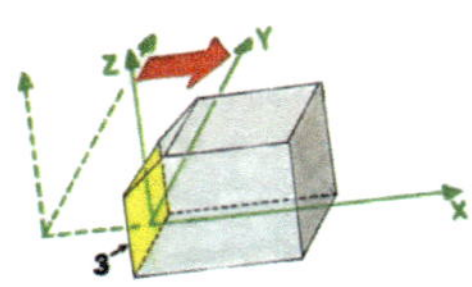

원점지정

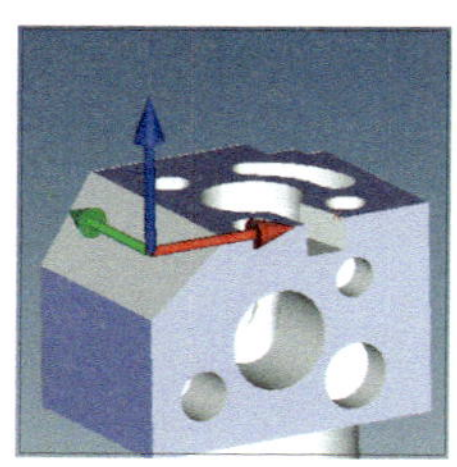

[그림 1-30] 좌표 설정의 예

SECTION 03

6 자유도 (6 Degree of Freedom)

3.1 6 자유도란

수식 모델에 있어서 어떤 물체를 움직일 수 있는 방향의 수를 자유도라고 하며 6 자유도란 3차원 공간에 있어서 x, y, z 방향의 직선운동 3가지와 회전운동 Rx, Ry, Rz의 3가지를 합해서 6자유도라고 한다.

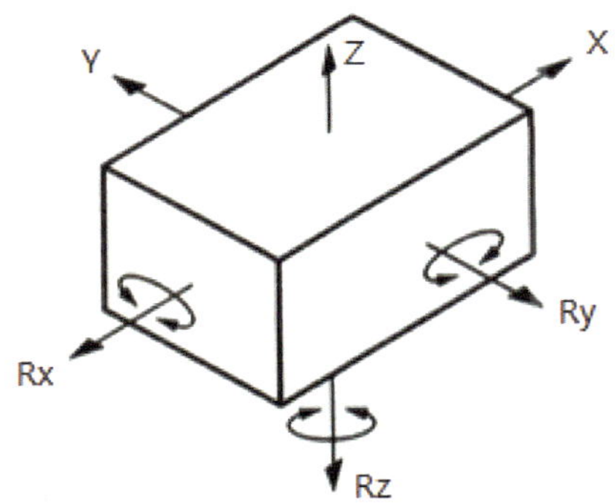

[그림 1-31] 6 자유도

3.2 데이텀의 상호 관계

아래 도면에서

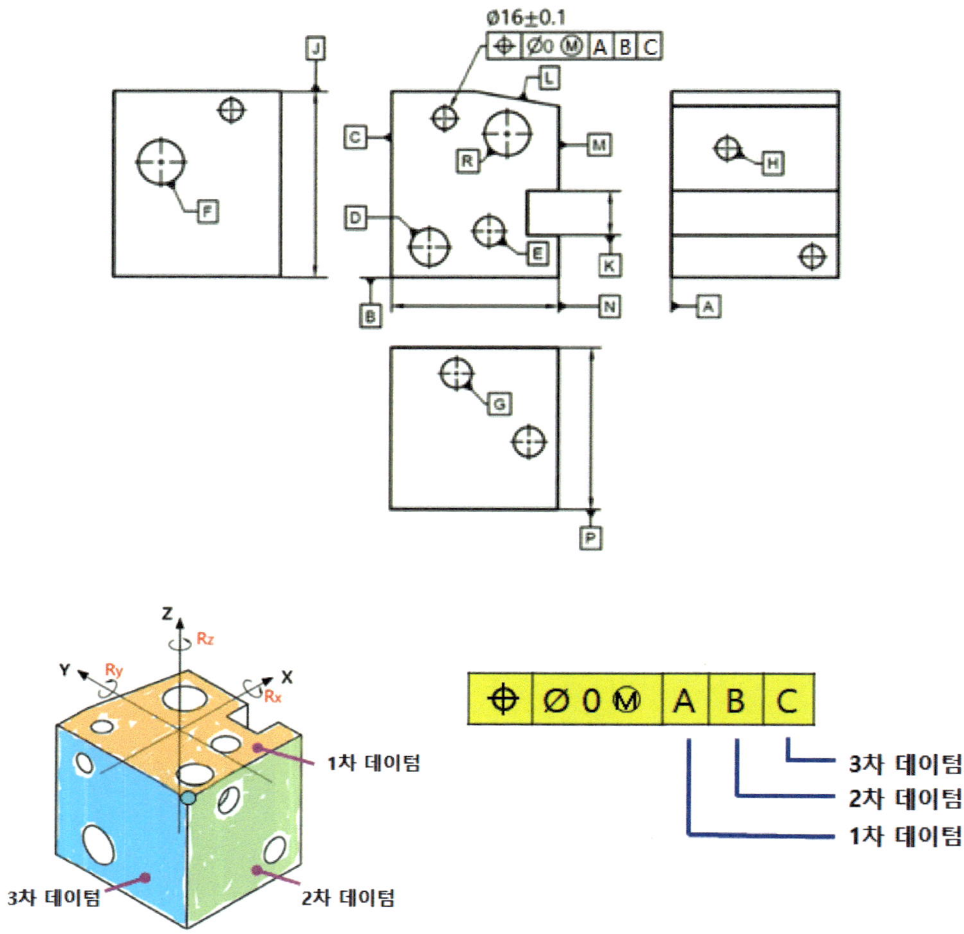

[그림 1-32]

- 1차 데이텀 : 기준면이나 축이 해당되며 공간정렬을 한다. 여기서 면은 XY, YZ, ZX 평면이 적용되며 축은 원통 축이나 원뿔, 단차 원통 축이 적용된다.
- 2차 데이텀 : 1차 데이텀의 구속을 받으며 1차 데이텀과 수직으로 설정된다.
- 3차 데이텀 : 1차 데이텀의 구속(수직)을 받는다.
  2차 데이텀의 구속(수직)을 받는다.

3.3 구속되는 자유도 결정하기

위 도면에서 데이텀에 따른 구속되는 자유도를 생각하면 다음 표와 같다.

[표 1-1] 구속되는 자유도

구분	구속되는 직선운동 자유도	구속되는 회전운동 자유도
1차 데이텀	Z	Rx, Ry
2차 데이텀	Y	Rz
2차 데이텀	X	

구속되는 운동을 아래 그림과 같이 사각 블록을 생각하고 직선운동과 손잡이를 돌려 회전운동을 생각하면 쉽게 이해될 것으로 생각된다.

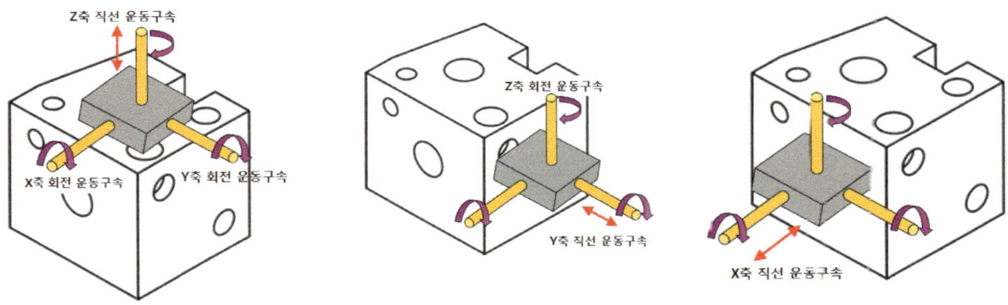

1차 데이텀

Z 방향의 직선운동은 윗면(A)에 구속, Rx, Ry 방향의 회전운동은 회전되지 않으므로 구속된다.

2차 데이텀

Y 방향의 직선운동은 B 앞면에 구속, Rz 방향의 회전운동은 회전되지 않으므로 구속된다.

3차 데이텀

X 방향의 직선운동은 C면에 구속, 따라서 6자유도가 모두 구속되었다.

[그림 1-33]

3.4 데이텀에 따른 3차원 좌표계 작도 방법

(1) 작도 방법 (Ⅰ) : 세 데이텀이 면일 때

위 도면을 다시 인용하면

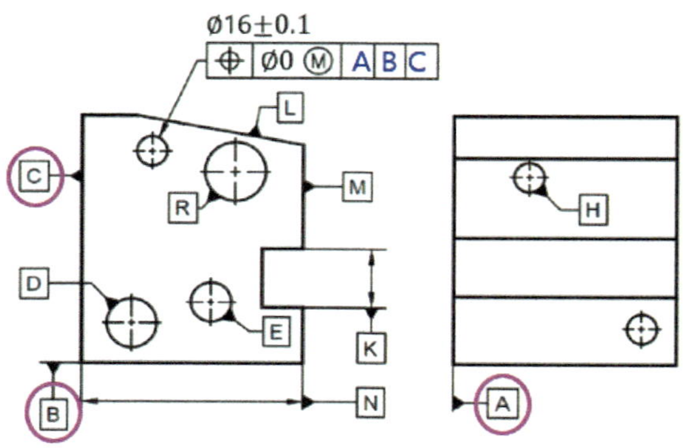

도면

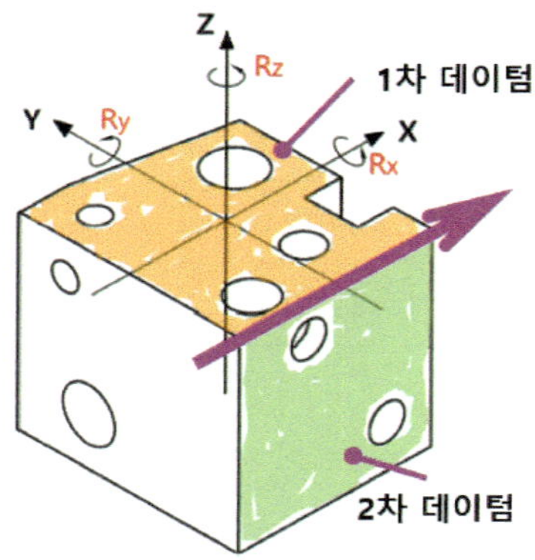

1차 데이텀과 2차 데이텀의 교차선

[그림 1-34] 작도 방법 (Ⅰ)

① 1차 데이텀과 2차 데이텀의 교차 선을 구하고 좌표축을 긋는다.
(원점은 이것을 벗어날 수 없음.)

② 3차 데이텀을 표시하고 3차 데이텀과 위의 교차 선이 만나는 점을 원점으로 표시하고 나머지 좌표축을 서로 수직으로 긋는다.

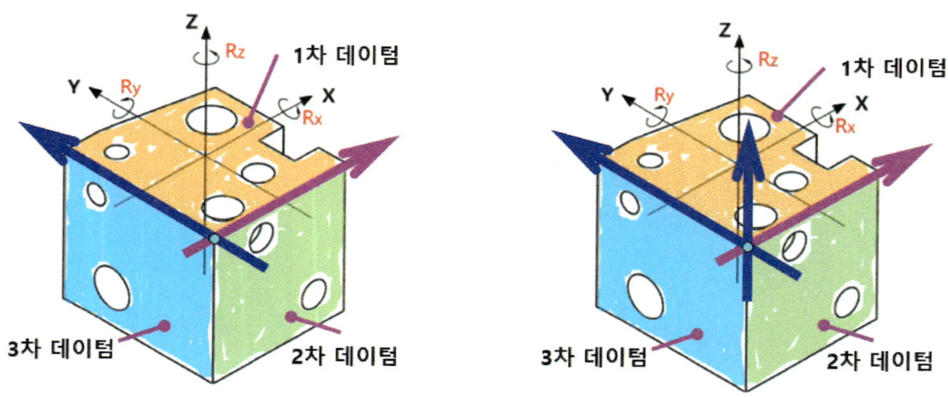

[그림 1-35]

좌표 방향에 주의한다. 화살 방향은 +방향이다.

(2) 작도 방법 (II) : 1차 데이텀이 원통일 때

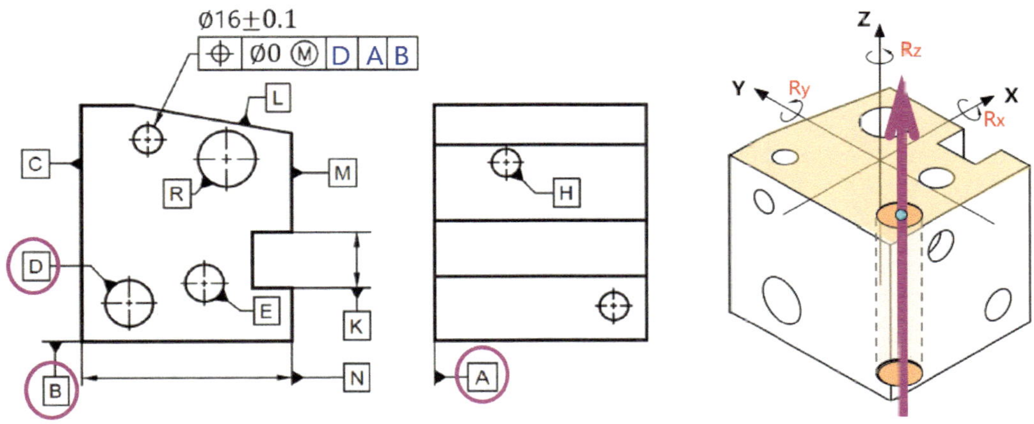

[그림 1-36] 작도 방법 (II)

① 1차 데이텀과(원통 중심축) 2차 데이텀의 교차점(여기서는 점이 됨)을 구하고 좌표축을 긋는다. (원점은 이것을 벗어날 수 없음.)
② 3차 데이텀을 표시하고 위 원점을 기준으로 3차 데이텀과 평행하게 좌표축을 긋는다.
③ 나머지 좌표축을 서로 수직으로 긋는다.

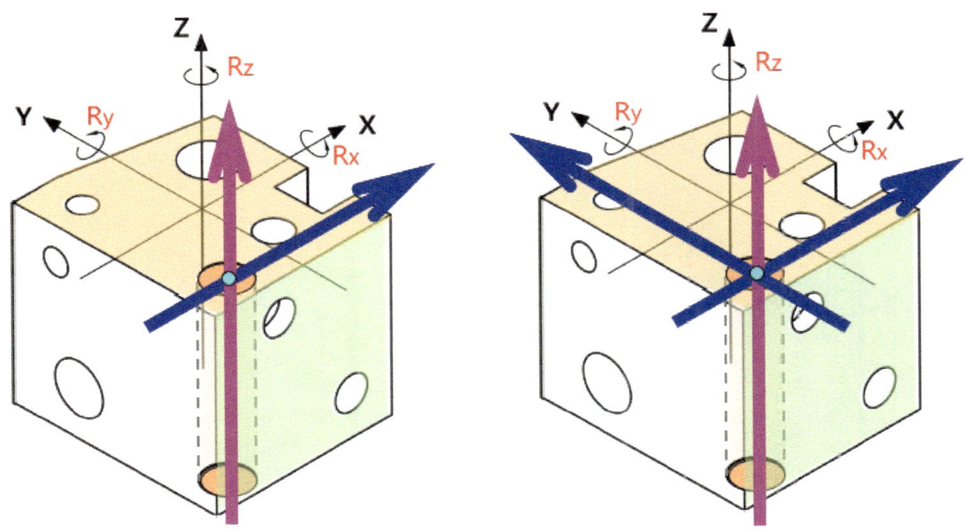

[그림 1-37]

좌표 방향에 주의한다. 화살 방향은 +방향이다.

(3) 작도 방법(Ⅲ) : 기타 요소가 복합적일 때

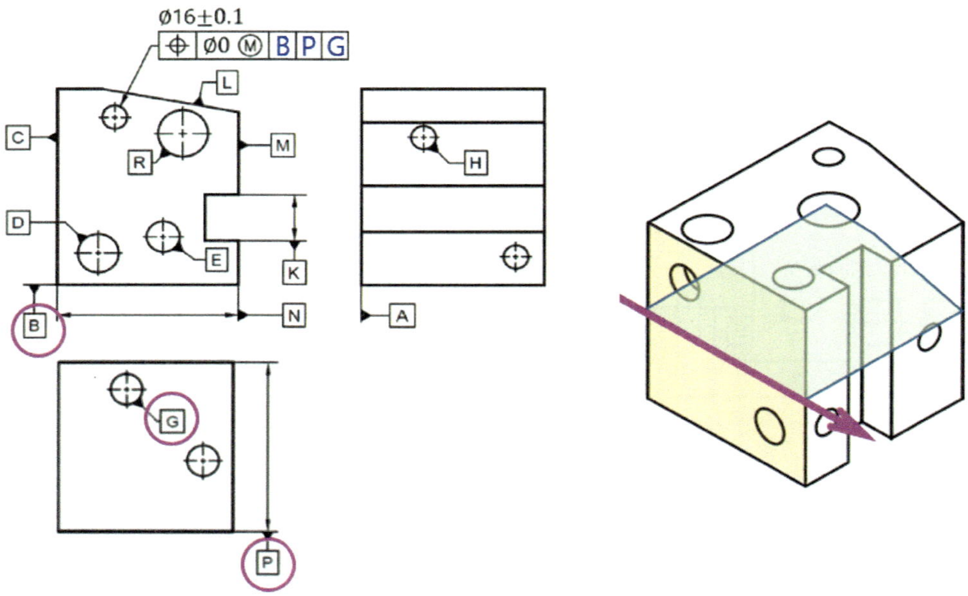

[그림 1-38] 작도 방법 (Ⅲ)

① 1차 데이텀과 2차 데이텀의 교차 선을 구하고 좌표축을 긋는다. (원점은 이것을 벗어날 수 없음) 여기서 P 데이텀은 치수선의 연장선에 있으므로 중심 면이 된다.

② 3차 데이텀(원의 중심)을 표시하고 3차 데이텀과 앞에서 결정한 교차 선이 수직으로 만나는 점을 원점으로 표시하고 좌표축을 서로 수직으로 긋는다.

③ 나머지 좌표축을 서로 수직으로 긋는다.

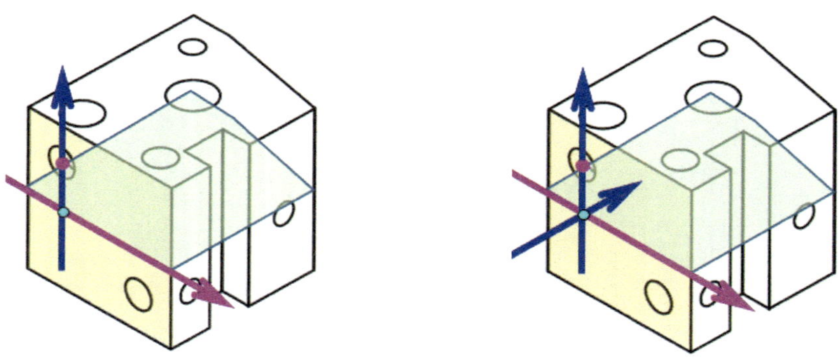

[그림 1-39]

좌표 방향에 주의한다. 화살 방향은 +방향이다.

3.5 6 자유도 연습

다음 도면을 보고 데이텀에 따른 구속되는 자유도를 표기하고 3차원 좌표계를 작도하시오. (6문제)

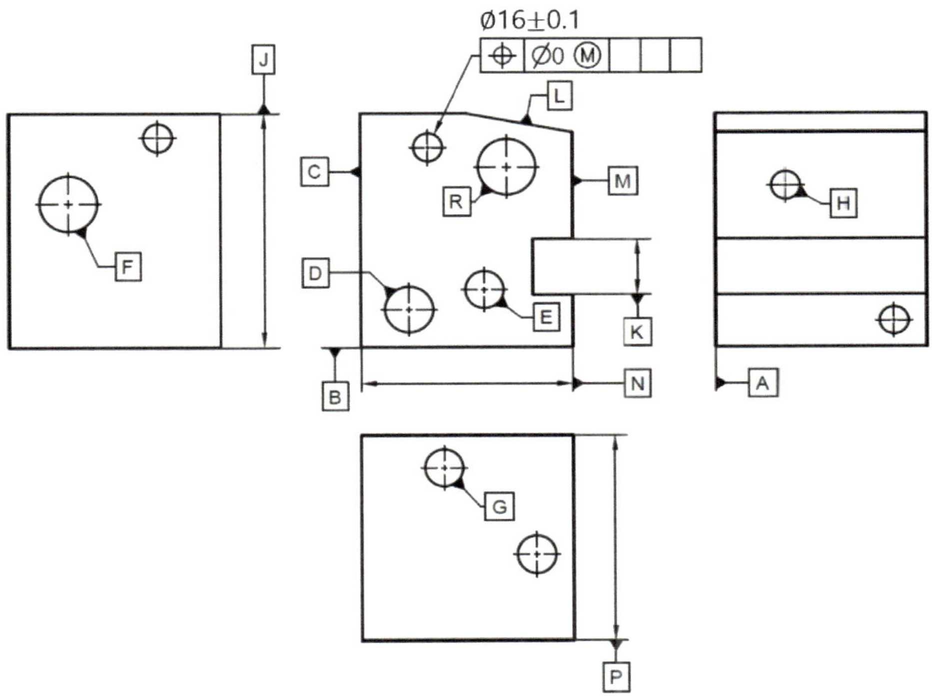

[그림 1-40]

#1

1	⌖	Ø0 Ⓜ	A	B	D

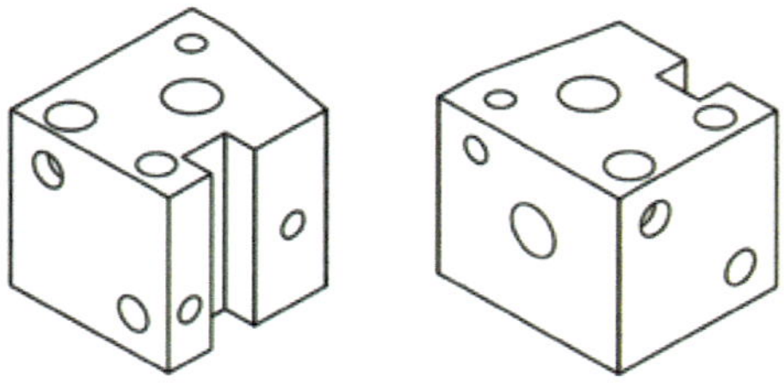

구분	구속되는 직선 운동 자유도	구속되는 회전 운동 자유도
제1차 데이텀		
제2차 데이텀		
제3차 데이텀		

#2

2	⌖	Ø0 Ⓜ	B	C	G

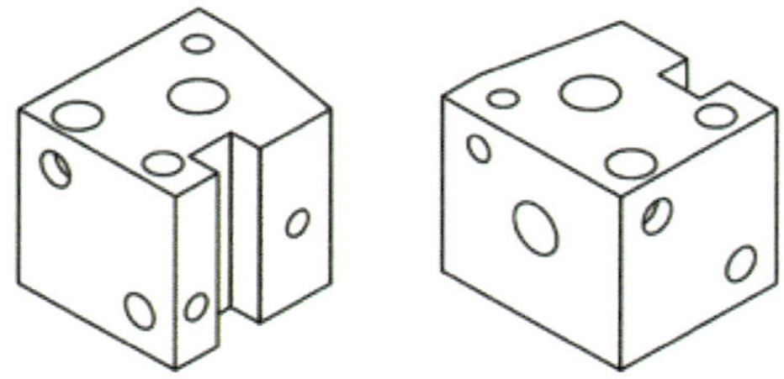

구분	구속되는 직선 운동 자유도	구속되는 회전 운동 자유도
제1차 데이텀		
제2차 데이텀		
제3차 데이텀		

#3

3	⌖	Ø0 Ⓜ	A	L	R

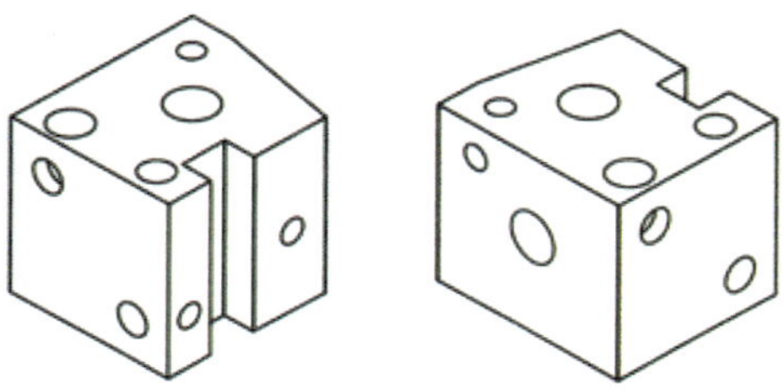

구분	구속되는 직선 운동 자유도	구속되는 회전 운동 자유도
제1차 데이텀		
제2차 데이텀		
제3차 데이텀		

#4

4	⌖	Ø0 Ⓜ	M	B	H

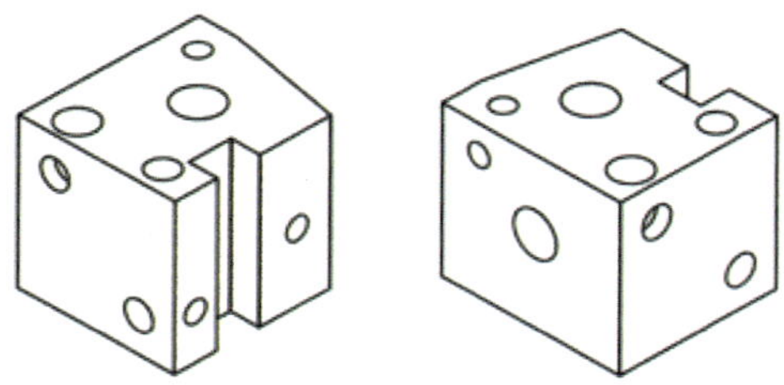

구분	구속되는 직선 운동 자유도	구속되는 회전 운동 자유도
제1차 데이텀		
제2차 데이텀		
제3차 데이텀		

#5

5	⌖	Ø0 Ⓜ	A	C	K

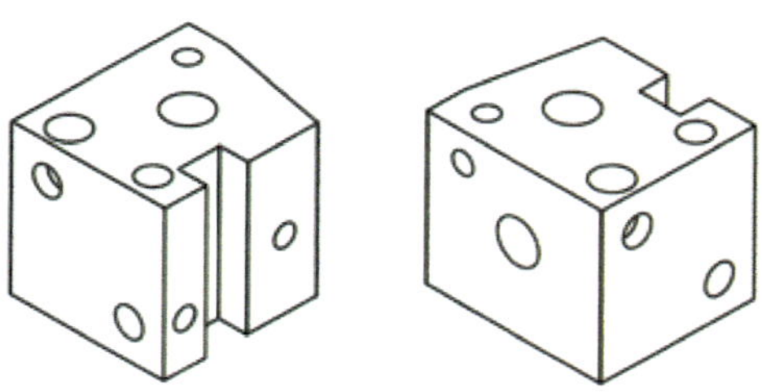

구분	구속되는 직선 운동 자유도	구속되는 회전 운동 자유도
제1차 데이텀		
제2차 데이텀		
제3차 데이텀		

#6

6	⌖	Ø0 Ⓜ	N	A	R

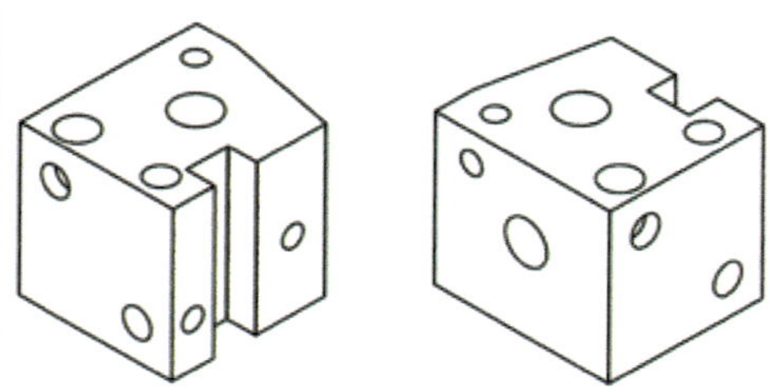

구분	구속되는 직선 운동 자유도	구속되는 회전 운동 자유도
제1차 데이텀		
제2차 데이텀		
제3차 데이텀		

모범답안 #1

1	⌖	Ø0 Ⓜ	A	B	D

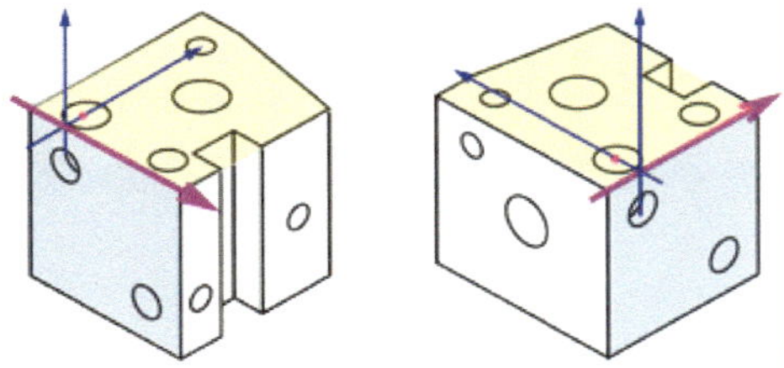

구분	구속되는 직선 운동 자유도	구속되는 회전 운동 자유도
제1차 데이텀	Z	Rx, Ry
제2차 데이텀	Y	Rz
제3차 데이텀	X	

#2

2	⌖	Ø0 Ⓜ	B	C	G

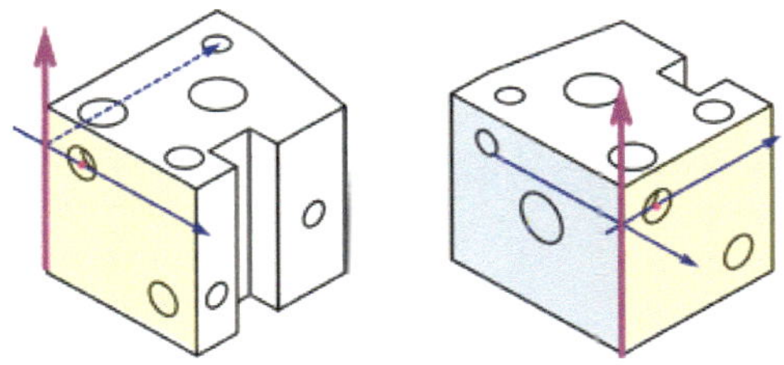

구분	구속되는 직선 운동 자유도	구속되는 회전 운동 자유도
제1차 데이텀	Y	Rx, Rz
제2차 데이텀	X	Ry
제3차 데이텀	Z	

#3

3	⌖	Ø0 Ⓜ	A	L	R

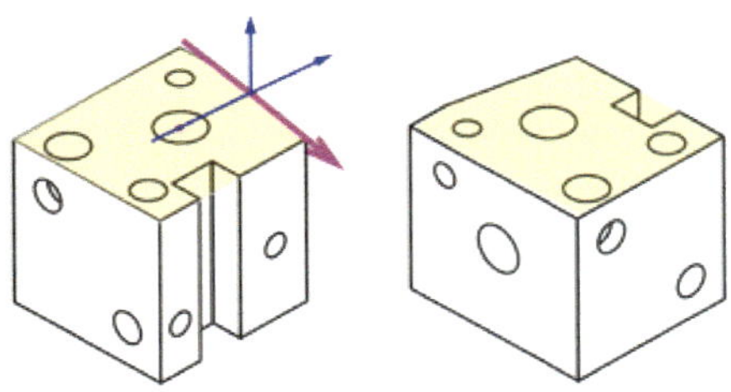

구분	구속되는 직선 운동 자유도	구속되는 회전 운동 자유도
제1차 데이텀	Z	Rx, Ry
제2차 데이텀	Y	Rz
제3차 데이텀	X	

#4

4	⌖	Ø0 Ⓜ	M	B	H

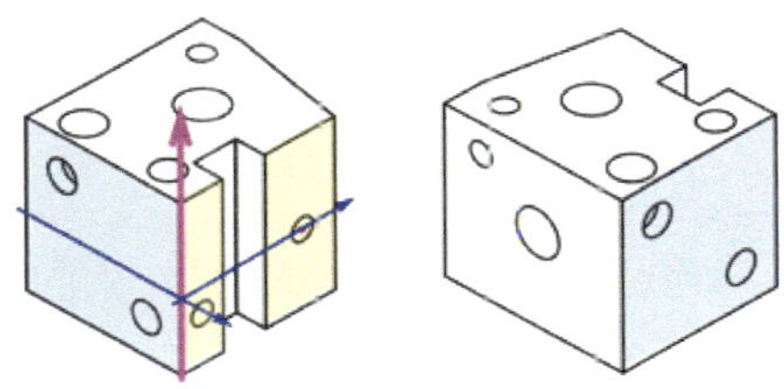

구분	구속되는 직선 운동 자유도	구속되는 회전 운동 자유도
제1차 데이텀	X	Ry, Rz
제2차 데이텀	Y	Rx
제3차 데이텀	Z	

#5

5	⌖	Ø0 Ⓜ	A	C	K

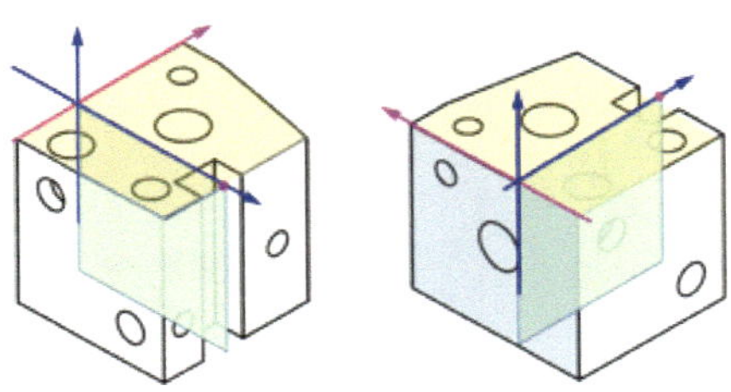

구분	구속되는 직선 운동 자유도	구속되는 회전 운동 자유도
제1차 데이텀	Z	Rx, Ry
제2차 데이텀	X	Rz
제3차 데이텀	Y	

#6

6	⌖	Ø0 Ⓜ	N	A	R

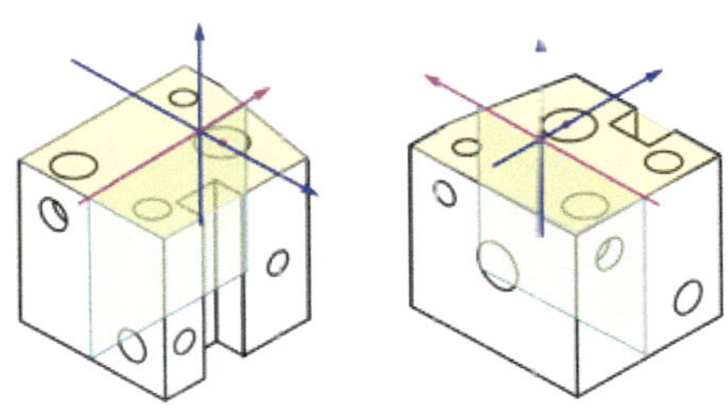

구분	구속되는 직선 운동 자유도	구속되는 회전 운동 자유도
제1차 데이텀	X	Ry, Rz
제2차 데이텀	Z	Rx
제3차 데이텀	Y	

SECTION 04

기본 요소 측정

4.1 점 (Point)

최소 측정 포인트	권장 포인트
1	1

① 피 측정물 측정 시 프로브 진행 방향으로 접촉이 일어나며 출력값은 프로브 중심의 값을 읽어 들인 후 프로브 중앙점으로부터 프로브 반경만큼 보정된다.

② 이때 경사진 면을 접촉하면 출력값은 여현 오차(코사인 오차)로 인하여 실제값과 다르게 나타난다. 선이나 면의 각을 측정할 때는 크게 문제가 되지 않는다.

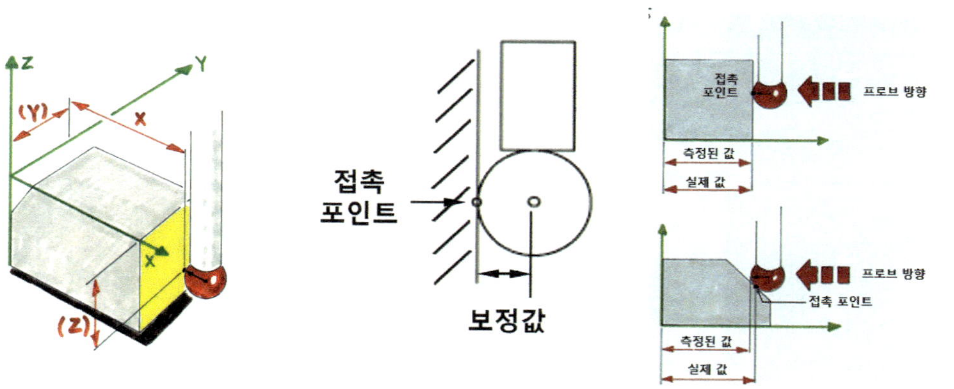

진행 방향의 X값을 출력한다. 프로브 반경만큼 보정된다. 경사진 면을 측정할 시 실제값보다 적은 값이 출력된다.

[그림 1-41]

4.2 직선 (Line)

최소 측정 포인트	권장 포인트
2	3

① 직선은 최소 2개의 포인트를 프로빙하여야 한다.

② 모든 프로빙 포인트가 대략 라인(선)에 위치해야 한다. 그렇지 않으면 컴퓨터가 평면으로 계산한다. 이때 요소를 직선으로 정정할 수 있다.

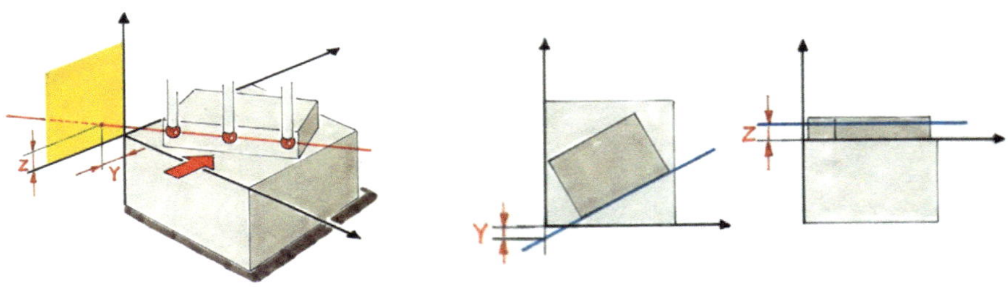

[그림 1-42]

③ 출력은 ㈜덕인의 뉴로메저와 Carl Zeiss사 Calypso S/W의 출력 항독이 서로 달라서 두 가지를 다 기재하기로 한다. (이하 계속)

<table>
<tr><th>뉴로메저</th><th>Calypso</th></tr>
<tr><td>출력 항목 : X, Y, Z, A1, A2</td><td>출력 항목 : X, Y, Z, A1, A2</td></tr>
<tr><td>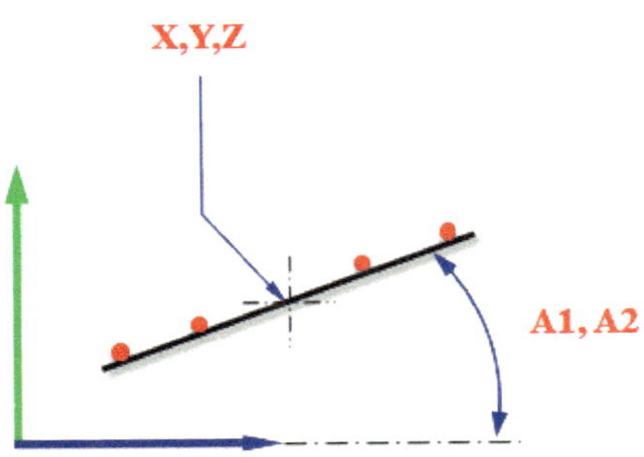

좌표원점은 측정 포인트의 중앙점이 출력된다.</td><td>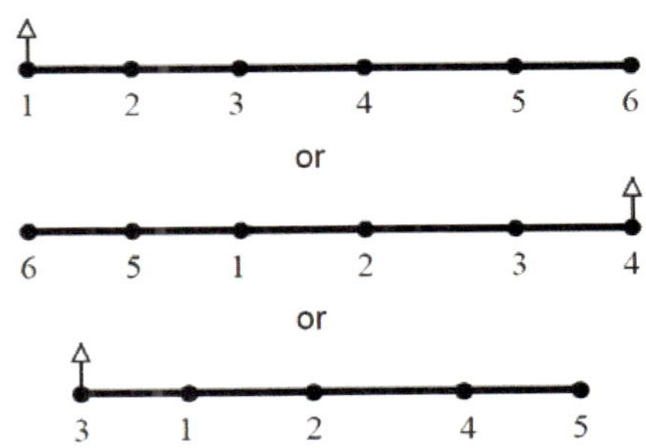

좌표원점은 처음과 끝점(좌 · 우) 중에서 먼저 프로빙한 점이 출력된다. 위 예에서는 포인트 1, 4, 3 이 출력된다.</td></tr>
</table>

④ 직선 측정할 때 주의할 점은 가능한 한 멀리 프로빙하는 것이 오차를 줄일 수 있다

[그림 1-43]

4.3 면 (Surface)

최소 측정 포인트	권장 포인트
3	4

① 최소한 3개의 포인트를 프로빙하여야 하며 평면 위에 포인트들을 최대한 넓게 프로빙 해야 한다.
② 포인트들이 모두 하나의 직선 위에 있으면 컴퓨터는 선으로 계산한다. 이때 형상 메뉴에서 평면으로 정정할 수 있다.
③ 면이 데이텀일 때는 영국규격(BS 7172)에서는 3라인 × 9포인트 = 27포인트로 프로빙하기를 권장하고 있다.
④ 출력원점은 다음 표와 같다.

뉴로메저	Calypso
출력 항목 : X, Y, Z, A1, A2	출력 항목 : X, Y, Z A1, A2
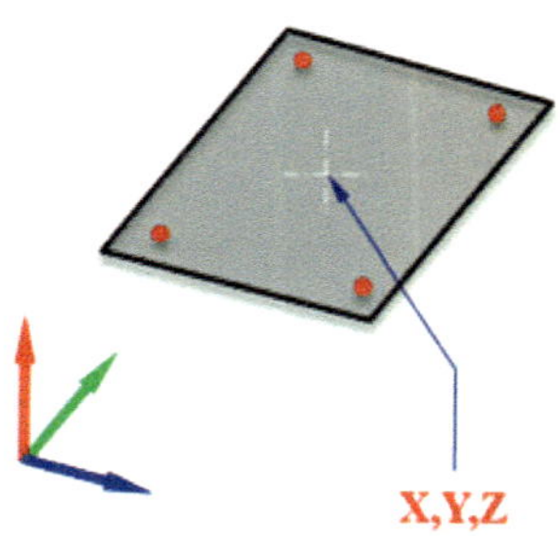	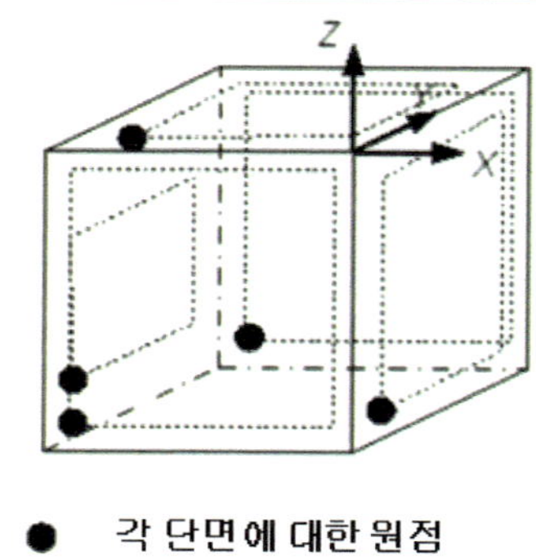
좌표원점은 측정 포인트의 중앙점이 출력된다.	좌표계 축에 대한 평면의 위치에 따라 달라진다.

⑤ 각도 출력은 다음과 같다.

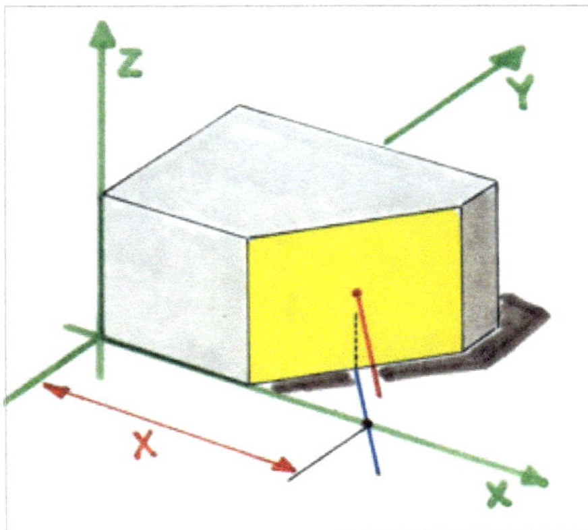

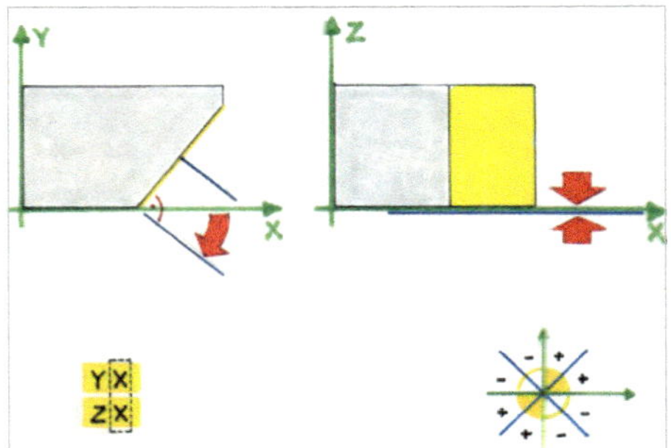

XY 단면에서 Y/X는 X축 기준으로 Y 방향의 각도를 의미한다. 또 1, 3 상환에 법선이 있으면 +각도, 2, 4 상한에 있으면 -각도를 의한다.

4.4 원 (Circle)

최소 측정 포인트	권장 포인트
3	4

① 원은 최소한 3개의 포인트를 프로빙 해야 한다.

② 프로빙 포인트는 측정하고자 하는 원의 축에 수직인 영역에 있어야 한다. 프로빙하는 모든 점이 거의 같은 높이에 있어야 한다.

③ 개별 포인트 간 높이 차가 지나치게 크면 컴퓨터는 원통으로 계산한다. 이때 사용자는 형상 메뉴에서 원을 수동으로 정정할 수 있다.

④ 요소 원점은(좌표계의 투영 평면에 있는 것이 아니라) 측정된 원의 중심에 있다.

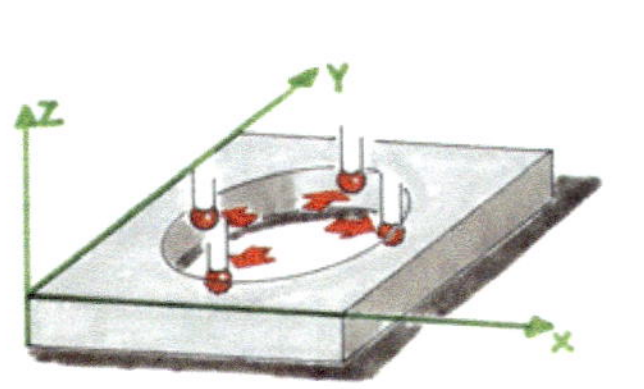

원 축의 수직 단면에서 프로빙 해야 한다.

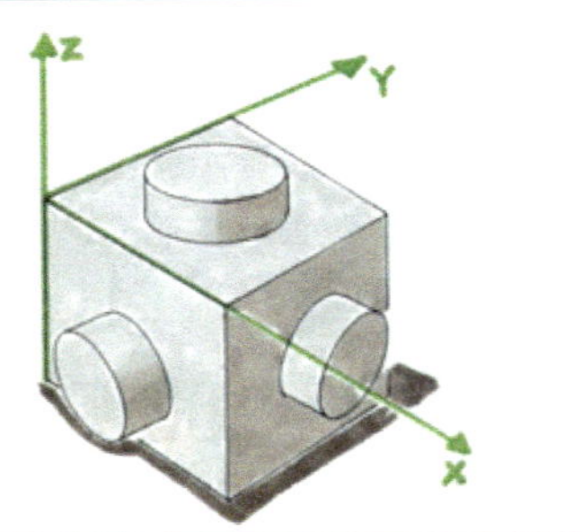

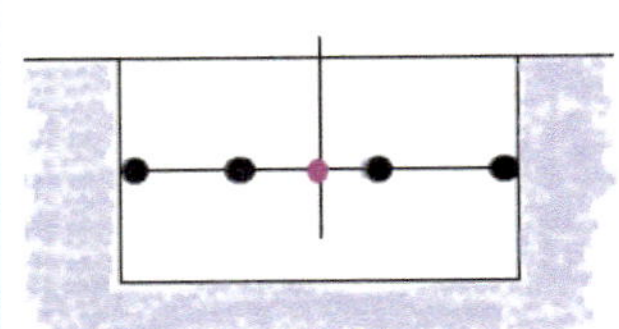

원점은 측정 단견 중심에 위치한다.

⑤ 측정할 때 주의할 사항은 다음과 같다.

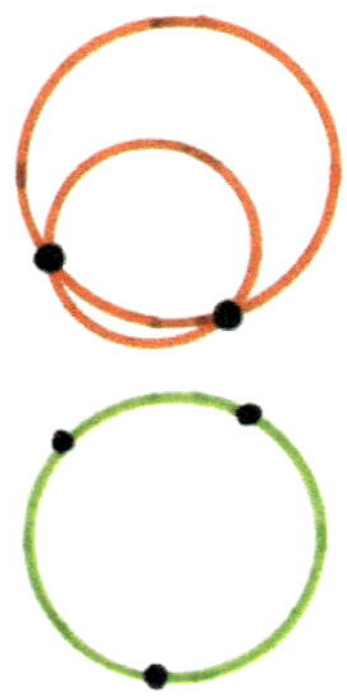	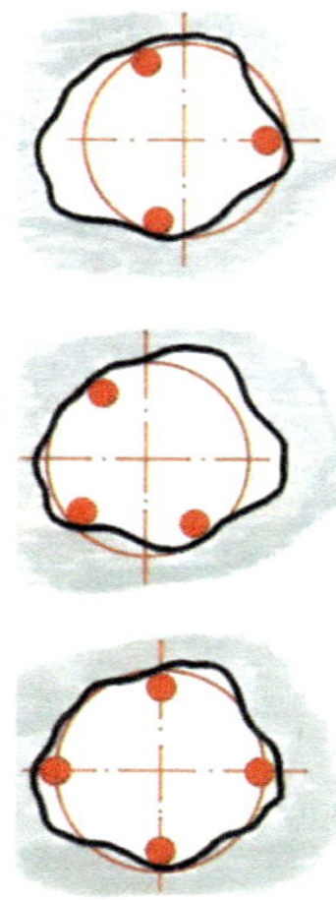	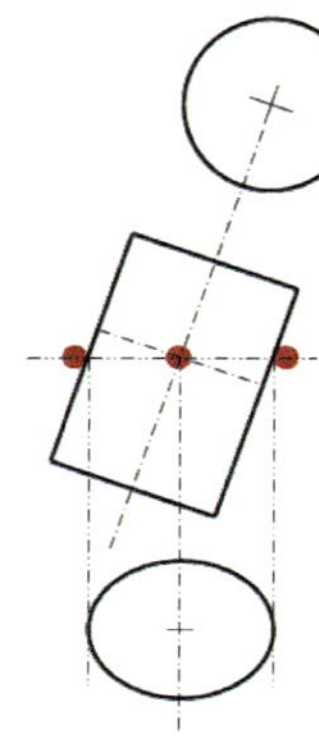
두 점은 무수히 많은 원을 그릴 수 있음. 최소 3점은 프로빙 해야 한다.	3점을 측정하면 중심 위치가 틀어질 수가 있으므로 4점을 권장함.	경사진 원은 축의 수직 방향 원주에서 측정하여야 한다. (아니면 타원이 됨)

⑥ 원이 테이텀일 때는 영국규격(BS 7172)에서는 21포인트로 프로빙하기를 권장하고 있다.

⑦ 출력원점은 다음 표와 같다.

뉴로메저	Calypso
출력 항목 : X, Y, Z, D	출력 항목 : X, Y, Z, D

4.5 원통 (Cylinder)

최소 측정 포인트	권장 포인트
5(8)	3 단면 × 4 = 12

① 최소한 5개(덕인은 8개)의 포인트를 프로빙 한다.

② 원통 축에 수직을 이루는 영역에서 처음 3개의 포인트를 프로빙 한다. 이 영역의 축은

임시 원통 축이 되며 첫 번째 영역의 축과 수직을 이루는 다른 영역에서 최소 2개의 포인트를 더 프로빙 한다. 원통의 축은 두 개의 원형 영역의 중심을 수직으로 통과하도록 계산된다.

③ 원형 영역들이 서로 너무 근접해서 붙어 있는 경우, 컴퓨터는 원통 대신에 원추를 계산한다.

④ 원통이 데이텀일 때는 영국규격(BS 7172)에서는 4 단면 × 9포인트 = 36포인트로 프로빙하기를 권장하고 있다.

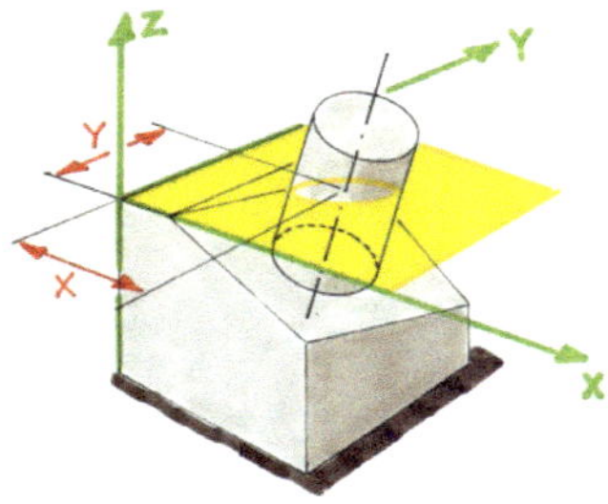

원통 축의 수직 단면에서 프로빙 해야 한다.

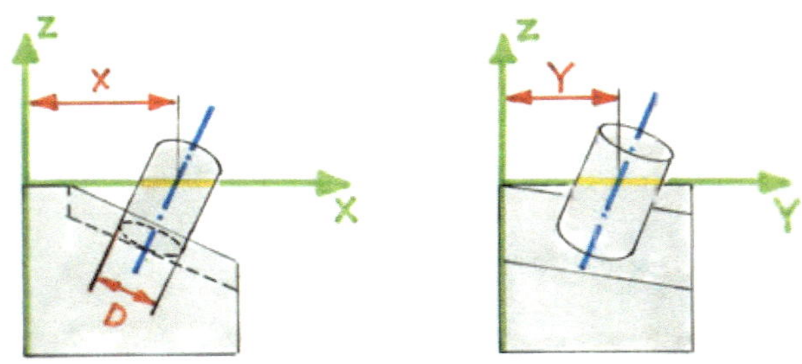

⑤ 출력원점은 다음 표와 같다.

뉴로메저	Calypso
출력 항목 : X, Y, Z D, A1, A2	출력 항목 : X, Y, Z D, A1, A2
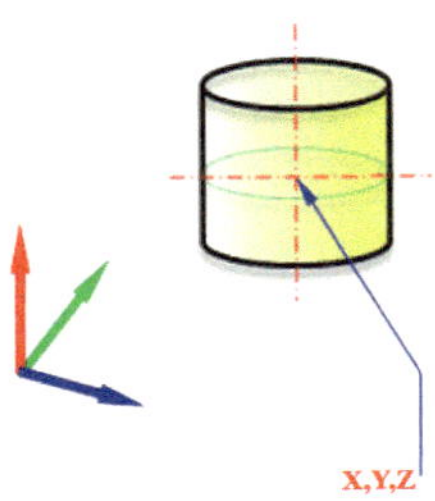 좌표원점은 측정 원통의 중앙점이 출력된다.	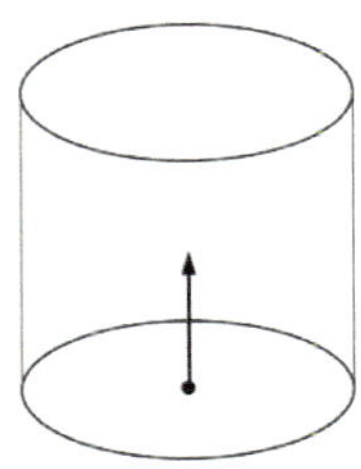 좌표원점은 측정 원통의 가장 낮은 프로 빙 포인트가 있는 면의 중앙점이 출력된다.

⑥ 측정할 때 주의할 사항은 다음과 같다.

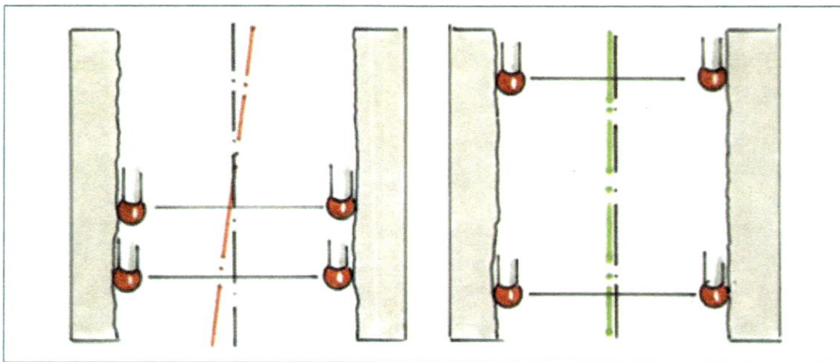

원통의 프로빙 단면은 최대한 간격을 넓게 측정하는 것이 오차를 줄일 수 있다. 측정할 때 9개 이상의 포인트를 프로빙하는 경우에는 프로빙 방법이 전혀 필요없다.

4.6 구 (Sphere)

최소 측정 포인트	권장 포인트
4	6

① 구의 표면에 고르게 분포한 최소 4개의 포인트를 프로빙 한다.

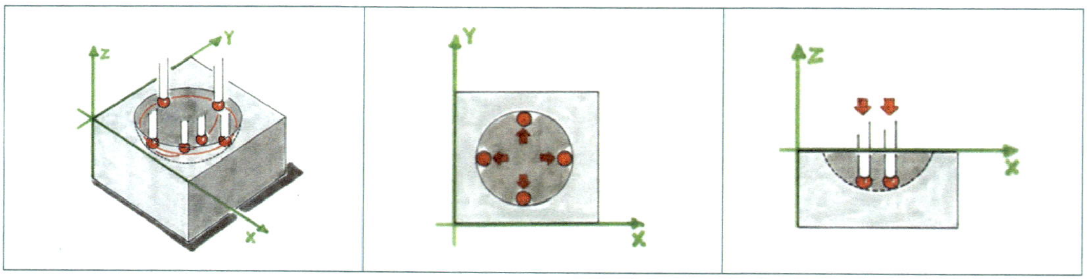

② 처음 두 포인트는 구의 극 근처에서 프로빙하고, 남은 포인트들은 구의 적도를 따라 프로빙 해야 한다.

③ 출력원점은 다음 표와 같다.

뉴로메저	Calypso
출력 항목 : X, Y, Z, D	출력 항목 : X, Y, Z, D

4.7 원추 (Cone)

최소 측정 포인트	권장 포인트
6	3 단면 × 4 = 12

① 최소한 6개의 포인트를 프로빙 한다.

② 원추의 축과 평행한 원형 영역에서 최소 3개의 포인트를 측정한다.

③ CMM을 다른 높이로 이동한 후 최소 3개의 포인트를 측정한다.

④ 원추(뿔)가 데이텀일 때는 영국규격(BS 7172)에서는 4 단면 × 9포인트 = 36포인트로 프로빙하기를 권장하고 있다.

⑤ 출력원점은 다음 표와 같다.

<table>
<tr><th>뉴로메저</th><th>Calypso</th></tr>
<tr><td>출력 항목 : X, Y, Z, D, A1, A2</td><td>출력 항목 : X, Y, Z, D, A1, A2</td></tr>
<tr><td>
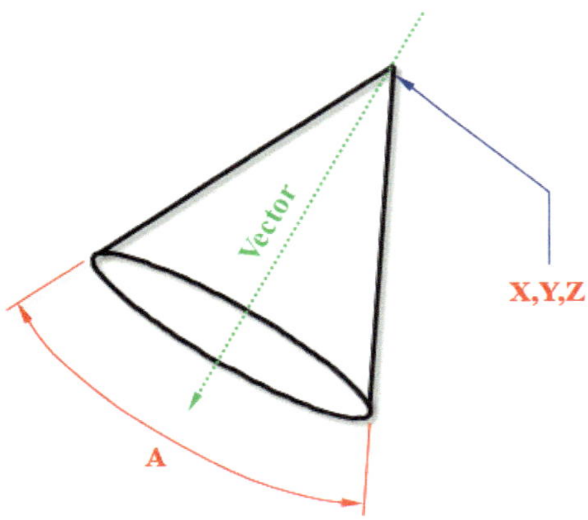

원점은 원뿔의 꼭지점의 좌표와 각도가 기본적으로 출력된다.</td><td>
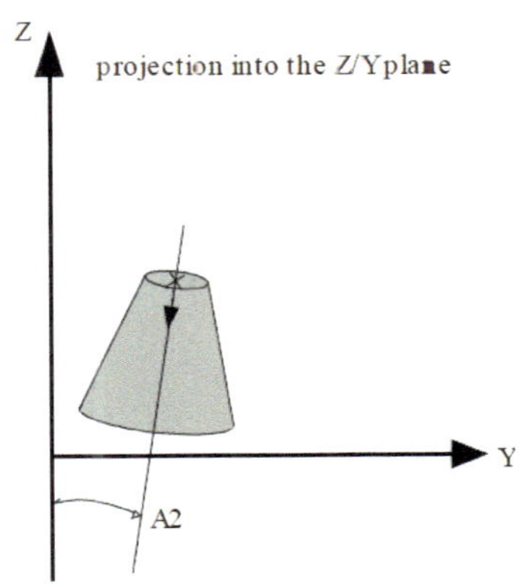

원점은 가장 낮은 프로빙 포인트가 있는 면(원) 위에 있는 중심좌표가 출력된다. 측정할 때 높이가 서로 다른 9포인트를 프로빙 해도 측정할 수 있다.</td></tr>
</table>

⑥ 원추의 출력된 직경과 각도의 부호

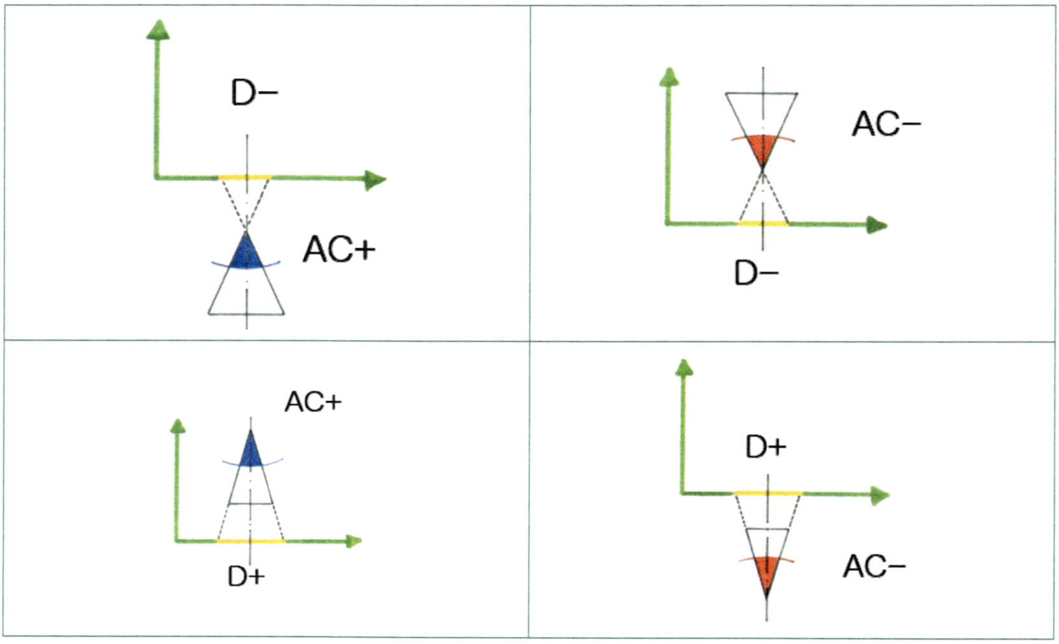

⑦ 측정할 때 주의할 사항은 다음과 같다.

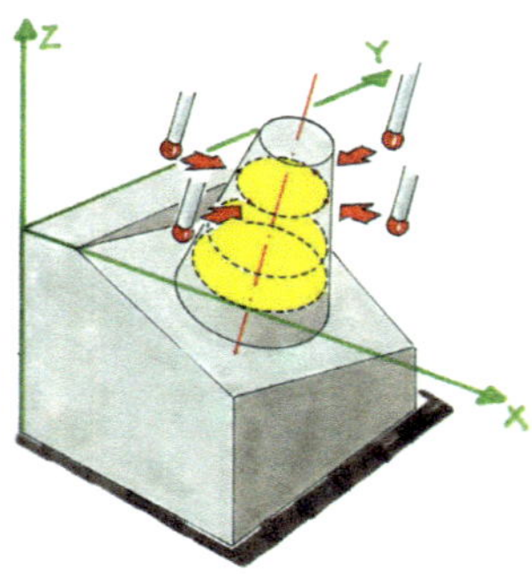

- 원추 축의 수직 단면에서 프로빙 해야 한다.
- 원추의 프로빙 단면은 최대한 멀리 측정하는 것이 오차를 줄일 수 있다.

4.8 타원 (Ellipse)

최소 측정 포인트	권장 포인트
5	8

① 최소 5개의 포인트를 프로빙 한다.

② 평면 영역에서 최소 5개의 포인트를 프로빙하며 영역의 원주를 따라 최대한 고르게 포인트를 분산시키도록 한다.

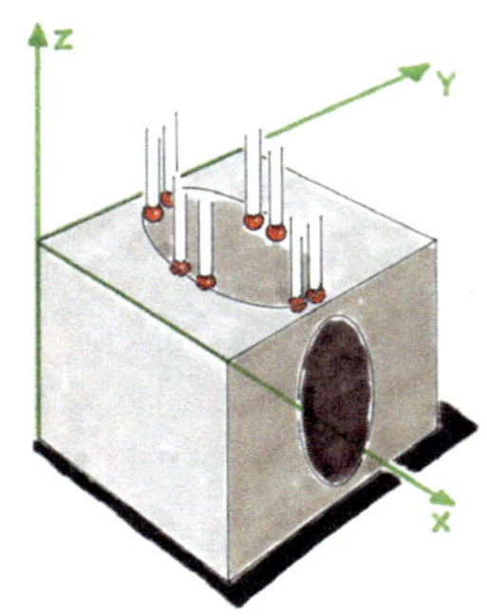

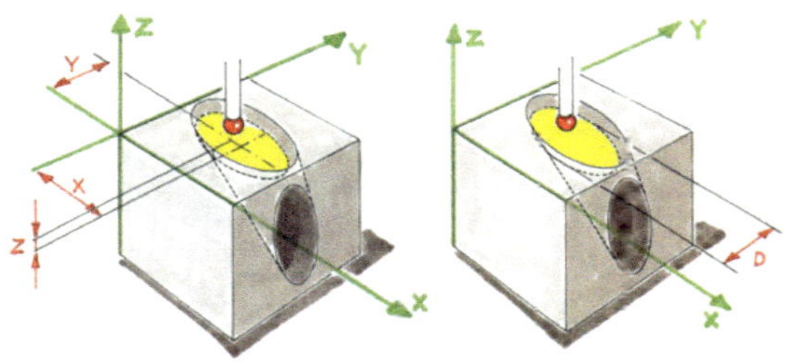

③ 출력원점은 다음 표와 같다.

<table>
<tr><th>뉴로메저</th><th>Calypso</th></tr>
<tr><td>출력 항목 : X, Y, Z DS, DL</td><td>출력 항목 : X, Y, Z D_{small}, D_{large}</td></tr>
<tr><td>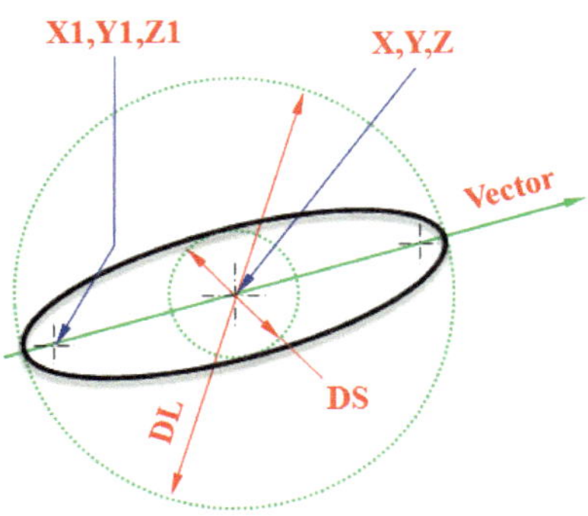</td><td>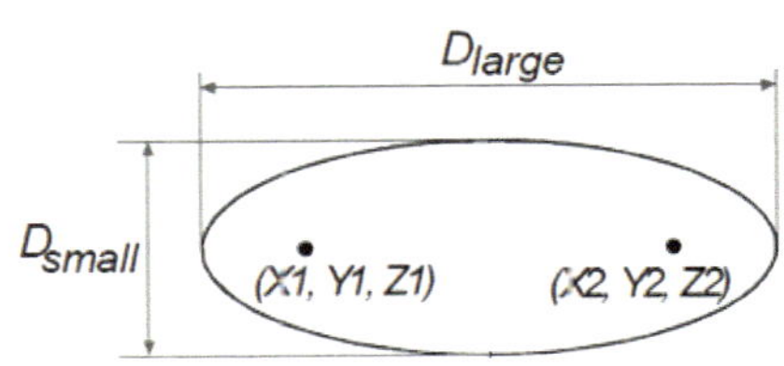</td></tr>
<tr><td>원점은 타원의 중심에 있다. 작은 직경과 큰 직경을 출력한다.</td><td>원점은 타원의 중심에 있다.</td></tr>
</table>

4.9 슬롯 (Slot)

최소 측정 포인트	권장 포인트
5	8

① 최소 5개의 포인트를 프로빙 한다.

② 슬롯은 다음 두 가지 방법으로 측정할 수 있다.

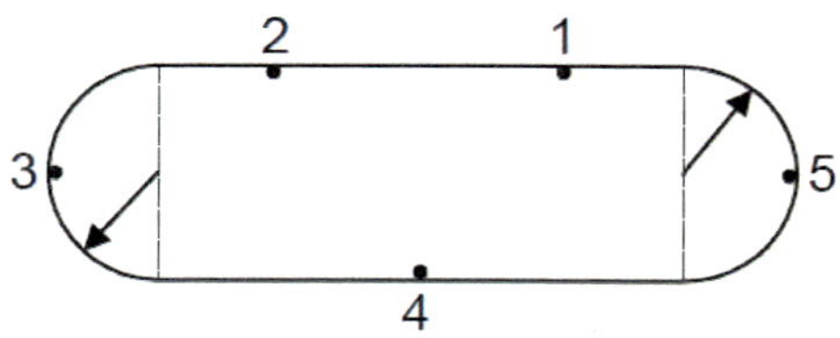

- 슬롯의 한쪽 편에 최소한 2개의 포인트가 있을 것
- 슬롯의 반대쪽에 최소한 1개의 포인트가 있을 것
- 각각의 반원에 최소한 1개의 포인트가 있을 것
- 권장 포인트는 각 위치에 2포인트씩 프로빙할 것

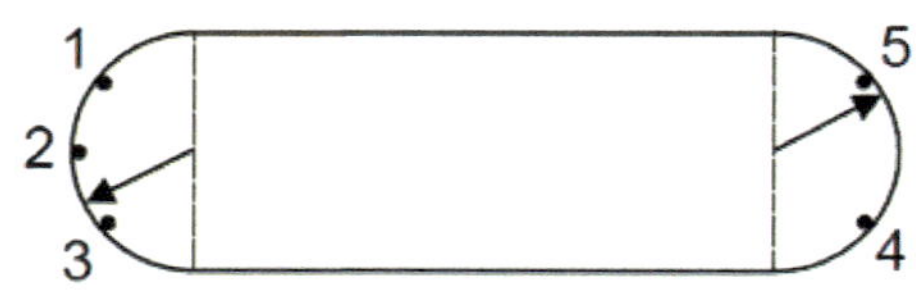

- 하나의 반원에 최소한 3개의 포인트가 있을 것
- 반대쪽 반원에 최소한 2개의 포인트가 있을 것
- 요소 원점은 슬롯의 무게중심, 즉 중심점에 있음
- 권장 포인트는 각 위치에 2포인트씩 프로빙할 것

③ 출력 항목은 다음 표와 같다.

뉴로메저	Calypso
출력 항목 : X, Y, Z, W, L	출력 항목 : X, Y, Z, W, L
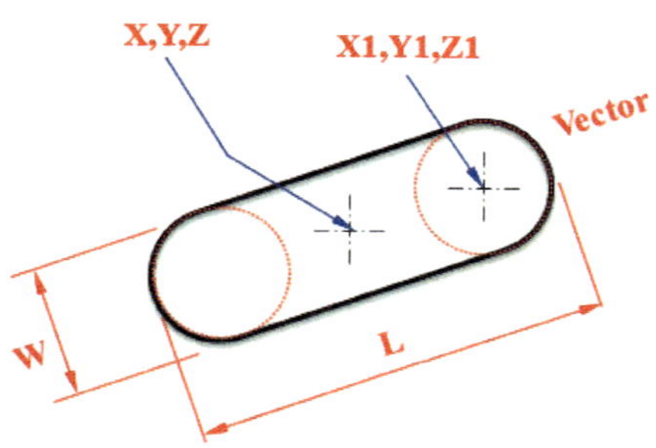	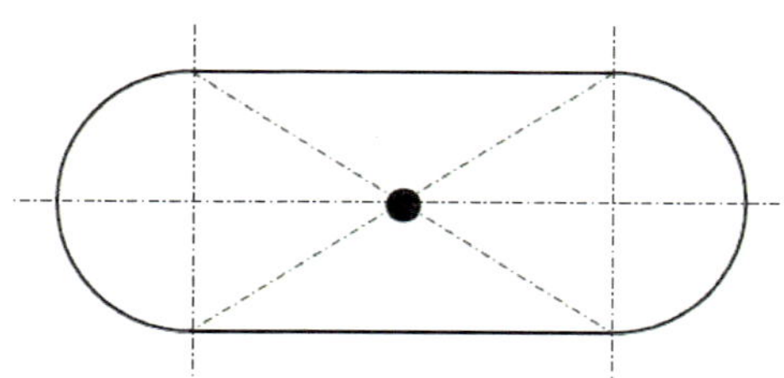

CHAPTER 2

3차원 측정 실습하기 I

(주)덕인 3차원 측정기 뉴로메저

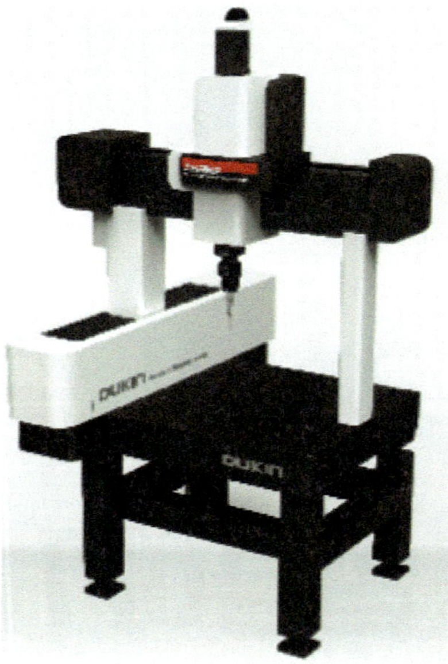

(주)덕인 3차원 측정기

SECTION 01

3차원 측정기 시작하기

1.1 사전 준비 작업

❶ 전원 연결이 잘 되었는지 확인한다.

정전압 장치 설치

❷ 압축공기가 적정 압력으로 공급되고 있는지 확인한다.

에어 드라이어 점검 후 에어 밸브를 연다.

1.2 3차원 측정기 켜기 (Power on)

❶ 컨트롤 박스를 열고 메인 스위치를 켭니다.

(녹색 버튼을 누름. 약 30초 후에 삑 소리가 들림)

[그림 2-1] 여러 모양의 콘트롤 박스

❷ 컴퓨터 바탕 화면에 (DKServer 실행 후) 뉴로메저5 실행

❸ 기계 원점 찾기

'예'를 누르면 3차원 측정기가 Z축 +, X축 +, Y축 +, 방향으로 이동한다.

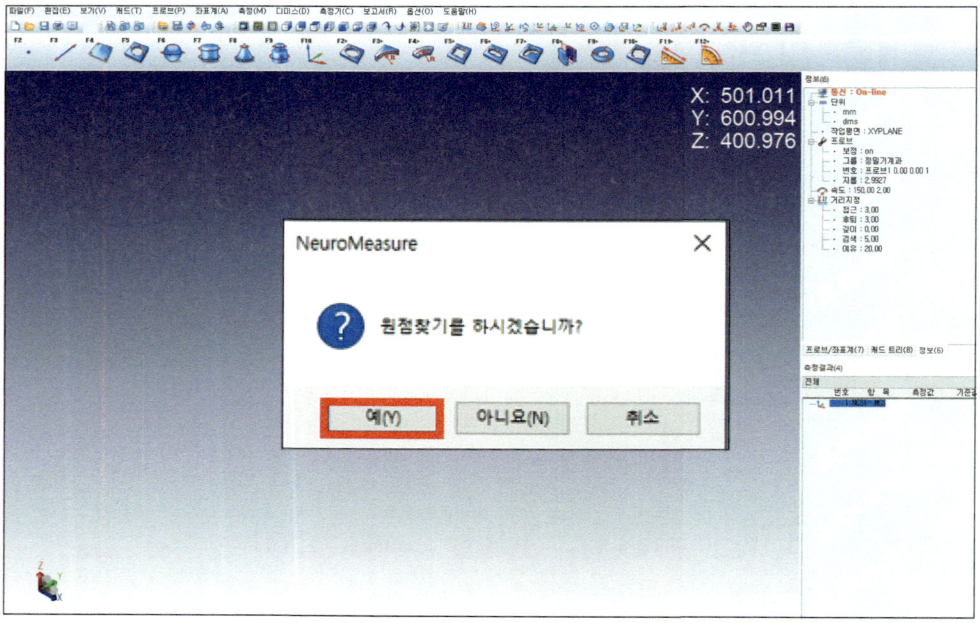

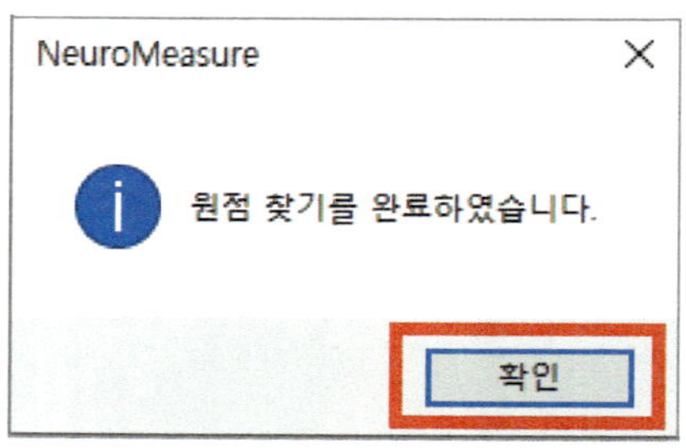

❹ 마지막 사용되었던 캐드 모델을 사용하시겠습니까?

'예'를 하면 다음과 같이 마지막으로 사용했던 캐드 모델이 화면에 나타난다.

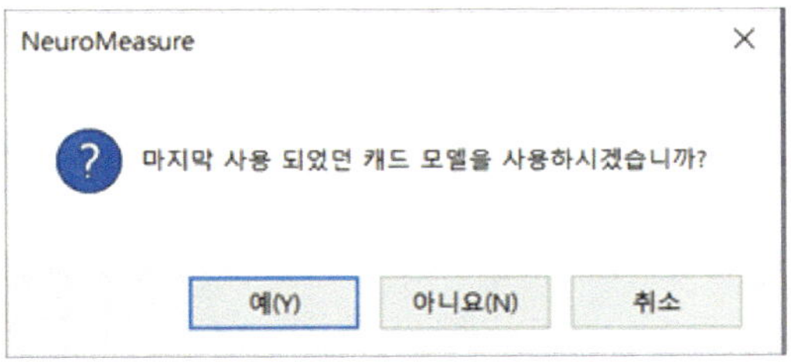

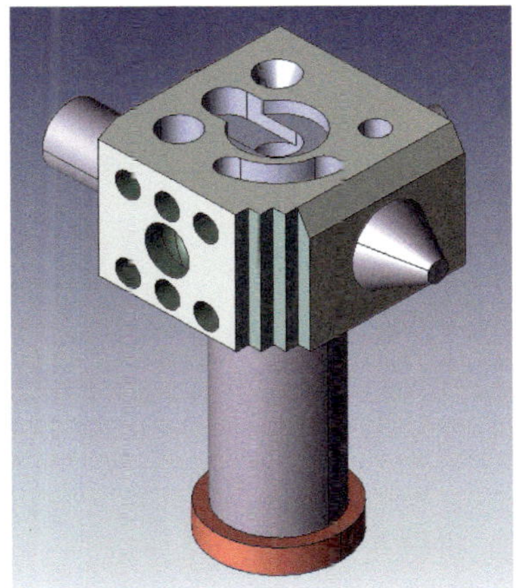

캐드 모델이 안 보이면 마우스 휠을 돌려 화면을 축소하면 된다.

❺ 화면의 구성

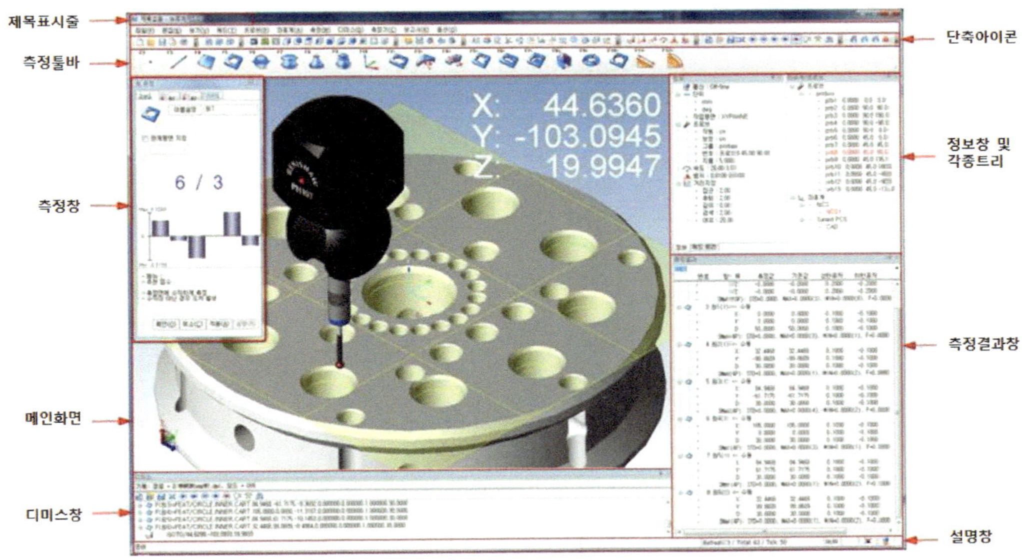

캐드창(측정화면)

❻ 키보드의 구성

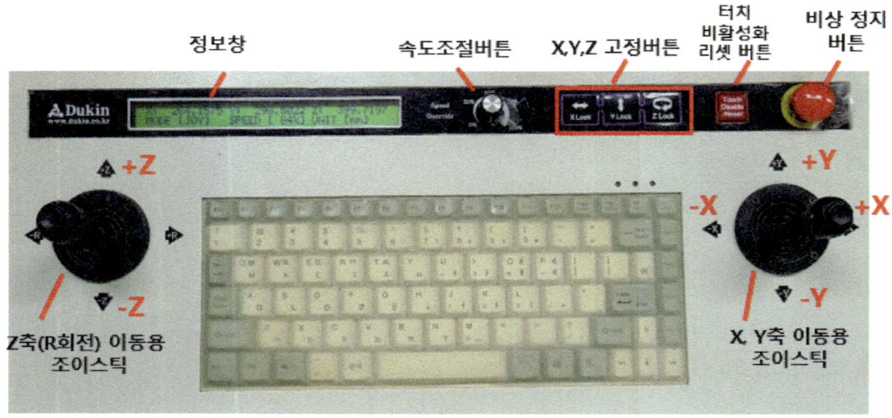

❼ 마우스 조작

- 화면 이동 : 마우스 가운데 휠(Wheel) 버튼을 누른 상태로 화면을 이동시켜 화면을 원하는 위치로 이동 가능함.
- 화면 회전 : 마우스 가운데 휠(Wheel) 버튼을 누른 상태에서 동시에 마우스 오른쪽 버튼을 누르면 메인 화면에 빨간색 원이 나타나며, 화면 회전이 가능하다.
- 화면 확대/축소 : 마우스 가운데 휠(Wheel) 버튼을 위아래로 스크롤(Scroll) 하면 화면이 확대 축소된다.

	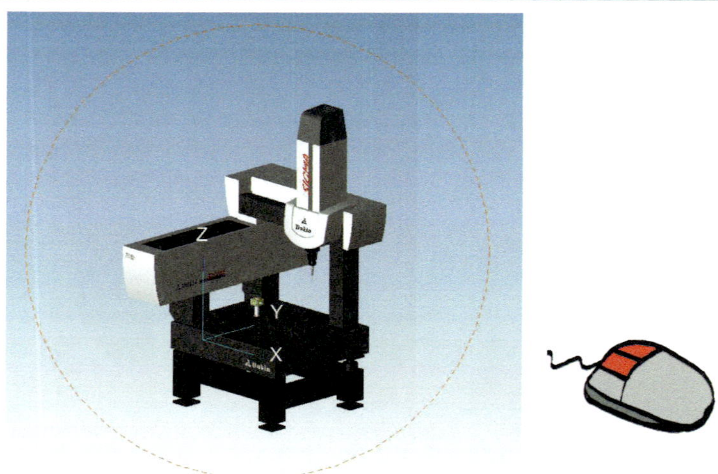
화면 이동	화면 회전

❽ 형상 선택

- 메인 화면에서 형상을 선택하고자 하는 경우, 키보드의 Ctrl 키를 누른 상태에서 마우스 왼쪽 버튼을 누르고, 화면을 드래그(Drag) 하면, 마우스 포인터가 노란색으로 변경되고, 드래그하는 영역이 표시된다.
- 드래그 영역 안에 포함되어 있는 형상들이 선택되고, 일부 형상을 제외하고자 하는 경우, 해당 형상을 다시 드래그 하여 선택하면, 현재 선택된 형상 중 재선택된 형상은 선택 해제된다.

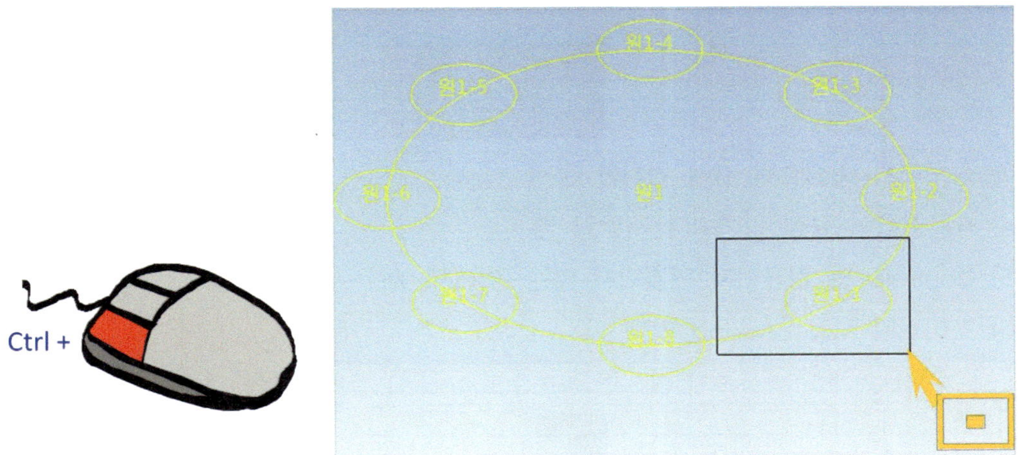

형상 선택

1.3 3차원 측정기 작동이 안될 때 체크 사항

(1) Emergency 버튼이 눌려있는 경우

(2) 속도 조절 스위치가 0으로 되어 있는 경우

(3) 프로브가 측정범위 밖에 위치한 경우

(4) Air 공급이 규정 압력보다 저압일 경우

(5) Controller와 컴퓨터가 연결되지 않는 경우(Network 환경 체크)

(6) 조이스틱 자동 Looking 기능

5분 이상 기계를 작동하지 않으면 자동으로 Lock이 설정된다.

Lock을 풀려면 조이스틱 패널의  키를 누른다.

1.4 3차원 측정기 끄기(Power off)

❶ 다음 사용자를 위해 프로브를 안전한 지점(정반 중앙)으로 이동하고 프로브 각도를 (A : 0, B : 0)으로 한다.

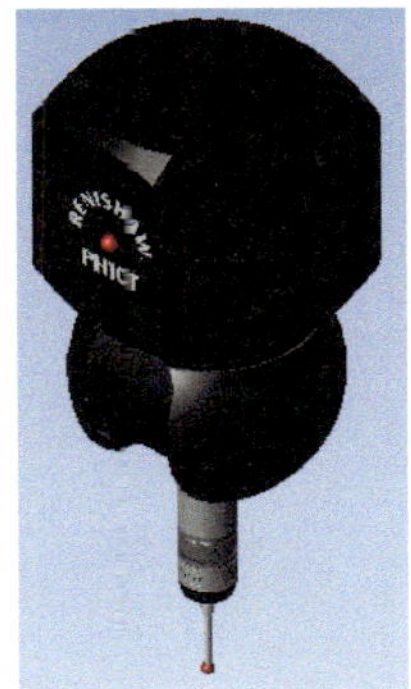

프로브의 위치

❷ 시작하는 방법의 역순으로 진행한다.

① 뉴로메저 종료

② 컴퓨터 → Off

③ 컨트롤러 끄기 (전원 Off)

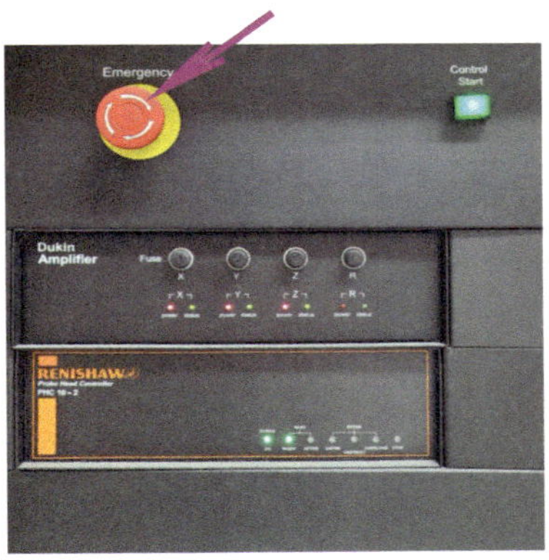

또는

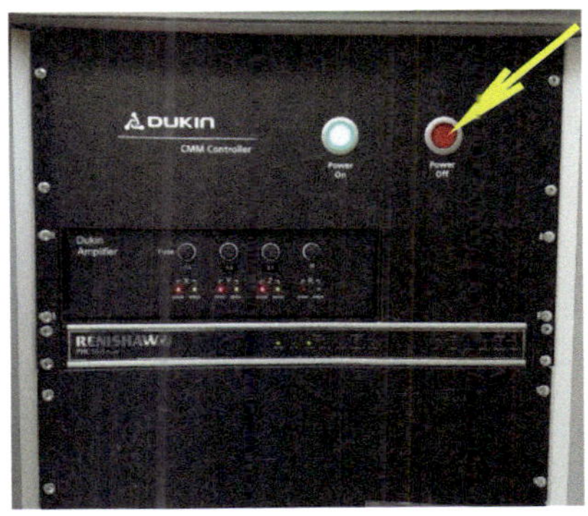

컨트롤러의 비상 버튼 또는 정지 버튼을 누른다.

④ 에어 밸브 잠그기

⑤ 에어 드라이어 끄기

⑥ 주변을 정리 · 정돈하고 방청 처리를 한다.

SECTION 02

프로브 교정

2.1 프로브 교정 순서

❶ 기준구를 깨끗이 닦은 후 3차원 측정기 정반 중앙에 설치한다.

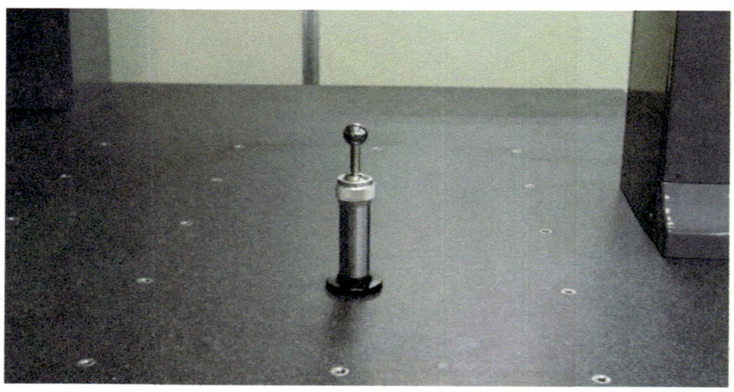

기준구 설치

❷ 상단 메뉴 [프로브] – 기준구 위치 지정을 한다.

	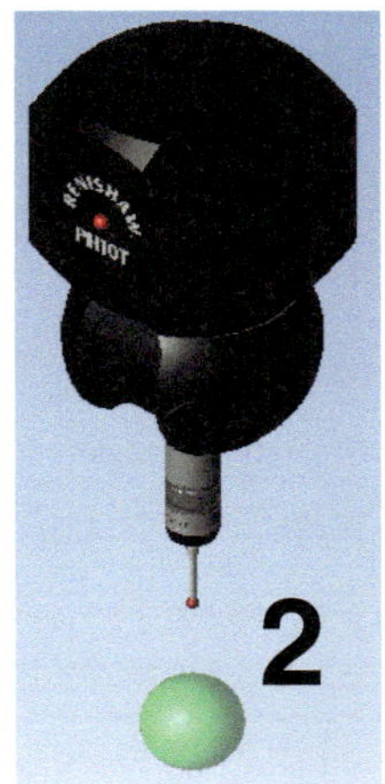 기준구가 안 보이면 '기준구 위치 옵션'이 선택되어 있어야 함.	 수동으로 1점 측정한 후 [자동]을 누름.
프로브 메뉴	기준구 측정	기준구 위치 지정 창

❸ 기준구의 최상단부(정수리)에 수동으로 1점 측정한 후 [자동]을 누르면 자동측정이 진행되어 기준구의 위치 지정이 완료된다.

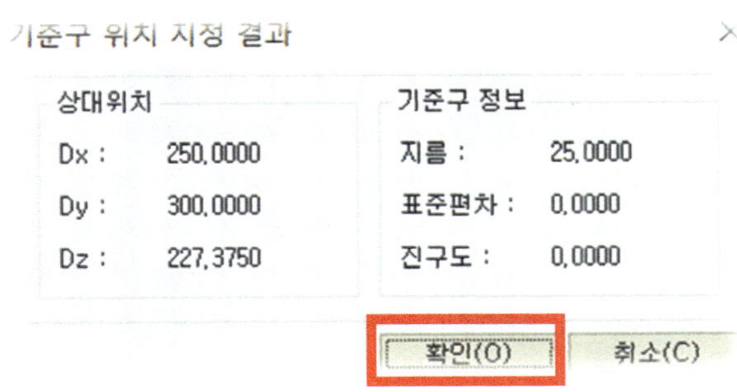

기준구 위치 지정 결과 창

❹ 상단 메뉴에서 [프로브] 〉 다중 프로브 자동옵션 〉 프로브 그룹 생성

다중 프로브 자동옵션을 체크하고 새로운 프로브 그룹을 지정한다. 새로운 프로브 설정 또는 스타일러스를 교체하거나 그룹 이름을 변경하여 교정하고자 할 때 사용한다.

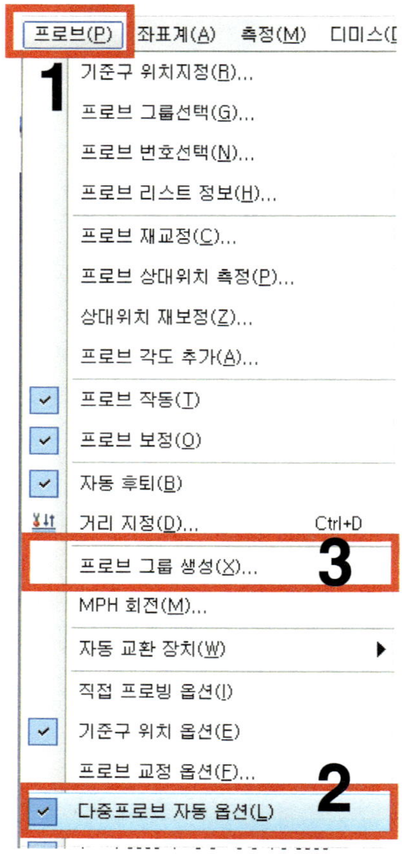

기준구 '위치 지정을 하시겠습니까?'에서 '아니오'를 선택한다. 앞에서 위치 지정을 안 했으면 '예'를 선택해서 위치 지정을 한다.

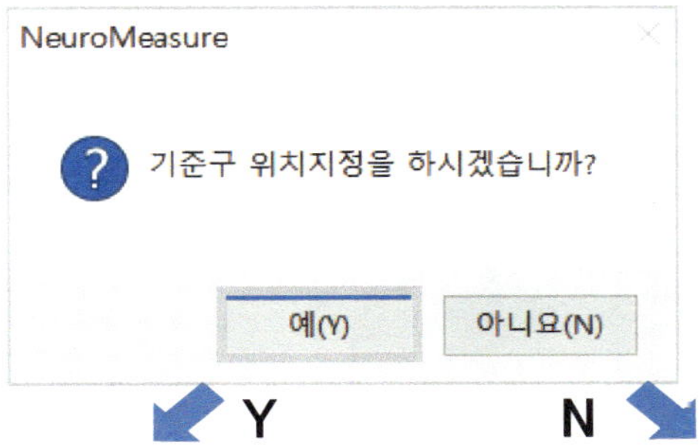

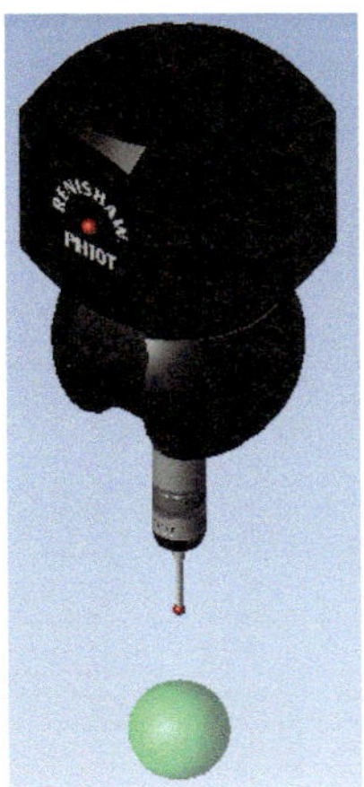

기준구 위(정수리 부근)를 프로빙한다.

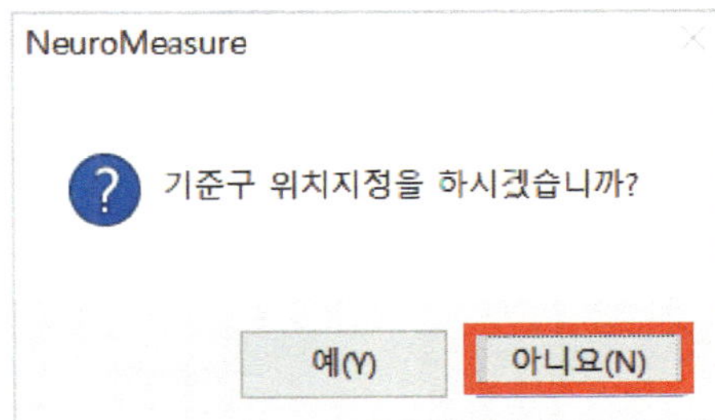

앞에서 실시했을 경우

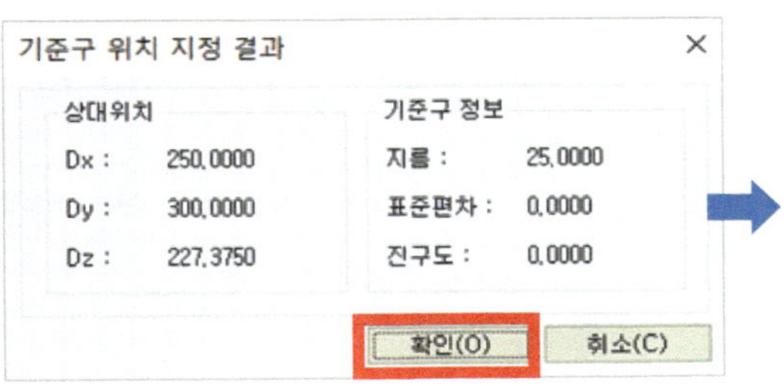

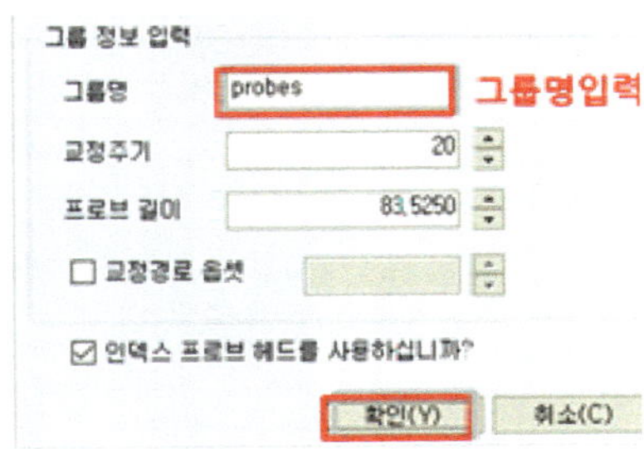

그룹명에 probes 대신 내 이름을 입력해 보자. 그룹명을 입력하고 확인을 누른다.

❺ 다음은 프로브 각도를 입력한다.

회전 프로브의 A 각도 : 상하 방향의 회전 각도

B 각도 : 좌우 방향의 회전 각도

즉 오른손 엄지손가락을 Z축 (+) 방향으로 했을 때 손가락을 감아쥐면 (+)방향, 손가락을 펴주면 (-)방향으로 생각하면 된다.

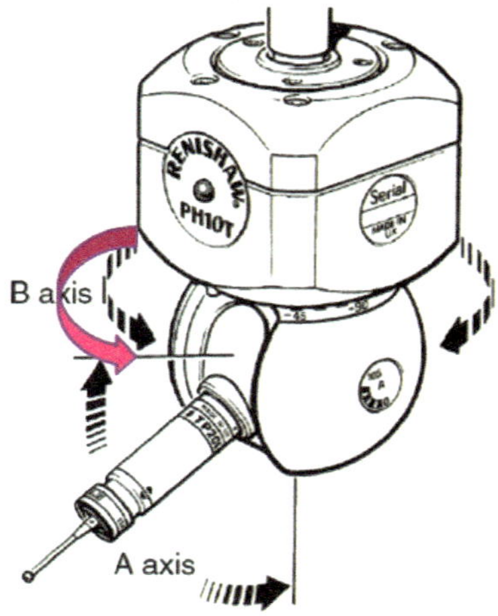

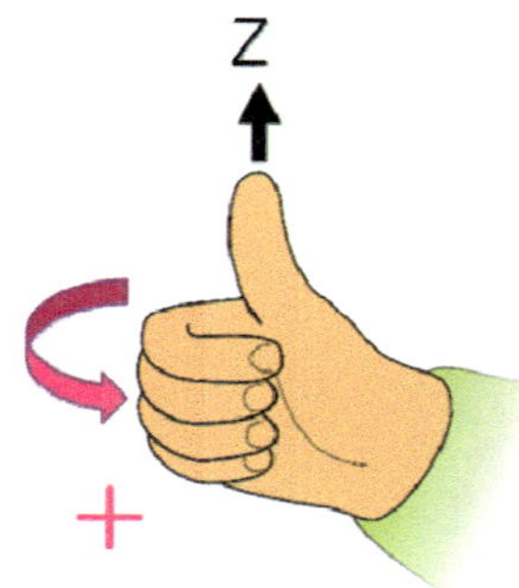

B 각도 방향

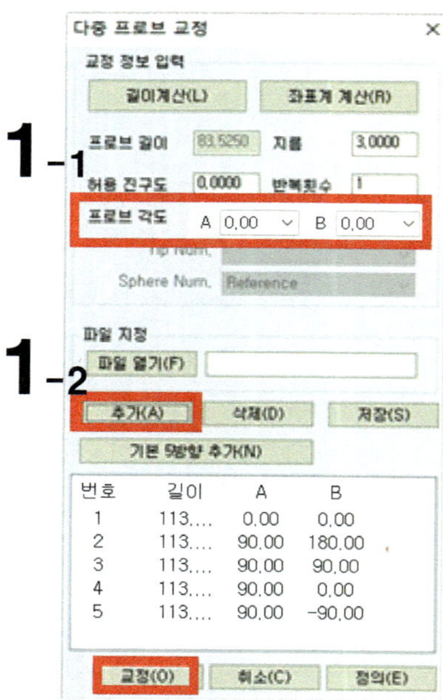

원하는 프로브 각도 A 각도와 B 각도를 선택하고 추가를 누른다. 다음의 프로브 번호 순서로 추가한다. (A 방향 0~105°, B 방향 ±180°에 대하여 7.5° 간격으로 720개 방향에 대한 위치 결정이 가능함.

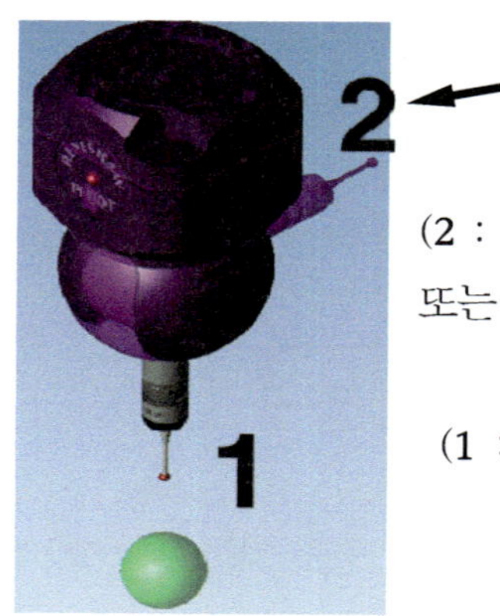

프로브 번호

(2 : A = 90, B= +180 또는 -180)

(1 : A = 0, B = 0))

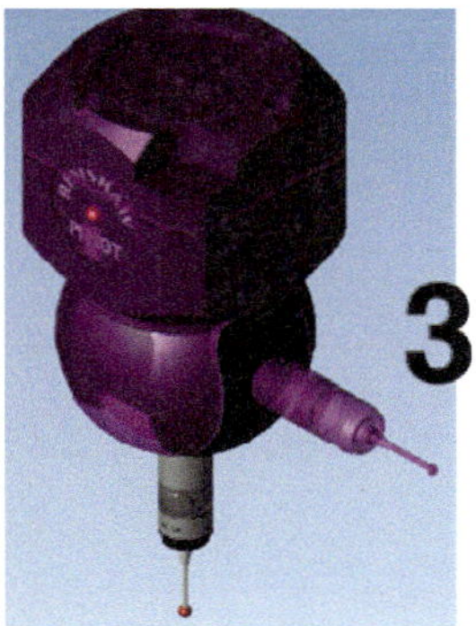

(3 : A=90, B=90)

(4 : A=90, B=0)

(5 : A=90, B=-90)

프로브 번호와 각도

❻ 교정을 클릭하면 일괄 교정을 실행한다.

❼ 프로브 각도를 시스템에서 정해진 기본 5방향을 일괄 추가할 수도 있다.

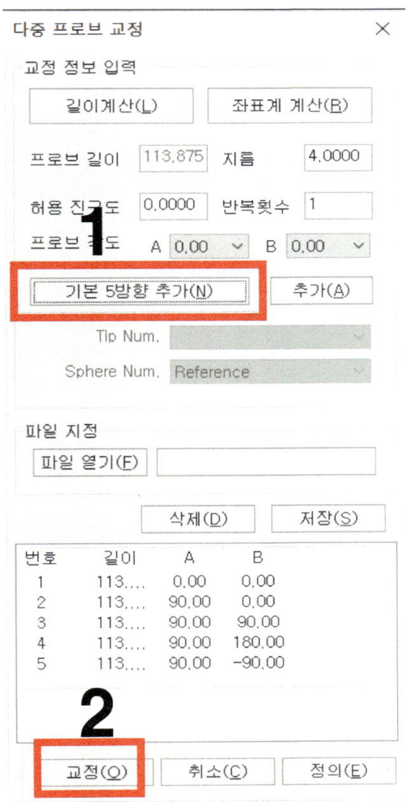

프로브의 일괄 추가 순서

1. 기본 5방향 추가
2. 교정

2.2 프로브 재교정

기존 프로브 그룹 또는 개별 프로브를 재교정한다.

(1) 상단 메뉴 [프로브] - [프로브 재교정] 선택

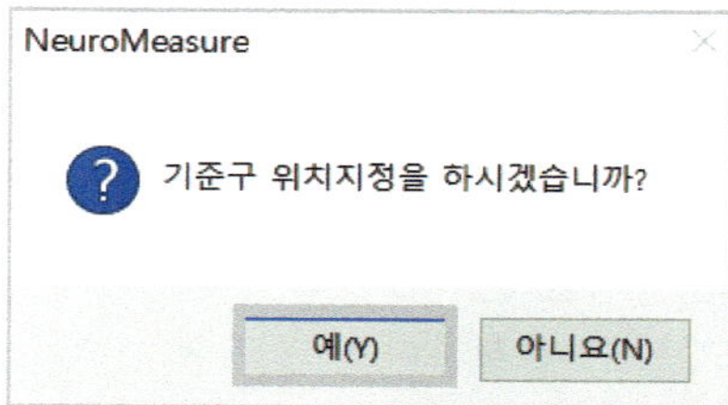

Y　　　　N

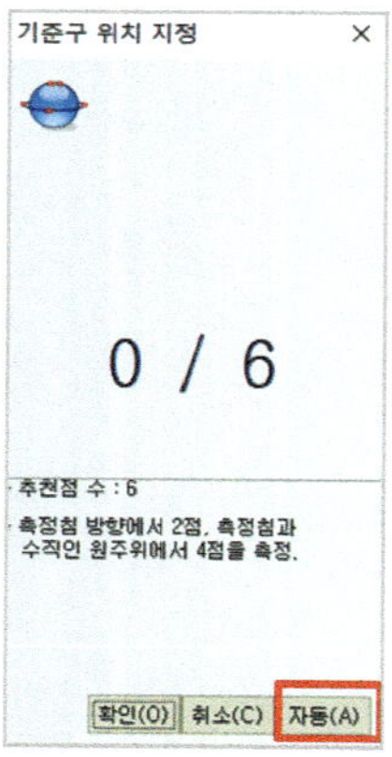

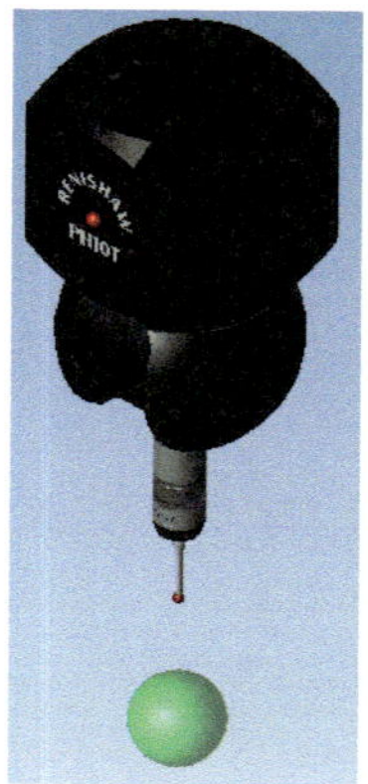

기준구 위(정수리 부근)를 프로빙 한 후 자동을 클릭한다.

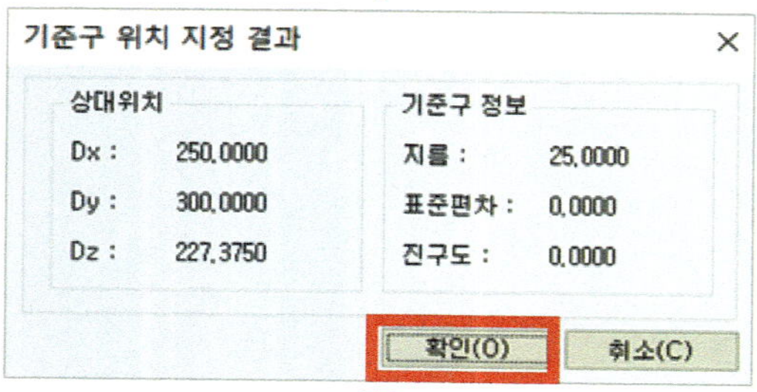

앞에서 기준구 지정을 시행했을 경우

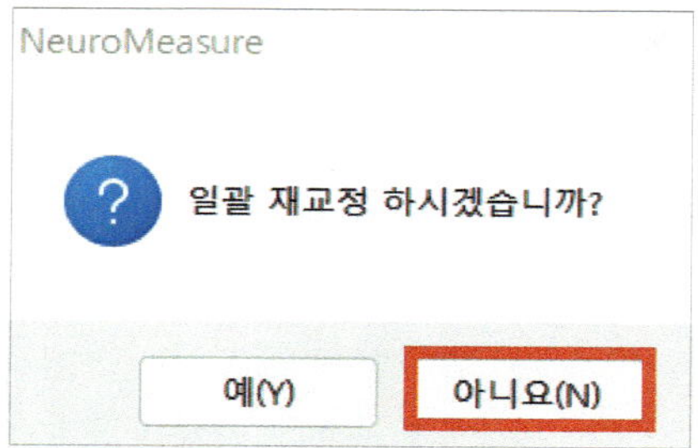

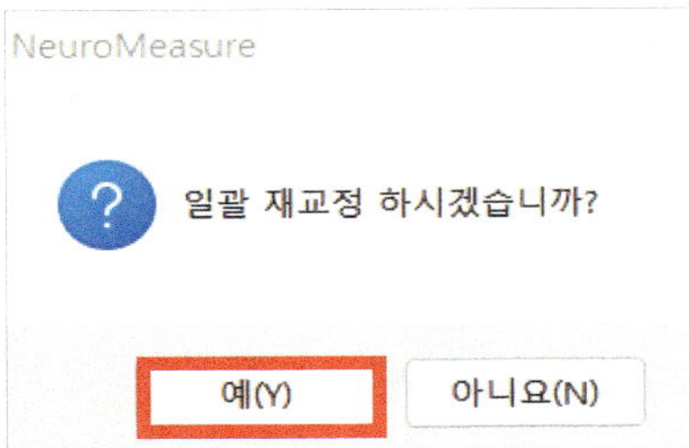

<u>일괄 재교정 순서</u>

1. 그룹명을 선택한다.
2. 추가 클릭
3. 추가된 그룹명을 선택
4. 확인

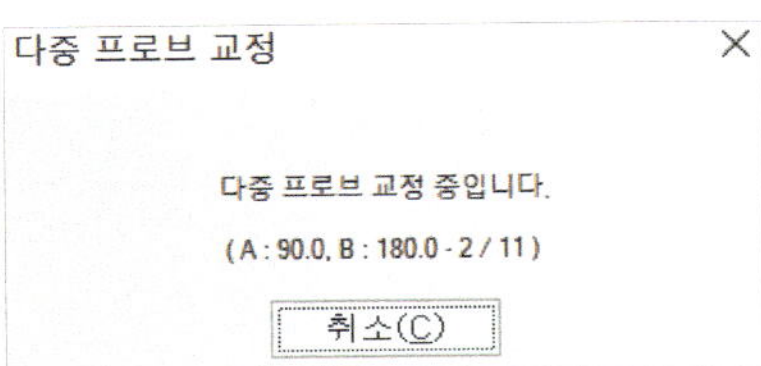

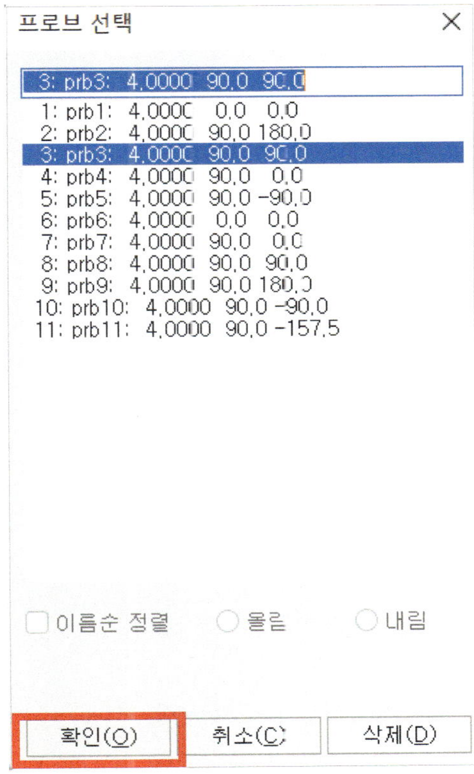

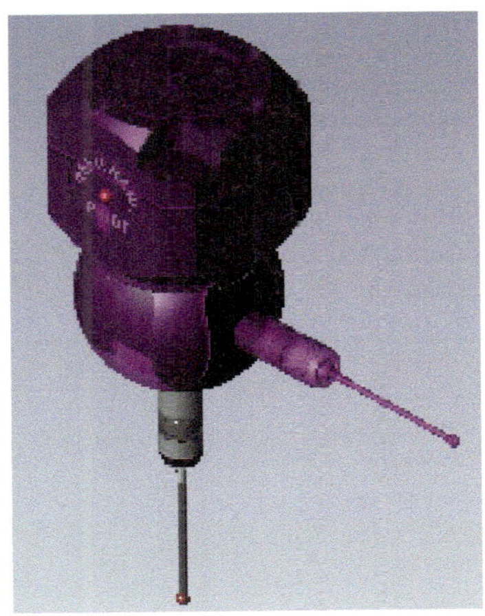

선택한 프로브

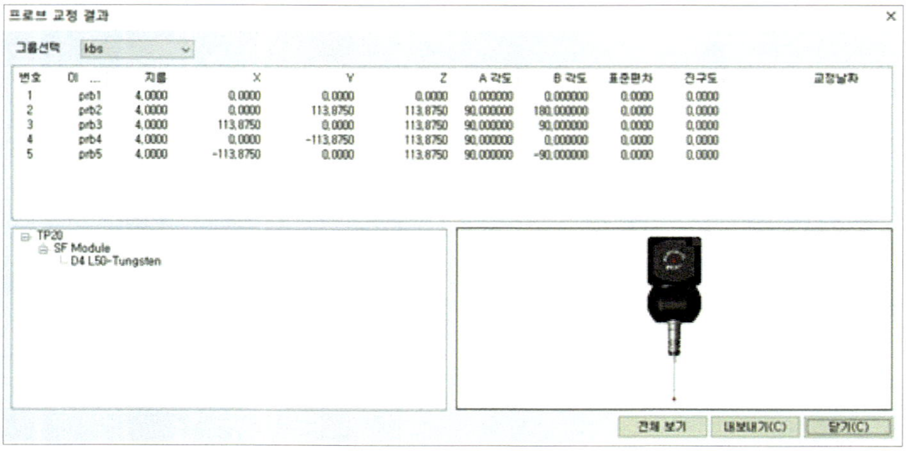

프로브 교정 결과

2.3 프로브 변경 방법

다음 4가지로 변경할 수 있다.

(1) [프로브(p)] - 프로브 번호 선택

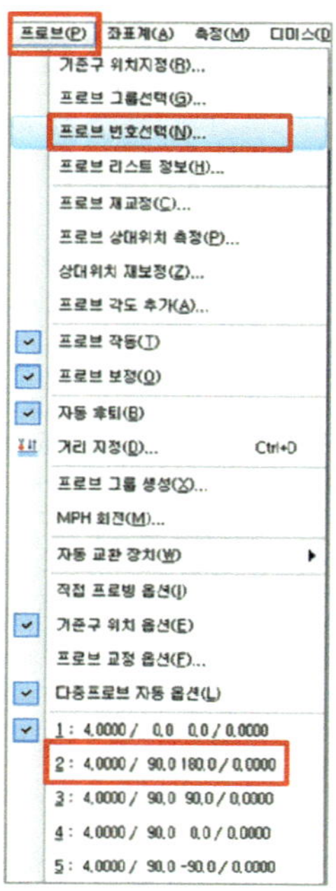

프로브 선택

프로브 선택

(2) [화면 우측 〉프로브/좌표계 창에서

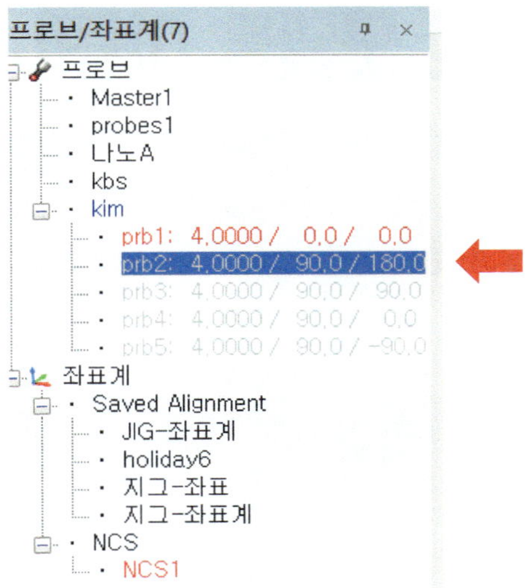

(3) 단축키를 이용하는 방법

키보드에서 P와 프로브 숫자 1~5를 누른다.

P1 ~ P5

- P : 프로브
- 숫자 : 프로브 번호

SECTION 03

캐드 모델을 이용한 가상 실습

3.1 캐드 모델 열기

(1) Off-Line

3차원 측정기를 실제 가동하지 않을 때는 3차원 측정기와 컴퓨터를 Off-Line으로 한다. (통신 더블 클릭)

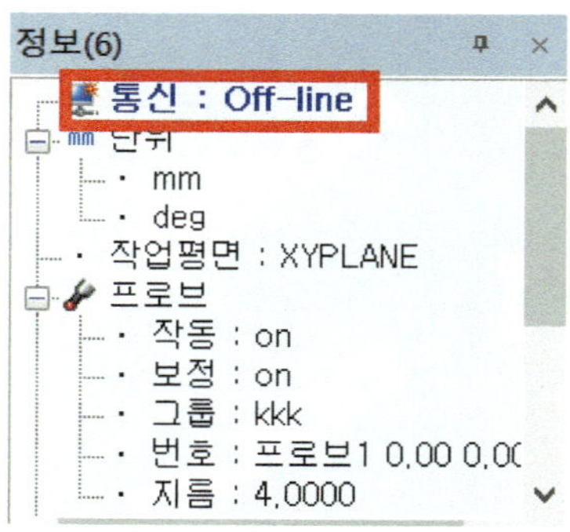

화면 우측 상단 정보창

(2) 캐드 모델 열기

상단 메뉴 [캐드] – [열기]

C:₩Dukin₩NM5₩Sample₩01_CAD_files₩Training_2011.duk을 더블클릭한다. (캐드 모델이 안 보이면 마우스 휠을 돌려 축소해 본다.)

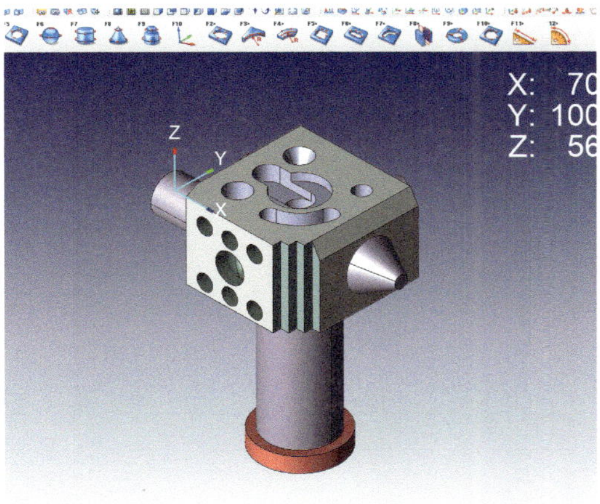

3.2 캐드 모델 이동(Ctrl + T)

(1) Ctrl + space를 눌러 3차원 측정기 그래픽을 나타나게 한다.

모델을 3차원 측정기의 정반 중앙으로 이동시킨다.

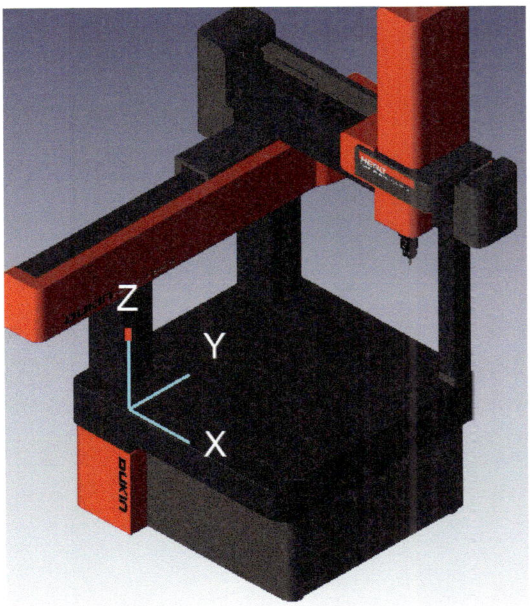

(2) 캐드 모델 이동(Ctrl + T)

상단 메뉴에서- [캐드] - [캐드 모델 이동]

: 캐드 모델 이동, 회전, 정반 이동, 법선회전, 정렬 등을 시행함.

(3) 정반이동

순서

① 정반이동
② 모델 클릭 〉 모델이 정반 중앙으로 이동
③ 적용
④ 닫기

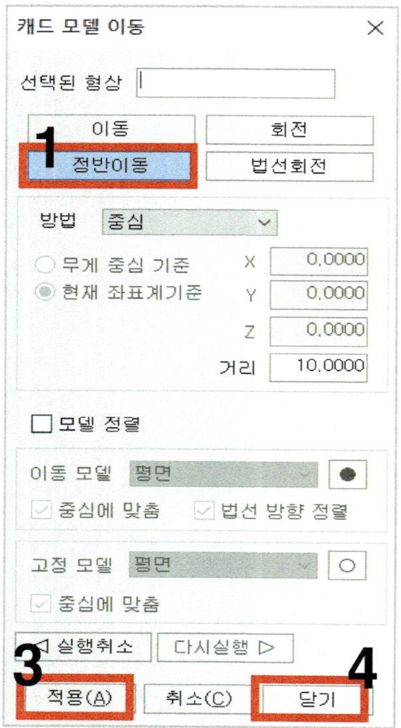

정반이동 순서

① 정반이동
② 모델 클릭 〉 모델이 정반 중앙으로 이동
③ 적용
④ 닫기

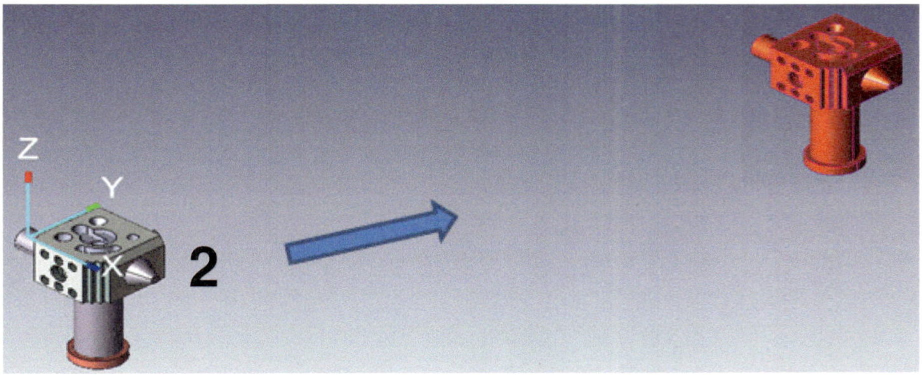

캐드 모델 이동 창

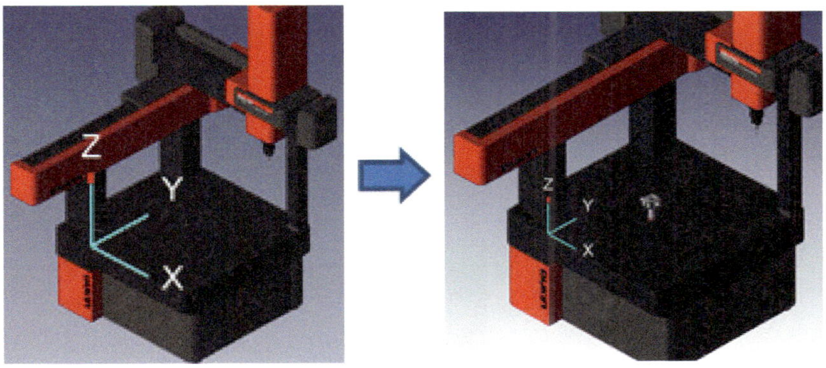

정반이동 전 정반이동 후

(4) 장비 그래픽 설정(Ctrl+space)

장비 그래픽 설정(Ctrl+space)을 이용하여 '전체 보이기' → '프로브 보이기' → '스타일러스 보이기' → '캐드 모델만 보이기' 로 변환할 수 있음.

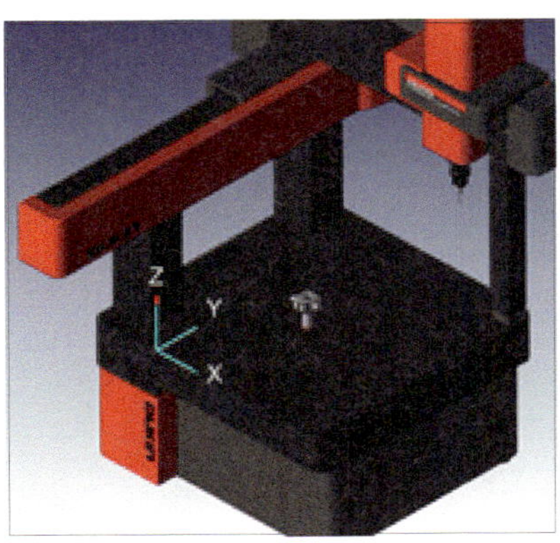

전체 보이기

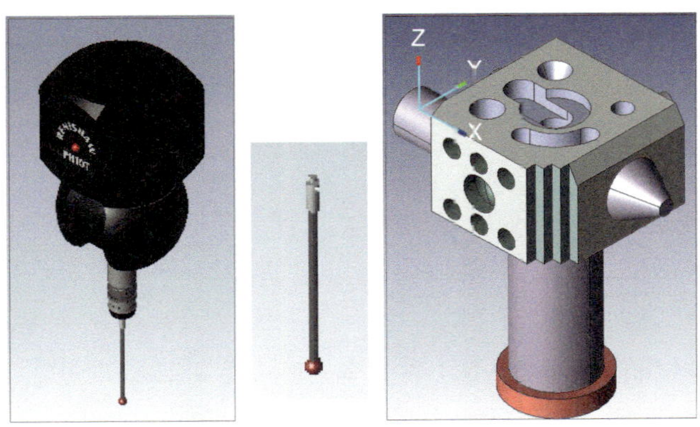

프로브 보이기, 스타일러스 보이기, 커드 도델만 보이기

3.3 캐드 모델 측정하기

(1) 측정 아이콘

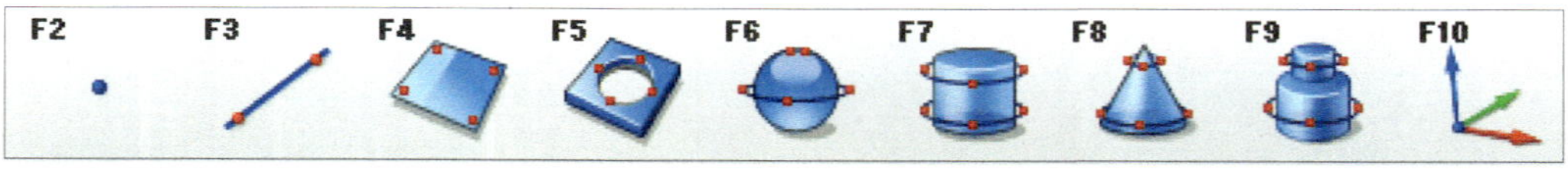

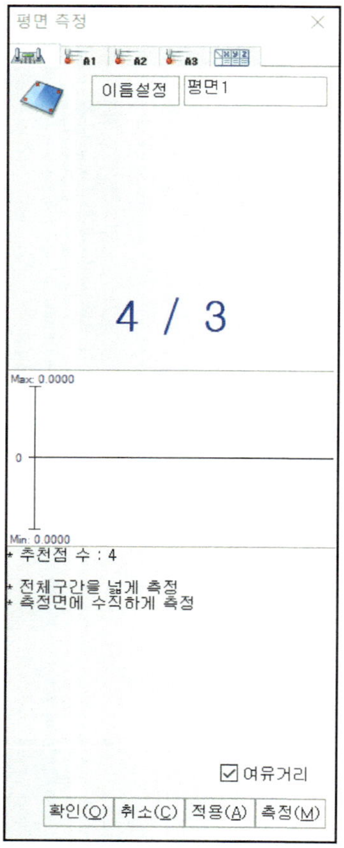

면을 측정한다면 F4 또는  아이콘을 누른다. 측정하고자 하는 면을 Ctrl+마우스 왼쪽 버튼으로 클릭한다. 왼쪽 그림의 4/3에서 4는 현재 측정 점수를 나타내며 3은 계산되기 위한 기본 측정 점수이다.

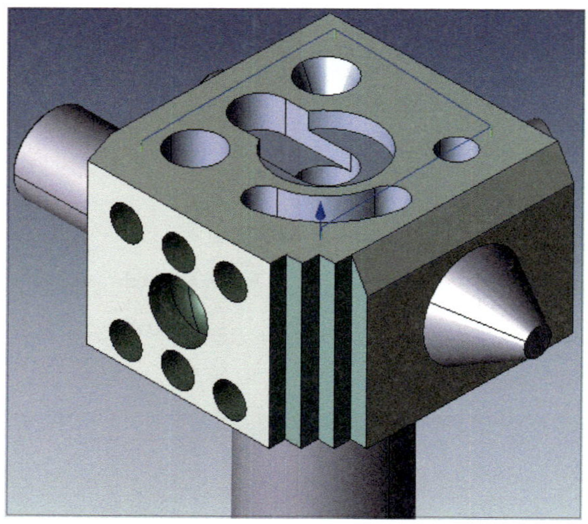

- 프로빙 : Ctrl + 마우스 왼쪽
- 캐드 모델 이동 : 마우스 휠 누르고 + 드래그
- 캐드 모델 회전 : 〃 + 우측 마우스 드래그
- 모델 확대/축소 : 마우스 휠을 앞/뒤로 움직인다.
- 장비 그래픽 보기 : Ctrl + space

(2) 측정 결과 및 인쇄

❶ 측정 결과 판정 기호

상한 공차와 하한 공차를 4등분 하여 그 비율에 따라 다르게 적용된다.

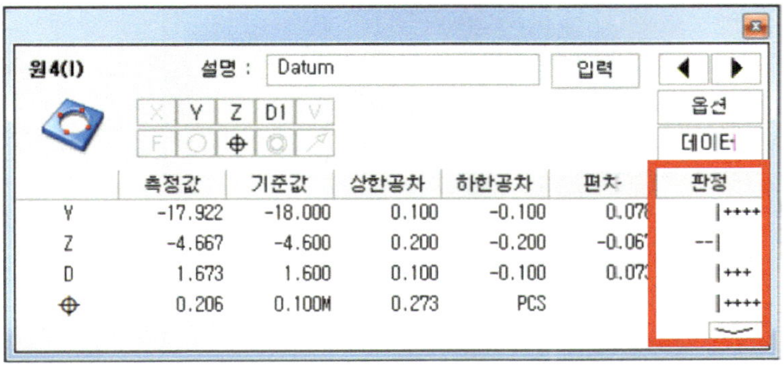

측정 결과 창

기호	측정값 위치	상세 설명
- - - - |	-100% ~ -75% 사이	- 측정값이 – 공차의 100% ~ 75% 사이에 존재
- - - |	-75% ~ -50% 사이	- 측정값이 – 공차의 75% ~ 50% 사이에 존재
- - |	-50% ~ 25% 사이	- 측정값이 – 공차의 50% ~ 25% 사이에 존재
- |	-25% ~ 0 사이	- 측정값이 – 공차의 25% ~ 0% 사이에 존재
> | <	중심과 일치	- 측정값과 기준 값이 정확히 일치 함.
| +	0 ~ +25% 사이	- 측정값이 + 공차의 0% ~ 25% 사이에 존재
| + +	+25% ~ +50% 사이	- 측정값이 + 공차의 25% ~ 50% 사이에 존재
| + + +	+50% ~ +75% 사이	- 측정값이 + 공차의 50% ~ 75% 사이에 존재
| + + + +	+75% ~ 100% 사이	- 측정값이 + 공차의 75% ~ 100% 사이에 존재
수치	공차를 벗어남.	- 측정값이 공차를 벗어남.

기호에 따른 공차 분포

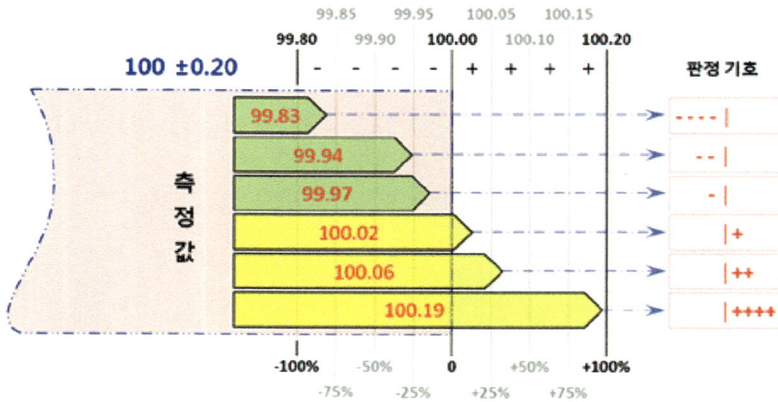

치수공차가 100±0.2일 때 측정값의 분포 기호

❷ 표제란 작성

[편집] 〉 표제란 작성 〉 측정번호와 측정자 이름 입력

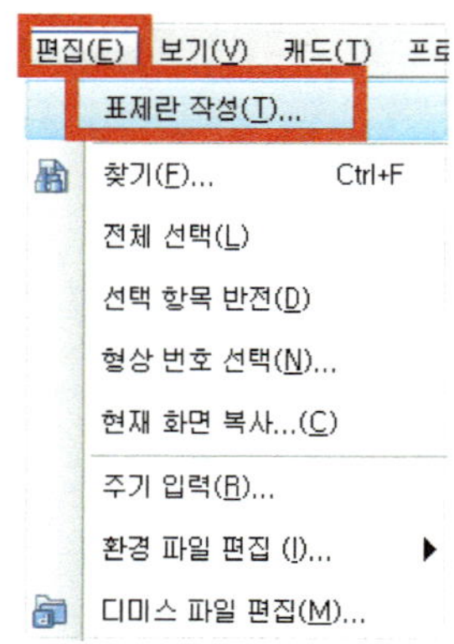

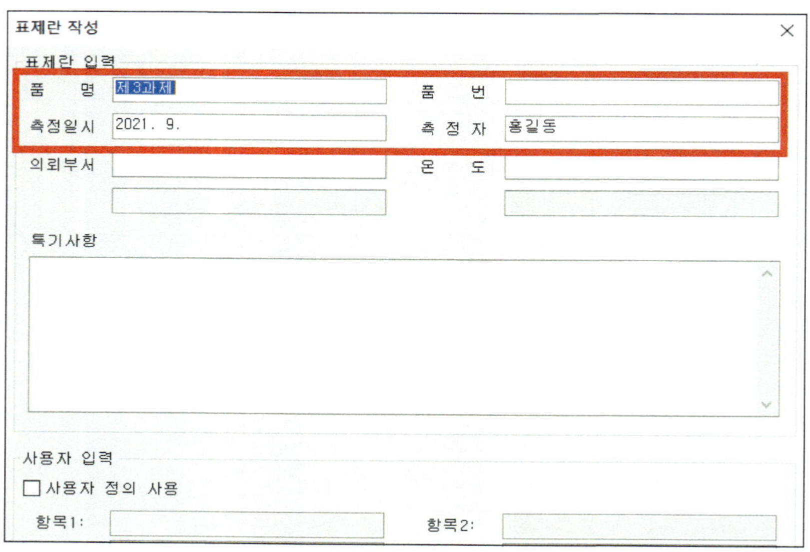

표제란은 사용자 입력으로 항목을 추가할 수 있다.

❸ [파일] 〉 페이지 설정 〉 확인

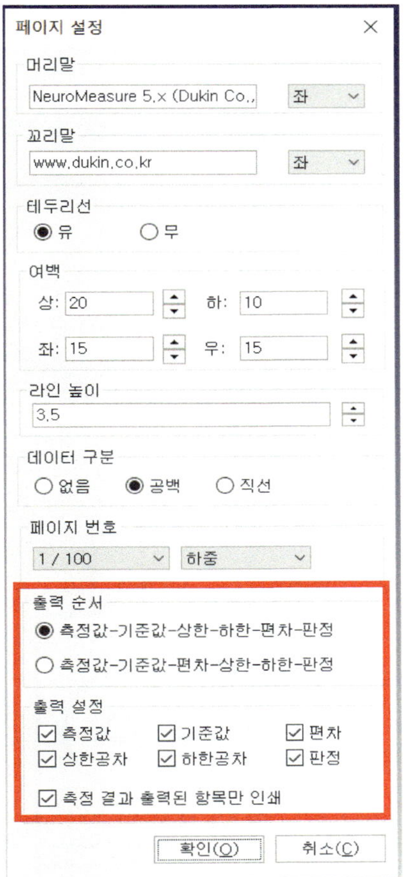

페이지 설정

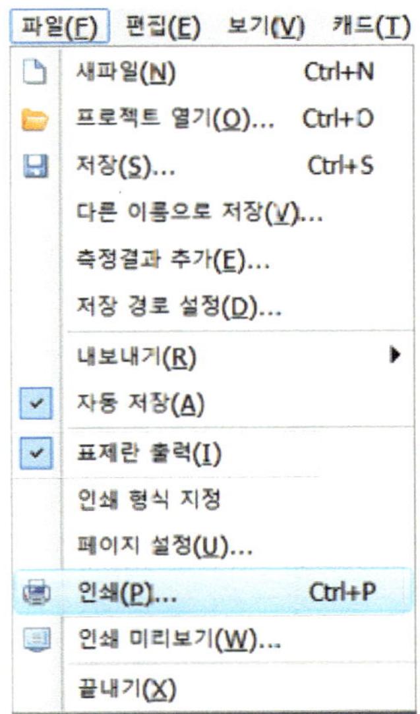

표제란 확인 후 인쇄

❹ 인쇄

[파일] 〉 표제란 출력 〉 체크 된 것을 확인 후 〉 인쇄

다음 실습과제는 주식회사 덕인에서 제공하는 3차원 측정기 사용자 매뉴얼을 바탕으로 과제를 일부 편집 및 추가하였다.

SECTION 04

3차원 측정 실습하기

실습과제 01

▎학습요점 : **좌표계 설정, 요소(원, 원뿔) 측정, 각도 단위변경**

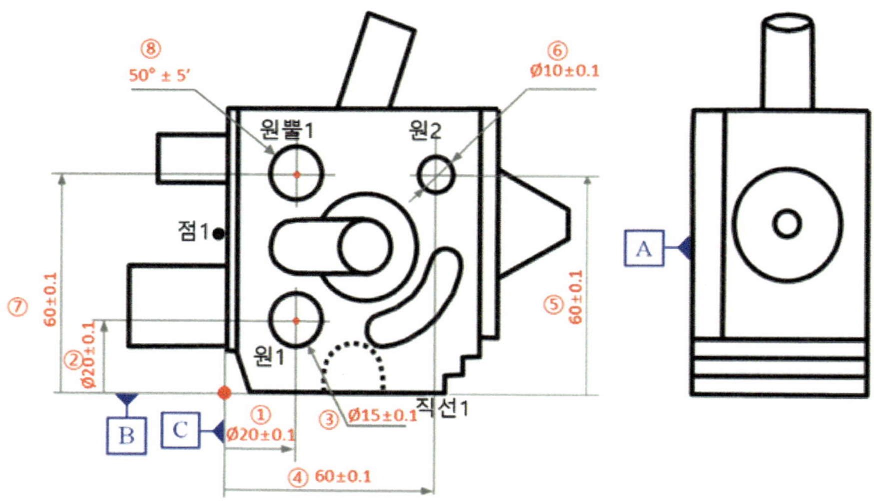

측정순서 요약

① A 면 측정 〉 공간정렬
② B 직선1 측정 〉 평면회전
③ C 점1 측정 〉 원점지정
④ 원1 측정 후 측정 결과에서 원1 더블클릭 〉 공차 입력
⑤ 원2 측정 후 측정 결과에서 원2 더블클릭 〉 공차 입력
⑥ 원뿔1 측정 후 측정결과에서 원뿔1 더블클릭 〉 공차 입력(각도 단위 지정)
⑦ 인쇄

순서	선택메뉴	측정 방법	출력 항목
1	F4 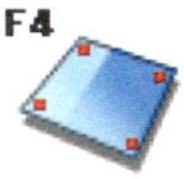	F4를 누른 후 평면 1을 측정한다. ("A" 데이텀) [면이 중요 데이텀인 경우 27점(3 line × 9점) 측정을 권장함]	
2	F10  F2 	F10 → F2를 선택한다. (공간정렬 1)	
3	F3 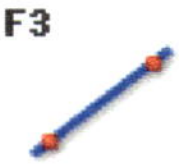	F3를 누른 후 직선 1을 측정한다. ("B" 데이텀)	
4	F10 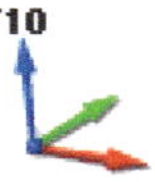 F3 	F10 → F3를 선택한다. (평면회전 1) 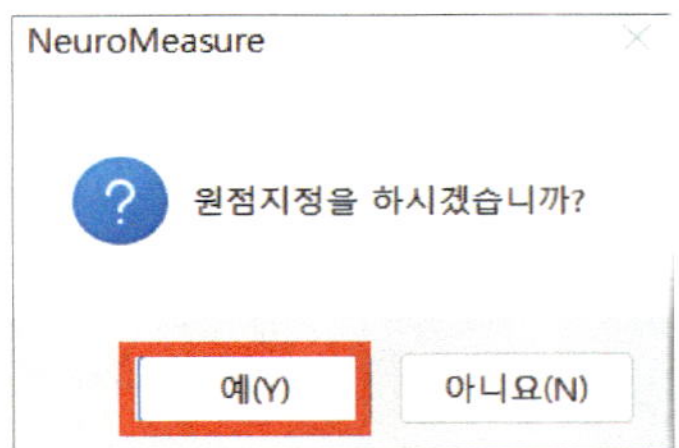 위 창이 안 나타나게 하려면 [좌표계]-'평면회전 옵션'을 해제하면 된다. 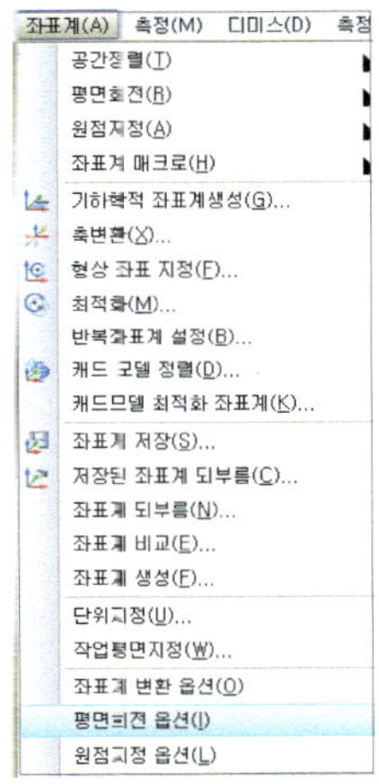	
5	F2	F2를 누른 후 점 1을 측정한다. ("C" 데이텀)	
6	F10  F4 	F10 → F4를 선택한다.(원점지정 확인) 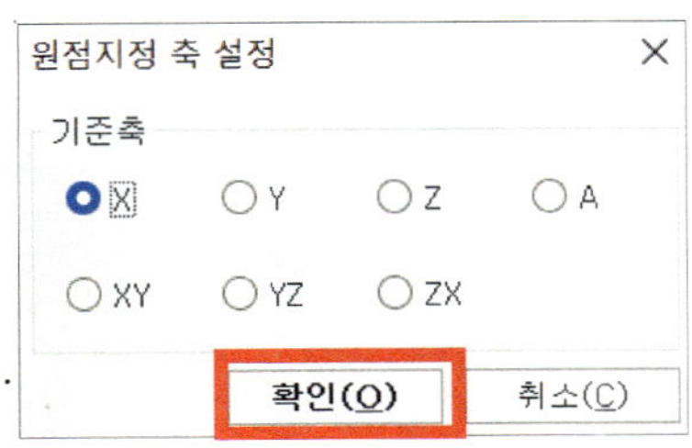 위 창이 안 나타나게 하려면 [좌표계]-'원점지정 옵션'을 해제하면 된다. 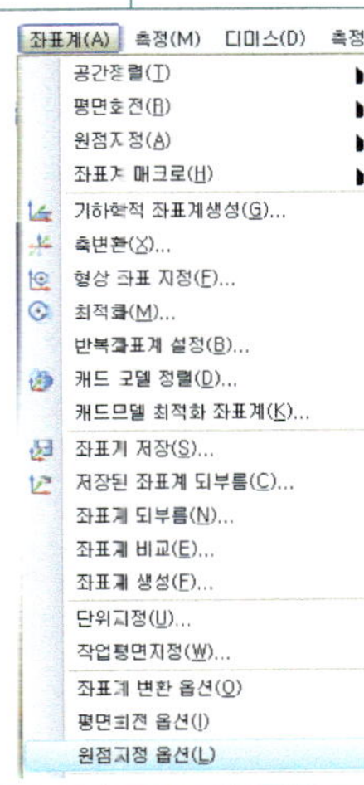	

<table>
<tr><td></td><td></td><td>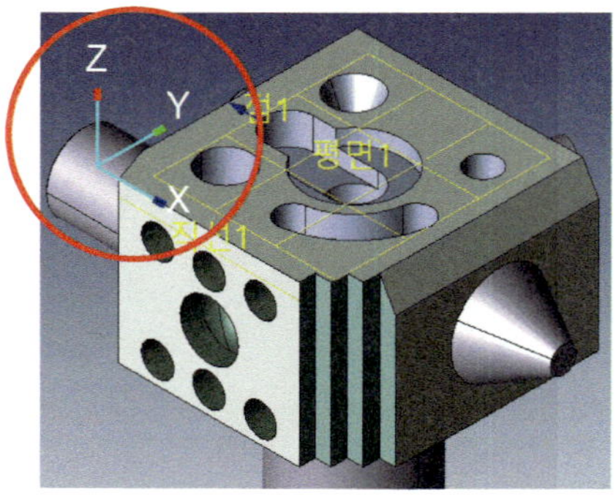

좌표원점을 확인한다.</td><td></td></tr>
<tr><td></td><td>
</td><td>F5를 누른 후 원1(∅15)을 측정한다.
측정 결과 창에서 원1(1)을 더블클릭한다.</td><td>X=①
Y=②
D=③</td></tr>
<tr><td>7</td><td colspan="3">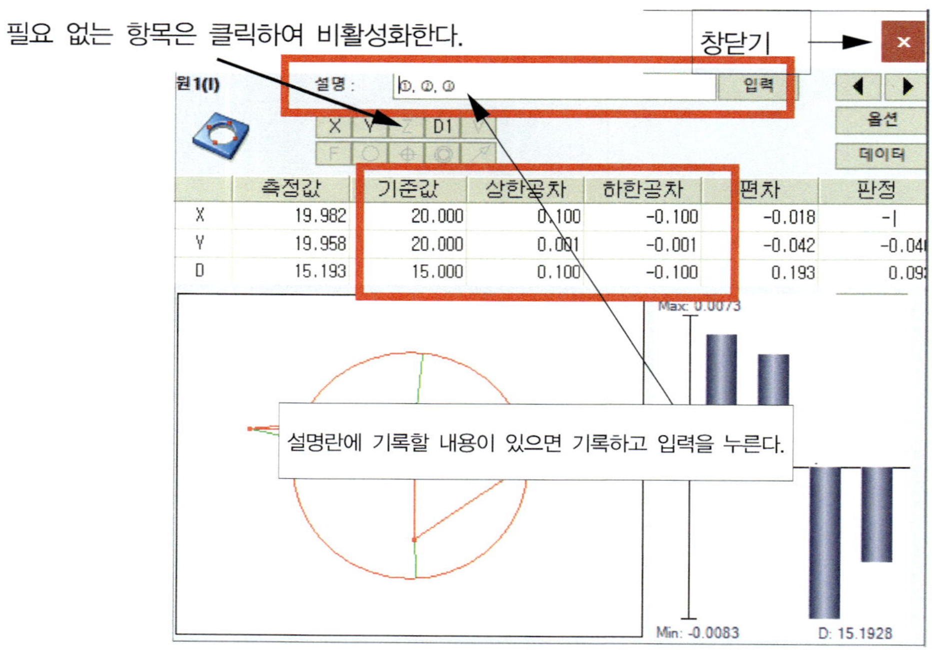
</td></tr>
<tr><td>8</td><td>
</td><td>F5를 누른 후 원 2(∅10)를 측정한다.
위와 같은 방법으로 기준값과 공차를 입력하고 설명란에 측정번호를 입력한다.</td><td>X=④
Y=⑤
D=⑥</td></tr>
</table>

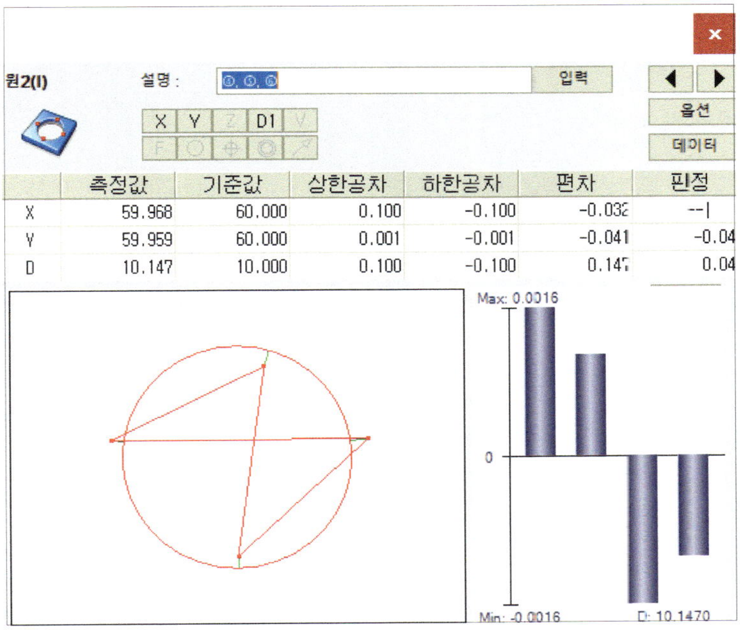

	F8 	F8을 누른 후 원뿔 1을 측정한다. 위와 같은 방법으로 Y값의 기준값과 공차를 입력하고 각도 공차를 입력하기 위하여 각도 단위를 dms로 바꾼다. 화면 우측 상단의 정보창에서 단위가 dms가 아닐 경우 단위를 더블클릭하여 dms로 한다.	Y=⑦ A=⑧
9	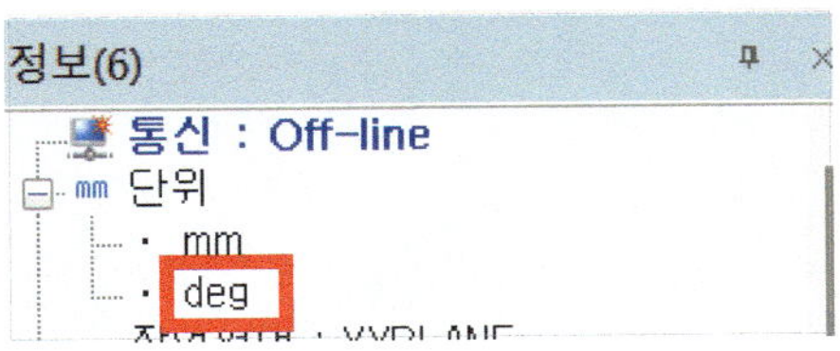 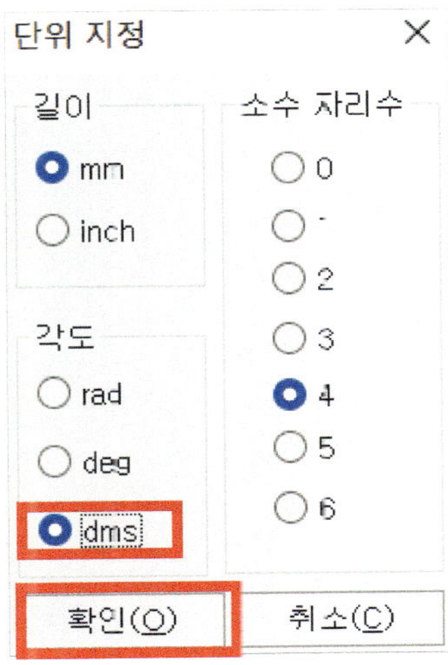		

<table>
<tr><td>10</td><td colspan="3">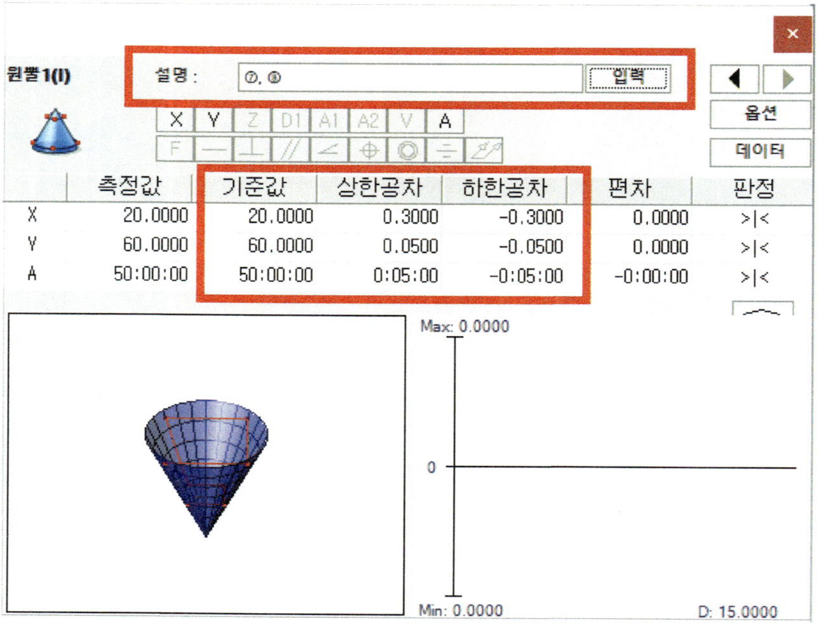</td></tr>
<tr><td>11</td><td>[편집]-표제란 작성</td><td>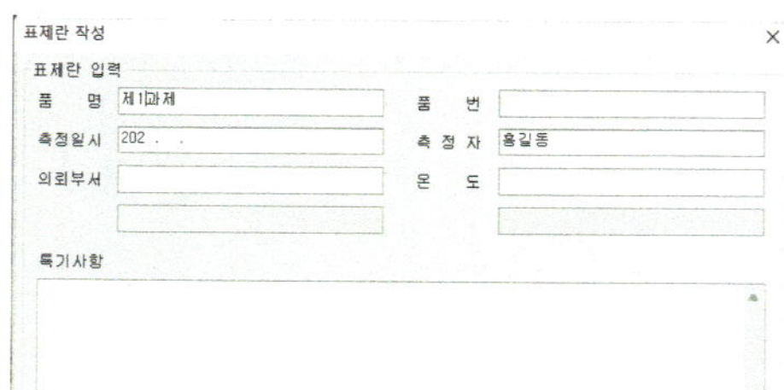</td><td>제품번호와 성명을 입력한다.</td></tr>
<tr><td>12</td><td>[파일]-표제란 출력</td><td rowspan="2">표제란 출력 체크를 확인한 후 인쇄한다.

다음 과제부터는 인쇄 항목을 생략하기로 한다.</td><td rowspan="2">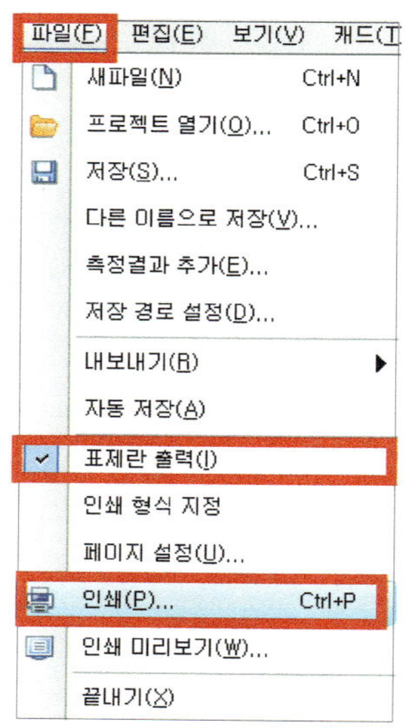</td></tr>
<tr><td>13</td><td>[파일]-인쇄</td></tr>
</table>

14	[보기]-판정색상 보기	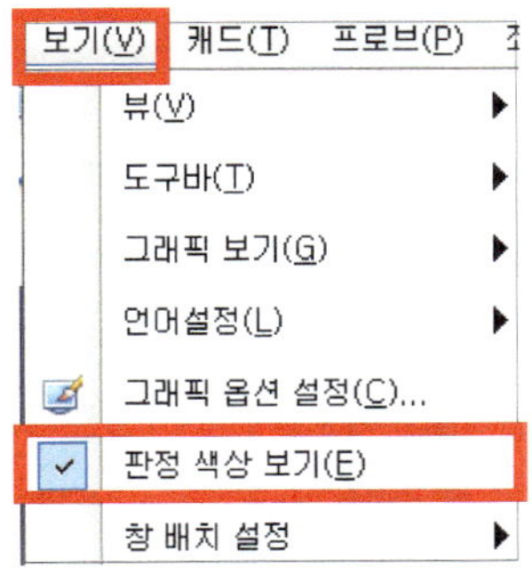 측정 결과 불합격인 항목을 붉은색으로 출력하고자 할 때는 판정색상 보기를 클릭한다. 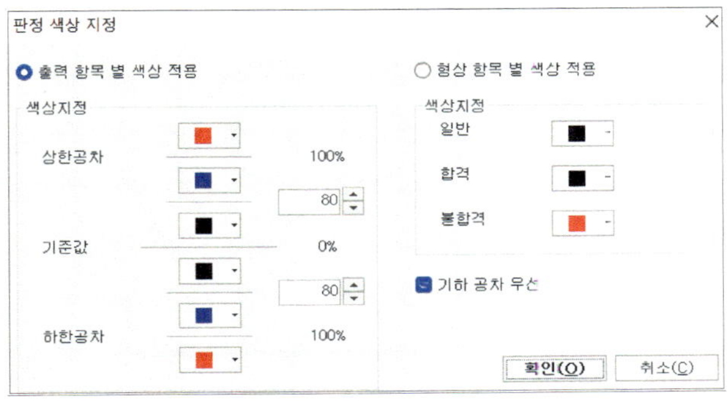

측정 결과(1과제)

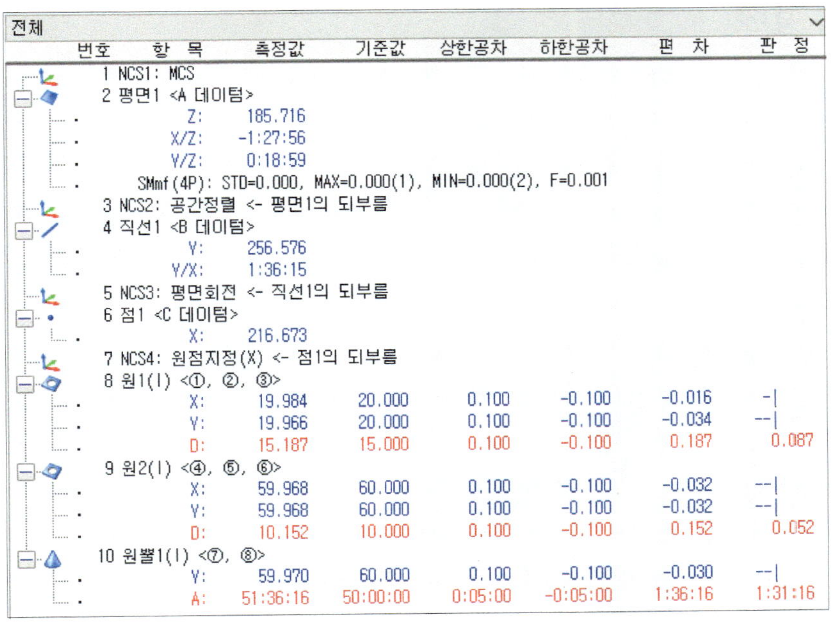

전체

번호	항 목	측정값	기준값	상한공차	하한공차	편 차	판 정
1	NCS1: MCS						
2	평면1 <A 데이텀>						
	Z:	185.716					
	X/Z:	-1:27:56					
	Y/Z:	0:18:59					
	SMmf(4P): STD=0.000, MAX=0.000(1), MIN=0.000(2), F=0.001						
3	NCS2: 공간정렬 <- 평면1의 되부름						
4	직선1 <B 데이텀>						
	Y:	256.576					
	Y/X:	1:36:15					
5	NCS3: 평면회전 <- 직선1의 되부름						
6	점1 <C 데이텀>						
	X:	216.673					
7	NCS4: 원점지정(X) <- 점1의 되부름						
8	원1(I) <①, ②, ③>						
	X:	19.984	20.000	0.100	-0.100	-0.016	-|
	Y:	19.966	20.000	0.100	-0.100	-0.034	--|
	D:	15.187	15.000	0.100	-0.100	0.187	0.087
9	원2(I) <④, ⑤, ⑥>						
	X:	59.968	60.000	0.100	-0.100	-0.032	--|
	Y:	59.968	60.000	0.100	-0.100	-0.032	--|
	D:	10.152	10.000	0.100	-0.100	0.152	0.052
10	원뿔1(I) <⑦, ⑧>						
	Y:	59.970	60.000	0.100	-0.100	-0.030	--|
	A:	51:36:16	50:00:00	0:05:00	-0:05:00	1:36:16	1:31:16

실습과제 02

▌학습요점 : **좌표계 설정(요소 연결), 되부름, PCD, 원점 이동**

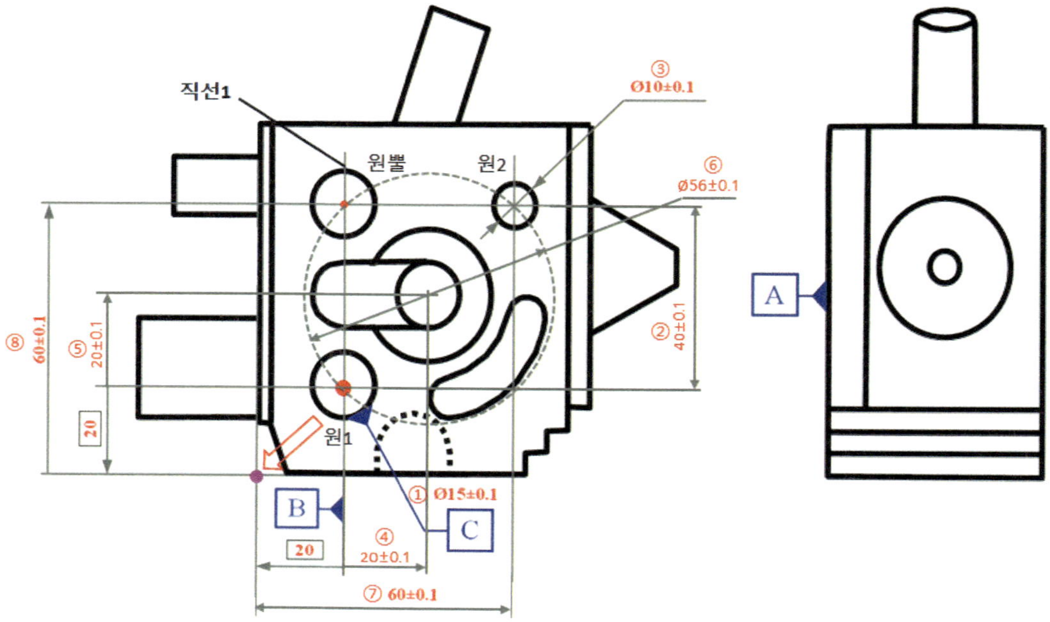

측정순서 요약

① A 면 측정 〉 공간정렬
② 원1, 원뿔1 측정
③ 선택(관계 설정) 〉 F6 : 직선1, B 데이텀
④ 직선1-평면회전
⑤ 원1 선택 〉 원점지정
⑥ 원2 측정
⑦ 원1, 원2, 원뿔 선택 〉 원(F5) 〉 측정점 병합 NO, 투영원 Y : PCD 출력
아래 그림 참조
⑧ 좌표계〉 원점지정〉 좌표계 이동(X : -20 Y : -20)
⑨ 원2 선택 〉 되부름

순서	선택메뉴	측정 방법	출력 항목
1	F4 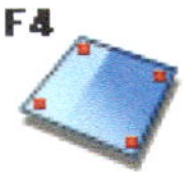	F4를 누른 후 평면 1을 측정한다. ("A" 데이텀) [면이 데이텀인 경우 27점 (3 line × 9점) 측정을 권장함]	
2	F10 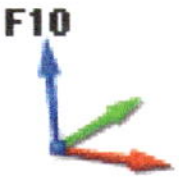 F2 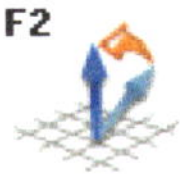	F10 → F2를 선택한다. (공간정렬 1)	
3	F5 	F5를 누른 후 원 1(ø15)을 측정한다. (원1)	D=①
4	F8 	F8을 누른 후 원뿔 1을 측정한다. (원뿔1)	
5	F6 	원 1과 원뿔 1을 마우스로 선택(관계)한 후 F6을 선택한다. (직선 1: "B" 데이텀)	
6	F10 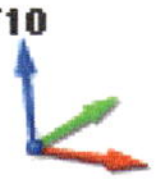 F3 	직선 1을 선택 후 F10 → F3를 선택한다. (평면회전 1)	
7	F10 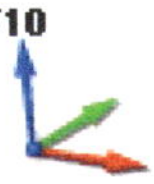 F4 	원 1을 선택 후 F10 → F4를 선택한다. (원점지정 1: "C" 데이텀)	D=①
		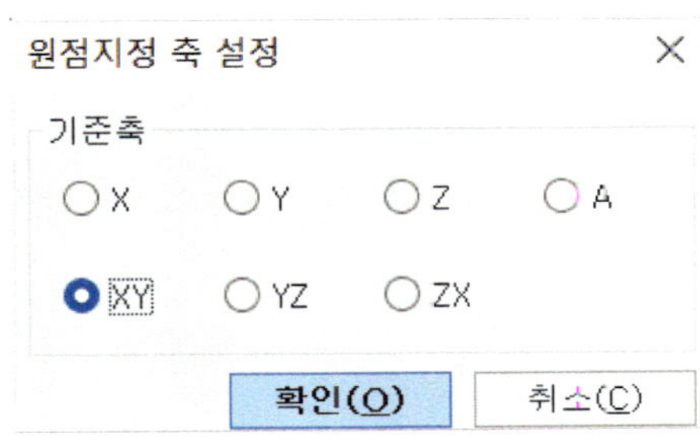 위 창이 안 나타나게 하려면 [좌표계]-'원점지정 옵션'을 해제하면 된다.	
8	F5 	F5를 누른 후 원 2(∅10)를 측정한다.	Y=② D=③

9		Ctrl + 원 1, 원 2, 원뿔 1을 선택 후 F5(원)를 선택하여 원을 생성한다. (단, 측정점 병합은 "아니오", 투영원으로 생성은 "예"로 해야 함) (원 3)	X=④ Y=⑤ D=⑥

측정점 병합이란?

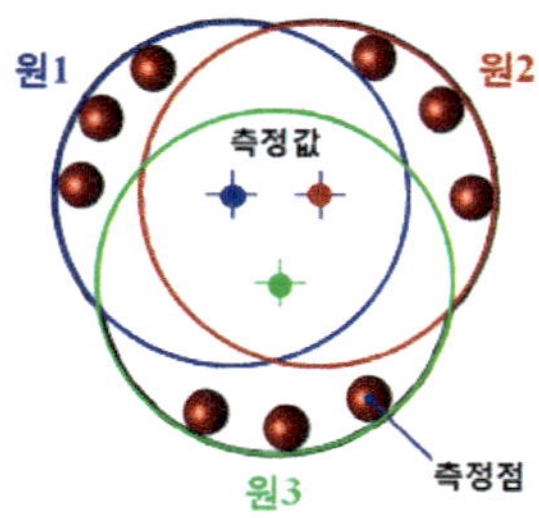

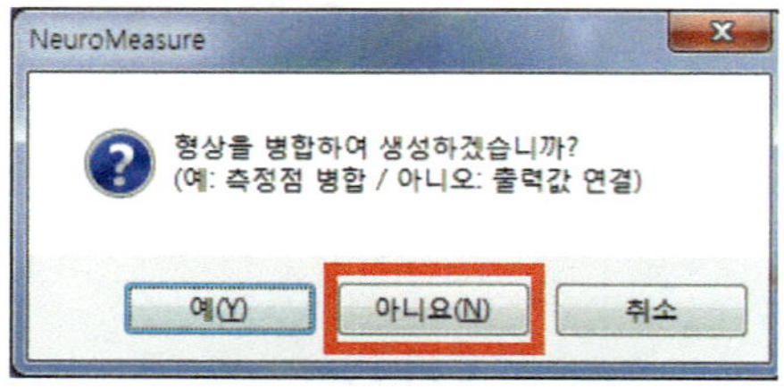

측정된 3개의 원을 예로 들면

예(Y)일 때	아니요(N) 일 때
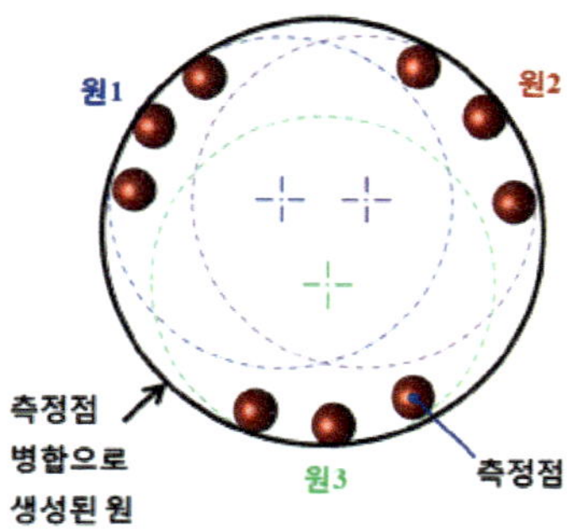 측정점 병합을 이용한 원 생성	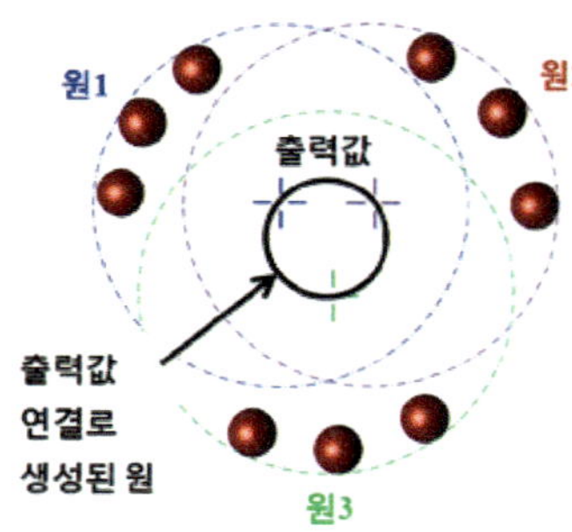 측정값(중심값)을 연결한 원 생성

따라서 3개 원의 중심을 연결한 원이 되어야 함. "아니요"를 선택.

다음은 투영원으로 생성한다.

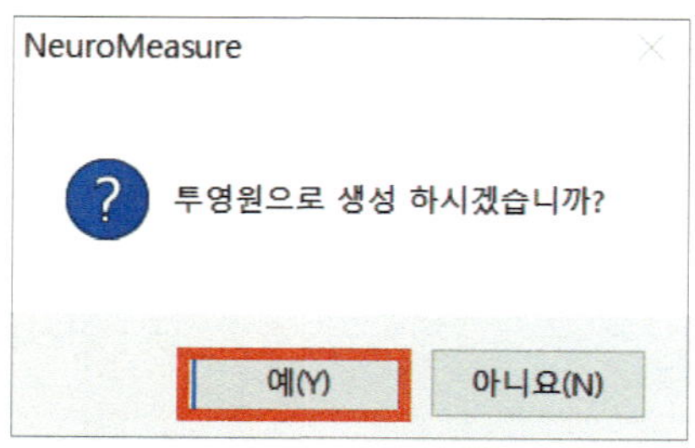

투영이란?

투영 : 측정한 원1, 원2, 원뿔1의 출력값이 높이(Z값)가 같지 않으므로 기준평면에 투영시켜야 기준면에 평행한 원이 생성됨.

평면에 투영시키지 않을 경우 원1, 원2, 원뿔1의 출력 값의 높이 차이로 인해 평면과 기울어진 원이 형성됨

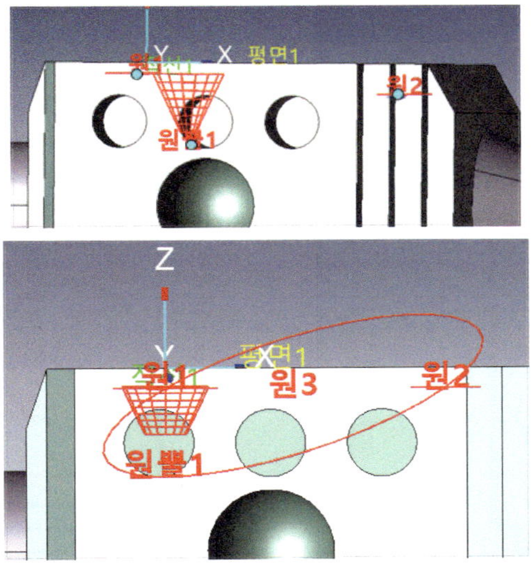

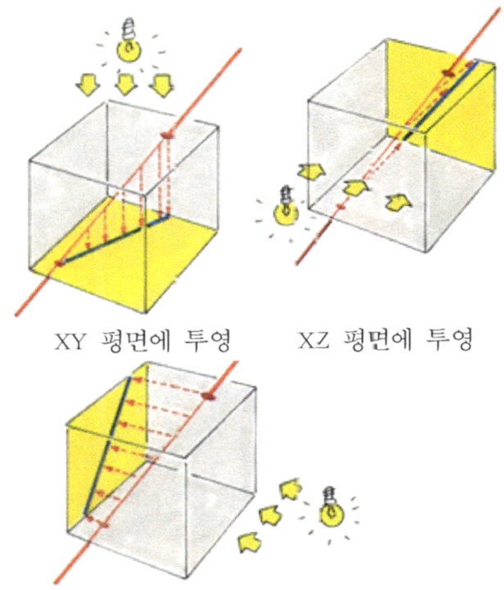

각 평면에 빛을 비췄을 때(투영)
나타나는 그림자

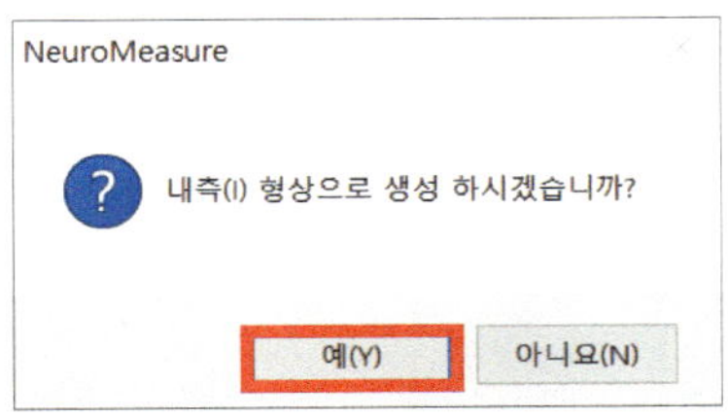

10	좌표계〉 원점지정〉 좌표계 이동	좌표계〉 원점지정〉 좌표계 이동 (X=-20, Y=-20) 입력 (원점 이동)	
	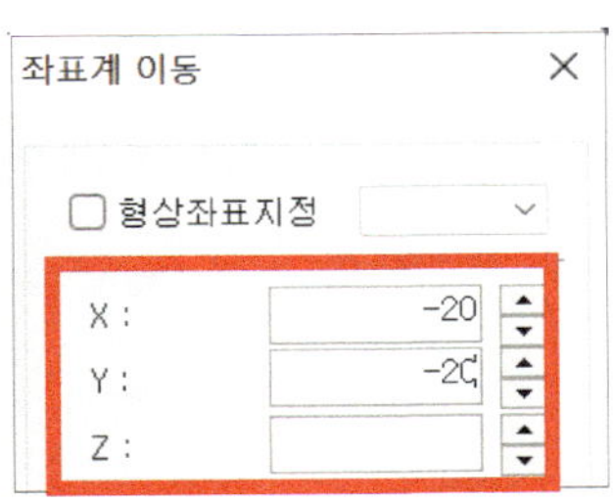	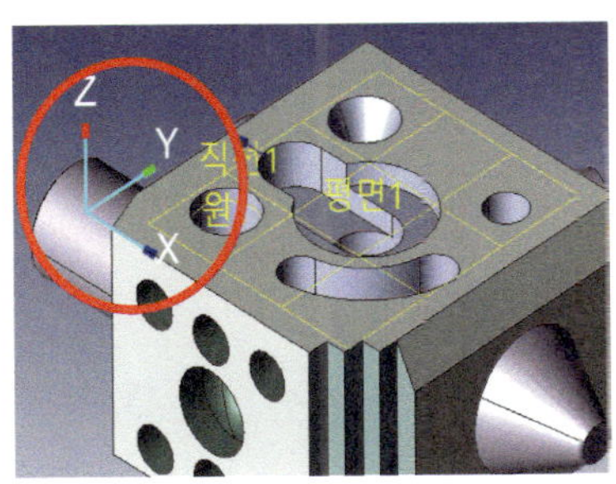	
11	측정 결과 원2 선택	원 2 선택 후 마우스 우 클릭 → 되부름을 선택한다. (원 4)	X=⑦ Y=⑧

이번 과제부터는 측정 결과를 특별한 경우가 아니면 생략하기로 한다.

실습과제 03

▌학습요점 : 원통 데이텀(1차 데이텀), 원점 이동, 원통좌표

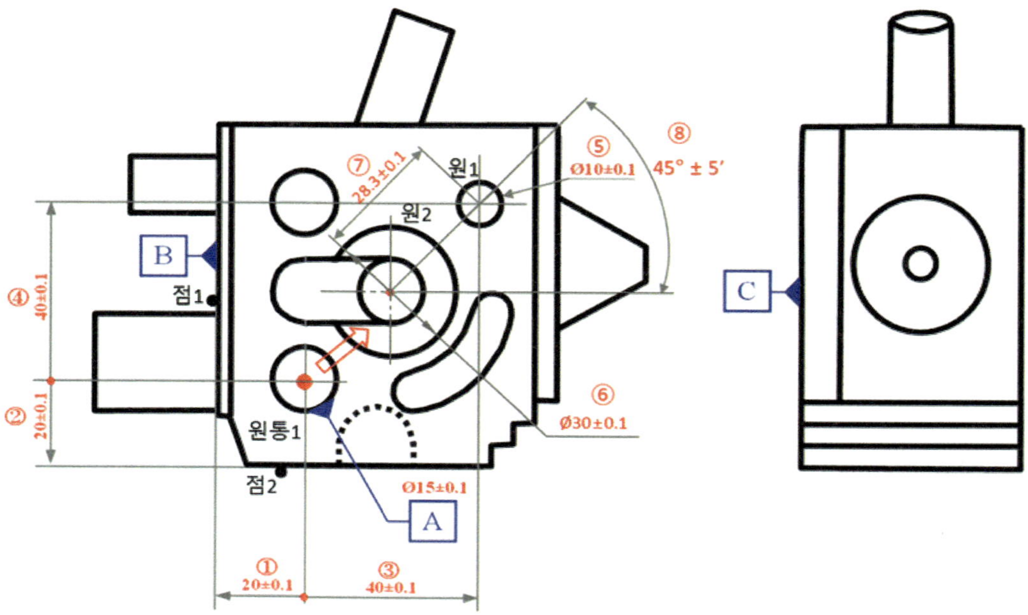

측정순서 요약

① A 원통1 측정 〉 공간정렬

② B 선 측정 〉 평면회전

③ C 면 측정 〉 원점지정

④ 점1, 점2 측정

⑤ 원 1 측정

⑥ 원 2 측정 - 원점 이동

⑦ 원1 되부름 – 더블클릭 – 옵션 - 원통 좌표계

순서	선택메뉴	측정 방법	출력항목
1	F7 	F7을 누른 후 원통 1(∅15)을 측정한다. ("A" 데이텀) [원통이 데이텀인 경우 45점(15점 × 3 section) 측정을 권장함]	
2	F10 F2 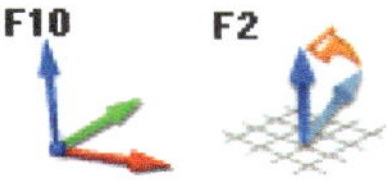	F10 → F2를 선택한다. (공간정렬 1)	
3	F3 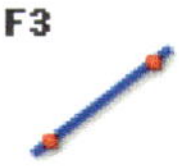	F3를 누른 후 직선 1을 측정한다. ("B" 데이텀)	
4	F10 F3 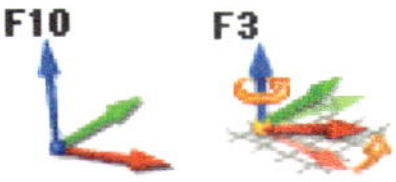	F10 → F3를 선택한다. (평면회전 1)	
5	F4 	F4를 누른 후 평면 1을 측정한다. ("C" 데이텀)	
6	F10 F4 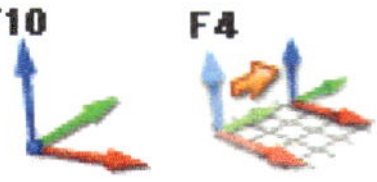	F10 → F4를 선택한다. (원점지정 1)	
7	F2	F2를 누른 후 점 1을 측정한다.	X=①
8	F2	F2를 누른 후 점 2를 측정한다.	Y=②
9	F5 	F5를 누른 후 원1(∅10)을 측정한다.	X=③ Y=④ D=⑤
10	F5 	F5를 누른 후 원 2(∅30)를 측정한다.	D=⑥
11	F10 F4 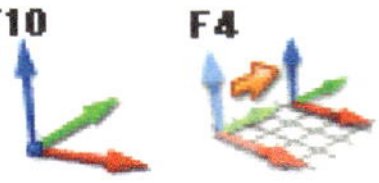	F10 → F4를 선택한다. 원2로 원점을 이동한다. (X, Y 이동)	

<table>
<tr><td></td><td></td><td>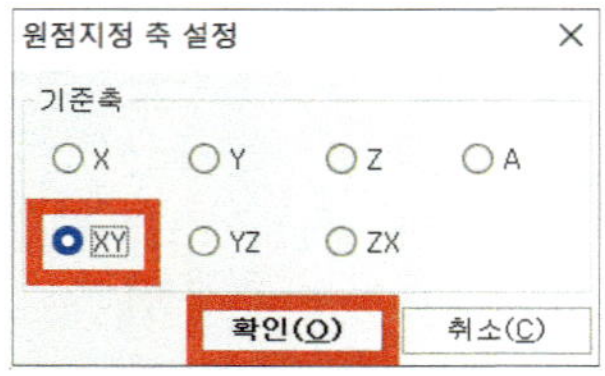
</td><td></td></tr>
<tr><td>12</td><td>더블 클릭 또는 스페이스 바</td><td>원 1 선택 후 마우스 우 클릭
→ 되부름을 선택한다. (원3)</td><td></td></tr>
<tr><td rowspan="2">12</td><td>더블 클릭 또는 스페이스 바</td><td>원 3을 더블 클릭 후 옵션에서 원통 좌표계를 선택한다.</td><td>Rxy=⑦
Axy=⑧</td></tr>
<tr><td colspan="3">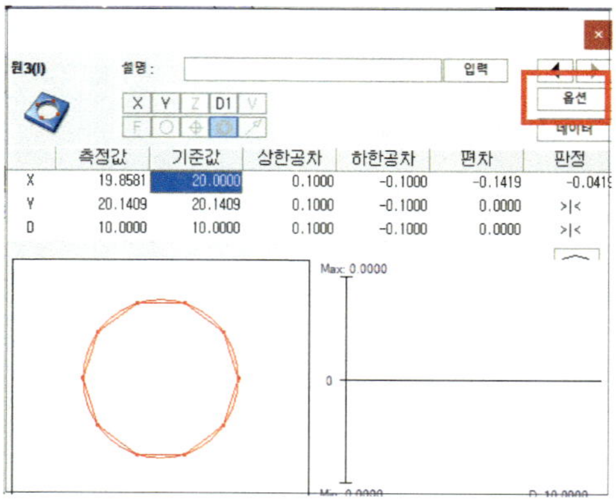

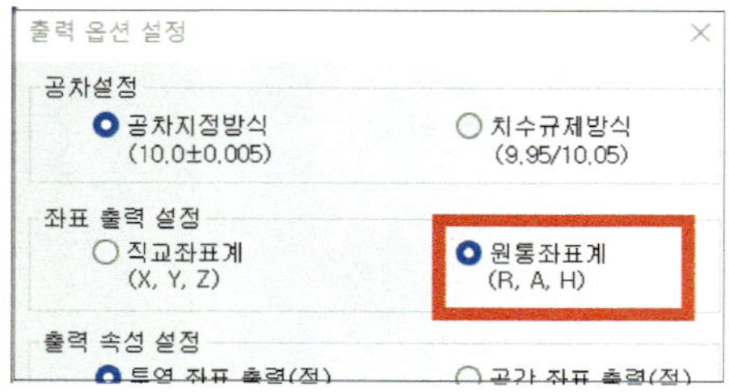

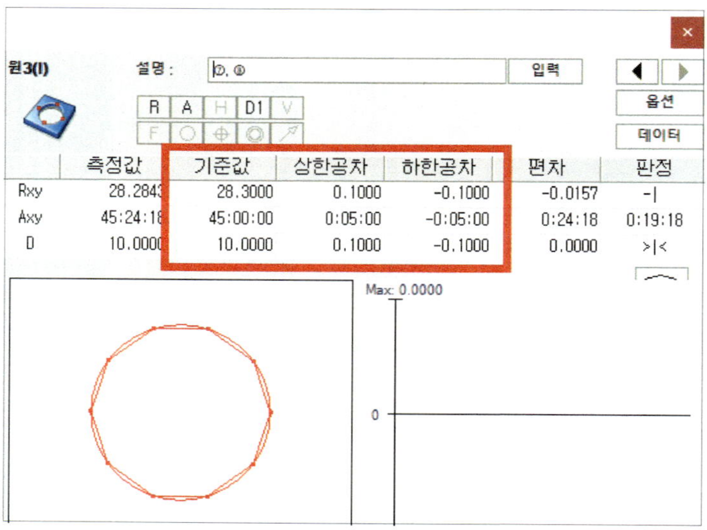
</td></tr>
</table>

실습과제 04

▌학습요점 : 좌표계 평면회전(각도 회전)

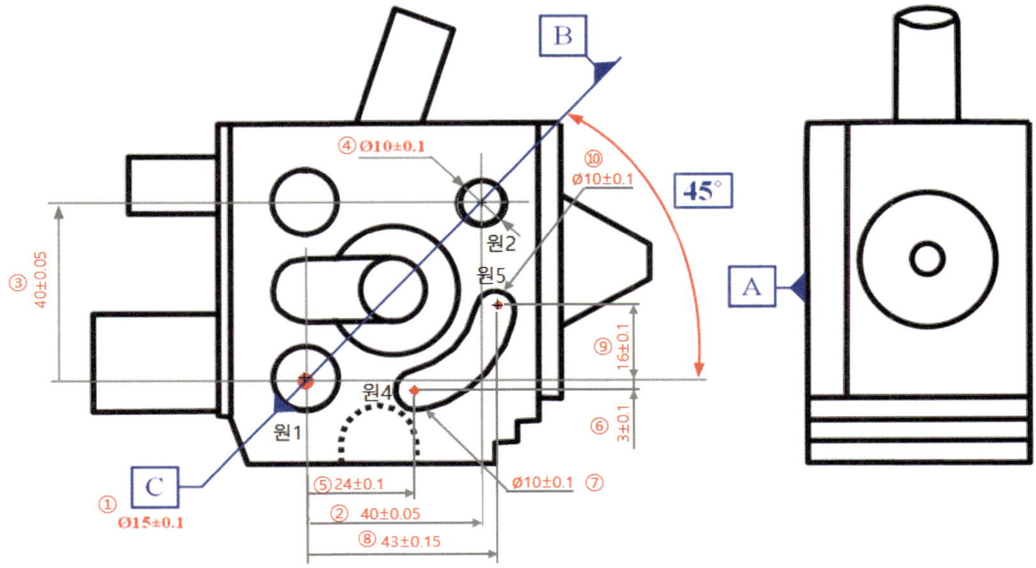

측정순서 요약

① A 면 측정 〉 공간정렬

② 원1과 원2 측정 〉 B 직선 생성 〉 평면회전

③ 원1 〉 원점 지정

④ 좌표계-평면회전 - 각도 회전 (B 선이 Y축일 때 :+45, B 선이 X축일 때 :-45)

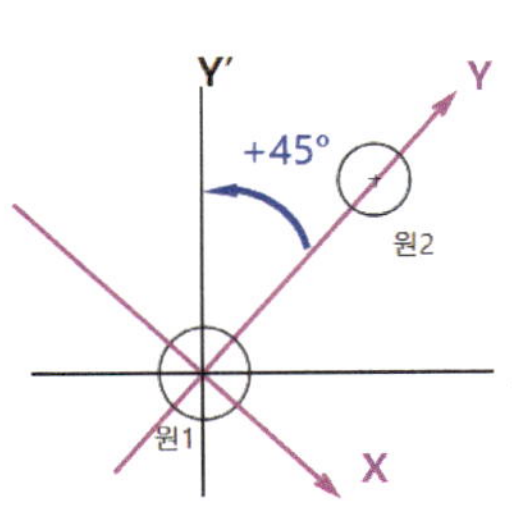

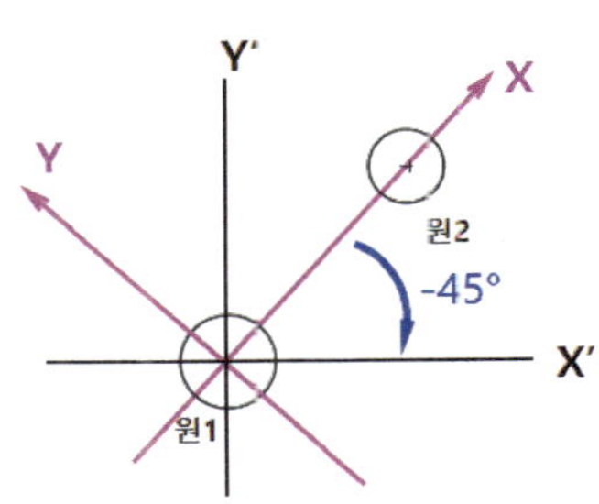

⑤ 원2 되부름

⑥ 원4, 원5 측정

순서	선택메뉴	측정 방법	출력 항목
1	F4 	F4를 누른 후 평면 1을 측정한다. ("A" 데이텀) [면이 데이텀인 경우 27점(3 line × 9점) 측정을 권장함]	
2	F10  F2 	F10 → F2를 선택한다. (공간정렬 1)	
3	F5 	F5를 누른 후 원 1(∅15)을 측정한다.	
4	F5 	F5를 누른 후 원 1(∅15)을 측정한다.	
5	F5 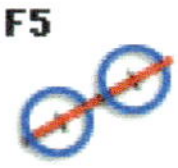	원 1과 원 2를 선택 후 나타나는 관계 중에서 F5(최단선)를 선택한다. (직선 1: "B" 데이텀)	
6	F10 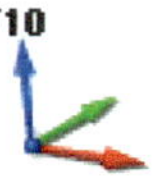 F3 	직선 1을 선택 후 F10 → F3를 선택한다. (평면회전 1)	
7	F10 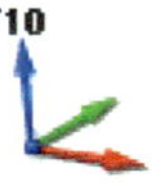 F4 	원 1을 선택 후 F10 → F4를 선택한다. 원점지정 1: "C" 데이텀)	D=①
8	[좌표계] → [평면회전] → [각도 회전]	작업평면을 XY로 지정 후 회전 각도를 입력한다. (직선 1의 축각이 X/Y인 경우는 +45를 입력하고 직선 1의 축각이 Y/X인 경우는 -45를 입력한다.)	
	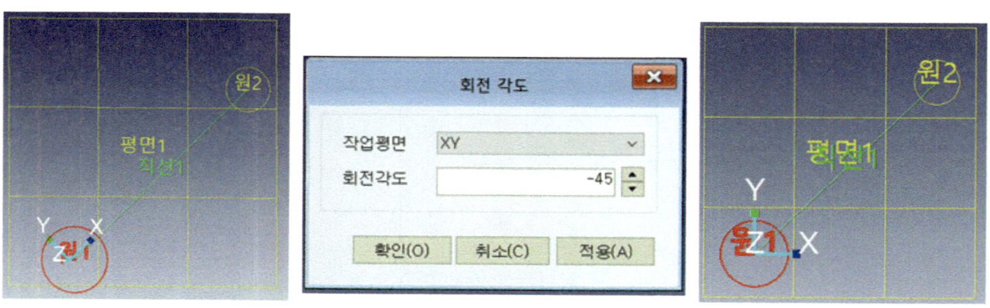 (그림에서 B 선이 X축이므로 −45 입력)		

9		원 2 선택 후 마우스 우 클릭 → 되부름을 선택한다. (원 3)	X=② Y=③ D=④
10		F5를 누른 후 원 4(∅10)를 측정한다.	X=⑤ Y=⑥ D=⑦
11		F5를 누른 후 원 5(∅10)를 측정한다.	X=⑧ Y=⑨ D=⑩

측정 결과(4과제)

```
전체
    번호      항 목       측정값      기준값     상한공차    하한공차      편 차       판 정
     1 NCS1: MCS
     2 평면1 <A 데이텀>
                  Z:     185.766
                X/Z:    -1:26:26
                Y/Z:     0:42:04
       SMmf(4P): STD=0.001, MAX=0.001(2), MIN=-0.001(3), F=0.C01
     3 NCS2: 공간정렬 <- 평면1의 되부름
     4 원1(I) <C 데이텀  ①>
                  X:     227.652
                  Y:     277.353
                  Z:      -3.243
                  D:      15.174      15.000      0.100      -0.100      0.174       0.074
       SMmf(4P): STD=0.002, MAX=0.002(3), MIN=-0.002(1), F=0.005
     5 원2(I) <②>
                  X:     268.817
                  Y:     316.136
                  D:      10.149      10.000      0.100      -0.100      0.149       0.049
     6 직선1 <- 원2, 원1의 최단선 <B 데이텀>
                  X:     248.235
                  Y:     296.745
                  Z:      -3.132
                Y/X:    43:17:36
                Z/X:     0:18:36
     7 NCS3: 평면회전 <- 직선1의 되부름
     8 NCS4: 원점지정(X,Y) <- 원1의 되부름
     9 NCS5: 각도회전 <- ZAXIS / -45:00:00
    10 원3(I) <- 원2의 되부름 <2, 3, 4>
                  X:      39.992      40.000      0.050      -0.050     -0.008        -|
                  Y:      39.992      40.000      0.050      -0.050     -0.008        -|
                  D:      10.149      10.000      0.100      -0.100      0.149       0.049
    11 원4(I) <5, 6, 7>
                  X:      24.009      24.000      0.100      -0.100      0.009         |+
                  Y:      -2.639      -3.000      0.500      -0.500     -0.361      ---|
                  D:      10.017      10.000      0.100      -0.100      0.017         |+
    12 원5(I) <8, 9, 10>
                  X:      42.639      42.600      0.100      -0.100      0.039         |++
                  Y:      16.003      16.000      0.100      -0.100      0.003         |+
                  D:       9.991      10.000      0.100      -0.100     -0.009        -|
```

실습과제 05

▎학습요점 : **평면 회전(거리 지정), 둥근 슬롯 측정**

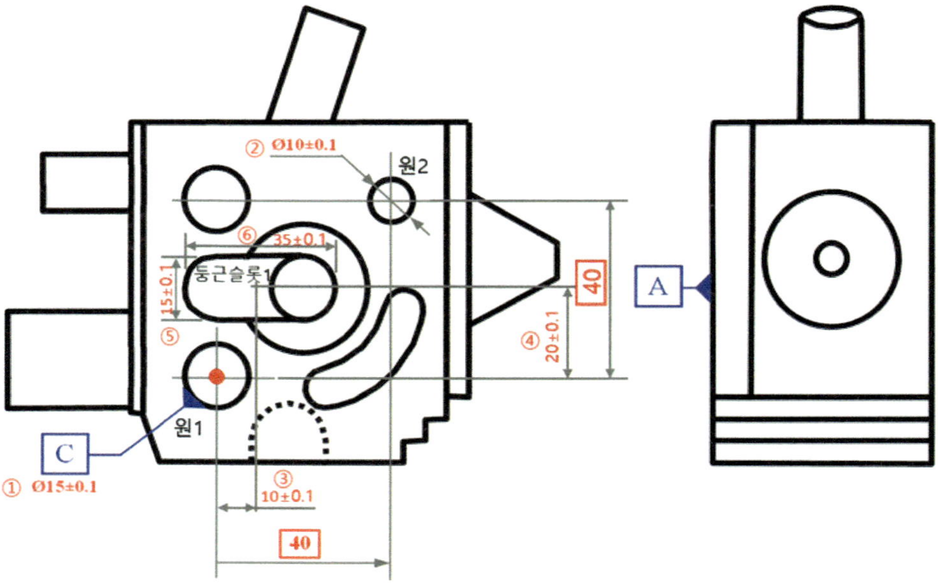

측정순서 요약

① A 면 측정 〉 공간정렬

② 원1 측정 〉 원점지정

③ 원2 측정

④ 좌표계-평면회전-거리 지정 (XY평면, 기준형상 : 원2,)

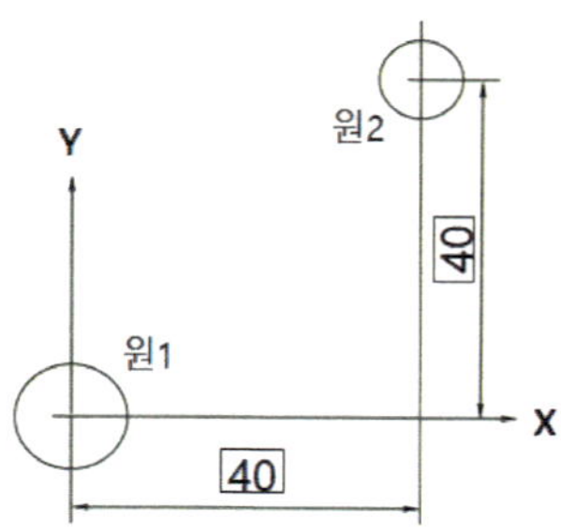

X = 40, Y = 40 입력

⑤ 원2 되부름 〉 원3

⑥ 둥근 슬롯 측정

순서	선택메뉴	측정 방법	출력 항목
1	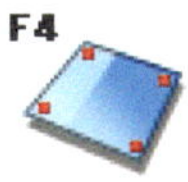	F4를 누른 후 평면 1을 측정한다. ("A" 데이텀) [면이 데이텀인 경우 27점(3 line × 9점) 측정을 권장함]	
2	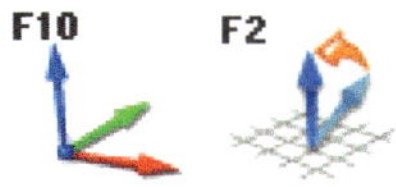	F10 → F2를 선택한다. (공간정렬 1)	
3		F5를 누른 후 원 1(∅15)을 측정한다.	
4	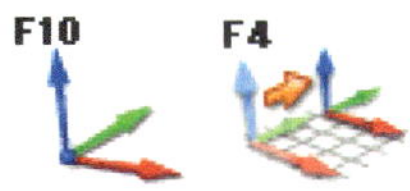	원 1을 선택 후 F10 → F4를 선택한다. (원점지정 1: "C" 데이텀)	D=①
5		F5를 누른 후 원 2(∅10)를 측정한다.	D=②
6	[좌표계] → [평면회전] → [거리 지정]	작업평면을 XY로 지정하고 기준형상 1에 원 2를 선택, X=40, Y=40, Z=0을 입력한다.	
	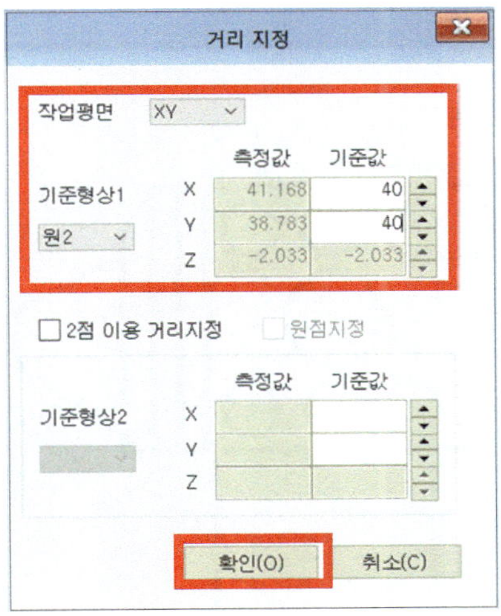		
7		원 2 선택 후 마우스 우 클릭 → 되부름을 선택한다. (원 3)	X=40 Y=40확인
8		F6►을 누른 후 둥근 슬롯 1을 측정한다.	③~⑥

실습과제 06

▌학습요점 : 요소 간 거리, 원통좌표, 좌표계저장, ZX 평면 이해

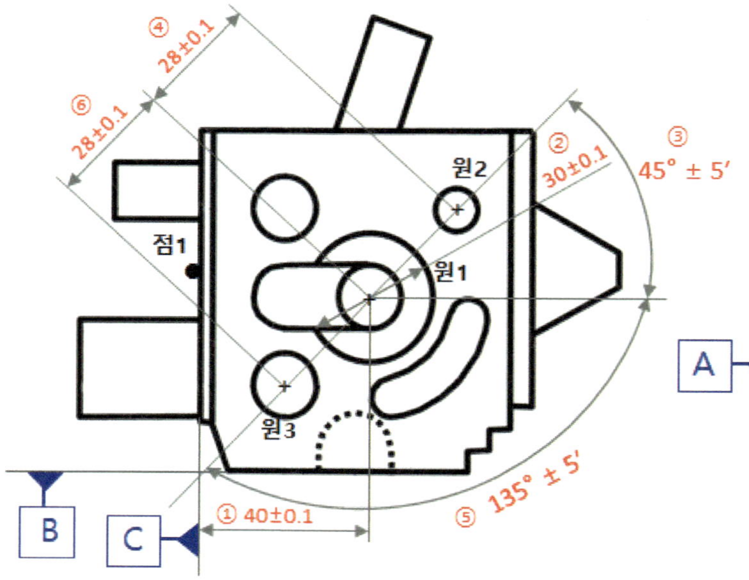

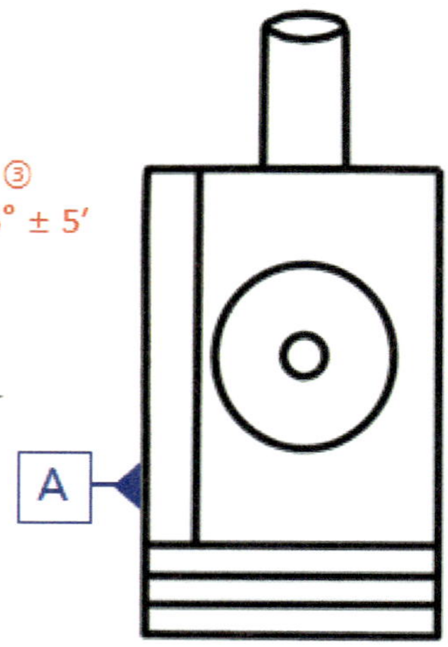

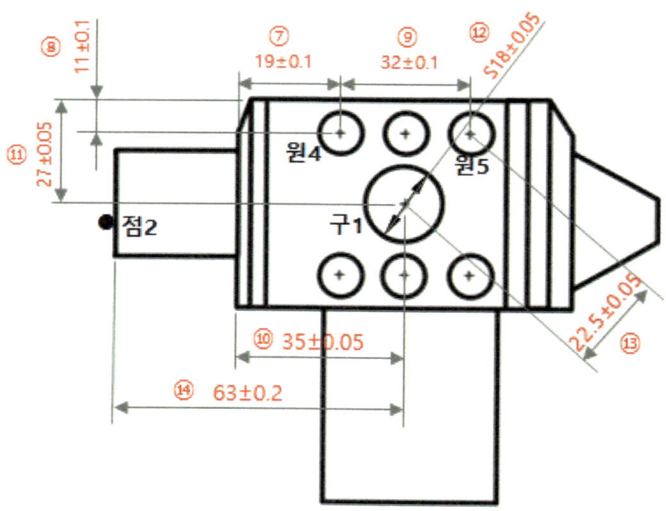

측정순서 요약

① A 면 측정 〉 공간정렬
② B 선 측정 〉 평면회전
③ C 점1 측정 〉 원점지정
④ 원 1 측정
⑤ [좌표계] 〉 좌표계저장
⑥ 원점 이동
⑦ 원2, 원3 측정
⑧ [좌표계] 〉 저장된 좌표계 불러오기
⑨ 프로브 변경
⑩ 원4, 원5 측정, 관계 설정 F2
⑪ 구1 측정, 원5와 관계 설정 F2
⑫ 점2 측정. 구1과 점2의 관계 설정 F2
⑬ 측정이 완료되면 프로브를 1번으로 원위치한다.

순서	선택메뉴	측정 방법	출력 항목
1	F4 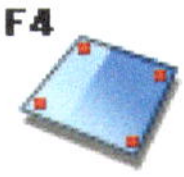	F4를 누른 후 평면 1을 측정한다. ("A" 데이텀) [면이 데이텀인 경우 27점(3 line × 9점) 측정을 권장함]	
2	F10 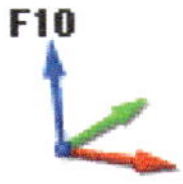 F2 	F10 → F2를 선택한다. (공간정렬 1)	
3	F3 	F3를 누른 후 직선 1을 측정한다. ("B" 데이텀)	
4	F10  F3 	F10 → F3를 선택한다. (평면회전 1)	
5	F2 	F2를 누른 후 점1을 측정한다. ("C" 데이텀)	
6	F10  F4 	F10 → F4를 선택한다. (원점지정 1)	

7		F5를 누른 후 원1(∅30)을 측정한 후 기본값과 공차, 측정번호를 입력한다.	X=① D=②
	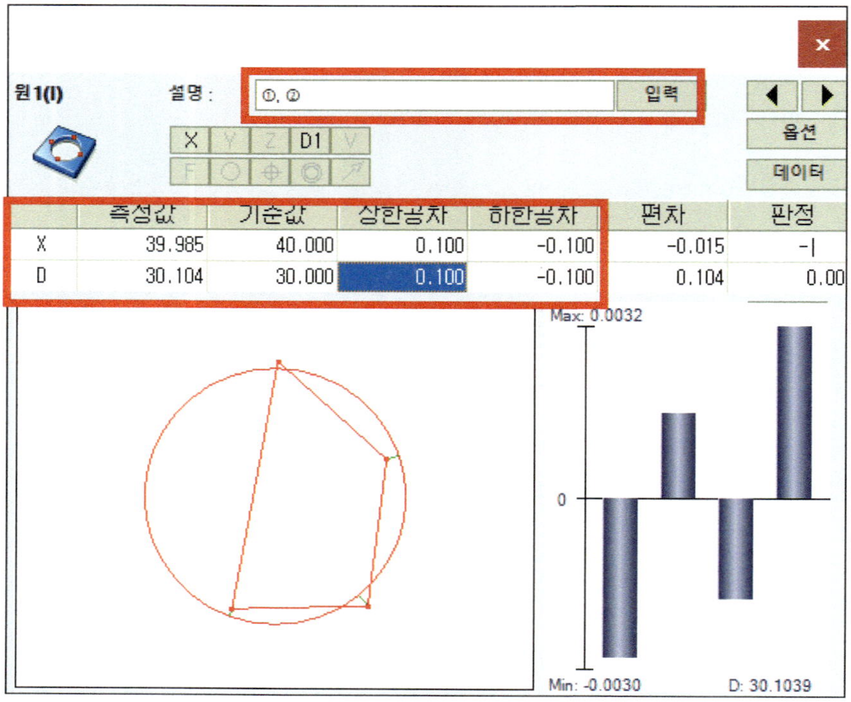		
8	[좌표계] 〉 좌표계저장	현재 좌표계를 저장한다. 저장명을 입력한다. 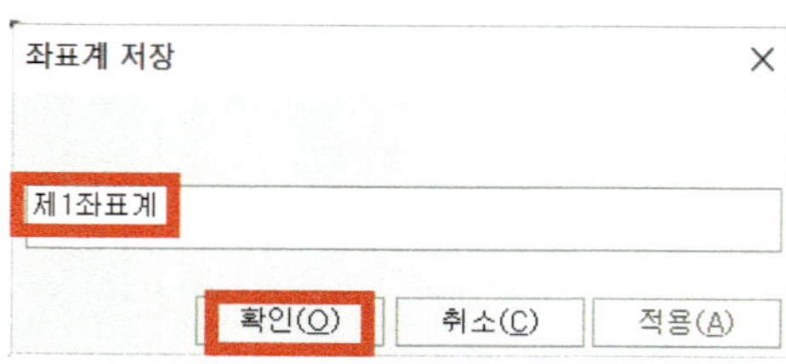	
9	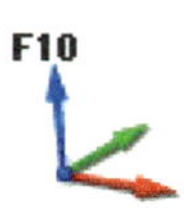 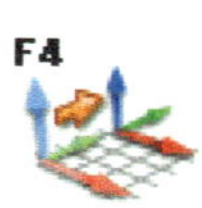	측정 결과 원1을 클릭한 후 F10 〉 F4를 클릭하여 원점 이동한다.	

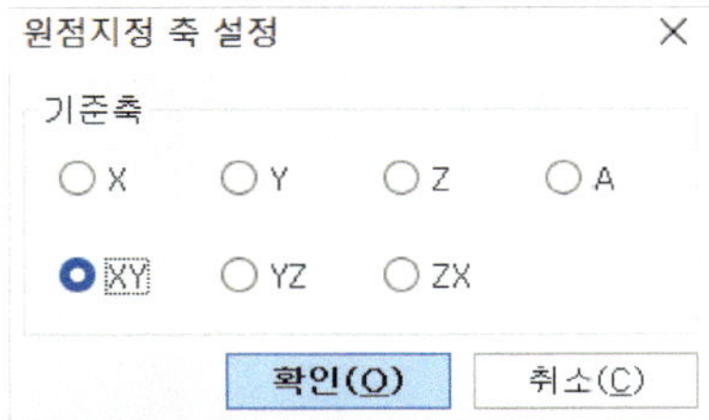

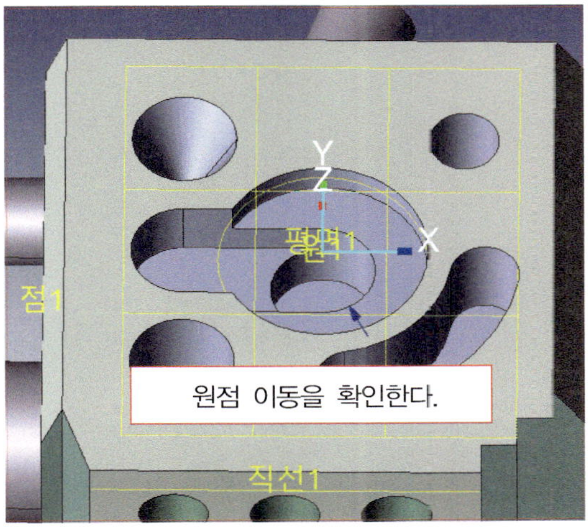

10

F5를 누른 후 원 2(∅10)를 측정한다.
측정 결과 원2를 더블클릭하고 옵션에서 원통좌표를 선택한다.

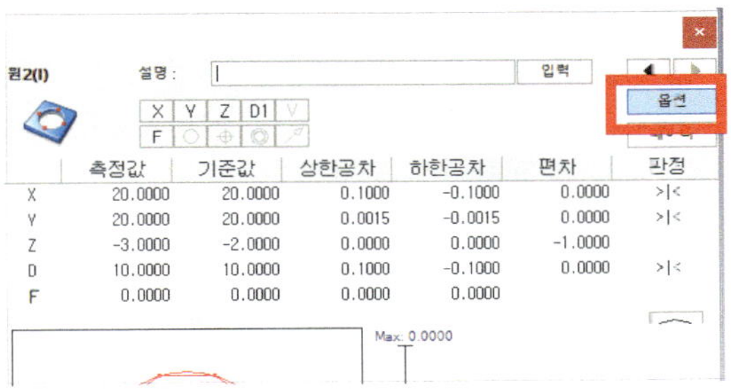

<table>
<tr><td></td><td></td><td>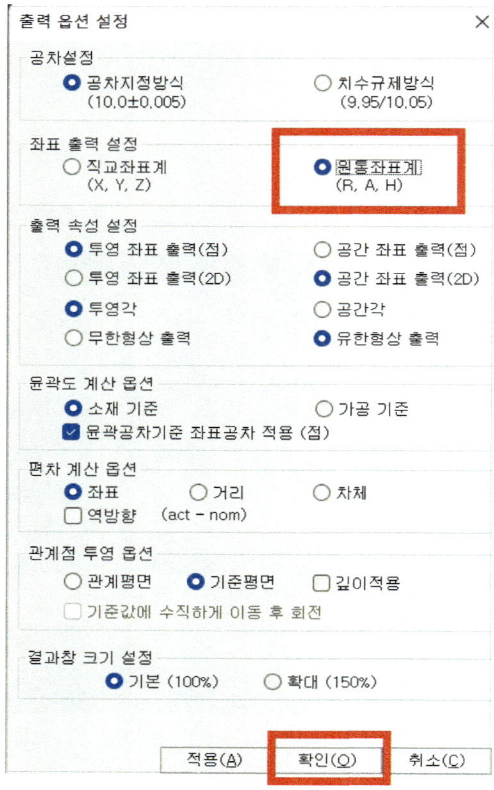</td><td></td></tr>
<tr><td>11</td><td></td><td>기본값과 공차, 측정번호를 입력한다.
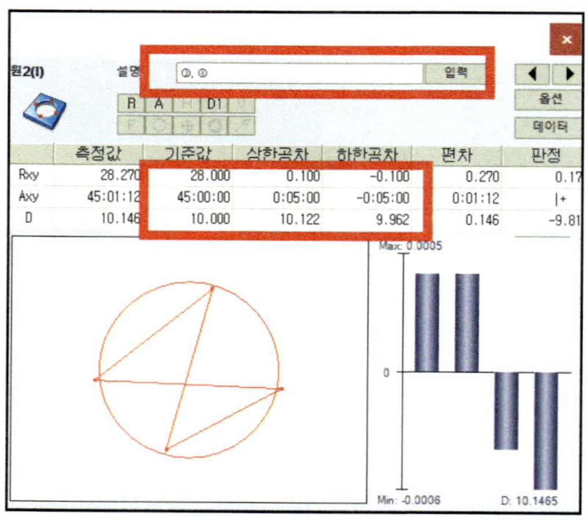</td><td>Axy=③
Rxy=④</td></tr>
<tr><td>12</td><td>F5
</td><td>F5를 누른 후 원3(∅15)을 측정한다.
측정 결과 원3을 더블클릭하고 앞에서와같이 옵션에서 원통좌표를 선택한다.</td><td></td></tr>
</table>

<table>
<tr><td>13</td><td></td><td>Axy를 더블클릭한 후 각도 출력 설정에서 회전 방향을 시계방향으로 한다.
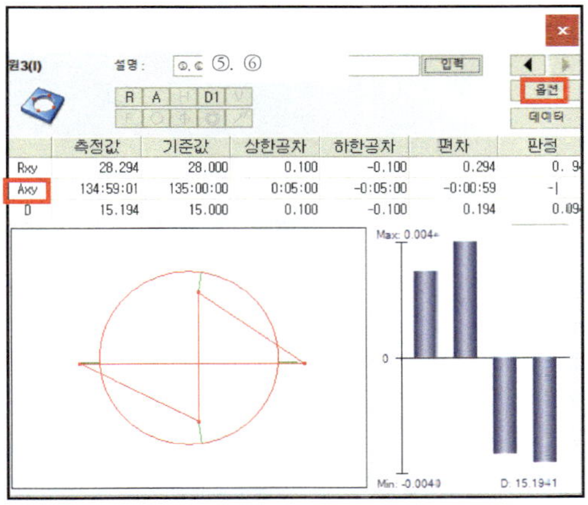

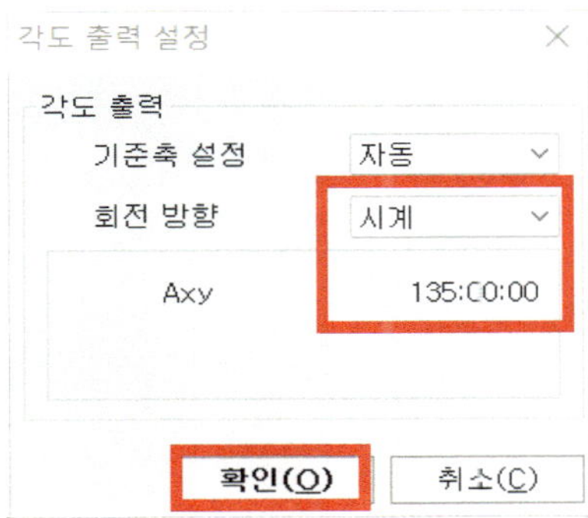
</td><td>Axy=⑤
Rxy=⑥</td></tr>
<tr><td>14</td><td>[좌표계] 〉 저장된 좌표계 되부름</td><td>앞에서 저장한 좌표계를 되부름 한다.
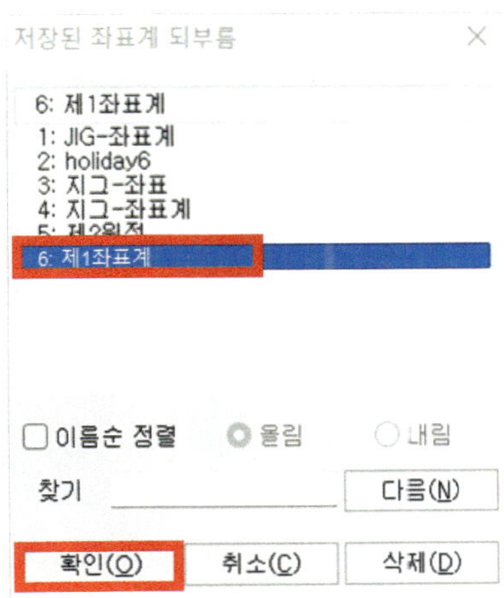
</td><td></td></tr>
</table>

		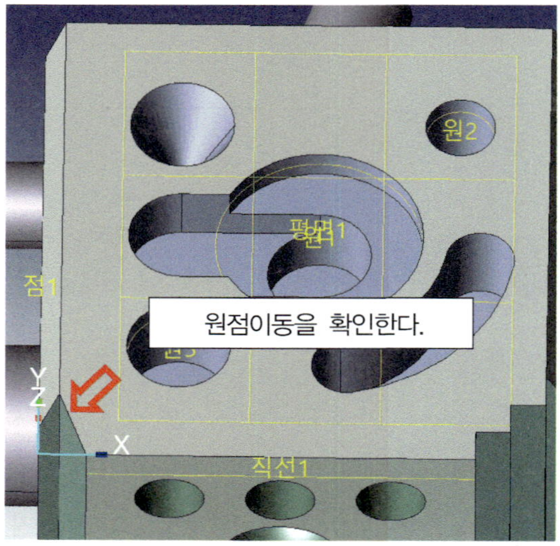	
15	프로브 회전 [프로브] 〉 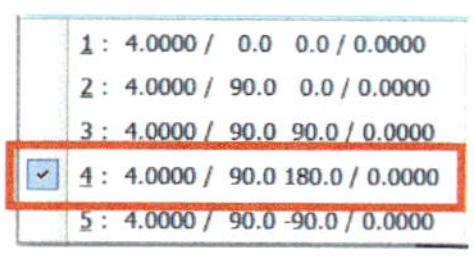 A:90, B:180 선택한다.	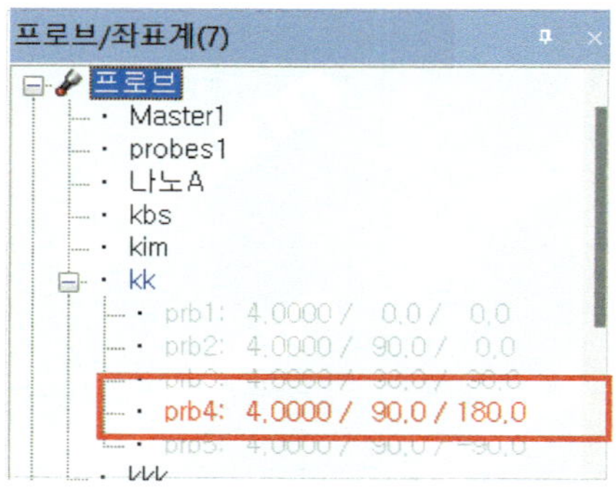 또는 프로브/좌표계 창에서 선택한다.	
16	프로브 회전을 확인한다.	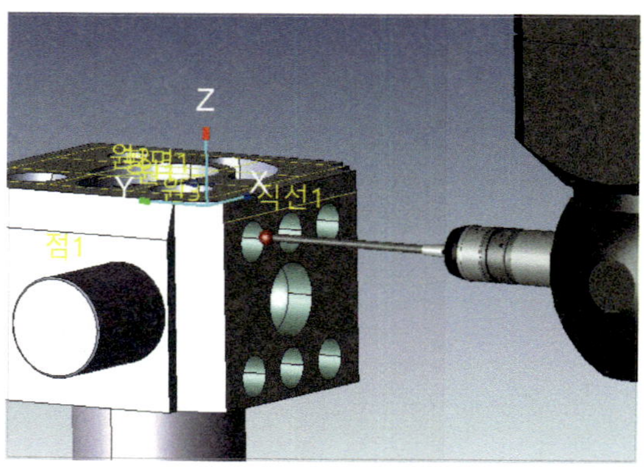	

17		F5를 누른 후 원4(∅10)를 측정한 후 기본값과 공차, 측정번호를 입력한다. 이때 원통좌표가 출력될 때 앞에서와 같이 옵션에서 직교 좌표계로 변경한다. 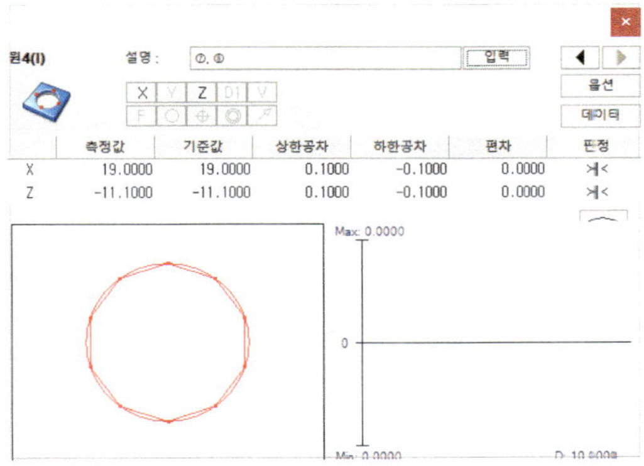	X=⑦ Z=⑧
18		F5를 누른 후 원5(∅10)를 측정한다. 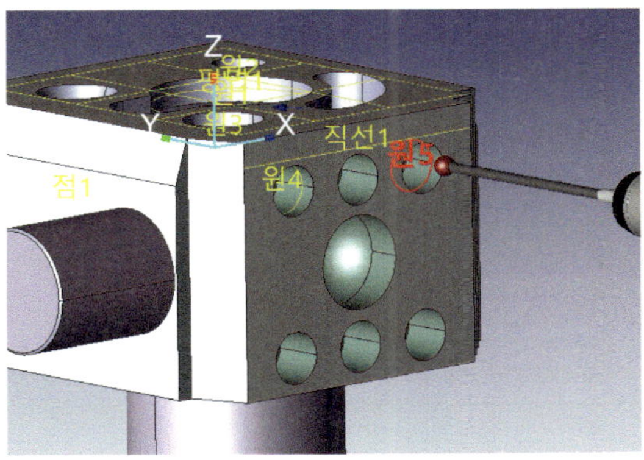	
19	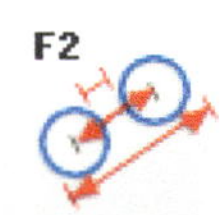	원4와 원5를 마우스로 선택한 후 F2를 선택한다. (계산 옵션 → X 선택 후 평균값 선택)	

<table>
<tr><td></td><td></td><td>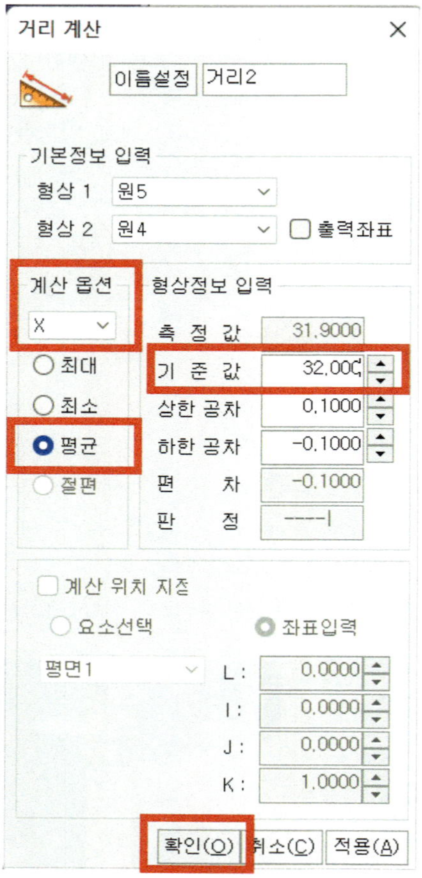
</td><td></td></tr>
<tr><td>20</td><td></td><td>거리1을 더블클릭하여 기본값과 공차를 입력한다.
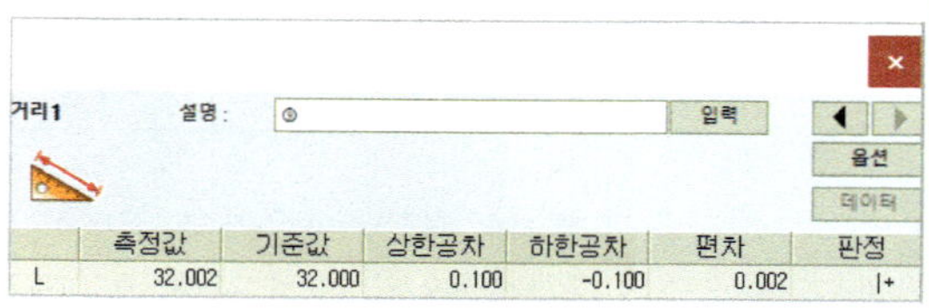
</td><td></td></tr>
<tr><td>21</td><td>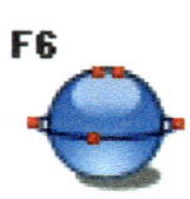
</td><td>F6를 누른 후 구1(∅18)을 측정한 후 기본값과 공차, 측정번호를 입력한다.</td><td></td></tr>
</table>

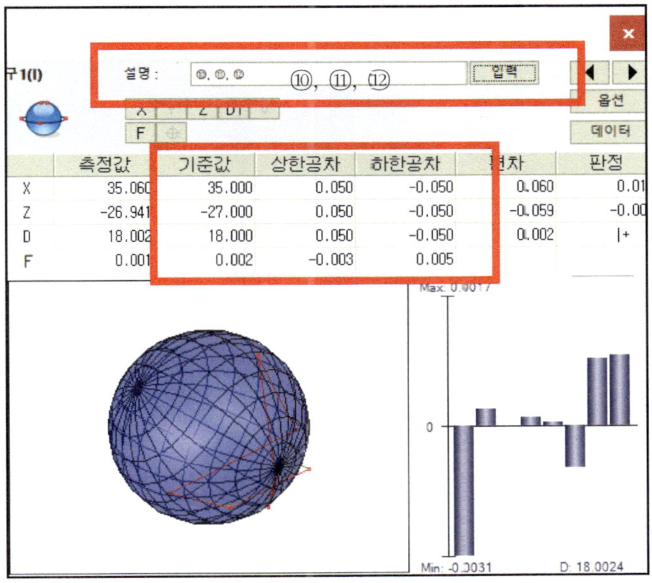

22

원5와 구1을 마우스로 선택한 후 F2를 선택한다.
(계산 옵션 → ZX 선택 후 평균값 선택)

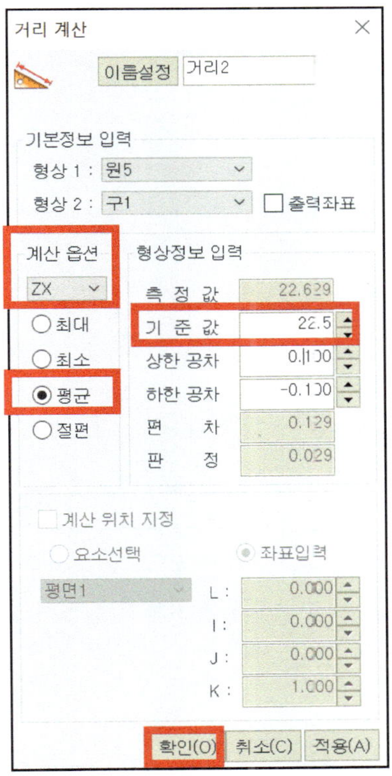

<table>
<tr><td>23</td><td></td><td>기준값과 공차, 측정번호를 입력한다.
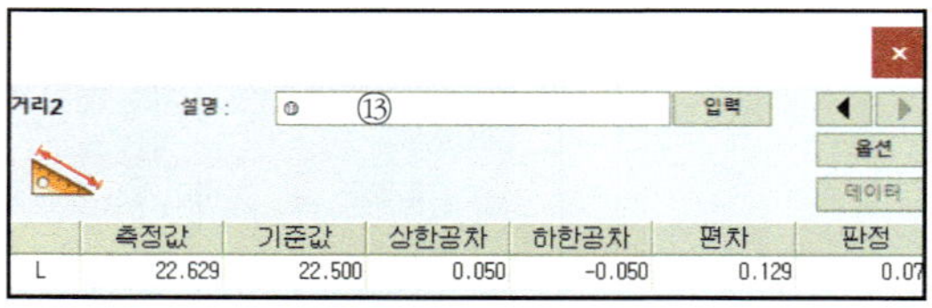
</td><td></td></tr>
<tr><td>24</td><td>F2</td><td>F2를 누른 후 점2를 측정한다.</td><td></td></tr>
<tr><td>25</td><td>F2
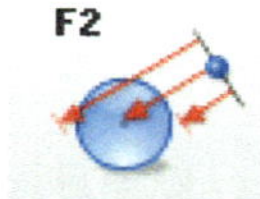</td><td>점2와 구1을 마우스로 선택한 후 F2를 선택한다.
(계산 옵션 → X 선택 후 평균값 선택)
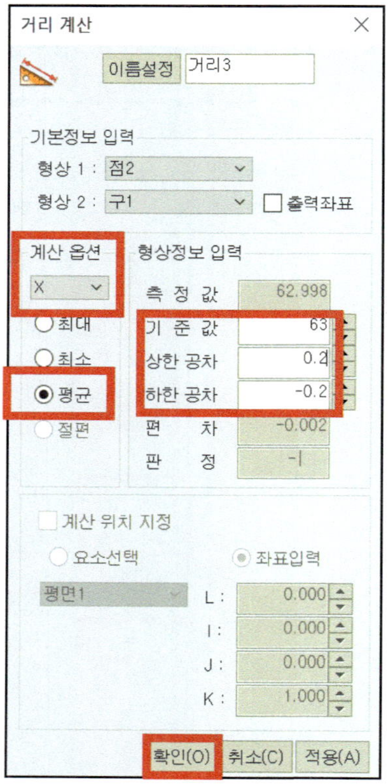
</td><td></td></tr>
<tr><td>26</td><td>프로브 회전</td><td>프로브/좌표계 창에서 선택한다.
A:0, B:0 선택하여 원래 위치로 회전한다. (충돌하지 않도록 안전한 위치로 이동후 회전한다.)</td><td></td></tr>
</table>

실습과제 07

▍학습요점 : 요소 측정(관계 설정)

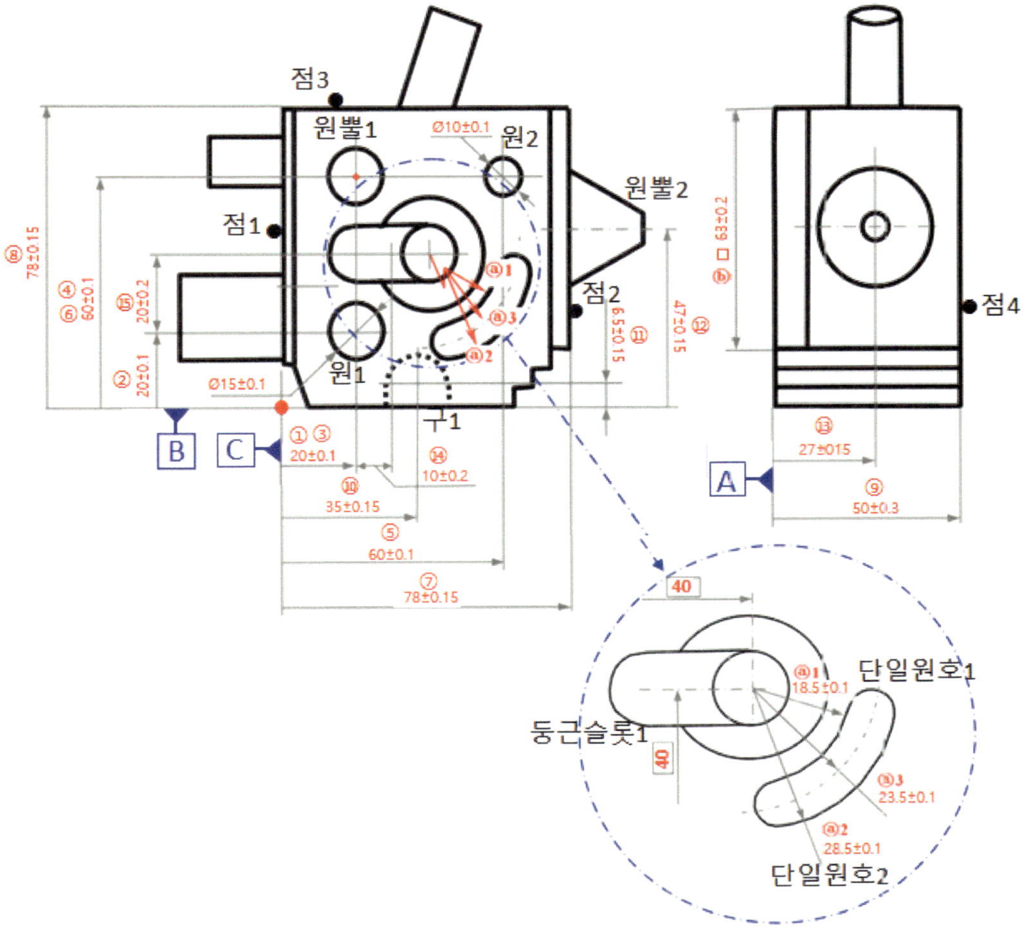

측정순서 요약

① A 면 측정 〉 공간정렬

② B 선 측정 〉 평면회전

③ C 점1 측정 〉 원점지정

④ 원1~2, 원뿔1~2, 점2~4, 구1 측정

⑤ 둥근 슬롯 1 측정

⑥ 원1, 둥근 슬롯 1, 관계 설정 〉 F2 〉 X

⑦ 원1, 둥근 슬롯 1 관계 〉 F2 〉 Y
⑧ F3 〉 단일 원호1 (X:40, Y:40, 2D)
⑨ F3 〉 단일 원호2 (X:40, Y:40, 2D)
⑩ F4 〉 이중 원호1 (X:40, Y:40)
⑪ F5 〉 사각 슬롯1 측정

순서	선택메뉴	측정 방법	출력 항목
1		F4를 누른 후 평면 1을 측정한다. ("A" 데이텀) [면이 데이텀인 경우 27점(3 line × 9점) 측정을 권장함]	
2	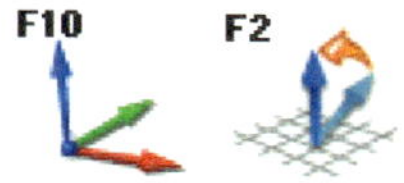	F10 → F2를 선택한다. (공간정렬 1)	
3	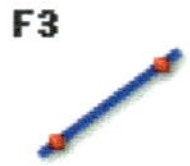	F3를 누른 후 직선 1을 측정한다. ("B" 데이텀)	
4	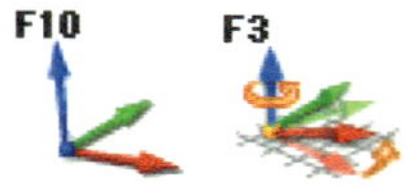	F10 → F3를 선택한다. (평면회전 1)	
5		F2를 누른 후 점 1을 측정한다. ("C" 데이텀)	
6	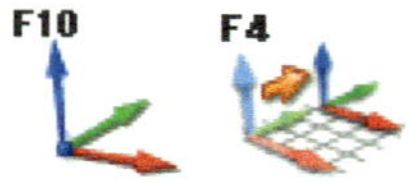	F10 → F4를 선택한다. (원점지정 1)	
7		F5를 누른 후 원1(∅15)을 측정한다.	X=① Y=②
8		F8을 누른 후 원뿔1을 측정한다.	X=③ Y=④
9		F5를 누른 후 원2(∅10)를 측정한다.	X=⑤ Y=⑥
10		F2를 누른 후 점2를 측정한다. (또는 평면으로 측정)	X=⑦
11		F2를 누른 후 점3을 측정한다. (또는 평면으로 측정)	Y=⑧

12	[프로브/좌표계] A:90, B:-90	[프로브/좌표계] 창에서 A:90, B:-90의 각도로 프로브를 회전한다. 이때 회전할 때 충돌이 일어나지 않도록 프로브를 안전한 위치로 이동한다. 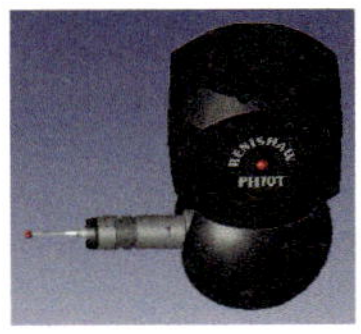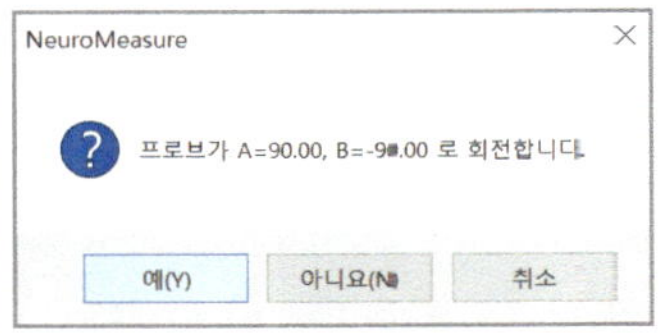	
13		F2를 누른 후 점4를 측정한다. (또는 평면으로 측정)	Z=⑨
14		F8을 누른 후 원뿔 2를 측정한다.	Y=⑫ Z=⑬
15	[프로브/좌표계] A:90, B:180	[프로브/좌표계] 창에서 A:90, B:180의 각도로 프로브를 회전한다. 이때 회전할 때 충돌이 일어나지 않도록 프로브를 안전한 위치로 이동한다. 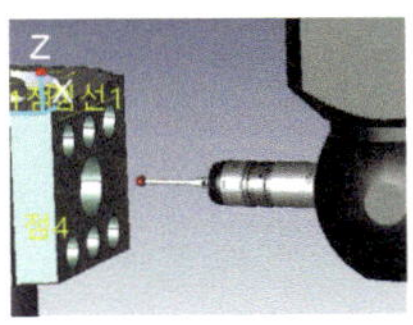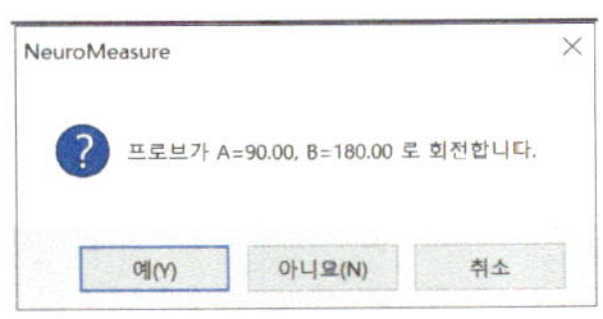	
16	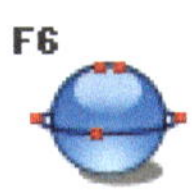	F6를 누른 후 구1을 측정한다.	X=⑩ Y=⑪
17	[프로브/좌표계] A:0, B:0	[프로브/좌표계] 창에서 A:0, B:0의 각도로 프로브를 회전한다. 이때 회전할 때 충돌이 일어나지 않도록 프로브를 안전한 위치로 이동한다. 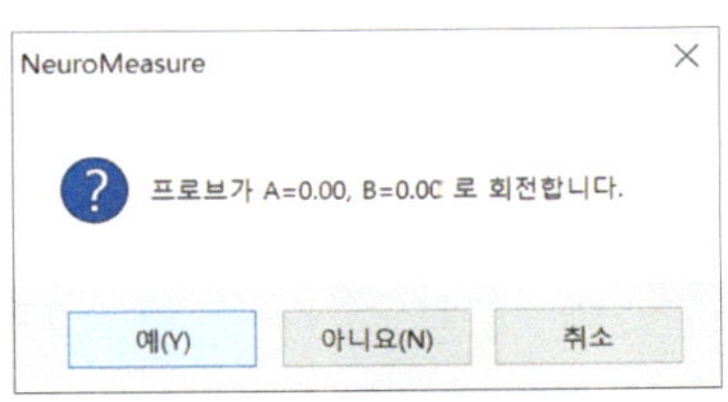	
18		F6►을 누른 후 둥근 슬롯 1을 측정한다.	

19	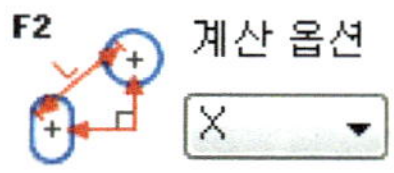	원1과 둥근 슬롯 1을 마우스로 선택(관계)한 후 F2를 선택한다. (계산 옵션 → X 선택 후 평균값 선택)	DS=⑭
20		원 1과 둥근 슬롯 1을 마우스로 선택(관계)한 후 F2를 선택한다. (계산 옵션 → Y 선택 후 평균값 선택)	DS=⑮
21	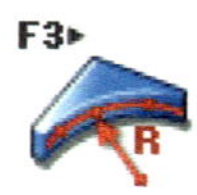	F3►를 누른 후 단일원호 1을 측정한다. (원호의 중심좌표 X=40, Y=40, Z=0 입력, 2D 선택) 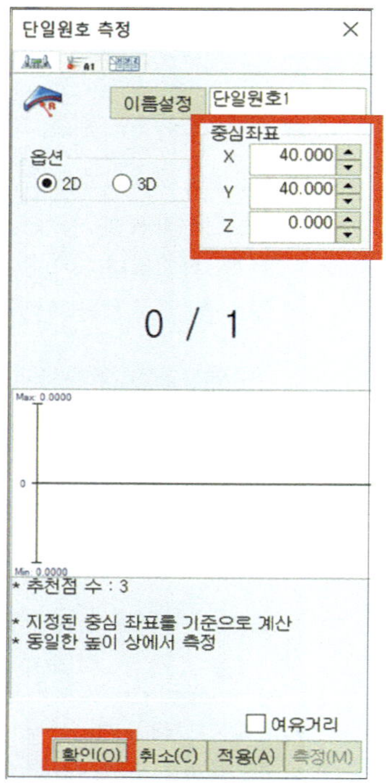	R=ⓐ1
22	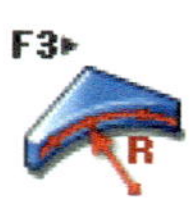	F3►를 누른 후 단일원호 2를 측정한다. (원호의 중심좌표 X=40, Y=40, Z=0 입력, 2D 선택)	R=ⓐ2
23		F4►를 누른 후 이중원소 1을 측정한다. (원호의 중심좌표 X=40, Y=40, Z=0 입력)	R=ⓐ3
24		F5►를 누른 후 사각 슬롯 1을 측정한다.	W=⑨ L=ⓑ

실습과제 08

▌학습요점 : **옵션, 관계 설정, 점 정의, 되부름(1)**

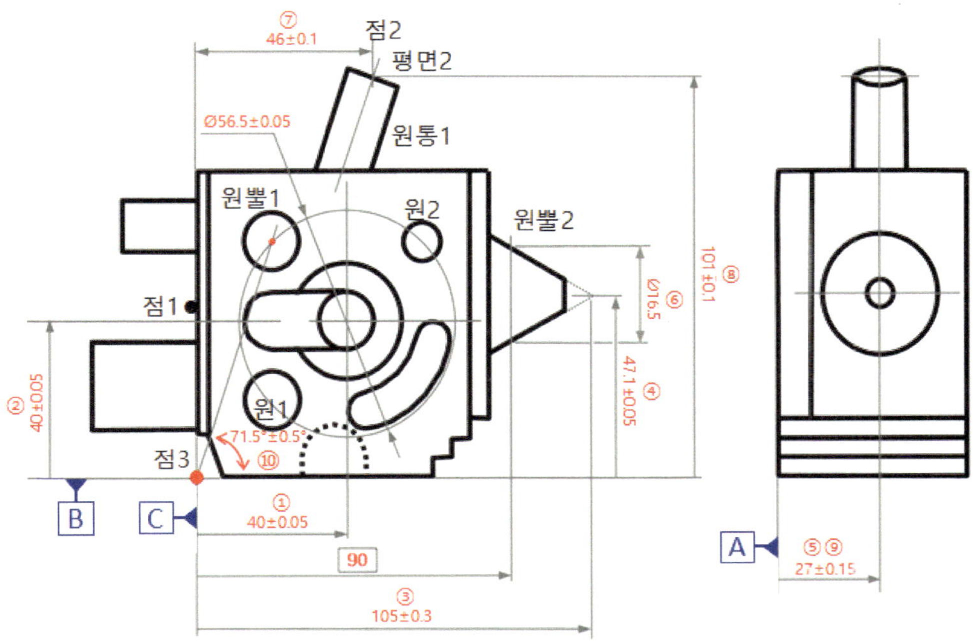

측정순서 요약

① A 면 측정 〉 공간정렬

② B 선 측정 〉 평면회전

③ C 점1 측정 〉 원점지정

④ 원1~2, 원뿔1 측정, PCD(원1, 원2, 원뿔1) 산출

⑤ 원뿔2 측정

⑥ 측정-원-단면 원 생성(거리 90,+X) ⑥번 선택

⑦ 원통1, 평면2 측정

⑧ 원통1, 평면2 관계 설정 〉 F9 : 점2

⑨ 점(F2) 〉 A1 (X, Y, Z=0) 〉 정의 : 점3

⑩ 원뿔1과 점3을 관계 설정 〉 F7 : 직선2 (각도 단위 drg로 변환)

⑪ 직선1과 직선2 관계 〉 F3 XY평면 ⑩

순서	선택메뉴	측정 방법	출력 항목
1	F4 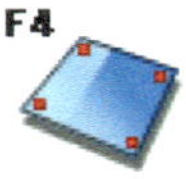	F4를 누른 후 평면 1을 측정한다. ("A" 데이텀) [면이 데이텀인 경우 27점(3 line × 9점) 측정을 권장함]	
2	F10 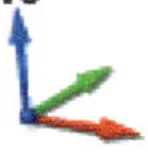 F2 	F10 → F2를 선택한다. (공간정렬 1)	
3	F3 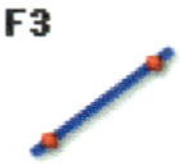	F3를 누른 후 직선 1을 측정한다. ("B" 데이텀)	
4	F10  F3 	F10 → F3를 선택한다. (평면회전 1)	
5	F2 	F2를 누른 후 점 1을 측정한다. ("C" 데이텀)	
6	F10  F4 	F10 → F4를 선택한다. (원점지정 1)	
7	F5 	F5를 누른 후 원 1(∅15)을 측정한다.	
8	F8 	F8을 누른 후 원뿔 1을 측정한다.	
9	F5 	F5를 누른 후 원 2(∅10)를 측정한다.	
10	F5 	원 1, 원뿔 1, 원 2를 선택 후 F5를 선택하여, 투영원을 생성한다. (단, 측정점 병합은 하지 않음.)(원 3)	X=① Y=②
11	[프로브/좌표계] A:90, B:-90	[프로브/좌표계] 창에서 A:90, B:-90의 각도로 프로브를 회전한다. 이때 회전할 때 충돌이 일어나지 않도록 프로브를 이동한다.	
12	F8 	F8을 누른 후 원뿔 2을 측정한다.	X=③ Y=④ Z=⑤

		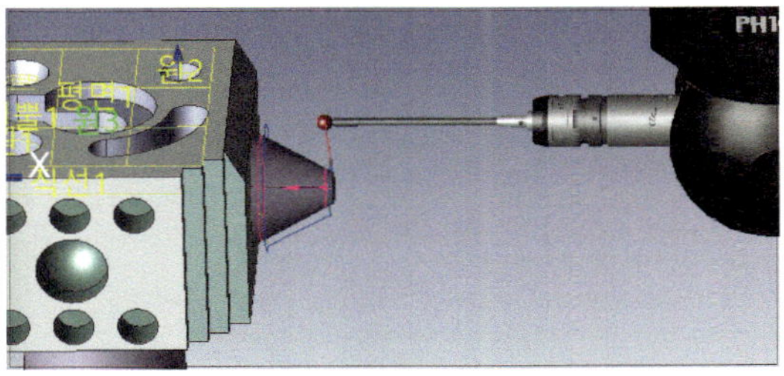	
13	[측정] → [원] → [단면 원 생성]	측정메뉴에서 원을 선택, 단면 원 생성을 선택한다. 거리 90 입력, +X 방향 선택, 좌표계 기준 선택 후 확인을 선택한다. 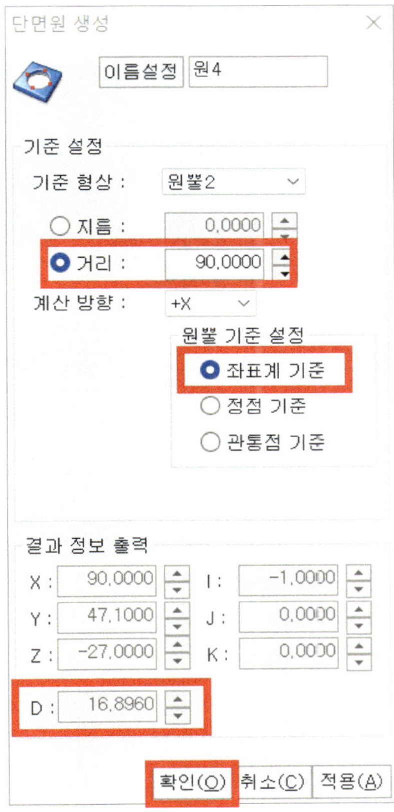 	D=⑥
	[프로브/좌표계] A:0, B:-0	[프로브/좌표계] 창에서 A:0, B:0의 각도로 프로브를 회전한다. 이때 회전할 때 충돌이 일어나지 않도록 프로브를 이동한다.	
14	F7 	F7을 누른 후 원통 1을 측정한다. 원통에 직각 방향으로 측정하여야 오차를 줄일 수 있다.	

		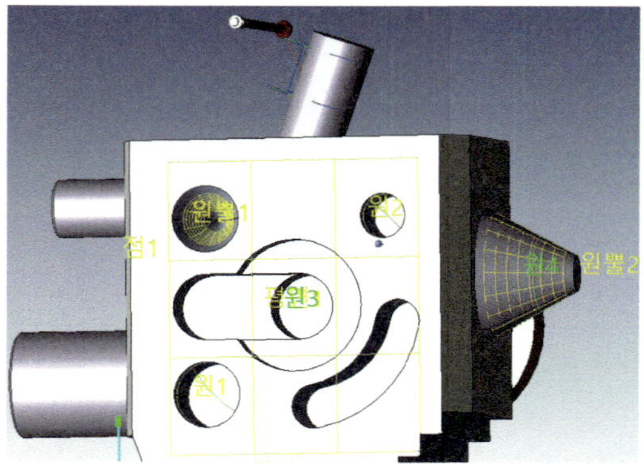	
15		F4를 누른 후 평면 2를 측정한다. 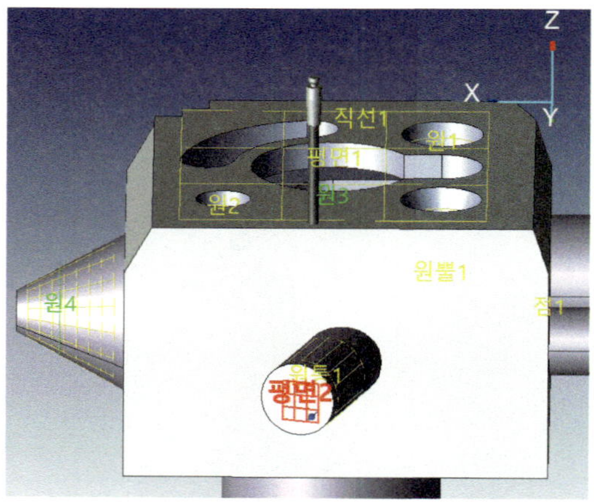	
15	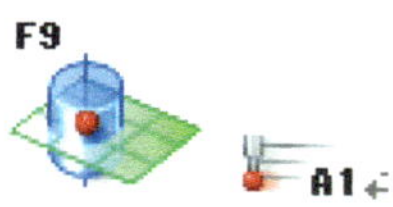	원통 1과 평면 2를 마우스로 선택(관계)한 후 F9을 선택한다. (점 2)	X=⑦ Y=⑧ Z=⑨
16		F2를 누른 후 A1에서 X=0, Y=0, Z=0을 입력 후 정의를 선택하고 취소를 한다. (점 3)	

17	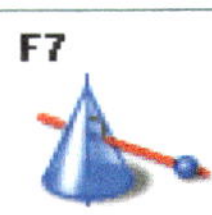	원뿔 1와 점 3을 선택 후 관계 항목 중 F7을 선택한다. (직선 2)	
18	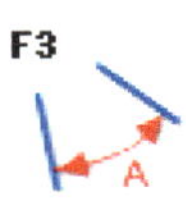	직선 1과 직선 2를 마우스로 선택(관계)한 후 F3를 선택한다. 계산 방향 XY PLANE 선택 후 확인을 선택한다. 둔각이 나타날 때는 '선택순서 반전'을 클릭한다.	Ang=⑩

		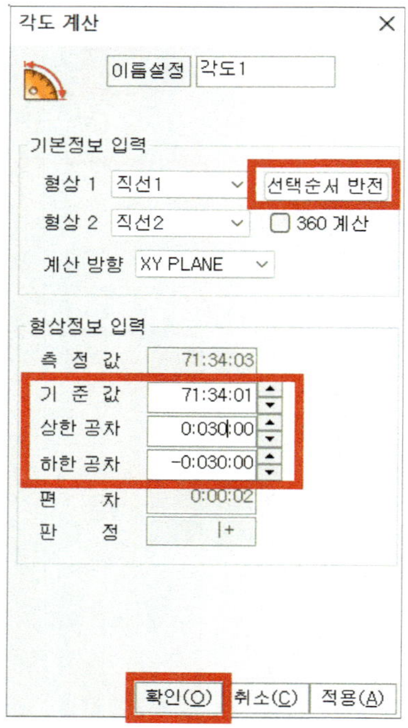	

각도 계산
이름설정
각도1
기본정보 입력
형상 1
직선1
선택순서 반전
형상 2
직선2
360 계산
계산 방향
XY PLANE
형상정보 입력
측 정 값
71:34:03
기 준 값
71:34:01
상한 공차
0:030:00
하한 공차
-0:030:00
편 차
0:00:02
판 정
|+
확인(O)
취소(C)
적용(A)

실습과제 09

| 학습요점 : **옵션 / 관계 / 되부름(2)**

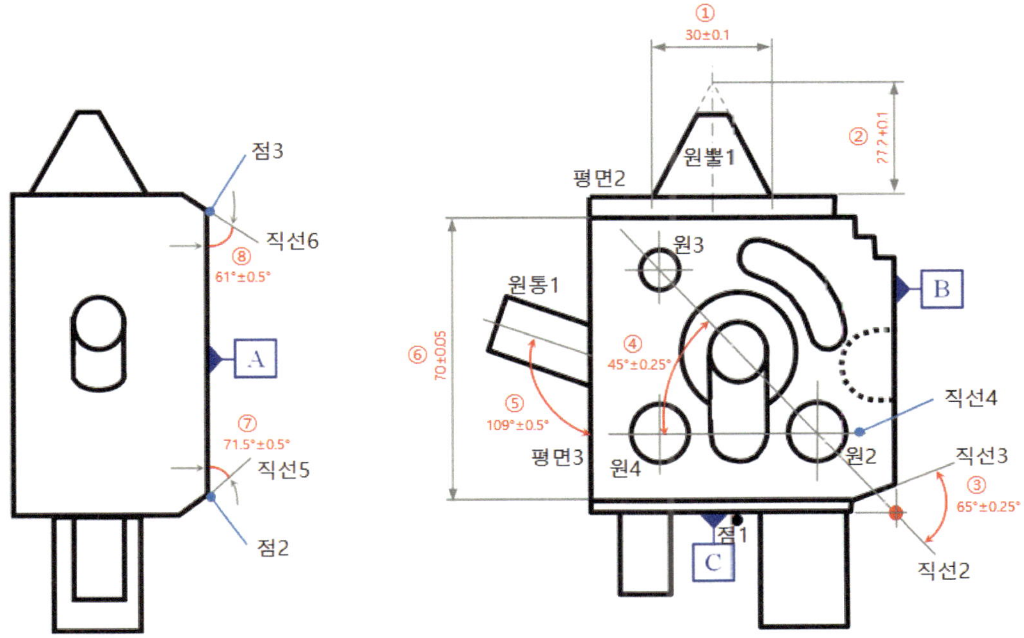

측정순서 요약

① A 면 측정 〉 공간정렬
② B 선 측정 〉 평면회전
③ C 점1 측정 〉 원점지정
④ 평면2, 원뿔1 측정
⑤ 평면2, 원뿔1 관계 설정 〉 F8 원1 산출
⑥ 평면2, 원뿔1 관계 설정 〉 F2 거리1 산출
⑦ 원2, 원3 측정
⑧ 원2, 원3 관계 설정 〉 F5 : 직선2
⑨ 직선3 측정 후 직선2와 관계 설정 〉 F3 각도③
⑩ 원4 측정 후 원2와 관계 설정 〉 F5 : 직선4

⑪ 직선2와 직선4 관계 설정 〉 F3 XY평면 : 각도④
⑫ 원통1과 평면3 측정 후 관계 설정 〉 F3 : 각도⑤
⑬ 직선5, 직선6 측정, 평면1과 직선5 선택 〉 F7 : 점 ②
⑭ 평면1과 직선6 선택 〉 F7 : 점 ③
⑮ 점2와 점3을 선택 〉 F2 〉 YZ평면, 평균값 ⑥
⑯ F12 누른 후 형상1 : 평면1, 형상2 : 직선5 입력, YZ평면 ⑦
⑰ F12 누른 후 형상1 : 직선6, 형상2 : 평면1 입력, YZ평면 ⑧

순서	선택메뉴	측정 방법	출력 항목
1	F4 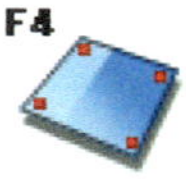	F4를 누른 후 평면 1을 측정한다. ("A" 데이텀) [면이 데이텀인 경우 27점 (3 line × 9점) 측정을 권장함]	
2	F10 F2 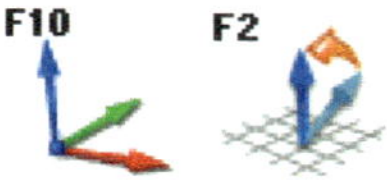	F10 → F2를 선택한다. (공간정렬 1)	
3	F3 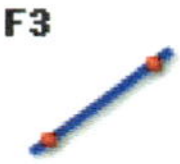	F3를 누른 후 직선 1을 측정한다. ("B" 데이텀)	
4	F10 F3 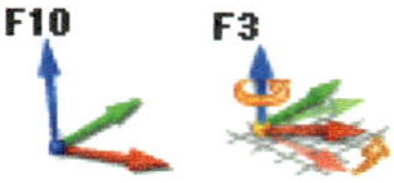	F10 → F3를 선택한다. (평면회전 1)	
5	F2 	F2를 누른 후 점 1을 측정한다. ("C" 데이텀)	
6	F10 F4 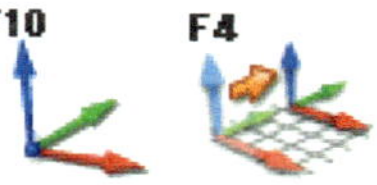	F10 → F4를 선택한다. (원점지정 1)	
7	F4 	F4를 누른 후 평면 2를 측정한다.	
8	F8 	F8을 누른 후 원뿔 1을 측정한다.	
9	F8 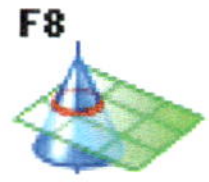	평면 2와 원뿔 1을 마우스로 선택(관계)한 후 F8을 선택한다.	D=①

10	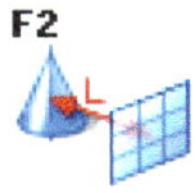	평면 2와 원뿔 1을 마우스로 선택(관계)한 후 F2를 선택한다.	DS=②
11		F5를 누른 후 원 2 을 측정한다.	
12		F5를 누른 후 원 3을 측정한다.	
13	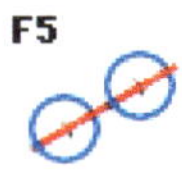	원 2와 원 3 선택 후 F5(최단선)를 선택한다. (직선 2)	
14	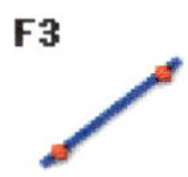	F3을 누른 후 직선 3을 측정한다. (③번 항목 직선 부위)	
15	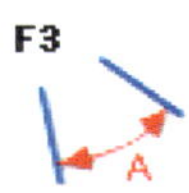	직선 2와 직선 3을 마우스로 선택(관계)한 후 F3를 선택한다. 계산 방향 XY PLANE 선택하고 확인을 선택한다. 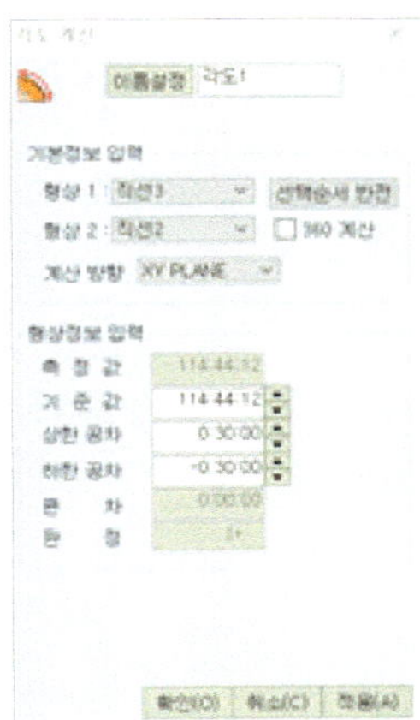 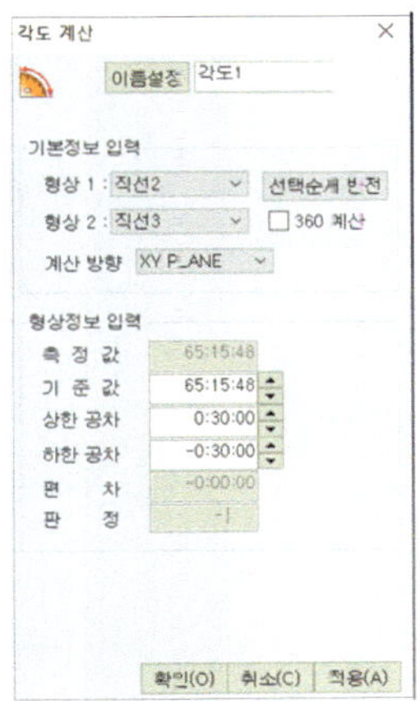 원하는 각도가 나오지 않으면 '선택순서 반전'을 클릭한다.	Ang=③
16		F5를 누른 후 원 4를 측정한다.	

<table>
<tr><td>17</td><td>F5
</td><td>원 2과 원 4 선택 후 F5(최단선)를 선택한다.
(직선 4)</td><td></td></tr>
<tr><td>18</td><td>F3
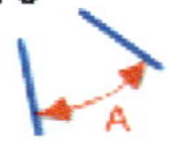</td><td>직선 2와 직선 4를 마우스로 선택(관계)한 후 F3를 선택한다.
계산 방향 XY PLANE 선택하고 확인을 선택한다.
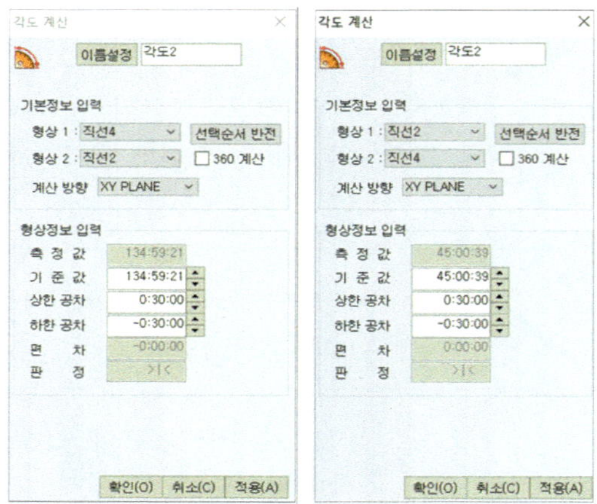

원하는 각도가 나오지 않으면 '선택순서 반전'을 클릭한다.</td><td>Ang=④</td></tr>
<tr><td>19</td><td>F7
</td><td>F7을 누른 후 원통 1을 측정한다.</td><td></td></tr>
<tr><td>20</td><td>F4
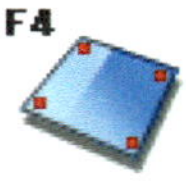</td><td>F4를 누른 후 평면 3을 측정한다.</td><td></td></tr>
<tr><td>21</td><td>F3
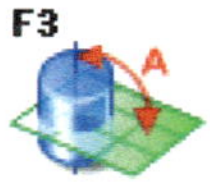</td><td>원통 1과 평면 3을 선택(관계)한 후
F3를 선택한다.
(선택순서에 따라 각도 값이 달라짐.)</td><td>Ang=⑤</td></tr>
</table>

		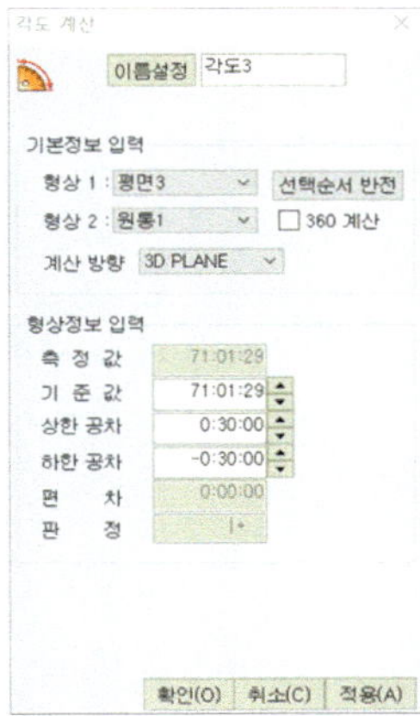 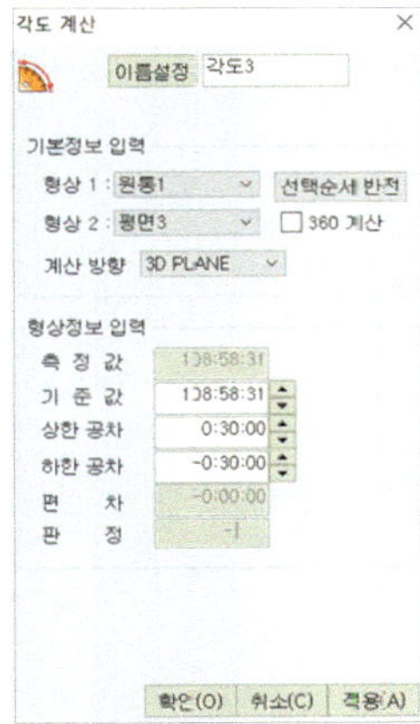 원하는 각도가 나오지 않으면 '선택순서 반전'을 클릭한다.	
22	F3 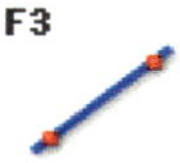	F3를 누른 후 직선 5을 측정한다.	
23	F3 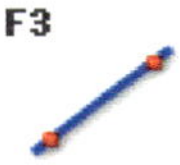	F3를 누른 후 직선 6을 측정한다.	
24	F7 	평면 1과 직선 5를 마우스로 선택(관계)한 후 F7을 선택한다. (점 2)	
25	F7 	평면 1과 직선 6을 마우스로 선택(관계)한 후 F7을 선택한다. (점 3)	
26	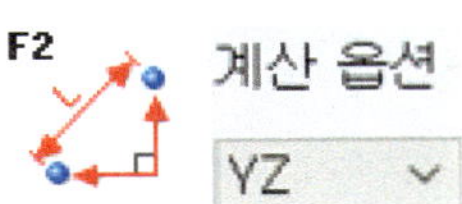	점 2와 점 3을 마우스로 선택(관계)한 후 F2를 선택한다. 계산 옵션에서 Z & 평균값을 선택하고 확인한다.	DS=⑥

		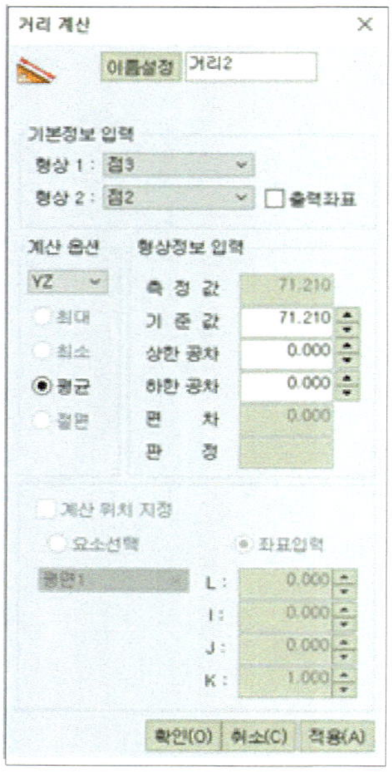	
27		F12►을 누른 후 형상 1에 평면 1, 형상 2에 직선 5를 선택 후 계산 방향을 Z PAN으로 선택하고 확인을 선택한다.	Ang=⑦
28		F12►을 누른 후 형상 1에 직선 6, 형상 2에 평면 1을 선택 후 계산 방향을 YZ PLANE으로 선택하고 확인을 선택한다.	Ang=⑧

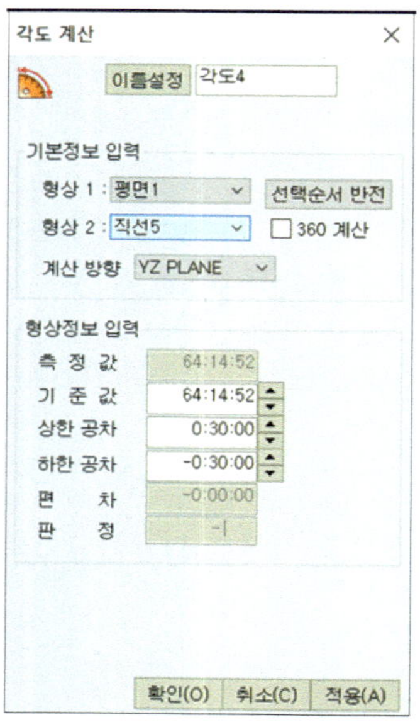

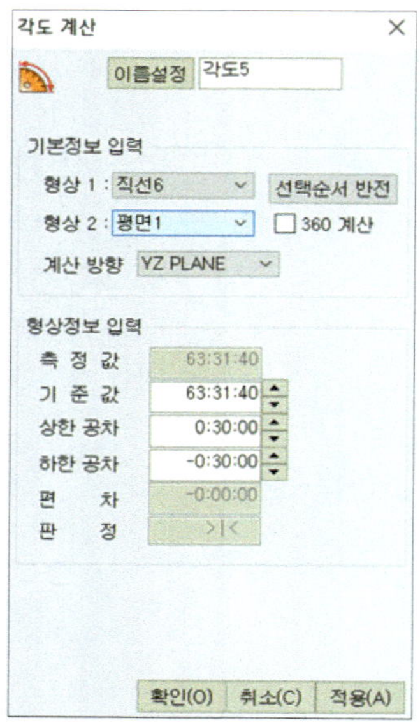

실습과제 10

▌학습요점 : 좌표계 매크로, 기하 공차 1, (⌖, //, ⊥)

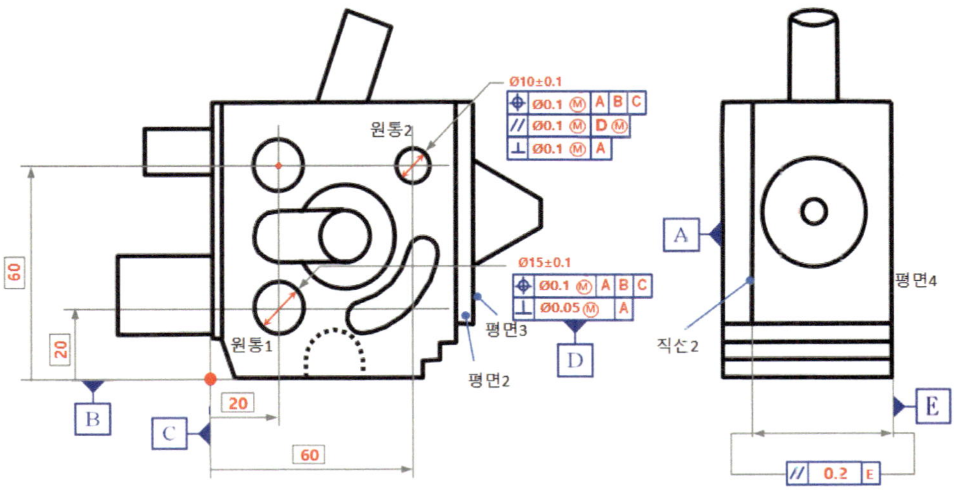

측정순서 요약

① [좌표계] - 좌표계 매크로 - (평면-직선-점)

② A 면 측정 〉 확인(공간정렬,) B 선 측정 〉 확인 (평면회전)

③ C 점1 측정 〉 확인(원점지정)

④ 원통1 측정 〉 더블클릭 〉

⑤ 기준값(X=20, Y=20, D=15), 상, 하한 공차를 입력.

⑥ ⌖, ⊥ → [클릭] 위치도를 기준값 난에 0.1M을,

⑦ 직각도를 기준값 난에 0.05M을 입력.

⑧ 원통2 측정 〉 더블클릭 〉 기준값(X=60, Y=60, D=10)과 상/하한 공차를 입력.

⑨ ⌖, //, ⊥ → [클릭]

⑩ 위치도, 평행도, 직각도 기준값에 0.1M을 입력

⑪ // 기호를 더블 클릭 〉 1차 데이텀에 원통 1을 선택하고 적용조건에 MMC

⑫ 평면 2, 3 측정, 관계 설정 〉 F5 : 직선2, 프로브 회전(A:90, B:-90)

⑬ 평면 4 측정, 측정 결과를 더블클릭 // → [클릭] 평행도 공차 0.2를 입력.

⑭ 프로브 회전(A:0, B:0)

순서	선택메뉴	측정 방법	출력 항목
1	[좌표계]- [좌표계 매크로]- 평면-직선-점	[좌표계]-[좌표계 매크로]-평면-직선-점을 선택하여 매크로 기능을 실행해 본다. 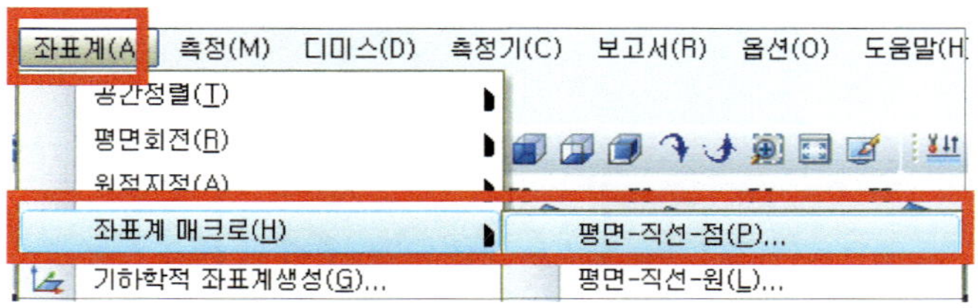	
2	F4 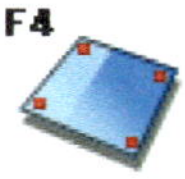	평면 1을 측정하고 확인을 누른다. 공간정렬이 실행됨. ("A" 데이텀) [면이 데이텀인 경우 27점 (3 line × 9점) 측정을 권장함]	
3	F3 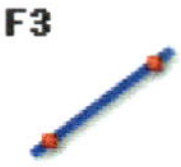	직선 1을 측정하고 확인을 누른다. 평면회전이 실행됨. ("B" 데이텀)	
4	F2 	점 1을 측정하고 확인을 누른다. 원점지정이 실행됨. ("C" 데이텀)	
5	F7 	F7을 누른 후 원통 1(∅15)을 측정한다.	
6	더블 클릭 또는 스페이스 바	원통 1을 더블 클릭한다.	
7	⊕, ⊥ → [클릭]	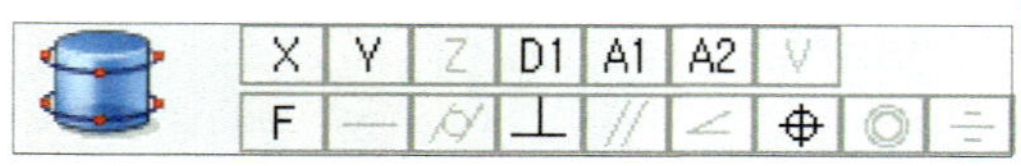 기준값(X=20, Y=20, D=15)과 상, 하한 공차를 입력한다. 위치도 기준값에 0.1M을 입력한다. 직각도 기준값에 0.05M을 입력한다.	위치도 직각도
8	F7 	F7을 누른 후 원통 2(∅10)를 측정한다.	
9	더블 클릭 또는 스페이스 바	원통 2를 더블 클릭한다.	

<table>
<tr><td>10</td><td>⊕, //, ⊥ → [클릭]</td><td>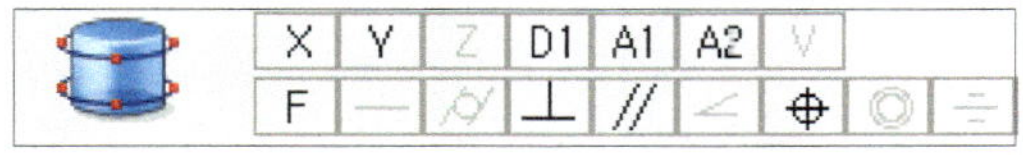

기준값(X=60, Y=60, D=10)과 상/하한 공차를 입력한다.
위치도, 평행도, 직각도 기준값에 0.1M을 입력한다.
(// 기호를 더블 클릭하여 1차 데이텀에 원통 1을 선택하고 적용조건에 MMC를 선택하고 확인을 선택한다.)
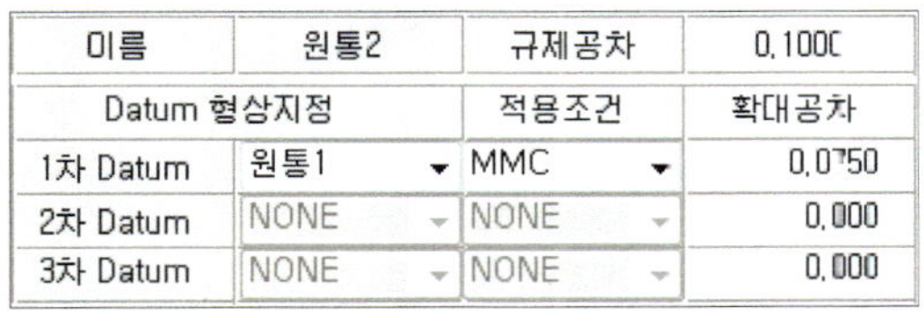
<table>
<tr><td>이름</td><td>원통2</td><td>규제공차</td><td>0,100C</td></tr>
<tr><td>Datum 형상지정</td><td></td><td>적용조건</td><td>확대공차</td></tr>
<tr><td>1차 Datum</td><td>원통1</td><td>MMC</td><td>0,0750</td></tr>
<tr><td>2차 Datum</td><td>NONE</td><td>NONE</td><td>0,000</td></tr>
<tr><td>3차 Datum</td><td>NONE</td><td>NONE</td><td>0,000</td></tr>
</table></td><td>위치도
평행도
직각도</td></tr>
<tr><td>11</td><td>
</td><td>F4를 누른 후 평면 2를 측정한다.
(경사면)</td><td></td></tr>
<tr><td>12</td><td>
</td><td>F4를 누른 후 평면 3을 측정한다.
(우측면 : 원뿔과 붙어 있는 면)</td><td></td></tr>
<tr><td>13</td><td>[프로브/좌표계]
A:90, B:--90</td><td>[프로브/좌표계] 창에서 A:90, B:-90의 각도로 프로브를 회전한다. 이때 회전할 때 충돌이 일어나지 않도록 프로브를 이동한다.</td><td></td></tr>
<tr><td>14</td><td>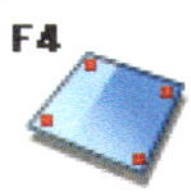
</td><td>F4를 누른 후 평면 4를 측정한다.
(바닥 면 : 평행도 규제면)</td><td></td></tr>
<tr><td>15</td><td>
</td><td>평면 2와 평면 3을 관계 설정한 후 F5를 선택한다. 직선 2</td><td></td></tr>
<tr><td>16</td><td>더블 클릭 또는
스페이스 바</td><td>평면 4를 더블 클릭한다.</td><td></td></tr>
<tr><td>17</td><td>// → [클릭]</td><td>// → [클릭]
평행도 기준값에 0.2를 입력한다.</td><td></td></tr>
</table>

	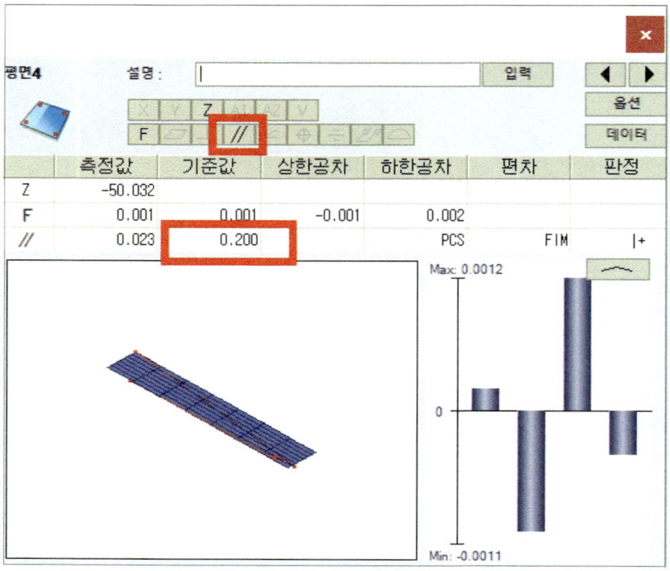	
18	[프로브/좌표계] A:0, B:-0	[프로브/좌표계] 창에서 A:0, B:0의 각도로 프로브를 회전한다. 이때 회전할 때 충돌이 일어나지 않도록 프로브를 이동한다.

실습과제 11

| 학습요점 : 기하 공차 2, (//, ⊥, ∠, ◎, ○)

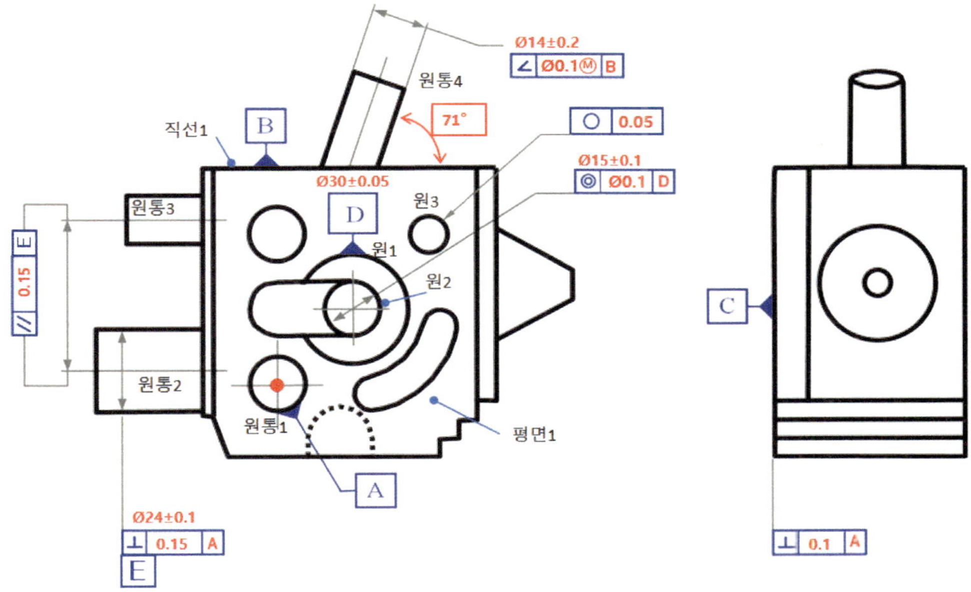

측정순서 요약

① A 원통1 측정 〉 공간정렬

② B 선 측정 〉 평면회전

③ C 평면 측정 〉 원점지정

④ 원통2 측정 〉 더블클릭 〉 ⊥ 〉 기준값 난에 공차(0.15) 입력

⑤ 원통3 측정 〉 더블클릭 〉 // 〉 기준값 난에 공차(0.15) 입력

⑥ // 기호를 더블 클릭 〉 1차 데이텀에 원통 2를 선택

⑦ 원통4 측정 〉 더블클릭 〉 축 기준값(X/Y=19, Z/Y=0, D=14) 입력

⑧ ∠ 〉 기준값 난에 공차(0.1M) 입력

⑨ 원1, 원2 측정, 원2를 더블클릭

⑩ ◎ 기호를 클릭 〉 기준값 난에 공차(0.1) 입력

⑪ ◎ 기호를 더블 클릭 〉 1차 데이텀에 원 1을 선택.

⑫ 원3 측정(10포인트 이상 측정) 〉 더블클릭, ○ 클릭 〉 공차 입력

순서	선택메뉴	측정 방법	출력 항목
1		F7을 누른 후 원통 1을 측정한다. ("A" 데이텀) [원통이 데이텀인 경우 45점(15점 × 3 section) 측정을 권장함]	
2	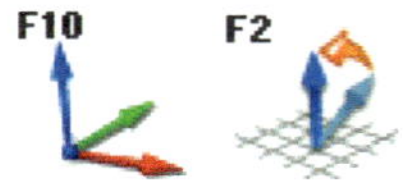	F10 → F2를 선택한다. (공간정렬 1)	
3	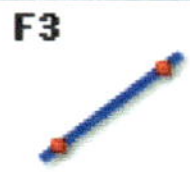	F3를 누른 후 직선 1을 측정한다. ("B" 데이텀)	
4	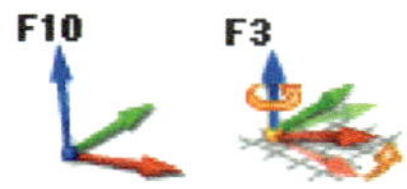	F10 → F3를 선택한다. (평면회전 1)	
5	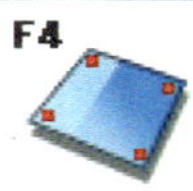	F4를 누른 후 평면 1을 측정한다. ("C" 데이텀)	
6	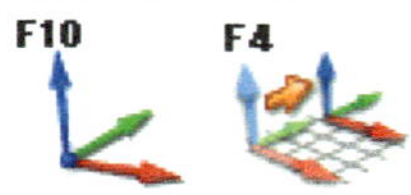	F10 → F4를 선택한다. (원점지정 1)	
7		F7을 누른 후 원통2(∅24)를 측정한다.	
8	더블 클릭 또는 스페이스 바	원통2를 더블 클릭한다.	
9	⊥ → [클릭]	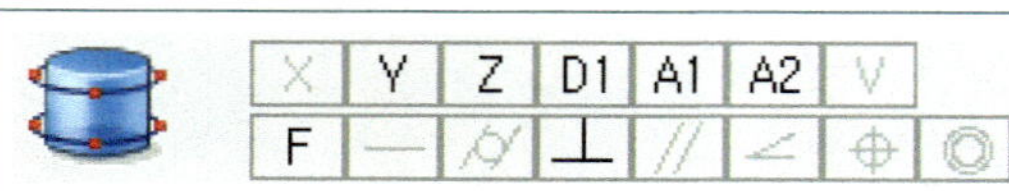 직각도 기준값에 0.15를 입력한다.	직각도
10	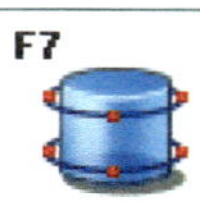	F7을 누른 후 원통 3을 측정한다.	
11	더블 클릭 또는 스페이스 바	원통3을 더블 클릭한다.	
12	// → [클릭]	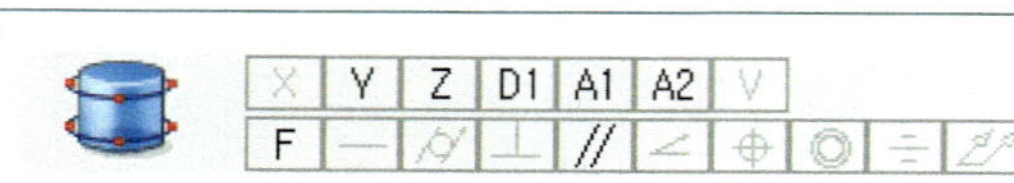 평행도 기준값에 0.15를 입력한다. (//를 더블 클릭하여 1차 데이텀에 원통 2를 선택하고 확인을 선택한다.)	평행도

13	F7 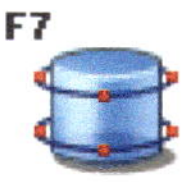	F7을 누른 후 원통4를 측정한다.	
14	더블 클릭 또는 스페이스 바	원통 4를 더블 클릭한다.	
15	∠ → [클릭]	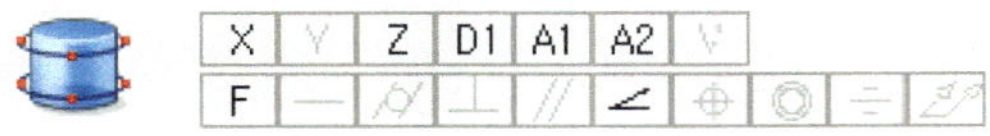 축 각 기준값(X/Y=19, Z/Y=0, D=14)과 상, 하한 공차를 입력한다. 경사도 기준값에 0.1M을 입력한다.	경사도
	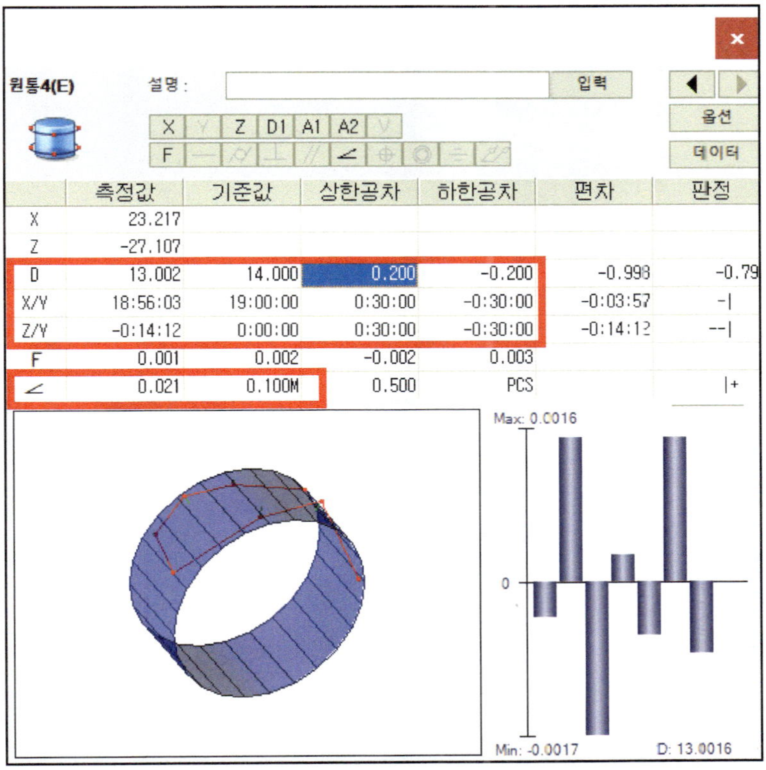		
16	F5 	F5를 누른 후 원1(∅30)을 측정한다.	
17	F5 	F5를 누른 후 원2(∅15)를 측정한다.	
18	더블 클릭 또는 스페이스 바	원2를 더블클릭한다.	

19	◎ → [클릭]	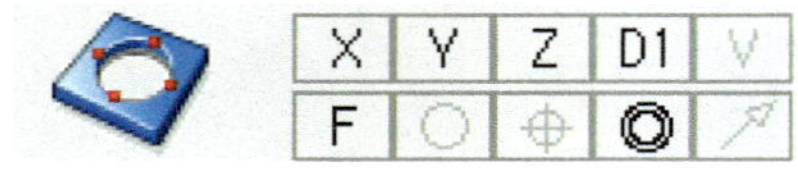 동심도 기준값에 0.1을 입력하고, ◎ 기호를 더블 클릭한 후 데이텀 설정 창에서 원1을 Datum으로 설정한다.	동심도

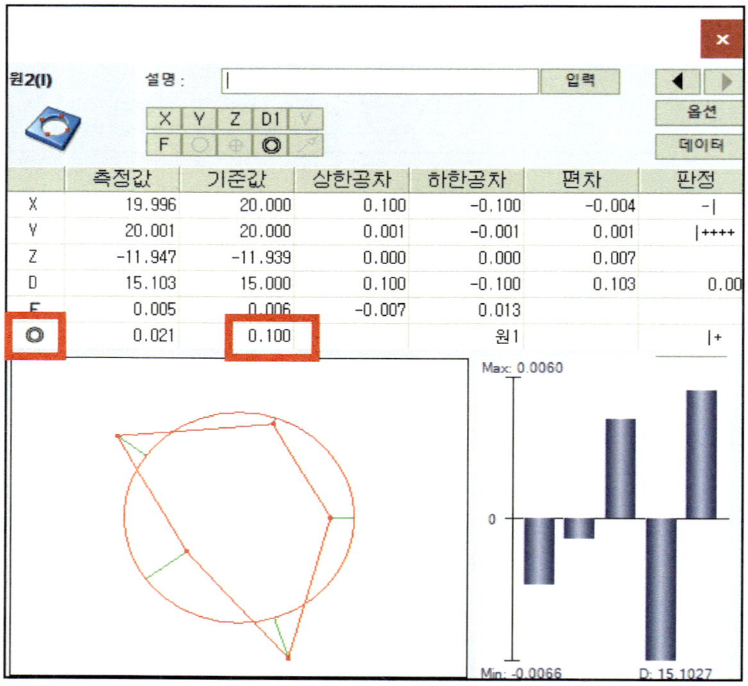

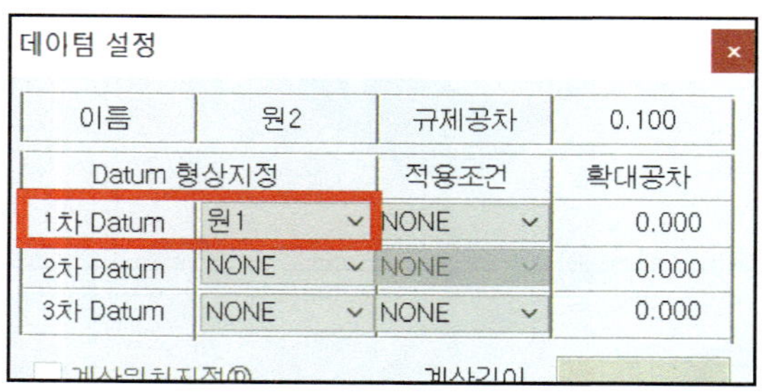

20	F5 	F5를 누른 후 원3(∅10)을 측정한다. 이때 진원도를 측정하기 위하여 10점 이상을 측정한다.	
21	더블 클릭 또는 스페이스 바	원3을 더블클릭한다.	

○ → [클릭]

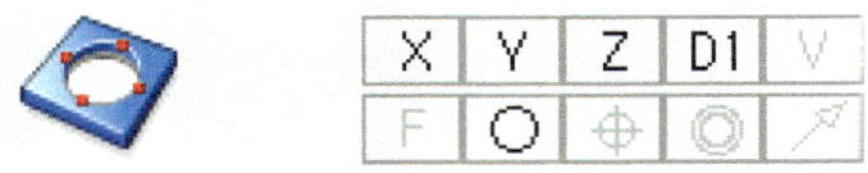

진원도 기준값에 0.05를 입력한다.

22

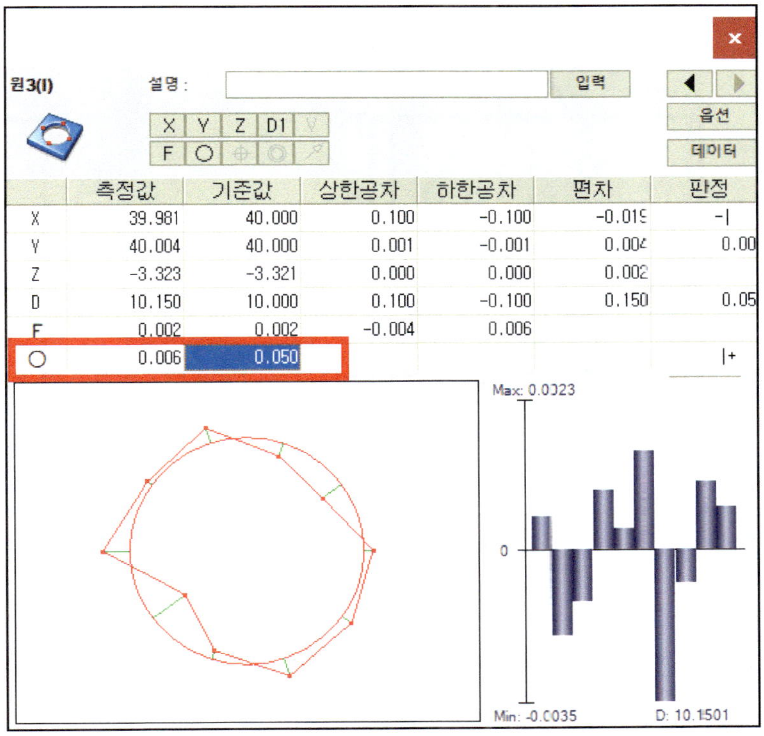

실습과제 12

▌학습요점 : **원통 좌표계**

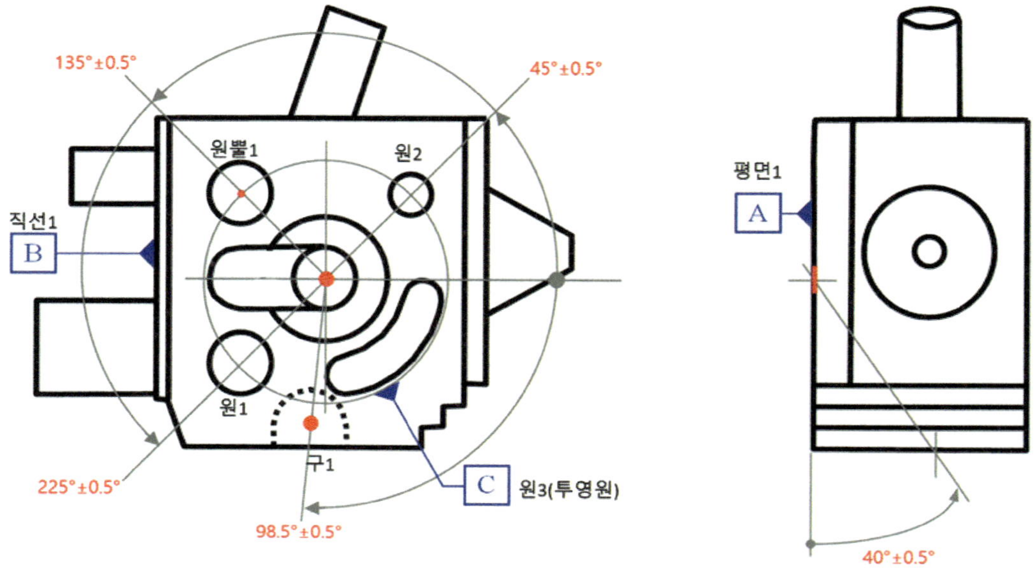

측정순서 요약

① A 면 측정 〉 공간정렬
② B 선 측정 〉 평면회전
③ 원1, 원2, 원뿔1을 측정 - PCD 투영원(원3) 생성 〉 원점지정
④ 원2 되부름(원4) 〉 더블클릭 〉 옵션에서 원통 좌표계
⑤ 원1을 되부름 : 원5
⑥ 원뿔1을 선택 〉 마우스의 오른쪽 버튼 메뉴 중 [형상 변환-점으로 변환]을 선택
⑦ 원 5를 더블 클릭 후 옵션에서 원통 좌표계를 선택.
⑧ 구 1 측정 〉 더블클릭 〉 → Axy 더블클릭 → 기준축: +X, 각도 방향:시계방향 선택
⑨ [좌표계] → [작업평면 지정]에서 YZ 평면을 선택.
⑩ 구 1을 선택 후 마우스의 오른쪽 버튼 〉 되부름 (구 2)
⑪ 구 2를 더블 클릭 → Ayz를 더블클릭 기준축 : -Y, 각도 방향 : 반시계 방향 선택

순서	선택메뉴	측정 방법	출력 항목
1	F4 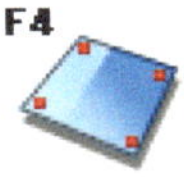	F4를 누른 후 평면 1을 측정한다. ("A" 데이텀) [면이 데이텀인 경우 27점 (3 line × 9점) 측정을 권장함]	
2	F10 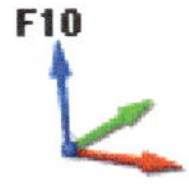 F2 	F10 → F2를 선택한다. (공간정렬 1)	
3	F3 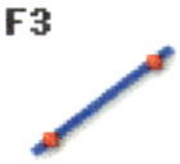	F3를 누른 후 직선 1을 측정한다. ("B" 데이텀)	
4	F10  F3 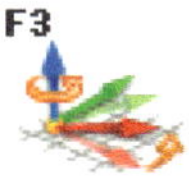	F10 → F3를 선택한다. (평면회전 1)	
5	F5 	F5를 누른 후 원 1을 측정한다.	
6	F8 	F8을 누른 후 원뿔 1을 측정한다.	
7	F5 	F5를 누른 후 원 2를 측정한다.	
8	F5 	원 1, 원뿔 1, 원 2를 선택 후 F5를 누르고 투영원을 생성한다. (형상 병합 메시지에서 '아니오' 선택, 투영원으로 생성한다.) (원 4: "C" 데이텀)	
9	F10 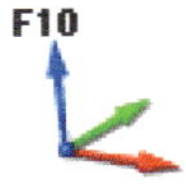 F4 	F10 → F4를 선택한다. (원점지정 1)	
10	되부름 마우스 오른쪽 버튼	원 2 을 되부름 한다. (원 4)	
11	더블 클릭 또는 스페이스 바	원 4를 더블 클릭 후 옵션에서 원통 좌표계를 선택한다.	Axy=45
12	되부름 마우스 오른쪽 버튼	원 1을 선택 후 마우스의 오른쪽 버튼을 눌러 되부름을 선택한다. (원 5)	
13	더블 클릭 또는 스페이스 바	원 5를 더블 클릭 후 옵션에서 원통 좌표계를 선택한다.	Axy=225

<table>
<tr><td>14</td><td>[형상 변환-점으로 변환]</td><td>원뿔 1을 선택 후 마우스의 오른쪽 버튼의 메뉴 중에서 [형상 변환-점으로 변환]-'아니오'를 선택한다. (점 1)</td><td>Axy=135</td></tr>
<tr><td>15</td><td>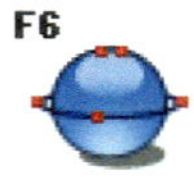</td><td>F6을 누른 후 구 1을 측정한다.</td><td></td></tr>
<tr><td>16</td><td>더블 클릭 또는
스페이스 바
→ Axy 더블클릭</td><td>구 1을 더블 클릭 후 Axy를 더블 클릭하여 기준축 : +X, 각도 방향: 시계방향으로 선택하고 확인을 선택한다.</td><td>Axy=98.5</td></tr>
<tr><td>17</td><td></td><td>[좌표계] → [작업평면 지정]에서 YZ 평면을 선택한다.
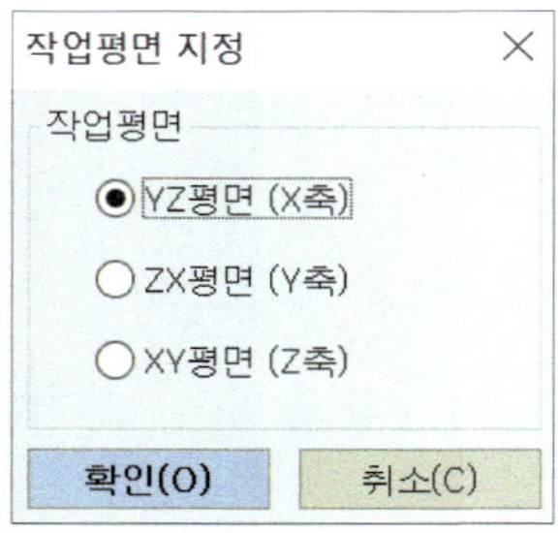</td><td></td></tr>
<tr><td>18</td><td>마우스 오른쪽 버튼</td><td>구 1을 선택 후 마우스의 오른쪽 버튼을 눌러 되부름을 선택한다. (구 2)</td><td></td></tr>
<tr><td>19</td><td>더블 클릭 또는
스페이스 바
→ Ayz 더블클릭</td><td>구 2를 더블 클릭 후 Ayz를 더블클릭하여 기준축 : -Y, 각도 방향: 반시계 방향으로 선택하고 확인을 선택한다.
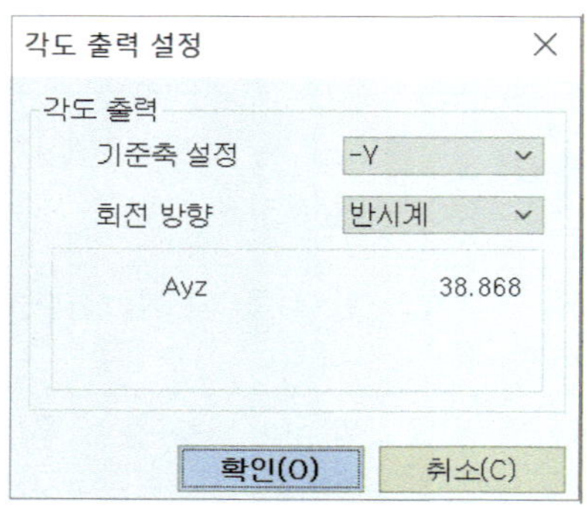</td><td>Ayz=40</td></tr>
</table>

실습과제 13

▌학습요점 : CAD 파일을 이용한 자동측정(캐드 모델 정렬),
기하공차 3, (⌖, ⌭, Ⓟ, ⌒, ⌓, ▱, —, ↗)

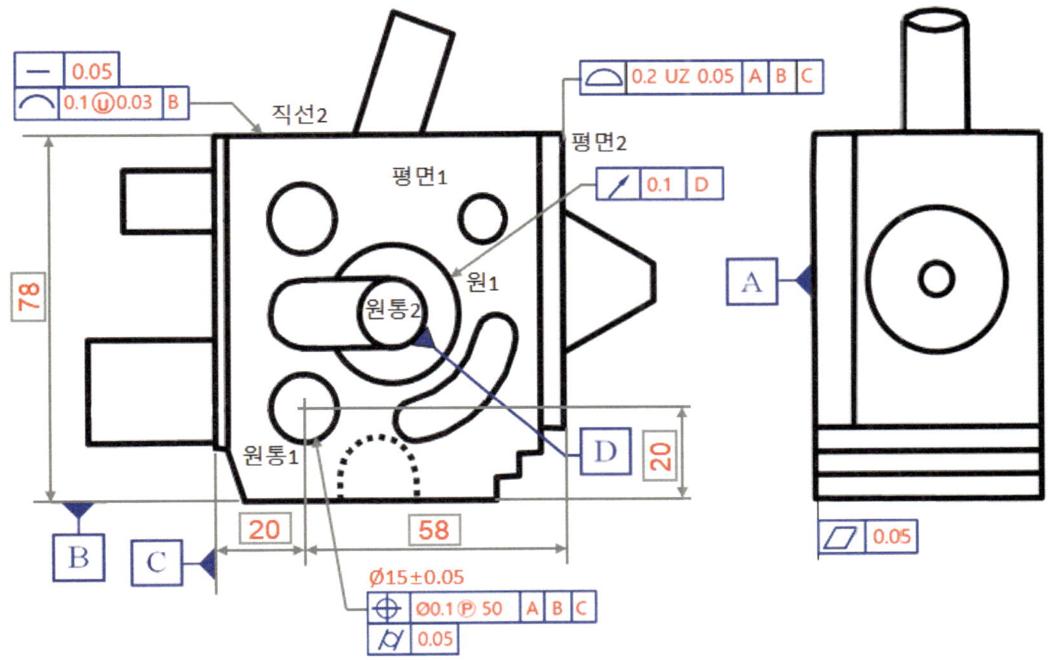

측정순서 요약

① A 면 측정 〉 공간정렬
② B 선 측정 〉 평면회전
③ C 점1 측정 〉 원점지정
④ 캐드 모델 정렬
⑤ A 면 자동측정 더블클릭 ▱ 클릭, 공차 입력
⑥ 원통1 측정, ⌖, ⌭, 클릭, 공차 입력, Ⓟ 계산길이 입력(50)
⑦ 원통2 측정, 원1 측정, 더블클릭 〉 ↗ 클릭
⑧ 직선2 측정 〉 ⌒, — 클릭, 공차 입력
⑨ 프로브 방향을 5번으로 변경, 평면2 측정
⑩ 평면2 더블클릭 ⌓클릭, 공차 입력

순서	선택메뉴	측정 방법	출력 항목
1	F4 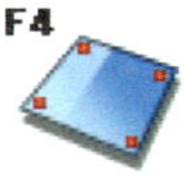	F4를 누른 후 평면 1을 측정한다. ("A" 데이텀) [면이 데이텀인 경우 27점 (3 line × 9점) 측정을 권장함]	
2	F10  F2 	F10 → F2를 선택한다. (공간정렬 1)	
3	F3 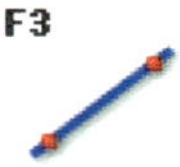	F3를 누른 후 직선 1을 측정한다. ("B" 데이텀)	
4	F10 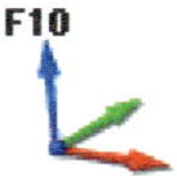 F3 	F10 → F3를 선택한다. (평면회전 1)	
5	F2	F2를 누른 후 점 1을 측정한다. ("C" 데이텀)	
6	F10 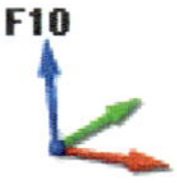 F4 	F10 → F4를 선택한다. (원점지정 1)	
7	[좌표계] → [캐드 모델 정렬]	LCS 좌표계를 현 좌표계(위에서 설정한 좌표계)와 맞는 것을 선택하고 '캐드 모델을 기준 좌표계로 이동'을 선택한다. 일치하는 것이 없으면 '현재 PCS를 새 좌표계로 입력'을 선택한다.	
	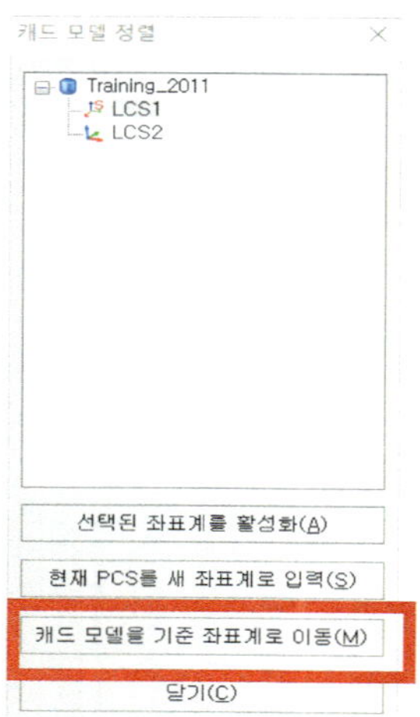 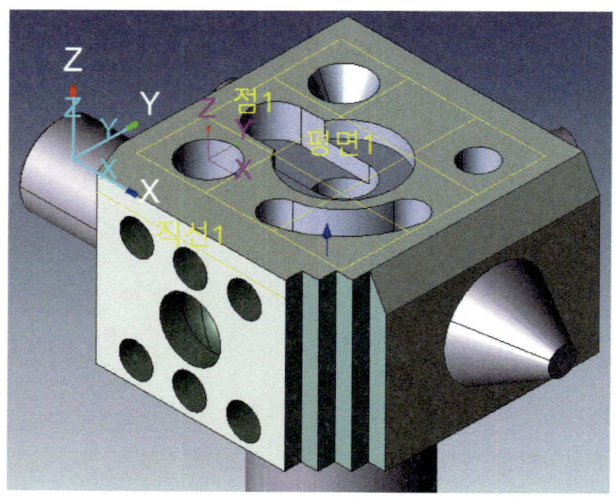		

<table>
<tr>
<td rowspan="2">8</td>
<td>
</td>
<td>측정 프로브를 평면 위에 위치하도록 한다. (충돌 방지)
F4를 누른 후 캐드 모델의 평면1을 클릭한다. 데이텀이면서 또 평면도를 측정하기 위하여 측정 포인트를 27포인트 이상으로 한다. 확인을 누르면 자동으로 측정한다.</td>
<td></td>
</tr>
<tr>
<td colspan="3">

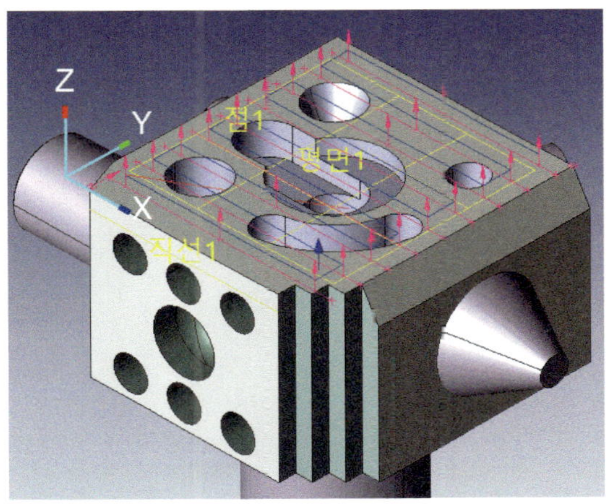
</td>
</tr>
<tr>
<td>9</td>
<td>더블 클릭 또는
스페이스 바</td>
<td>평면2를 더블 클릭 후 ▱를 클릭하고 기준값 란에 공차를 입력한다.</td>
<td></td>
</tr>
</table>

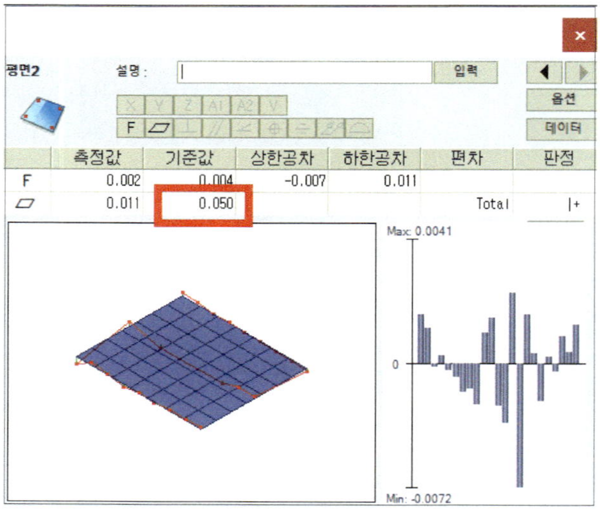

	F7 	프로브를 원통1 위에 위치하고 F7을 누른 후 원통1 내면을 클릭한다. 프로브가 원통 바닥에 닿지 않도록 프로브 반경을 고려하여 Z값을 입력한다. 확인을 누르면 자동측정 된다.
10	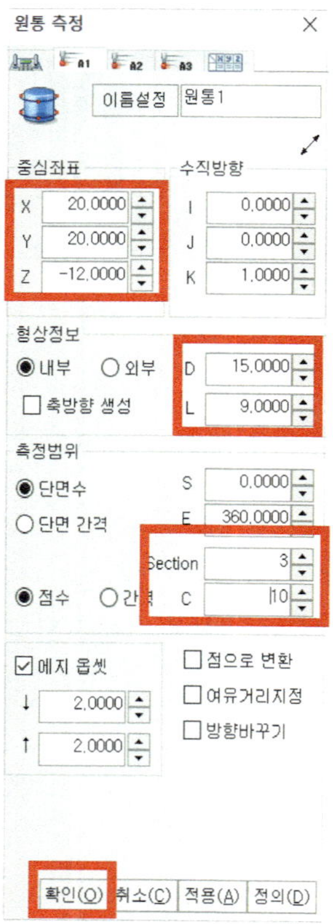 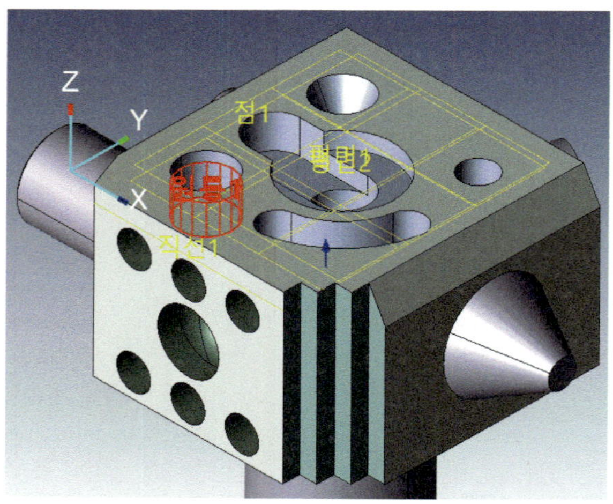	

<table>
<tr><td rowspan="2">11</td><td>더블 클릭 또는
스페이스 바</td><td>원통1을 더블 클릭 후 ⌭, ⌖ 선택하고 기준값에 공차를 입력한다.
⌖를 더블클릭하여 계산 위치 지정Ⓟ (돌출공차)를 체크하고 계산길이 난에 50을 입력한다.</td><td></td></tr>
<tr><td colspan="3">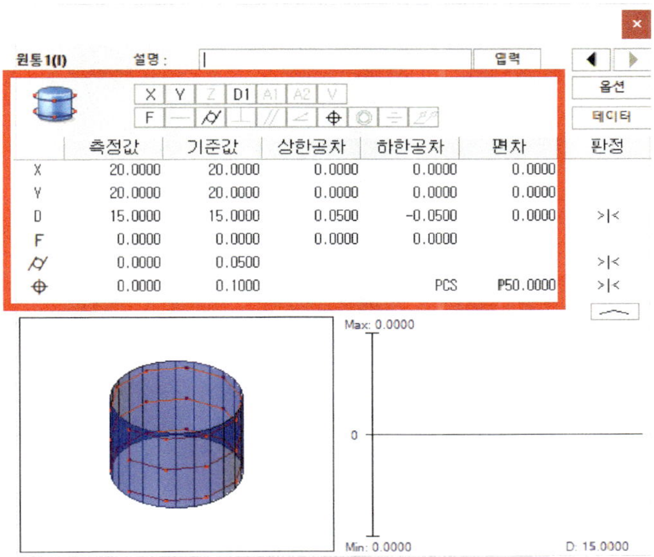

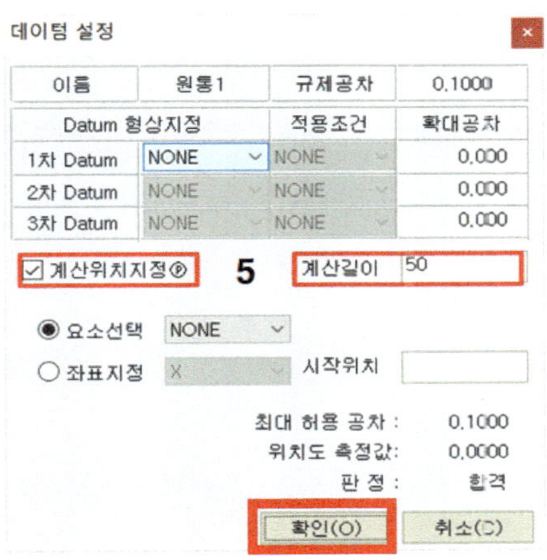
</td></tr>
<tr><td>12</td><td>F7
</td><td>프로브를 원통2 위에 위치하고 F7을 누른 후 원통2 내면을 클릭한다.
프로브가 원통 바닥에 닿지 않도록 프로브 반경을 고려하여 Z값을 입력한다.</td><td></td></tr>
</table>

	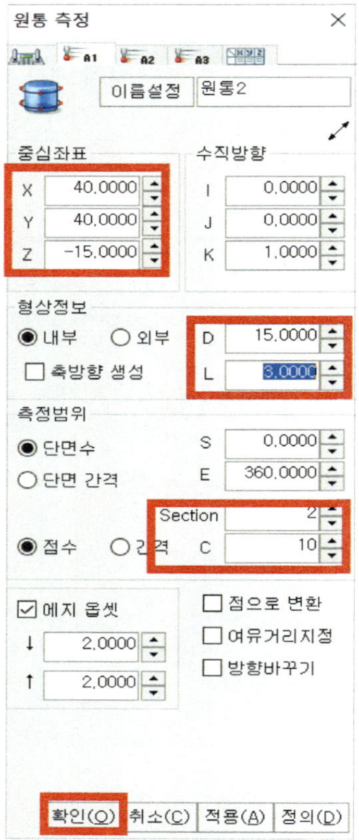		
	F5 	프로브를 원1 위에 위치하고 F5를 누른 후 원1(∅30)을 클릭하여 조건을 입력하고 확인하여 측정한다.	
13			

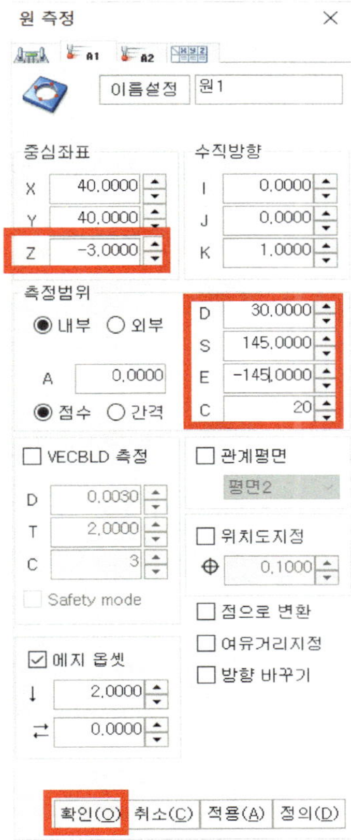

14	더블 클릭 또는 스페이스 바	원 1을 더블 클릭 후 을 클릭하고 기준값 난에 공차(0.1)를 입력한다. 을 더블클릭하여 1차 데이텀에 원통 2를 입력한다.

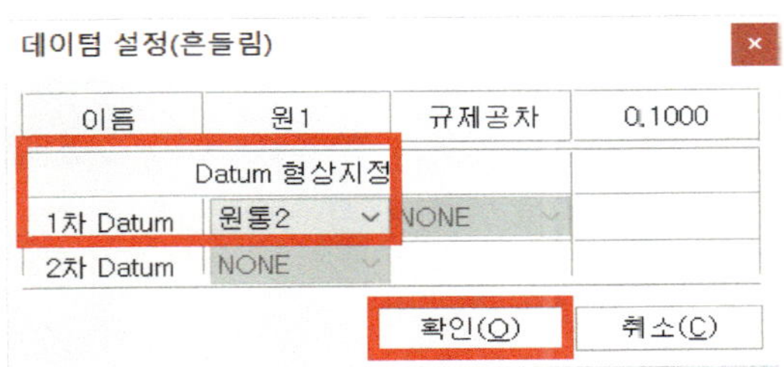

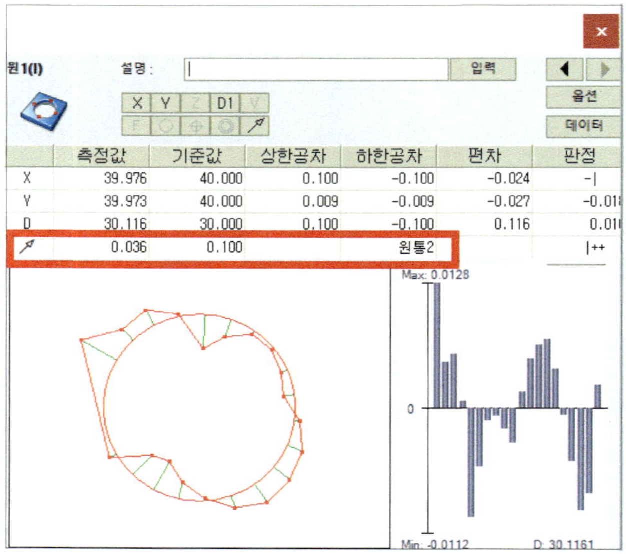

15

F3

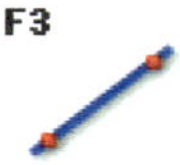

프로브를 직선2에 위치하고 F3를 누른 후 측정할 직선을 클릭한다.
다음과 같이 입력하고 확인을 누른다.

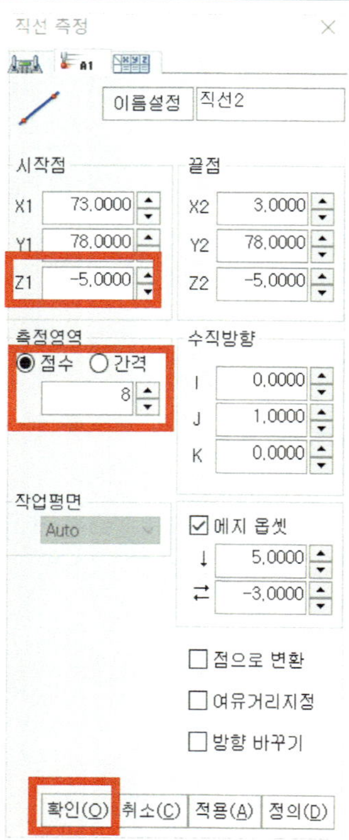

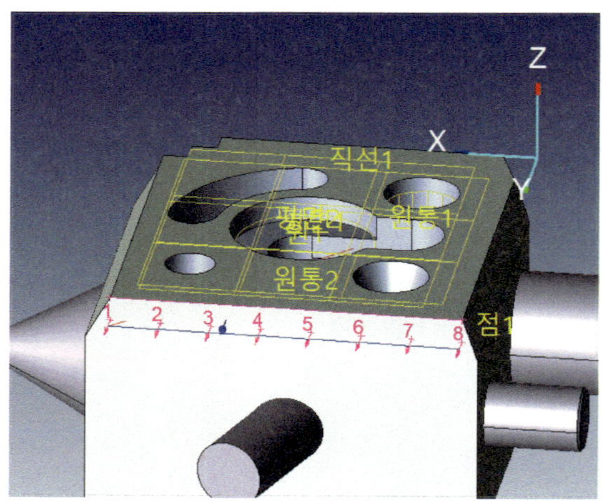

<table>
<tr>
<td rowspan="2">16</td>
<td>더블 클릭 또는
스페이스 바</td>
<td>직선2를 더블클릭 후 — 를 클릭하고 기준값 난에 공차 0.05를 입력한다.
⌒를 클릭한다.
윤곽도 입력은 2가지 방법이 있다.
첫째, Y값의 기준값을 78.000, 윤곽도의 상한공차 0.03, 하한공차 -0.07을 입력한다.
둘째, Y값의 기준값을 78.000으로 하고 윤곽도 기준값 난에 0.1ⓤ0.03으로 입력하면 된다. 이때 S/W 버전이 낮은 경우에는 적용이 안 될 수도 있다.</td>
<td></td>
</tr>
<tr>
<td colspan="3">① ⓤ0.03을 상한공차로 입력하는 방법
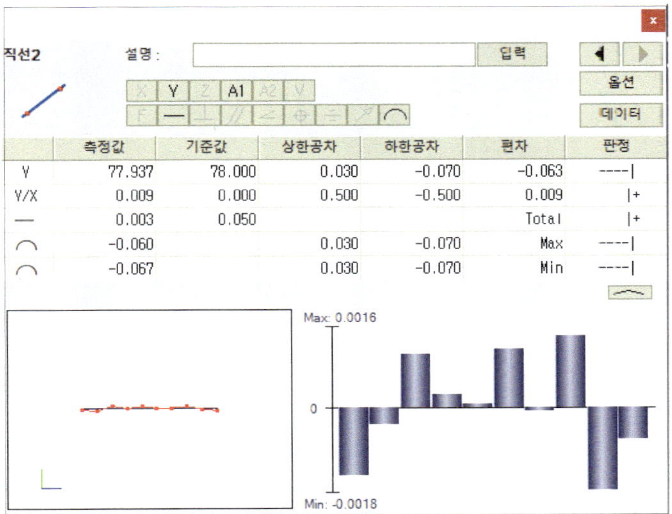

기준값 : 78.000 입력
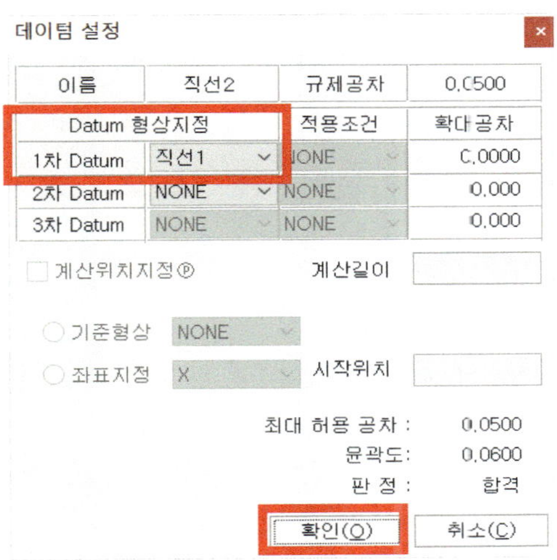
</td>
</tr>
</table>

② 윤곽도 기준값 난에 0.1ⓤ0.03으로 입력하는 방법

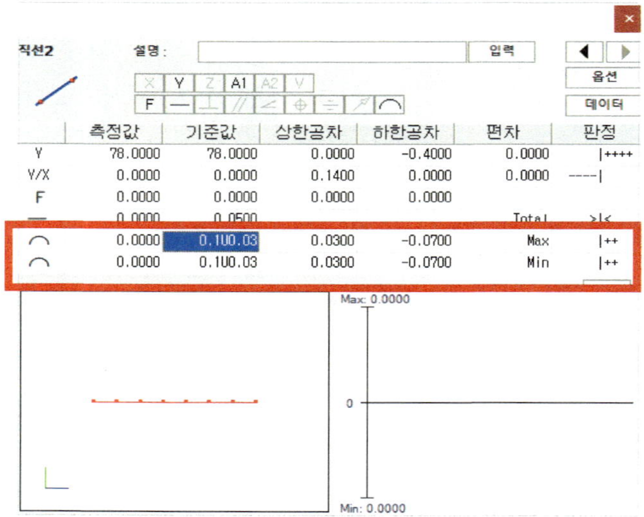

0.1ⓤ0.03 입력

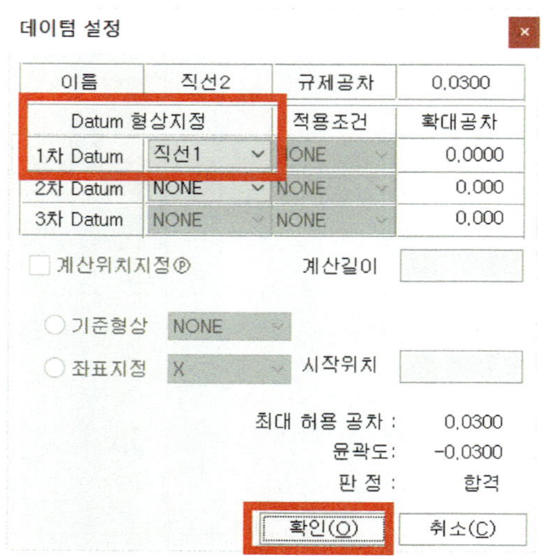

<table>
<tr>
<td>17</td>
<td>프로브 방향을
(A:90, B:-90)으로
변경</td>
<td>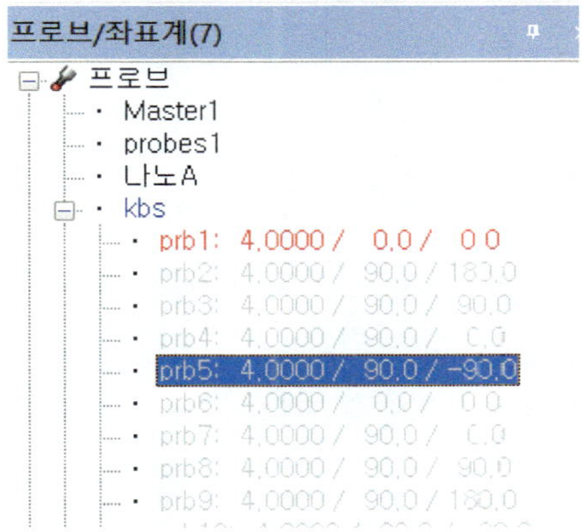

각도 (A : 90, B : -90)

평면2를 측정하기 위하여 프로브 방향을 (A:90, B:-90)으로 변경한다. 우측 상단의 프로브 창에서 선택한다.</td>
</tr>
<tr>
<td>18</td>
<td>
</td>
<td>F4를 누른 후 평면 2를 측정한다.
[순서 1번과 같이 27점 (3 line × 9점) 측정을 권장함]</td>
</tr>
<tr>
<td>19</td>
<td>더블 클릭 또는
스페이스 바</td>
<td>평면2를 더블 클릭 후 옵션에서 면의 윤곽을 선택하고 기준값 난에 X=78.05(UZ 계산) 윤곽 공차(0.2)를 입력한다.
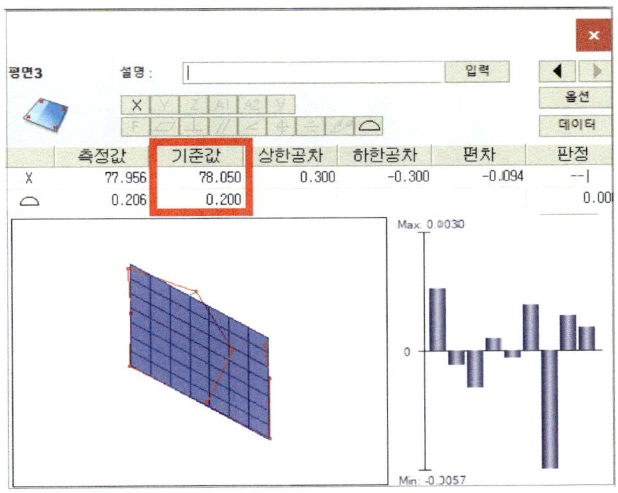
</td>
</tr>
</table>

실습과제 14

▎학습요점 : 기하공차 4, (⌯)

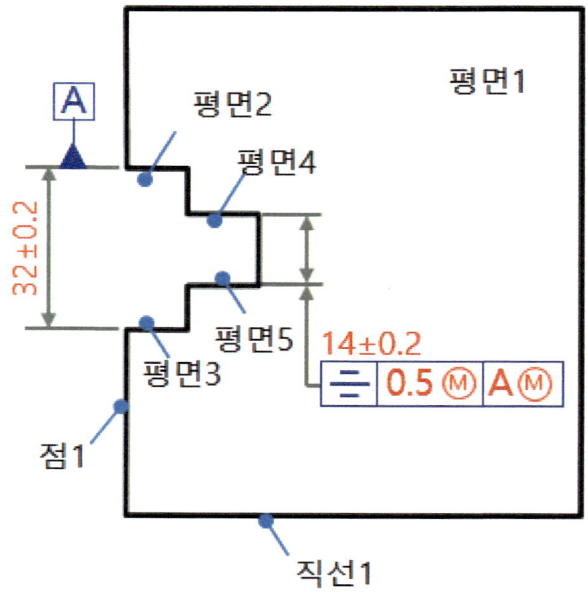

측정순서 요약

① 평면1 측정 〉 공간정렬
② 직선1 측정 〉 평면회전
③ 점1 측정 〉 원점지정
④ Ctrl+F8 평행평면측정 이용 평면2, 평면3 측정
⑤ Ctrl+F8 평행평면측정 이용 평면4, 평면4 측정
⑥ 더블클릭 〉 ⌯(대칭도) 클릭 〉 공차, 적용조건 입력
⑦ ⌯ 더블클릭 〉 1차 데이텀, 적용조건 입력

순서	선택메뉴	측정 방법	출력 항목
1	F4 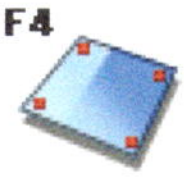	F4를 누른 후 평면 1을 측정한다. [면이 데이텀인 경우 27점 (3 line × 9점) 측정을 권장함]	
2	F10 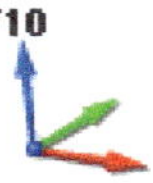 F2 	F10 → F2를 선택한다. (공간정렬 1)	
3	F3 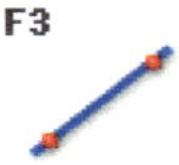	F3를 누른 후 직선 1을 측정한다.	F3 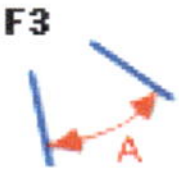
4	F10 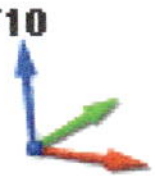 F3 	F10 → F3를 선택한다. (평면회전 1)	
5	F2	F2를 누른 후 점 1을 측정한다.	
6	F10 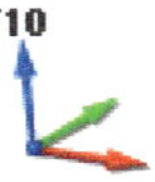 F4 	F10 → F4를 선택한다. (원점지정 1)	F5 
7	F8 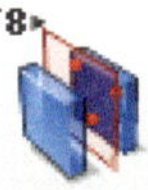	Ctrl+F8 평행평면측정 누른 후 평면2, 평면3을 4점씩 측정한다. (평행 평면1) 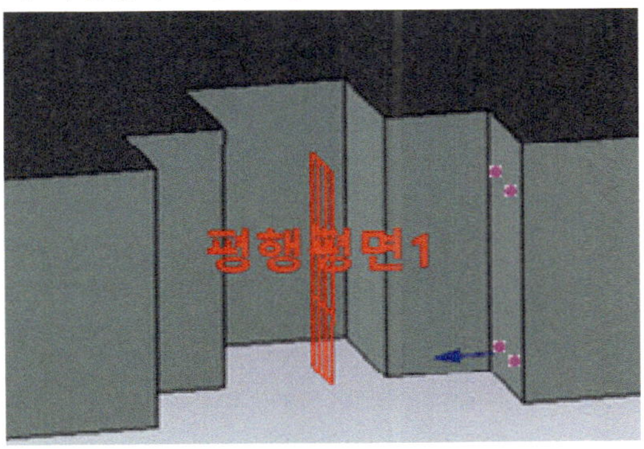 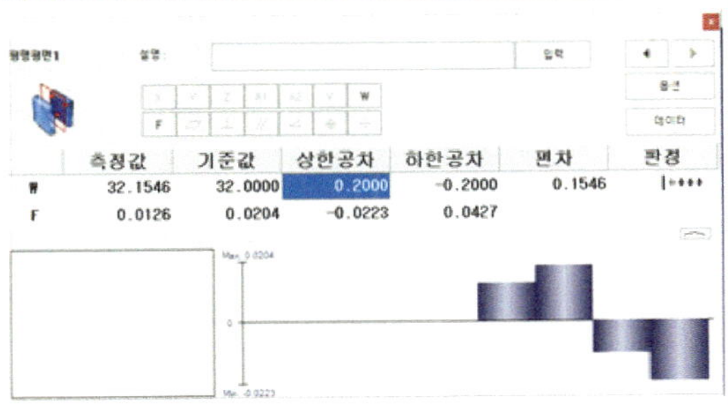	

<table>
<tr><td>8</td><td>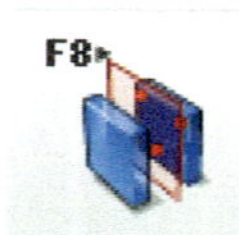</td><td>Ctrl+F8 평행평면측정 누른 후 평면4, 평면5를 4점씩 측정한다. (평행 평면2)
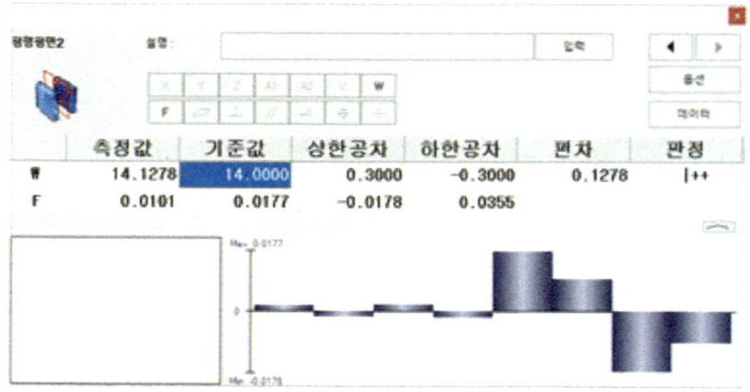
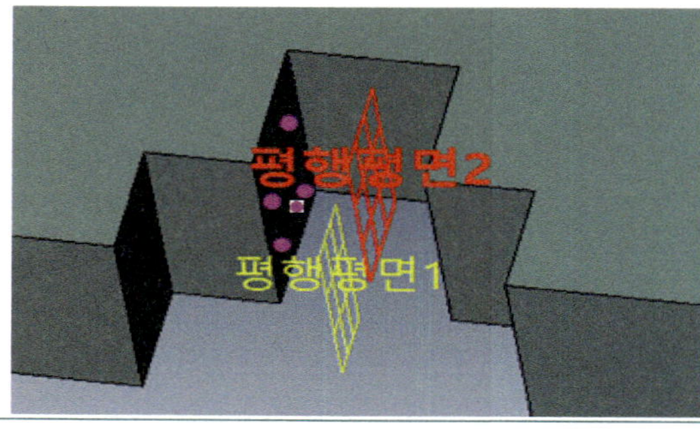</td><td></td></tr>
<tr><td>9</td><td>더블 클릭 또는 스페이스 바</td><td>평행 평면2를 더블클릭 후
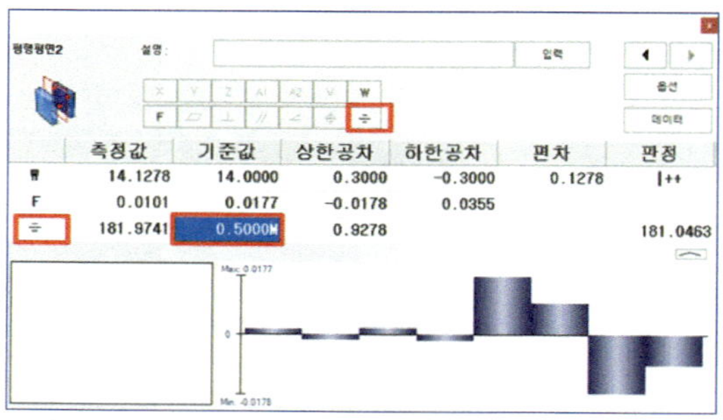
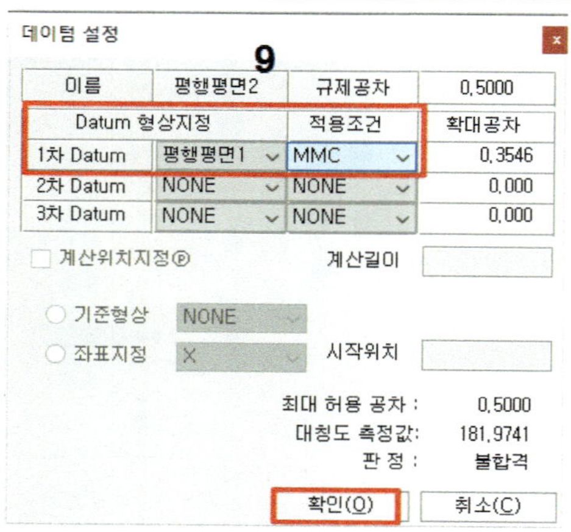</td><td></td></tr>
</table>

실습과제 15

▎학습요점 : **디미스 1, (캐드 모델 없을 때)**

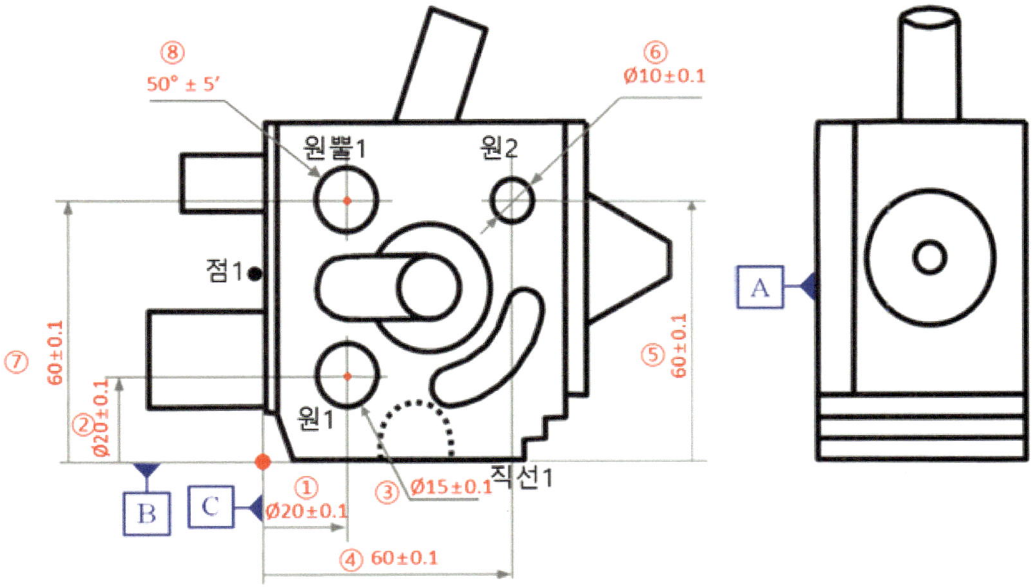

측정순서

위 도면을 보고 다음 순서로 따라해 보자. 간단한 도면이지만 경과 점(프로브가 이동할 때 충돌이 일어나지 않도록 지나가는 점)을 이해하는 데 도움이 되었으면 한다.

❶ 디미스 새 파일작성

[디미스] 〉 새 파일〉 파일명 이름 입력 〉 저장-디미스 초기 화면 생성(그림)

(디미스 창이 안 보이면 우측 그림과 같이 메인 툴바에 마우스를 위치하고 우측 클릭하여 디미스 창을 활성화한다.)

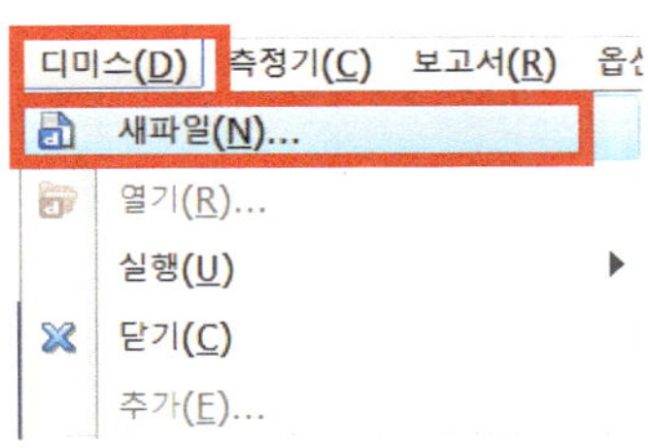

디미스 초기 화면과 활성화 방법

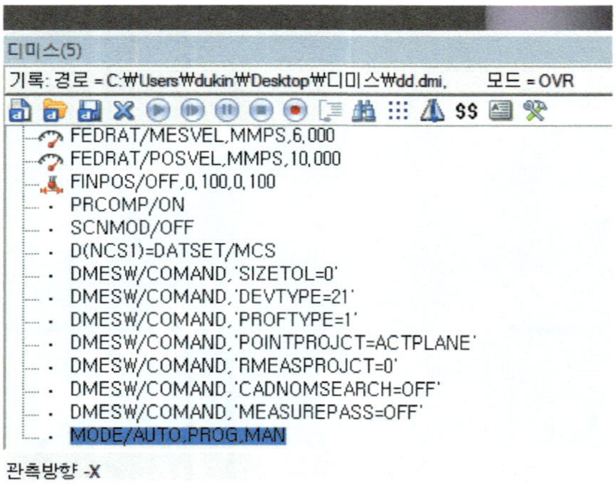

디미스 초기 화면

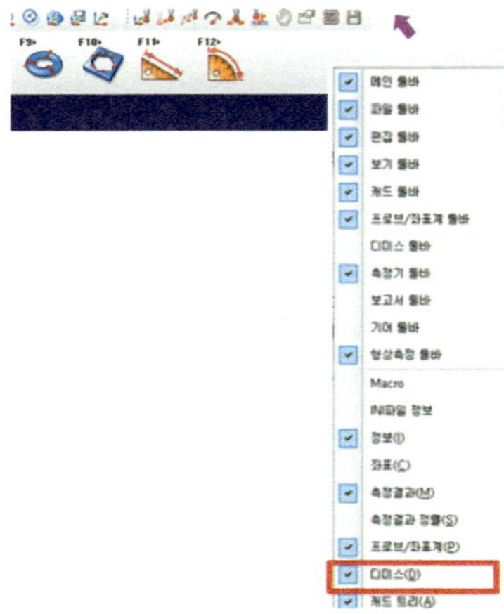

디미스 창이 안 보이면 오른쪽 위(화살표) 마우스 우측클릭

❷ 모드 지정 : 수동모드

[디미스] 〉 모드 지정〉 수동모드

❸ 좌표계 설정 (공간정렬, 평면회전, 원점지정)

수동으로 A면 측정 후 공간정렬, 직선1 측정 후 평면회전, 점1 측정 후 원점지정을 한다. 프로브를 다음 요소 측정에 충돌이 일어나지 않도록 이동한다.

❹ 모드 지정(자동모드)

[디미스] - 모드 지정 - 자동모드

❺ 요소 측정

키보드의 (~)버튼을 이용하여 경과 점을 입력하면서 충돌이 일어나지 않도록 측정한다.

① 먼저 원1을 측정하기 위하여 원1 위에 프로브를 위치시키고 키보드의 ~버튼을 누른다. 시뮬레이션일 경우는 Ctrl+Q를 이용하여 절대 이동 좌표값(X=20, Y=20, Z=10, 충돌을 방지하기 위함으로 정확하지 않아도 됨)을 입력한다.

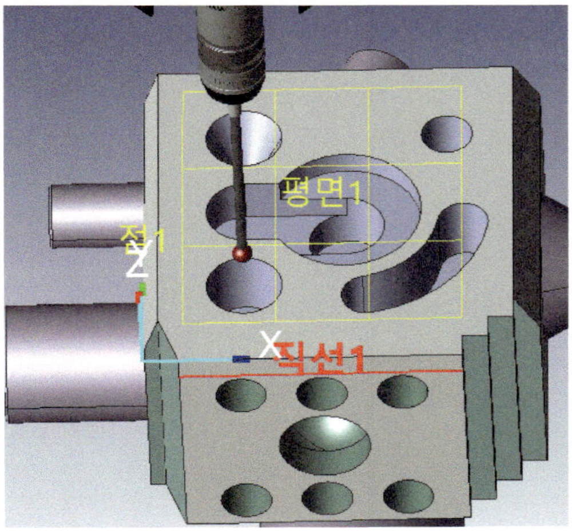

원1 위에 프로브를 두고 ~ 누른다. (경과점)

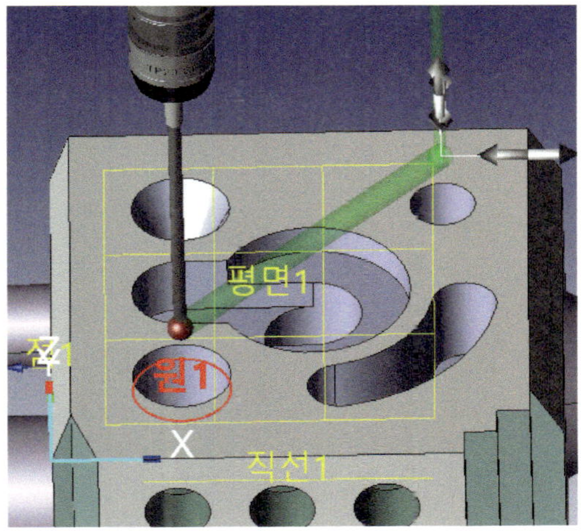

원2 위에 프로브를 두고 ~ 누른다. (경과점)

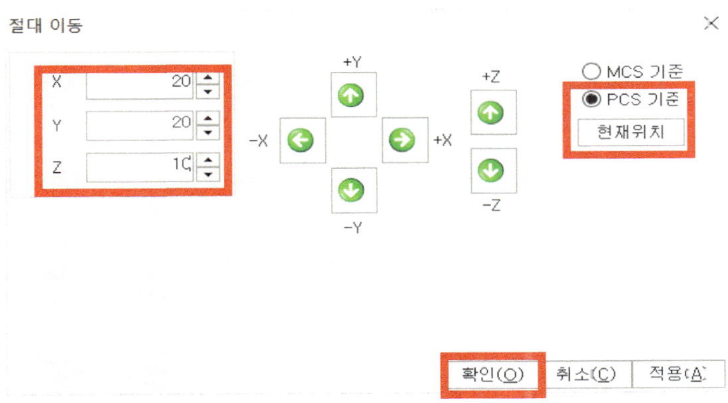

Ctrl+Q를 이용하여 절대 이동 좌표값(X=20, Y=20, Z=10)을 입력한 예

② F5를 누른 후 원 1(∅15)을 측정한다.
③ 다시 원1 위로 프로브를 이동한 후 경과점 ~을 누른다.
④ 다음 원2 위로 프로브를 이동시키고 경과점 ~을 누른다.
⑤ F5를 누른 후 원 2 (∅10)를 측정한다.
⑥ 다시 원2 위로 프로브를 이동하고 경과점 ~을 누른다.
⑦ 원뿔1 위로 프로브를 이동 후 경과점 ~을 누른다.
⑧ F8을 누른 후 원뿔1을 측정한다.
⑨ 측정이 끝났으면 Z축을 위로 올린다.
(물건 교환 시 간섭이 일어나지 않도록 충분한 공간확보)

❻ 저장( ) 〉 기록 해제 ( )

기록을 클릭해야 실행 아이콘이 활성화됨. (그림)

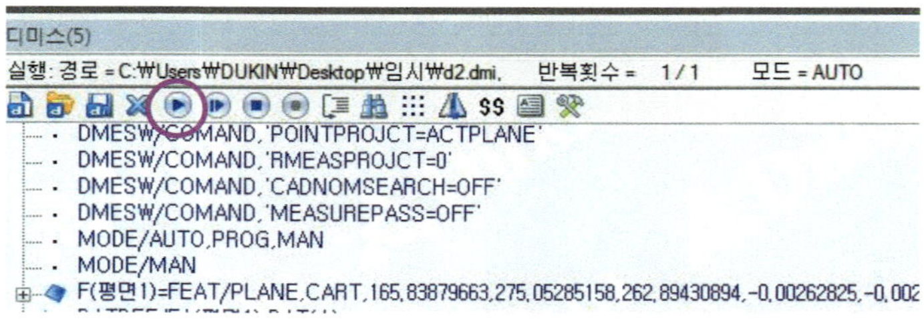

디미스 창의 실행 아이콘

❼ 실행( )

위 그림과 같이 디미스 창이 열려 있을 때는 실행 아이콘을 누른다. 이때 프로브 이동속도는 천천히 움직이도록 한다. (저장된 파일을 새로 실행할 때는 [디미스] - 열기 - 파일명 입력 - 실행)

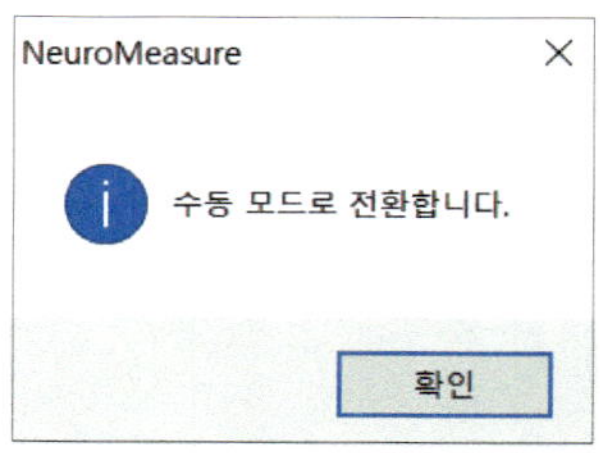

실행할 때는 프로브의 위치가 안전한가를 확인하는 창이 나타남.

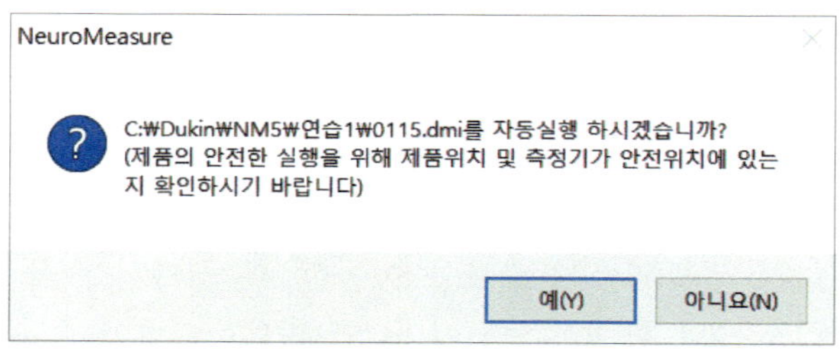

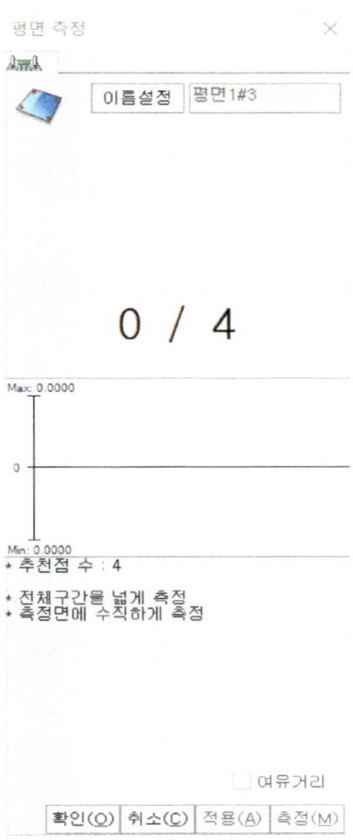

평면1을 4점 측정하고 확인을 누른다.

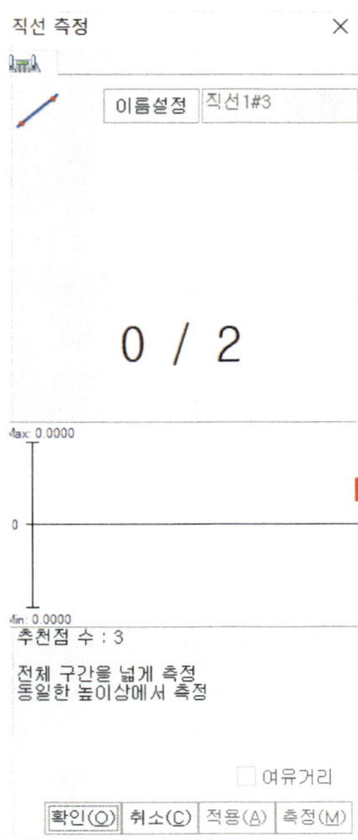

직선 1을 2점 측정하고 확인을 누른다.

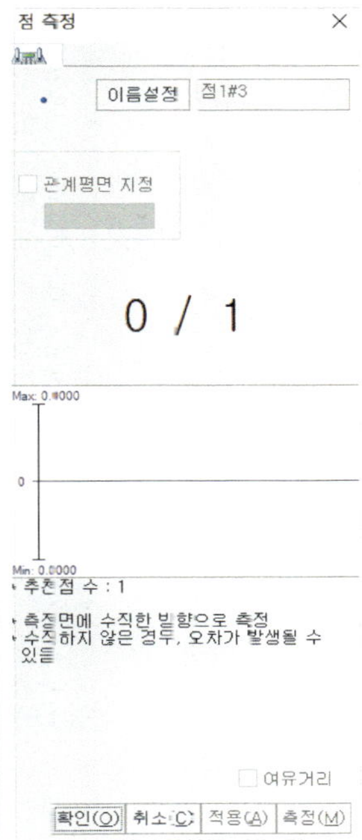

점1을 1점 측정하고 확인을 누른다.

자동으로 측정한 요소들을 측정한다.

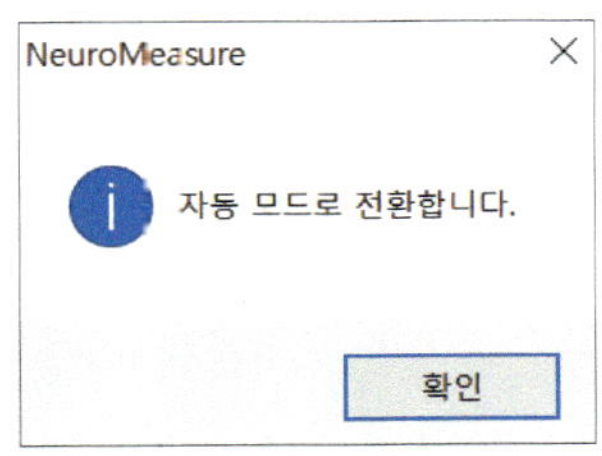

종료되면 측정 시간을 알려 준다.

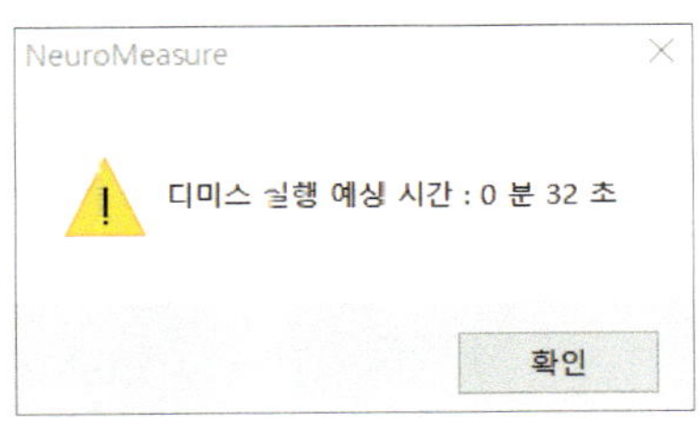

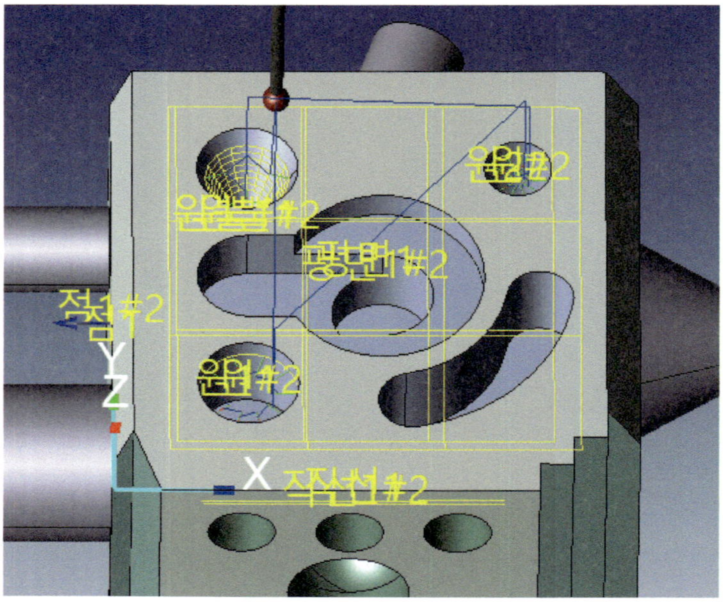

측정된 경로를 보여준다

❽ 닫기( )

실행 후 충돌 없이 완료되면 닫기( )을 한다.

❾ 디미스 편집

- 수정(편집) : 편집할 라인에 커서 위치한 후 - 더블클릭 - 수정
- 경과적 삽입 :

① 경과 점을 삽입할 위치로 프로브를 이동한다.

② 디미스 창 편집 라인에 커서를 두고 마우스 오른쪽 클릭 (디미스 창 커서 다음 라인에 삽입됨.)

③ 충돌한 위치(충돌한 다음 측정하고자 하는 요소 이름 앞)에 오른쪽 마우스 - 삽입-경과점 커서위치 아래 줄에 삽입됨.

- 요소 삽입 : 커서위치-오른쪽 마우스 삽입- [~]입력. 커서위치 아래 줄에 삽입됨

  기록 〉 모드가 OVR 〉 Insert로 변환(키보드 Insert 사용)
  〉 경로 입력 〉 요소 측정

- 요소 삭제 : 커서위치 〉 오른쪽 마우스 〉 삭제
- 중간부터 실행 : 원하는 라인으로 이동 〉 범위 지정 후 누름 〉 실행

- 단계실행 : 위치에서 범위 지정 누름 〉 실행 ; 한 줄씩 실헝

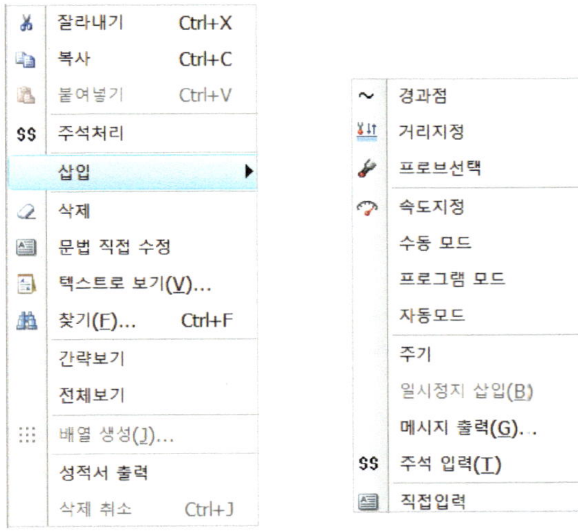

디미스 창에서 오른쪽 마우스를 누르면 나타나는 창

실습과제 16

▌학습요점 : **디미스 2, (캐드 모델 이용)**

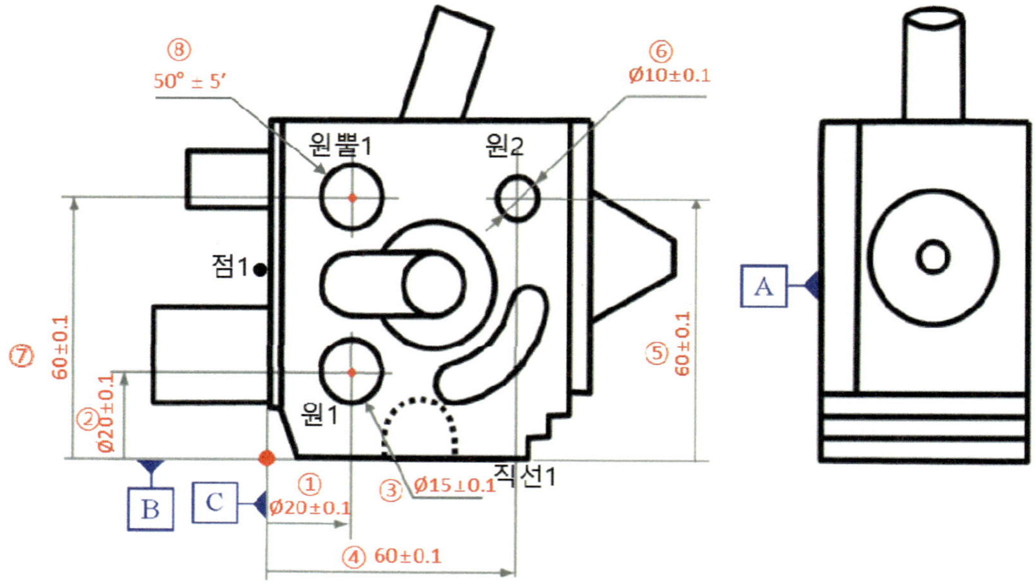

측정순서

❶ 디미스 새 파일작성

[디미스] 〉 새 파일〉 파일명 입력 〉 저장-디미스 초기 화면 생성(그림)

(디미스 창이 안 보이면 우측 그림과 같이 메인 툴바에 마우스를 위치하고 우측 클릭하여 디미스 창을 활성화한다.)

❷ 모드 지정 : 수동모드

[디미스] 〉 모드 지정〉 수동모드

❸ 좌표계 설정 (공간정렬, 평면회전, 원점지정)

공간정렬, 평면회전, 원점지정 : 최소 측정 point로 측정한다.

왜냐하면 나중에 정밀하게 다시 좌표 설정하기 때문이다.

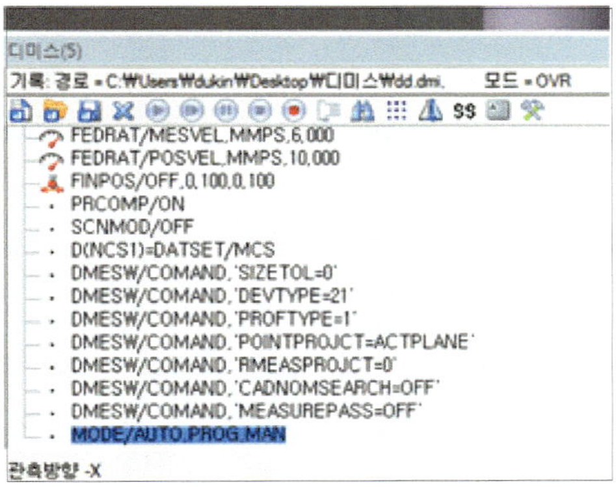

디미스 초기 화면

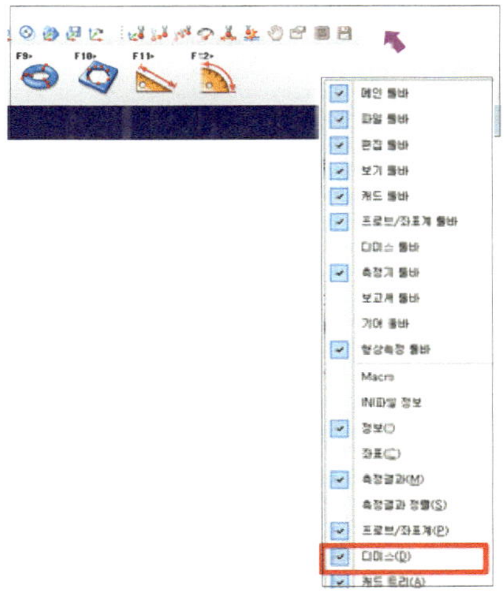

디미스 창이 안 보이면
오른쪽 위(화살표) 마우스 우측클릭

❹ 통신 : off line

3차원 측정기와 컴퓨터 간의 통신을 차단한다. 오른쪽 위의 정보창에 통신을 더블클릭한다.

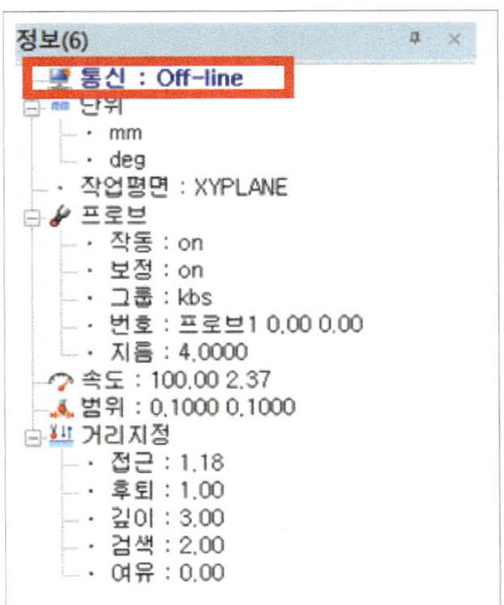

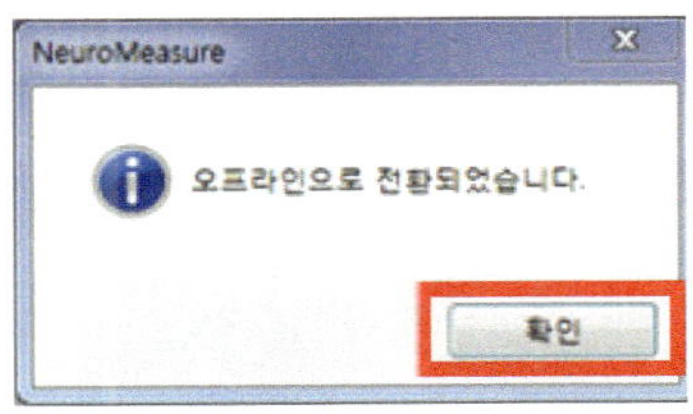

❺ 캐드 모델 열기

[캐드] 〉 열기 〉 캐드 모델 선택

❻ 캐드 모델 정렬(1차)

[좌표계] 〉 캐드 모델 정렬〉 LCS 선택 (캐드 모델로 기준 좌표계 이동)

❼ 시뮬레이션 옵션  클릭

'충돌 체크 하지 않음'으로 설정

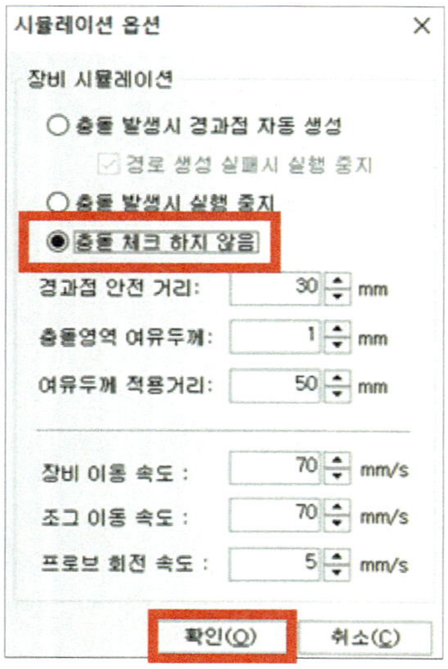

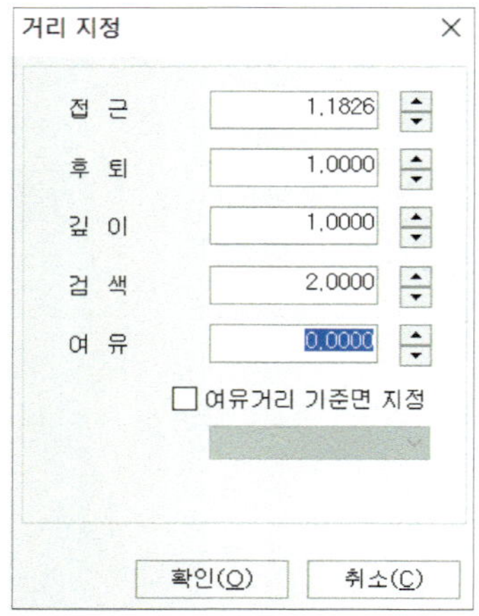

충돌을 방지하기 위하여 깊이와 여유를 최소화한다.

❽ 모드 지정(자동모드)

[디미스] - 모드 지정 - 자동모드

❾ 메인 좌표계 설정

자동측정(A1) 이용, 공간정렬, 평면회전, 원점지정

[면이 데이텀인 경우 27점(3line × 9점) 측정을 권장함]

❿ 캐드 모델 정렬(2차) : 정확하게 다시 설정

[좌표계] 〉 캐드 모델 정렬〉 LCS 선택

(캐드 모델로 기준 좌표계 이동)

⓫ 요소 측정

캐드 모델을 이용 원1, 원2, 원뿔을 자동으로 측정한다. 이때 프로브 반경을 생각하여 측면이나 바닥에 닿지 않도록 주의한다. (캐드 파일을 사용하므로 경과점 없이 요소 측정)

⑫ 충돌 체크

① 기록 버튼 을 끈다.

② [측정기]-[시뮬레이션 옵션] -'충돌 발생 시 경과점 자동 생성' 선택한다.
'경로 실행실패 시 실행 중지'

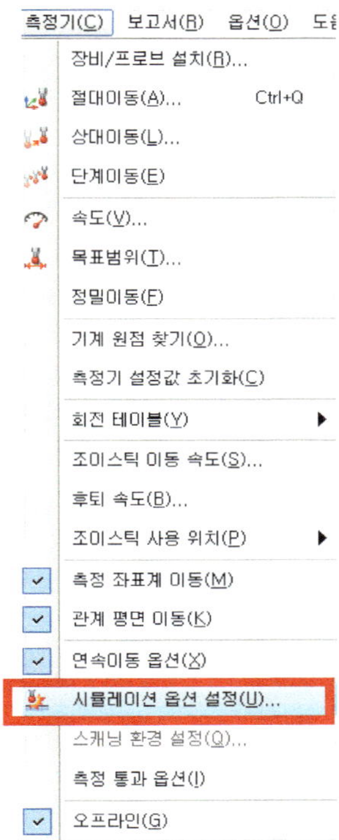

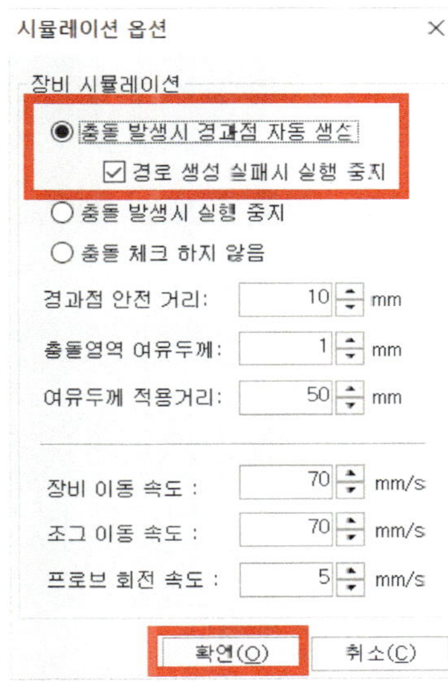

⑬ 실행

수동으로 좌표 설정 후 자동모드로 전환됨.

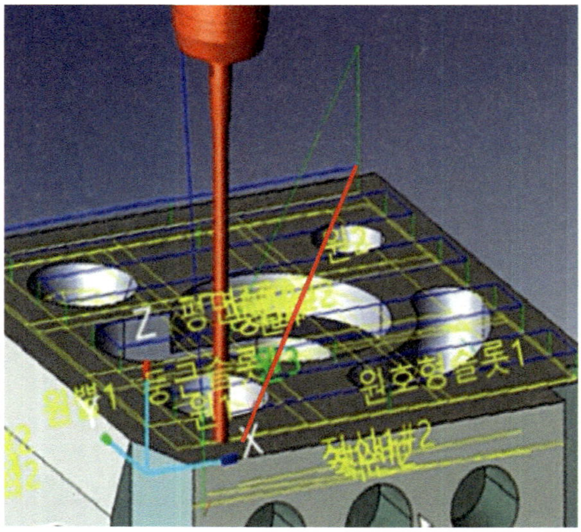

빨간 선 : 충돌이 발생하여 새로 생성된 경로

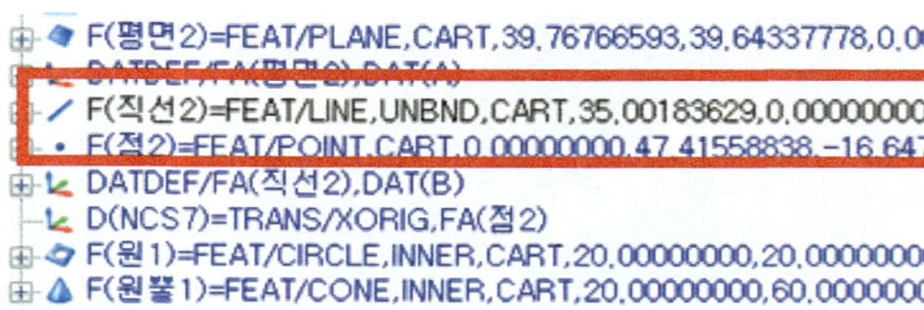

검정색 : 문법에서 수정된 것을 나타냄.

⓮ 다시 한번 충돌 확인

① 충돌 발생 시 실행 중지를 선택한다.

② 실행 아이콘 누름.

③ 더 이상 충돌이 일어나지 않으면 저장 한다.

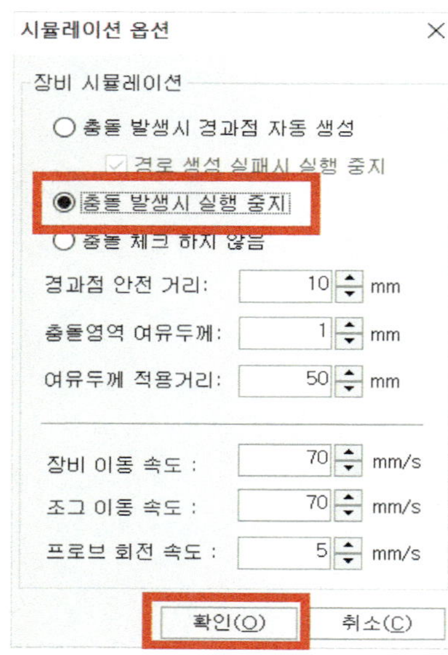

⓯ 통신 ON LINE 〉 장비 실행

① 3차원 측정기를 가동하기 위하여 통신을 더블클릭하여 ON LINE으로 하고 실행 한다.

② 또는 [디미스] - 열기 – 파일명 입력 - 실행

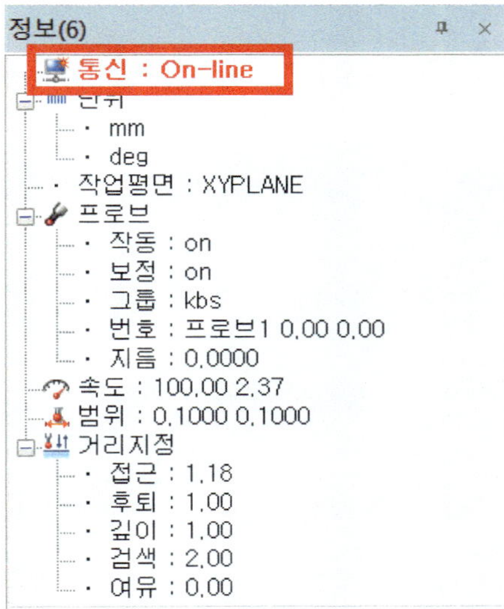

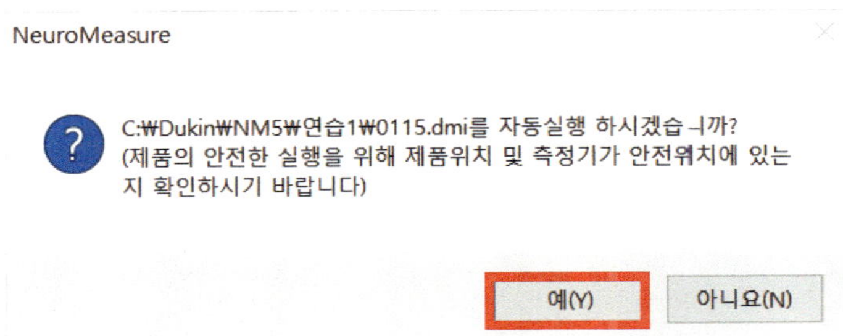

실행할 때는 프로브의 위치가 안전한가를 확인하는 창이 나타남.

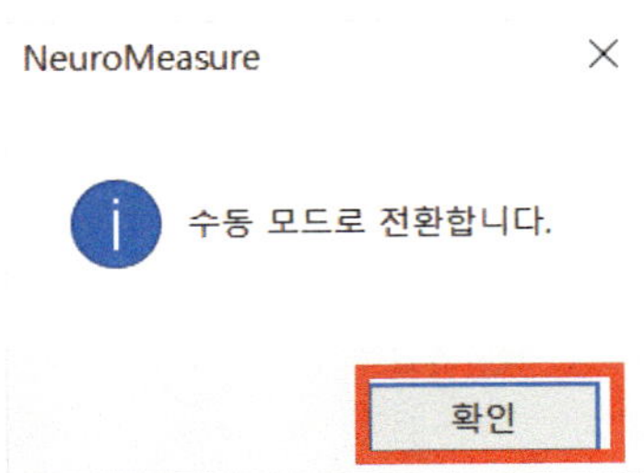

수동으로 공간정렬, 평면회전, 원점지정을 앞에서 했던 순서대로 측정한다.

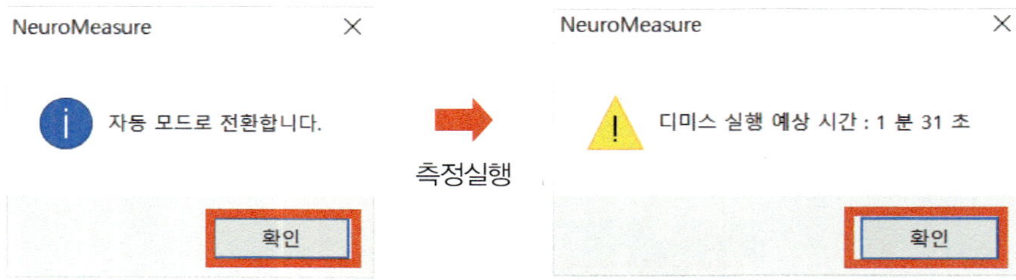
NeuroMeasure
자동 모드로 전환합니다.
확인
측정실행
NeuroMeasure
디미스 실행 예상 시간 : 1 분 31 초
확인

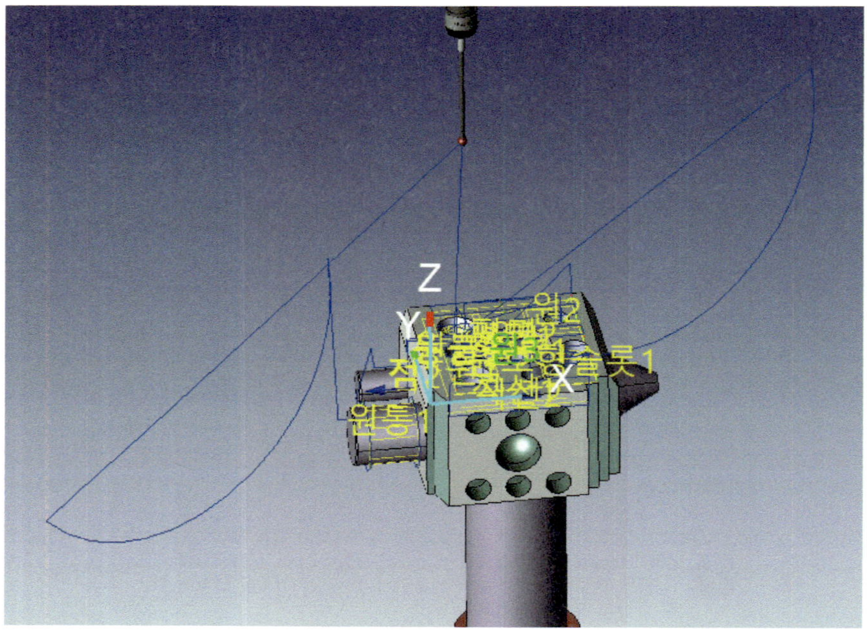
Z
Y
X

실습과제 17

▌학습요점 : **그래픽보고서**

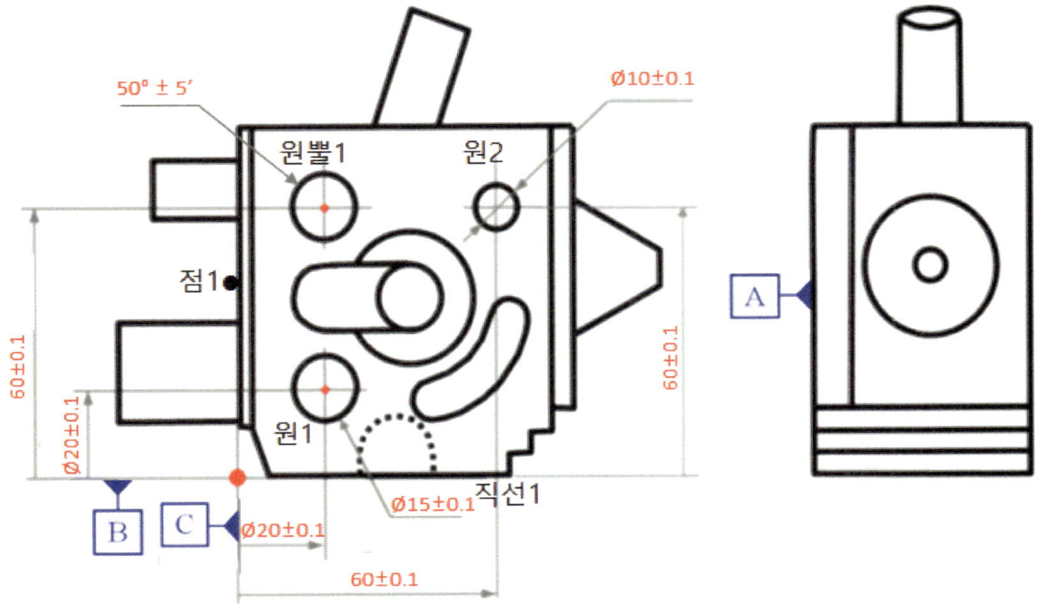

측정순서 요약

① A 면 측정 〉 공간정렬
② B 선 측정 〉 평면회전
③ C 점 측정 〉 원점지정
④ 원1, 원2, 원뿔1 측정

순서	선택메뉴	측정 방법	출력 항목
1	F4 	F4를 누른 후 평면 1을 측정한다. ("A" 데이텀) [면이 데이텀인 경우 27점(3line × 9점) 측정을 권장함]	
2	F10 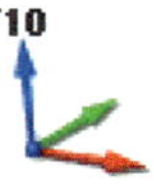 F2 	F10 → F2를 선택한다. (공간정렬 1)	
3	F3 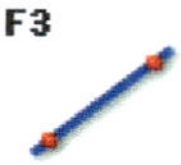	F3를 누른 후 직선 1을 측정한다. ("B" 데이텀)	
4	F10 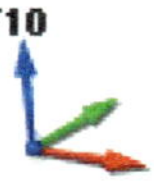 F3 	F10 → F3를 선택한다. (평면회전 1)	
5	F2	F2를 누른 후 점 1을 측정한다. ("C" 데이텀)	
6	F10 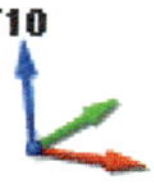 F4 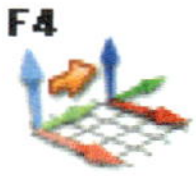	F10 → F4를 선택한다. (원점지정 1)	
7	F5 	F5를 누른 후 원 1(∅15)을 측정한다.	
8	더블 클릭 또는 스페이스 바	원1을 더블클릭하고 그래픽 옆에 마우스 우측 클릭하여 보고서 뷰로 지정한다. 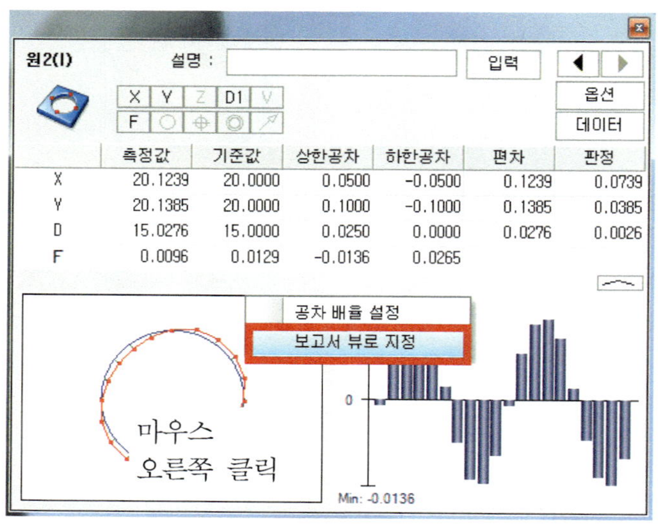	

9

보고서 뷰로 지정

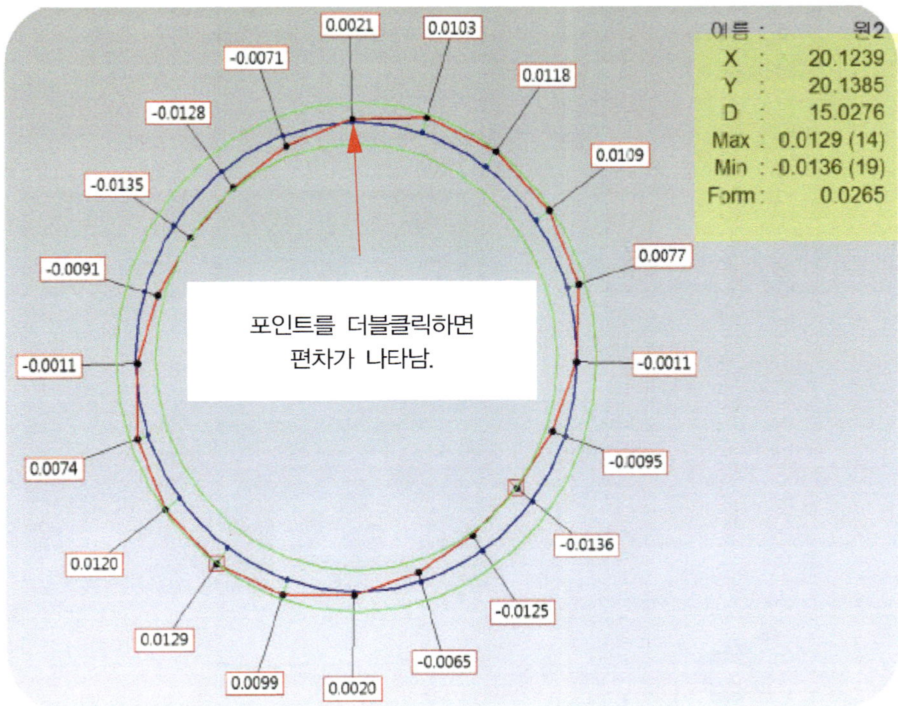

포인트를 더블클릭하면 편차가 나타남.

10 [보고서]-보고서 내보내기

보고서 내보내기로 하면 그림 파일이나 엑셀 파일로 저장할 수 있다.

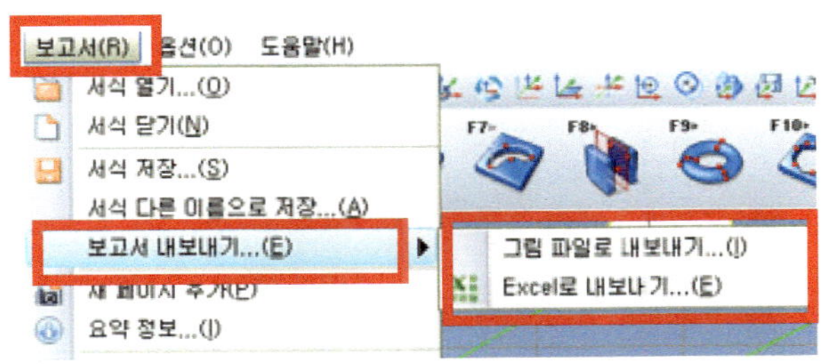

11	 (그래픽 뷰 보기)	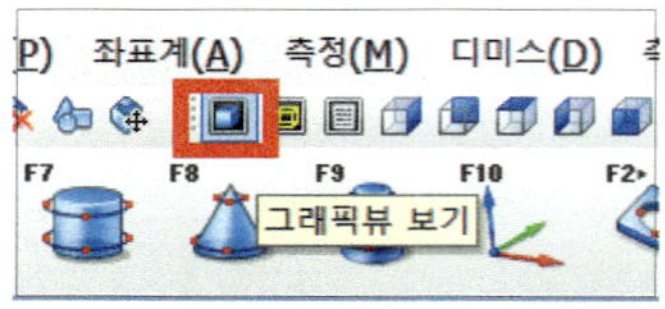 그래픽 뷰 보기를 클릭하면 측정 창으로 돌아옴 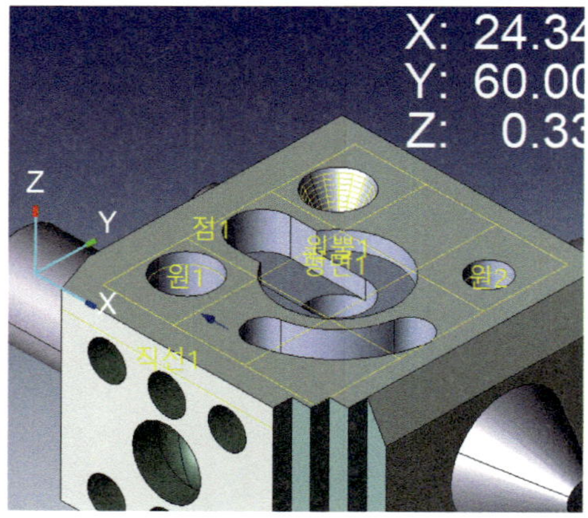
12		F5를 누른 후 원 2(∅10)를 측정한다.
13		F8을 누른 후 원뿔1을 측정한다.
14	[보고서] → [새 페이지 추가]에서 측정 결과를 선택 후 보고서 화면으로 드래그한다. 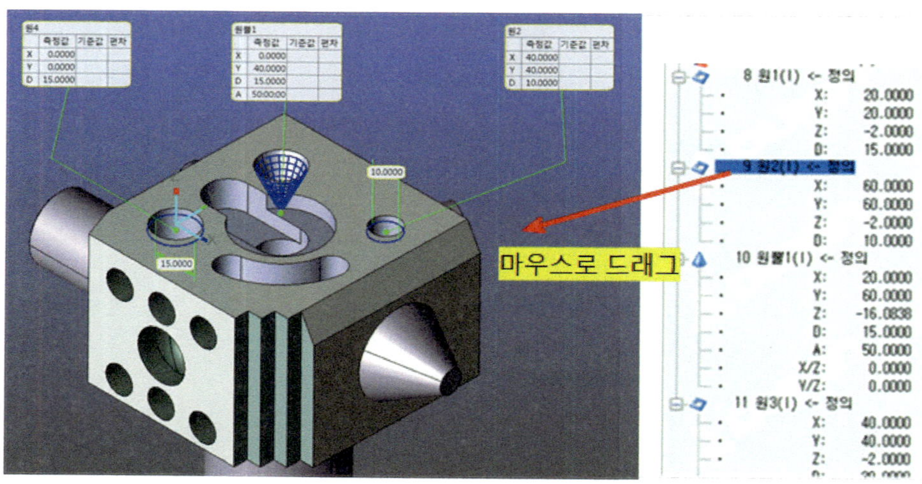	

15 직경 등 치수 입력 순서

1) 측정 결과 항목선택　　2) 직경 아이콘 클릭

3) 항목 드래그　　4) 편집 : 더블클릭 → 색이 바뀜

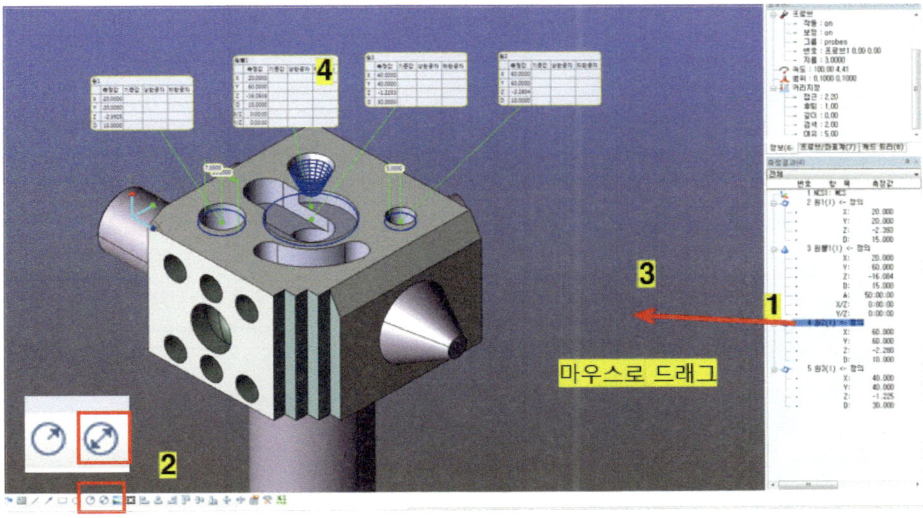

16

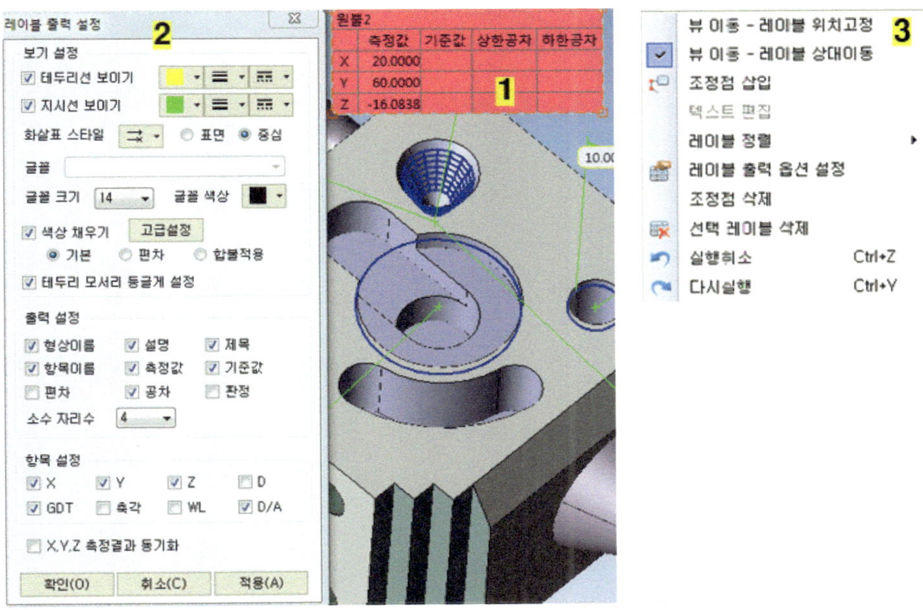

레이블 편집

1) 측정 결과 항목 선택 → 더블 클릭 → 편집(수정, 삭제 : del)

2) 레이블 출력 설정 메뉴

3) 바탕에 오른쪽 마우스 : 설정 메뉴

17	[보고서]- 보고서 내보내기	보고서 내보내기로 하면 그림 파일이나 엑셀 파일로 저장할 수 있다. 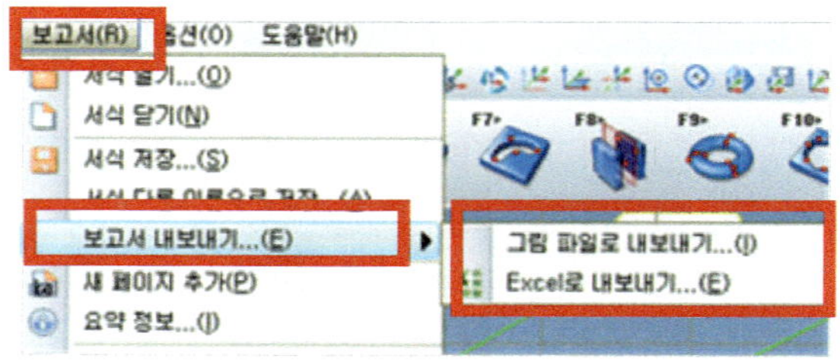
18	그림 파일로 내보내기 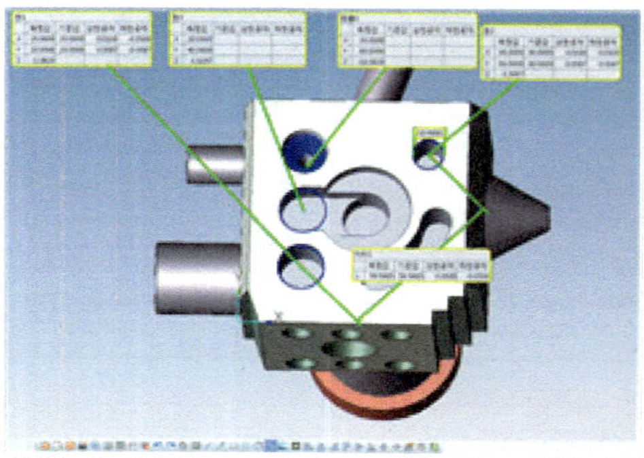	Excel 파일로 내보내기 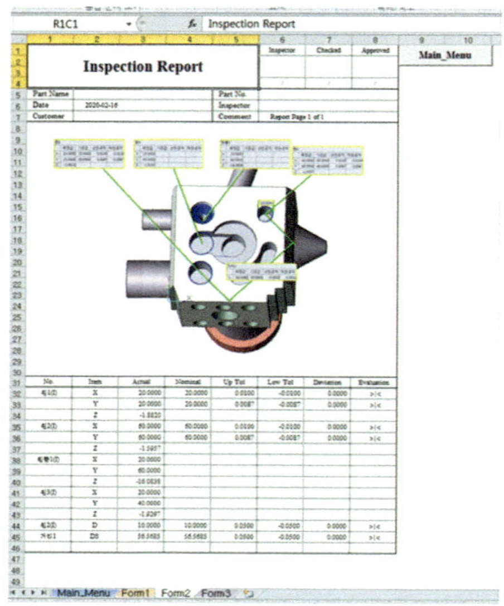

CHAPTER 3

3차원 측정 실습하기 II

칼자이스 3차원 측정기 Calypso

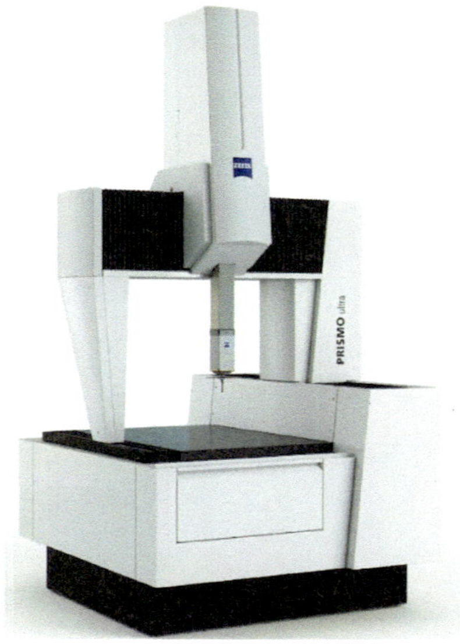

칼자이스 3차원 측정기

칼자이스 3차원 측정기

SECTION
01 3차원 측정기 시작하기

1.1 사전 준비 작업

❶ 전원 연결이 잘 되었는지 확인한다.
(정전압 장치 설치)

❷ 압축공기가 적정 압력(5~5.5 Bar)으로 공급되고 있는지 확인한다.
에어 드라이어 점검 후 에어 밸브를 연다. 공급되는 공기압은 장비 뒤편 압력 계기에서 확인할 수 있다.

압력계기

1.2 3차원 측정기 켜기 (Power on)

❶ 컨트롤 박스의 메인 스위치를 켠다.

메인 스위치

❷ 키 스위치를 "AUTO"로 설정한다.

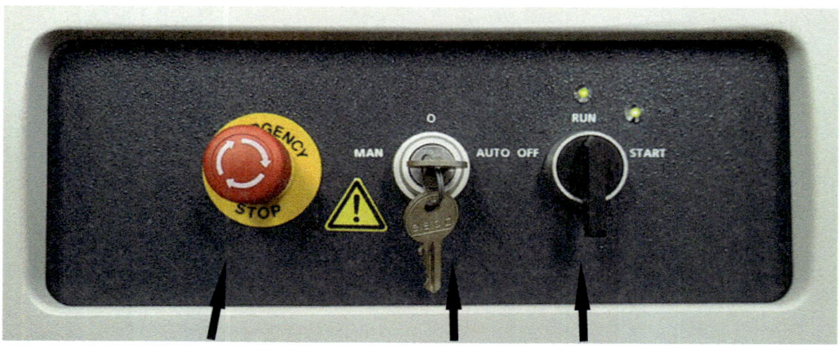

비상 버튼 키 스위치 토글스위치

❸ CMM 토글스위치 → RUN으로 한다.
(전원 컨트롤 "RUN" 표시등이 켜지면서 제어 패널이 점멸(깜빡임)한다.)

❹ 제어 패널의 LED가 점멸을 멈추면 START(기종에 따라서 "drives")로 회전한다.

1.3 CALYPSO 시작

Carl Zeiss사의 3차원 측정기 운영 S/W Calypso에 대하여 설명하기로 한다.

❶ 컴퓨터를 켜고 바탕 화면의 아이콘을 더블 클릭하여 Calypso를 실행한다.

아이콘

로그인 창(초기에는 암호 없음)

❷ 3차원 측정기가 기계 좌표원점으로 이동하는 화면에서 확인을 누른다.

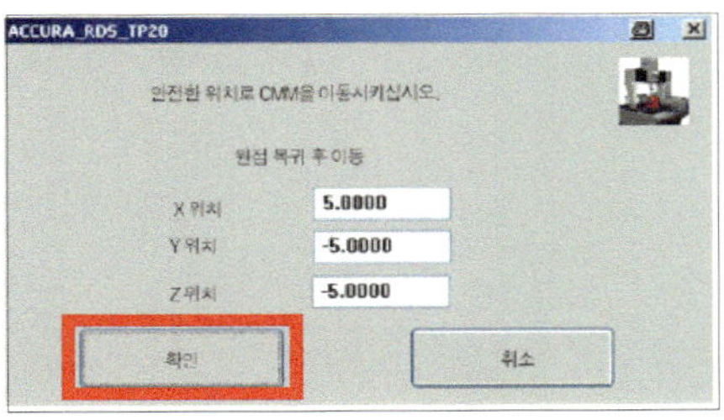

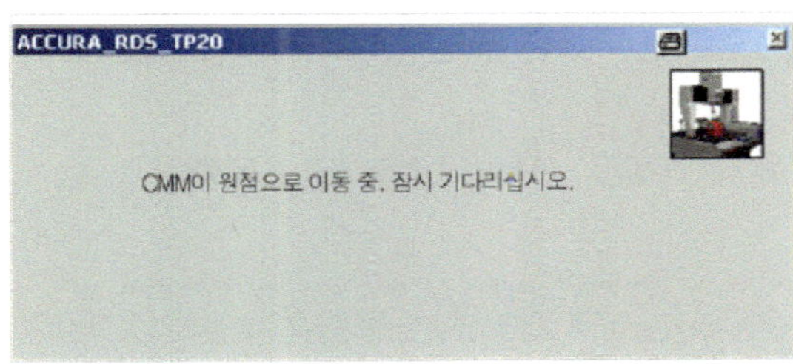

확인을 누르면 3차원 측정기가 Z축+, X축-, Y축+, 방향으로 이동한다.

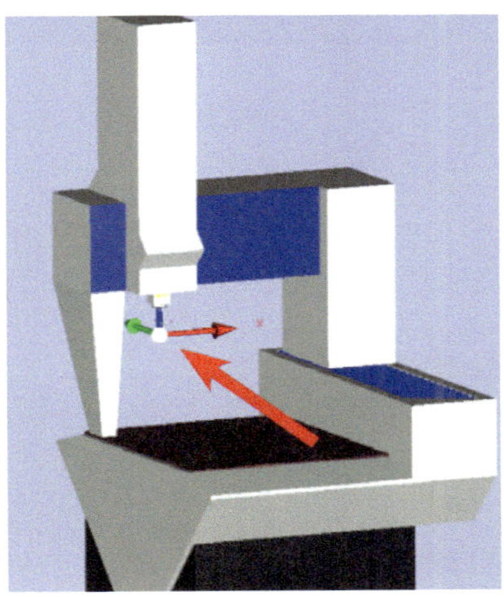

측정기의 상단 왼쪽 모서리로 이동

❸ 작업 선택 창에서 "새로운 측정 플랜을 생성하시오."를 선택한다.

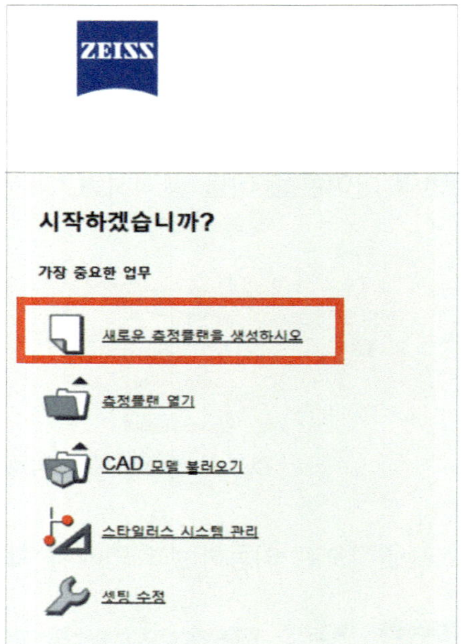

❹ CALYPSO 시작 화면이 로드된다.

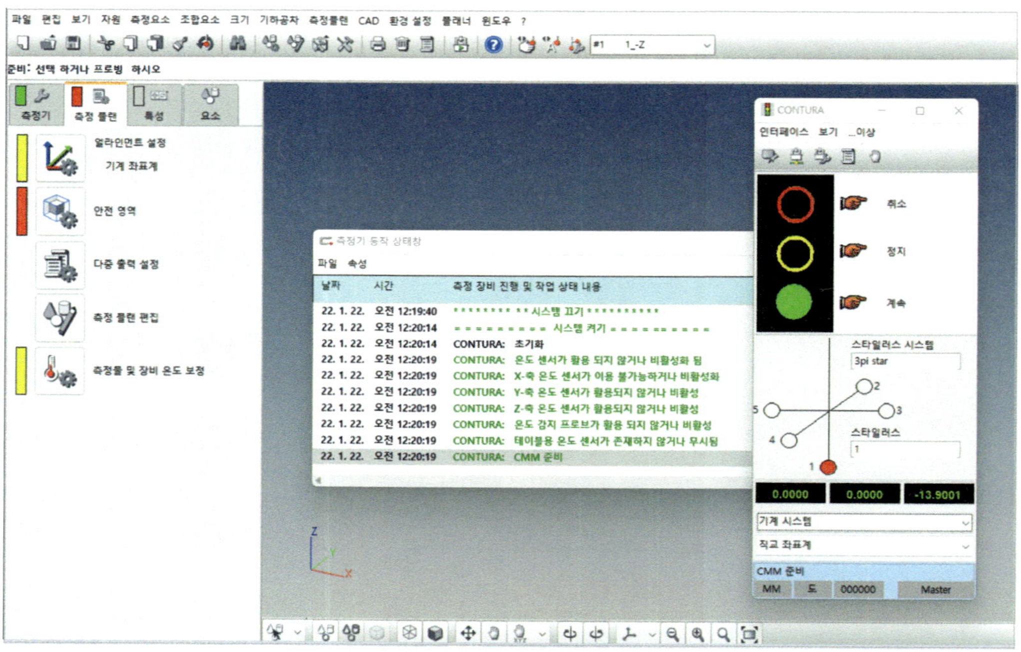

칼립소 시작 화면

여기서 CALYPSO 시작 화면의 '측정기 동작 상태 창'과 '신호등 창'을 닫으면 안 되고 바탕 화면을 클릭하여 화면 밑으로 내려놓는다.

❺ Calypso의 메인 화면의 구성

모든 측정 작업은 메인 창에서 실행된다.

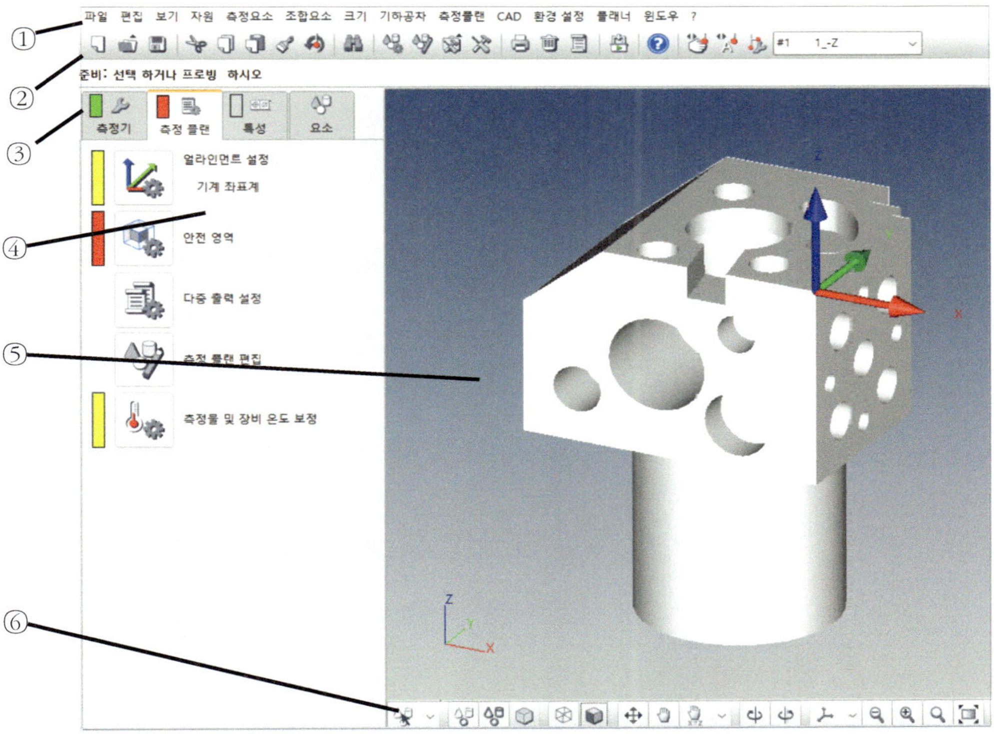

메인 화면 구성

① 메뉴 표시줄(Menu bar)

메뉴 표시줄에는 Calypso 사용을 위한 하위 메뉴의 모든 중요 명령이 포함되어 있다.

② 작업 표시줄(Tool bar)

작업자가 원하는 기능을 신속하게 실행할 수 있는 아이콘이 작업 표시줄에 포함되어 있다.

③ 측정 플랜 기호

여기서 탭을 이용해 4개의 주요 메뉴로 전환할 수 있다.

CMM 설정(스타일러스 시스템 등) :측정 플랜에서 베이스 시스템 등 측정 플랜 설정을 위한 대화 상자를 찾을 수 있다.

특성에서 CNC 구동 시 실행되는 단계에서 특성을 확인하고 해당 템플릿을 편집할 수 있다.

요소에서 요소 목록을 확인하고 해당 템플릿을 편집할 수 있다.

④ 측정 플랜 (다음에 설명)

⑤ CAD 창(CAD window)

CAD 창에는 측정물과 각 요소의 3차원 모델이 표시된다. 이 표시는 새 요소가 정의되거나 기존 요소가 편집될 때마다 지속적으로 업데이트된다.

⑥ CAD 기호(CAD i cons)

기호는 CAD 창에서 요소를 편집하기 위한 기능과 명령을 작동시킨다.

새 측정 플랜이 로드되면 프로그램이 저장될 때까지 기본 이름은 "Plan1"이다. 저장 시에는 CALYPSO가 사용자에게 파일 이름을 다르게 할 수 있다.

❻ '측정기' 탭의 구성

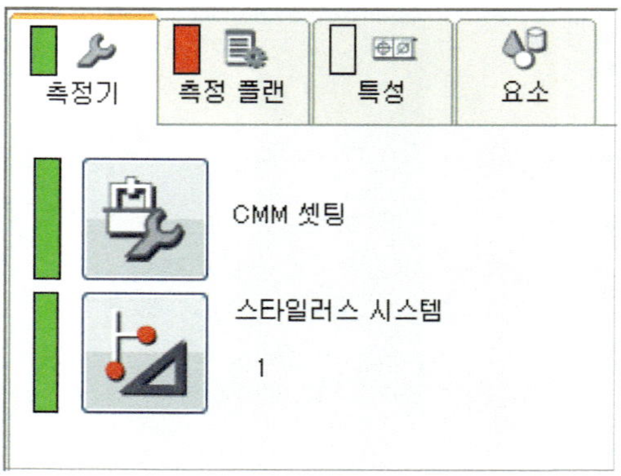

"측정기" 탭이 선택된 경우, 3차원 측정기의 제어 창이 있고 스타일러스의 모든 기능(프로브의 교정, 탈부착, 관리 등)을 사용할 수 있다.

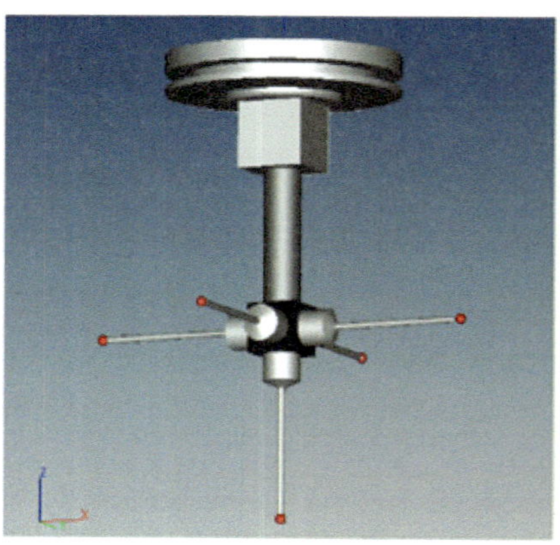

스타일러스 시스템

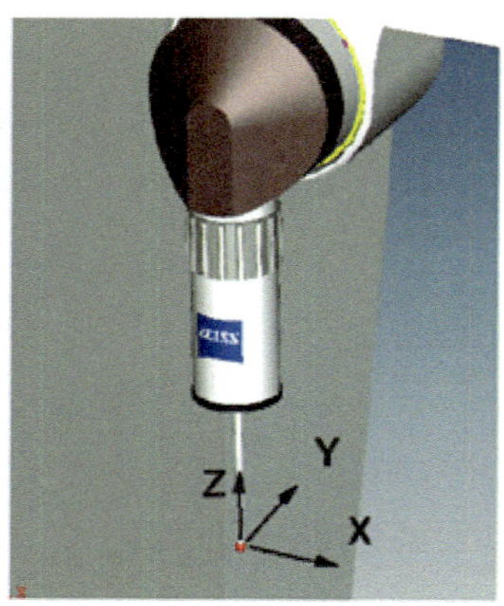

RDS 프로브

☞ Stylus system – Probe와 Stylus를 포함
Stylus - Stylus system 안에 존재하는 각각의 Stylus 또는 방향을 뜻한다.

❼ '측정플랜' 탭의 구성

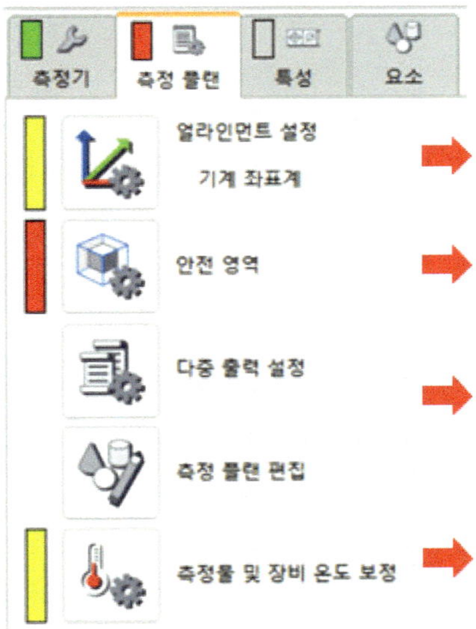

→ 공간정렬, 평면회전, 원점지정 등 좌표계 설정

→ CNC 자동측정에서 충돌 탐지를 위한 안정 영역설정

→ 다중출력 방법 설정

→ 온도 변화에 따른 측정값 보정

색상의 의미

- (녹색) : 설정이 완료된 상태
- (노란색) : 설정이 미완성인 상태
- (빨간색) : 설정이 안 된 상태
- (흰색) : 요소가 아직 정의되지 않은 상태

❽ 요소와 특성

요소란?
원, 원통, 평면, 원추 등 3차원 측정기로 프로빙할 수 있는 기하요소들을 요소라고 한다. 요소로부터 특성을 도출할 수 있다. 옆 그림에서 원통을 측정했을 때 직경을 특성이라고 한다. 즉 진원도, 원통도, 각도, 거리 등 다양한 값이 포함된 것을 모두 특성이라고 할 수 있다.

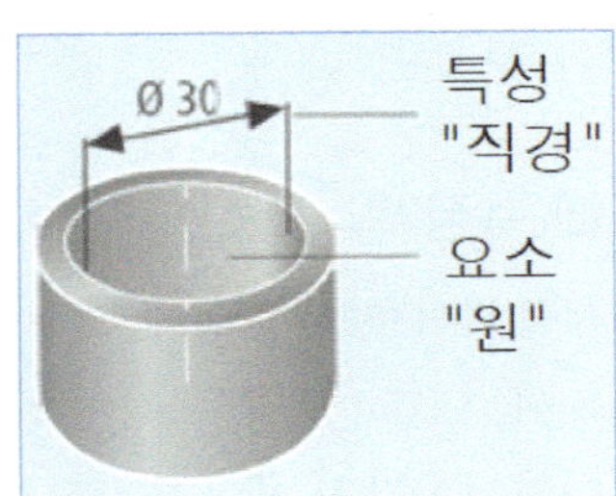

❾ 신호등 창의 구성

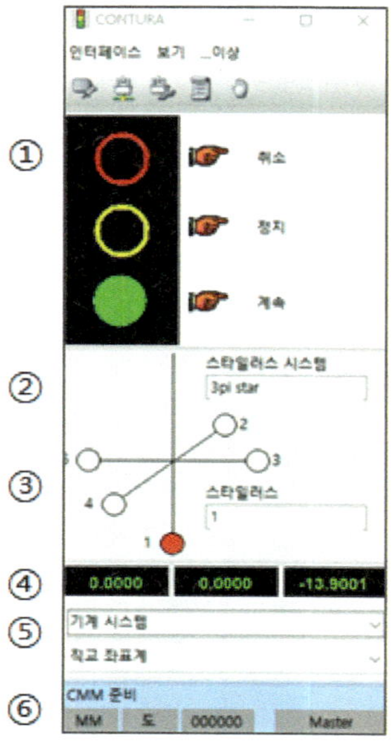

① 신호등
정상적일 때 녹색으로 설정된다.
빨간색을 클릭하면 CNC 구동이 멈춤.
노란색을 클릭하면 CNC 구동을 일시 중단.
충돌이 발생하는 경우 빨간색으로 이동함.

② 현재 장착된 스타일러스 시스템

③ 스타일러스 : 스타일러스에 관한 정보.
여기서는 조정이 불가능함.

④ X, Y, Z 좌표값 표시
다른 얼라인먼트로 전환할 수 있음.

⑤ 좌표계 표시
기계에서 기본 좌표계 또는 기타 좌표계.
(직교 좌표계, 극좌표계 또는 구면 좌표계)

⑥ 상태 표시줄: CMM 상태에 관한 정보

☞ 신호등 창이 닫힌 경우에는 : [환경설정] 〉 셋팅〉 CMM 〉 연결

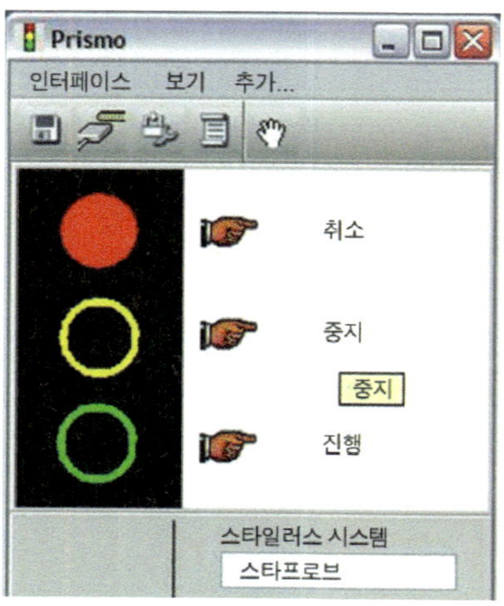

신호등 창이 적색일 경우 구동이 정지된 상태로, 충돌이나 시스템에 문제가 생기면 나타남.
문제 해결 후 초록색을 클릭하면 정상 운영됨

❿ 측정기와 통신 차단

시뮬레이션하기 위해서는 3차원 측정기와 통신을 차단해야 한다.
특히, CAD 모델로 작업할 때 "오프라인에서 프로그래밍"은 필수이다
여기에 2가지 방법이 있다.

① 측정기 〉 CMM 셋팅 〉 시뮬레이션 전용 선택

② [환경설정] 〉 셋팅〉 CMM 〉 시뮬레이션 전용 선택

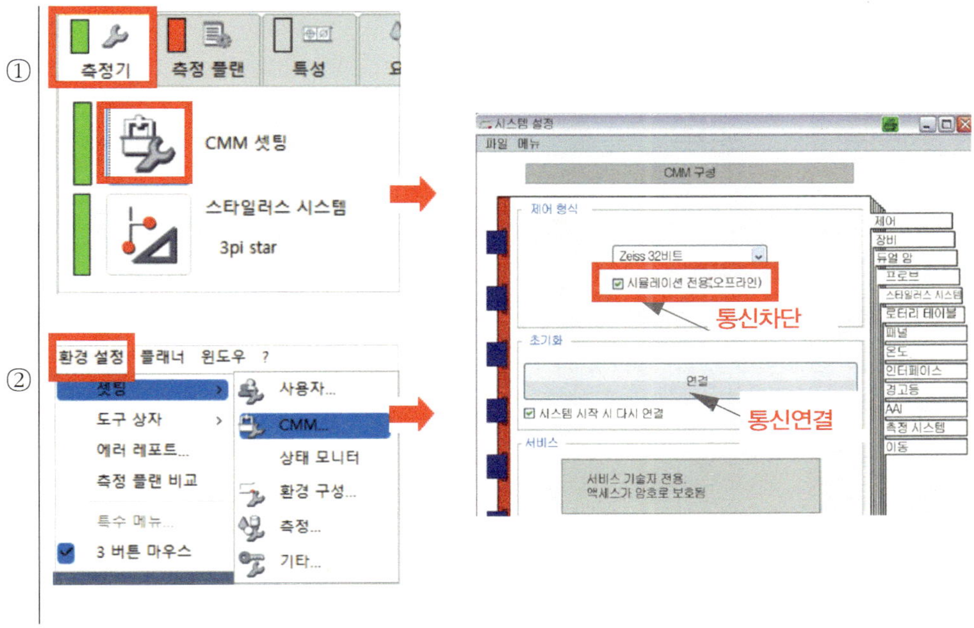

⓫ 조이스틱 박스

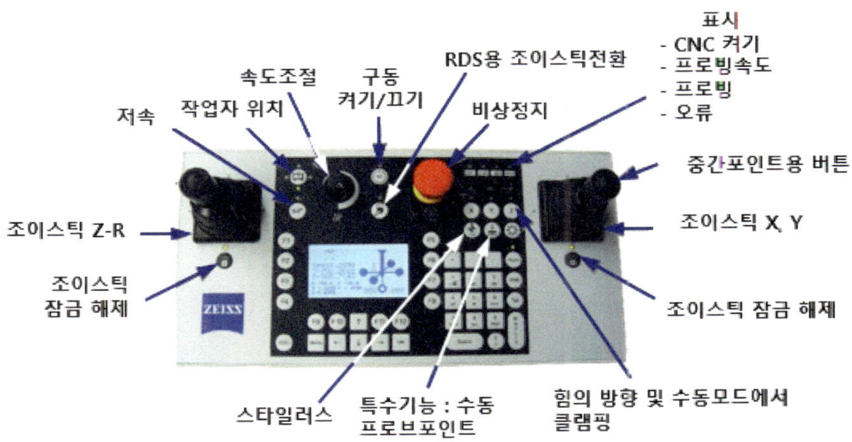

1.4 3차원 측정의 단계별 순서

① 새 플랜 열기
② 필요한 경우 기본 설정을 확인하고 조정
  : 필터와 이층을 정의하고 기본 측정 방법을 선택/설정
③ 필요한 경우 프로브 교정
④ CAD 파일 로드(CAD를 사용하는 경우)
⑤ 베이스 얼라인먼트 만들기
⑥ 안전 영역 정의
⑦ 측정플랜 작성
⑧ 인쇄 정의
⑨ CNC 측정플랜 실행

1.5 3차원 측정기 정상 작동이 안될 때 체크 사항

① Emergency 버튼이 눌려있는 경우

비상 버튼

속도 조절 스위치

② 속도 조절 스위치가 0으로 되어 있는 경우
③ 프로브가 측정범위 밖에 있는 경우
④ Air 공급이 규정 압력보다 저압일 경우
⑤ Controller와 컴퓨터가 연결되지 않는 경우(Network 환경 체크)
⑥ 조이스틱 자동 Locking 기능
  60초 이상 기계를 작동하지 않으면 자동으로 Lock이 설정된다.
  Lock을 풀려면 조이스틱 패널의 자물쇠 버튼을 누른다. (모델에 따라 Shift 버튼을 누를 수도 있다.)

1.6 3차원 측정기 끄기(Power off)

❶ 다음 사용자를 위해 프로브를 안전한 지점(정반 중앙)으로 이동하고 회전 프로브일 경우 각도를 (A : 0, B : 0)으로 한다.

❷ 시작하는 방법의 역순으로 진행한다.

① [파일] 〉 칼립소 나가기 〉 저장할 것인가를 선택하고 종료를 선택한다.

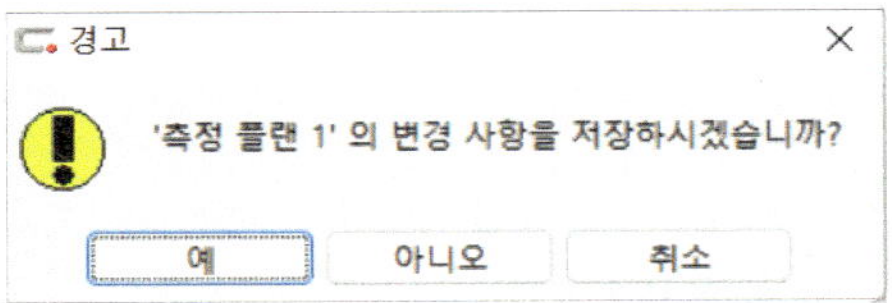

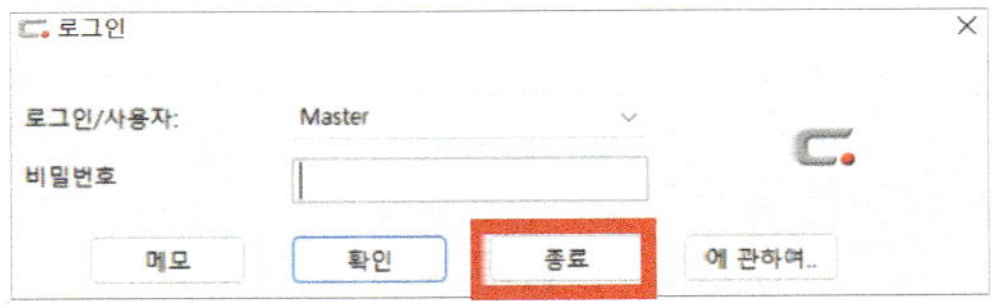

② 컴퓨터→ Off

③ CMM 토글스위치 → AUTO OFF 또는 비상 버튼을 누른다.

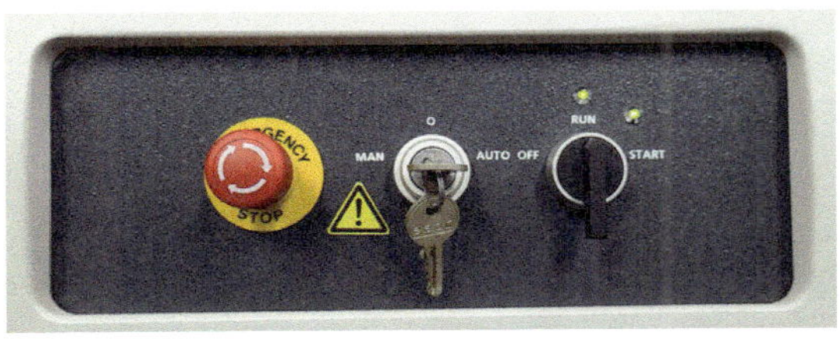

④ 컨트롤 박스의 메인 스위치를 Off로 한다.

메인 스위치

⑤ 에어 밸브 잠그기

⑥ 에어 드라이어 끄기

⑦ 주변을 정리 · 정돈하고 방청 처리를 한다.

SECTION 02

프로브 교정

회전식 프로브와 고정식 프로브의 두 가지를 설명하고자 한다.

2.1 회전식 프로브(RDS) 교정 순서

2.1.1 프로브의 방향

회전식 프로브의 각도는 2.5도 간격으로 설정할 수 있다.

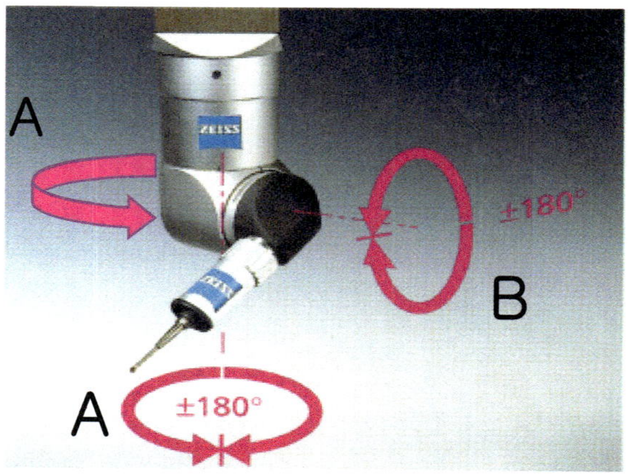

여기서 A 각도는 Z축을 회전축으로 하는 각도로 오른손 엄지손가락을 정반으로 향하게 한 후 손가락을 감아쥐는 방향이 +방향이다.

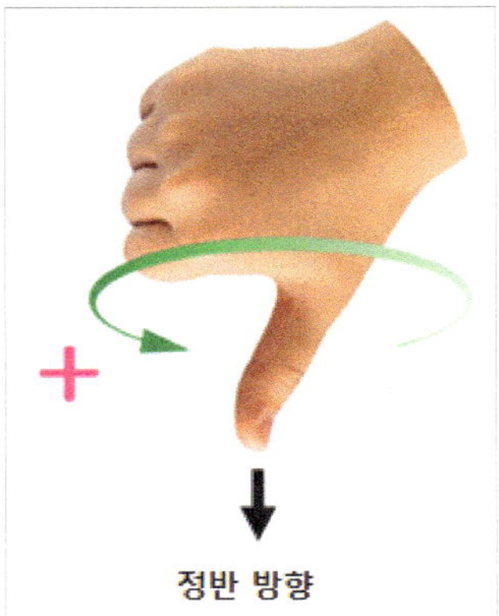

A 각도 방향

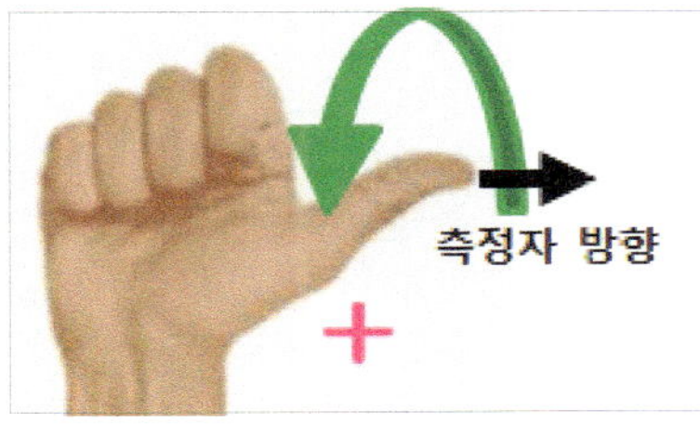

B 각도 방향

B 각도는 오른손 엄지손가락을 측정하는 사람의 가슴으로 향하게 한 후 손가락을 감아쥐는 방향이 +방향이다.

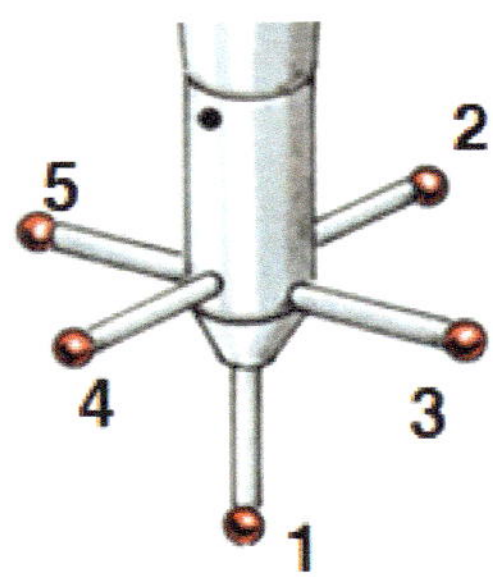

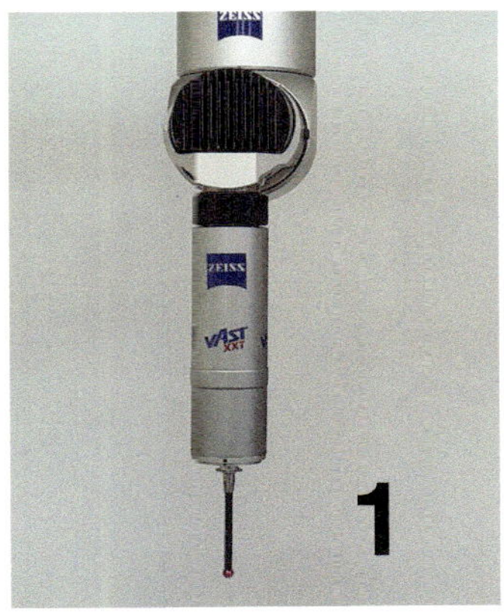

(1 : A=0, B=0)

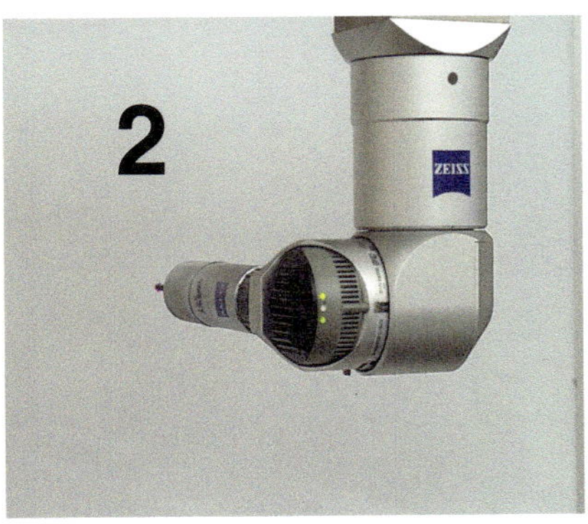

(2 : A=90, B=-90) 위에서 봤을 때 12시 방향

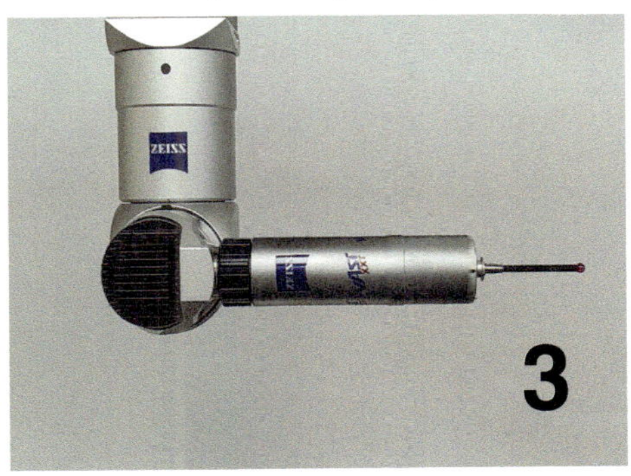

(3 : A=0, B=90) 3시 방향

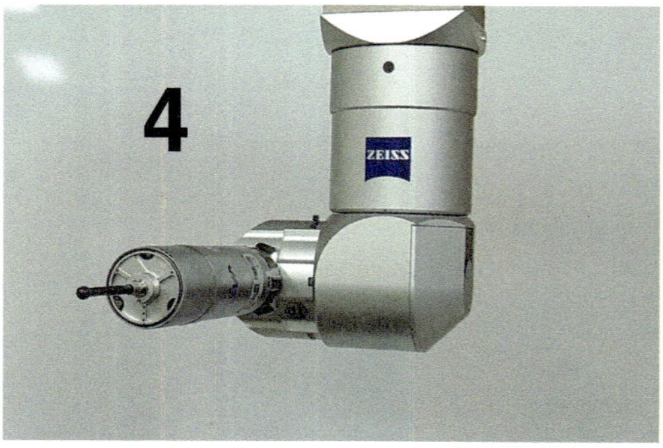

(4 : A=90, B=90) 6시 방향

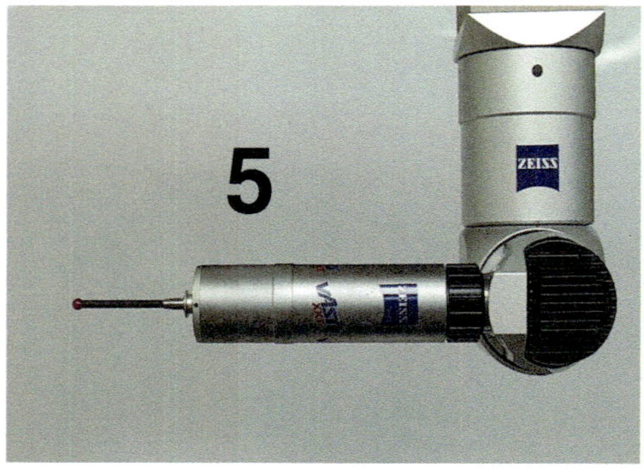

(5 : A=0, B=-90) 9시 방향

2.1.2 마스터 프로브 교정

❶ 표준구를 깨끗이 닦은 후 3차원 측정기 정반 중앙에 설치한다.

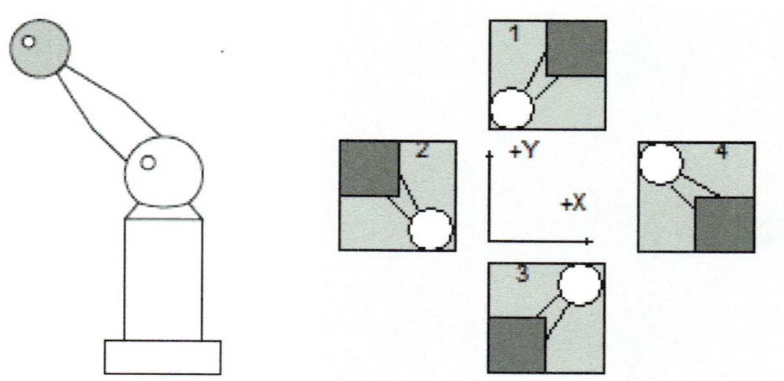

표준구 설치 방향 4개 중에서 하나를 선택한다.

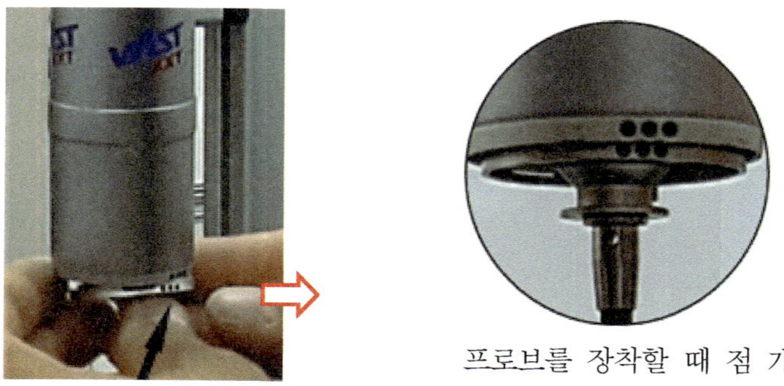

프로브를 장착할 때 점 개수를 일치시킨다.

❷ 마스터 프로브로 교환(장착)한다.

마스터 프로브가 장착되어 있을 때 교환 방법

① 측정기 〉 ② 스타일러스 시스템

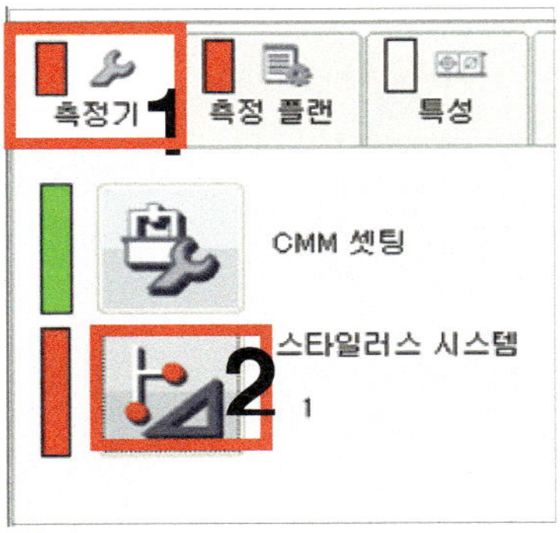

프로브가 프로브 헤드에 장착되어 있을 때는 ③, ④번 생략한다.

〉 ③ 자동 스타일러스 시스템 교환

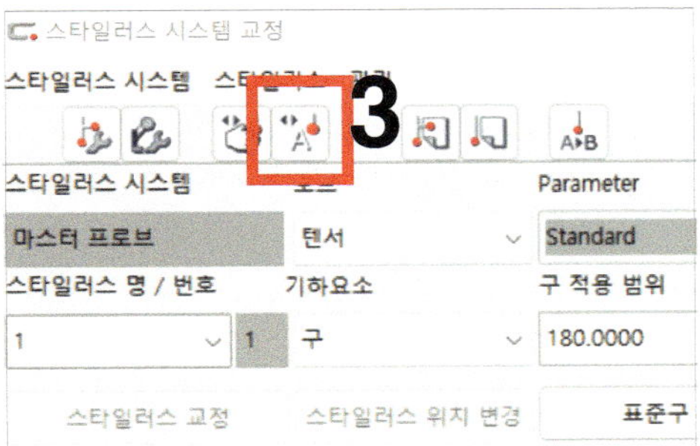

④ 마스터 프로브를 선택하고 마우스 오른쪽 누름. 〉 '스타일러스 교환'을 클릭하면 자동교환 된다.

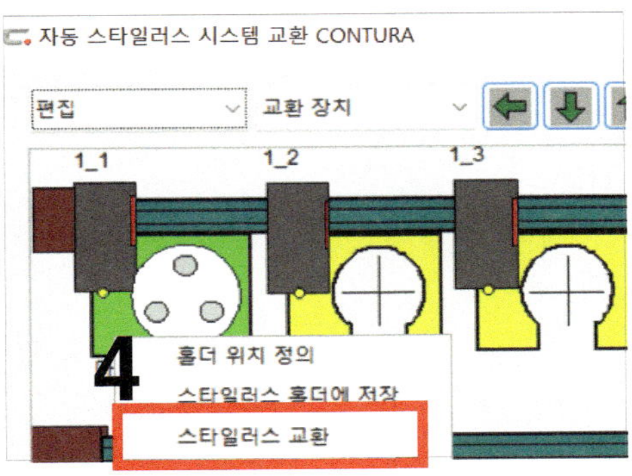

마스터 프로브를 수동으로 장착할 때 순서.

① 측정기〉 ② 스타일러스 시스템 〉

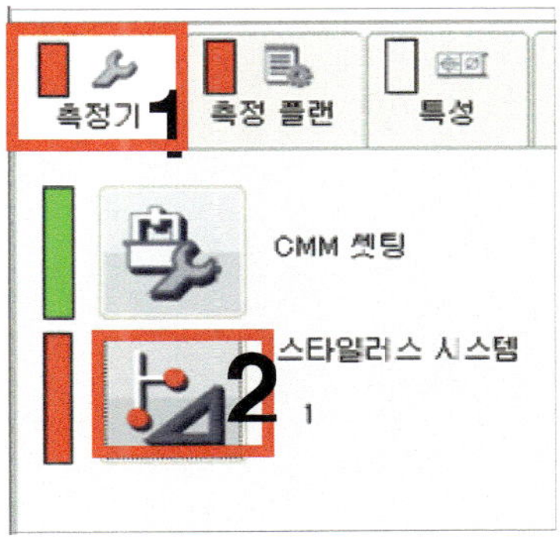

〉 ③ 스타일러스 시스템 부착

④ 마스터 프로브를 장착하고 스타일러스 시스템 부착을 클릭한다.

마스터 프로브와 스타일러스 번호가 맞으면 확인을 누른 후 닫기를 한다.

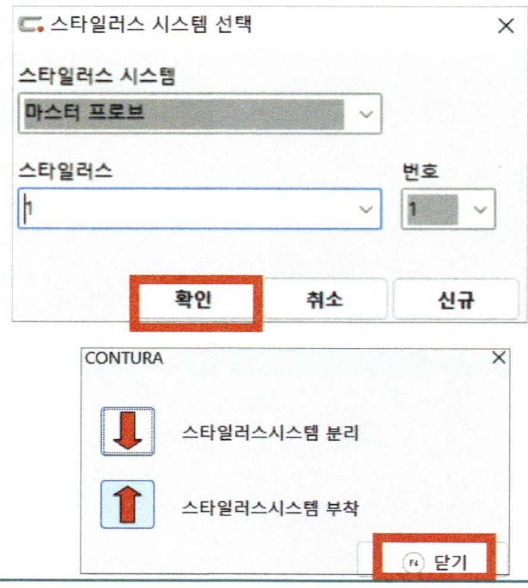

⑤ 표준구 위치

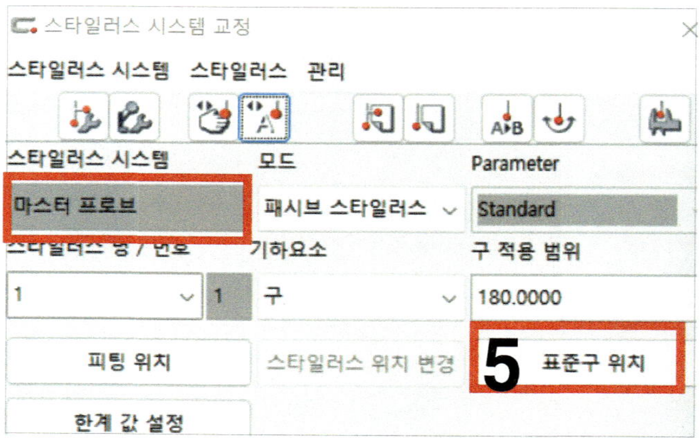

⑥ 표준구 방향 선택(설치된 표준구와 같은 방향)

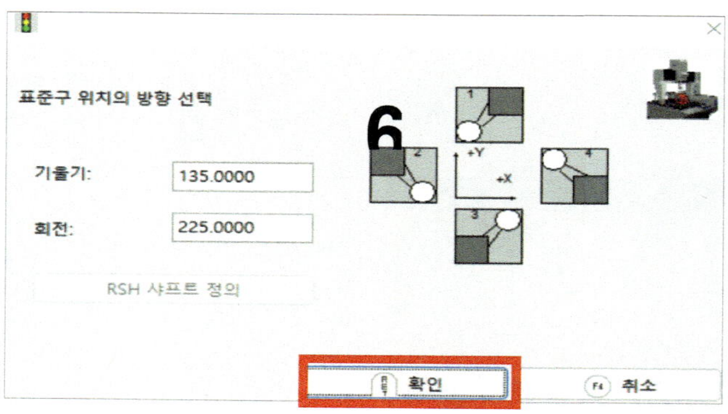

⑦ 측정압력 선택

⑧ 스타일러스의 축 방향으로 표준구 최상단 부근(정수리)에 수동으로 1점을 프로빙 한다.

〉 자동으로 교정을 실행한다.

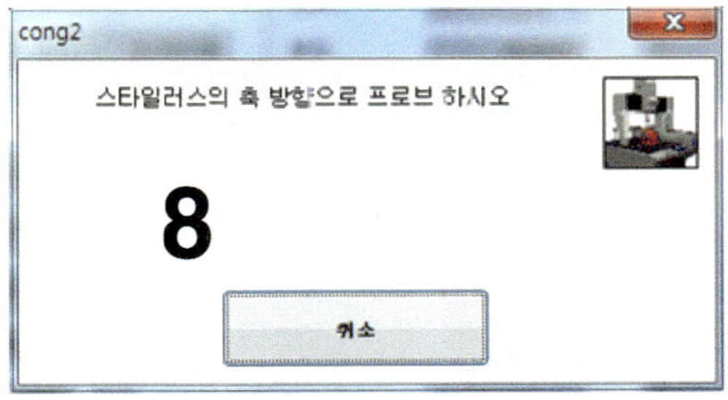

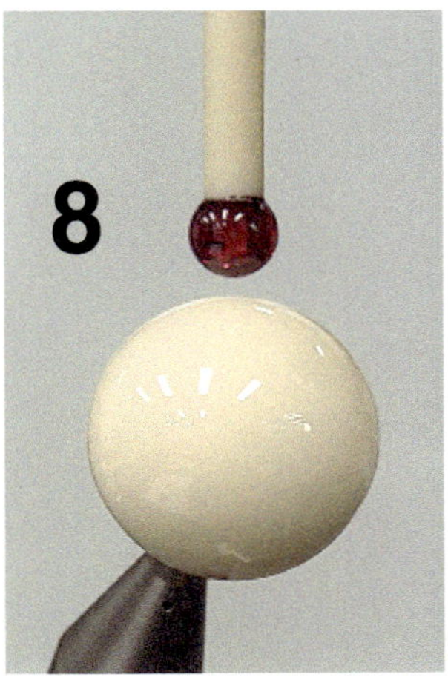

프로브 방향

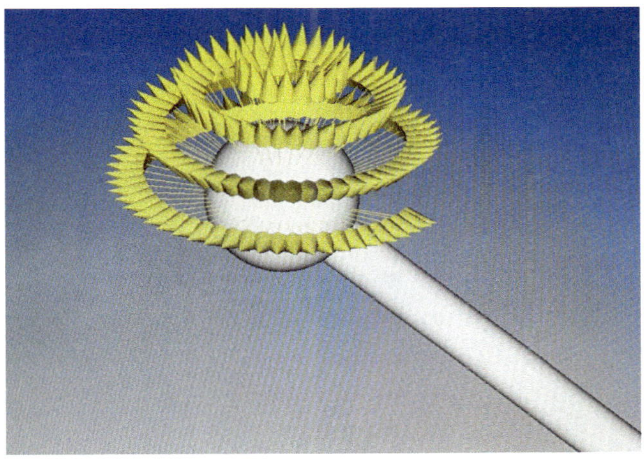

표준구 교정 그래픽

2.1.3 프로브 교정 및 각도 추가

교정하고자 하는 프로브로 자동 교환한다. 이때 표준구 위치 교정이 선행되어 있어야 한다.

① 측정기 〉

② 스타일러스 시스템 〉

③ 자동 스타일러스 시스템 교환

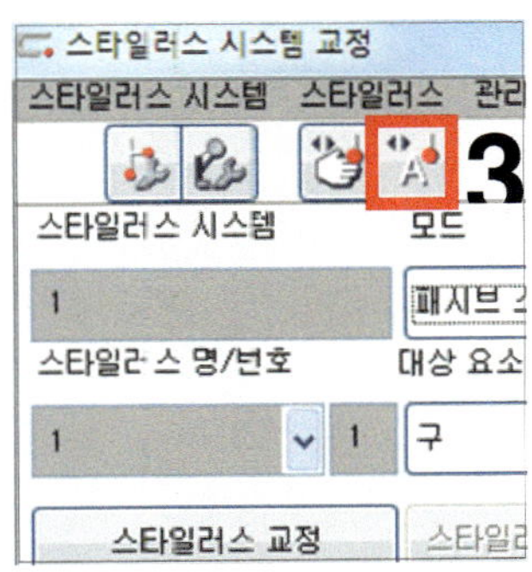

④ 원하는 스타일러스를 클릭하고 마우스 오른쪽을 이용하여 '스타일러스 교환'을 누른다.

프로브가 자동 교환된다

⑤ 스타일러스 교정을 누른다. (표준구 위치는 이미 실행하여 생략한다.)
프로브 각도(0, 0)를 선택한다. (일괄 교정을 권장함. 2.1.5 항 참고)

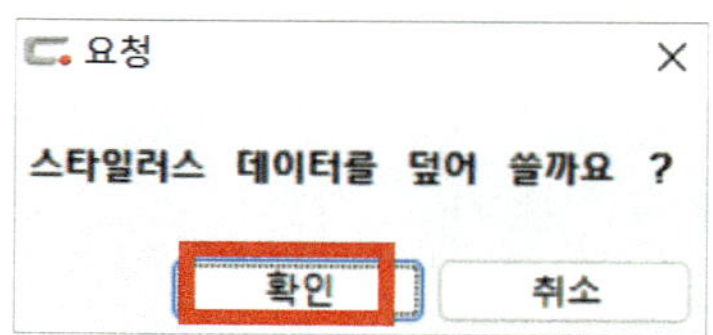

⑥ 표준구의 방향을 확인하고 확인을 누른다.

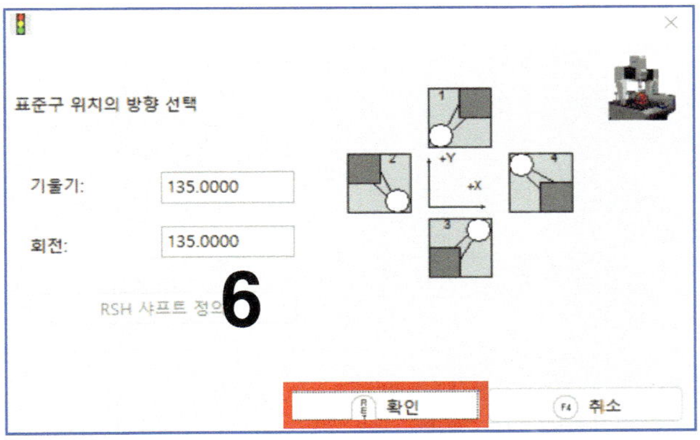

⑦ 프로빙 압력을 표준으로 한다.

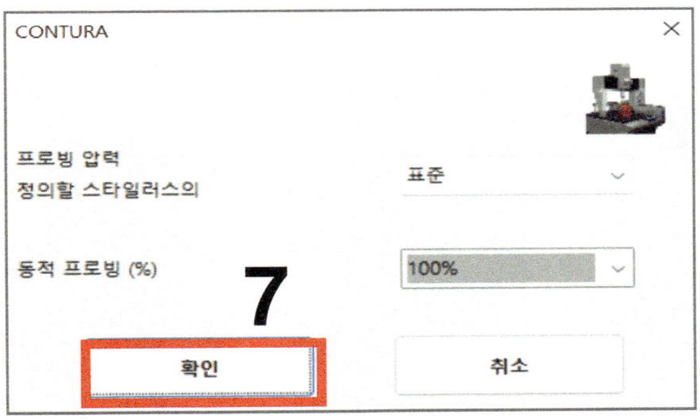

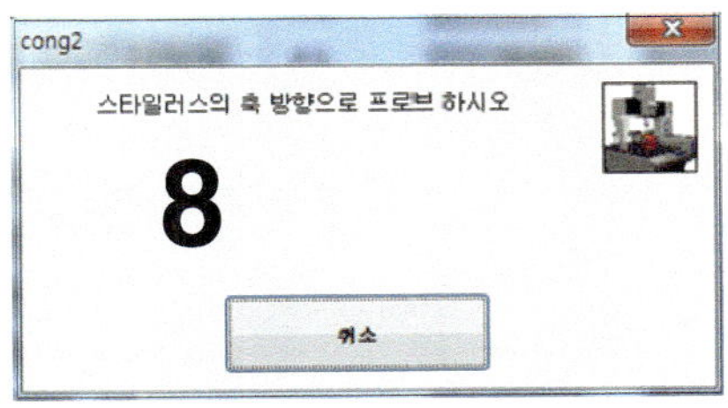

⑧ 스타일러스의 축 방향으로 한점 프로빙 한다.

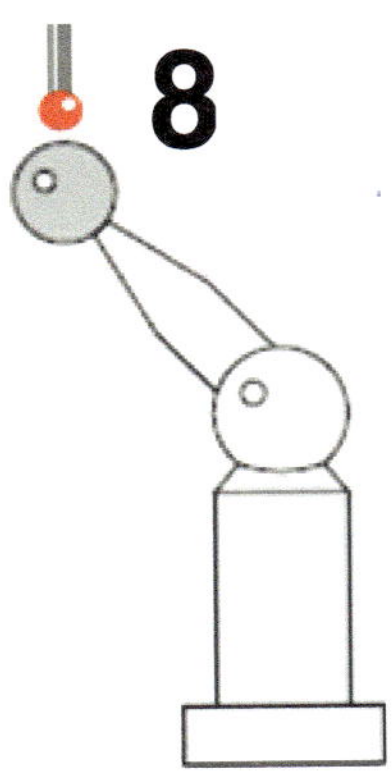

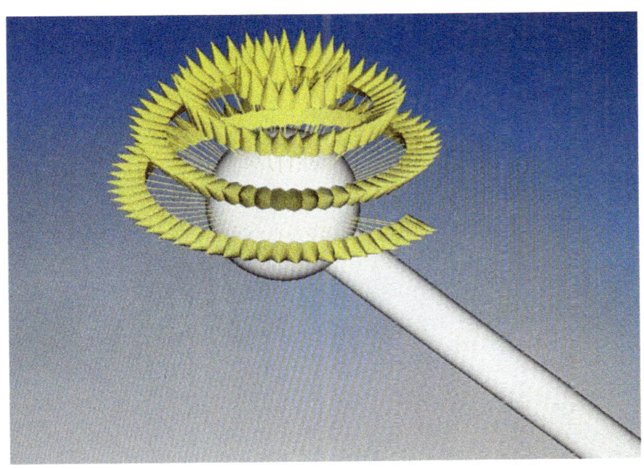

프로브(0, 0)의 교정이 완료된다.

⑨ 다음에는 프로브 방향을 각도 (A : 90, B : -90)을 교정해 보자.

측정기 〉 스타일러스 시스템 〉 스타일러스 시스템 교정  클릭

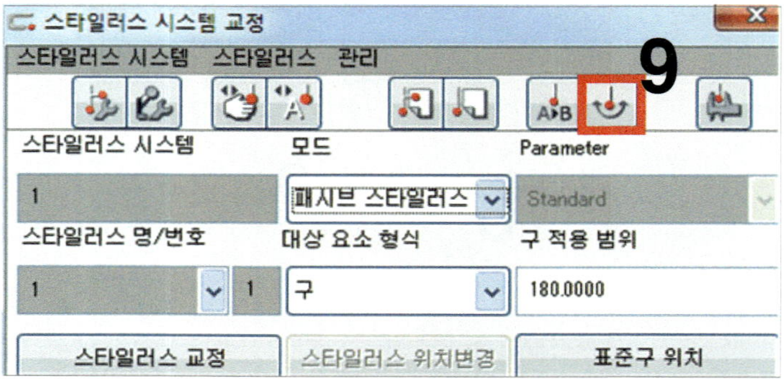

A : 90, B : -90을 입력하고  실행 버튼(구버전은 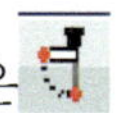)을 누른다. 프로브가 회전할 때 충돌하지 않도록 주의한다.

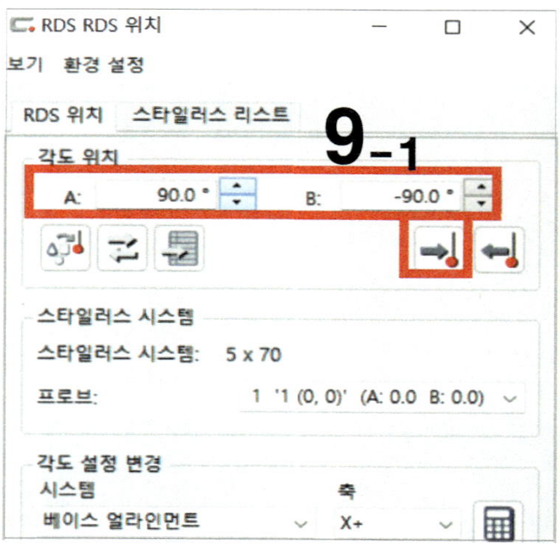

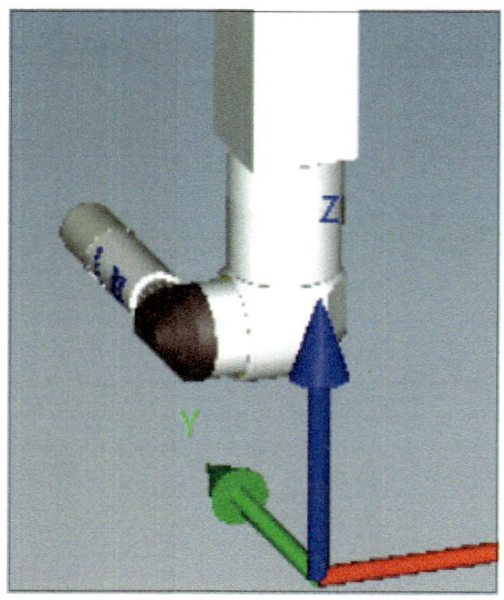

프로브 회전이 완료되었으면 위 ⑤번부터 반복한다.

⑩ 새로운 스타일러스 삽입

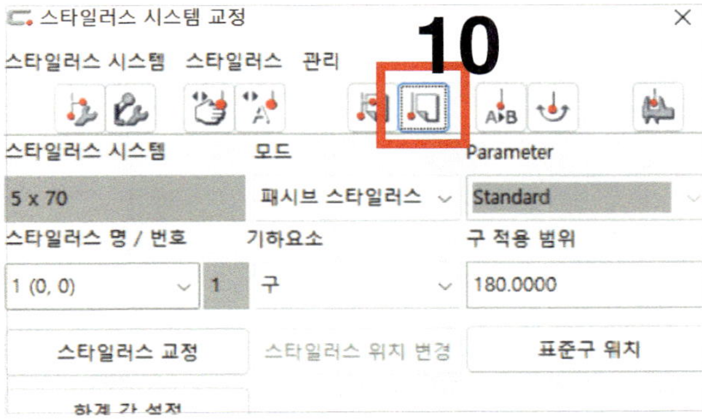

스타일러스명을 입력하고 확인을 누른다.

이때 이 이름이 이미 존재한다는 메시지가 뜨면 입력이 안 되므로 전에 쓰던 이름을 삭제하거나 다른 이름을 입력한다. 여기서는 삭제하는 방법을 설명하기로 한다.

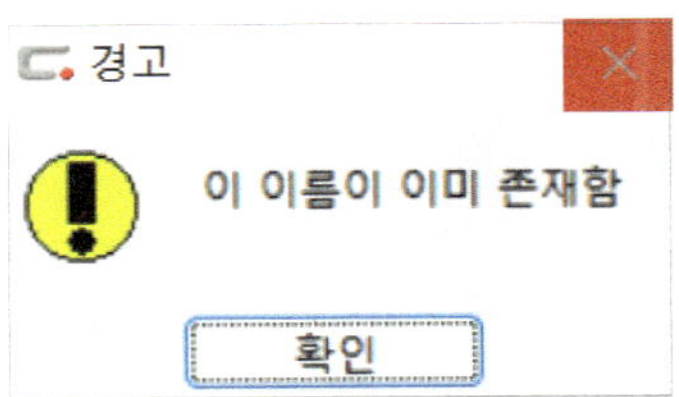

측정기 〉 스타일러스 시스템 〉 스타일러스 데이터 관리에서 해당 프로브를 선택 후 마우스 오른쪽 버튼을 눌러 삭제를 클릭한다. 단, 현재 사용하고 있는 스타일러스는 삭제가 안 된다. 다른 스타일러스로 교환 후 삭제한다.

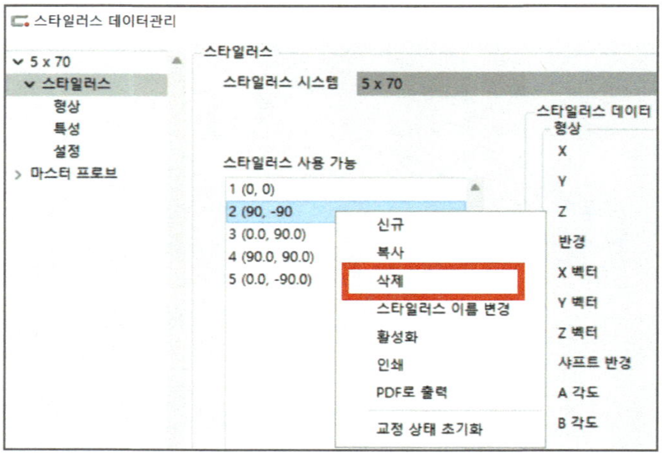

데이터를 삭제한다.

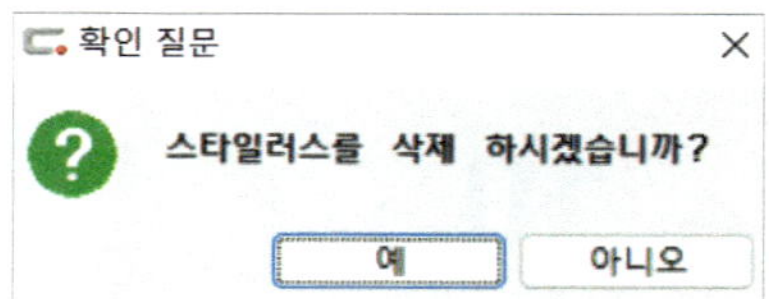

삭제 후 다시 스타일러스명을 입력한다.

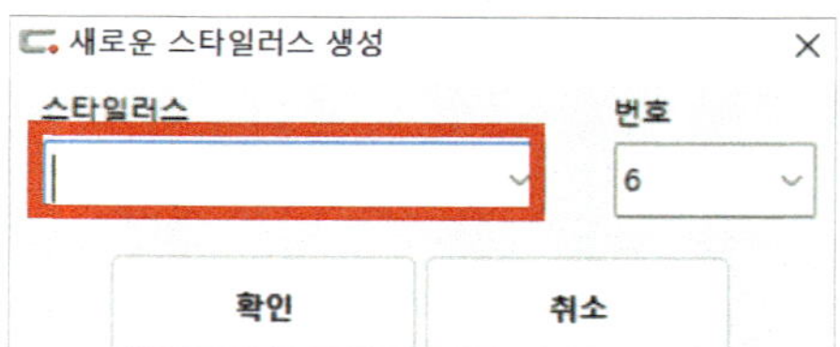

⑪ 스타일러스명을 확인하고 스타일러스 교정을 클릭한다.

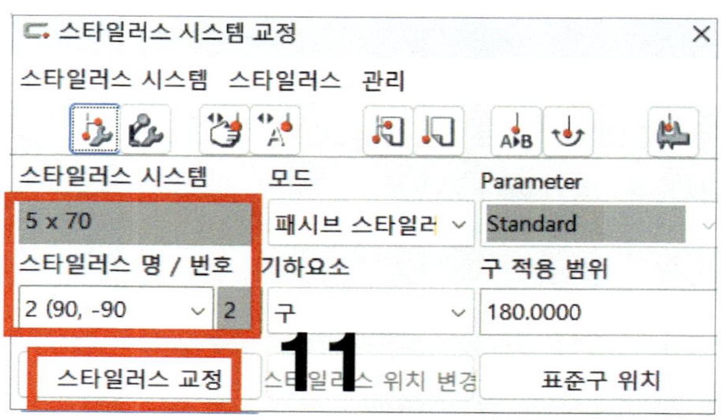

⑫ 표준구 방향 선택(설치된 표준구와 같은 방향)

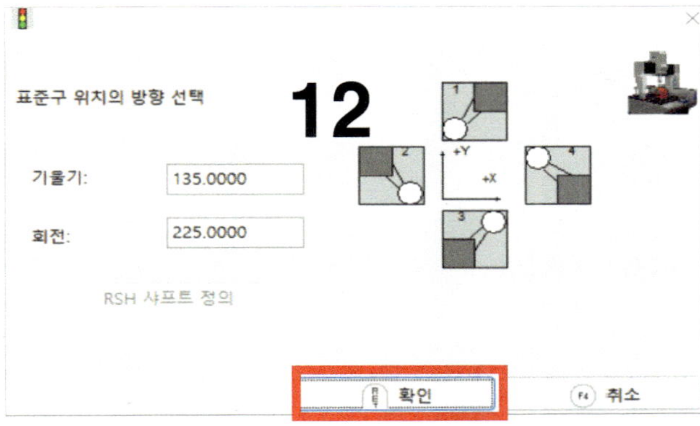

⑬ 측정압력 선택

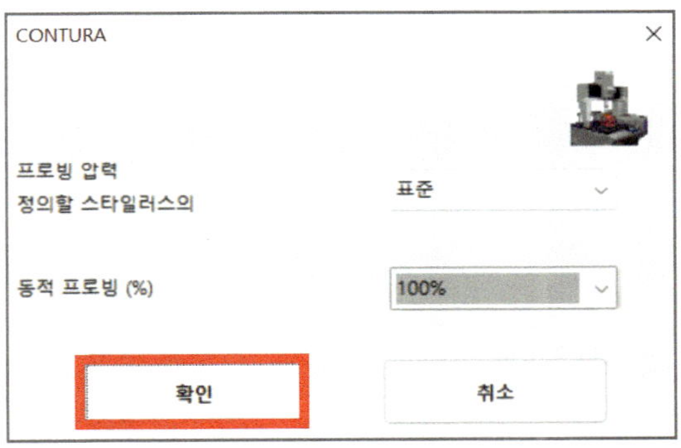

⑭ 스타일러스의 축 방향으로 표준구를 프로빙한다.

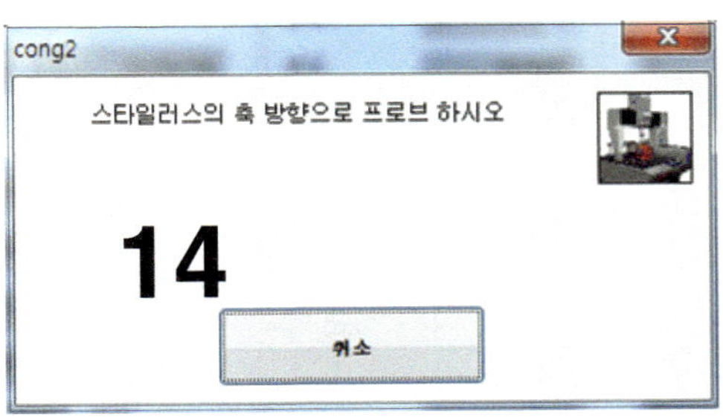

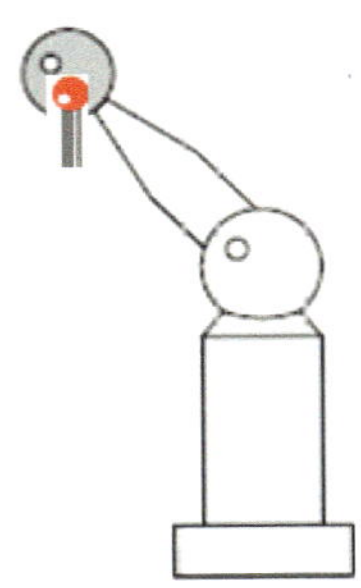

⑮ 같은 방법으로 다른 각도(3번~5번) 프로브도 교정한다.

2.1.4 새로운 스타일러스 시스템 추가(새 프로브 설치)

측정기 〉 스타일러스 시스템 〉 스타일러스 시스템 교정에서

① 아이콘  을 누르고 새로운 스타일러스 시스템을 부착한다.

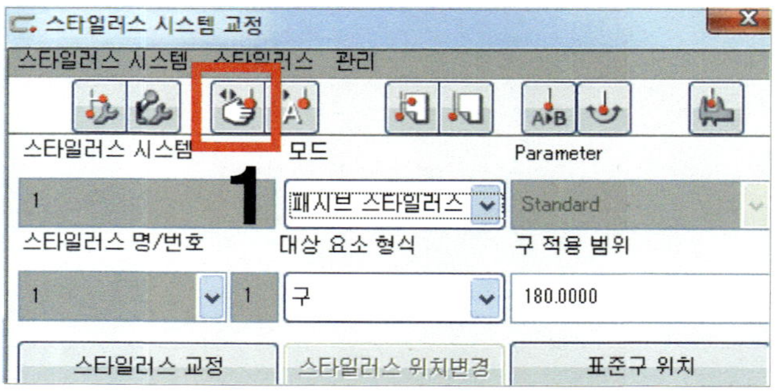

스타일러스 시스템 교정 창

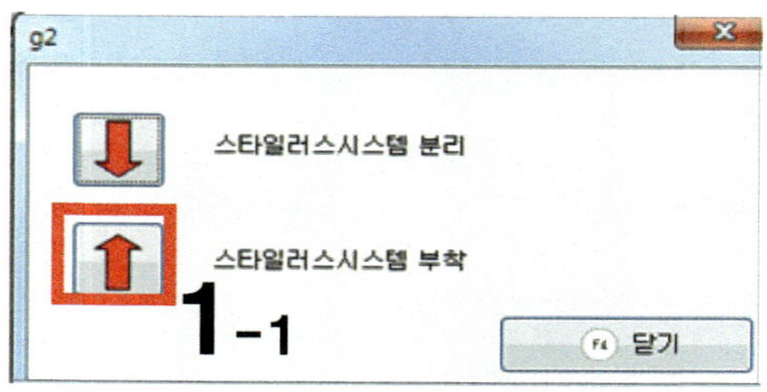

② 스타일러스 선택에서 신규를 누른다.

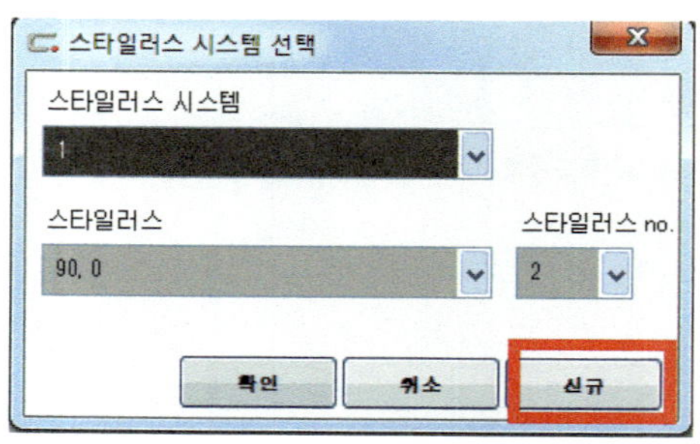

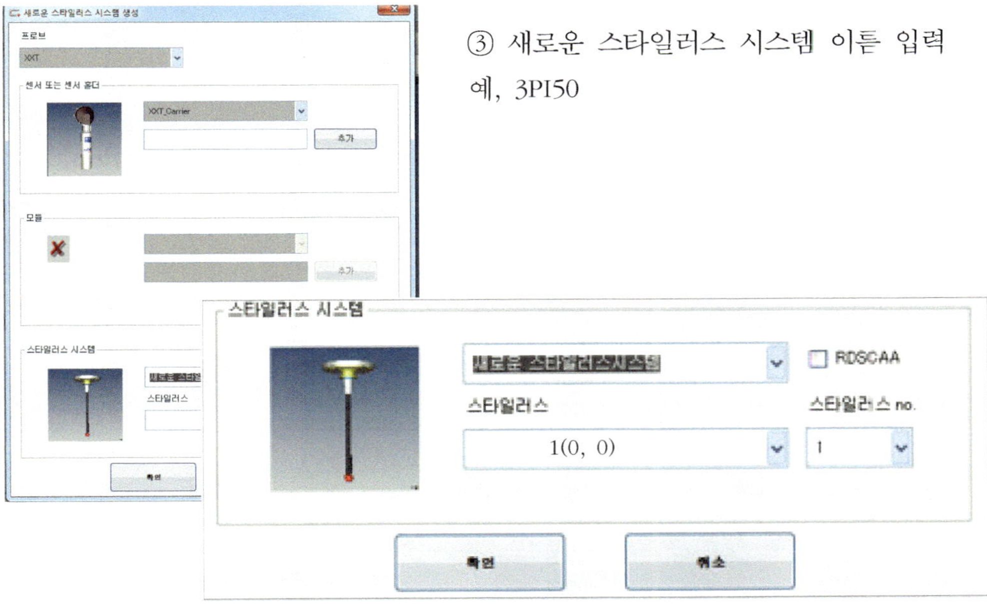

③ 새로운 스타일러스 시스템 이름 입력 예, 3PI50

④ 신규 프로브를 위와 같은 방법으로 교정한다.

2.1.5 프로브 일괄 (재)교정

프로브의 여러 각도를 입력하고 동시에 교정한다. 각도가 이미 설정되어 있어서 재교정할 경우는 ⑦번부터 실행한다.

① 측정기 〉 스타일러스 시스템 〉 스타일러스 시스템에서 마스터 프로브를 장착하고 '표준구 위치'를 클릭하여 표준구를 앞에서와 같이 교정한다.

② 측정기 〉 스타일러스 시스템 〉 스타일러스 시스템 교정에서 먼저 교정할 프로브를 장착한다.

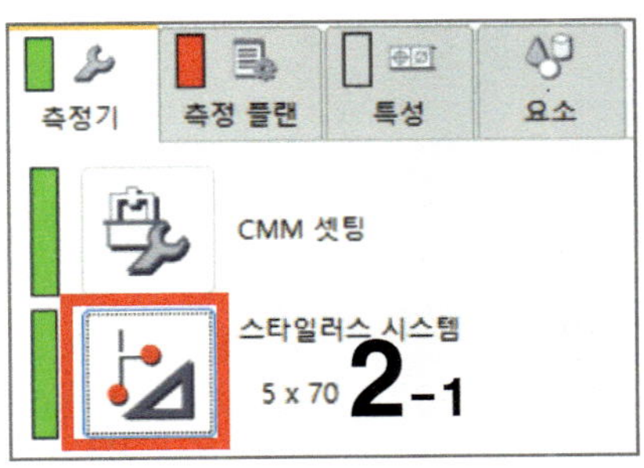

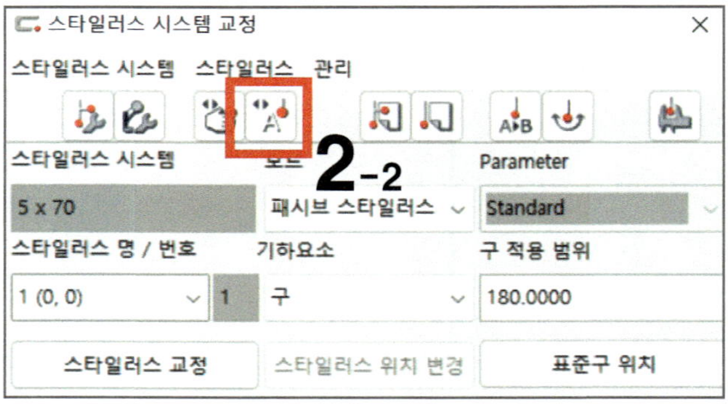

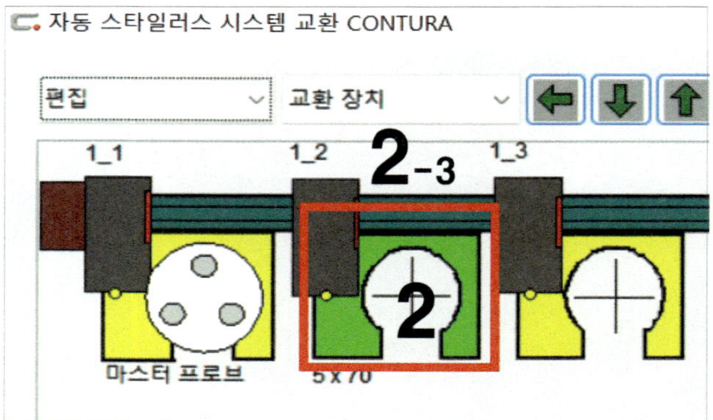

③ 새로운 위치로 스타일러스 회전 을 클릭한다.

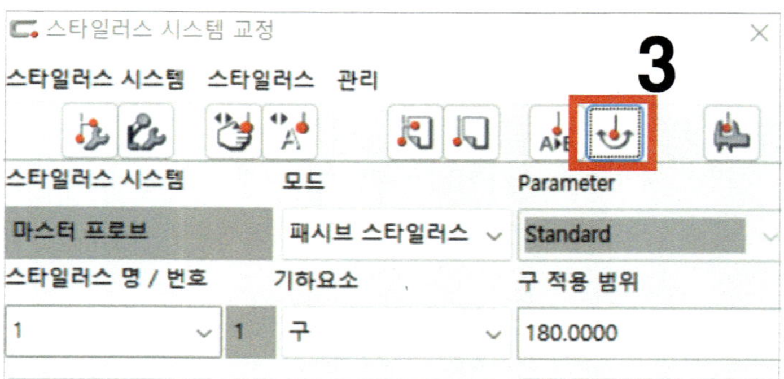

④ 프로브 각도를 선택하고 아이콘  을 눌러 목록 리스트에 삽입한다.

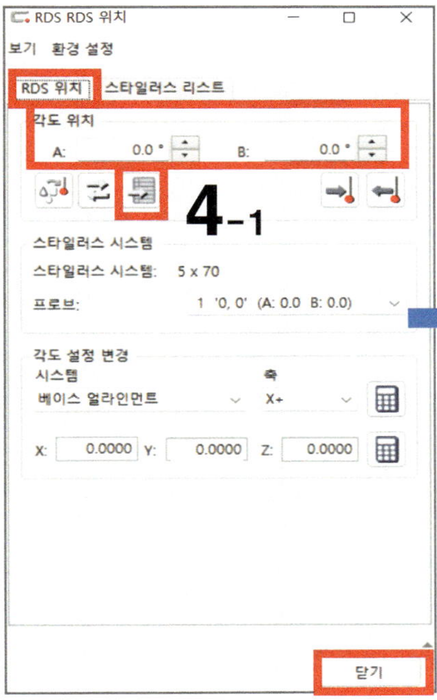

계속해서 추가하고 싶은 각도를 입력한다.

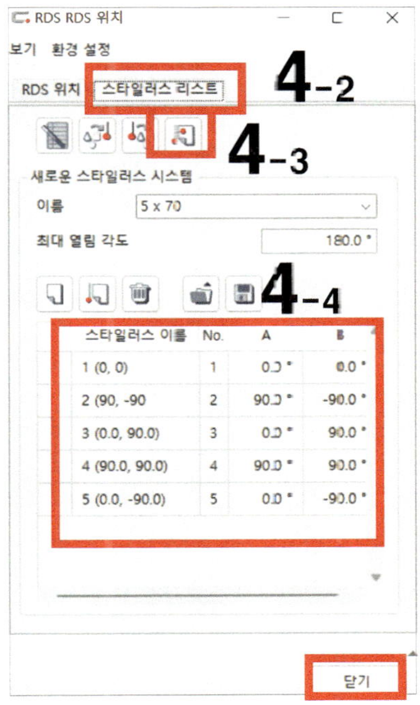

입력된 스타일러스를 리스트에서 확인할 수 있다.

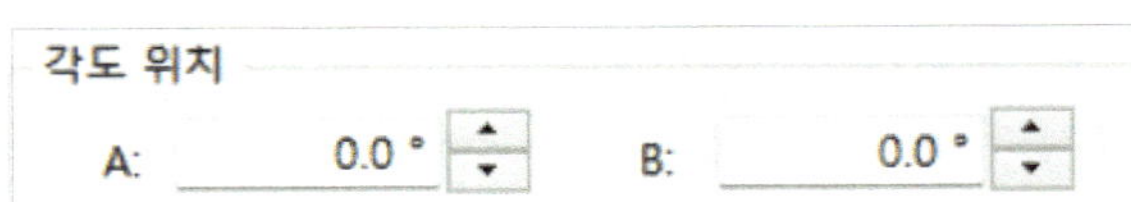

⑤ 스타일러스 리스트를 클릭하여 입력을 확인하고 편집할 수 있다.

⑥ 새로운 스타일러스 시스템  을 누른다.

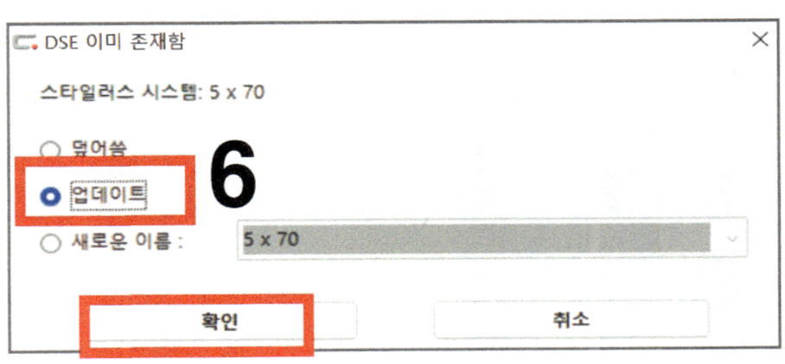

⑦ 덮어쓰거나 업데이트를 선택한다. 〉 닫기

⑧ 업데이트된 것을 확인한다.

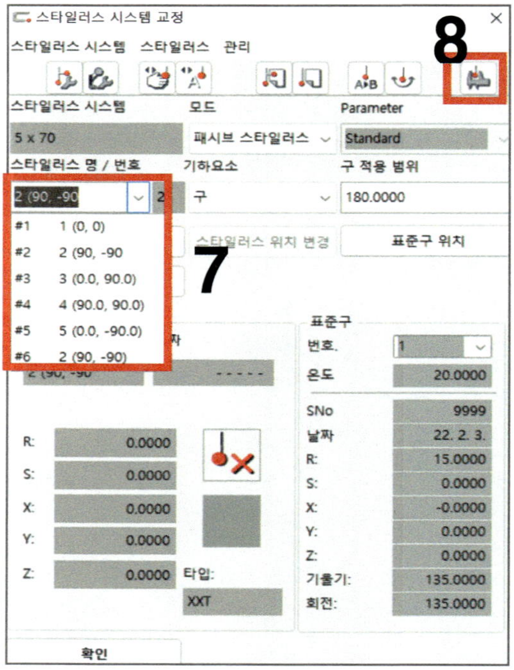

⑨ 아이콘 을 클릭하여 재교정을 실행한다.

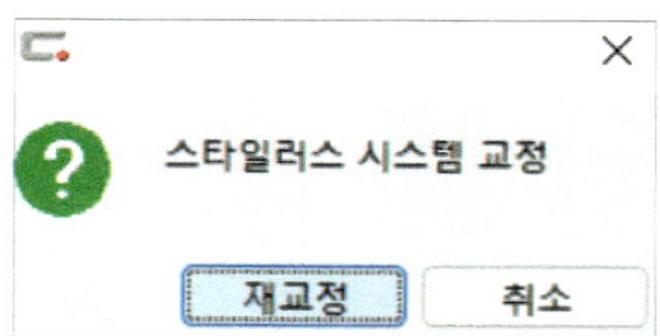

⑩ 프로브가 순차적으로 교정되면서 다음과 같은 결과가 출력된다.

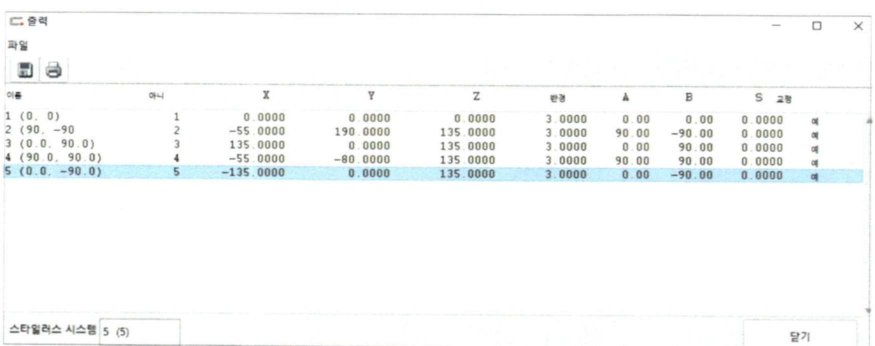

2.2 고정식 프로브(Prismo VAST) 교정 순서

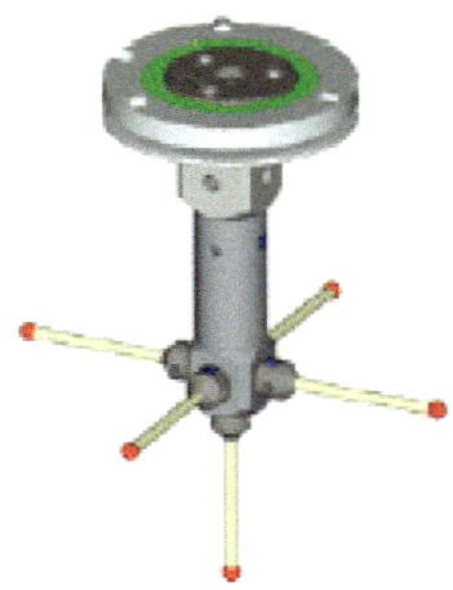

2.2.1 마스터 프로브 교정

❶ 표준구를 깨끗이 닦은 후 3차원 측정기 정반 중앙에 설치한다.

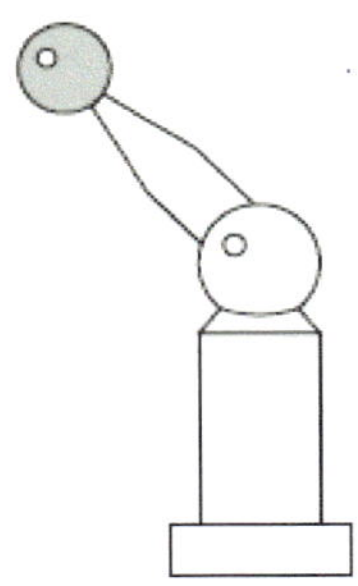

표준구 설치

❷ 마스터 프로브로 교환(장착)한다.

① 측정기 〉 ② 스타일러스 시스템 〉 ③ 자동 스타일러스 시스템 교환

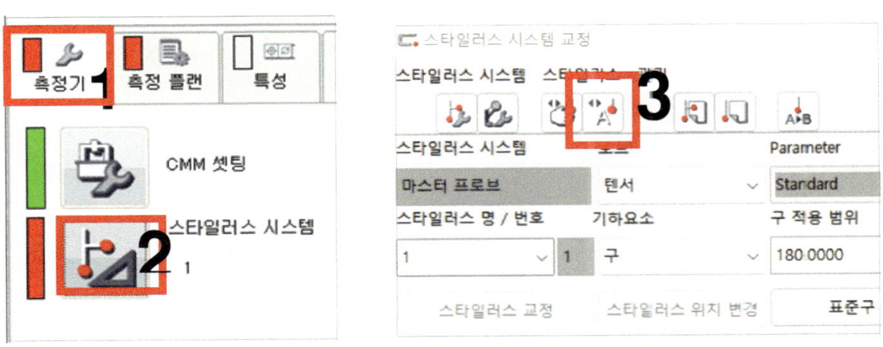

스타일러스 시스템 창

④ 마스터 프로브를 선택하고 마우스 오른쪽 누르면 '스타일러스 교환'을 클릭하면 자동교환 된다.

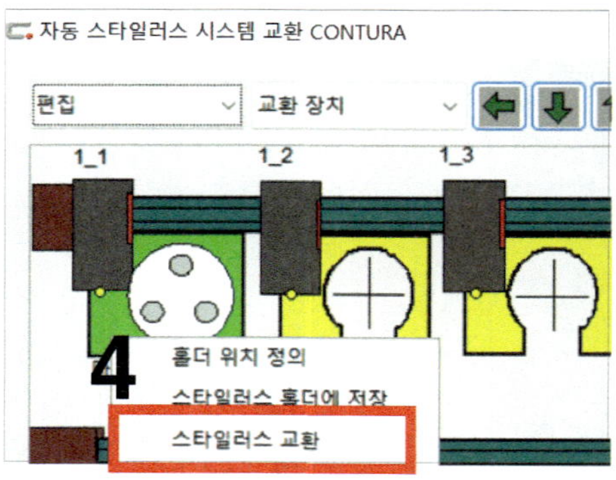

스타일러스 시스템 교환 창

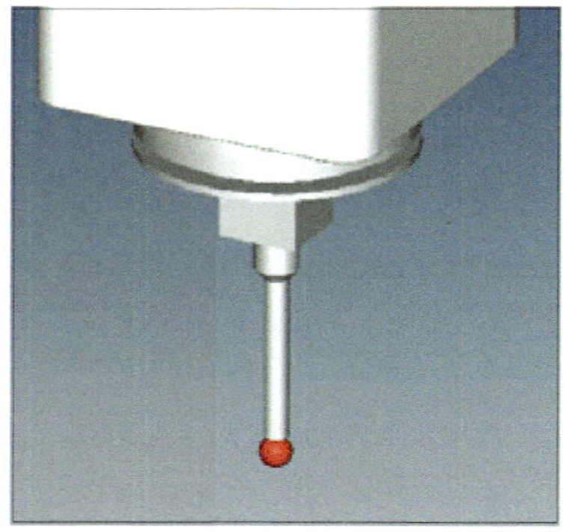

마스터 프로브

⑤ 스타일러스 시스템에 마스터 프로브를 확인하고 표준구 위치 클릭한다.

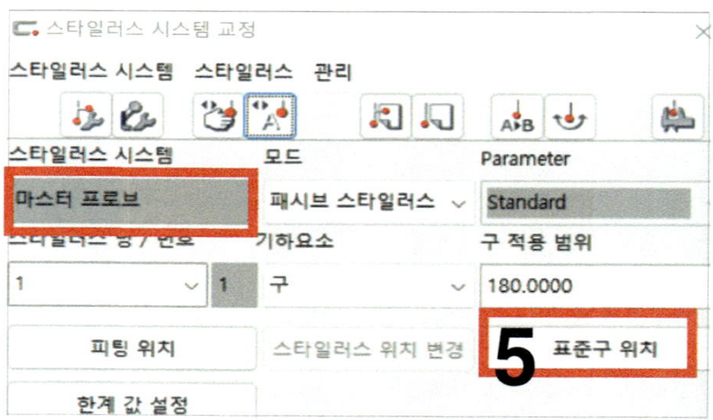

⑥ 표준구 방향 선택(설치된 표준구와 같은 방향)한다.

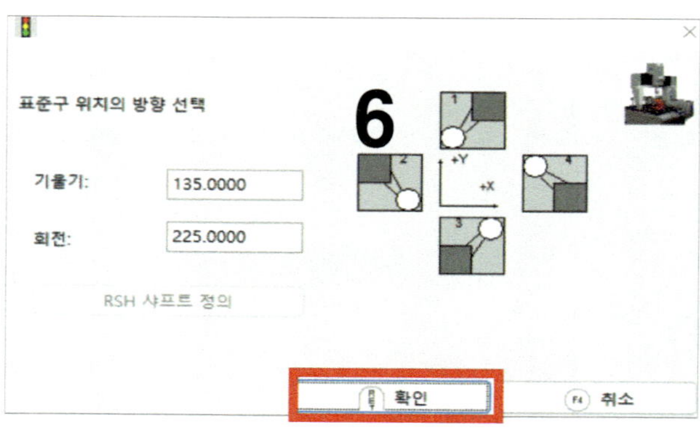

표준구 위치 방향 선택 창

⑦ 측정압력 선택 후 확인

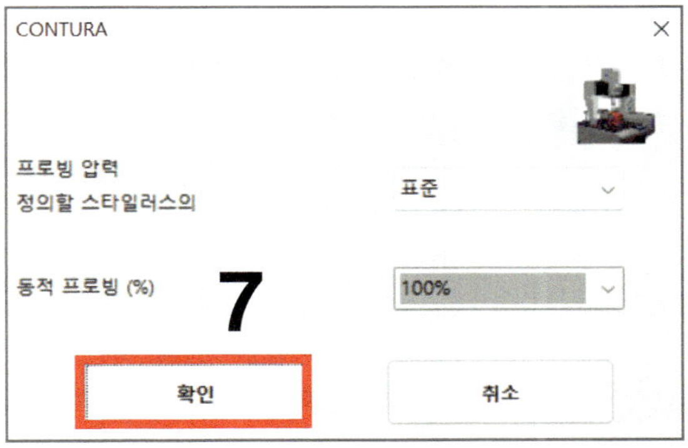

측정압력 선택 창

⑧ 스타일러스의 축 방향으로 표준구 최상단 부근(정수리)에 수동으로 1점을 프로빙 한다.
〉 자동으로 교정을 실행한다.

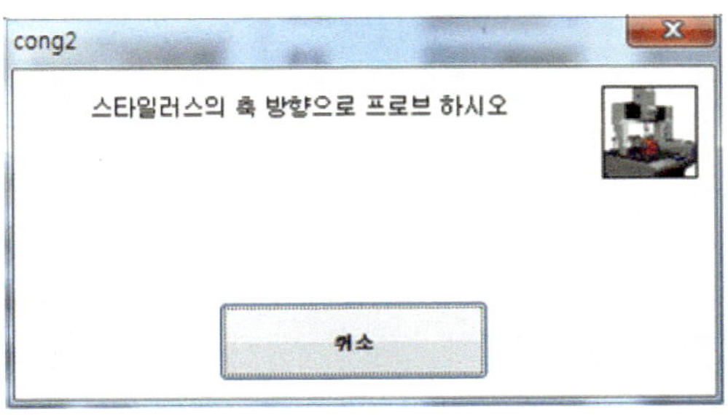

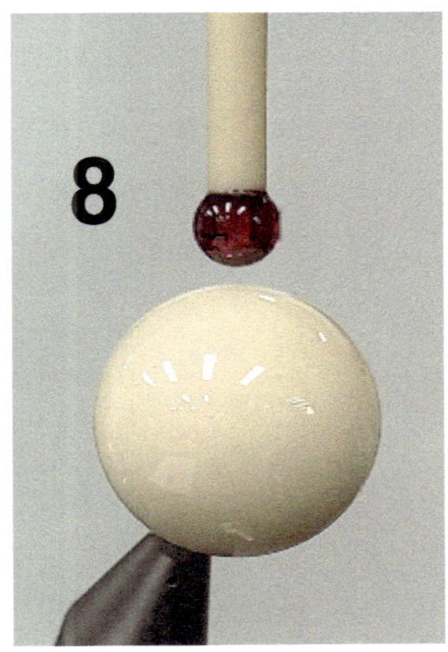

2.2.2 고정식 프로브 교정

❶ 교정하고자 하는 프로브로 교환(장착)한다.

앞에서와 같이 [측정기] 〉 스타일러스 시스템 〉 CNC 스타일러스 시스템 변경을 선택하고 원하는 프로브 서류끼우개를 클릭 후 마우스 오른쪽을 누르면 '스타일러스 교환'을 클릭하면 자동교환 된다.

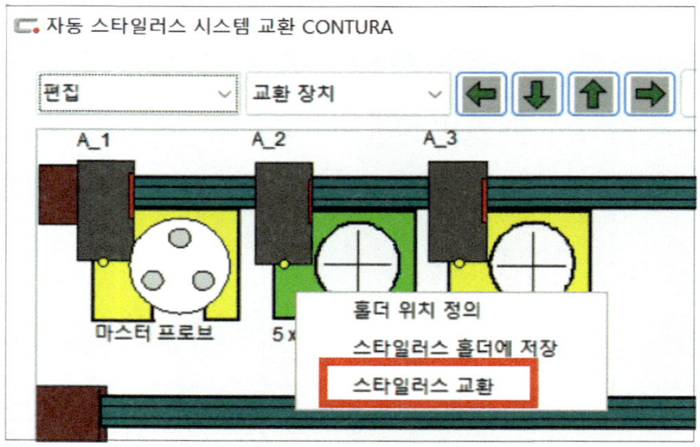

스타일러스 시스템 교환 창

❷ 프로브 교정은 두 가지 방법이 있다.

① [측정기] 〉 스타일러스 시스템 〉 스타일러스 시스템 교정에서 아이콘  을 클릭하여 일괄 교정하는 방법과

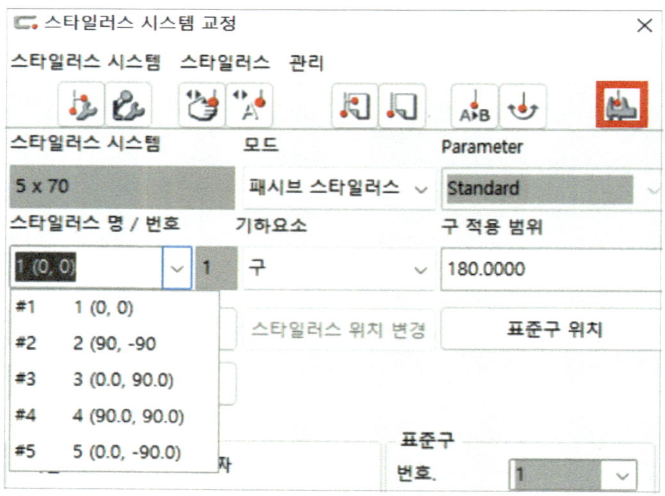

② 조이스틱 박스에서 프로브 번호를 눌러 순차적으로 교정하는 방법이 있다.

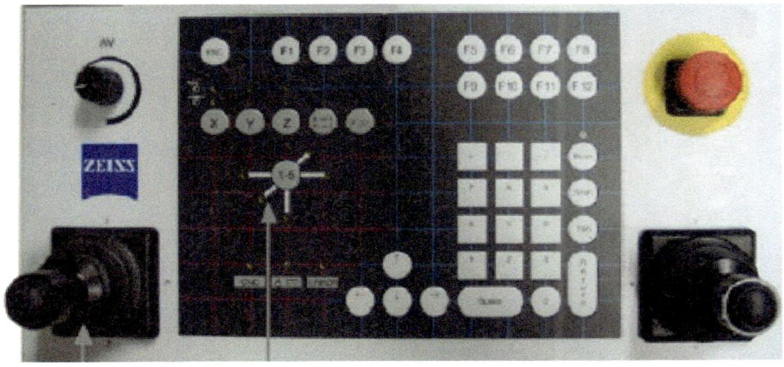

조이스틱 박스의 프로브 번호 선택 버튼

③ '스타일러스 교정'을 클릭하여 아래와 같이 교정한다.

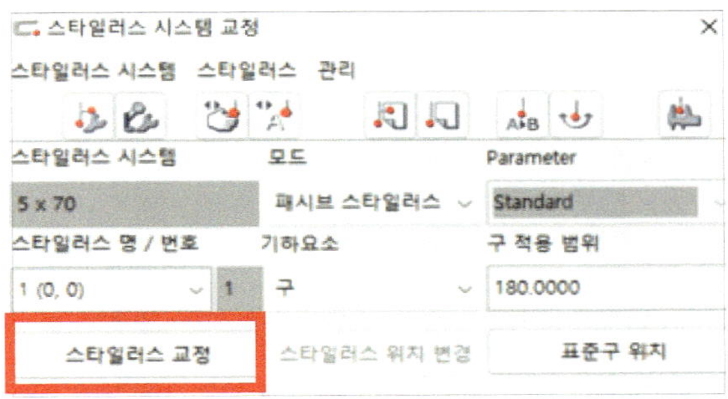

④ 표준구 방향 선택(설치된 표준구와 같은 방향, 앞에서 설명한 것 참조)

⑤ 측정압력 선택(앞에서 설명한 것 참조))

⑥ 스타일러스의 축 방향으로 표준구 최상단 부근(정수리)에 수동으로 1점을 프로빙 한다.
〉 자동으로 교정을 실행한다.

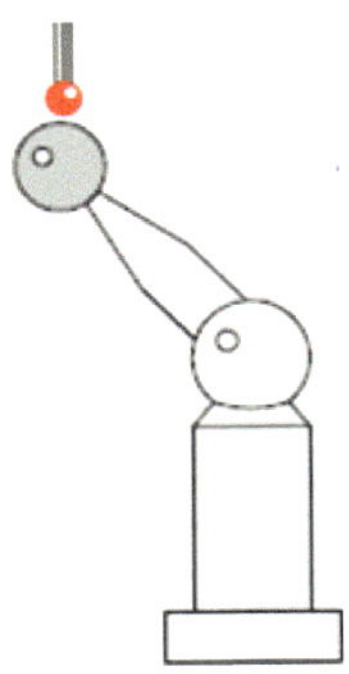

위의 ①과 같이 하여 표준구를 클릭하면
일괄 교정을 실행한다.

SECTION 03

캐드 모델을 이용한 가상 실습

3.1 캐드 모델 열기

(1) Off-Line

3차원 측정기를 실제 가동하지 않을 때는 3차원 측정기와 컴퓨터를 Off-Line으로 한다.

시뮬레이션 전용(오프라인)에 체크한다.

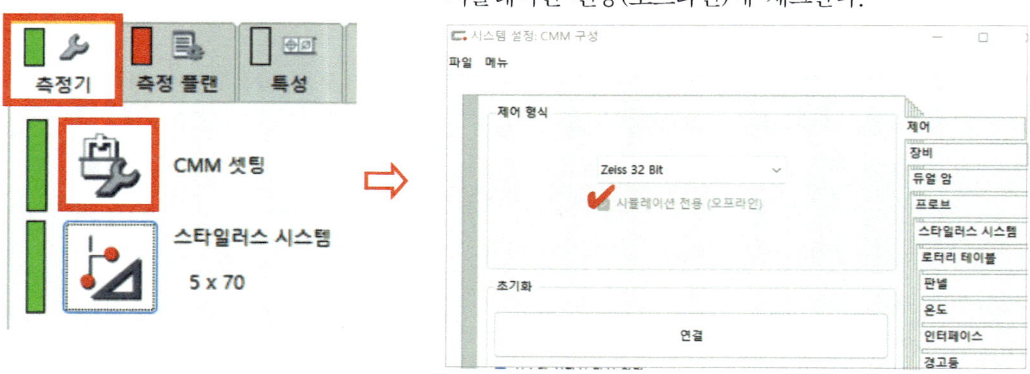

(2) 캐드 모델 열기

상단 메뉴 [CAD] - [CAD 파일] - 불러오기- cadcube.sat를 더블 클릭한다.
(파일경로: C:₩Zeiss₩Calypso₩cad₩cadcube.sat)

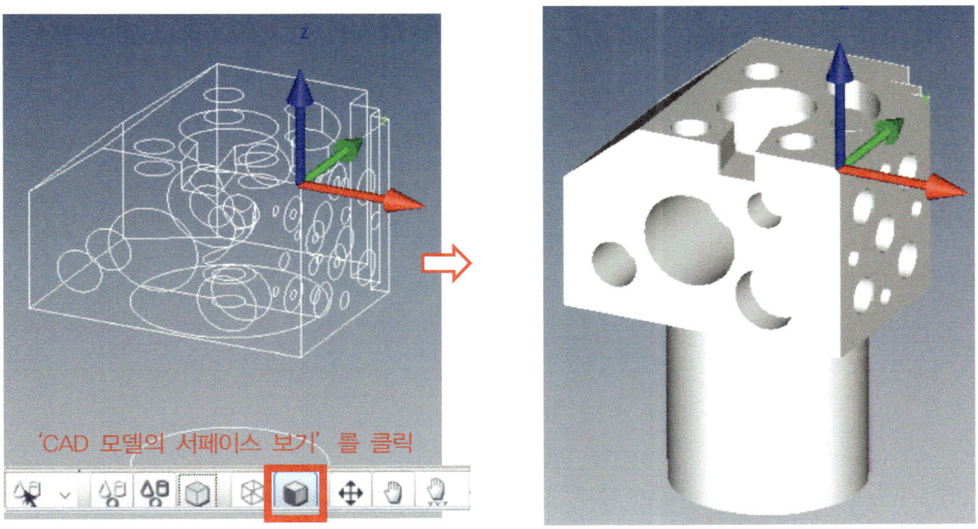

3.2 캐드 모델 측정하기

(1) 측정 얼라인먼트 설정(기준좌표 설정)

• 새로운 베이스 얼라인먼트 생성

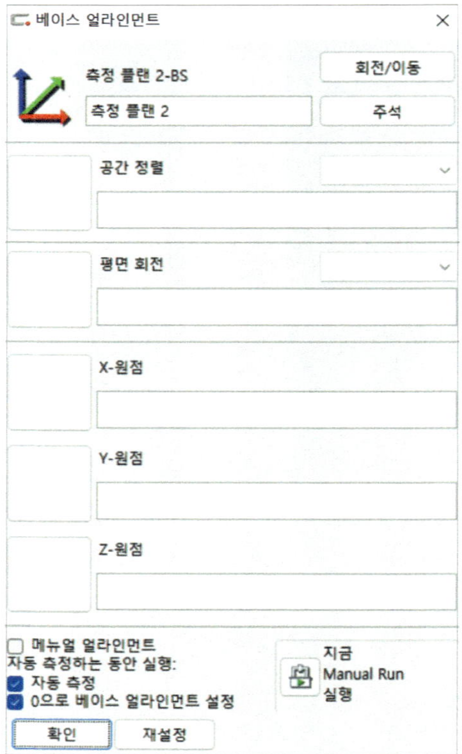

모델에 프로빙 하려면 **포인트 정의**로 설정한다.

마우스 조작법

- 프로빙 : 마우스 왼쪽
- 캐드 모델 이동 : 마우스 왼쪽 드래그
- 캐드 모델 회전 : 마우스 우측 드래그
- 모델 확대/축소 : 마우스 휠을 앞/뒤로 움직인다.

자동 요소 인식 : CALYPSO는 측정물이 프로빙 되는 즉시 대부분의 기하 요소를 자동으로 인식한다. 측정 포인트의 위치와 프로빙 방향도 계산에 포함된다. 따라서, 측정물의 3개 포인트가 프로 빙 되면 CALYPSO가 이 기하 요소가 선, 평면 또는 원 중 어떤 형상인지 결정한다.

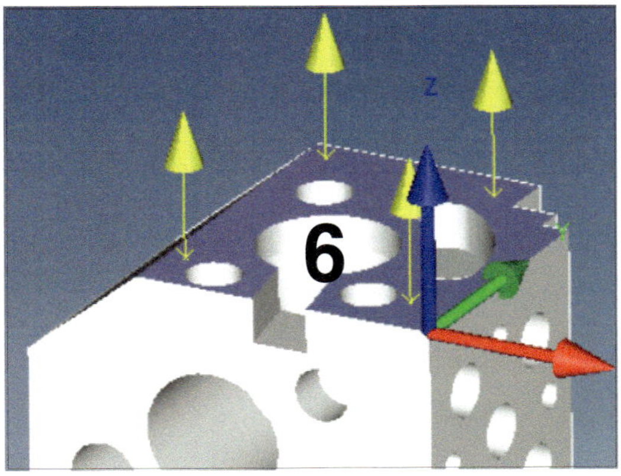

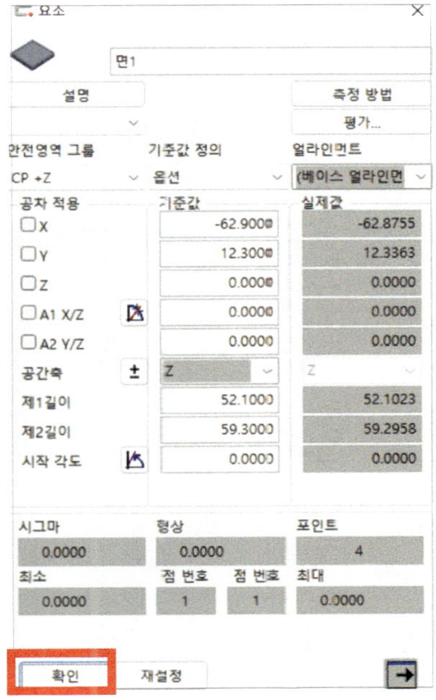

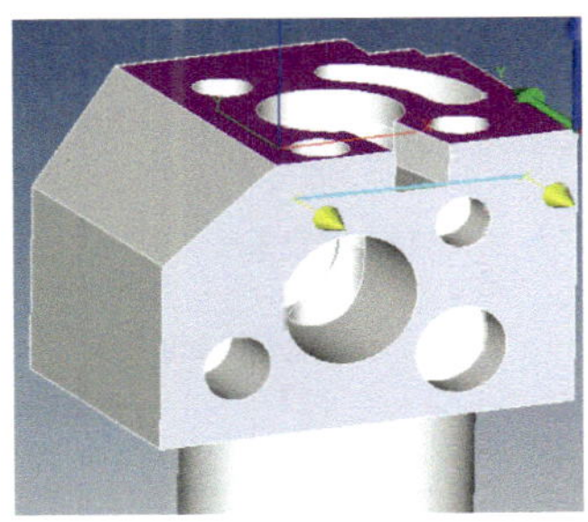

7

앞면을 두 점을 찍어 직선을 확인하고 확인을 누른다.

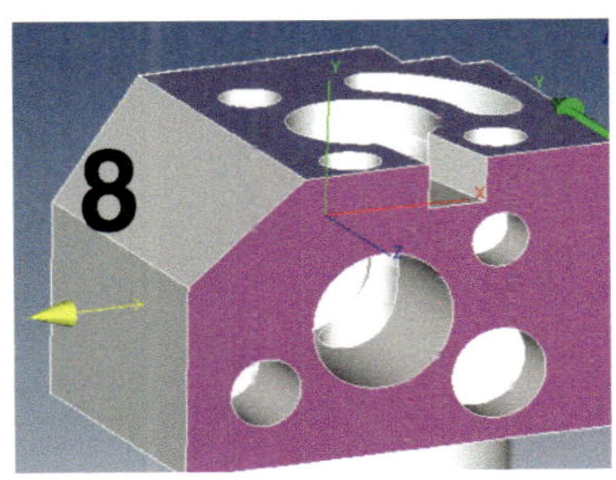

좌측면을 한점 프로빙하고 확인을 누른다.

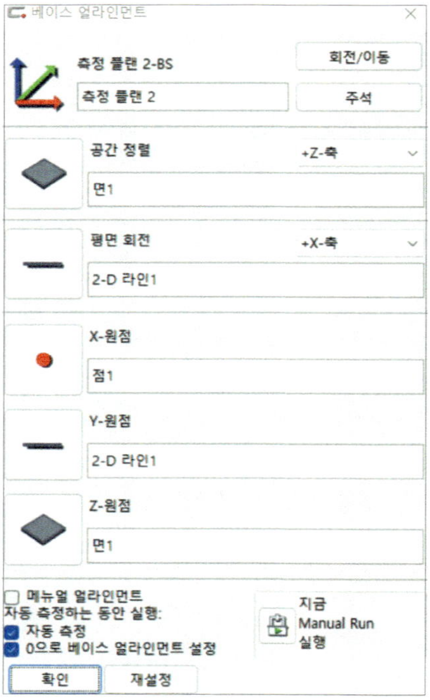

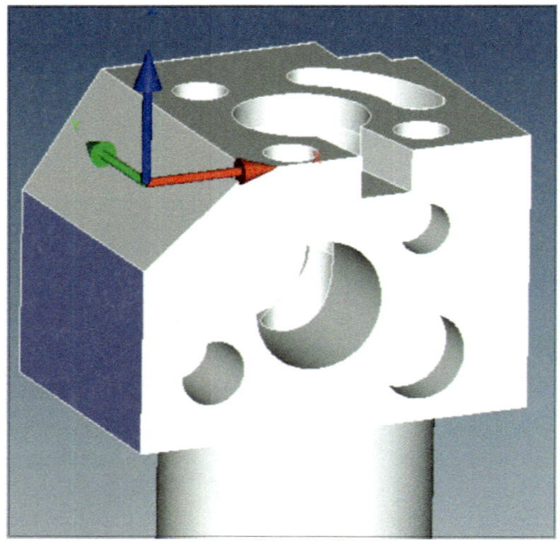

자동으로 공간정렬, 평면회전, 원점이 설정된다. 원하는 좌표가 설정되면 확인을 누른다.

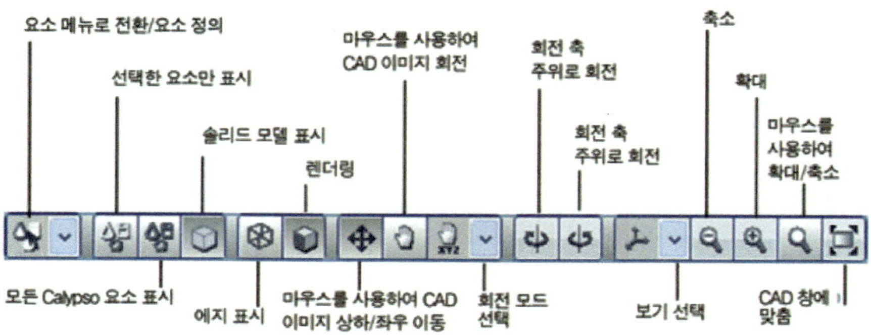

캐드 창의 아이콘 설명

(2) 요소 측정하기

① 경사면 측정

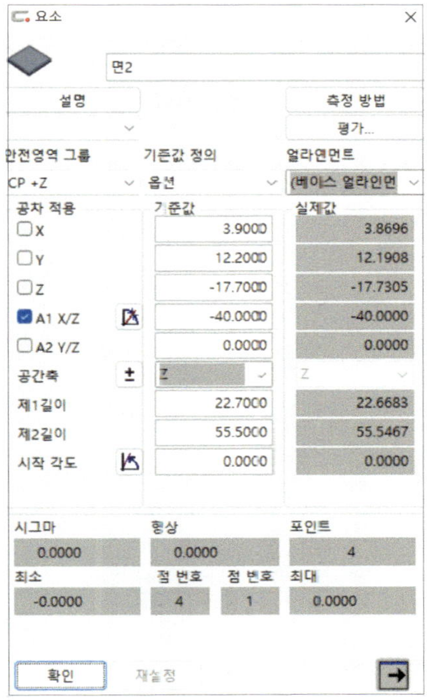

마우스 왼쪽 버튼으로 측정한 다음 출력 항목을 체크하고 공차를 입력한다.

② 원 측정

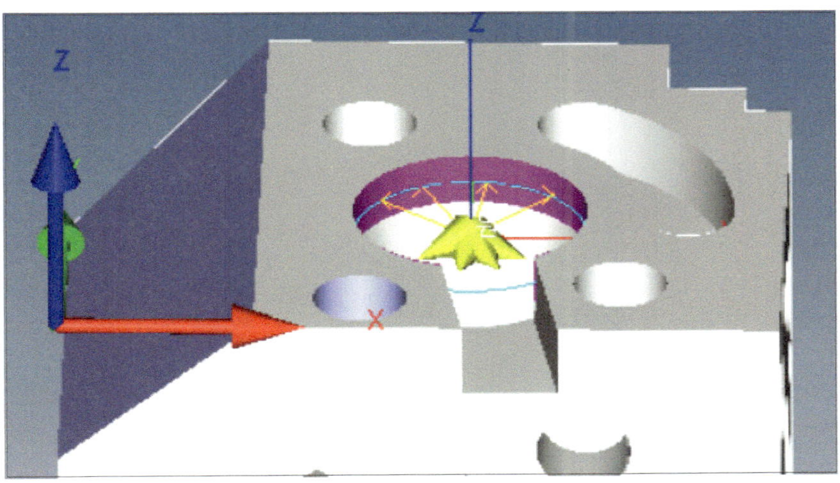

원을 측정하고 출력 항목을 아래와 같이 체크하고 공차를 입력한다. (원 측정은 CAD 메뉴에서 '원통 내에서 원 정의'를 이용하면 편리하다.)

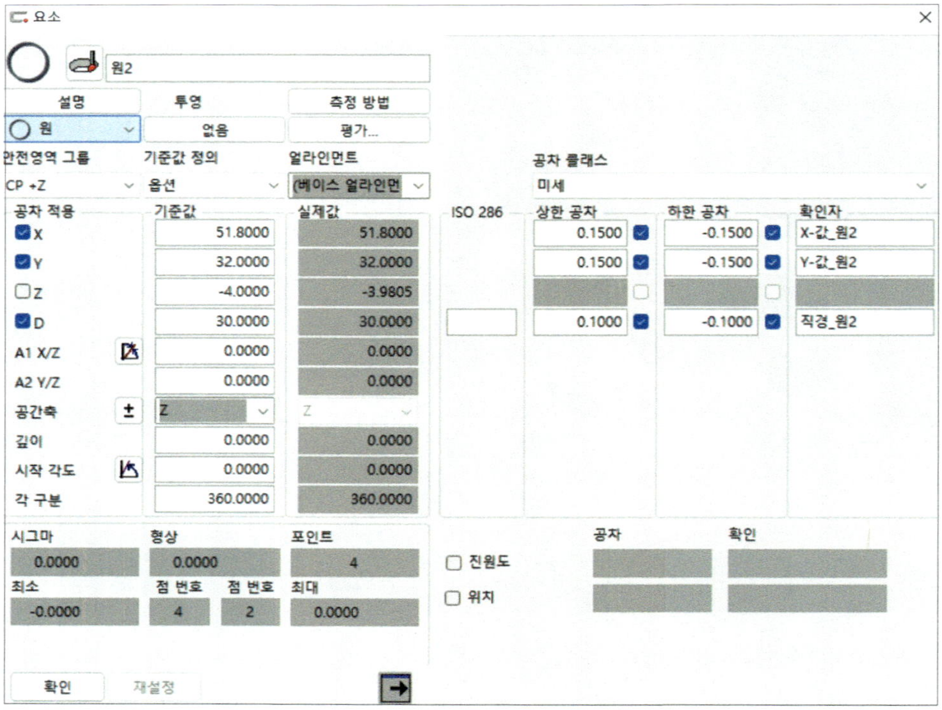

③ 특성과 요소 보기

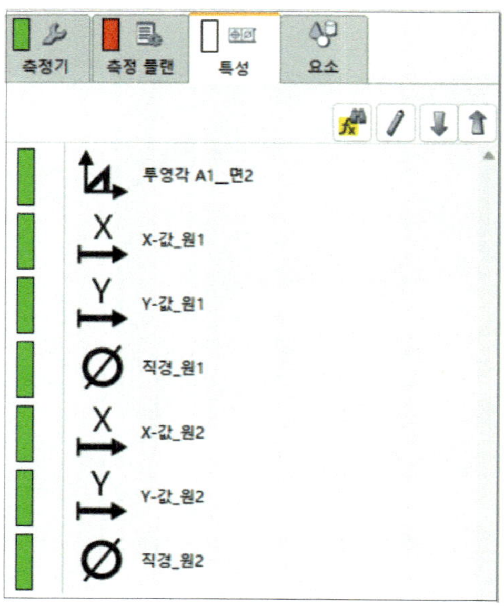

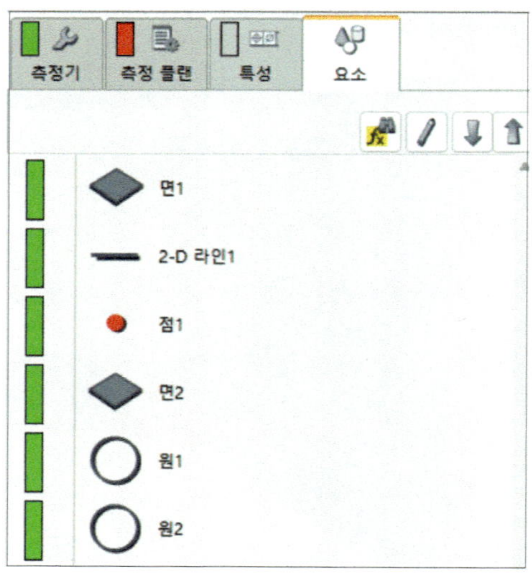

특성과 요소를 클릭하여 세부 내용을 볼 수 있다.

3.3 인쇄하기

인쇄형식을 정하기 위하여

① [자원] 〉 사용자 정의 출력 형식 〉 사용자 정의 출력 〉

default_compressed_tolicon 선택

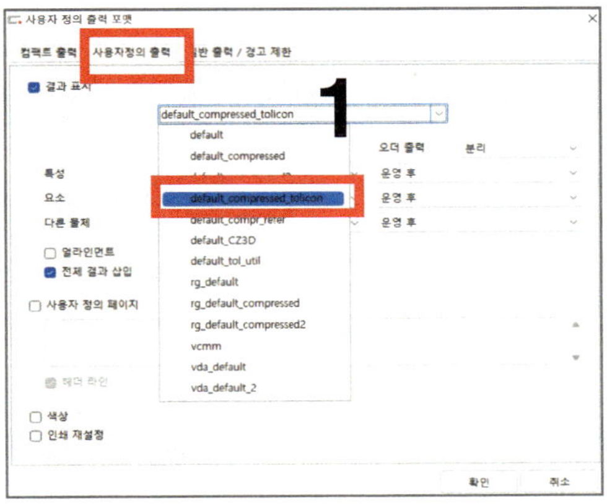

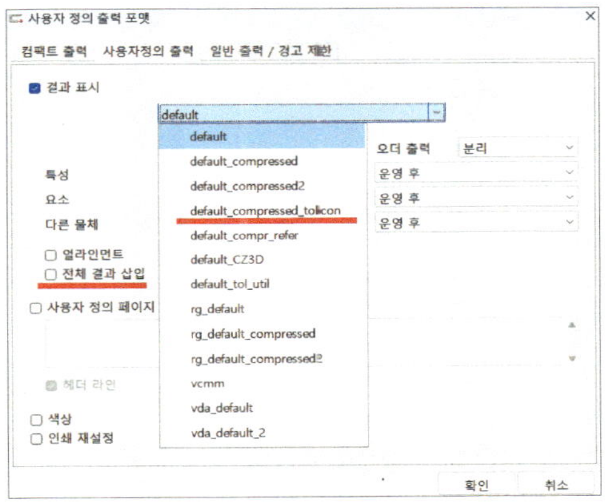

전체 결과 삽입 여부에 따라 차이가 있음(③항 양식 참조)

② [자원] 〉 보고서 헤더 파라미터 〉 드로잉 NO를 입력한다.

③ [보기]에서 출력 형식을 결정한다.

사용자 정의 출력과 다중 출력 설정의 차이

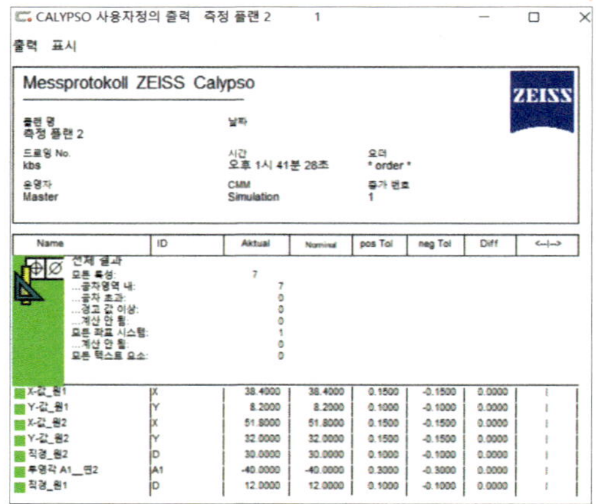

사용자 정의 출력 양식

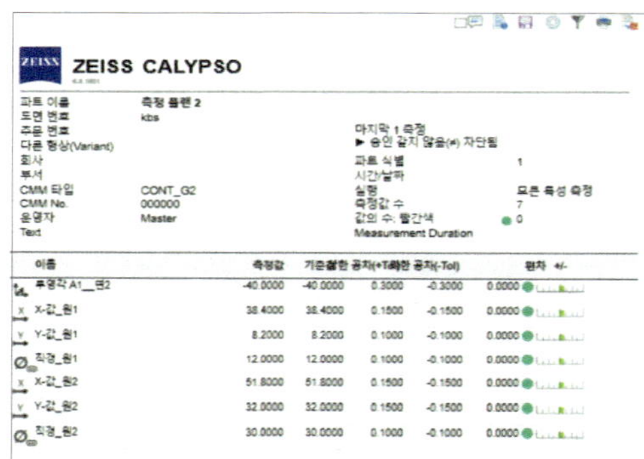

다중 출력 설정 양식

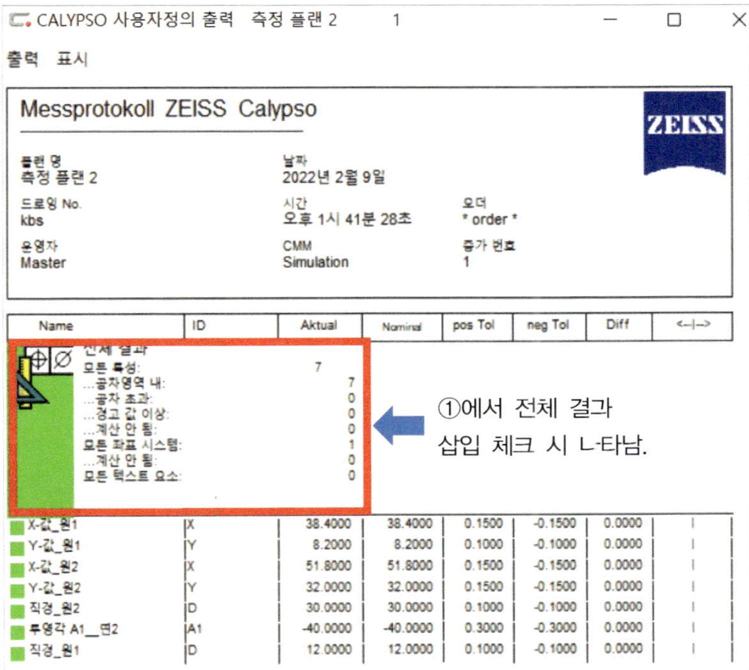

사용자 정의 출력 양식

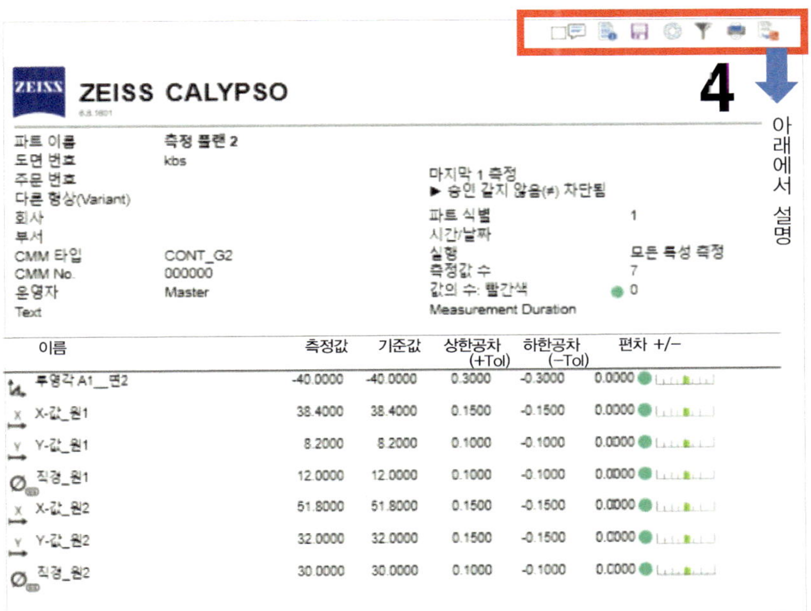

다중 출력 설정 양식

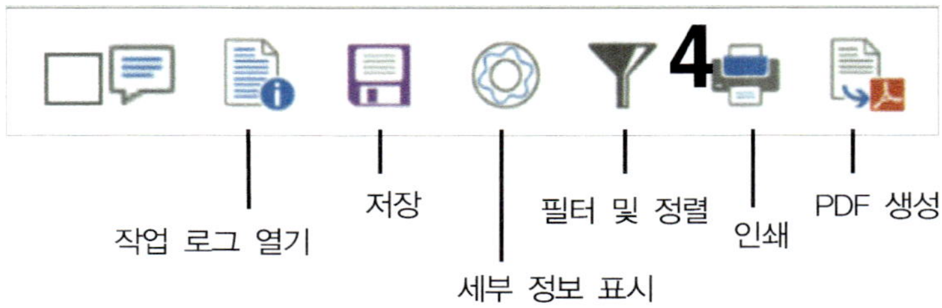

④ 인쇄 또는 PDF 파일로 출력

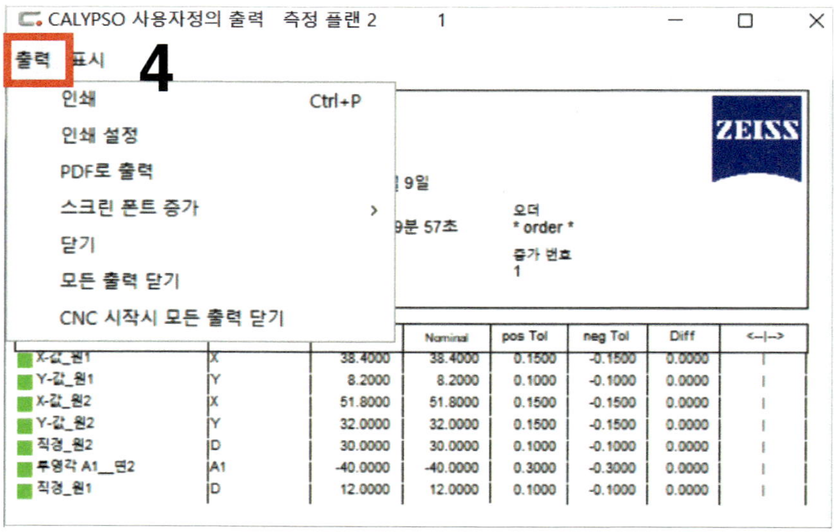

SECTION 04

3차원 측정 실습하기

실습과제 01

| 학습요점 : 좌표계 설정, 공차 입력

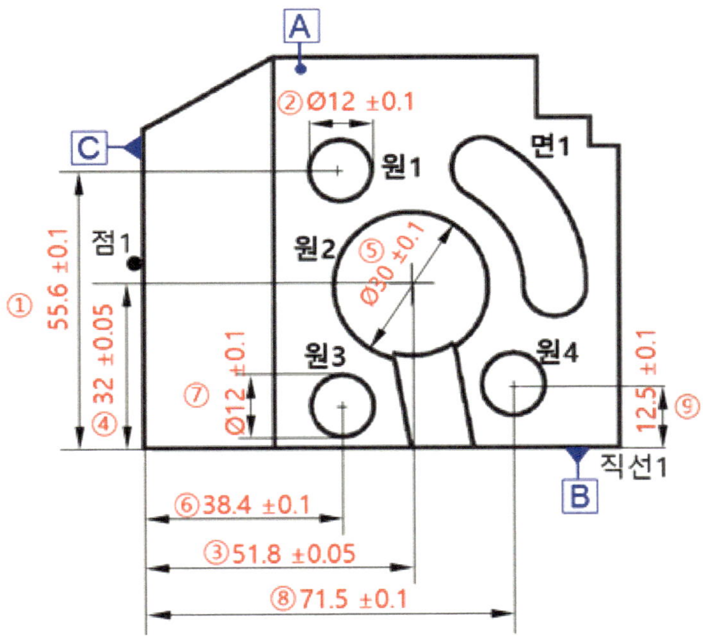

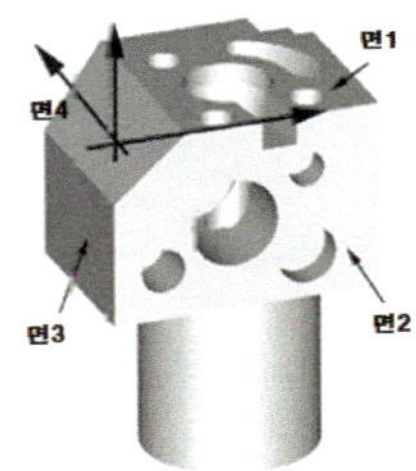

측정순서 요약

① 면1 측정-공간정렬 A 데이텀

② 직선1 측정-평면회전 B 데이텀

③ 점1 측정-원점지정 C 데이텀

④ 원1. 2, 3, 4 측정

⑤ 원1~원4 공차 입력

⑥ 인쇄

측정순서

(1) 측정플랜 – 얼라인먼트 설정 – 새로운 베이스 얼라인먼트 생성 – 확인

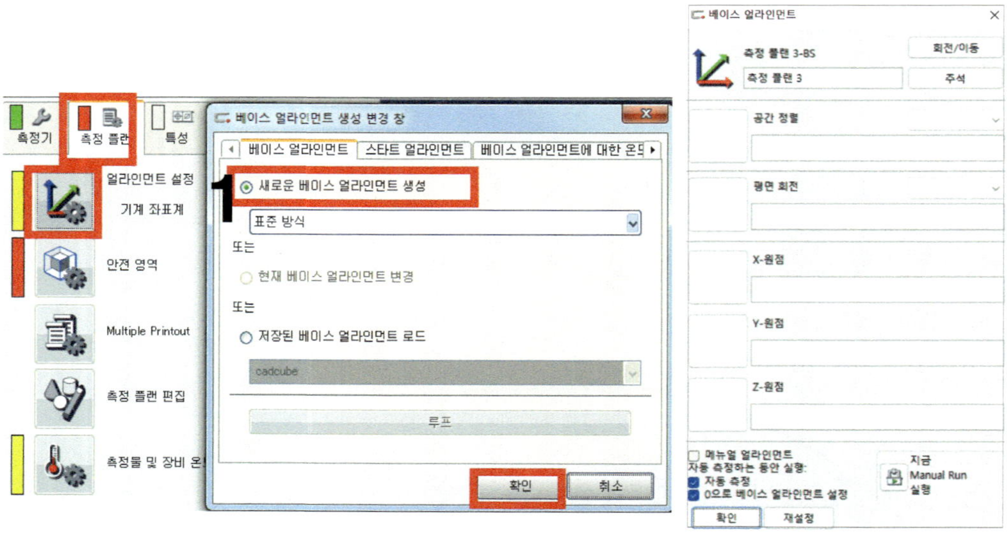

(2) A, B, C면을 다음과 같이 측정한다.

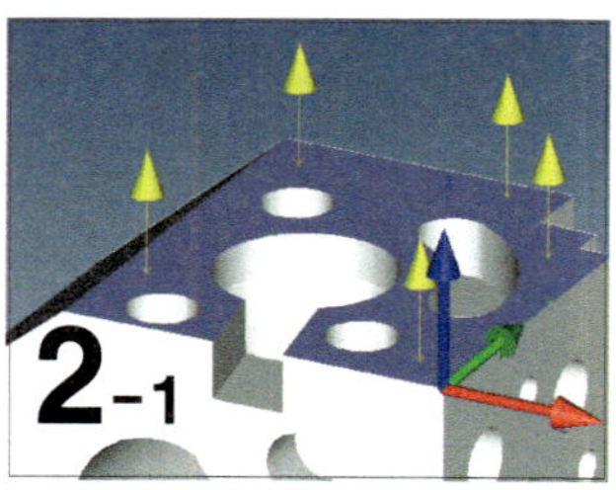

면1을 3점 이상 프로빙하면 자동으로 면을 인식한다. 확인을 누르면 공간정렬과 Z 원점에 자동 입력된다. [데이텀이 정밀 제품인 경우 27점(3 line × 9점) 측정을 권장함]

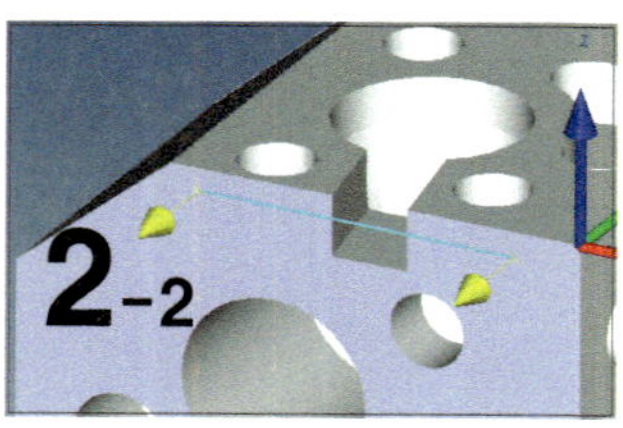

직선1을 2점 이상 선으로 프로빙하면 자동으로 직선을 인식한다. 확인을 누르면 평면회전과 Y 원점에 자동 입력된다.

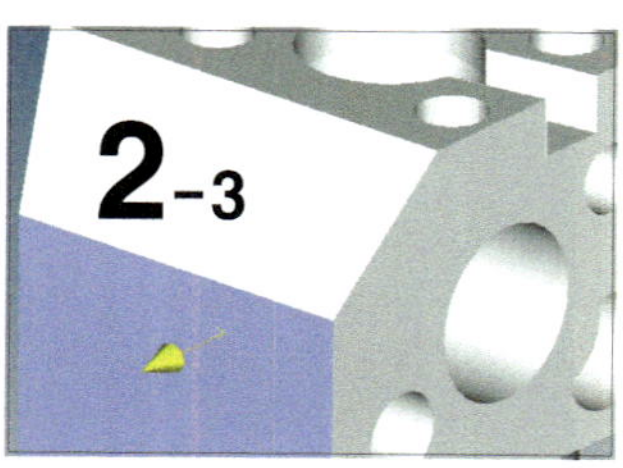

점1을 1점 프로빙하면 자동으로 점을 인식한다. 확인을 누르면 X 원점에 자동 입력된다.

캐드 창

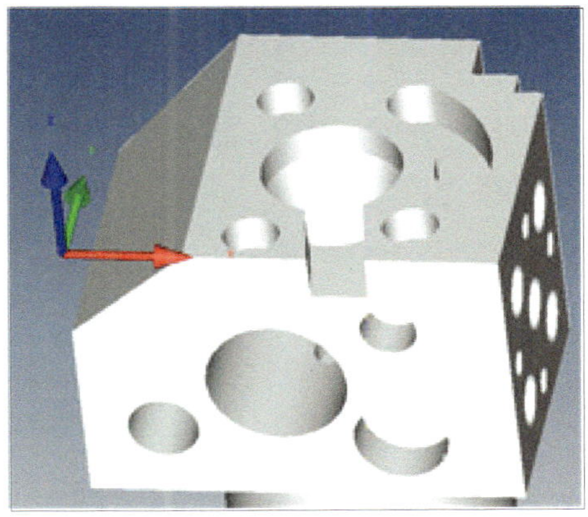

좌표원점을 확인한 후 확인을 누른다.

(3) 원1～원4를 측정한 후 요소에서 원1을 더블클릭하여 출력 항목을 체크하고 공차와 측정 번호를 입력한다.

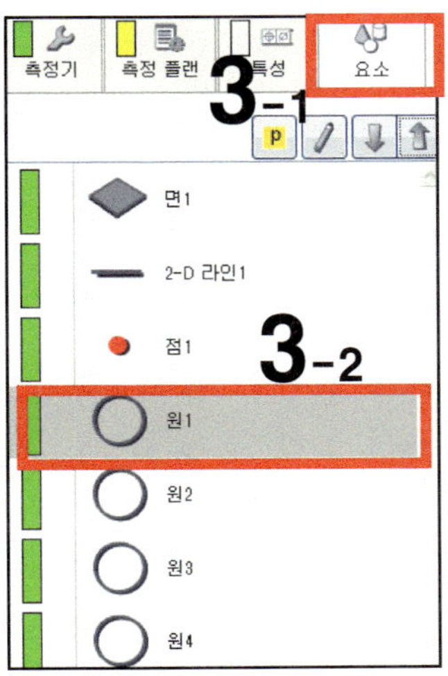

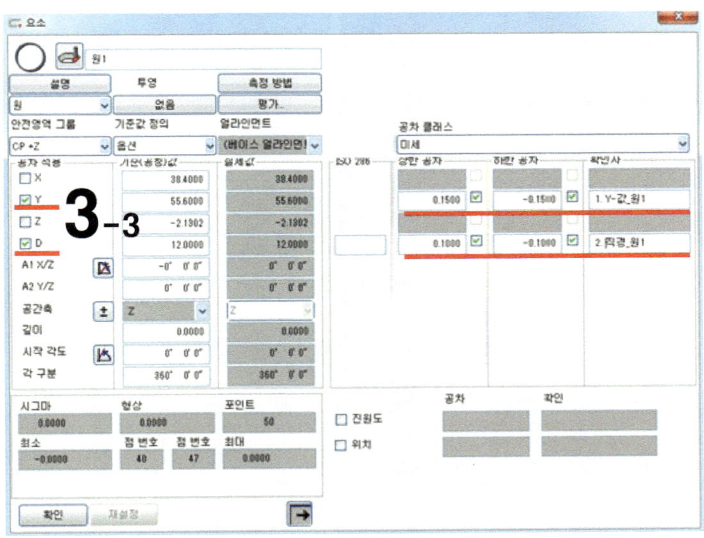

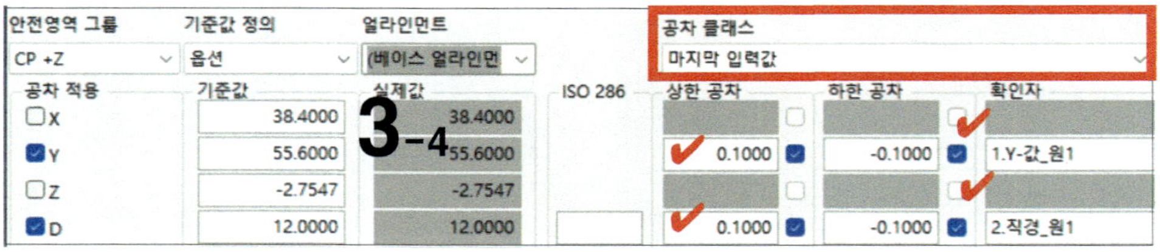

공차 클래스에서 '마지막 입력값'을 선택하면 다음 항목에 자동복사된다.

(4) 또는 원 2, 원 3, 원 4를 위와 같이 클릭하여 해당 출력 항목을 체크하고 공차와 측정번호를 입력한다.

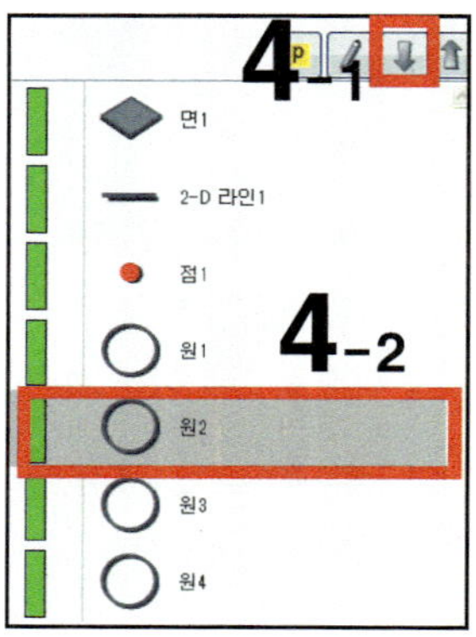

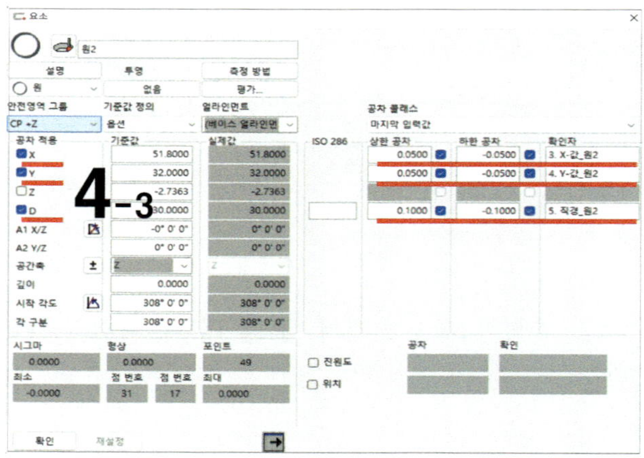

(5) 출력(인쇄) 설정

❶ 다중출력 설정 이용

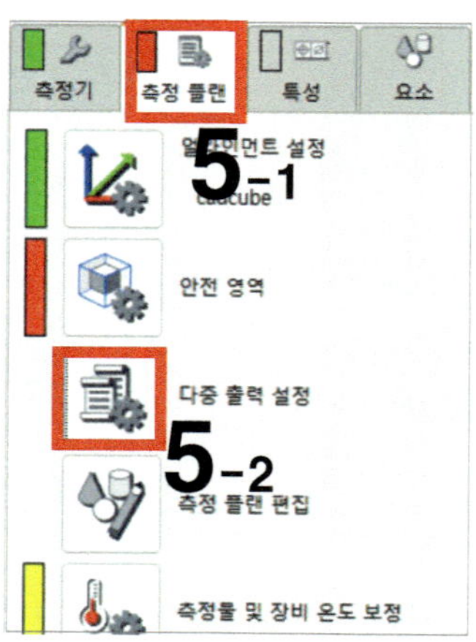

측정플랜 〉 다중출력설정 〉 다중출력 표시하기

화면으로 출력하여 이상 없으면 인쇄를 한다.

다양한 출력 양식의 정의
다중 출력 활성
5-3
다중 출력 설정
다중 출력 표시하기
기본 파이웹 레포팅
특성 표시
인쇄 헤더 파라미터 선택
출력 요소
신규
파이웹 레포팅_1
[StandardProtocol.ptx]
기본인쇄 출력_1
CNC 작동을 위한 출력 미디어
설정
포맷
ZEISS 템플릿 -
StandardProtocol.ptx
특성
모두
오더 출력
프로그램
감추기 (선택된 특성이 표시되지 않음)
행 템플릿 교환
확인
취소
도움말

인쇄 결과

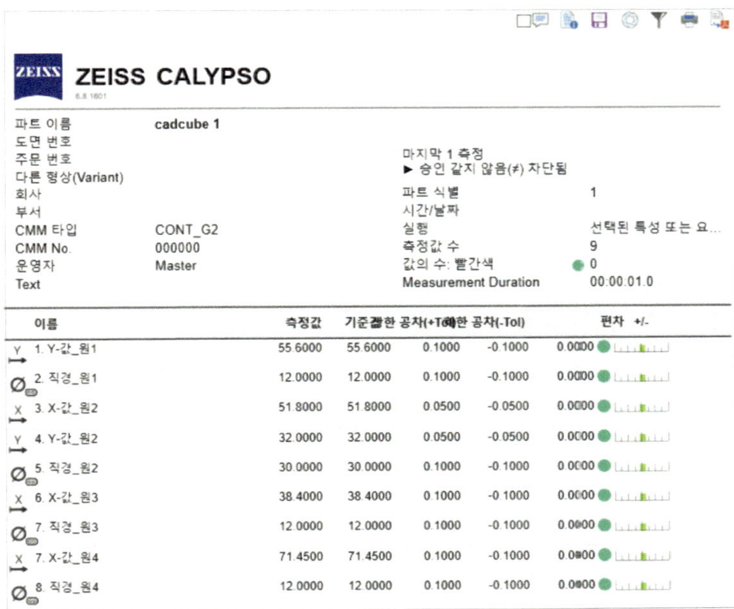
ZEISS CALYPSO
파트 이름
cadcube 1
도면 번호
주문 번호
다른 형상(Variant)
회사
부서
CMM 타입
CONT_G2
CMM No.
000000
운영자
Master
Text
마지막 1 측정
► 승인 같지 않음(≠) 차단됨
파트 식별
1
시간/날짜
실행
선택된 특성 또는 요...
측정값 수
9
값의 수: 빨간색
0
Measurement Duration
00:00:01.0
이름
측정값
편차
+/-
1. Y-값_원1
55.6000
55.6000
0.1000
-0.1000
2. 직경_원1
12.0000
12.0000
0.1000
-0.1000
3. X-값_원2
51.8000
51.8000
0.0500
-0.0500
4. Y-값_원2
32.0000
32.0000
0.0500
-0.0500
5. 직경_원2
30.0000
30.0000
0.1000
-0.1000
6. X-값_원3
38.4000
38.4000
0.1000
-0.1000
7. 직경_원3
12.0000
12.0000
0.1000
-0.1000
7. X-값_원4
71.4500
71.4500
0.1000
-0.1000
8. 직경_원4
12.0000
12.0000
0.1000
-0.1000

❷ 사용자 정의 출력 이용

① [자원] - 사용자 정의 출력 형식 - 사용자 정의 출력 〉에서 출력 포맷을 선택한다.

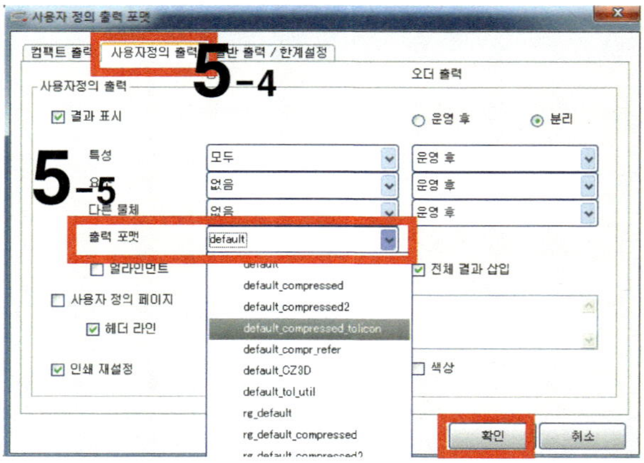

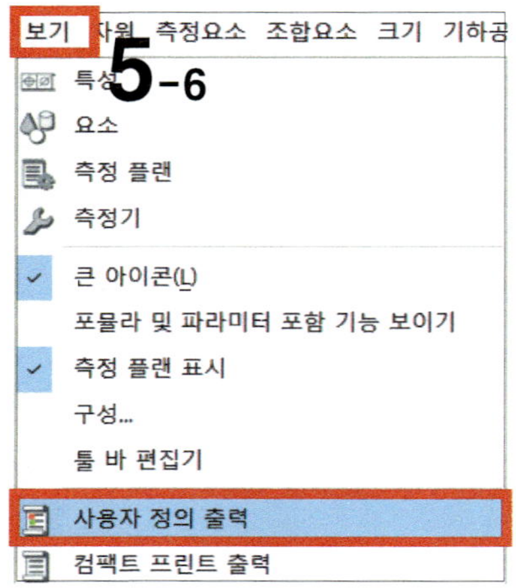

출력 포맷 선택

② [보기] - 사용자 정의 출력 〉 선택하면 다음과 같이 출력된다.

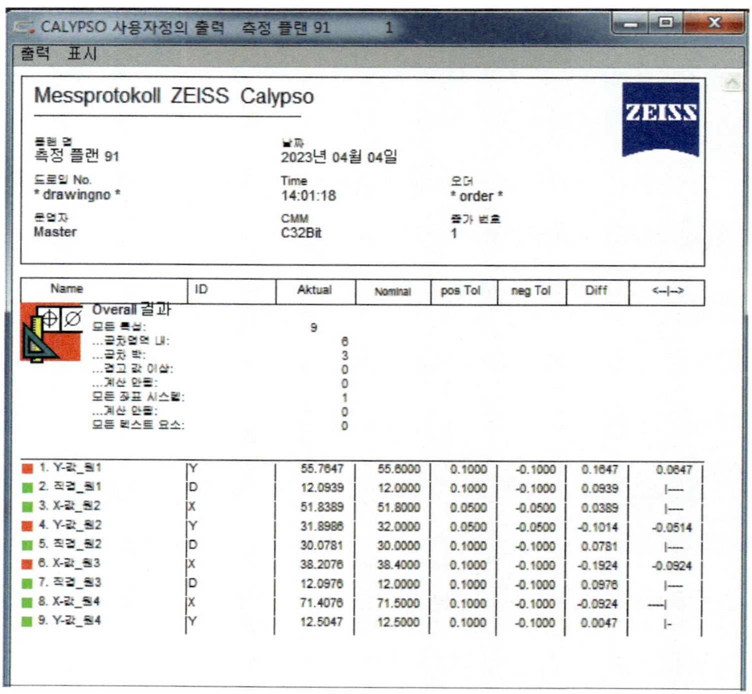

Name	ID	Aktual	Nominal	pos Tol	neg Tol	Diff	<--|-->
1. Y-값_원1	Y	55.7647	55.6000	0.1000	-0.1000	0.1647	0.0647
2. 직경_원1	D	12.0939	12.0000	0.1000	-0.1000	0.0939	|----
3. X-값_원2	X	51.8389	51.8000	0.0500	-0.0500	0.0389	|---
4. Y-값_원2	Y	31.8986	32.0000	0.0500	-0.0500	-0.1014	-0.0514
5. 직경_원2	D	30.0781	30.0000	0.1000	-0.1000	0.0781	|----
6. X-값_원3	X	38.2076	38.4000	0.1000	-0.1000	-0.1924	-0.0924
7. 직경_원3	D	12.0976	12.0000	0.1000	-0.1000	0.0976	|----
8. X-값_원4	X	71.4076	71.5000	0.1000	-0.1000	-0.0924	----|
9. Y-값_원4	Y	12.5047	12.5000	0.1000	-0.1000	0.0047	|-

위 그림에서 over all 결과를 출력하지 않으려면 '사용자 정의 출력'에서 '전체 결과 삽입'의 체크를 해제하면 된다.

(6) CNC 측정실행

① CNC 측정을 하기 위해서는 충돌 방지를 위해 안전 영역을 설정해야 한다.

측정플랜 〉 안전 영역을 클릭한다.
우측 그림과 같이 피 측정 물 오른쪽 위 끝 모서리(+X, +Y, +Z)에서 각각 10[mm] 이상 떨어지게 프로브를 위치하고 조이스틱 우측 버튼을 세 번 눌러 입력한다.
다음에 왼쪽 아래 끝 모서리(-X, -Y, -Z)에 프로브를 위치하고 조이스틱 우측 버튼을 세 번 눌러 입력한다.

조이스틱 오른쪽 중간포인트용 버튼

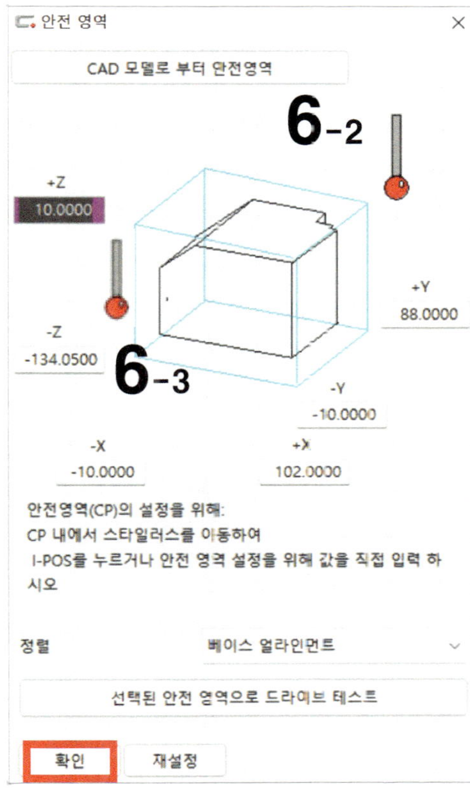

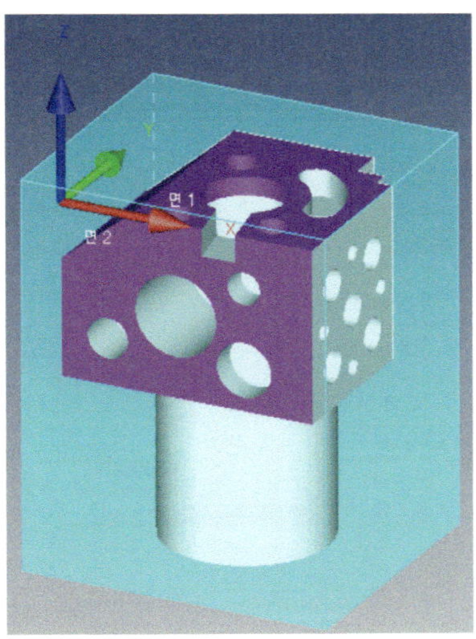

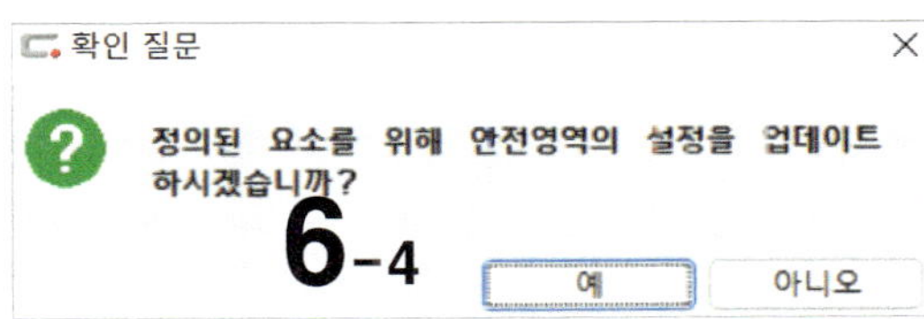

'안전 영역 업데이트하시겠습니까?' 질문에 전과 같으면 '아니오'를 새로 설정하려면 '예'를 누른다.

'예'를 누르면 다음과 같이 컬러로 확인 사항을 나타낸다.

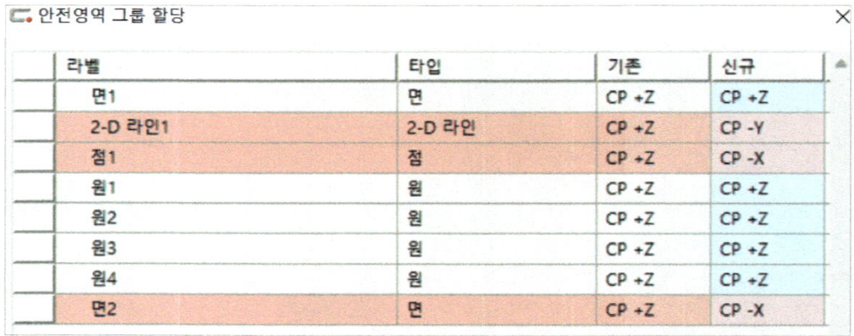

프로브의 방향이 다를 경우 그림과 같이 수정해준다. 수정할 CP를 클릭한다.

다른 방법은 측정플랜 편집에서 수정한다.

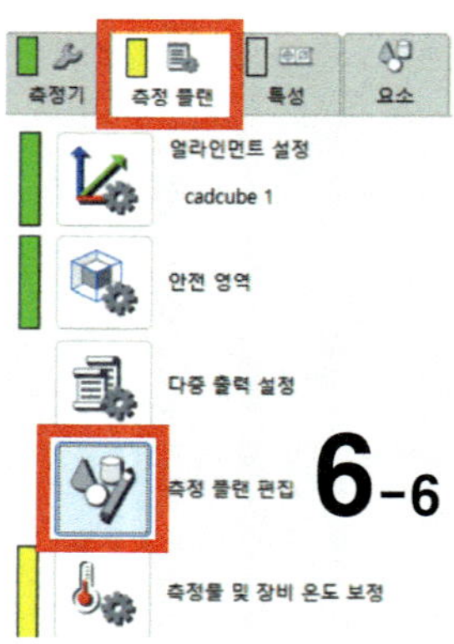

측정플랜 > 측정플랜 편집

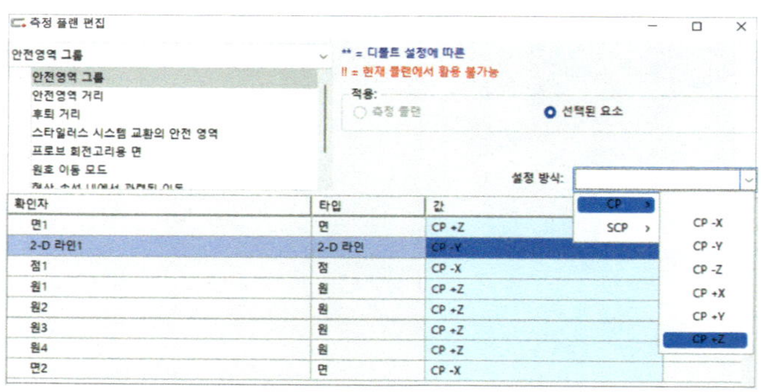

② 요소 순서로 측정하려면 요소 항목을 블록으로 설정하고 요소에서 '운영'을 클릭하거나, 탑 메뉴에서  측정플랜 실행 아이콘을 누른다.

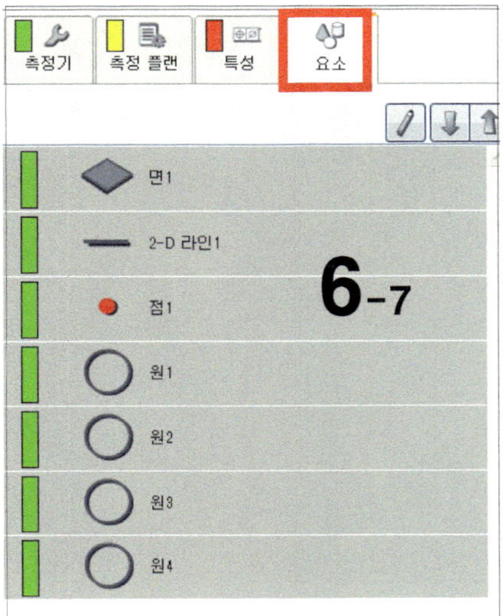

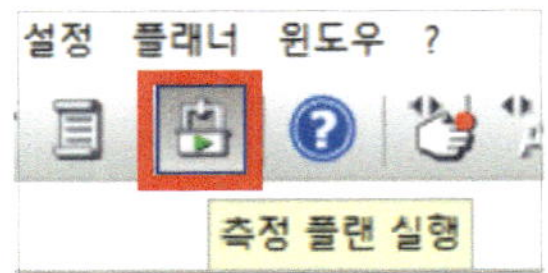

또는 TOP 메뉴에서
'측정플랜 실행' 아이콘을 누른다.

③ 다음 항목을 확인 후에 매뉴얼 얼라인먼트를 선택하고 시작을 클릭한다.

④ 화면에 다음과 같은 창이 뜨면 안내에 따라 수동으로 프로빙(공간정렬, 평면회전, 원점지정) 한다.

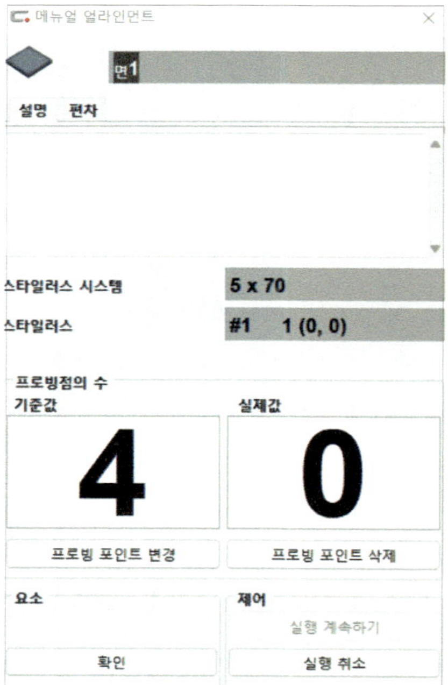

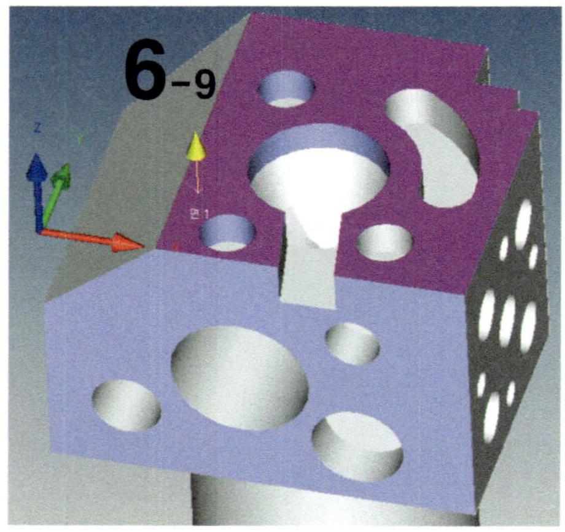

프로빙 안내(노란 화살표)에 따라 프로빙 한다.

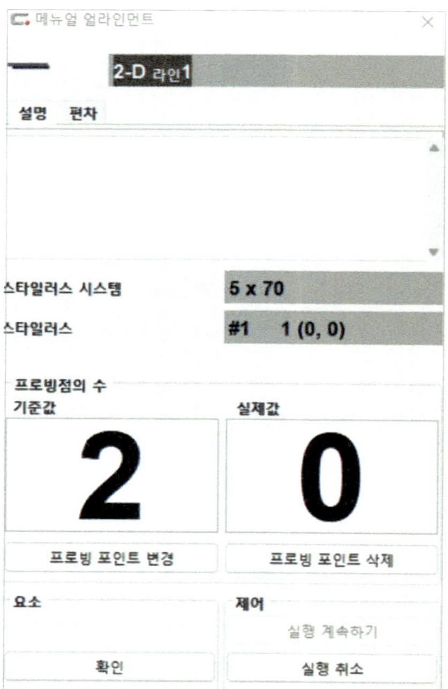

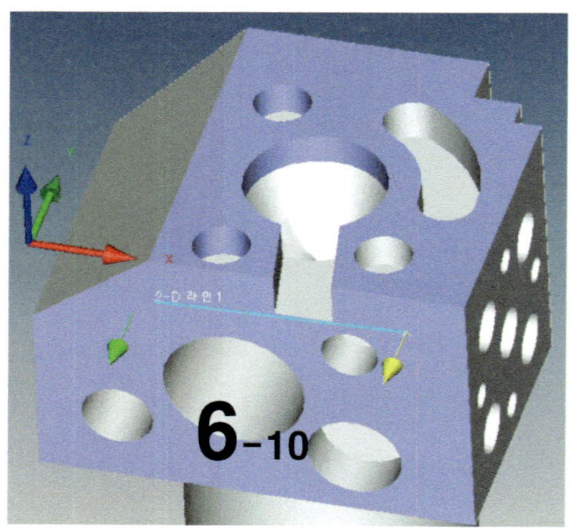

프로빙 안내(노란 화살표)에 따라 프로빙 한다.

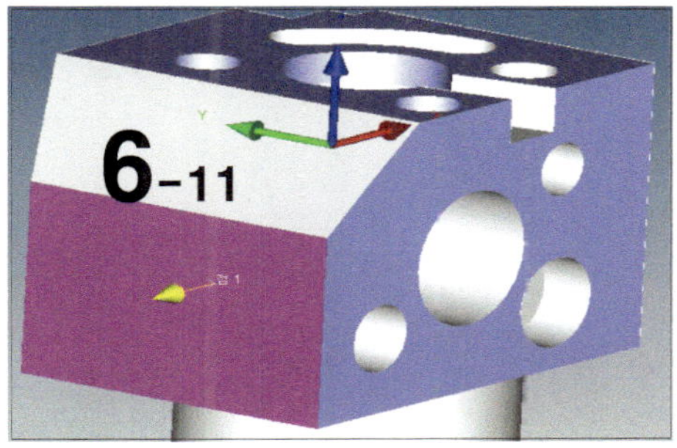

프로빙 안내(노란 화살표)에 따라 프로빙 한다.

⑤ 다음부터는 자동으로 측정되고 측정값을 출력한다.

ZEISS CALYPSO
6.8.1601

파트 이름	cadcube 1			
도면 번호				
주문 번호			마지막 1 측정	
다른 형상(Variant)			► 승인 같지 않음(≠) 차단됨	
회사			파트 식별	2
부서			시간/날짜	
CMM 타입	CONT_G2		실행	모든 특성 측정
CMM No.	000000		측정값 수	9
운영자	Master		값의 수: 빨간색	0
Text			Measurement Duration	00:00:01.0

이름	측정값	기준값	상한 공차(+Tol)	하한 공차(-Tol)	편차	+/-
1. Y-값_원1	55.6000	55.6000	0.1000	-0.1000	0.0000	
2. 직경_원1	12.0000	12.0000	0.1000	-0.1000	0.0000	
3. X-값_원2	51.8000	51.8000	0.0500	-0.0500	0.0000	
4. Y-값_원2	32.0000	32.0000	0.0500	-0.0500	0.0000	
5. 직경_원2	30.0000	30.0000	0.1000	-0.1000	0.0000	
6. X-값_원3	38.4000	38.4000	0.1000	-0.1000	0.0000	
7. 직경_원3	12.0000	12.0000	0.1000	-0.1000	0.0000	
8. X-값_원4	71.4500	71.4500	0.1000	-0.1000	0.0000	
9. 직경_원4	12.0000	12.0000	0.1000	-0.1000	0.0000	

⑥ 구버전일 경우 다음과 같다.

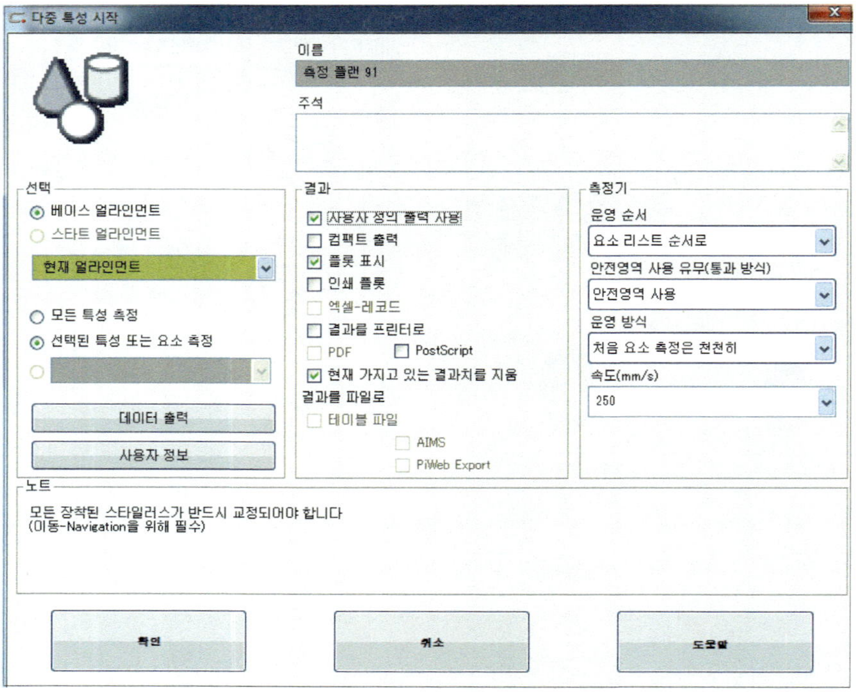

⑦ 자주 사용하는 기능키

기능키	설 명	비고
F1	도움말, 사용자 안내서	
F2	요소(특성) 이름/설명 변경	
F3	마지막 측정점 취소	
F4	측정점 모두 취소	
Shift	조이스틱 Lock 해제	
단위변경	측정플랜〉 측정플랜 편집〉 스타일러스〉 단위(길이, 각도, 온도, 소수점 자릿수, 열팽창계수	
Ctrl + H	바꾸기(찾기, 바꾸기)	
프로브 위치이동	[측정플랜] - 기준위치로 이동	
프로브 보이기	[CAD]-CAD 모델제어-프로브 보이기	

실습과제 02

▎학습요점 : 되부르기, PCD

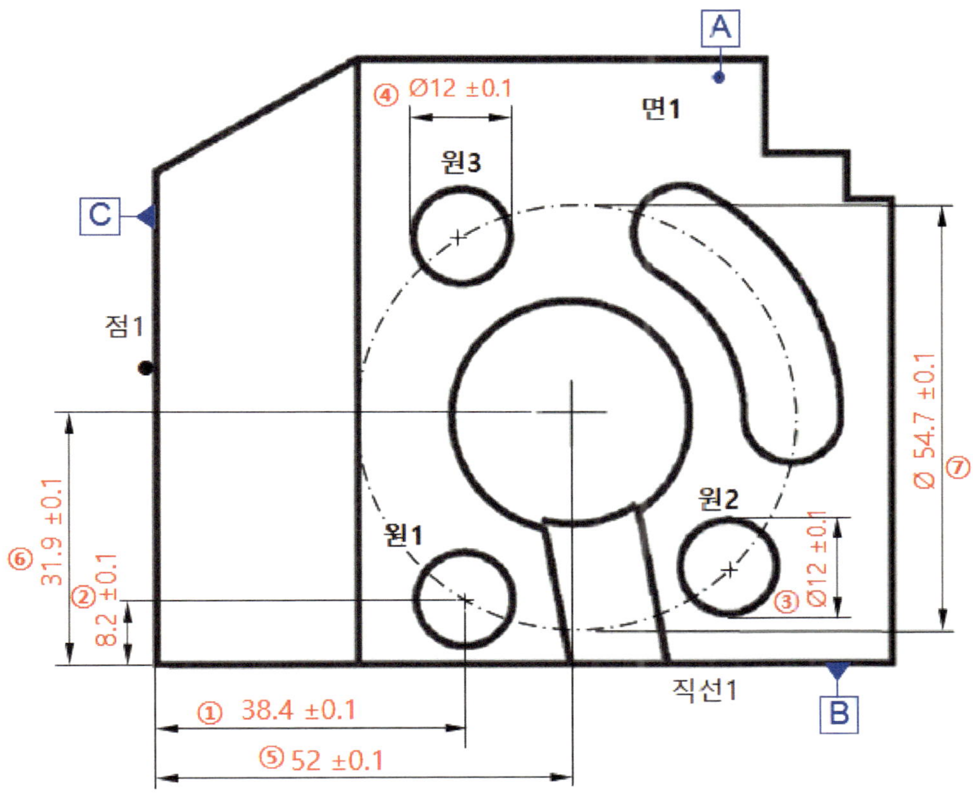

측정순서 요약

① 면1 측정-공간정렬 A 데이텀
② 직선1 측정-평면회전 B 데이텀
③ 점1 측정-원점지정 C 데이텀
④ 원1. 2, 3 측정
⑤ 원1~원3 공차 입력
⑥ [측정 요소]- 원 〉 옵션 〉 되부르기 〉 공차 입력
⑦ 인쇄

측정순서

❶ 측정플랜 - 얼라인먼트 설정 - 새로운 베이스얼라인먼트 생성 - 확인

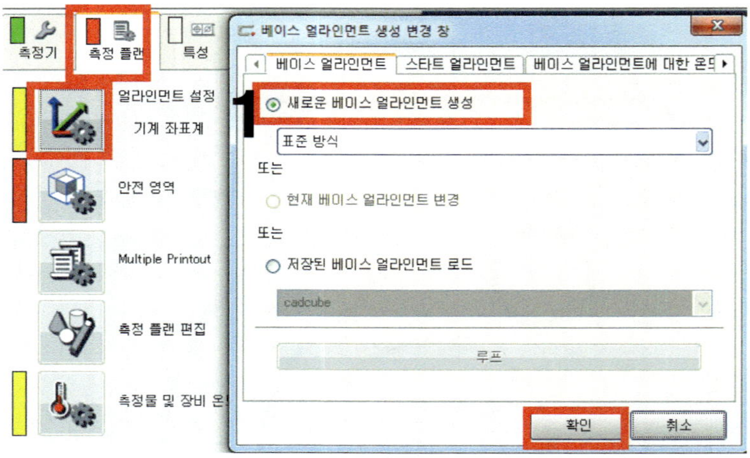

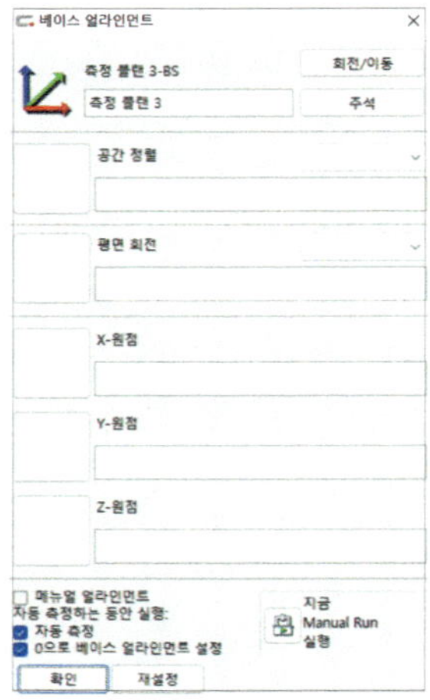

❷ 면 1, 직선1, 점1을 다음과 같이 측정한다.

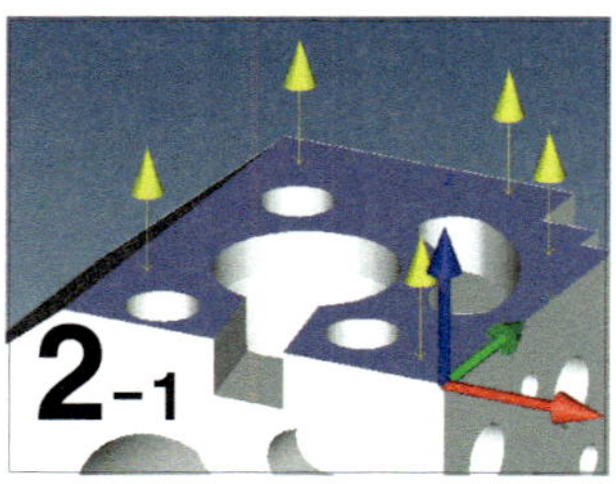

면1을 3점 이상 프로빙하면 자동으로 면을 인식한다. 확인을 누르면 공간정렬과 Z 원점에 자동 입력된다. [데이텀이 정밀 제품인 경우 27점(3 line × 9점) 측정을 권장함]

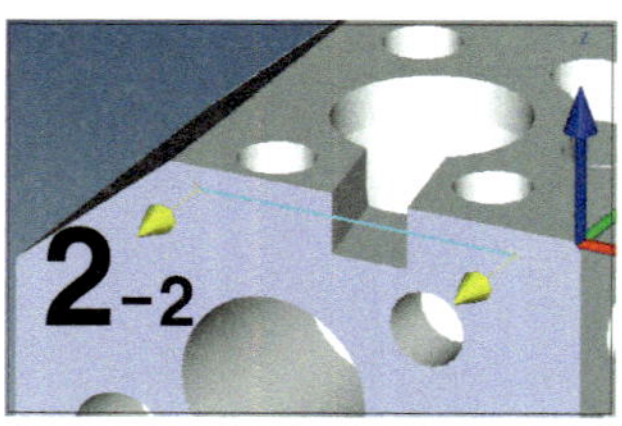

직선1을 2점 이상 선으로 프로빙하면 자동으로 직선을 인식한다. 확인을 누르면 평면회전과 Y 원점에 자동 입력된다.

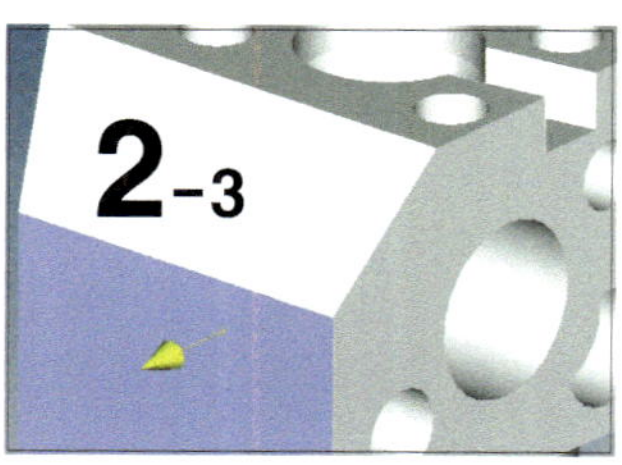

점1을 1점 프로빙하면 자동으로 점을 인식한다. 확인을 누르면 X 원점에 자동 입력된다.

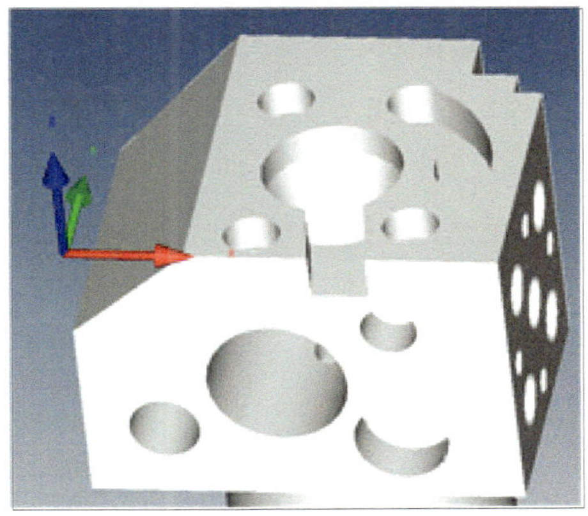

좌표원점을 확인한 후 확인을 누른다.

❸ 원1~원3을 측정한다.

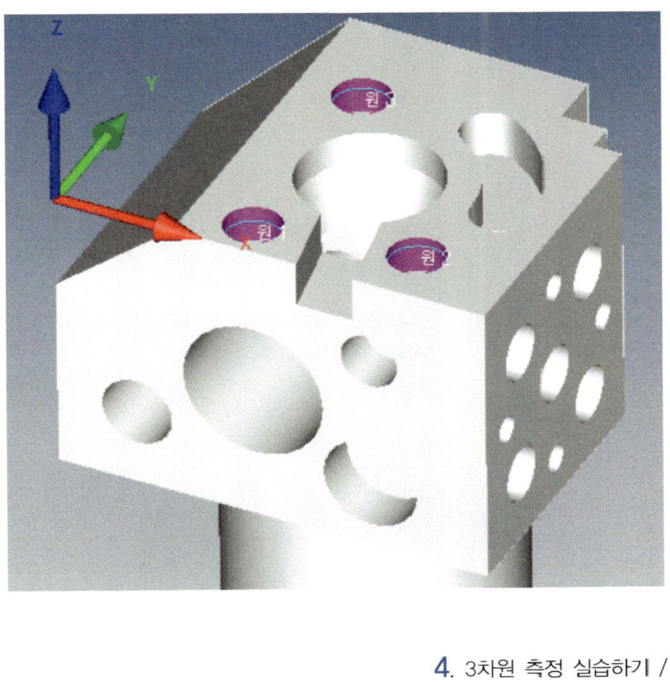

❹ 요소에서 원1을 더블클릭하여 출력 항목을 체크하고 공차와 측정번호를 입력한다.

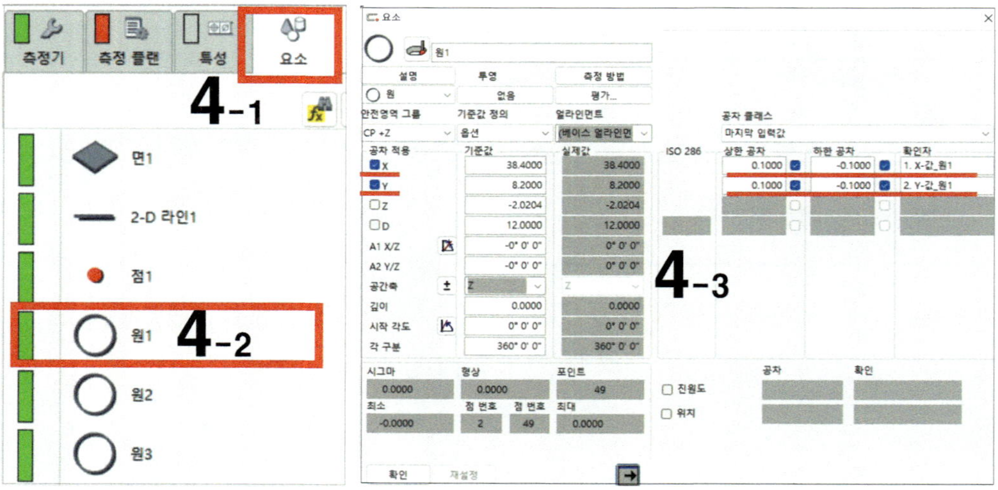

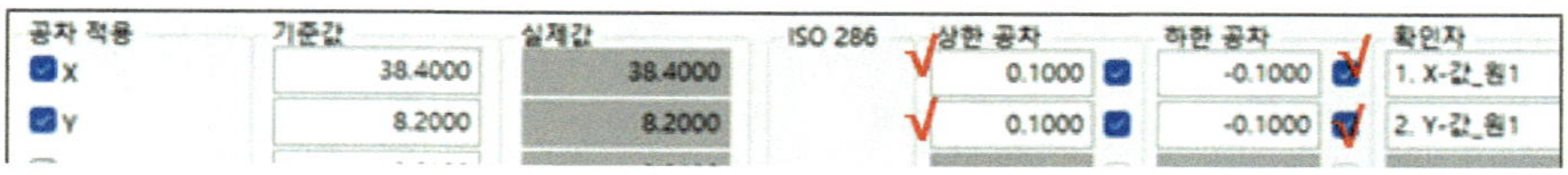

❺ ⬇ 또는 원2, 원3을 클릭하여 위와 같은 방법으로 해당 출력 항목을 체크하고 공차와 측정번호를 입력한다.

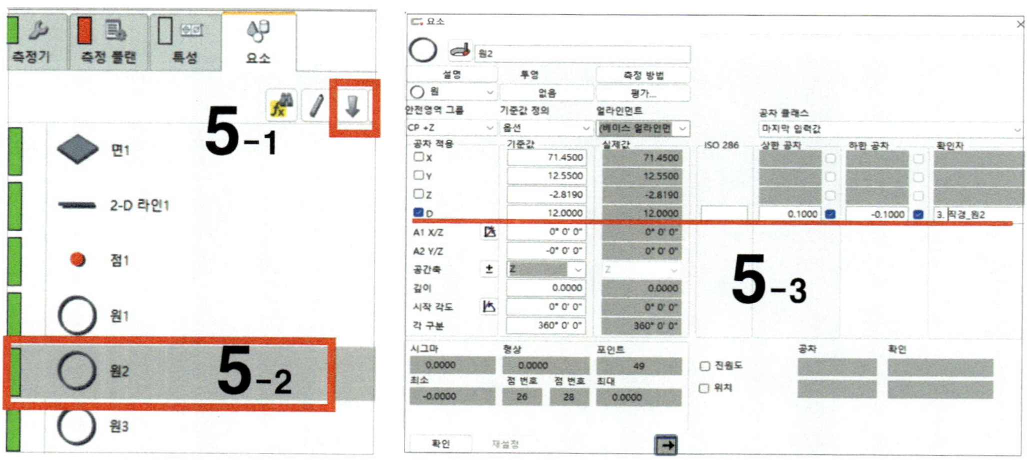

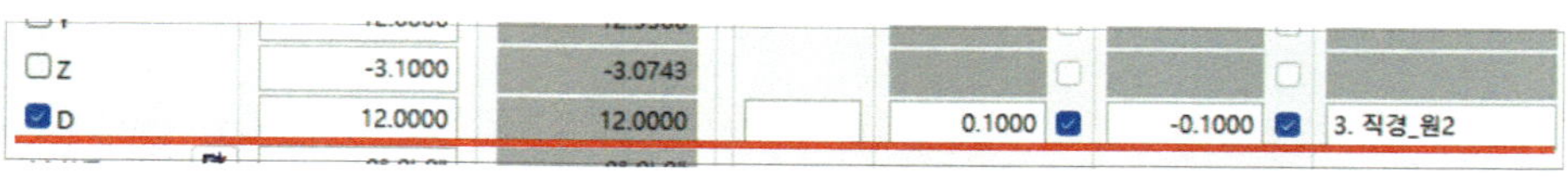

❻ 메인메뉴 [측정 요소] – '원' 을 클릭하고 생성된 원4를 더블클릭한다.

❼ 옵션 〉 되부르기 〉 원1~원3을 선택한다. (Ctrl 또는 Shift 이용)

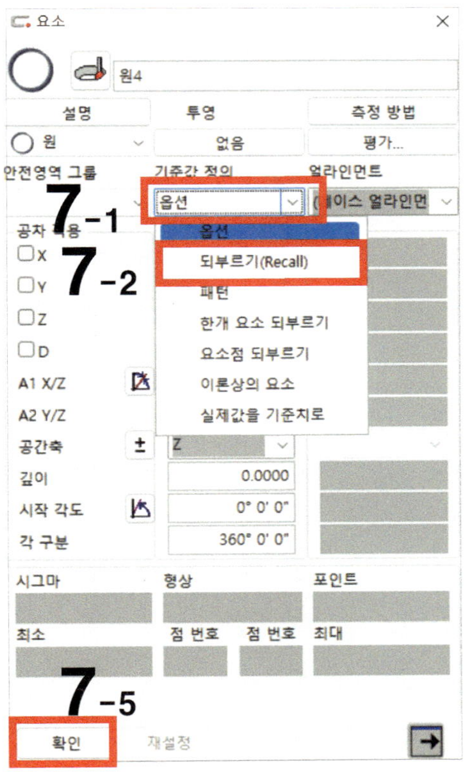

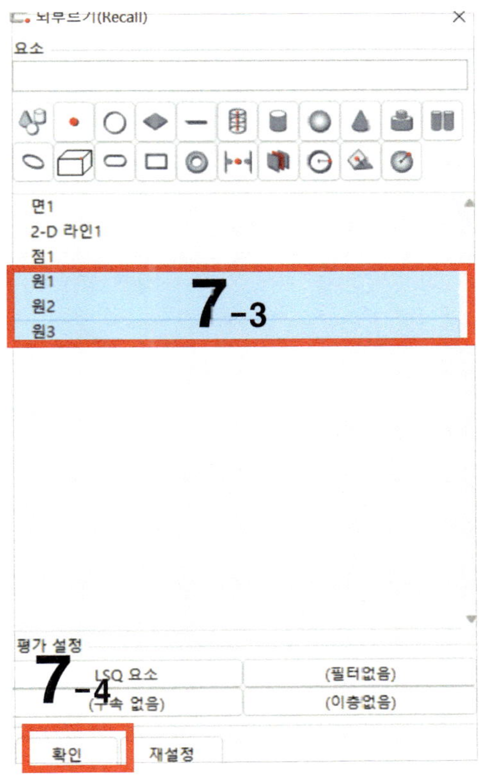

더블클릭하여 기준값과 공차를 입력한다.

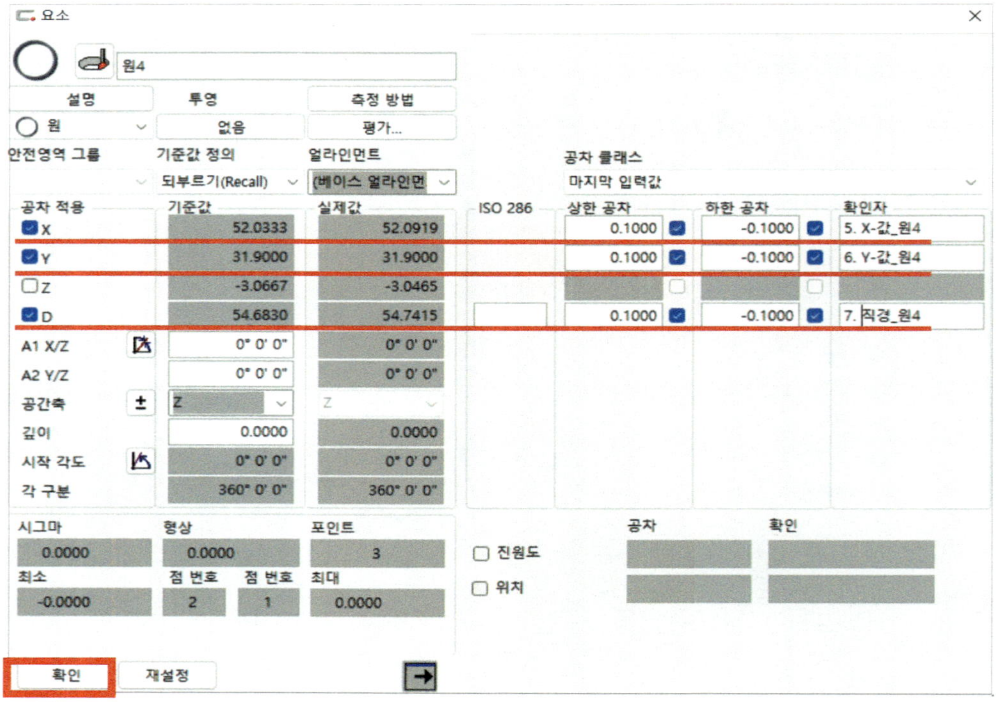

❽ 특성에서 기준값과 공차를 확인한다.

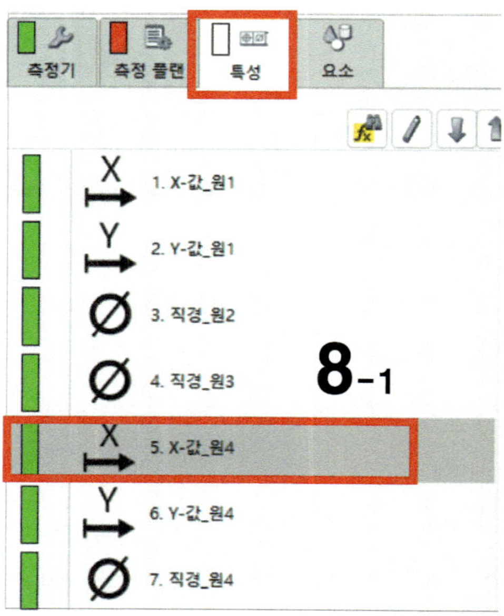

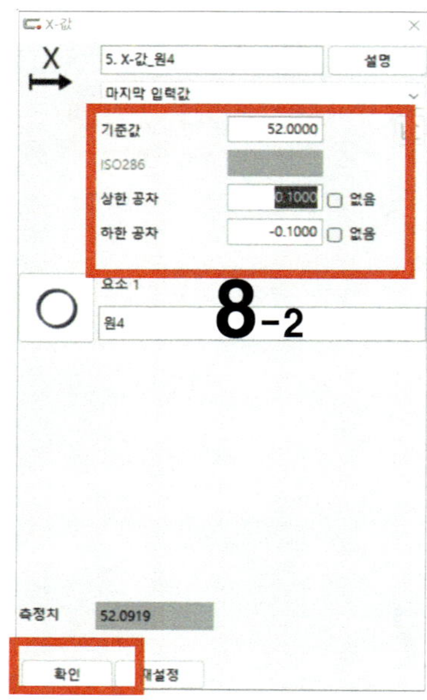

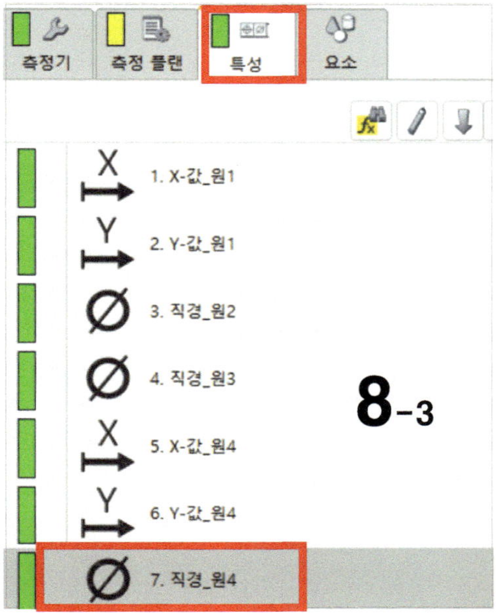

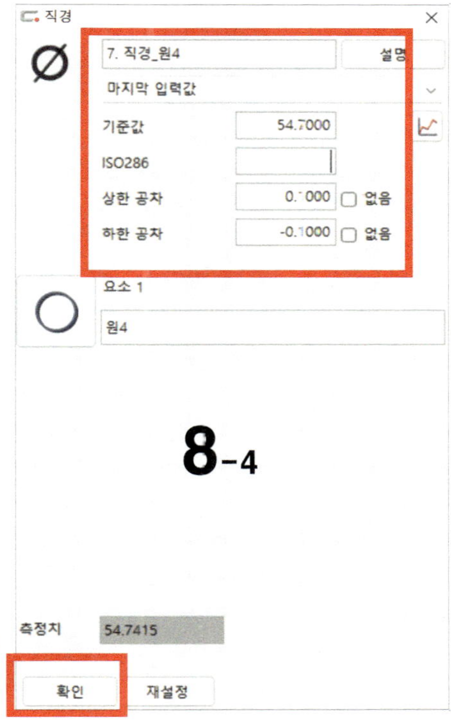

❾ 출력(인쇄) 설정

측정플랜 〉 다중출력설정 〉 다중출력 표시하기

화면으로 출력하여 이상 없으면 인쇄를 한다.

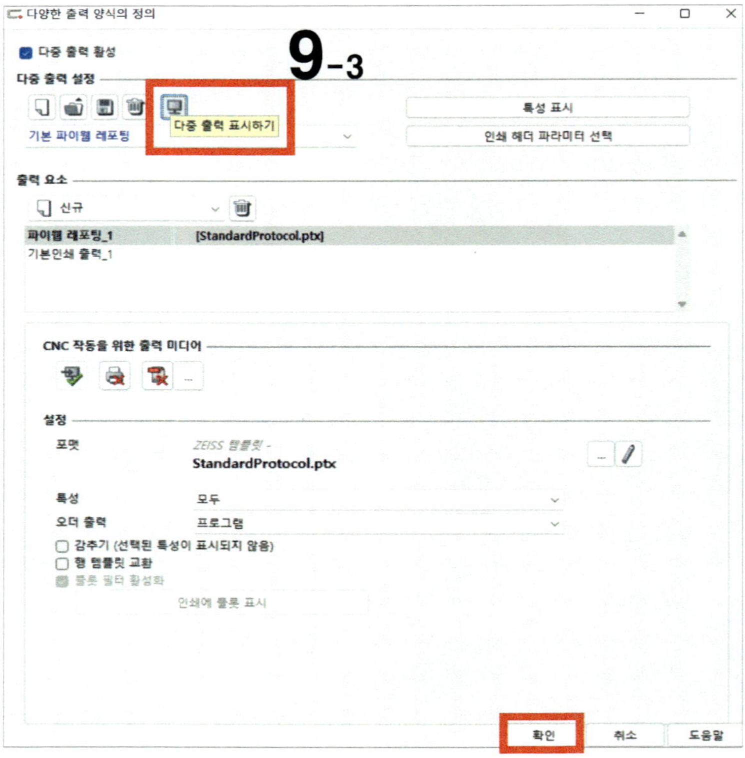

측정 결과

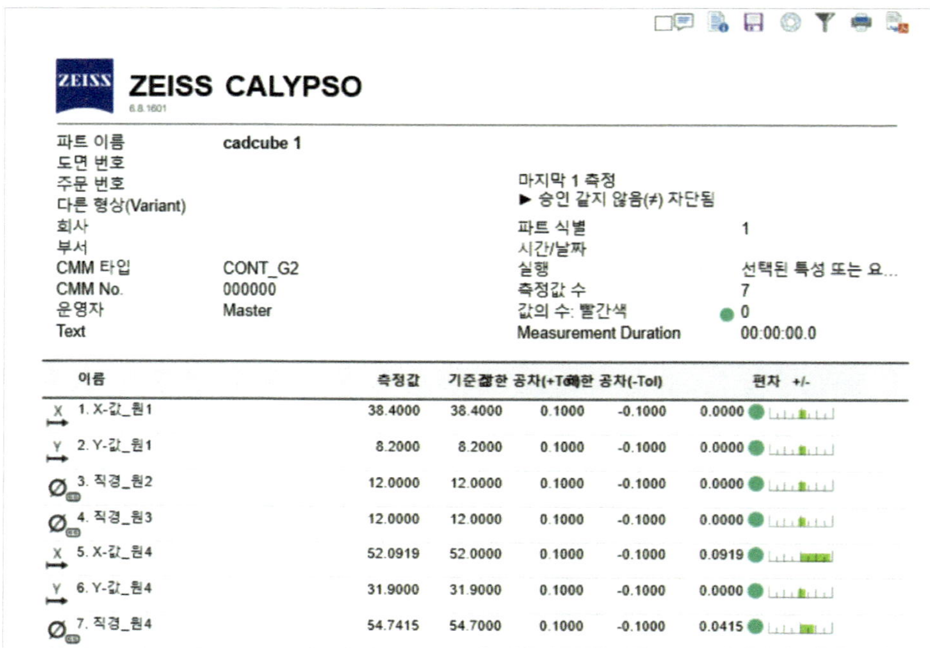

ZEISS CALYPSO
6.8.1601

파트 이름	cadcube 1		
도면 번호			
주문 번호		마지막 1 측정	
다른 형상(Variant)		▶ 승인 같지 않음(≠) 자단됨	
회사		파트 식별	1
부서		시간/날짜	
CMM 타입	CONT_G2	실행	선택된 특성 또는 요...
CMM No.	000000	측정값 수	7
운영자	Master	값의 수: 빨간색	0
Text		Measurement Duration	00:00:00.0

이름	측정값	기준값	상한 공차(+Tol)	하한 공차(-Tol)	편차	+/-
1. X-값_원1	38.4000	38.4000	0.1000	-0.1000	0.0000	
2. Y-값_원1	8.2000	8.2000	0.1000	-0.1000	0.0000	
3. 직경_원2	12.0000	12.0000	0.1000	-0.1000	0.0000	
4. 직경_원3	12.0000	12.0000	0.1000	-0.1000	0.0000	
5. X-값_원4	52.0919	52.0000	0.1000	-0.1000	0.0919	
6. Y-값_원4	31.9000	31.9000	0.1000	-0.1000	0.0000	
7. 직경_원4	54.7415	54.7000	0.1000	-0.1000	0.0415	

실습과제 03

▌학습요점 : **평면회전(각도에 의한 회전), 경사각 측정, 각도 단위변경(dms)**

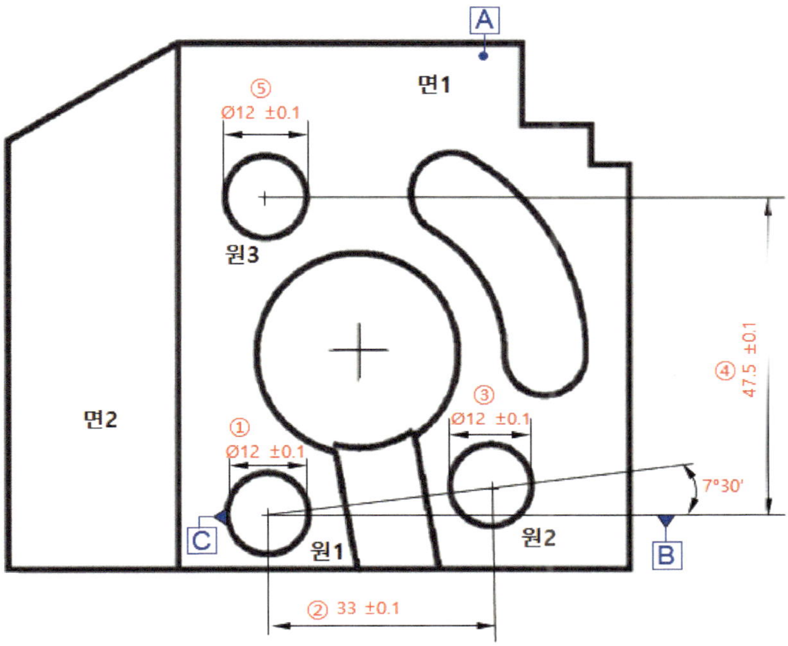

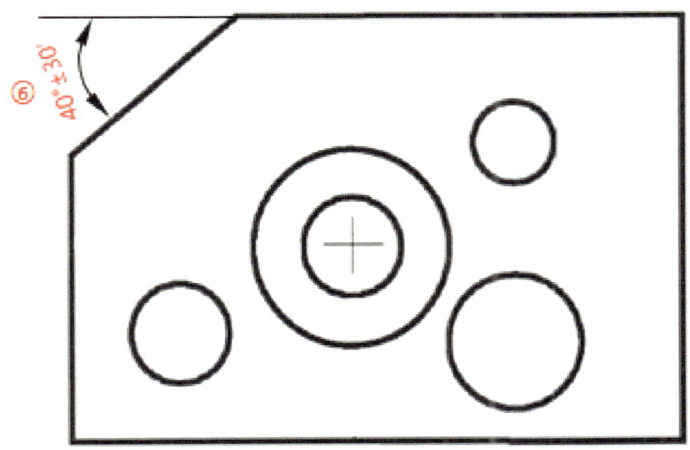

측정순서 요약

① 면1, 원1, 원2 측정
② [측정 요소] 〉 3차원 직선(원1과 원2의 직선 입력)
③ 측정플랜 〉 새로운 베이스 얼라인먼트 생성
④ X축 회전(이동 회전 클릭)
⑤ 원3 측정, 공차 입력
⑥ 경사면 측정
⑦ 인쇄

측정순서

❶ 면1과 원1, 원2를 다음과 같이 측정한다.

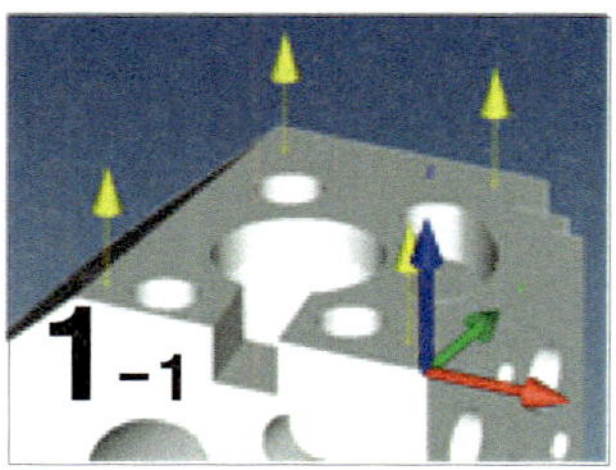

면1을 3점 이상 프로빙하면 자동으로 면을 인식한다. 확인을 누른다. [데이텀이 정밀 제품인 경우 27점(3 line × 9점) 측정을 권장함]

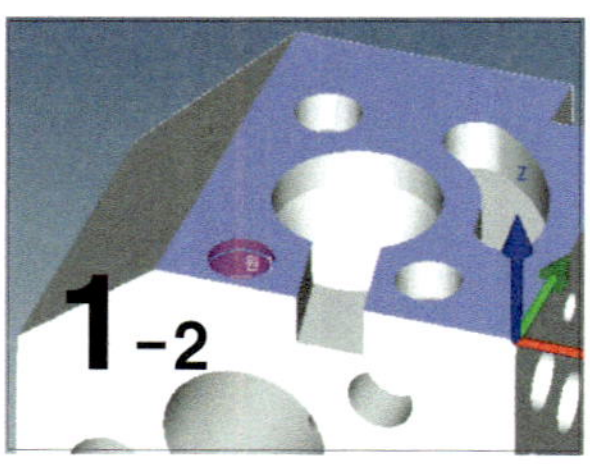

원1을 3점(권장 포인트는 4점) 이상 프로빙하면 자동으로 원을 인식한다. 확인을 누른다. [원이 데이텀인 경우 21점 측정을 권장함]

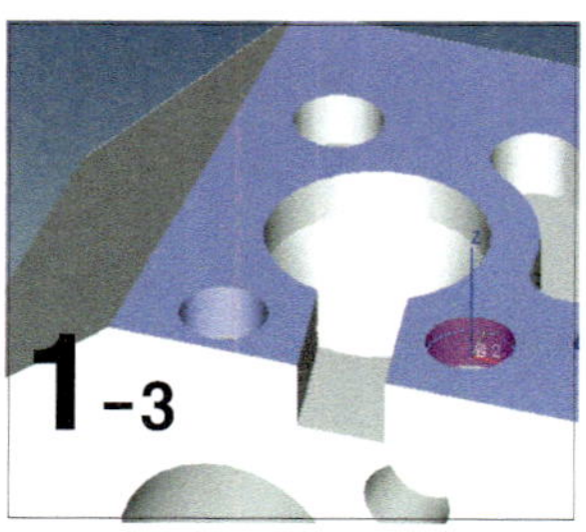

원2를 3점(권장 포인트는 4점) 이상 프로빙하면 자동으로 원을 인식한다. 확인을 누른다.

❷ [측정 요소] 〉 3차원 직선 〉 '3-D 라인 1' 을 더블 클릭한다.

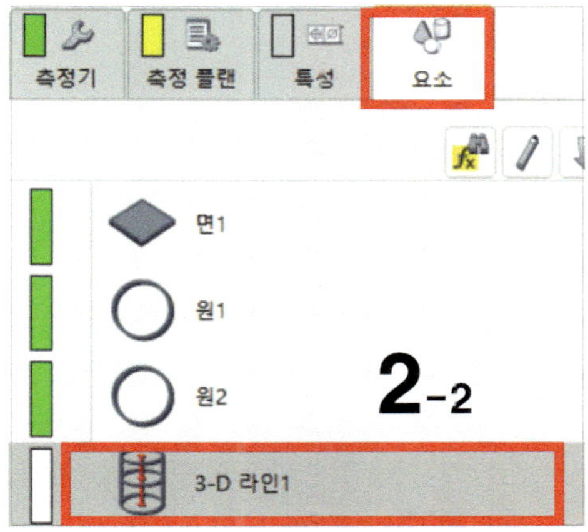

❸ 옵션 〉 되부르기 〉 원1과 원2를 선택한다. (Ctrl 또는 Shift 이용)

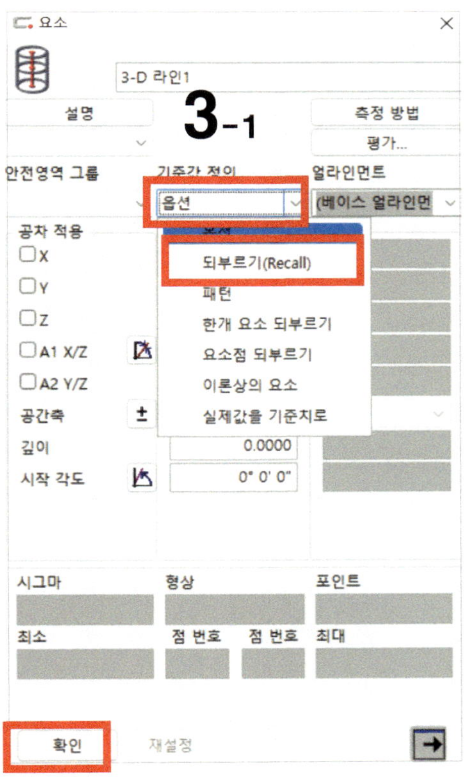

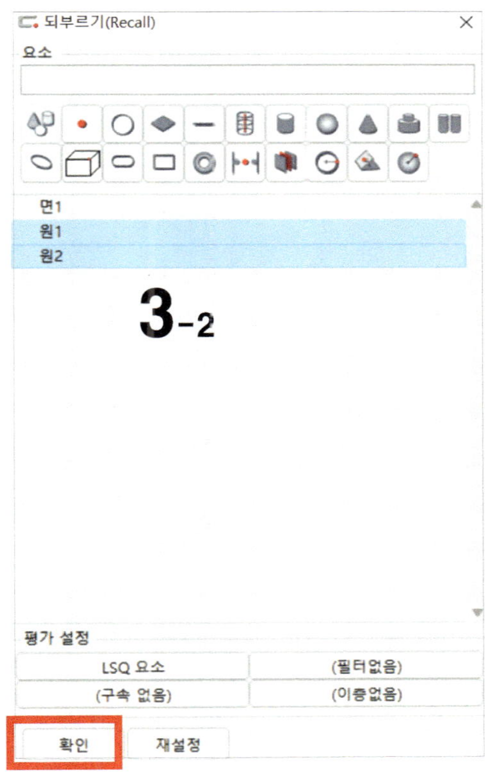

❹ ① 측정플랜 – 얼라인먼트 설정 – 새로운 베이스 얼라인먼트 생성 – 확인

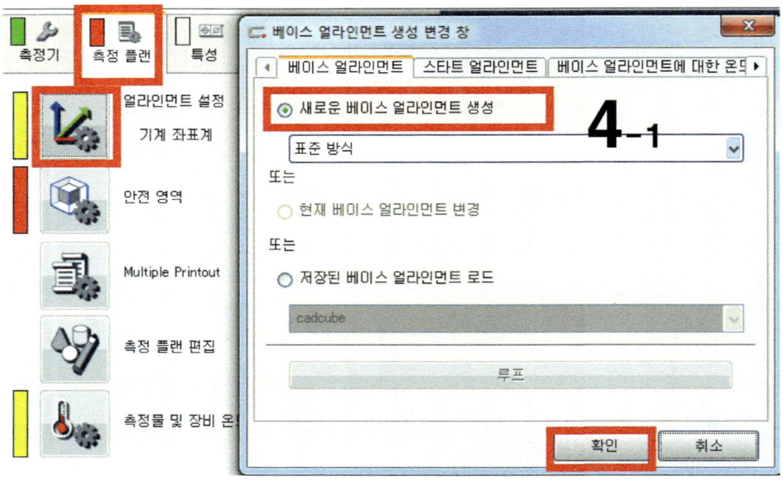

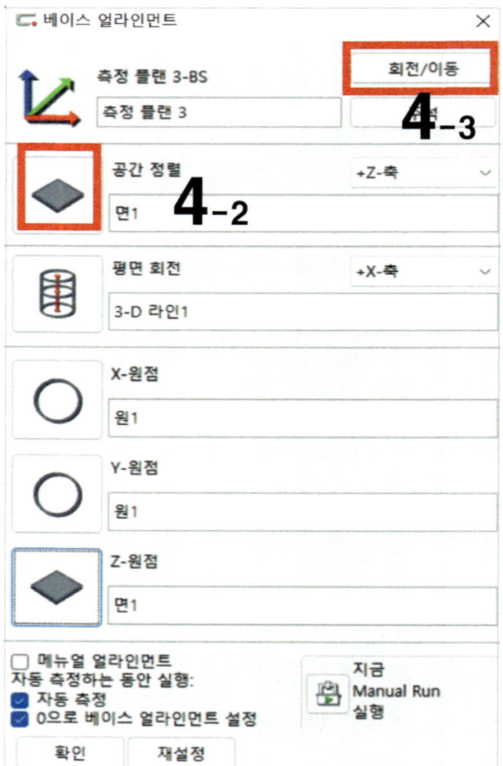

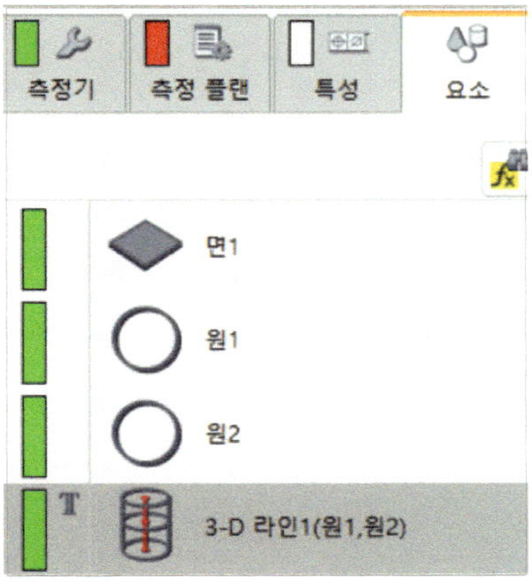

② 사각형을 클릭하여 해당 요소를 선택한다.

즉, 공간정렬에 면1,
평면회전에 3D 라인 1,
X, Y 원점에 원1,
Z 원점에 면1을 클릭하여 입력한다.

③ 회전/이동을 클릭한다.

④ 각도에 의한 회전을 선택하고 확인을 누르고 기준축 +Z를 확인하고 도면 각도 -7° 30′ 입력한다. (시계방향)

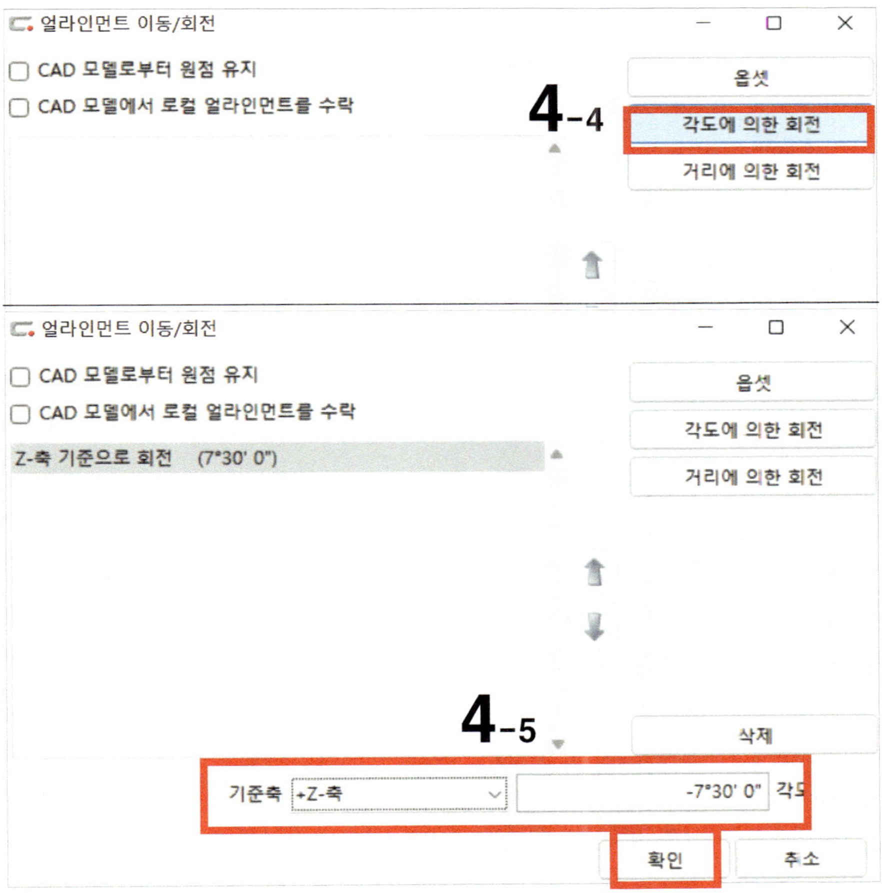

축의 회전 방향은 평면의 회전축 (+)방향으로 엄지손가락을 향하게 하고 나머지 손가락을 감아쥐는 방향이 (+) 방향이고 펴는 방향이 (-) 방향이다.

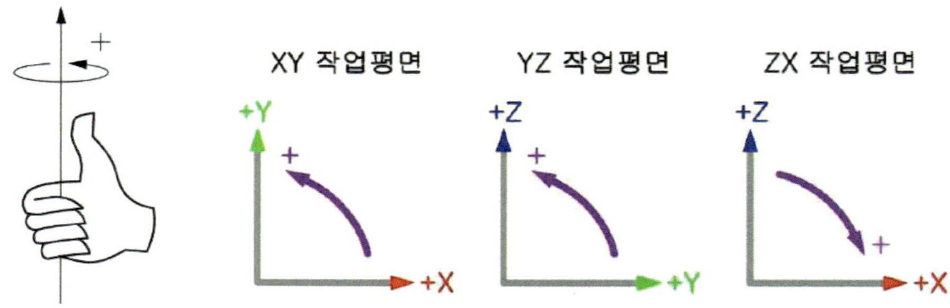

(a) 오른손 법칙(+관측 방향) (b) 평면상에서 관측한 플러스(+) 회전방향

⑤ 좌표축이 회전한 것을 확인한 후 확인을 누른다.

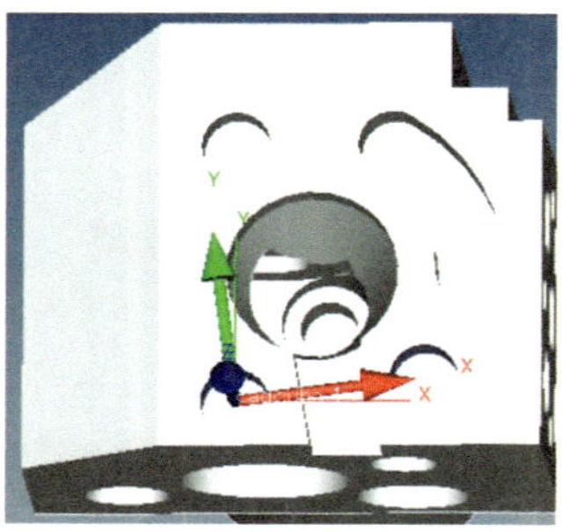

실행 전

좌표축이 회전한 것을 확인한다.

실행 후

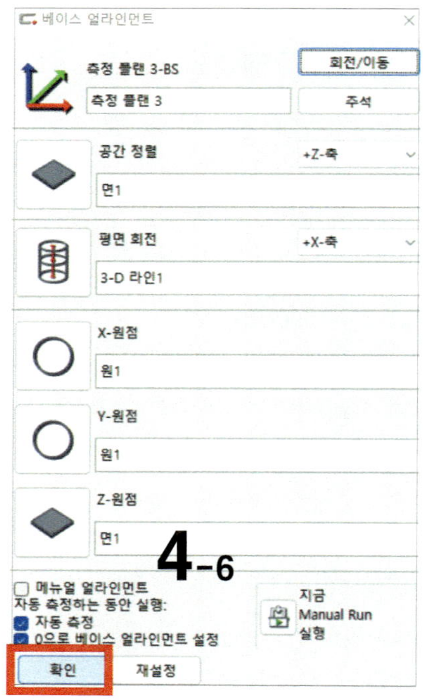

❺ 원3을 측정하고 원1~원3 공차와 측정번호를 입력한다.

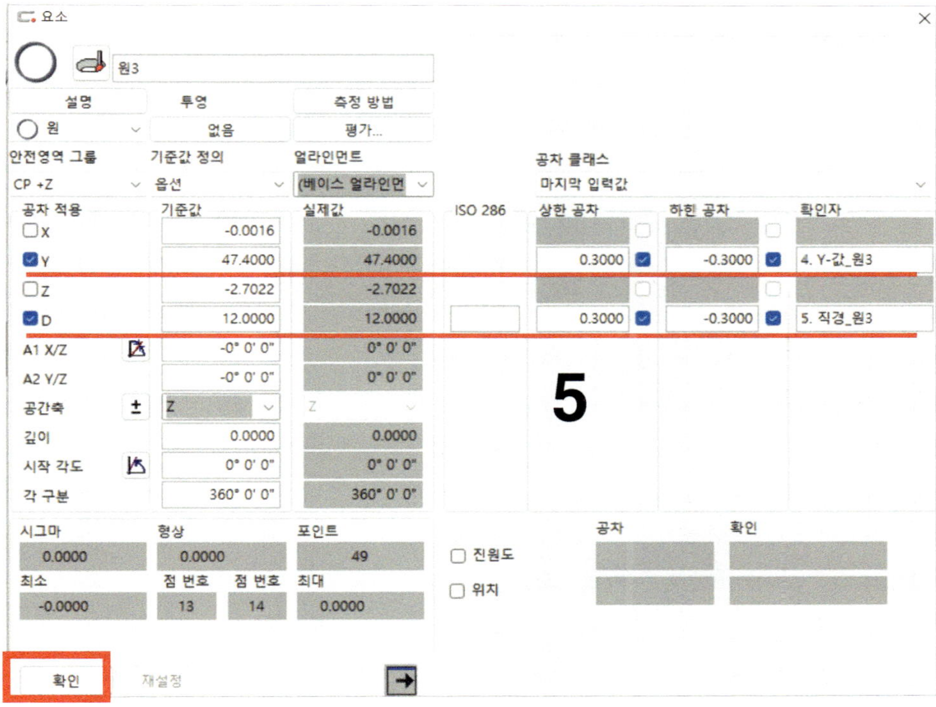

❻ 경사면(면2)을 4점 이상 측정하고 더블클릭하여 출력 항목을 체크한다.

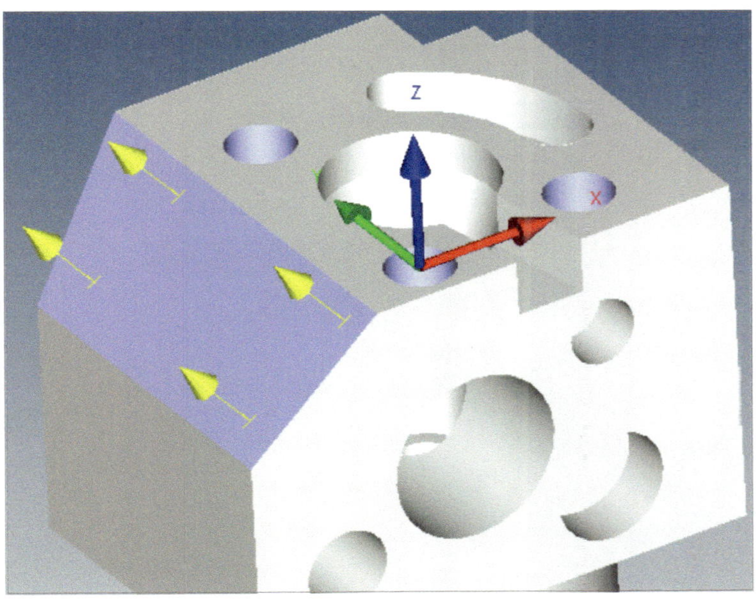

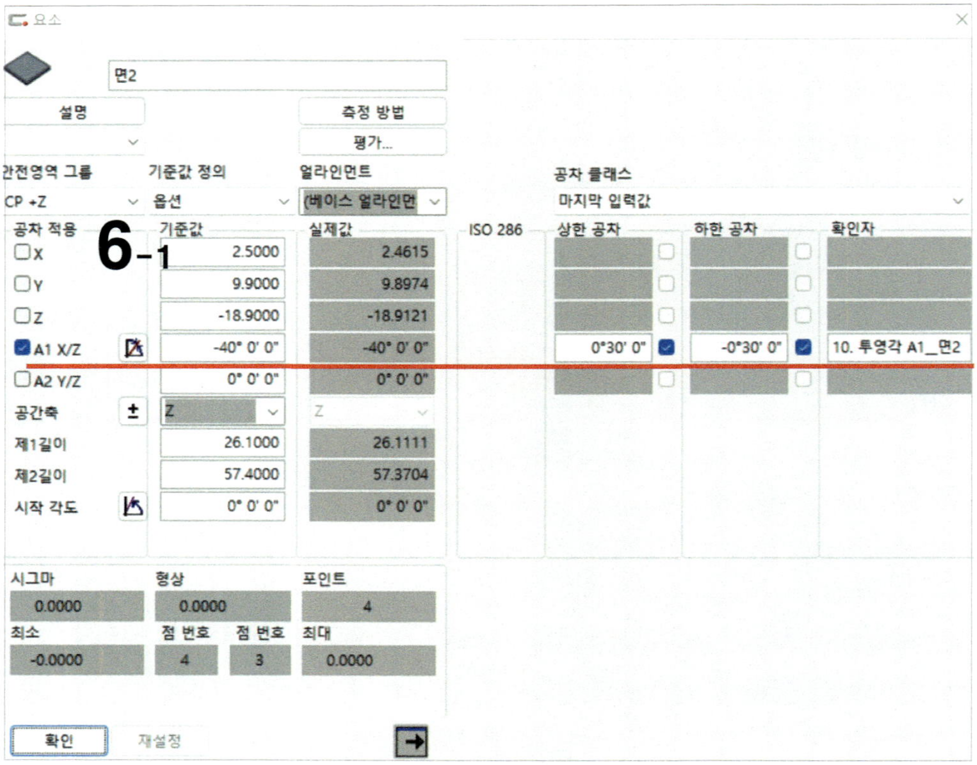

각도 단위가 십진 각으로 되어 있으면 도, 분, 초로 변경할 수 있다.
[환경설정] 셋팅 〉 환경구성 〉 언어에서 변경한다.

다른 방법은 [측정플랜] - 측정플랜 편집 – 단위 –각도 단위 – 도/분/초 선택

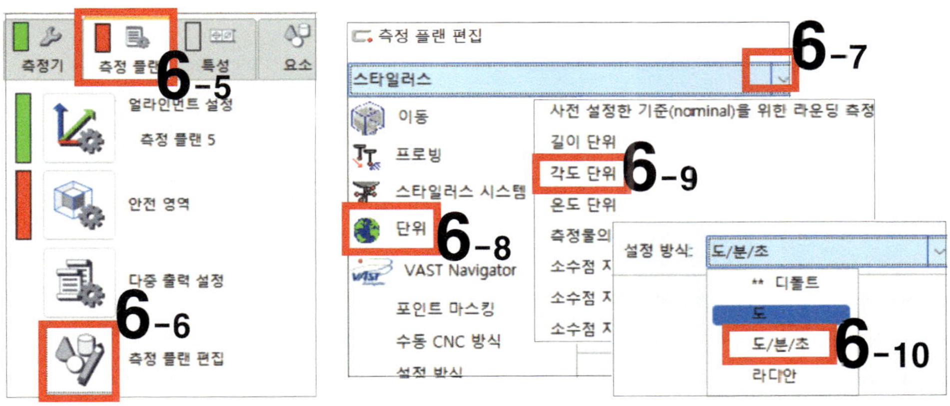

❼ 경사각을 알아보는 다른 방법을 설명하면

① [기하공차] 〉 '요소 사이의 각도'를 더블클릭하고 특성에서 요소 사이의 각도를 클릭한다.

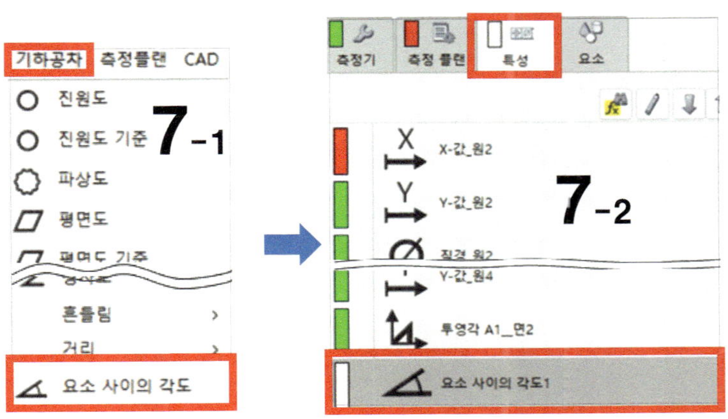

요소 1을 더블클릭하여 면1을 선택하고 요소 2를 더블클릭하여 면2를 선택한다.

그리고 원하는 결과를 선택하고 공차를 입력한다.

특성에서 출력값을 확인한다.

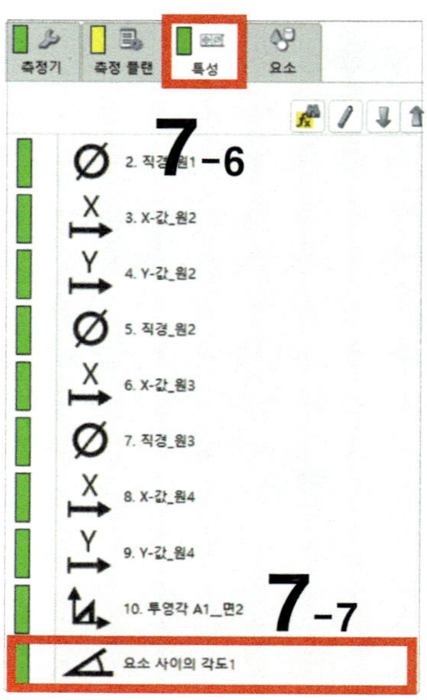

② [크기] 〉 각도 〉 경사각 〉 면2를 선택하고 공차를 입력한다.

❽ 측정결과(생략)

실습과제 04

▎학습요점 : 거리 지정에 의한 좌표원점 이동, PCD 계산

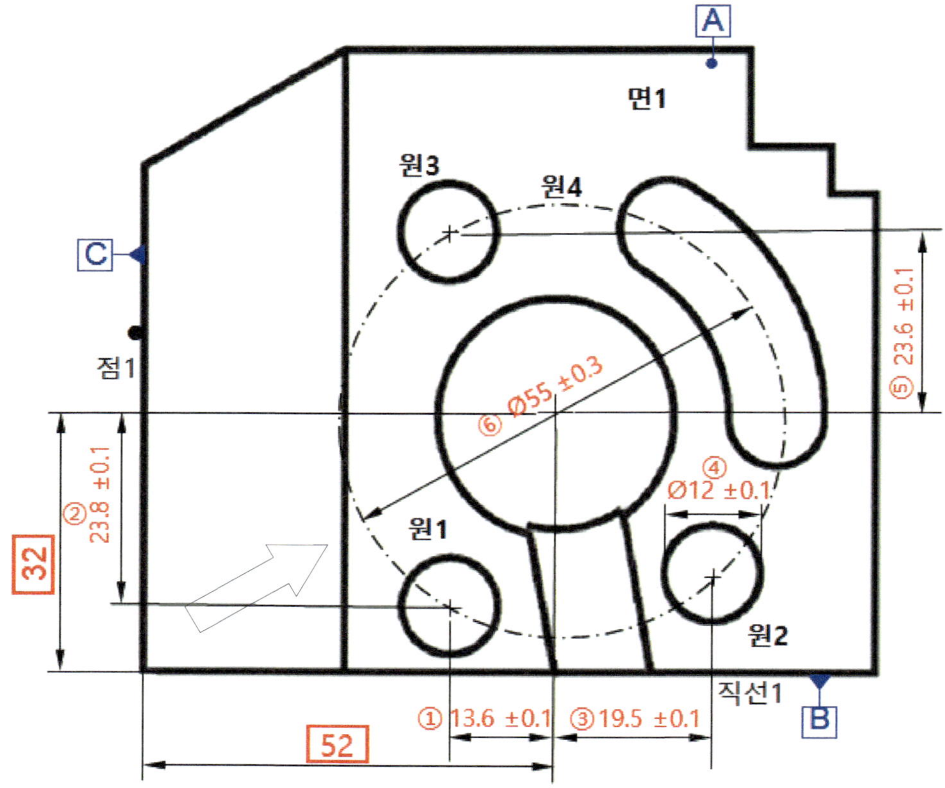

측정순서 요약

① 면1 측정-공간정렬 A 데이텀
② 직선1 측정-평면회전 B 데이텀
③ 점1 측정-원점지정 C 데이텀
④ 측정플랜 – 얼라인먼트 설정 – 현재 베이스 얼라인먼트 변경 – 회전/이동
⑤ 옵션 〉 X=52, Y=32 입력
⑥ 원1. 2, 3 측정, 공차 입력
⑦ [측정 요소] 〉 원 〉 옵션 〉 되부르기(원1~3)
⑧ 인쇄

측정순서

❶ 측정플랜 - 얼라인먼트 설정 - 새로운 베이스 얼라인먼트 생성 – 확인

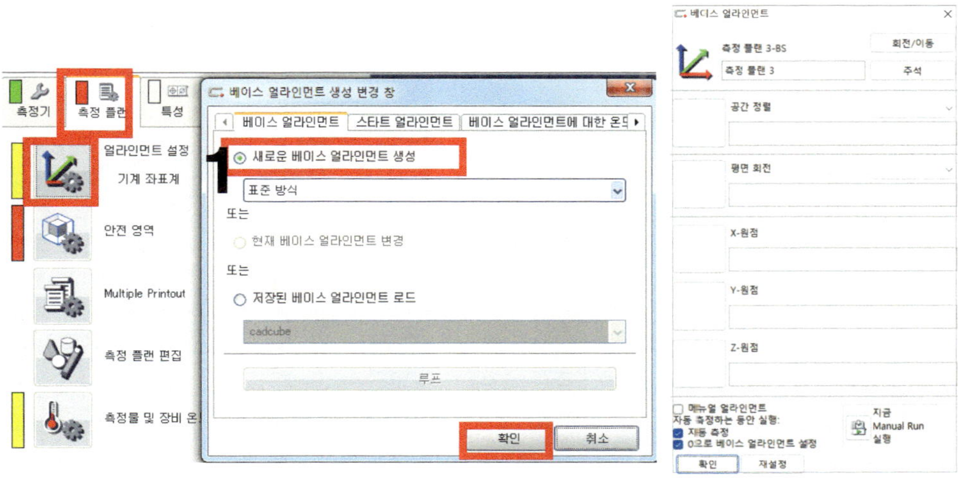

❷ A, B, C면을 다음과 같이 측정한다.

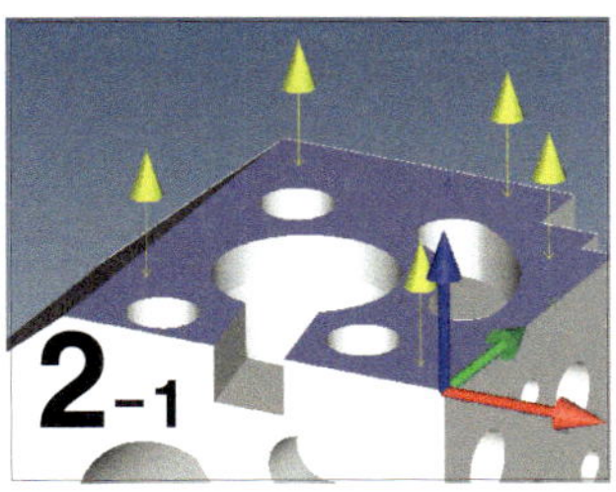

면1을 3점 이상 프로빙하면 자동으로 면을 인식한다. 확인을 누르면 공간정렬과 Z 원점에 자동 입력된다. [데이텀이 정밀 제품인 경우 27점(3 line × 9점) 측정을 권장함]

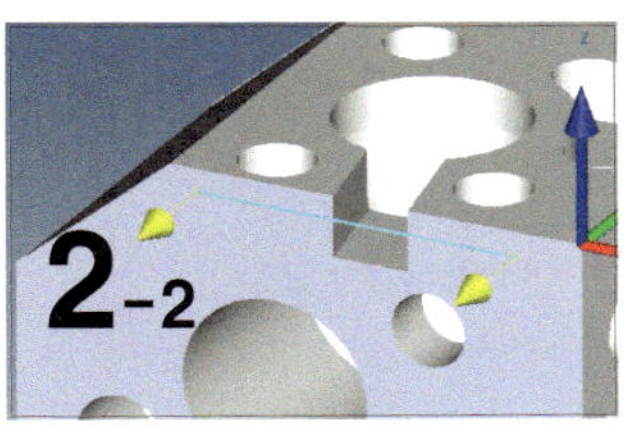

직선1을 2점 이상 선으로 프로빙하면 자동으로 직선을 인식한다. 확인을 누르면 평면회전과 Y 원점에 자동 입력된다.

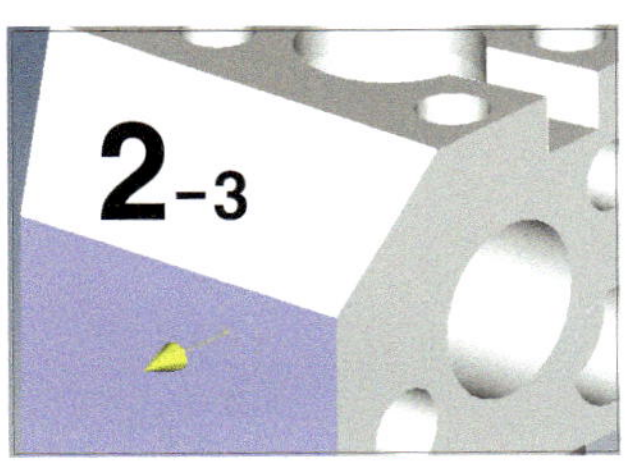

점1을 1점 프로빙하면 자동으로 점을 인식한다. 확인을 누르면 X 원점에 자동 입력된다.

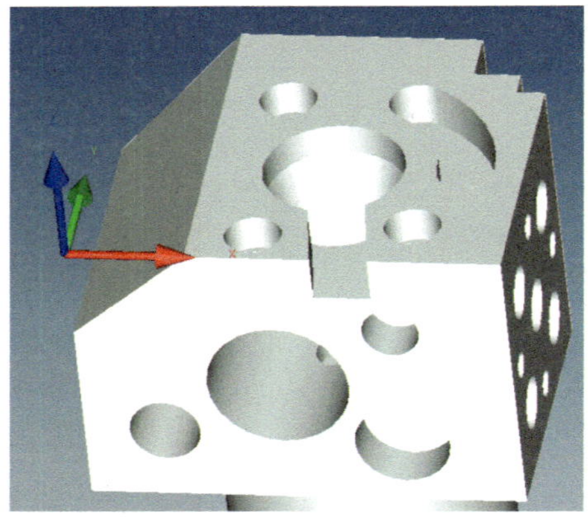

좌표원점을 확인한 후 확인을 누른다.

❸ [측정플랜] 〉 얼라인먼트 설정 〉 현재 베이스 얼라인먼트 변경 〉 회전/이동 〉 옵셋에서 X=52, Y=32 입력한다.

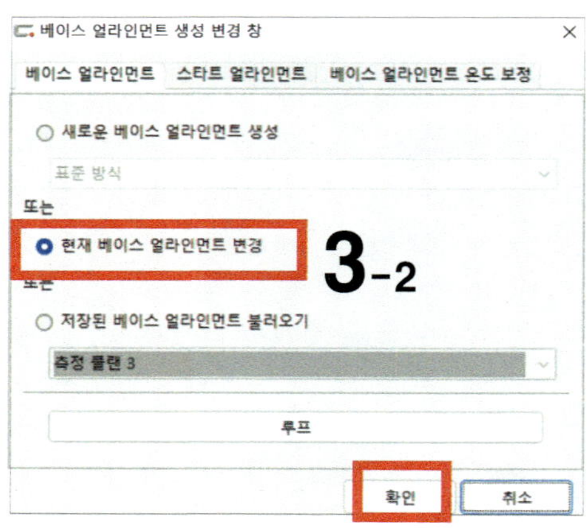

옵션 선택

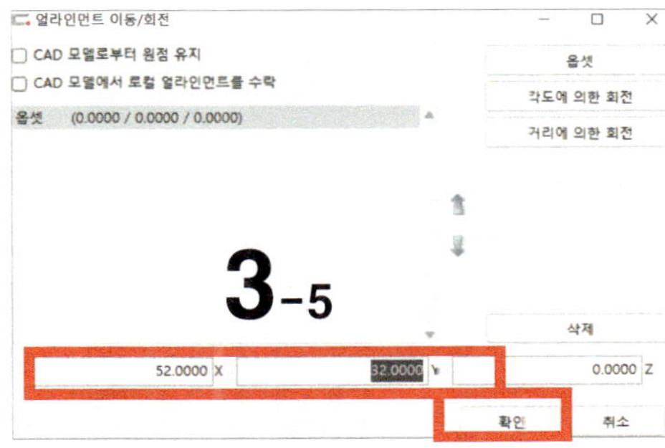

X=52, Y=32 입력한다.

❹ 원점 이동을 확인한 후 원1~원3을 측정한다.

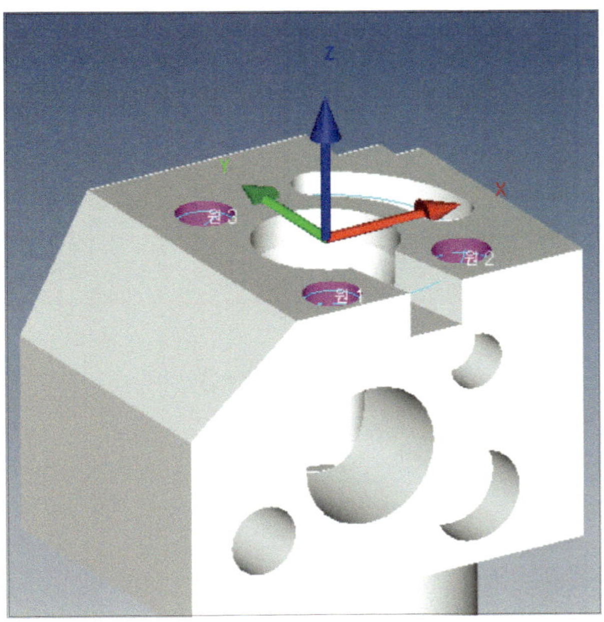

원1~원3을 측정한다.

❺ 요소에서 원1을 더블클릭하여 출력 항목을 체크하고 공차와 측정번호를 입력한다.

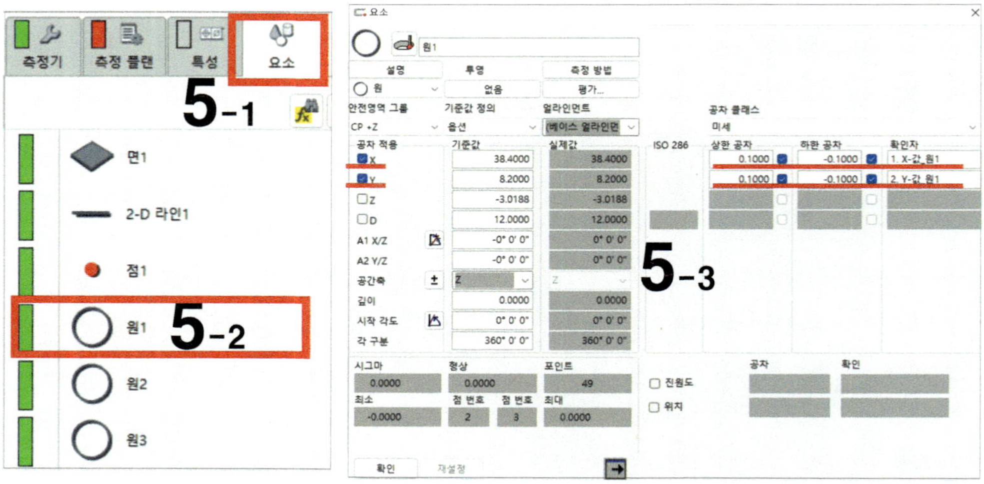

❻ 또는 원2를 클릭하여 위와 같은 방법으로 해당 출력 항목을 조사하고 공차와 측정번호를 입력한다. 같은 방법으로 원3도 입력한다.

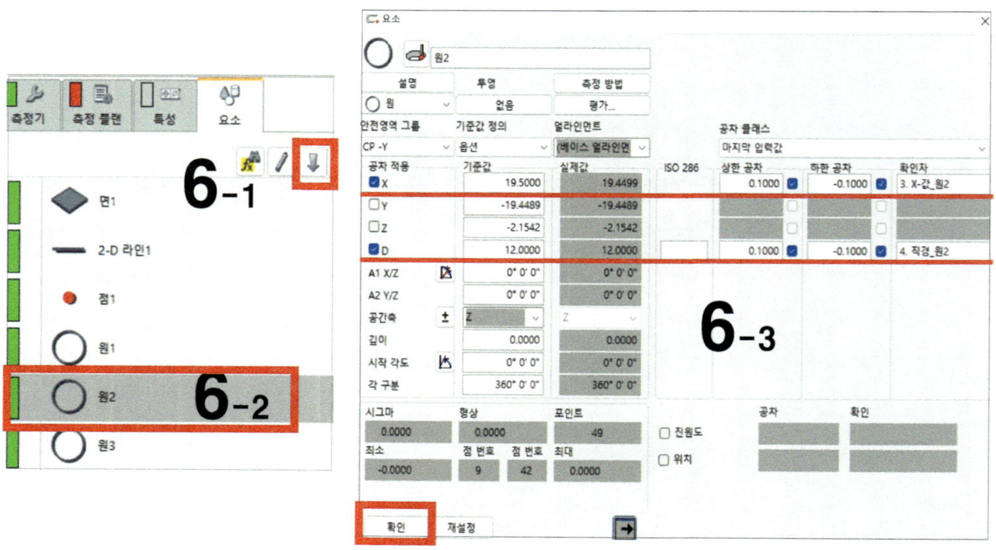

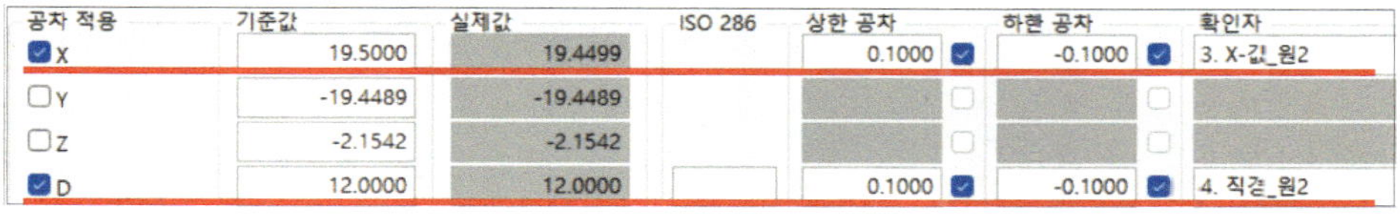

❼ 메인 메뉴 [측정 요소] – 원 클릭하고 생성된 원4를 더블클릭한다.

❽ 옵션 〉 되부르기 〉 원1~원3을 선택한다. (Ctrl 또는 Shift 이용)

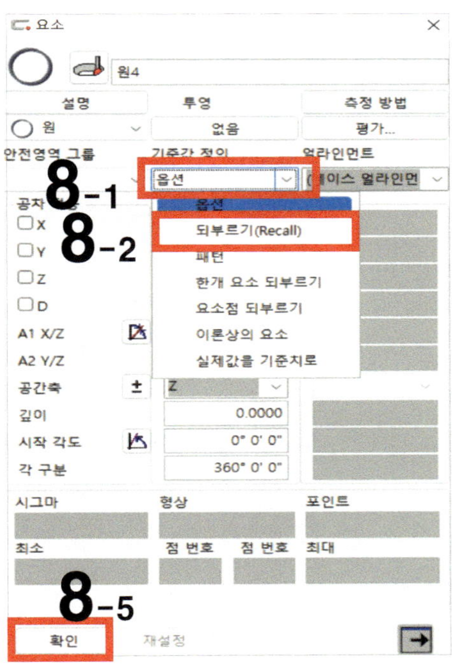

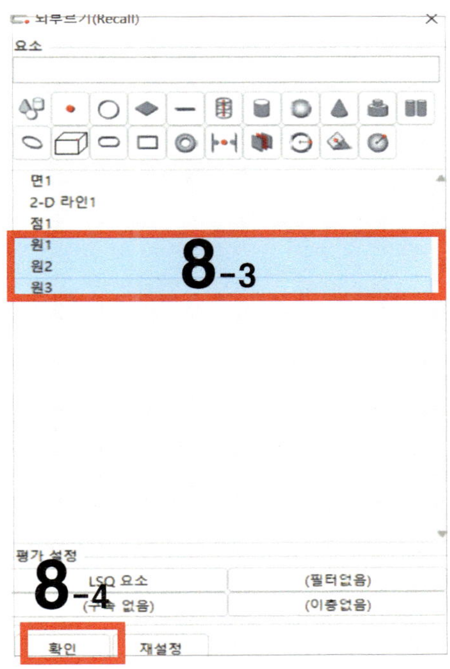

❾ 요소에서 원4(원1, 원 2, 원3)를 확인하고 기준값과 공차를 입력한다.

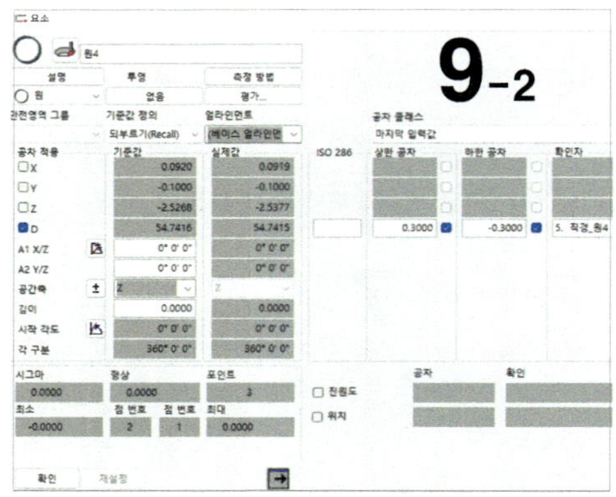

문자 T는 이론상의 요소를 뜻함.

측정결과(생략)

실습과제 05

▎학습요점 : 제2 좌표계 설정, 원통좌표 측정(요소 표현), 각도 포맷 선택, 한 개 요소 되부르기

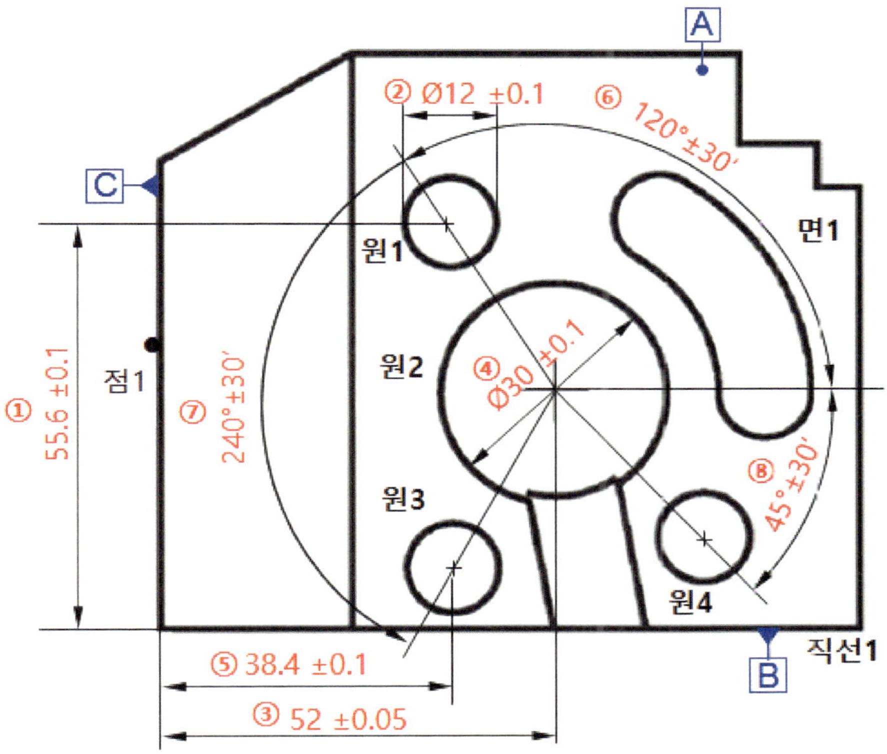

측정순서 요약

① 면1 측정-공간정렬 A 데이텀

② 직선1 측정-평면회전 B 데이텀

③ 점1 측정-원점지정 C 데이텀

④ 원1~원4 측정

⑤ 원1~원3 공차 입력

⑥ [자원]- 유틸리티 -얼라인먼트(제2 좌표계), 원 2 입력

⑦ [측정 요소]- 원 〉 옵션 〉 한 개 요소 되부르기

⑧ 요소 복사 〉 각도 포맷 선택 〉 인쇄

측정순서

❶ [측정플랜] – 얼라인먼트 설정 – 새로운 베이스 얼라인먼트 생성 – 확인

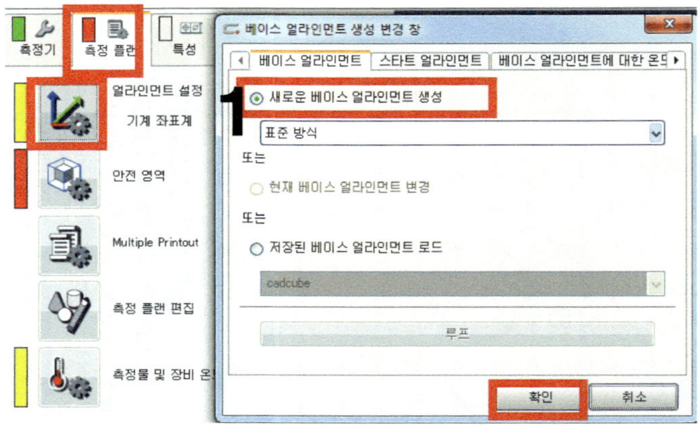

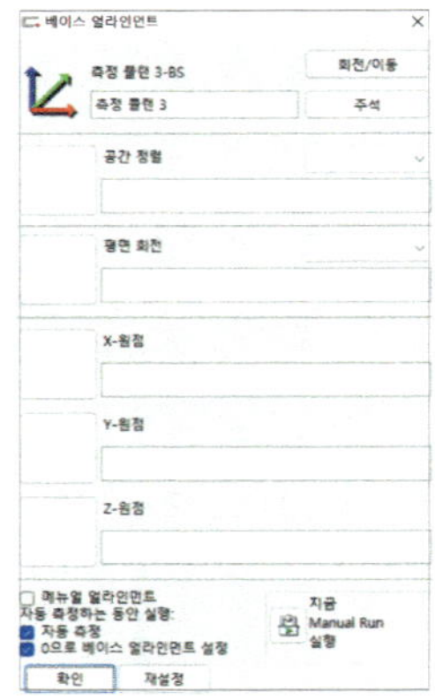

❷ A, B, C면을 다음과 같이 측정한다.

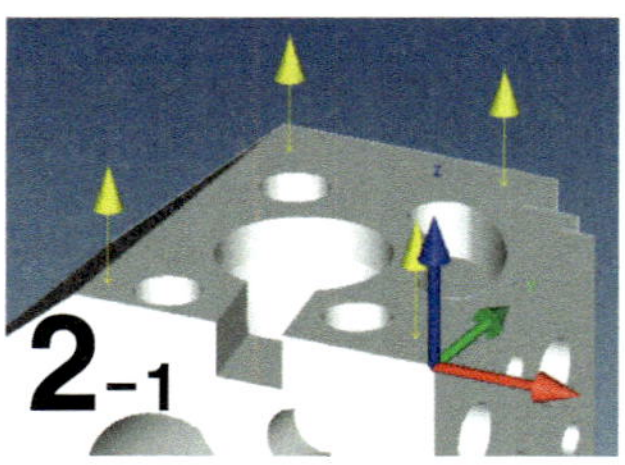

면1을 3점 이상 프로빙하면 자동으로 면을 인식한다. 확인을 누르면 공간정렬과 Z 원점에 자동 입력된다. [데이텀이 정밀 제품인 경우 27점(3 line × 9점) 측정을 권장함]

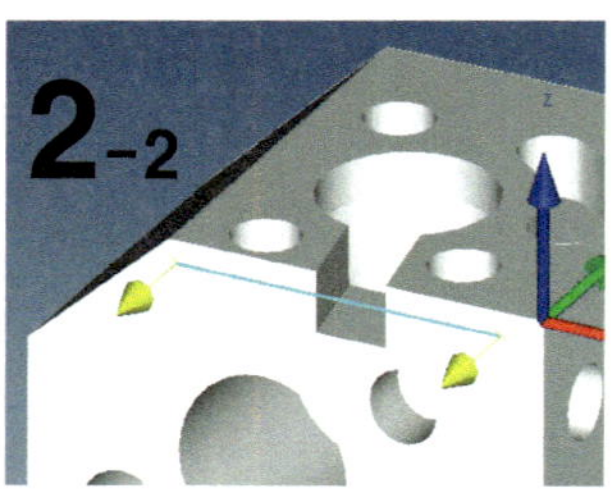

직선1을 2점 이상 선으로 프로빙하면 자동으로 직선을 인식한다. 확인을 누르면 평면회전과 Y 원점에 자동 입력된다.

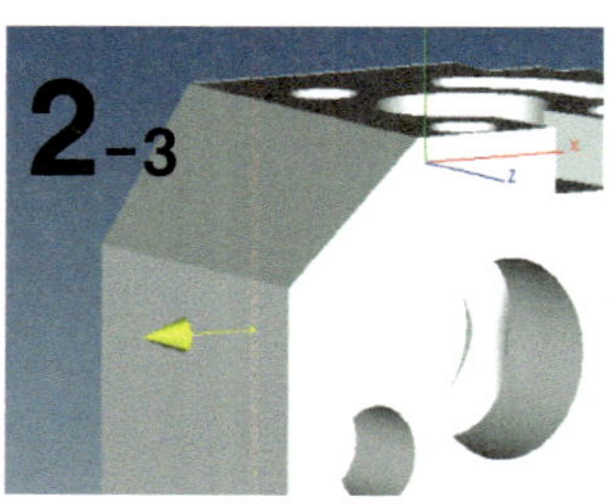

점1을 1점 프로빙하면 자동으로 점을 인식한다. 확인을 누르면 X 원점에 자동 입력된다.

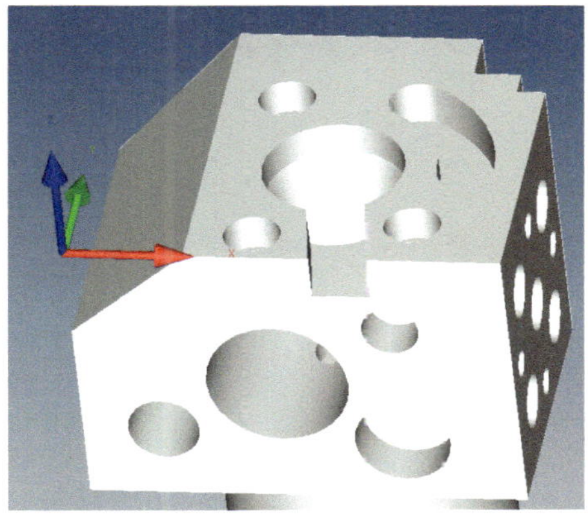

좌표원점을 확인한 후 확인을 누른다.

❸ 원1~원4를 측정한다.

❹ 요소에서 원1을 더블클릭하여 출력 항목을 조사하고 공차와 측정번호를 입력한다.

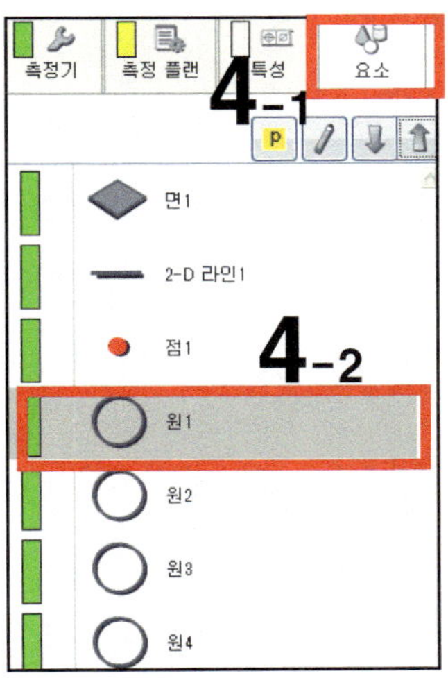

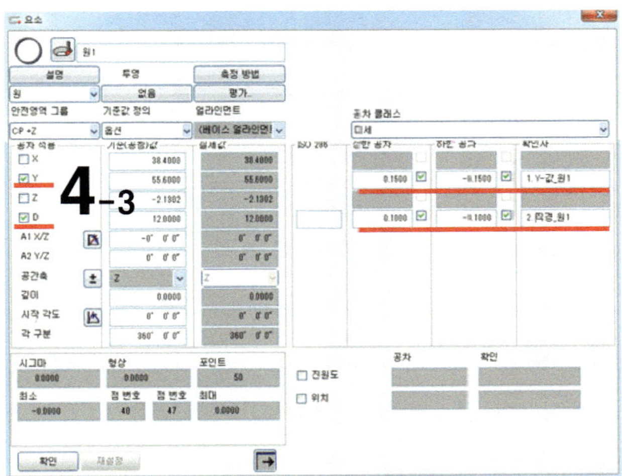

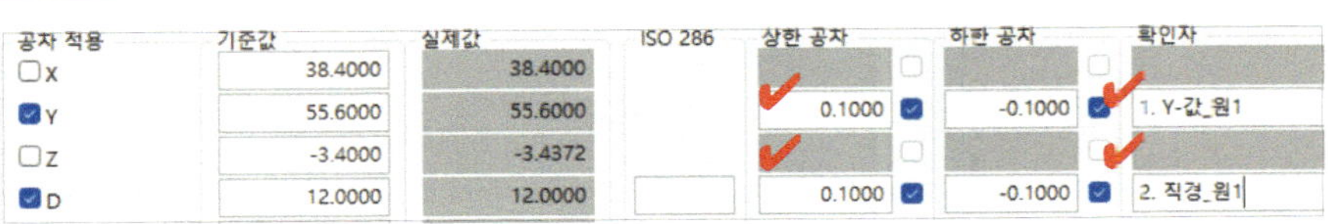

❺ ⬇ 또는 원2, 원3도 위와 같은 방법으로 해당 출력 항목을 조사하고 공차와 측정번호를 입력한다.

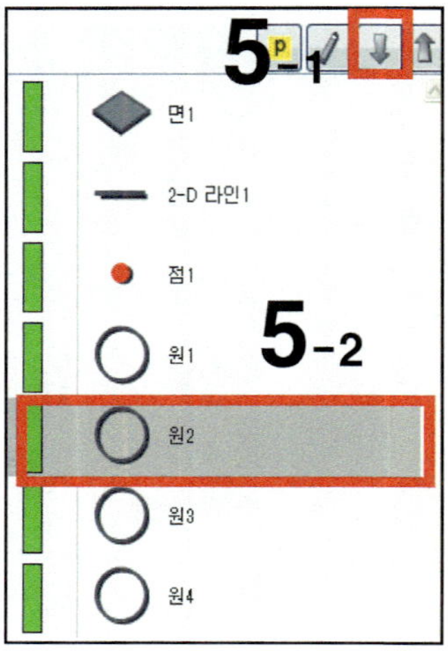

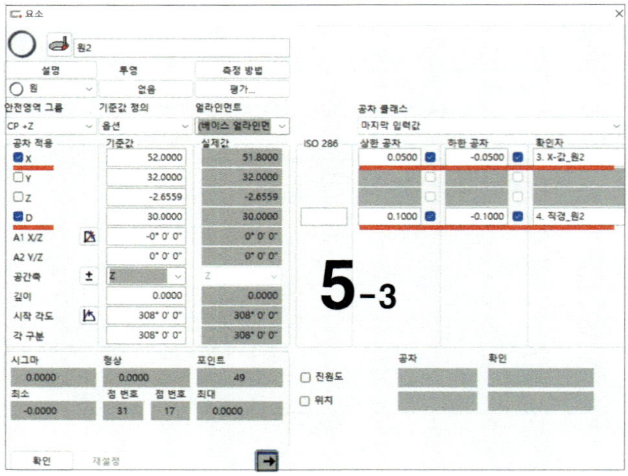

❻ [자원]– 유틸리티 –얼라인먼트 〉 얼라인먼트 더블클릭

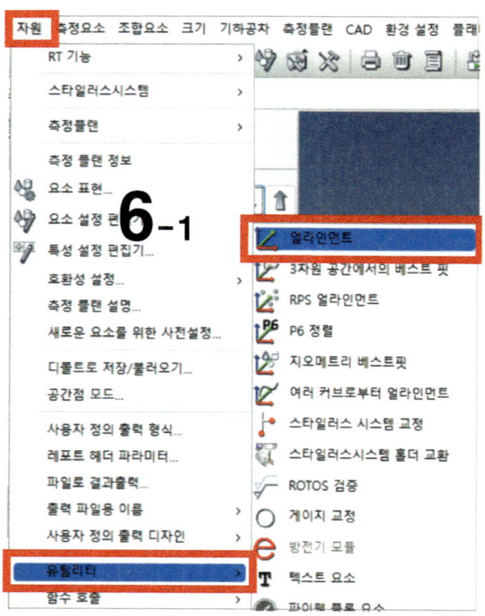

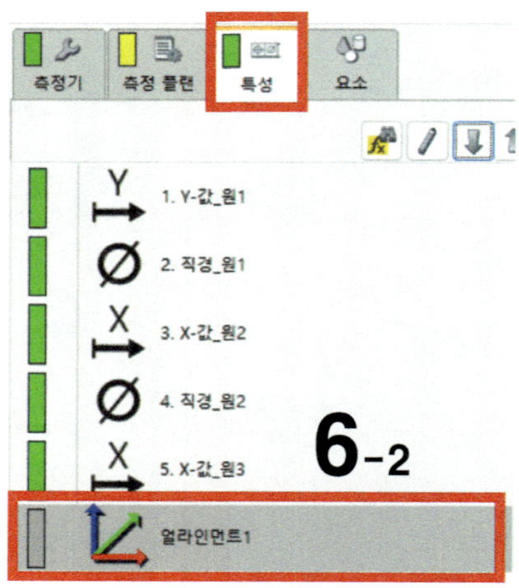

얼라인먼트 더블 클릭

X-원점을 클릭 원2 선택, Y-원점을 클릭하여 원2를 입력한다.

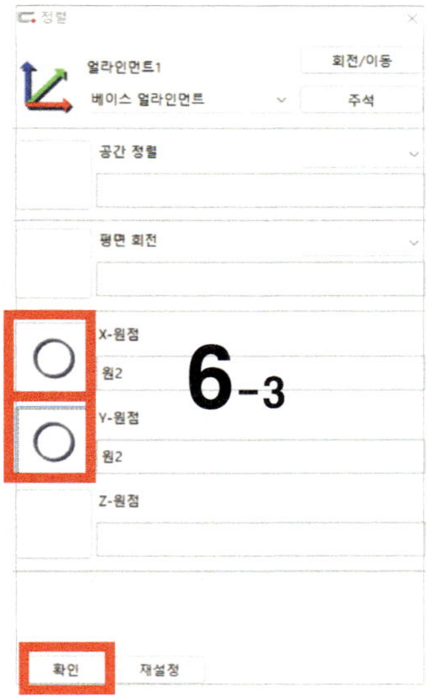

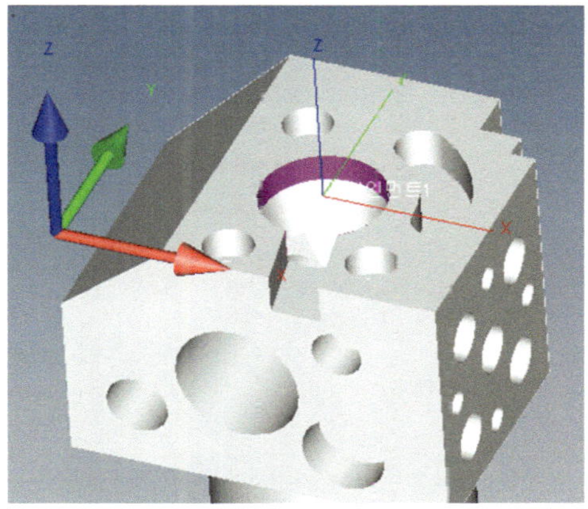

❼ [측정 요소] 〉 원 〉 원5 생성 〉 더블클릭

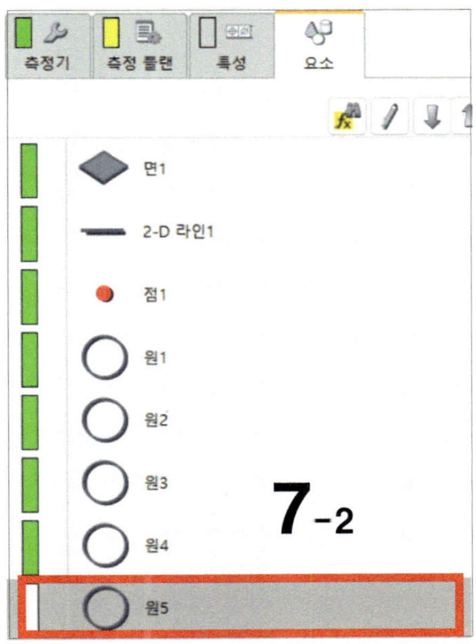

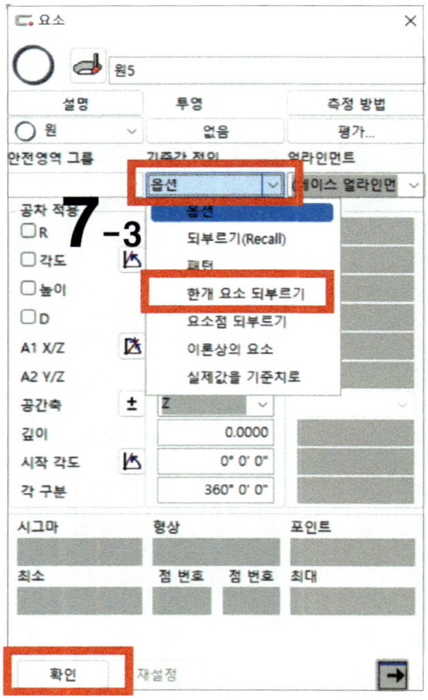

옵션 〉 한 개 요소 되부르기 〉 원1 선택(원1의 데이터를 가져옴)

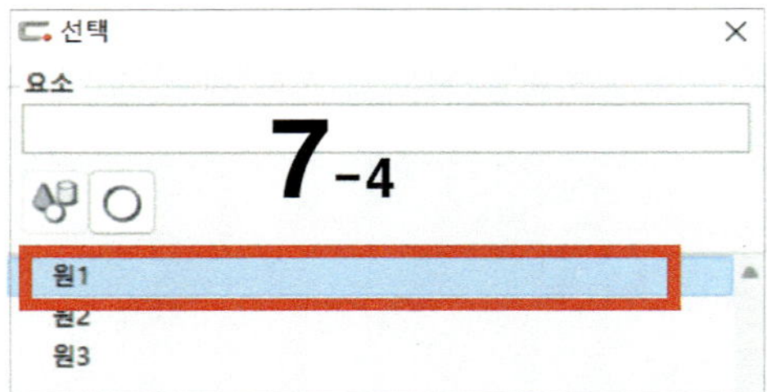

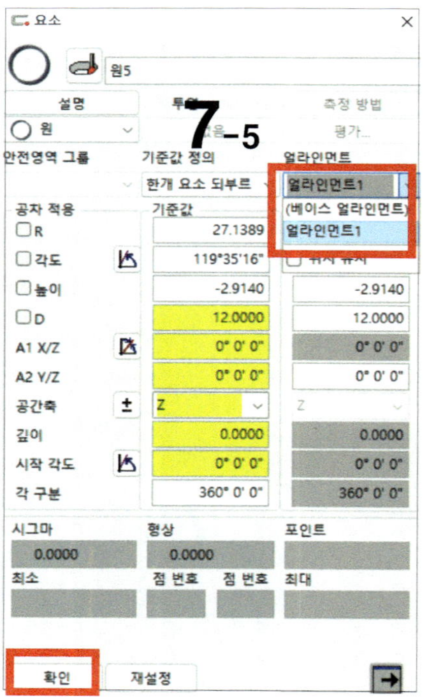

얼라인먼트 〉 얼라인먼트 1 선택

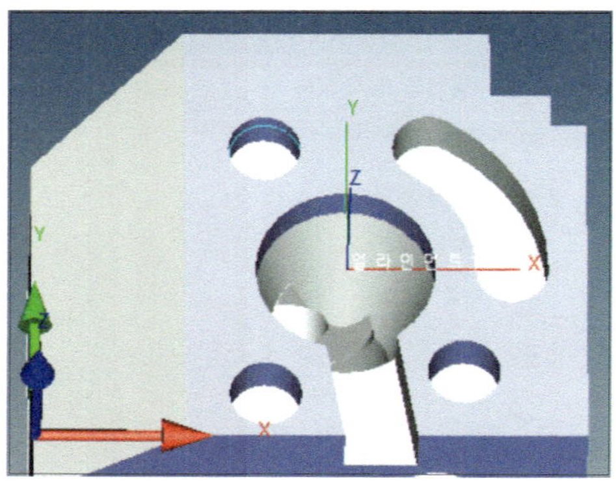

❽ [자원] 〉 요소 표현 또는  클릭

① 요소 표현

② 요소 표현 〉 원 클릭 〉 원통 좌표계 〉 확인

이전 버전에서는
[자원] 〉 요소 표현 〉 디폴트 〉 변경 〉 Cyl 클릭 〉 확인

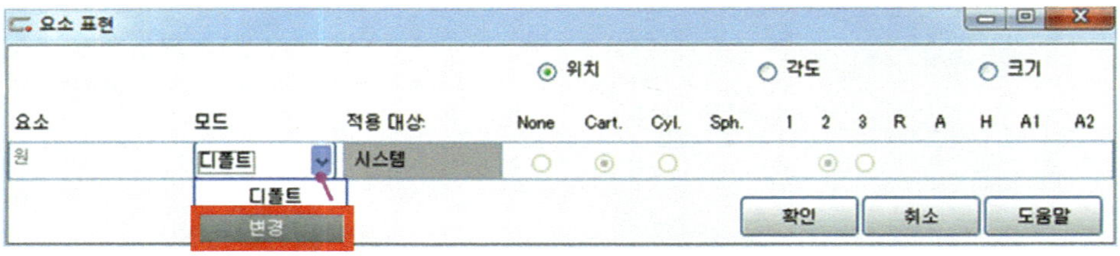

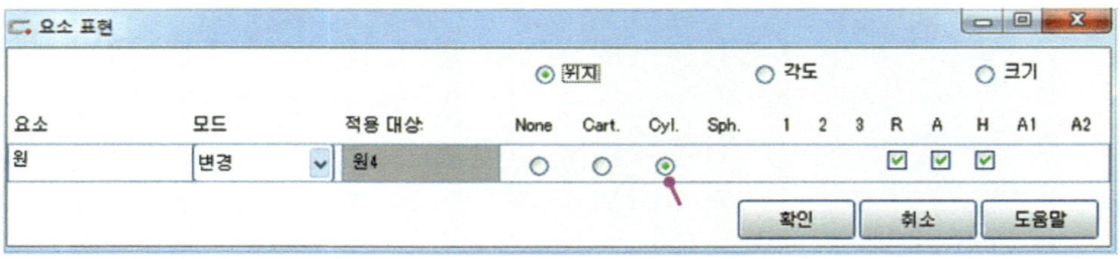

❾ [요소] 〉 원5 더블클릭 〉 공차 입력

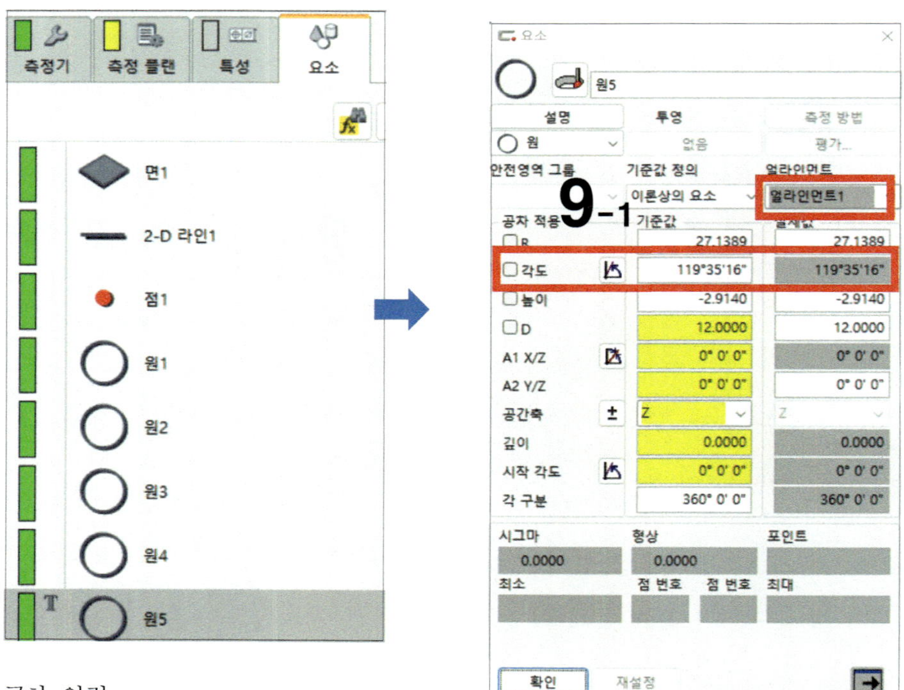

공차 입력

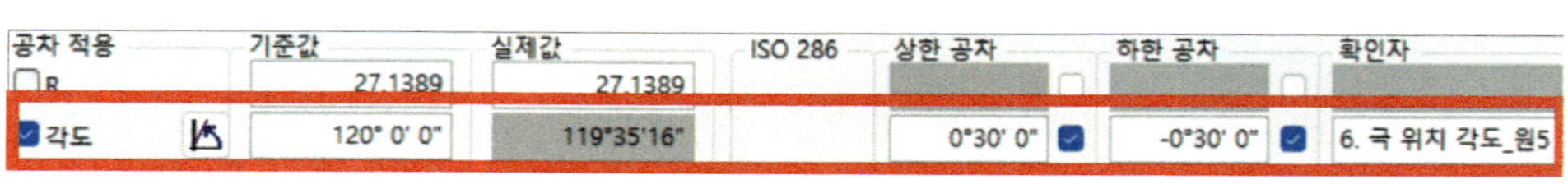

⑩ [요소] 〉 원5를 복사한다. 붙여넣기(원6, 원7 생성) 〉 원6을 더블클릭한다.

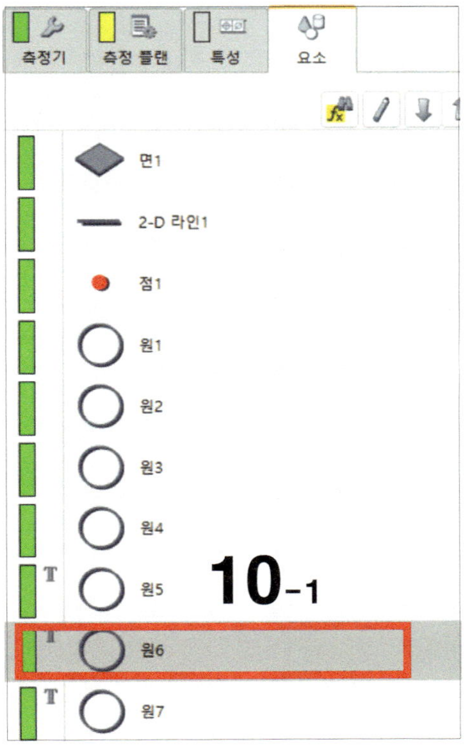

옵션 〉 한 개 요소 되부르기 〉 원3 선택(원3의 데이터를 가져옴)

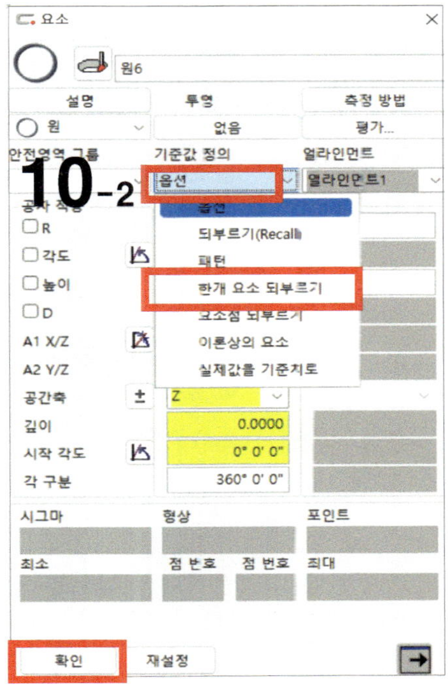

⑪ [요소] 〉 원7을 더블클릭한다. 기준값과 공차를 입력한다.

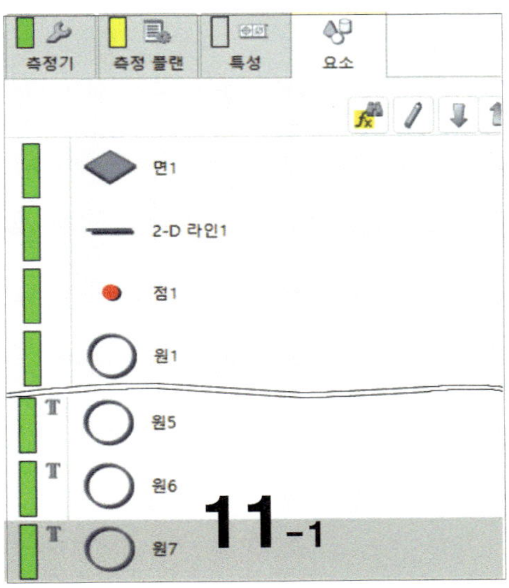

옵션 〉 한 개 요소 되부르기 〉 원4 선택(원4의 데이터를 가져옴)

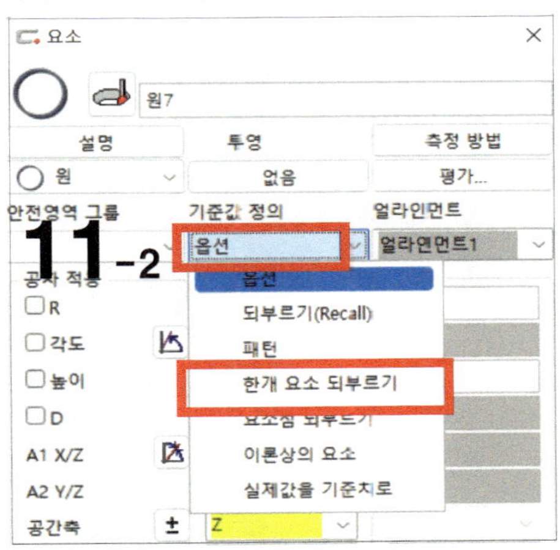

⑫ 도면에서 ⑧번 값을 얻기 위하여 각도 포맷 선택( )을 클릭한다.

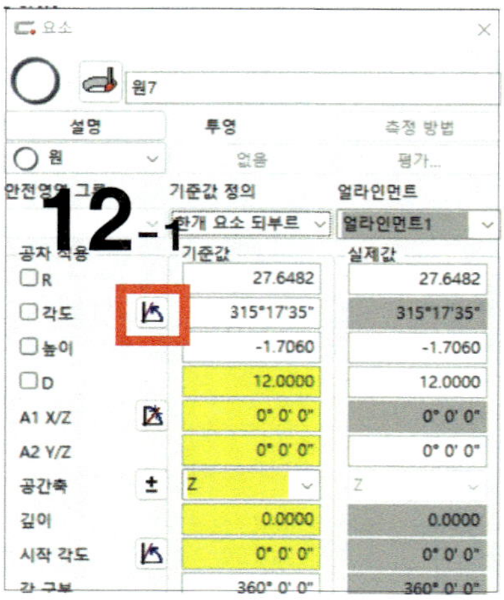

각도 값을 수정하기 위하여 '각도 포맷 선택'을 클릭한다.

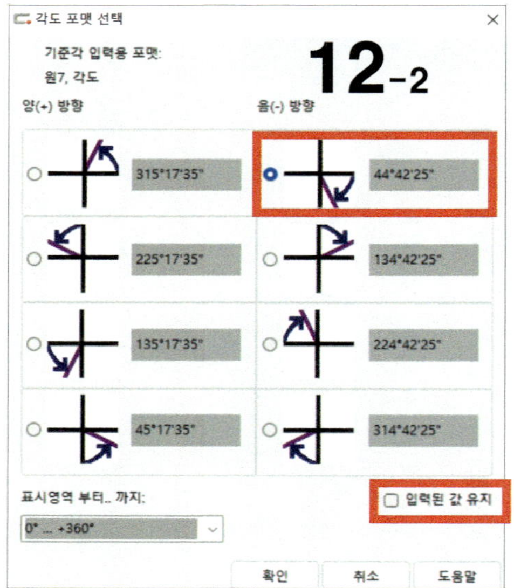

⑬ 특성에서 측정항목, 기준값, 공차를 확인한다.

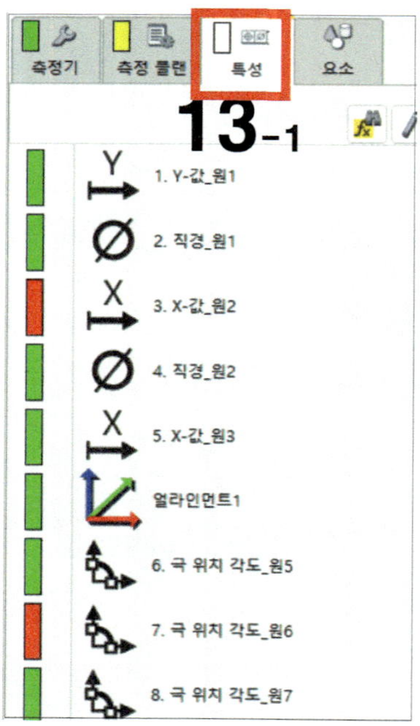

안전 영역을 설정한다.
(CNC로 측정을 할 경우)

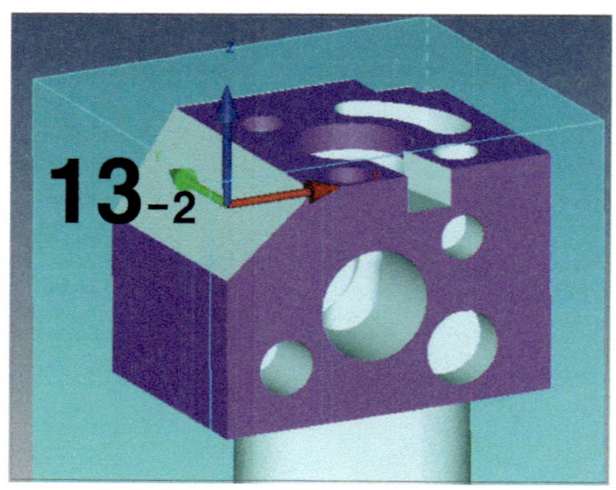

⓮ [측정플랜] – 다중 출력 설정 - 다중출력 표시하기를 클릭하고 조건을 확인한 다음 이상이 없으면 인쇄를 한다.

측정결과(생략)

실습과제 06

▌학습요점 : 거리 회전, XZ평면 이해

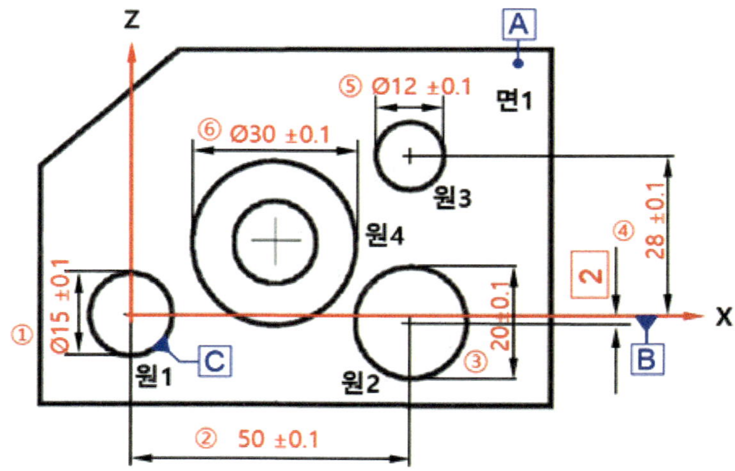

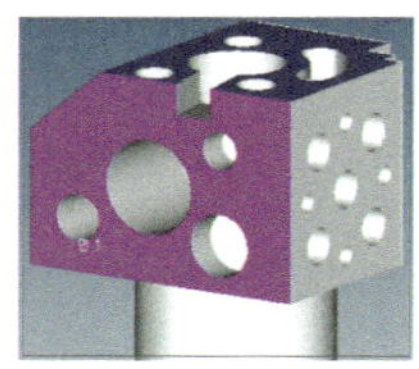

측정순서 요약

① 프로브 회전 또는 번호변경
② 면1, 원1. 원2 측정
③ 측정플랜 - 얼라인먼트 설정 - 새로운 베이스 얼라인먼트 생성
　공간정렬, 평면회전, X, Y, Z 원점에 요소 입력
④ 측정플랜 - 얼라인먼트 설정 - 현재 베이스 얼라인먼트 변경
⑤ 얼라인먼트 이동/회전 〉 +X축까지 거리 회전(2mm)
⑥ 원 3, 4 측정 〉 원1~원4 공차 입력
⑦ 인쇄

측정순서

❶ 프로브 변경(X+방향, #2)을 한다.

여기서 2가지 방법으로 할 수 있다. 회전식 프로브일 경우 회전할 때 충돌하지 않도록 안전한 위치로 이동한 후 실행한다.

① 먼저 조이스틱 박스  버튼 이용하거나

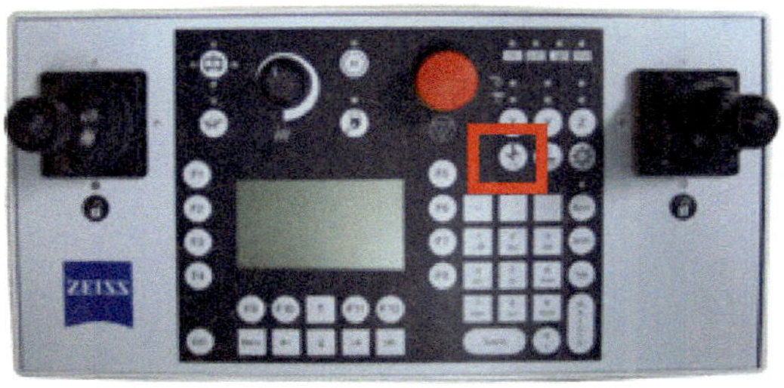

② [측정기] 〉 스타일러스 시스템 〉 스타일러스 번호-2번으로 변경

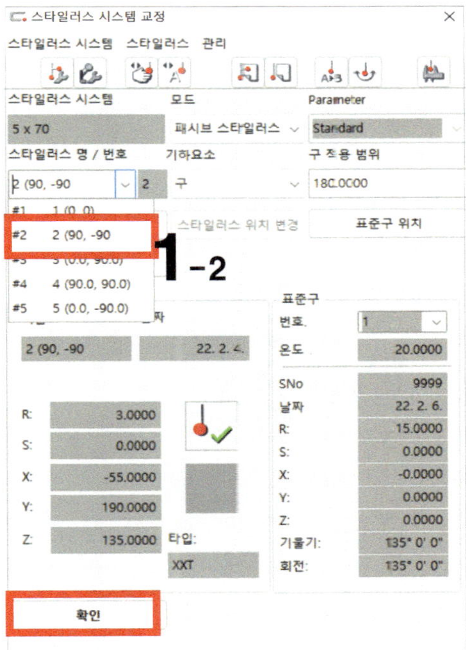

❷ 면1, 원1, 원2를 다음과 같이 측정한다.

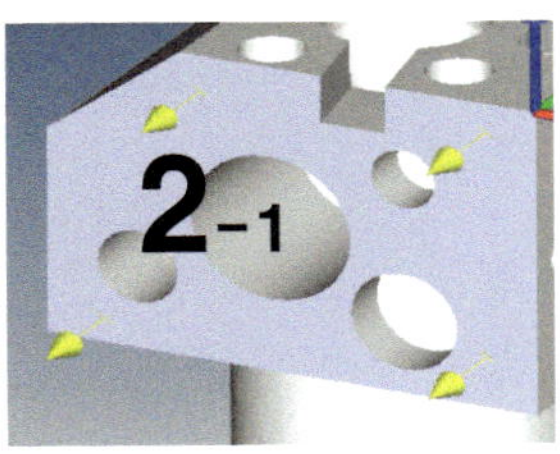

면1을 3점 이상 프로빙하면 자동으로 면을 인식한다. 확인을 누른다.
[데이텀이 정밀 제품인 경우 27점(3 line × 9점) 측정을 권장함]

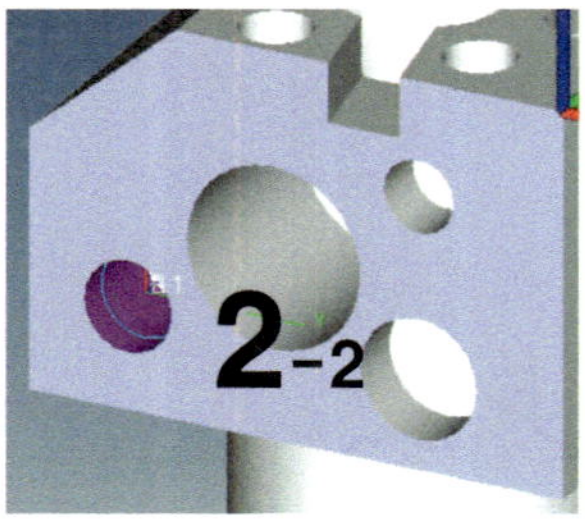

원1을 3점 이상 프로빙하면 자동으로 원을 인식한다. 확인을 누른다.

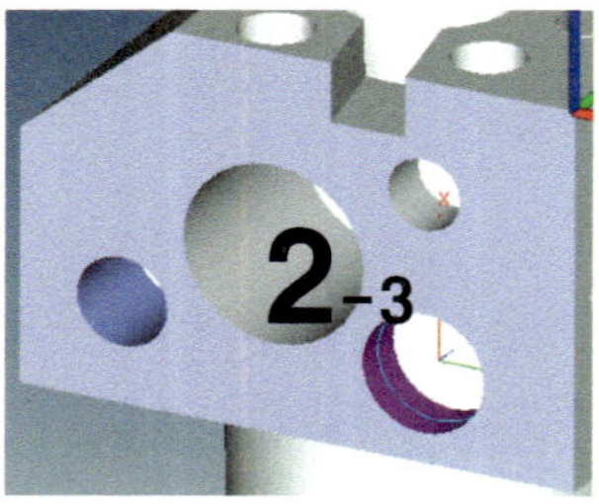

원2를 3점 이상 프로빙하면 자동으로 원을 인식한다. 확인을 누른다.

❸ 측정플랜 – 얼라인먼트 설정 – 새로운 베이스 얼라인먼트 생성 – 확인

공간정렬 : 면1, -Y축

평면회전 : 원2, +X축

X, 원점 : 원1

Y 원점 : 면1

Z 원점 : 원1

입력한다.

❹ 측정플랜 – 얼라인먼트 설정 – 현재 베이스 얼라인먼트 변경 – 확인

좌표 설정을 확인하고

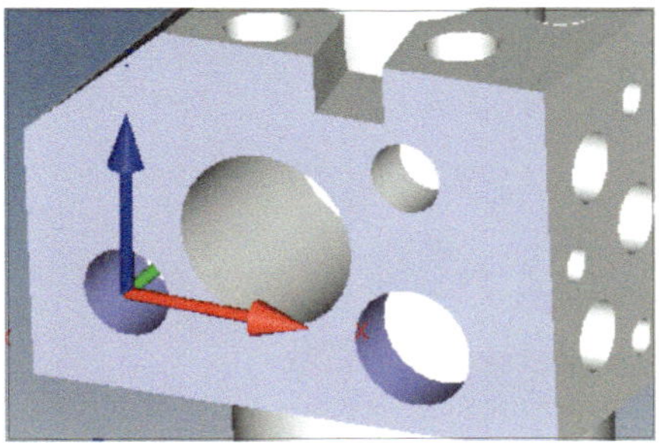

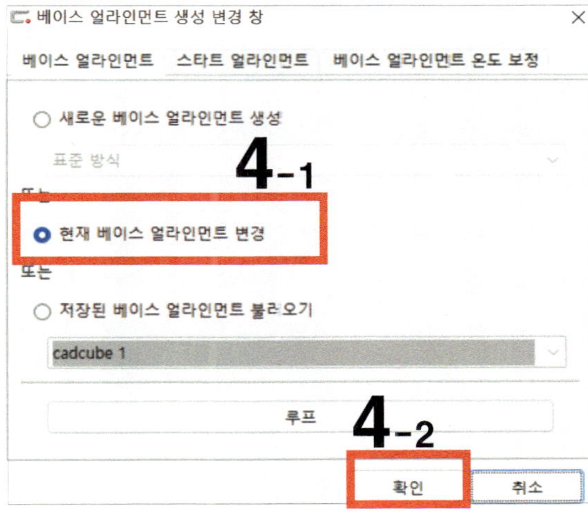

'+X축까지 회전 거리'에 -2를 입력하고 확인한다.

X축 방향이 원2 중심을 향하고 있음.(변경 전)

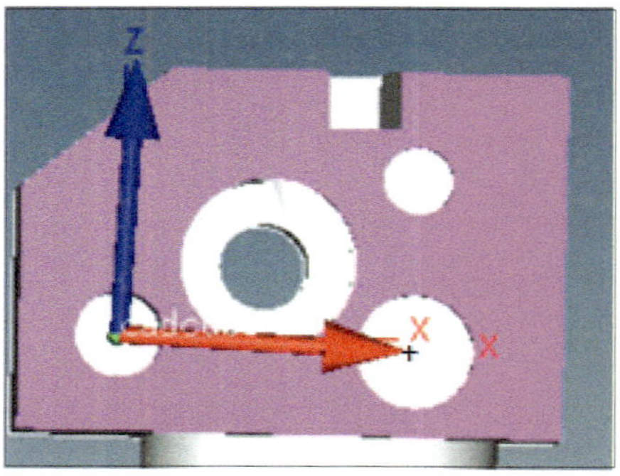

X축 방향이 원2 중심에서 2mm 회전했음을 알 수 있다. (변경 후)

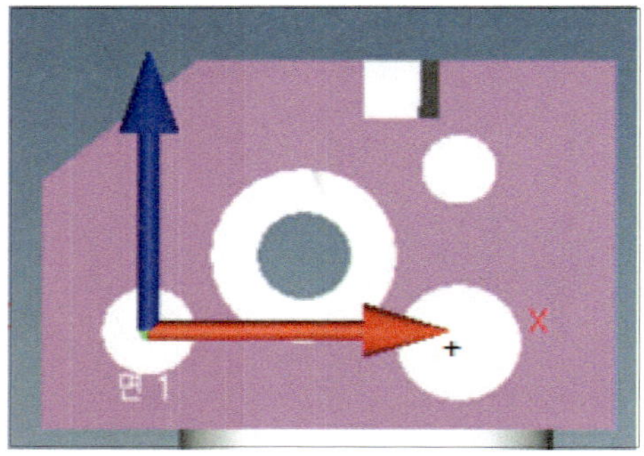

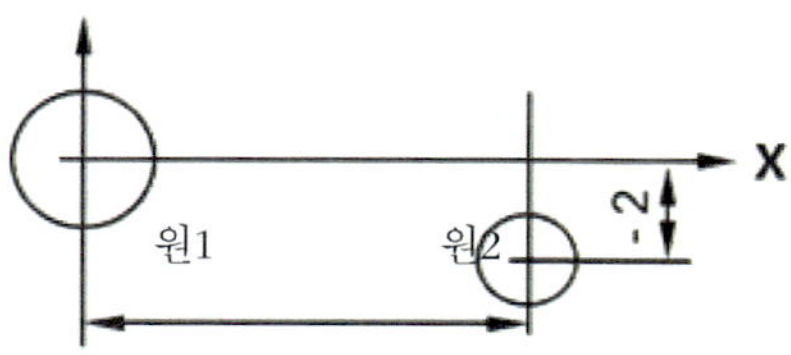

좌표축을 중심으로 요소(원2)가 시계방향이므로 - 부호가 붙여짐

❺ 원3, 원4를 측정하고 공차를 입력한다.

측정결과 (생략)

실습과제 07

▎학습요점 : **요소 간 거리, 각도(거리종합), 포뮬라**

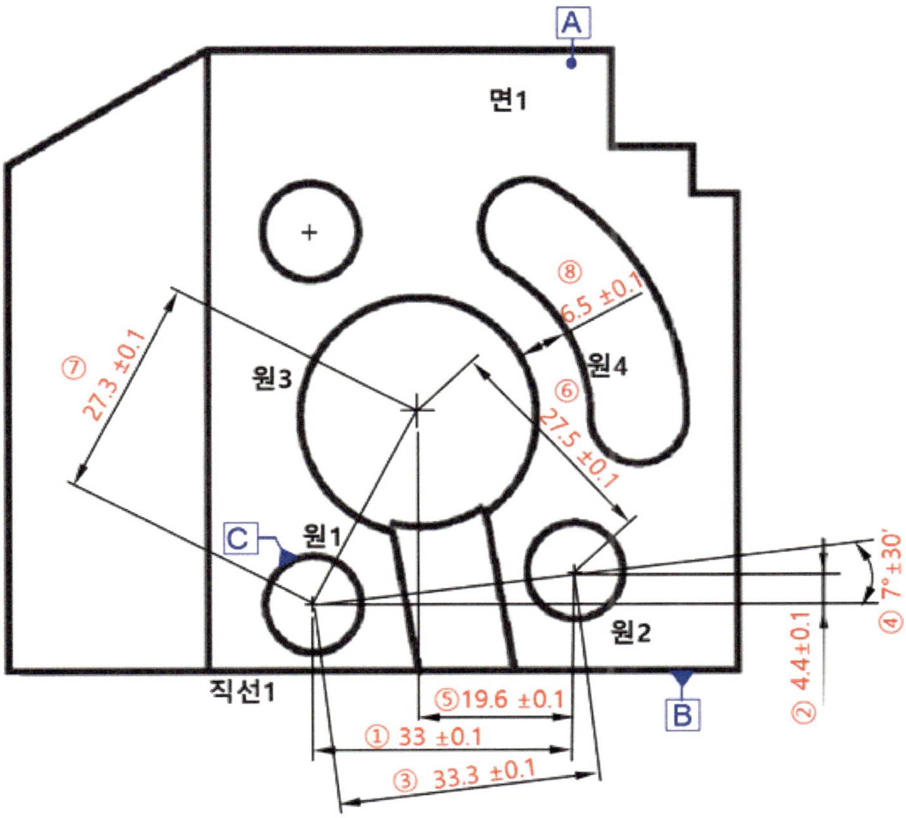

측정순서 요약

① 면1, 직선1, 원1, 원2 측정

② 측정플랜 - 얼라인먼트 설정 - 새로운 베이스 얼라인먼트 생성

③ 원3, 4 측정

④ [크기] 〉 거리 〉 거리종합, 특성복사

⑤ [크기] 〉 추가 〉 결과 요소 〉 표뮬라

⑥ 인쇄

측정순서

❶ 면1, 직선1, 원1, 원2를 측정한다.

❷ [측정플랜] – 얼라인먼트 설정 – 새로운 베이스 얼라인먼트 생성 – 확인

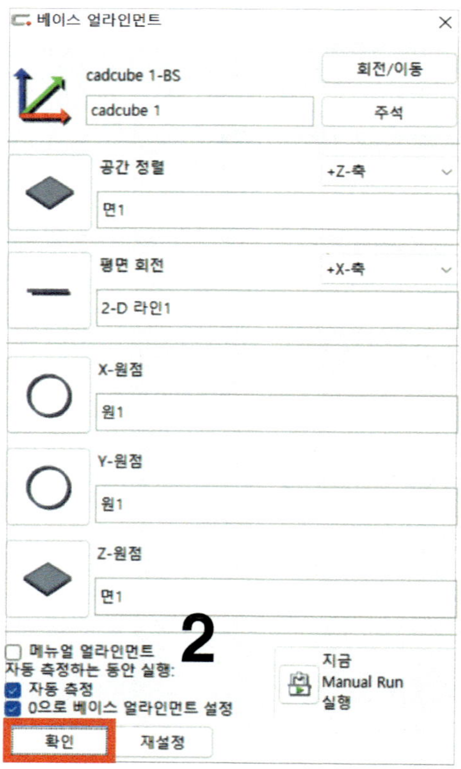

공간정렬 : 면1, -Y축

평면회전 : 2-D라인, +X축

X 원점 : 원1

Y 원점 : 원1

Z 원점 : 면1을 입력한다.

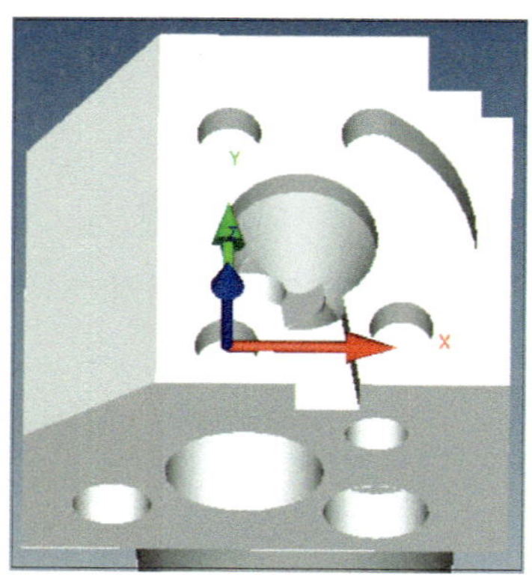

❸ 원3, 원4를 측정한다.

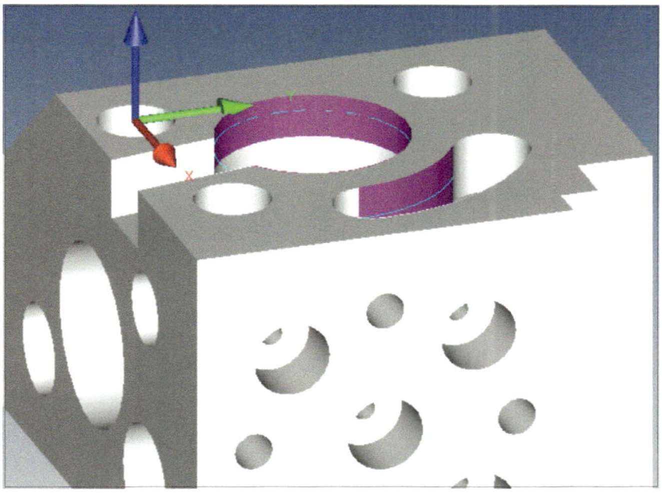

❹ [크기] 〉 거리 〉 거리종합을 클릭한다.

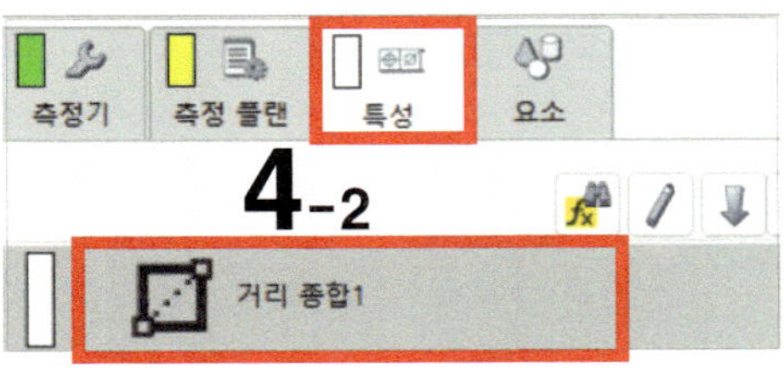

특성에서 거리종합1을 더블클릭하여 옆 그림과 같이 입력한다.

❺ 특성을 복사한다. (오른쪽 마우스 또는 Ctrl+c 〉 Ctrl+v)

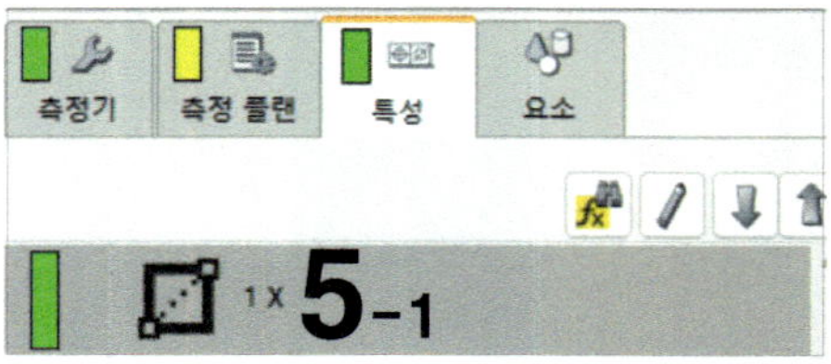

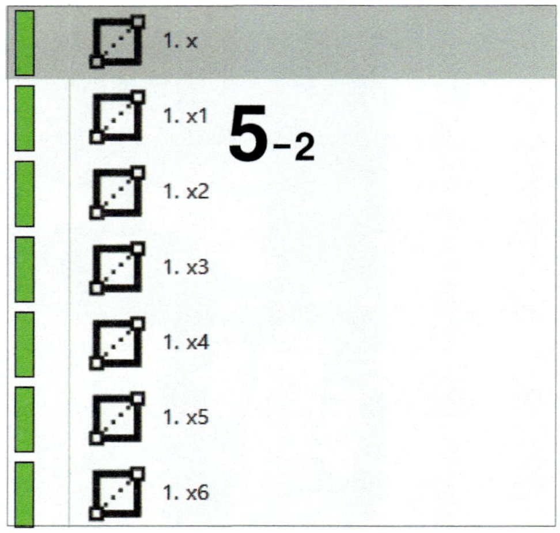

① 특성을 필요한 만큼 복사한다. (오른쪽 마우스 또는 Ctrl+c 〉 Ctrl+v)

② 복사한 특성 1. x1을 더블클릭하여 측정번호를 입력하고 항목과 공차를 입력한다. 같은 방법으로 특성을 더블클릭하여 다음과 같이 주석과 요소, 공차를 입력한다.

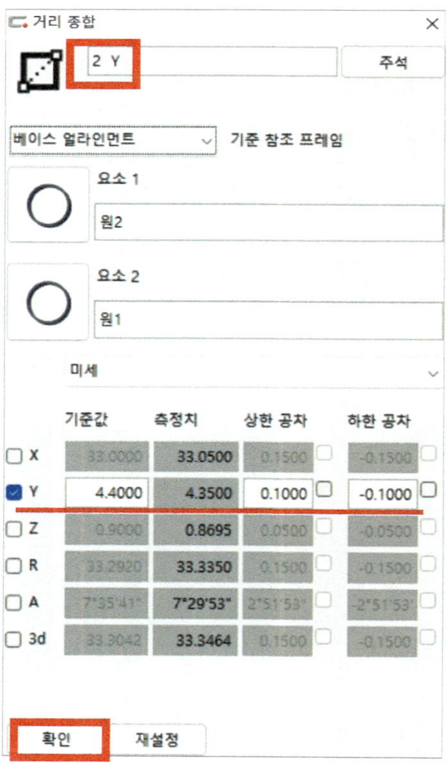

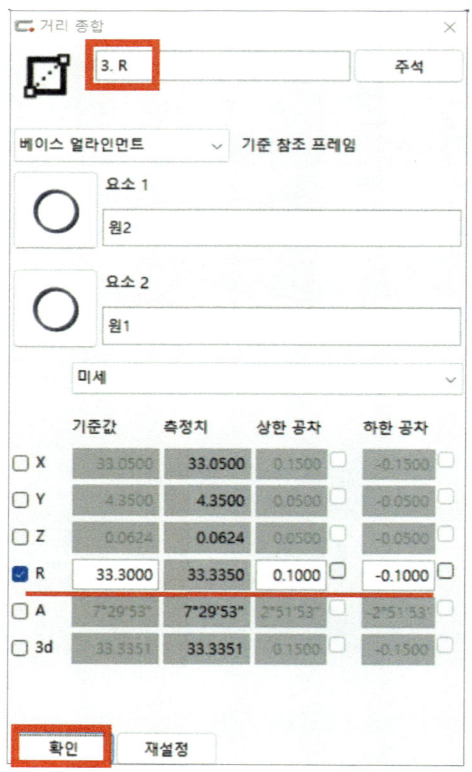

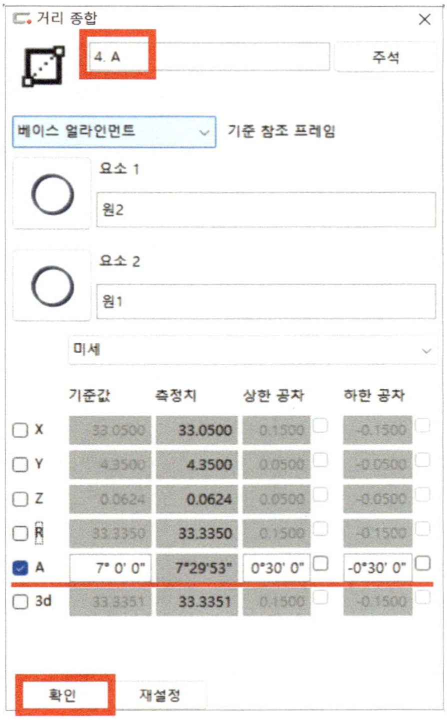
거리 종합
4. A
주석
베이스 얼라인먼트
기준 참조 프레임
요소 1
원2
요소 2
원1
미세
기준값 측정치 상한 공차 하한 공차
X 33.0500 33.0500 0.1500 -0.1500
Y 4.3500 4.3500 0.0500 -0.0500
Z 0.0624 0.0624 0.0500 -0.0500
R 33.3350 33.3350 0.1500 -0.1500
A 7° 0' 0" 7°29'53" 0°30' 0" -0°30' 0"
3d 33.3351 33.3351 0.1500 -0.1500
확인
재설정

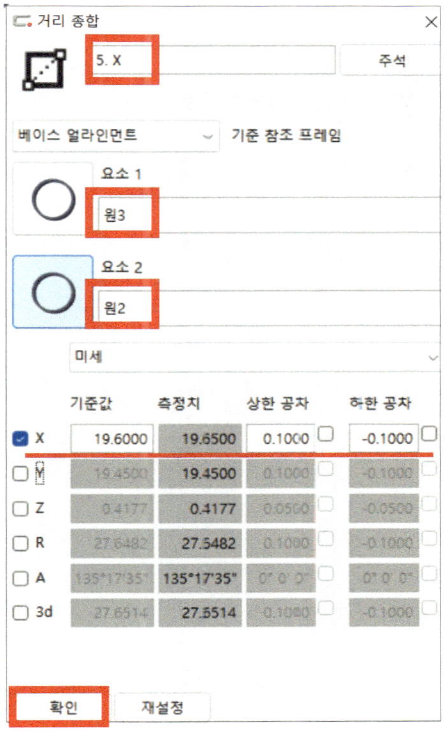
거리 종합
5. X
주석
베이스 얼라인먼트
기준 참조 프레임
요소 1
원3
요소 2
원2
미세
기준값 측정치 상한 공차 하한 공차
X 19.6000 19.6500 0.1000 -0.1000
Y 19.4500 19.4500 0.1000 -0.1000
Z 0.4177 0.4177 0.0500 -0.0500
R 27.6482 27.5482 0.1000 -0.1000
A 135°17'35" 135°17'35" 0° 0' 0" 0° 0' 0"
3d 27.6514 27.5514 0.1000 -0.1000
확인
재설정

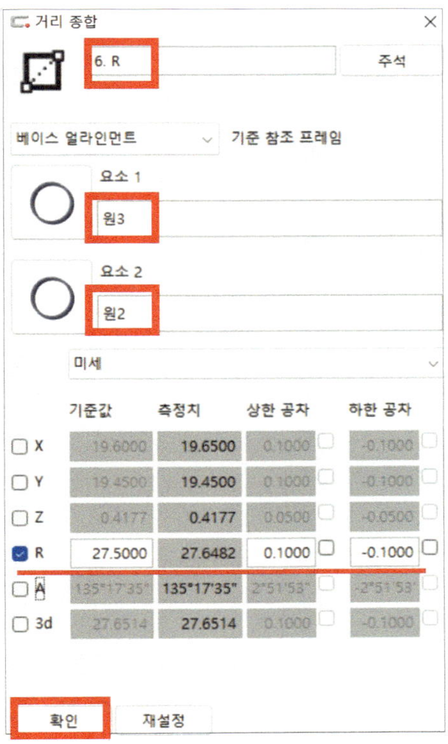
거리 종합
6. R
주석
베이스 얼라인먼트
기준 참조 프레임
요소 1
원3
요소 2
원2
미세
기준값 측정치 상한 공차 하한 공차
X 19.6000 19.6500 0.1000 -0.1000
Y 19.4500 19.4500 0.1000 -0.1000
Z 0.4177 0.4177 0.0500 -0.0500
R 27.5000 27.6482 0.1000 -0.1000
A 135°17'35" 135°17'35" 2°51'53" -2°51'53"
3d 27.6514 27.6514 0.1000 -0.1000
확인
재설정

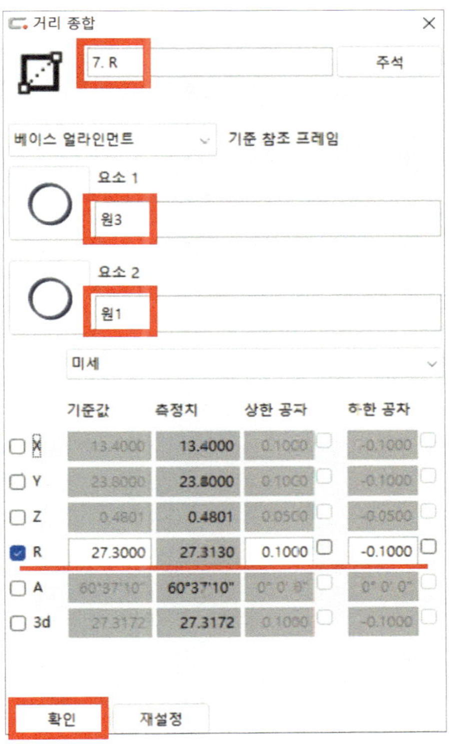
거리 종합
7. R
주석
베이스 얼라인먼트
기준 참조 프레임
요소 1
원3
요소 2
원1
미세
기준값 측정치 상한 공차 하한 공차
X 13.4000 13.4000 0.1000 -0.1000
Y 23.8000 23.8000 0.1000 -0.1000
Z 0.4801 0.4801 0.0500 -0.0500
R 27.3000 27.3130 0.1000 -0.1000
A 60°37'10" 60°37'10" 0° 0' 0" 0° 0' 0"
3d 27.3172 27.3172 0.1000 -0.1000
확인
재설정

❻ 도면의 ⑧번 값을 구하기 위하여 [크기] 〉 추가 〉 결과 요소를 클릭한다.

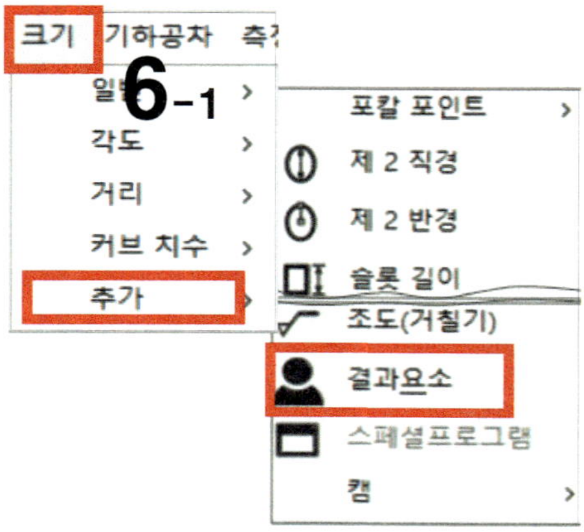

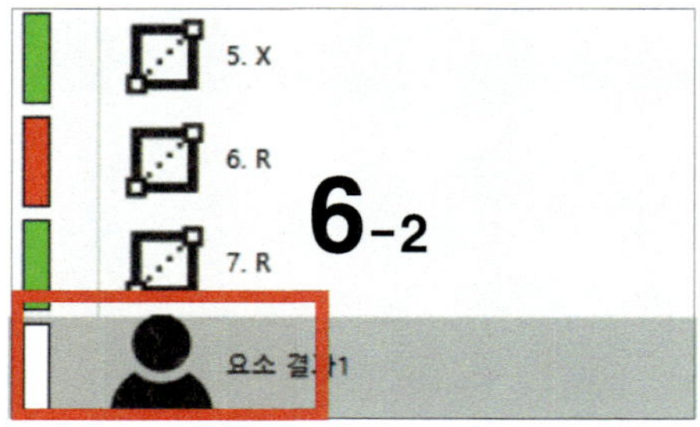

특성에서 결과 요소를 더블 클릭한다.

① 포뮬라를 클릭 후 마우스 오른쪽 클릭하여 포뮬라를 선택한다.

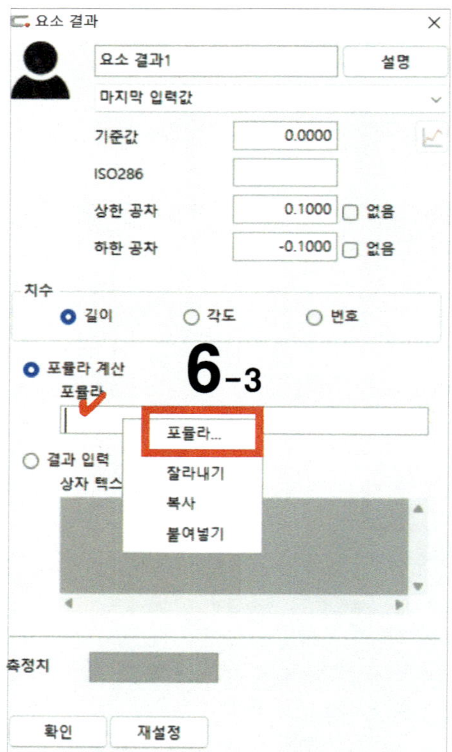

② 원4 〉 Radius 〉 더블클릭 -

(원4 〉 radius 더블클릭 -

③ 키보드를 이용하여 - -입력한 후 〉
원3 〉 Radius 더블클릭 〉 계산 〉 확인 〉 확인

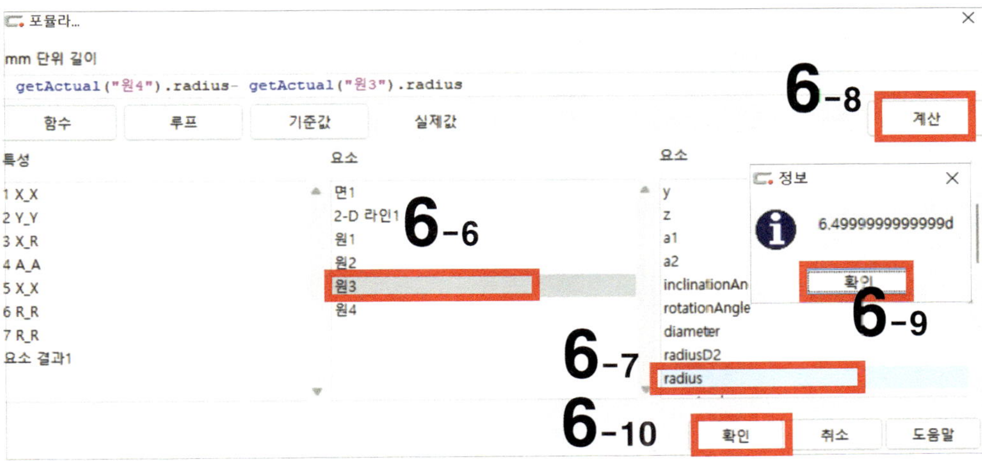

입력창 확대한 그림

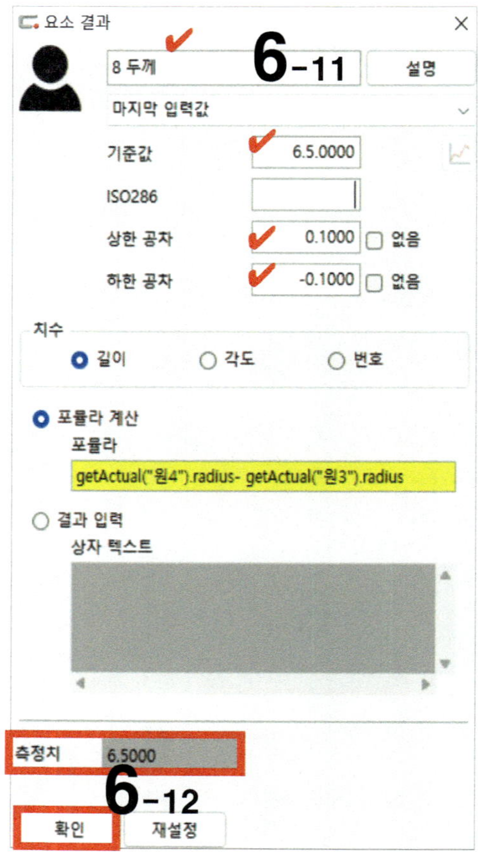

측정 결과 생략

실습과제 08

▍학습요점 : **캘리퍼 거리, 특성복사, 이중 원호(포뮬라), 반경 표시**

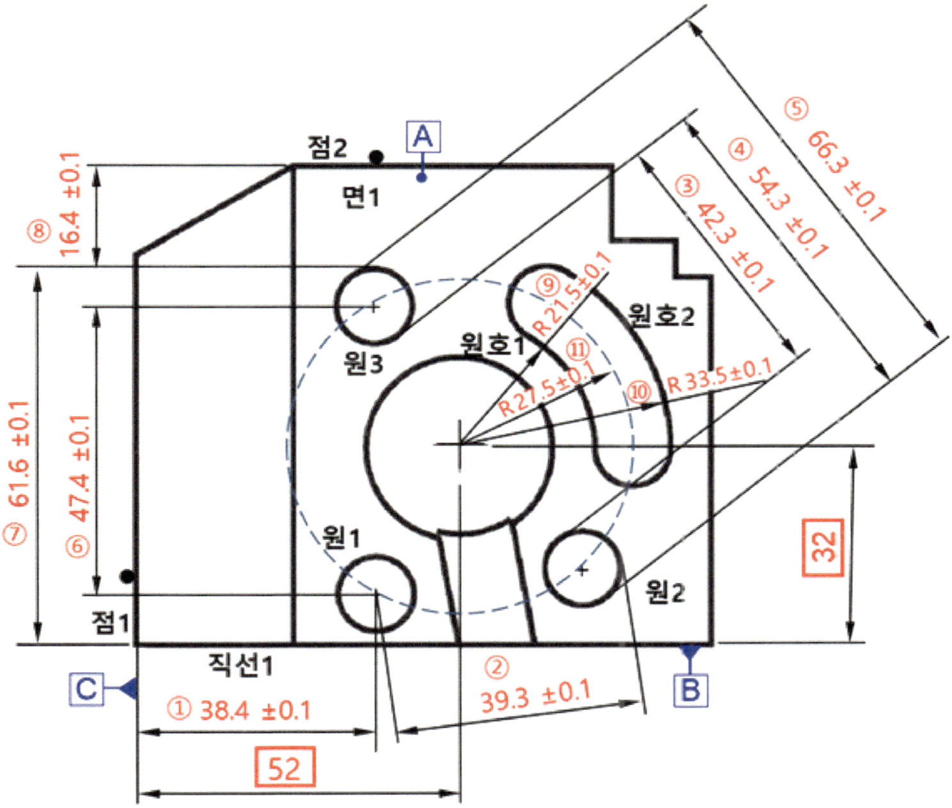

측정순서 요약

① 측정플랜 - 얼라인먼트 설정 - 새로운 베이스 얼라인먼트 생성

② 면1, 직선1, 점 1 측정 〉 공간정렬(면1), 평면회전(직선1), 원점지정(점1)

③ 원1～원4, 점2 측정, 원1 선택 〉 X 클릭

④ [크기] 〉 거리 〉 캘리퍼 거리

⑤ 특성복사 〉 요소 입력 〉 기준값, 공차 입력

⑥ 원호 측정 〉 이중 원호(포뮬라 계산)

⑦ 인쇄

측정순서

❶ [측정플랜] – 얼라인먼트 설정 – 새로운 베이스 얼라인먼트 생성 – 확인

면1, 면2, 원1, 원2를 측정한다.

공간정렬 : 면1

평면회전 : 2-D라인(직선1)

X 원점 : 점1

Y 원점 : 2-D라인(직선1)

Z 원점 : 면1

을 입력한다.

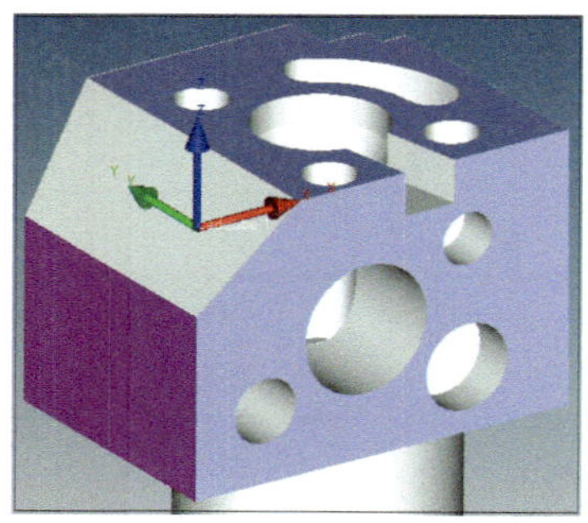

❷ 원1~원3, 점2를 측정하고, 원1을 더블클릭하여 X를 선택하고 공차를 입력한다.

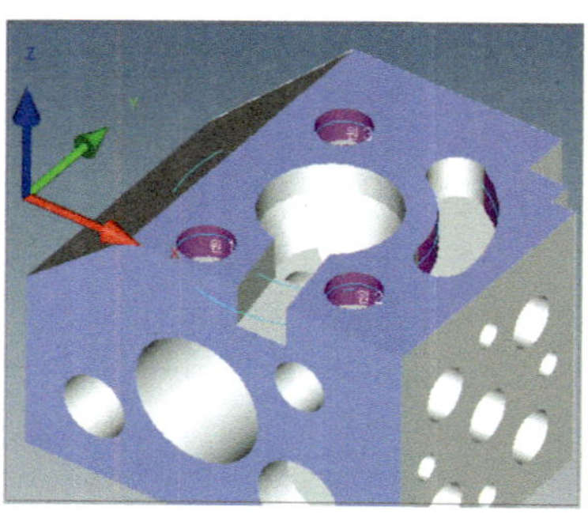

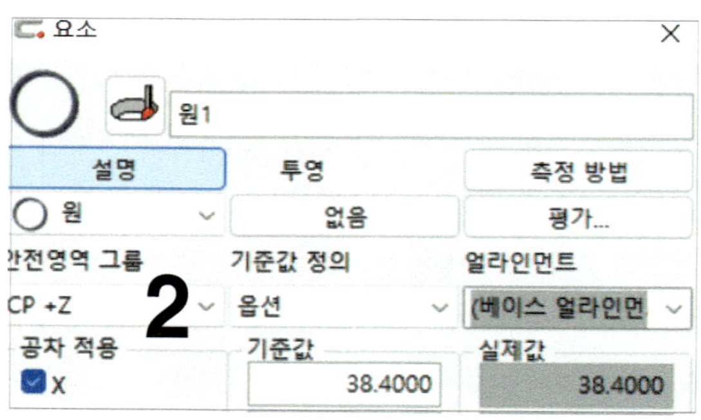

❸ [크기] 〉 거리 〉 캘리퍼 거리 〉 c 거리1을 클릭하고 복사하여 6개를 추가한다.

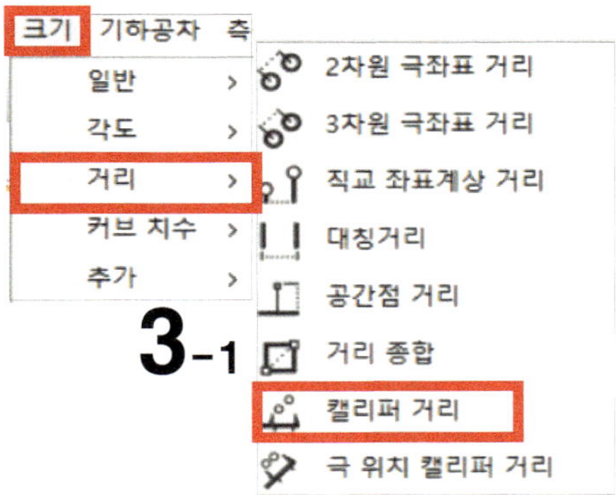

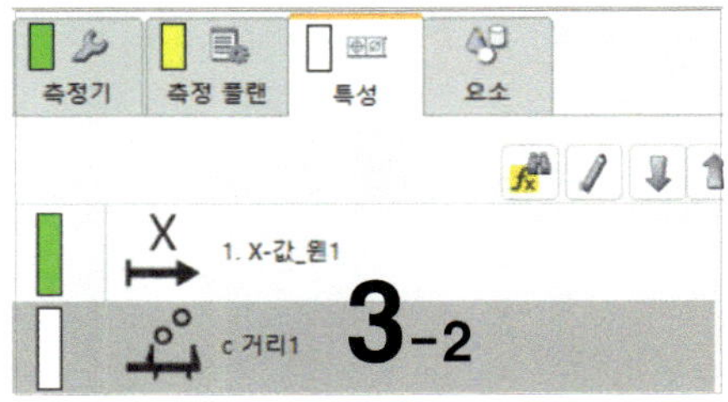

특성을 복사한다.
(마우스 오른쪽 또는 Ctrl+c 〉 Ctrl+v)

복사한 특성

첫 번째 특성을 더블클릭하여 요소에 원1 중심, 원2 최대를 입력한다.

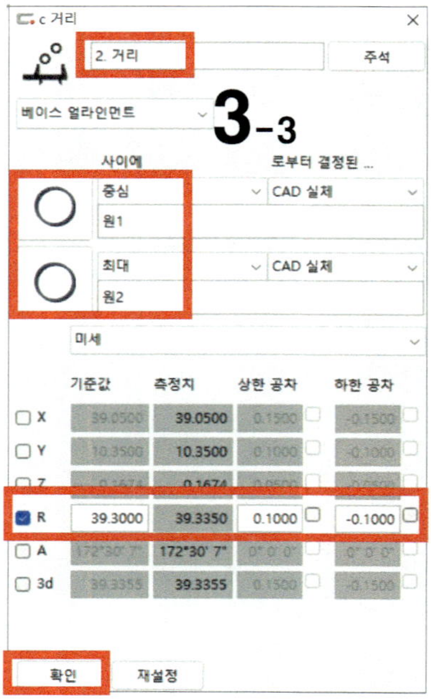

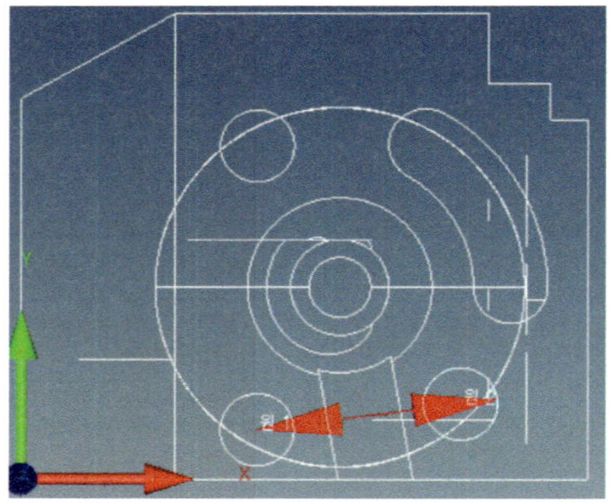

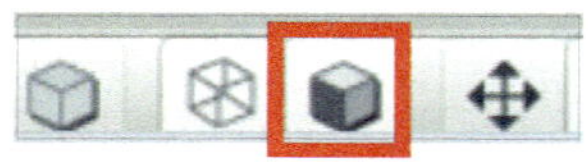

'CAD 모델의 서페이스 보기'를 클릭한다.
②번 값을 출력하기 위하여 R을 클릭하고 기준값, 공차를 입력한다.

다음 특성을 더블클릭하여 요소에 원2 최소, 원3 최소를 입력한다.

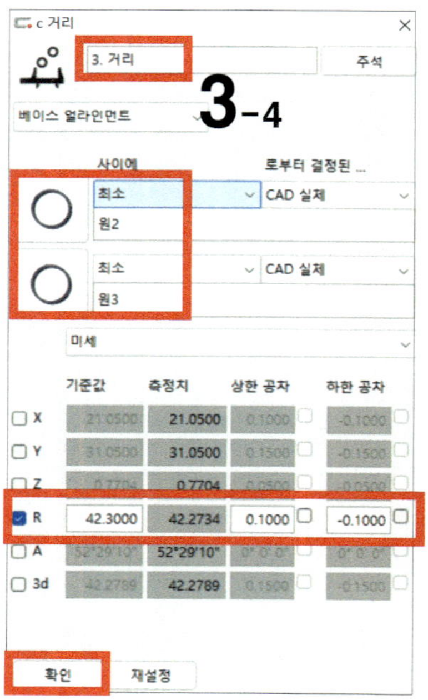

③번 값을 출력하기 위하여 R을 클릭하고 기준값, 공차를 입력한다.

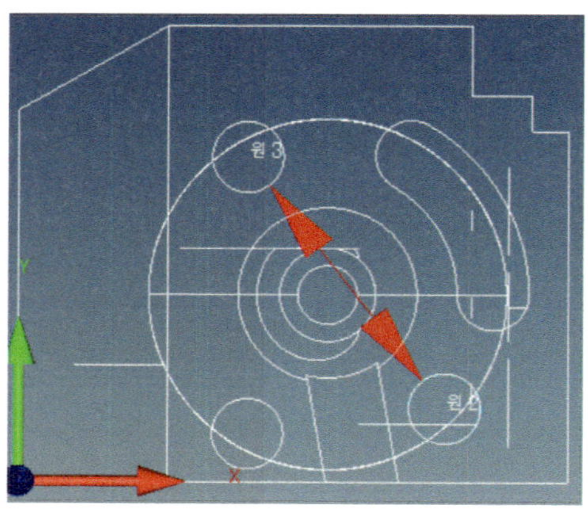

다음 특성을 더블클릭하여 요소에 원2 최대, 원3 최소를 입력한다.

3-5

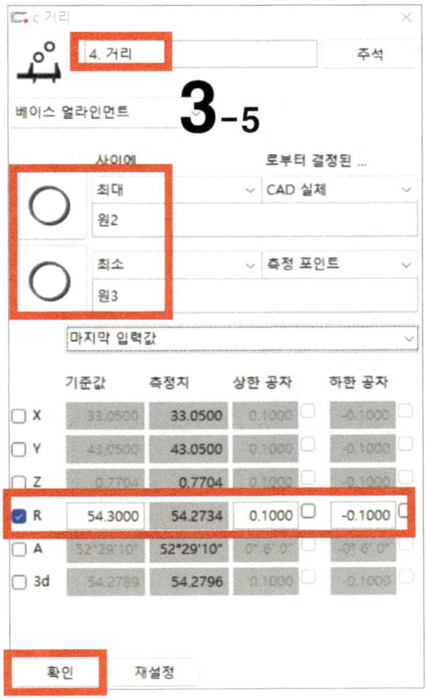

④번 값을 출력하기 위하여 R을 클릭하고 기준값, 공차를 입력한다.

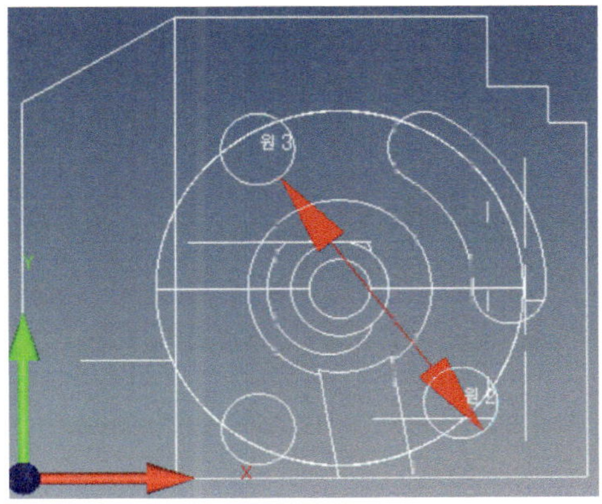

다음 특성을 더블클릭하여 요소에 원2 최대, 원3 최대를 입력한다.

3-6

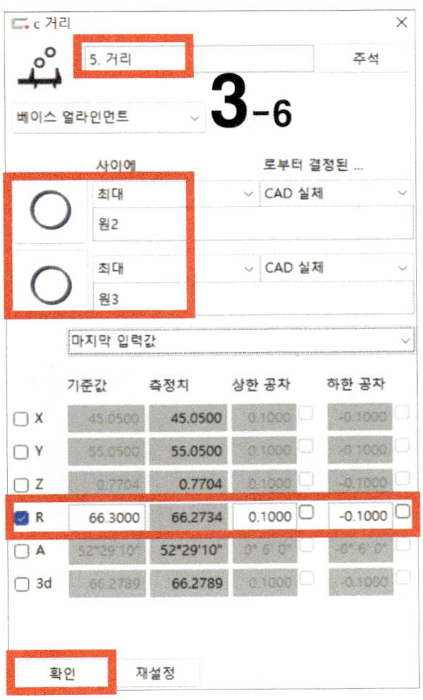

⑤번 값을 출력하기 위하여 R을 클릭하고 기준값, 공차를 입력한다.

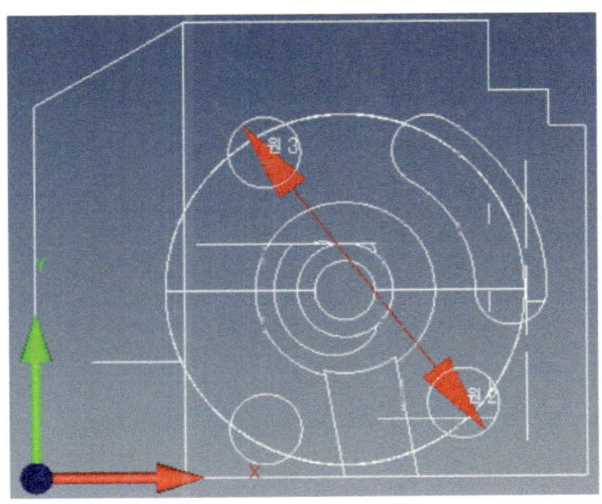

다음 특성을 더블클릭하여 요소에 원1 중심, 원3 중심을 입력한다.

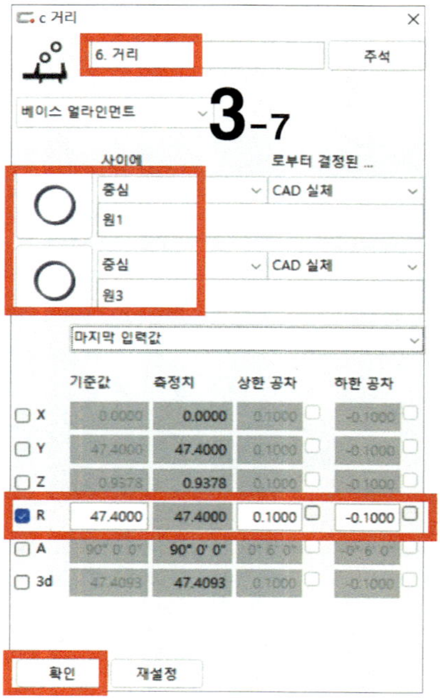

⑥번 값을 출력하기 위하여 R을 클릭하고 기준값, 공차를 입력한다.

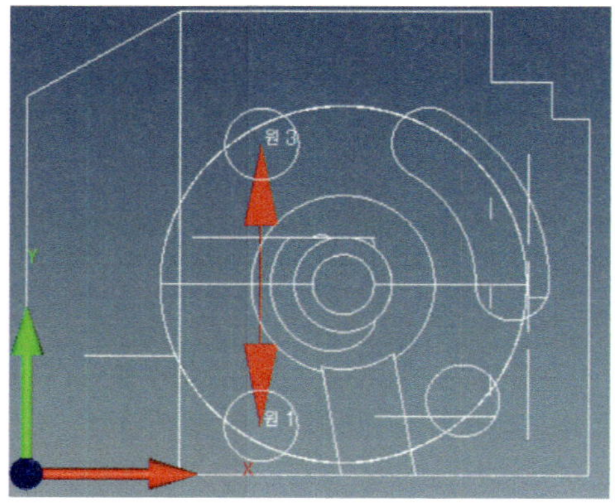

다음 특성을 더블클릭하여 요소에 2-D 라인 1 최대, 원3 최대를 입력한다.

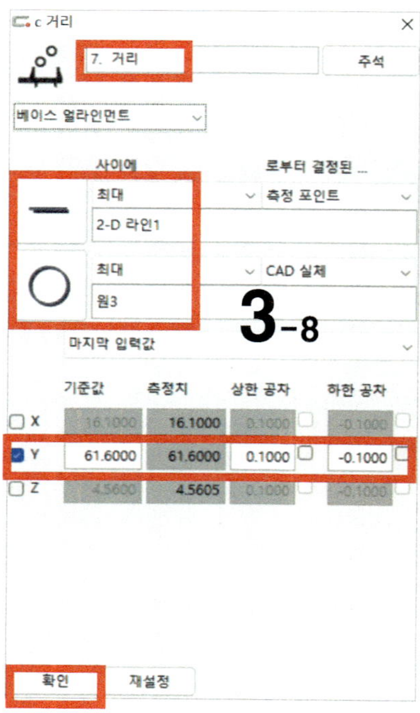

⑦번 값을 출력하기 위하여 Y를 클릭하고 기준값, 공차를 입력한다.

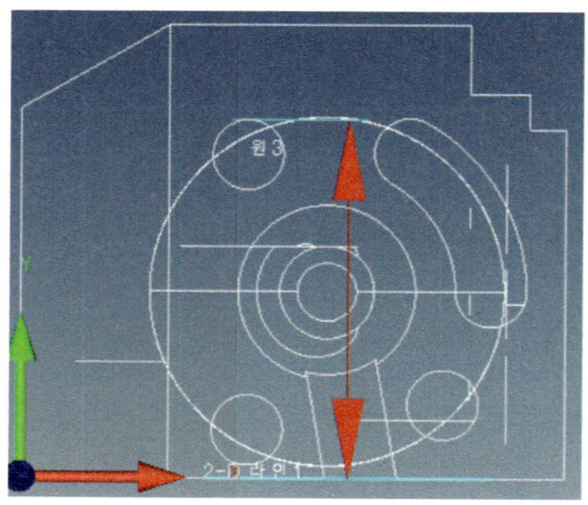

다음 특성을 더블클릭하여 요소에 점2 중심, 원3 최소를 입력한다.

⑧번 값을 출력하기 위하여 Y를 클릭하고 기준값, 공차를 입력한다.

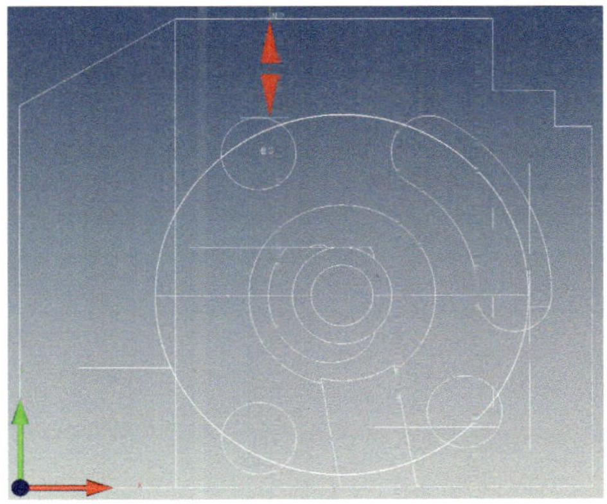

❹ 원호1을 원으로 3포인트 측정한다.

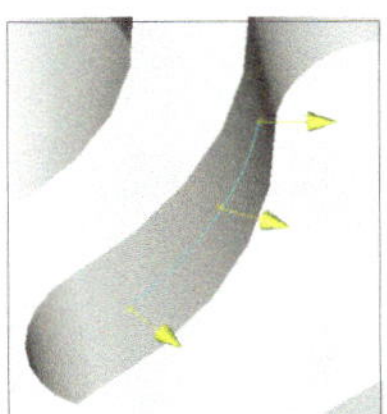

아래 그림에서 원호의 중심좌표를 입력한다.

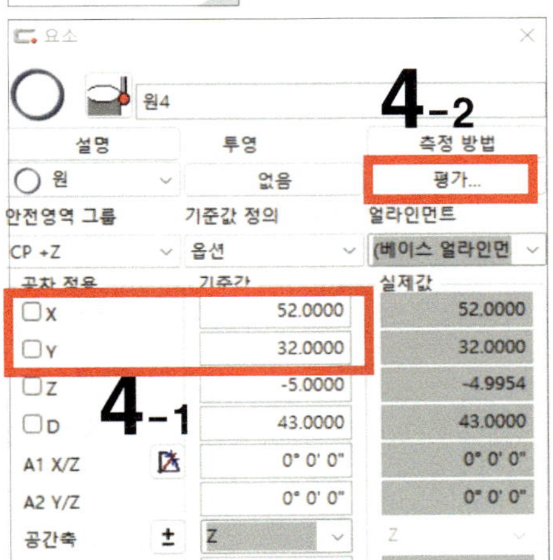

여기서 반경으로 표시하려면

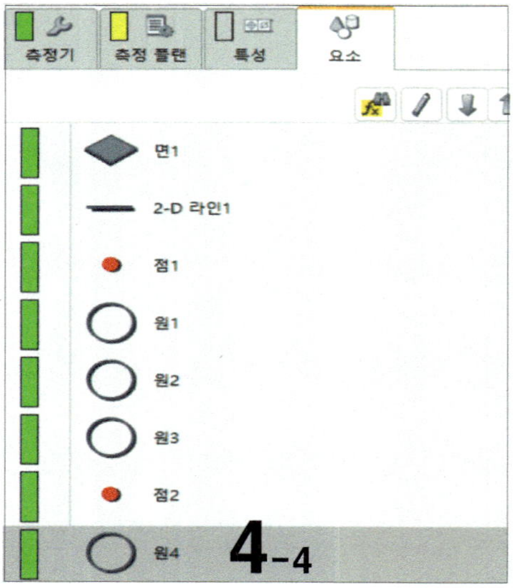

요소 표현방식설정( )에서

[자원] - 요소 표현 - 반경 R

또는

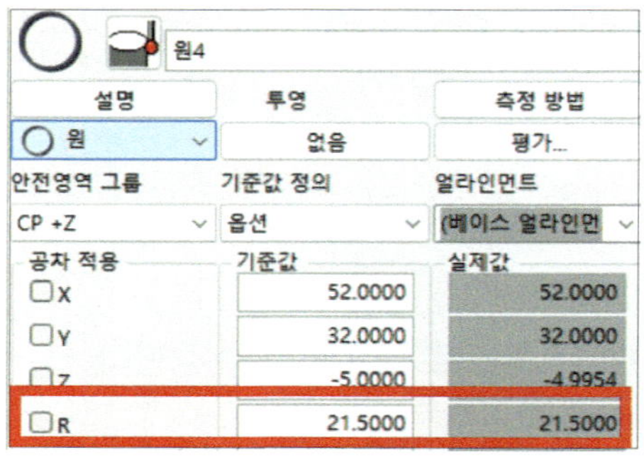

❺ 원호2를 원으로 3포인트 측정한다. 위 원호 1과 같은 방법으로 측정한다.

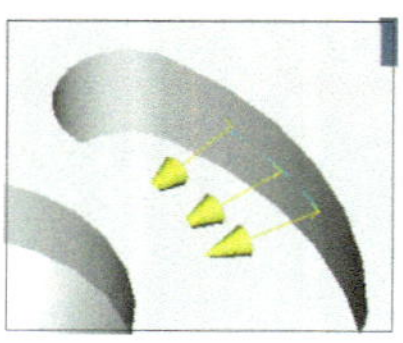

아래 그림에서 원호의 중심좌표를 입력한다.

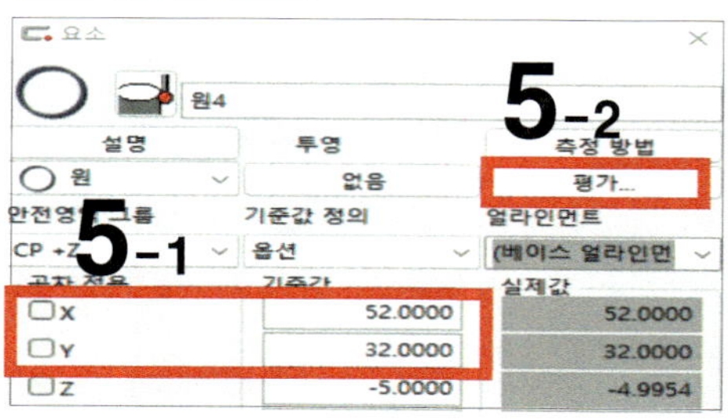

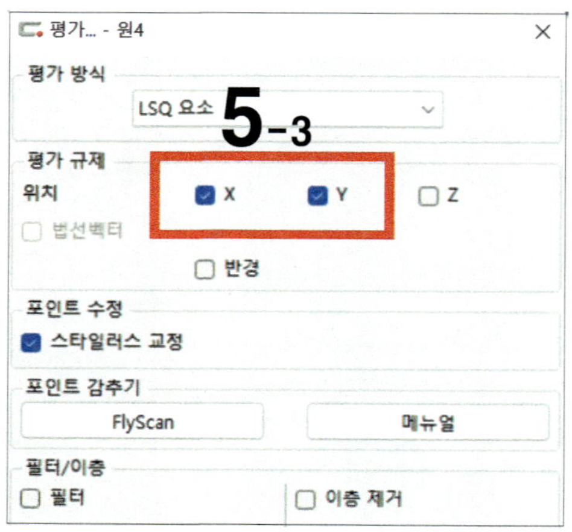

나머지도 반경 표시도 위와 같은 방법으로 한다.

❻ 이중 원호 ⑪을 계산하여 보자

[측정 요소]- 원 : 원6을 생성한다.

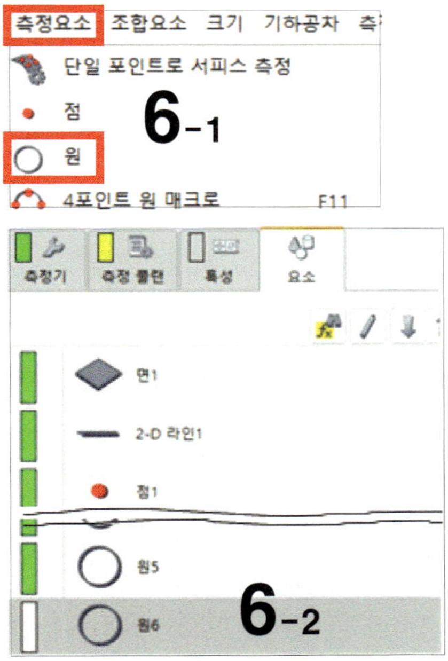

원6을 더블클릭하여 〉 옵션 〉 이론상 요소 〉 R 기준값 클릭 〉 마우스 오른쪽 클릭 〉 포뮬라 클릭

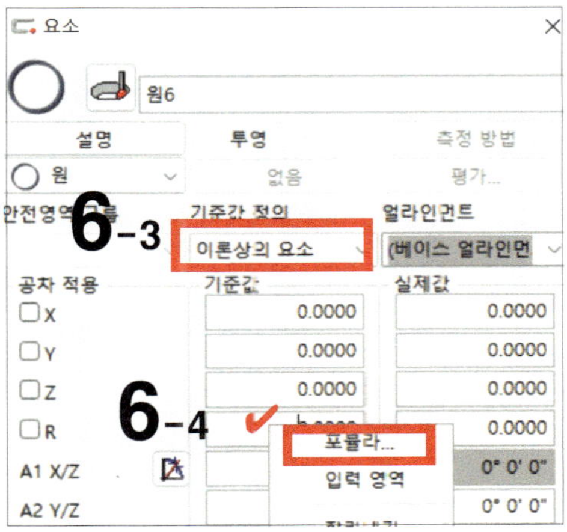

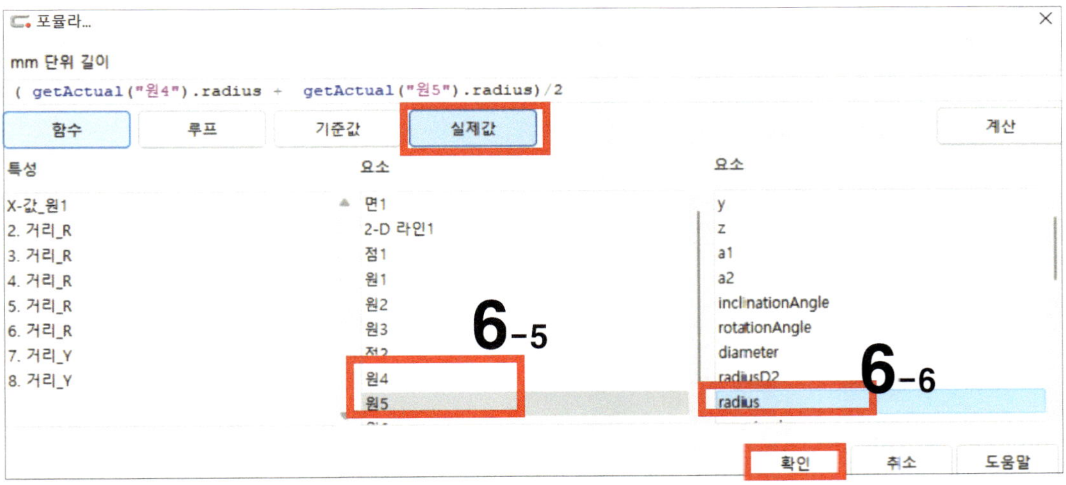

(getActual("원4").radius + getActual("원5").radius)/2

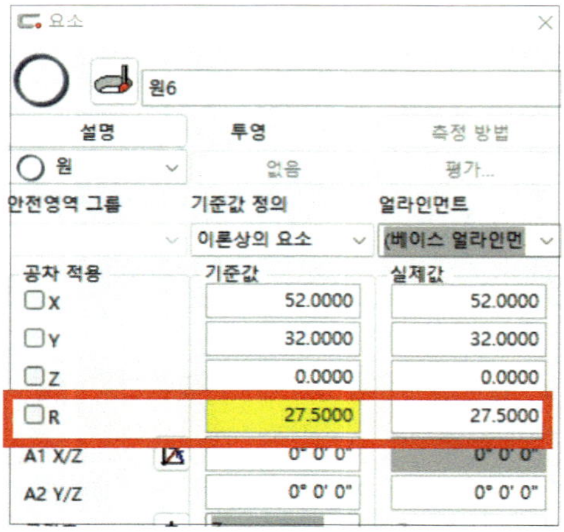

계산된 이중 원호 값 ⑪

측정 결과 생략

실습과제 09

▍학습요점 : 수선, 교차, 대칭, 투영, 요소 사이의 각도

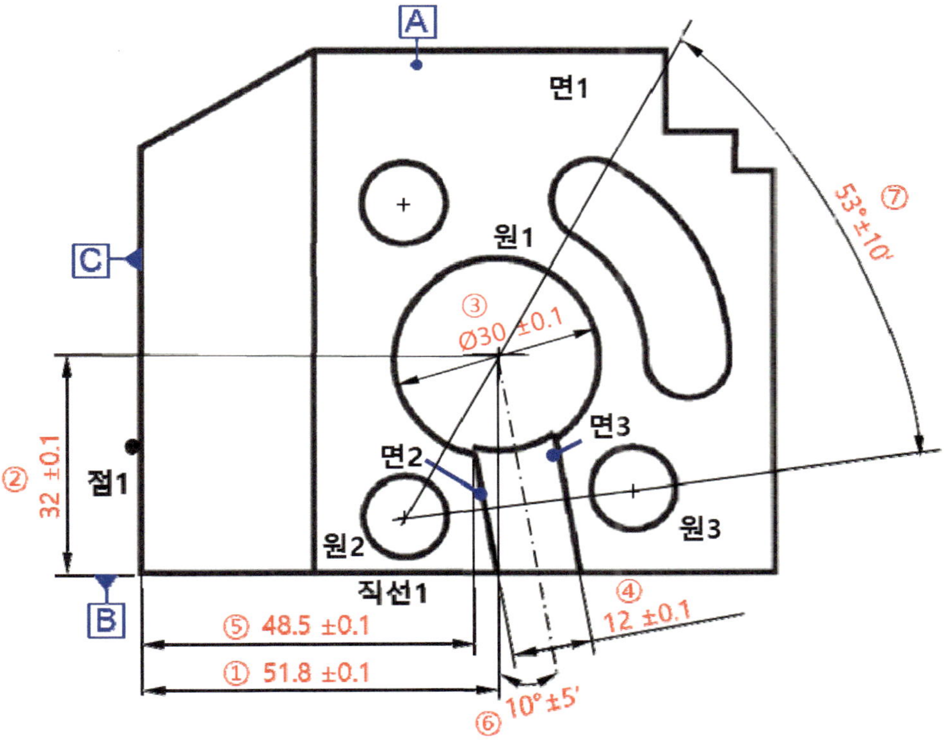

측정순서 요약

① 측정플랜 - 얼라인먼트 설정 – 새로운 베이스 얼라인먼트 생성

② 공간정렬(면1), 평면회전(직선1), 원점지정(점1)

③ 원1~3, 면2~3 측정,

④ [조합요소] 〉 교차 〉 요소 입력(원1, 면2)

⑤ [조합요소] 〉 수선 〉 요소 입력(면2, 면3)

⑥ [조합요소] 〉 대칭 〉 요소 입력(면2, 면3)

⑦ [측정요소] 〉 3차원 직선 〉 되부르기 〉 요소 입력

⑧ [조합요소] 〉 투영 〉3차원 길이 〉 요소 입력

⑨ 요소 사이의 각도 〉 인쇄

측정순서

❶ [측정플랜] – 얼라인먼트 설정 – 새로운 베이스 얼라인먼트 생성 – 확인

면1, 직선1, 점1을 측정한다.

공간정렬 : 면1

평면회전 : 2-D라인(직선1)

X 원점 : 점1

Y 원점 : 2-D라인(직선1)

Z 원점 : 면1을 입력한다.

❷ 원1~3을 측정하고 원1에 X, Y, D에 기준값, 공차, 측정번호를 입력한다.

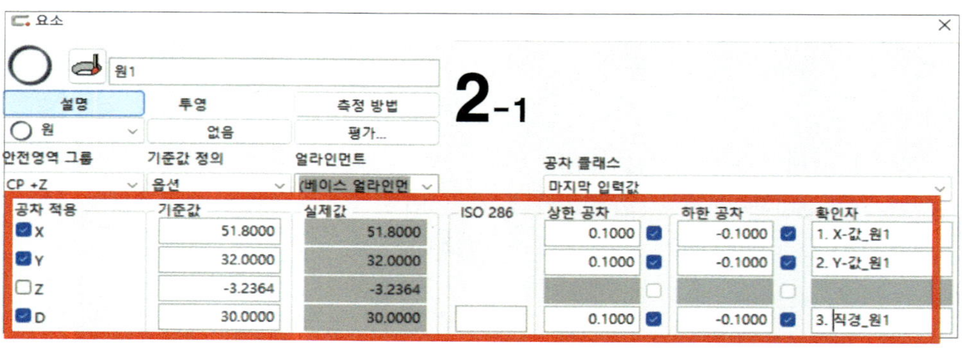

❸ 면2, 면3을 측정한다.

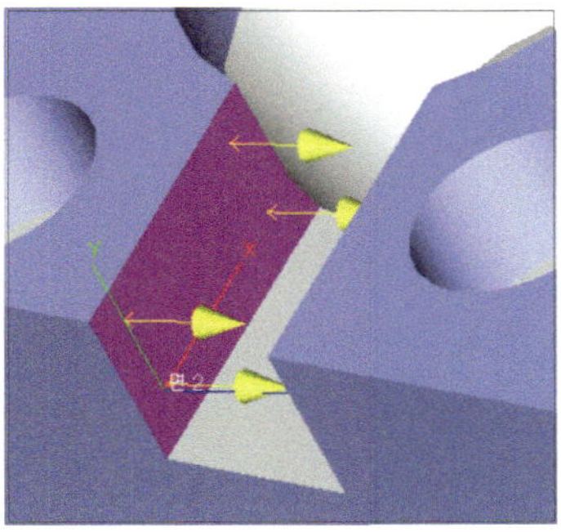

면2

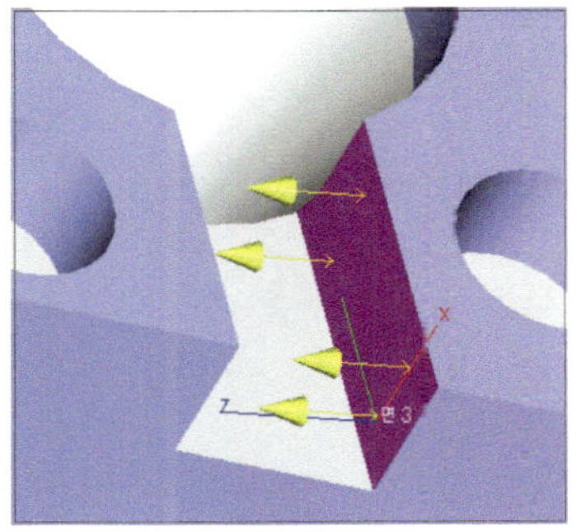

면3

[조합요소] 〉 수선 〉 수선1을 더블클릭한다.

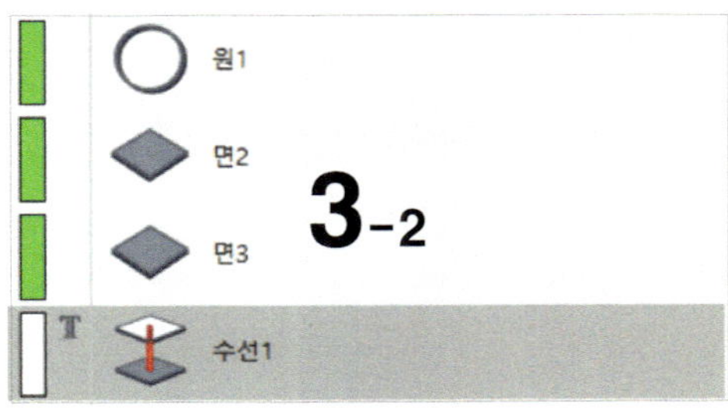

수선1에 면2와 면3을 입력한 후 깊이를 클릭하고 공차, 측정번호를 입력한다.

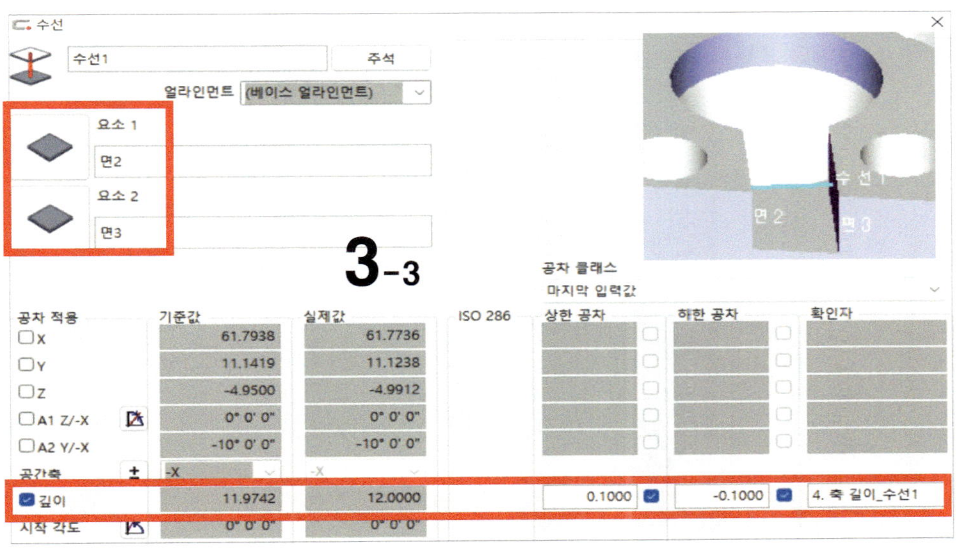

❹ [조합요소] 〉 교차 〉 교차1을 더블클릭한다.

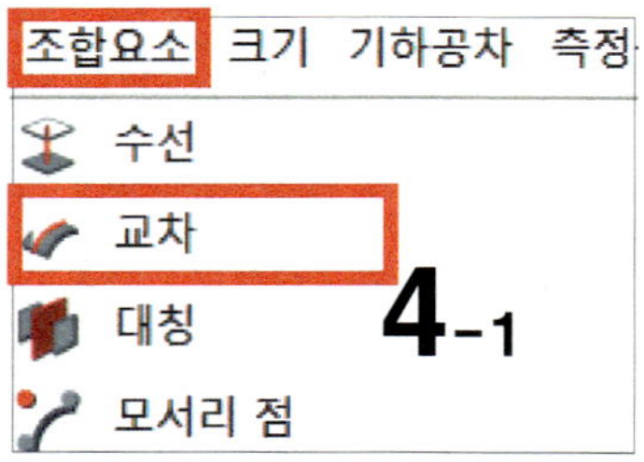

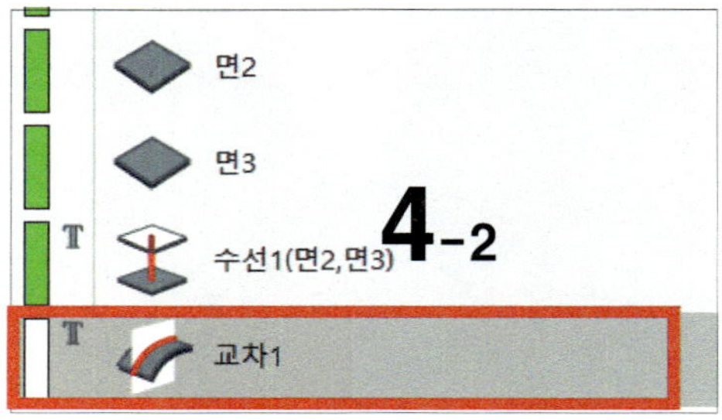

교차1에 원1과 면2를 입력한 후 결과2와 X를 클릭하고 공차를 입력한다.

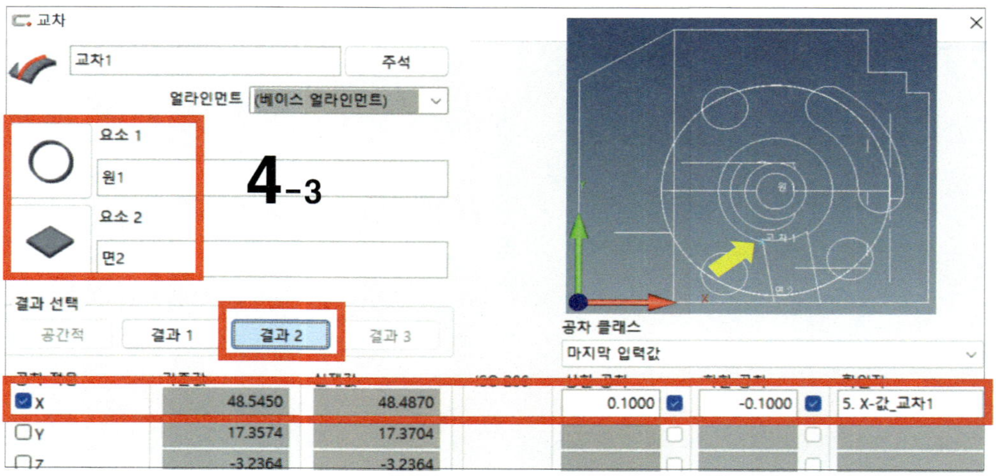

특성에서 교차1을 더블클릭하여 기준값을 입력한다.

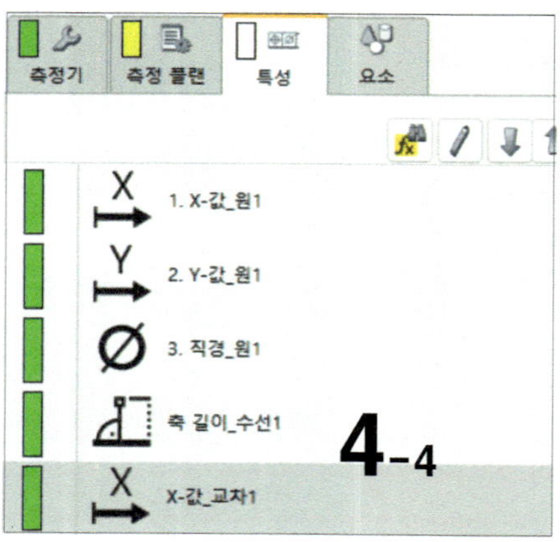

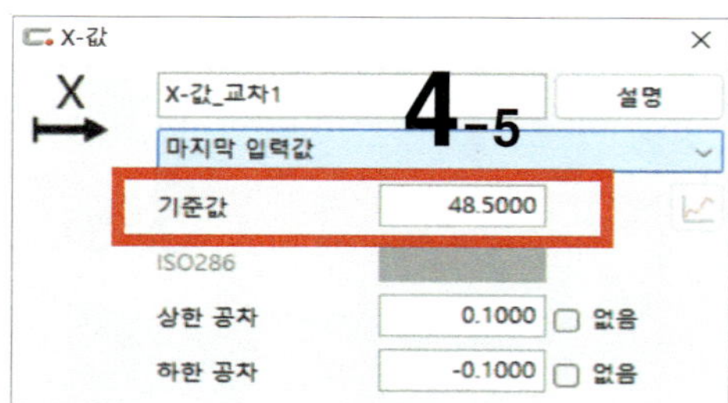

❺ [조합요소] 〉 대칭 〉 대칭1 더블클릭한다.

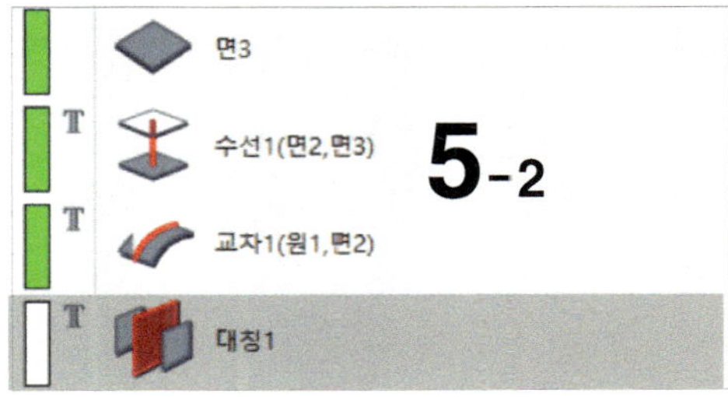

대칭1에 면1과 면2를 입력한 후 A1을 클릭하고 공차, 측정번호를 입력한다.

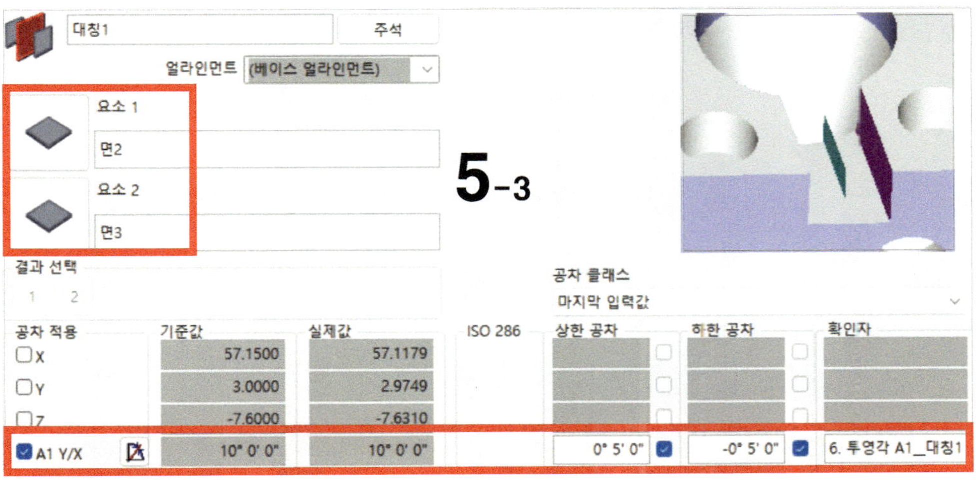

❻ [측정요소] 〉 3차원 직선을 선택하고 3-D라인 1을 더블클릭한다.

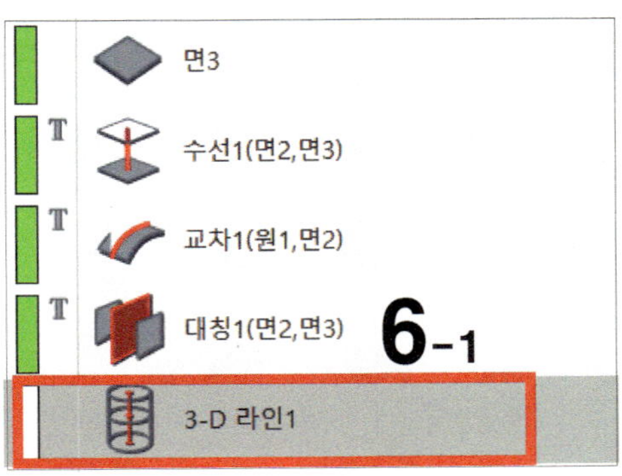

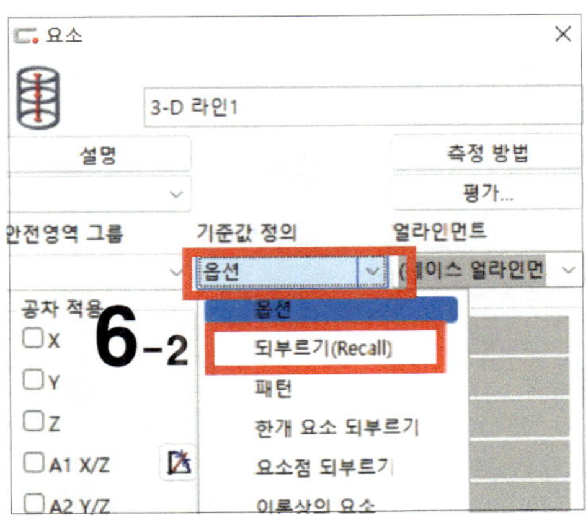

옵션 〉 되부르기에서 원2와 원3을 선택한다.
이때 원을 클릭하면 원만 나타난다. 측정한 요소가 많을 때 사용하면 편리하다.

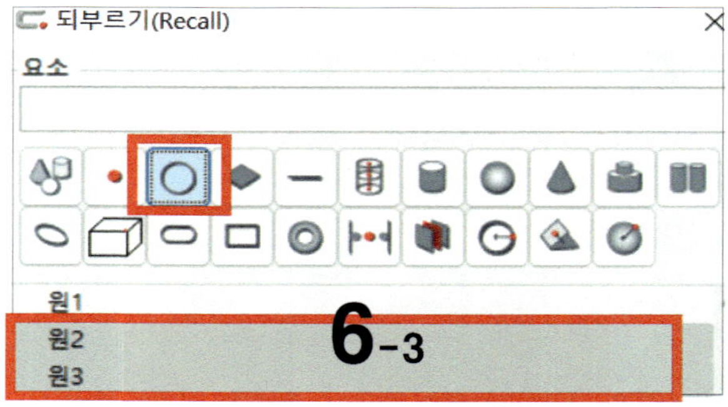

❼ [조합요소] 〉 투영을 선택하고 투영1을 더블클릭한다.

3-D라인 1과 면1을 입력한다.

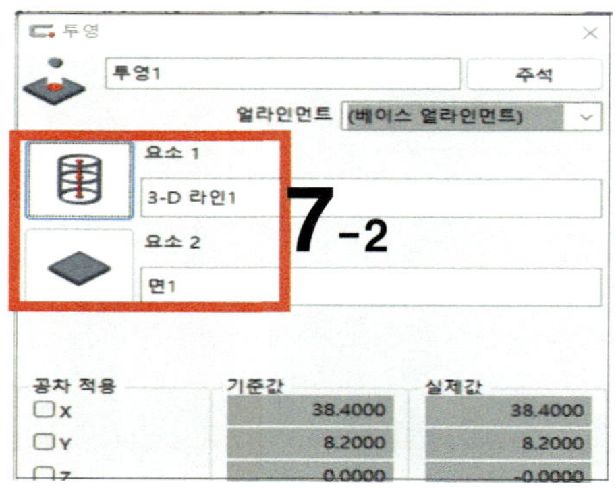

❽ [측정요소] 〉 3차원 직선을 선택하고 3-D라인 2를 더블클릭한다.

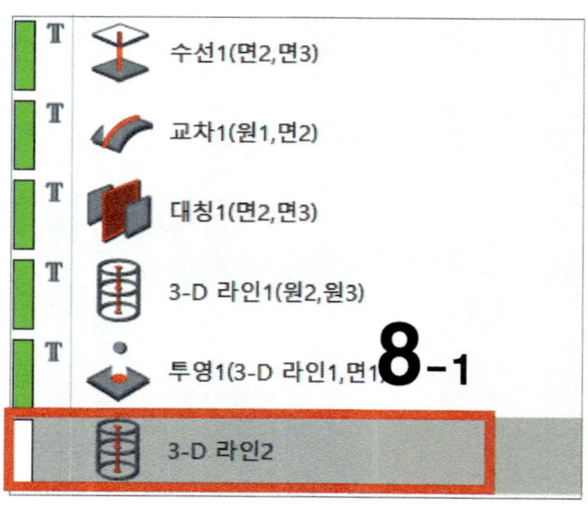

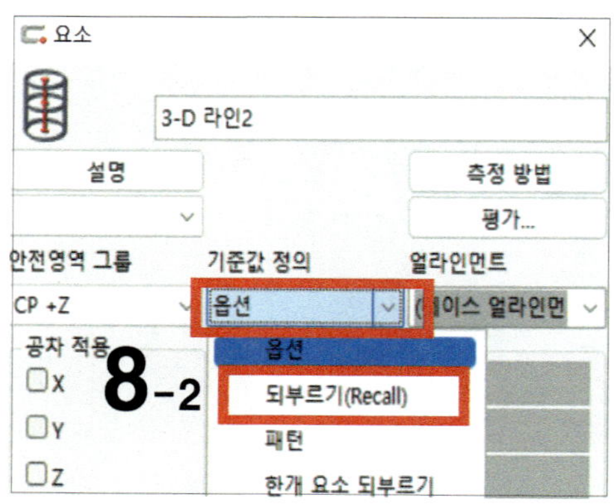

되부르기에서 원1과 원2를 선택한다.

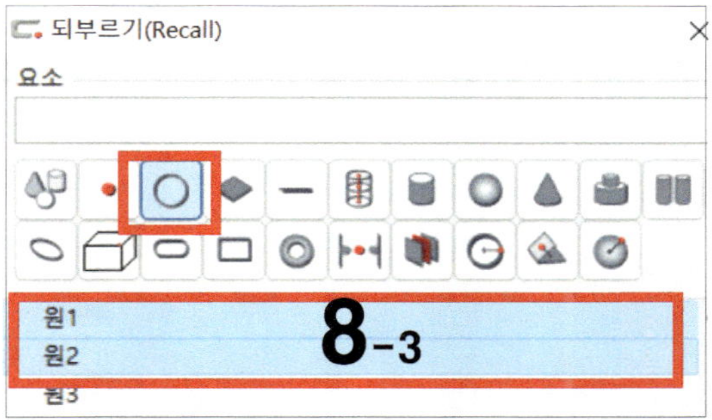

❾ [조합요소] 〉 투영을 선택하고 투영2를 더블클릭한다.

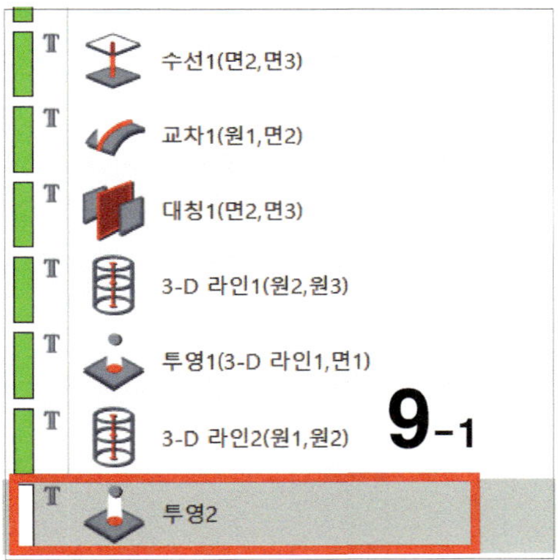

3-D라인 2와 면1을 입력한다.

❿ [가하공차] – 요소 사이의 각도를 선택하고 '요소 사이의 각도 1'을 더블클릭한다. 요소1에 투영 1, 요소2에 투영2를 입력하고 기준값과 공차를 입력한다.

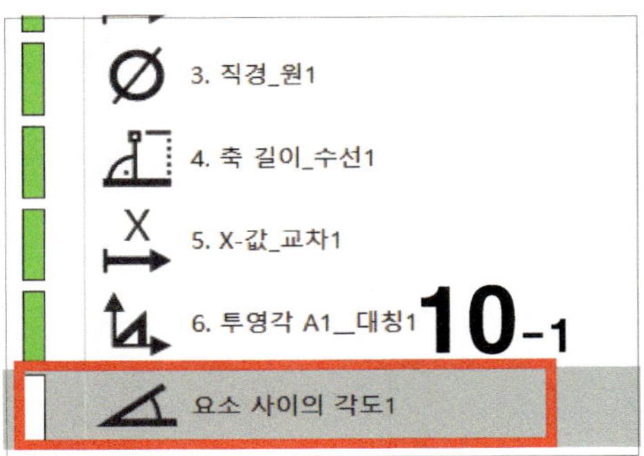

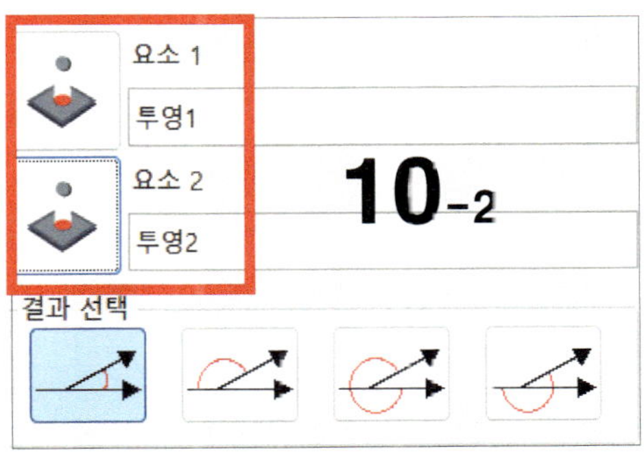

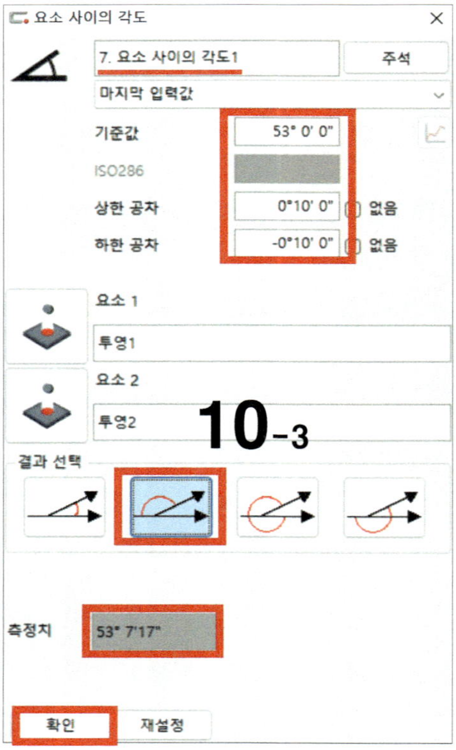

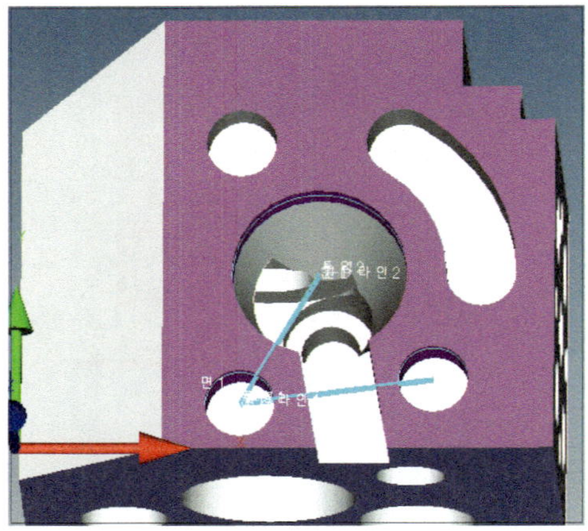

요소 사이의 각도 그래픽

측정 결과 생략

실습과제 10

▎학습요점 : **원추 측정**

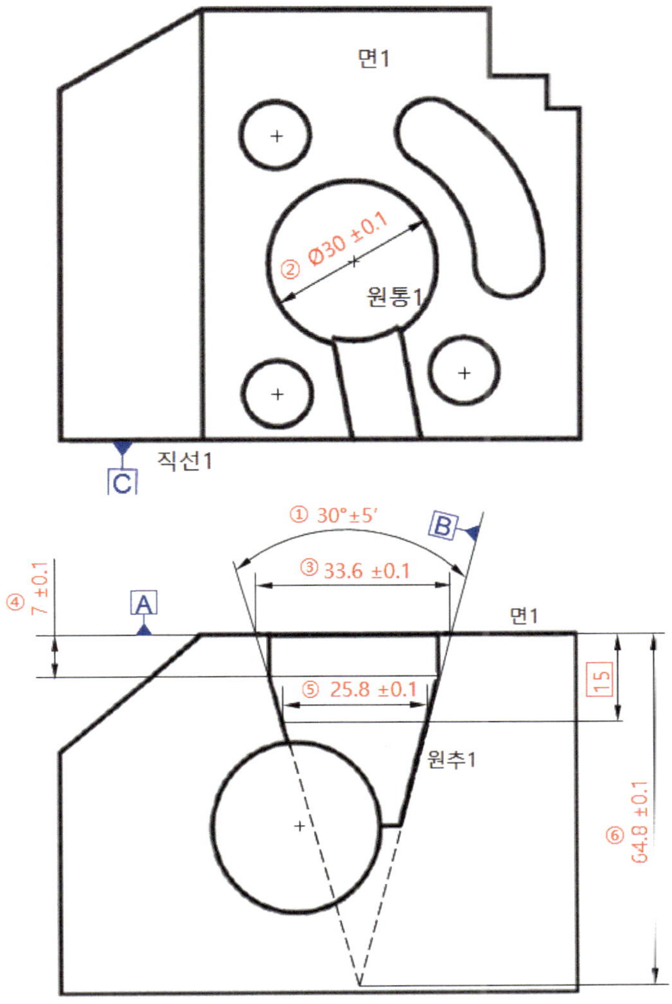

측정순서 요약

① 측정플랜 - 얼라인먼트 설정 - 새로운 베이스 얼라인먼트 생성

② 면1, 원추1, 직선1 측정 〉 공간정렬(면1), 원점지정(원추1), 평면회전(직선1)

③ 원통1 측정,

④ [조합요소] 〉 교차 〉 요소 입력(면1, 원추1)

⑤ [조합요소] 〉 교차 〉 요소 입력(원통1, 원추1)
⑥ [측정요소] 〉 원추 계산 〉 Z:-15에 대한 직경
⑥ [측정요소] 〉 원추 계산 〉 원추 꼭지점의 위치
⑦ 인쇄

측정순서

❶ [측정플랜] – 얼라인먼트 설정 – 새로운 베이스 얼라인먼트 생성 – 확인

면1, 원추1, 직선1 측정한다.

공간정렬 : 면1

평면회전 : 2-D라인(직선1)

X 원점 : 원추1

Y 원점 : 원추1

Z 원점 : 면1을 입력한다.

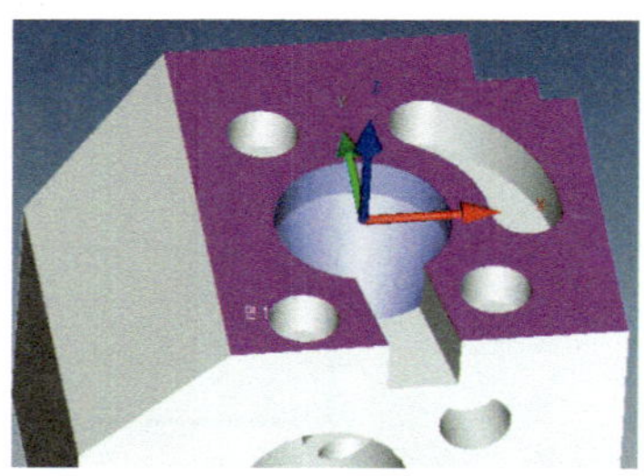

❷ 원추1을 더블클릭하고 직경 기준값, 공차를 입력한다.

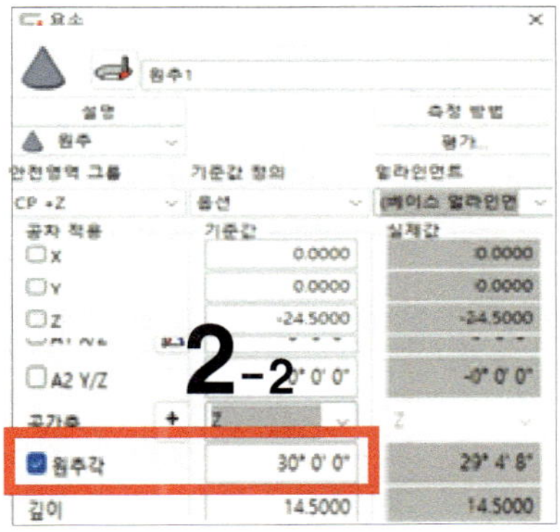

❸ 원통1을 측정하고 직경 기준값, 공차를 입력한다.

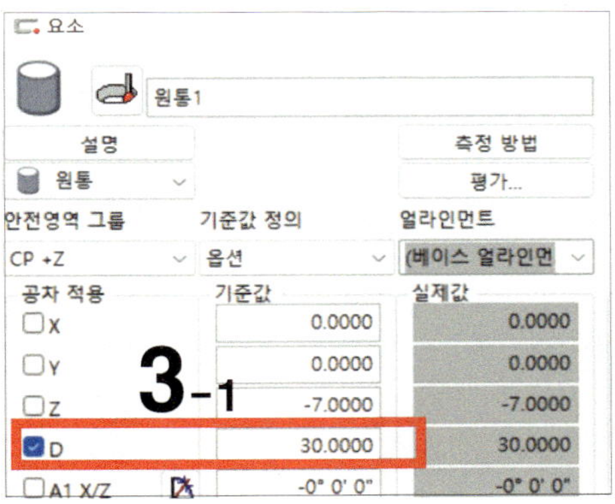

❹ [조합요소] 〉 교차를 클릭한다.

교차1을 더블클릭한다.

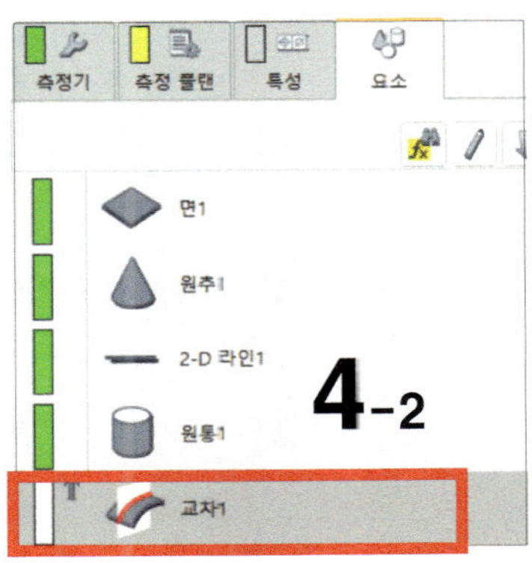

❺ 면1과 원추1을 입력하고 벽을 클릭한다. 벽(그림5-2)을 클릭하여 원추와 면1의 교차원을 출력한다.

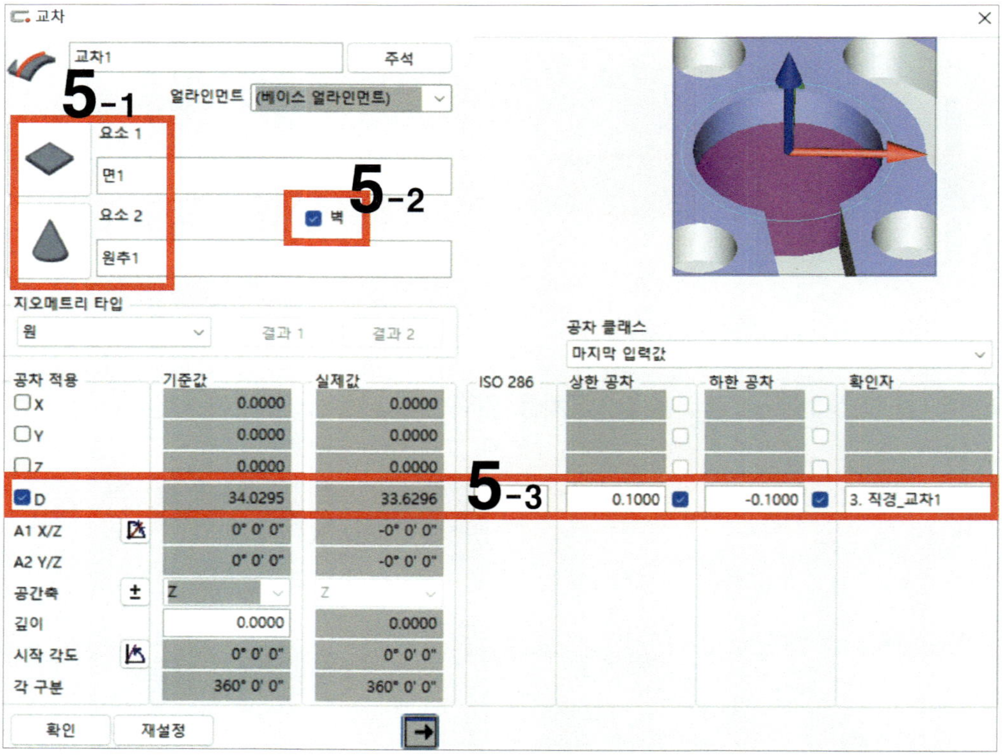

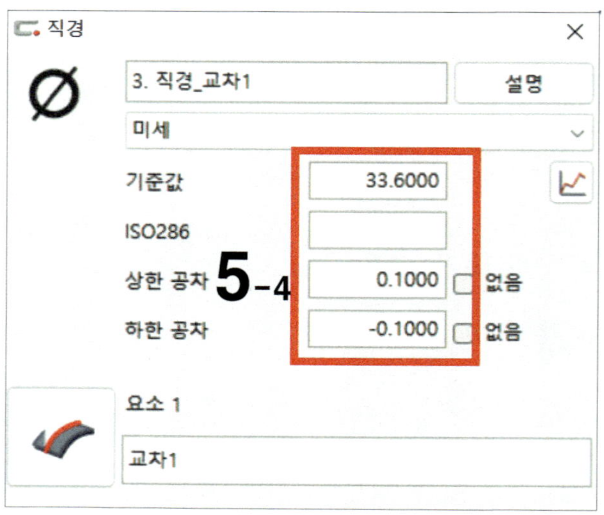

특성에서 기준값과 공차를 입력한다.

❻ [조합요소] 〉 교차를 클릭한다.

❼ [조합요소] 〉 원추 계산을 클릭하고 요소에 원추 계산1을 더블클릭한다.

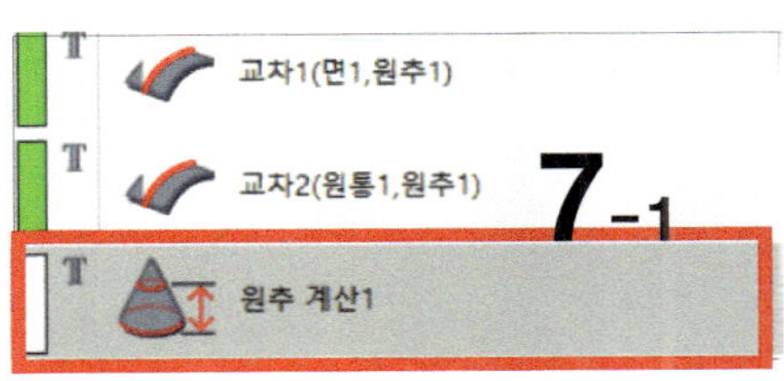

원추계산 요소에 원추1을 입력하고 직경 정의에 -15, 파트 얼라인먼트에 클릭한다. 특성에서 기준값과 공차를 입력한다.

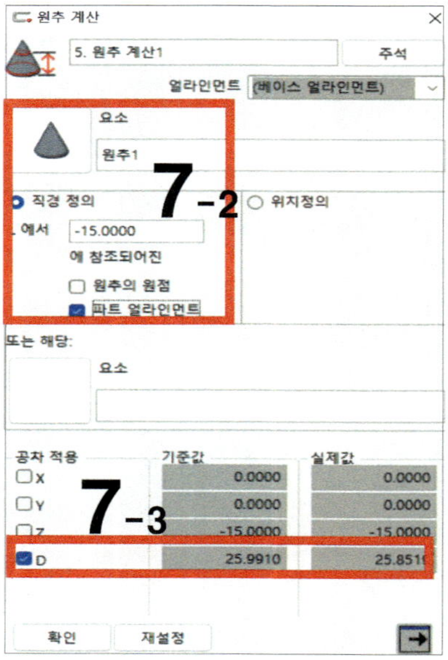

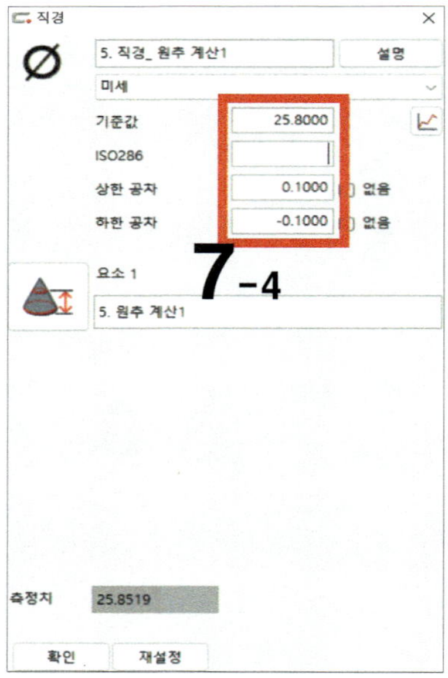

❽ 요소 〉 원추 계산1을 클릭하고 복사한다. 〉 원추 계산2가 생성되고 더블클릭한다.

원추 계산 요소에 원추1을 입력하고 위치 정의에 0(원추 꼭지점은 직경이 0)을 입력한다. 또 Z를 체크하고 측정번호를 입력한다. 다음에 특성에서 기준값과 공차를 입력한다.

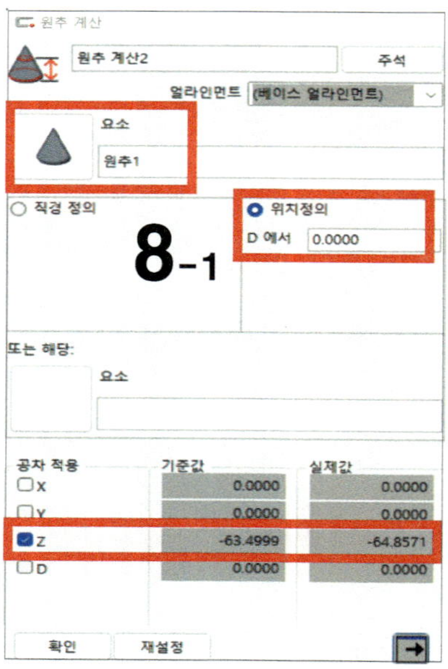

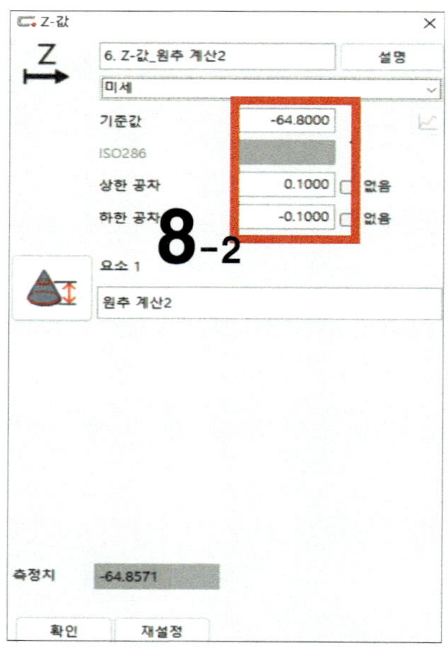

실습과제 11

❙ 학습요점 : 기하공차 측정(○, ∠, ⊥, ▱), CNC 운영, 이층제거

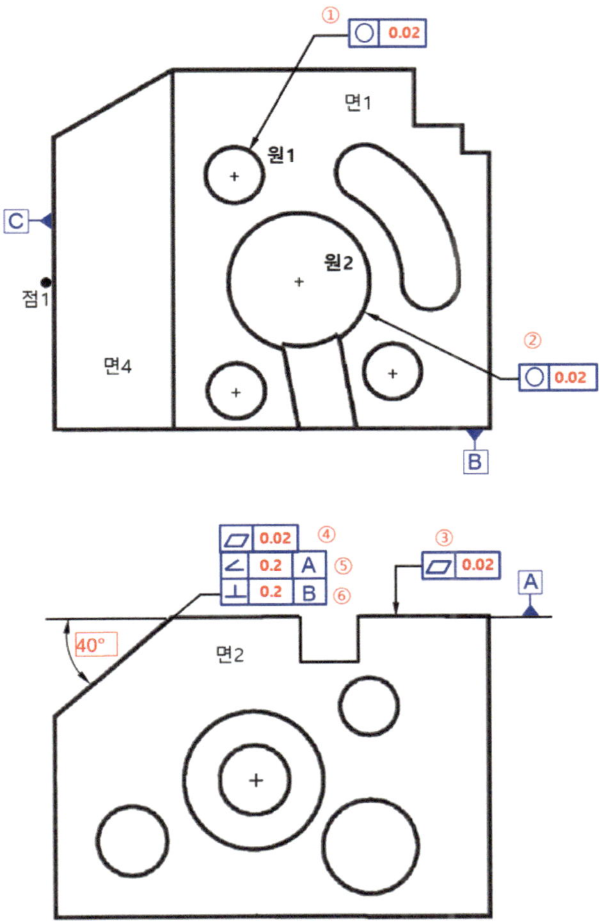

측정순서 요약

① 측정플랜 - 얼라인먼트 설정 - 새로운 베이스 얼라인먼트 생성
② 면1, 면2, 점1 측정 〉 공간정렬(면1), 평면회전(면2), 원점지정(점1),
③ 안전 영역설정
④ 원1 측정하고 진원도 측정 방법 입력(스캐닝 자동측정)
⑤ 원2 측정하고 진원도 측정 방법 입력(스캐닝 자동측정)

⑥ 면1을 복사하고 평면도측정을 위한 측정 방법 입력
⑦ 면4를 측정하고 평면도측정을 위한 측정 방법 입력
⑧ 면1과 면4의 경사도 측정을 위한 측정 방법 입력
⑨ 면4와 면2에 대한 직각도 측정을 위한 측정 방법 입력
⑩ 인쇄(생략)

측정순서

❶ [측정플랜] – 얼라인먼트 설정 – 새로운 베이스 얼라인먼트 생성 – 확인

면1, 면2, 점1 측정한다.

공간정렬 : 면1

평면회전 : 면2

X 원점 : 점1

Y 원점 : 면2

Z 원점 : 면1을 확인한다.

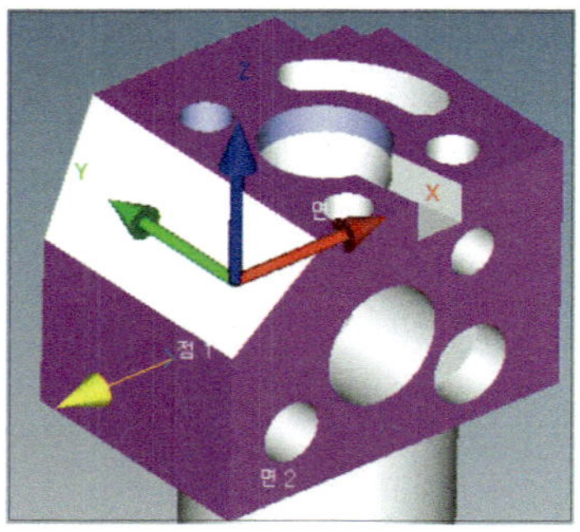

❷ 안전 영역을 설정한다.

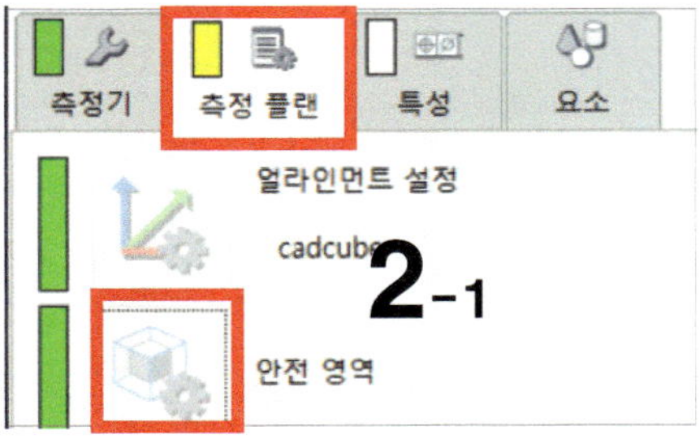

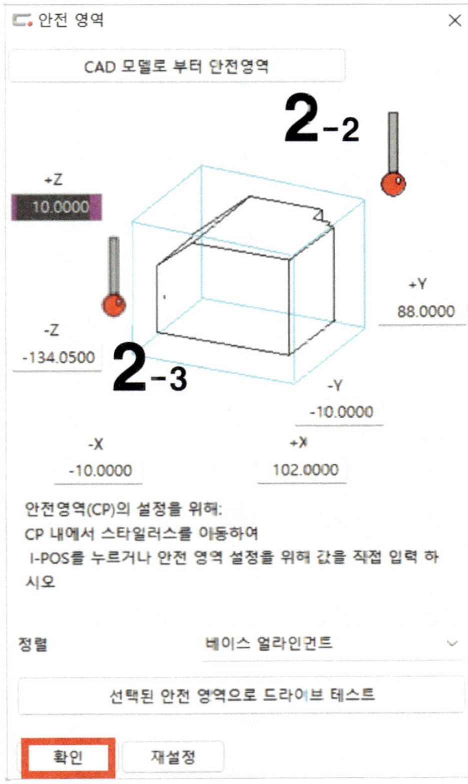

측정플랜 〉 안전 영역을 클릭한다.

우측 그림과 같이 피 측정 물 오른쪽 위 끝 모서리(+X, +Y, +Z)에서 각각 10mm 이상 떨어지게 프로브를 위치하고 우측 조이스틱 버튼을 세 번 눌러 입력한다.

다음에 왼쪽 아래 끝 모서리(-X, -Y, -Z)에 프로브를 위치하고 우측 조이스틱 버튼을 세 번 눌러 입력한다.

오른쪽 조이스틱 중간포인트용 버튼

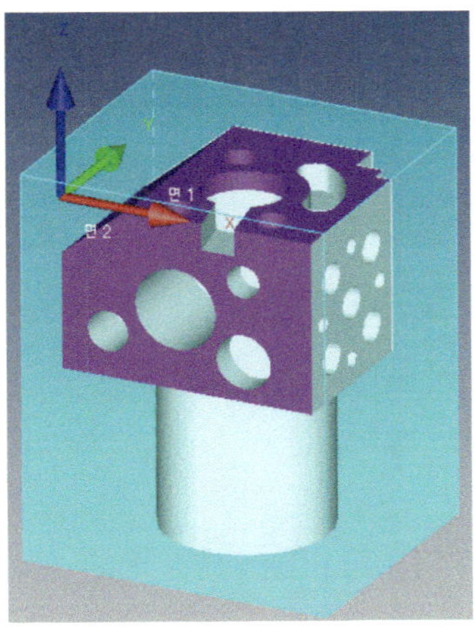

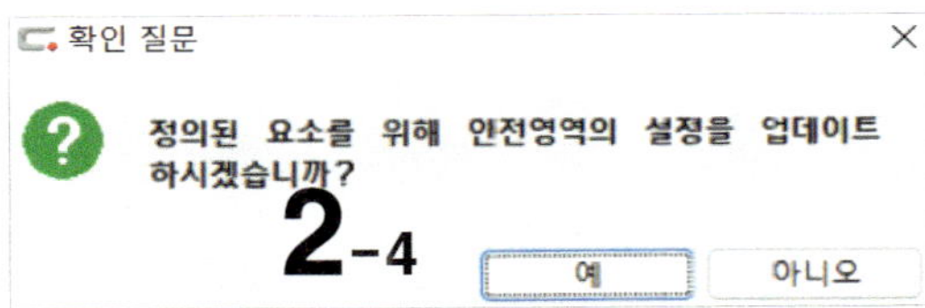

'안전 영역 업데이트 하시겠습니까?' 질문에 전과 같으면 '아니오'를 새로 설정하려면 '예'를 누른다.

측정플랜 편집에서 프로브 위치를 확인한다.

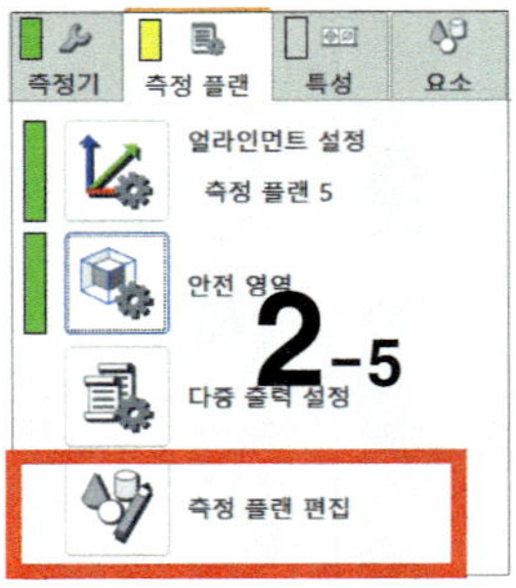

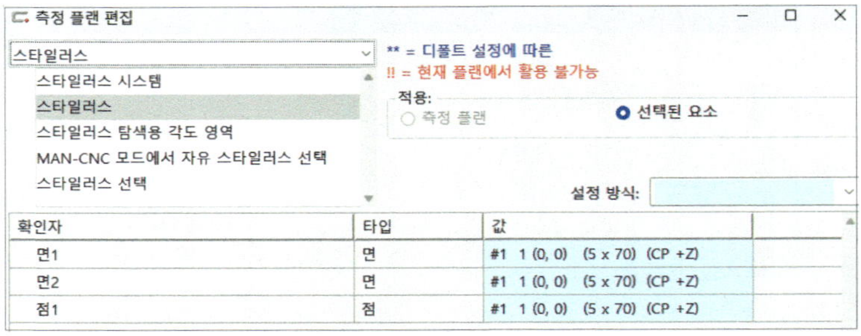

❸ 원1을 4점 측정하고 더블클릭하여 측정 방법을 클릭한다.

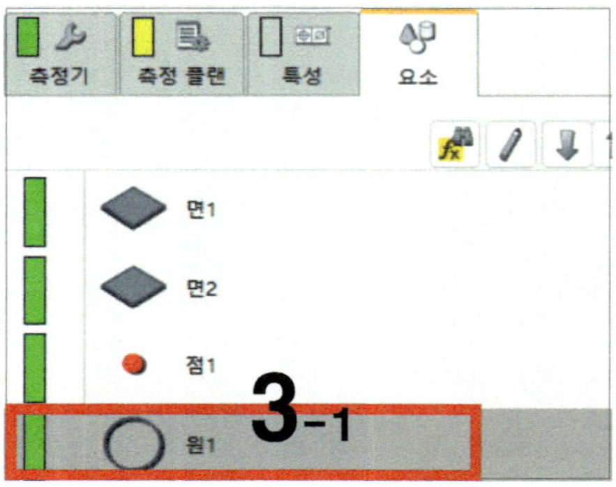

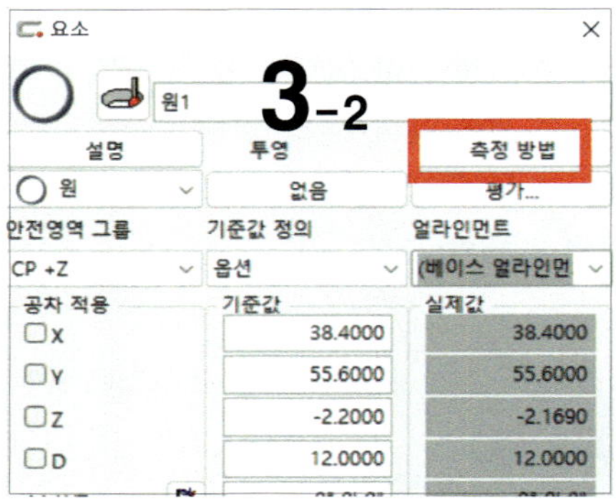

❹ 원형 자동 경로 아이콘(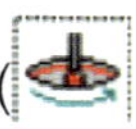)을 클릭하고 프로빙 포인트 4개를 삭제한다. (스캐닝으로 측정하기 때문에 중복 측정을 방지하기 위하여)

생성된 원형 자동 경로(1섹션)를 더블클릭한다.

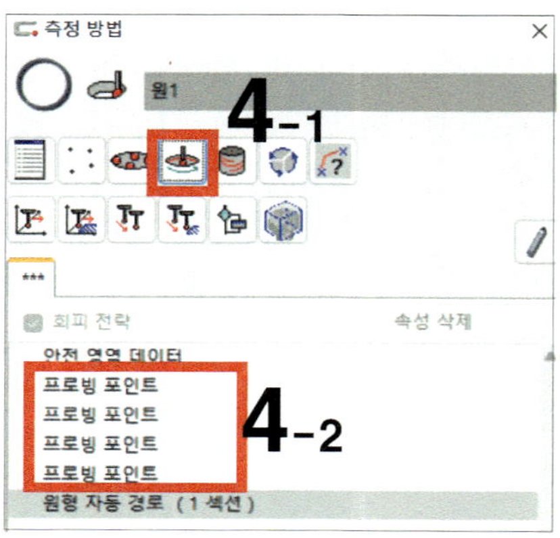

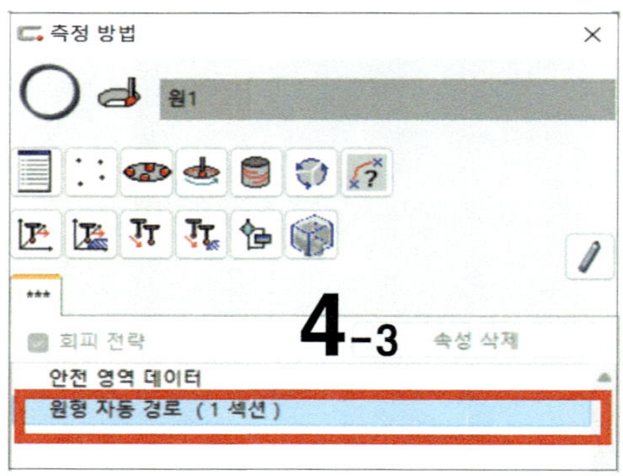

❺ 스텝 폭(간격)을 기준으로 할건지 아니면 포인트 수(원주 등분수)를 기준으로 할건지를 결정하고 원하는 수치를 입력한다. 여기서는 스텝 폭을 클릭하고 0.06을 입력한다. 속도를 입력하고 스타일러스 방향과 각도 범위도 맞는지 확인한다. 각드 범위는 시작점과 끝점의 데이터 손실을 방지하기 위하여 380으로 입력한다.

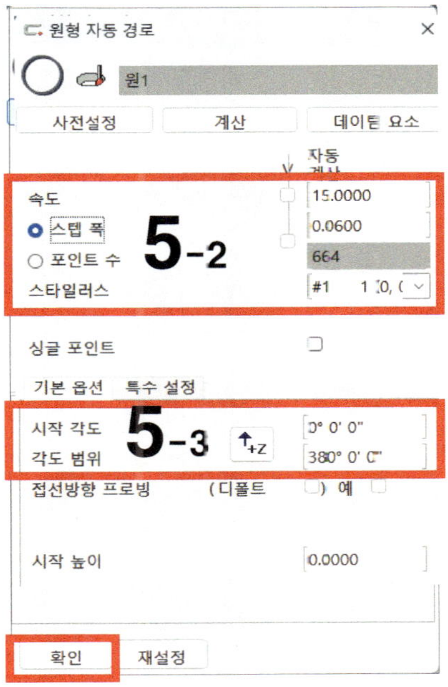

❻ 평가를 클릭하고, 필터와 이층제거를 클릭한다. 〉 확인 〉 확인

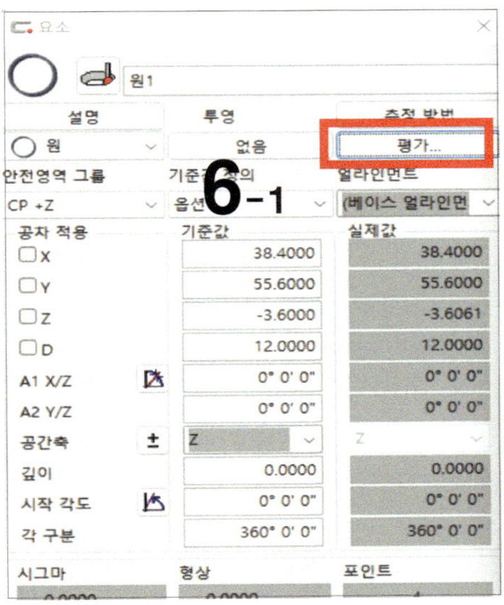

참고로 필터와 이층제거를 간단히 설명하면

1) 필터

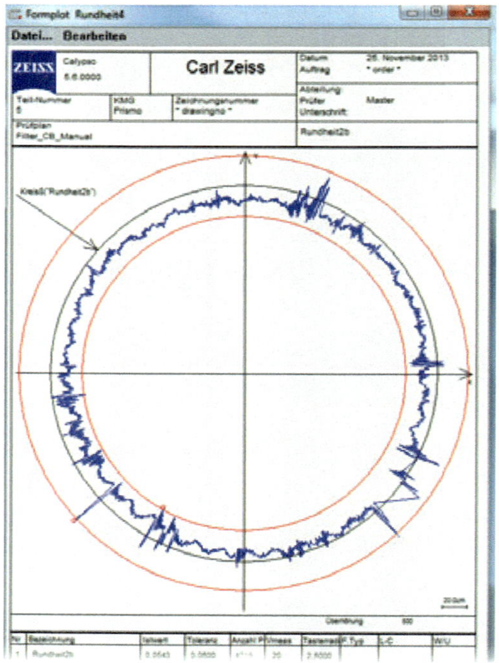

위 그림에서 보듯이 진원도 플롯에 거칠기가 포함되어서 나타난다. 이것을 어느 정도 제거하기 위하여 필터를 사용한다.

필터의 종류는 보통 3가지로 분류된다.

① 고역필터(High pass filter)
높은 주파수는 필터를 통과하고 낮은 주파수는 필터링 되어 제거된다.
표면거칠기 성분은 통과되어 나타난다.

② 저역필터(Low pass filter)
낮은 주파수는 필터를 통과하고 높은 주파수는 필터링 되어 제거된다.
진원도 측정이나 동심도 파상도 측정에 사용된다.

③ 밴드 필터(Band pass filter)
특정 주파수 사이의 신호만 통과시키는 필터이다.

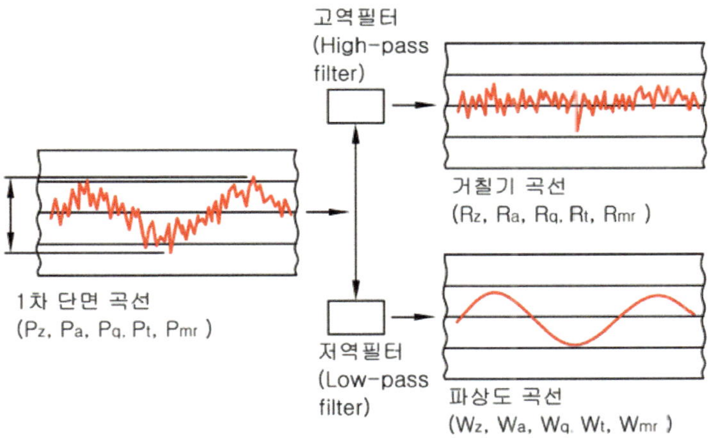

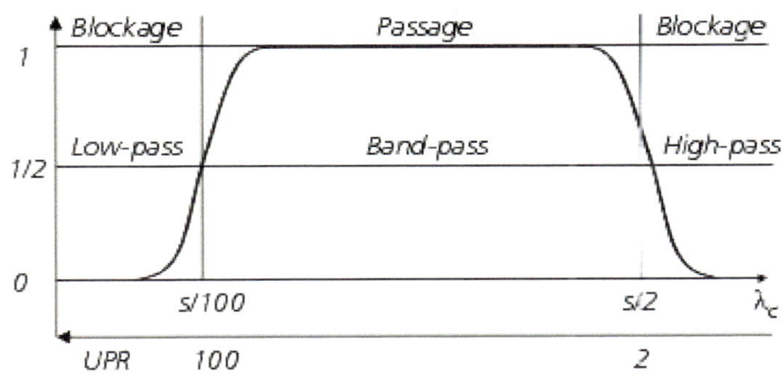

밴드 필터

2) 필터의 종류

① 2 RC 필터

현재 사용되지는 않으나 주로 표면거칠기 측정에 사용 표준화되었지만 현대적인 필터 계산으로 대체된 표면거칠기 측정 필터.

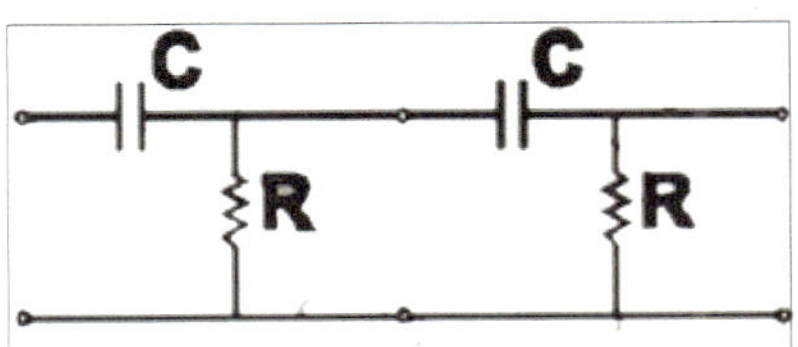

2 RC 필터

② 가우스 필터

좌표 측정 기술에 사용되는 표준 필터 방법으로 이 필터 방법으로 표준화되었으며 폭넓게 사용되고 있다. 가우스 벨 커브를 이용하여 새 프로파일 계산 중에 측정된 포인트에 가중치를 부여한다.

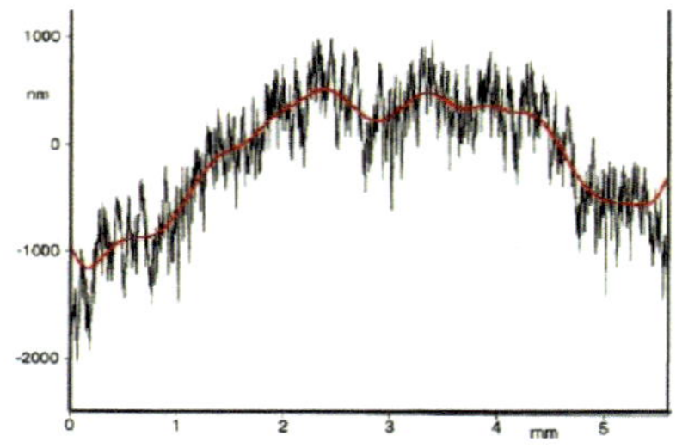

가우스 필터

③ 스플라인 필터

필터 방정식에 기초한 강화된 필터 방법(다항식 계산)이다. 스플라인 필터는 표준화되었으며 가우스 필터를 능가하는 여러 가지 이점들이 있지만 (아직) 표준은 아니다.

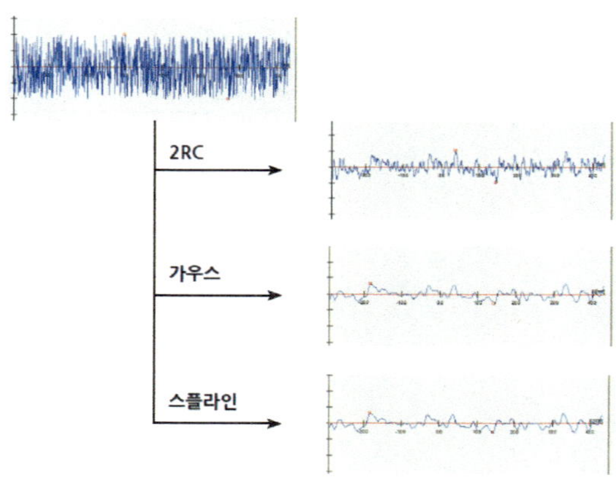

3) 이층제거

측정 데이터에 불순물이나 돌기 등으로 인한 영향을 줄이려는 방법으로 표준편차를 기준으로 계수를 곱하면 제한값이 나오는데 이 제한값에 따라 측정 포인트의 이층 여부가 판별된다. 스캔 중에 이층제거를 사용하는 것이 좋으며 계수는 표준 오차에 따라 달라진다.

권장값은 2와 3 사이이다. 상당한 저주파수 형상 오차가 예상되는 경우(타원, 삼각형...) 사전 필터 기능을 사용한다.

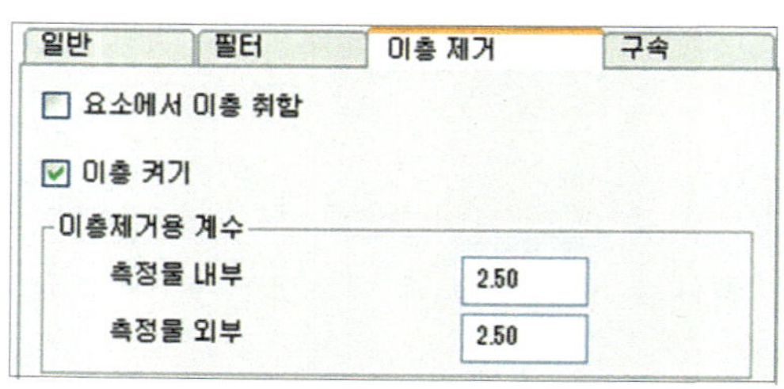

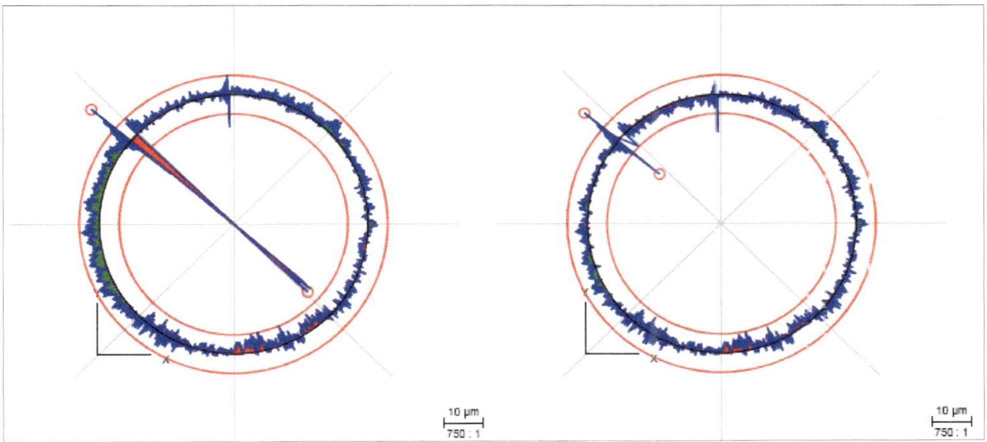

이층제거 사용 안 함　　　　　　　　　　이층제거 사용

❼ 원1이 선택된 상태에서 운영을 클릭하여 CNC로 측정한다.

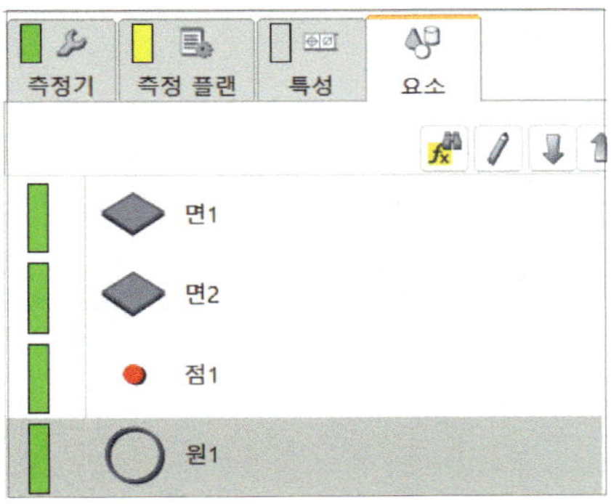

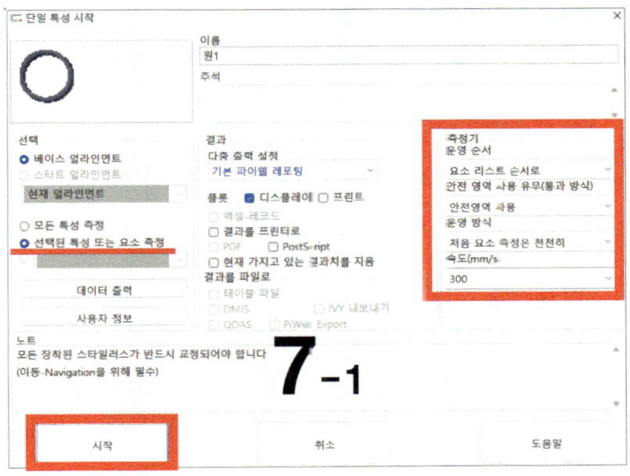

위 그림과 같이 체크하고 시작을 누르면 3차원 측정기가 작동한다.

❽ 메뉴 [기하공차] – 진원도를 클릭하고 특성에서 진원도 1을 더블클릭한다.

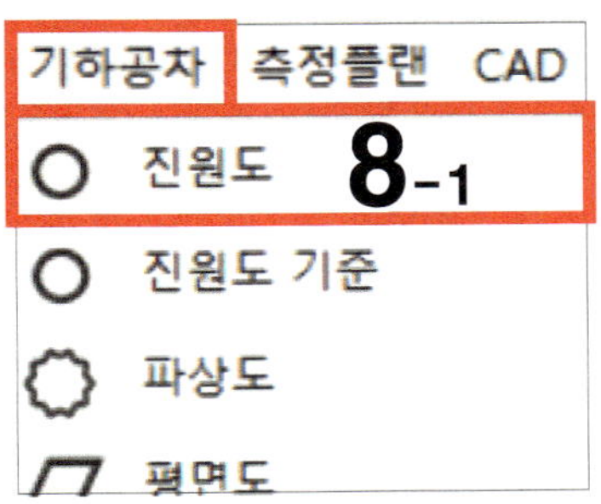

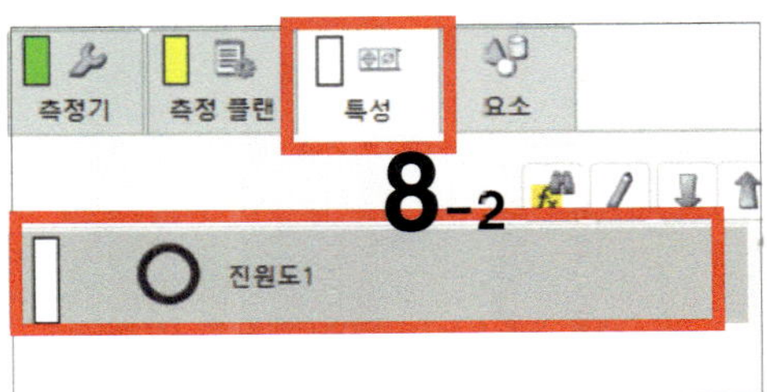

요소를 클릭하고 원1을 선택 그리고 공차를 입력한다.

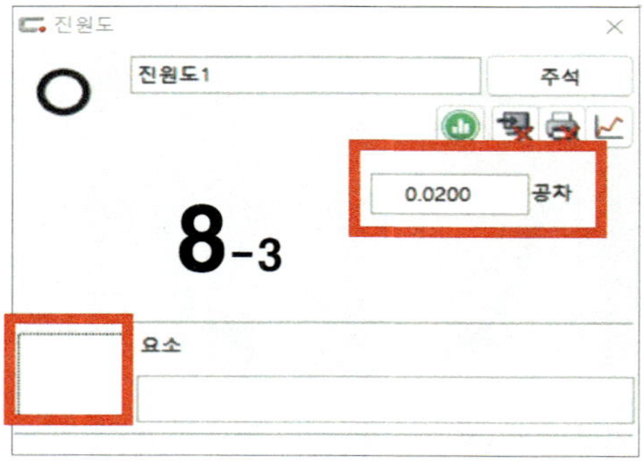

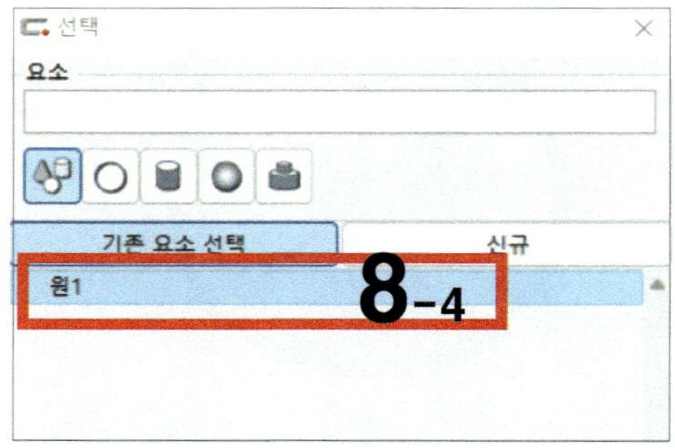

그래픽아이콘()을 클릭하고 진원도 1을 선택한다.

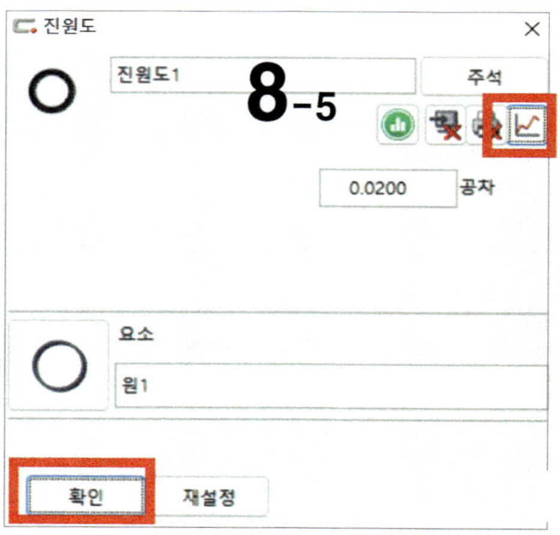

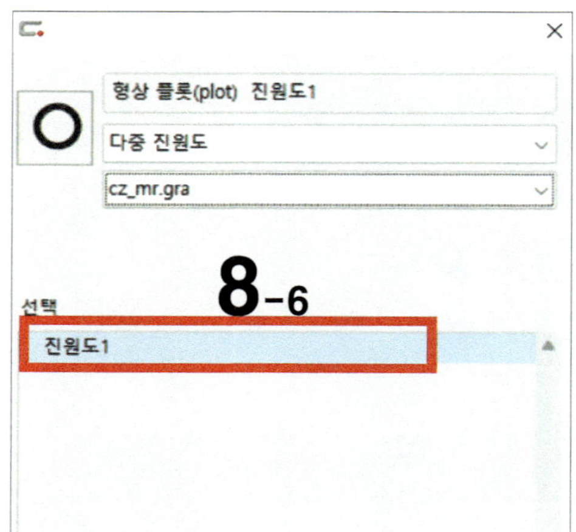

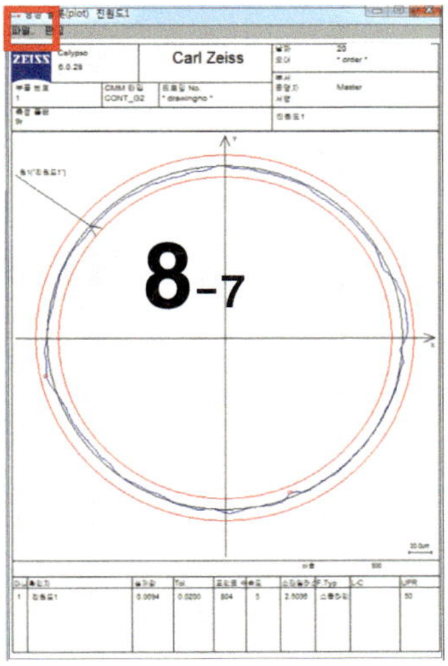

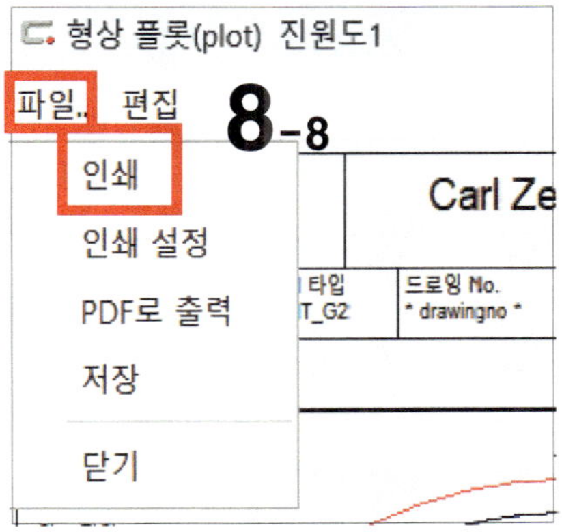

파일에서 인쇄한다.

❾ 원2는 열린 원이므로 3포인트를 아래 그림과 같이 순서대로 측정한다.

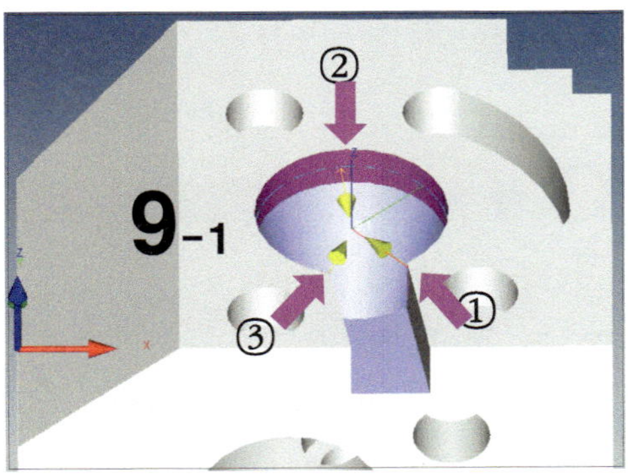

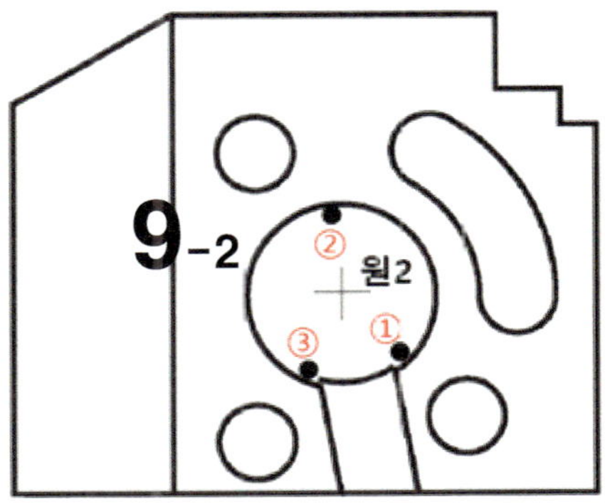

3점으로 원을 측정할 경우 첫 번째 프로빙 포인트가 스캐닝의 시작점이 된다.

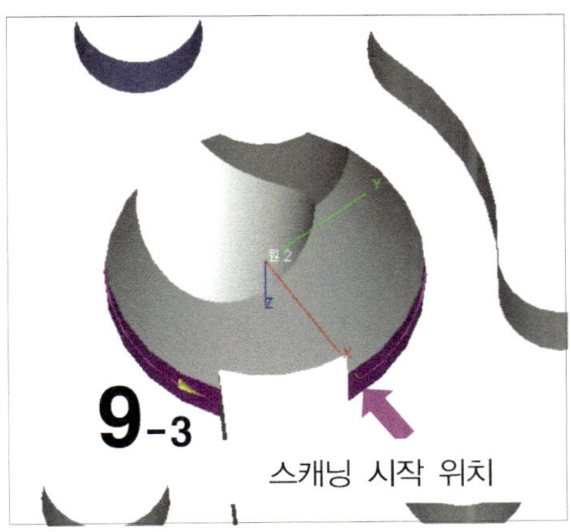

⑩ 원2를 더블클릭하고 측정 방법을 클릭한다.

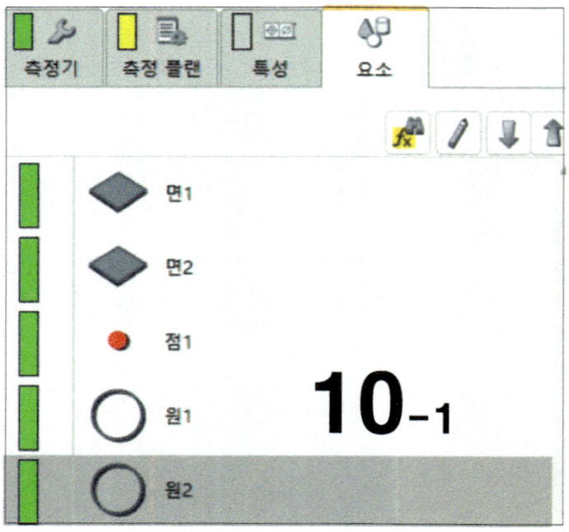

원형 자동 경로( )를 클릭하고 프로빙 포인트 3개를 삭제하고 (스캐닝으로 측정하기 때문에 중복 측정을 방지하기 위하여) 원형 자동 경로(1섹션)를 더블클릭한다.

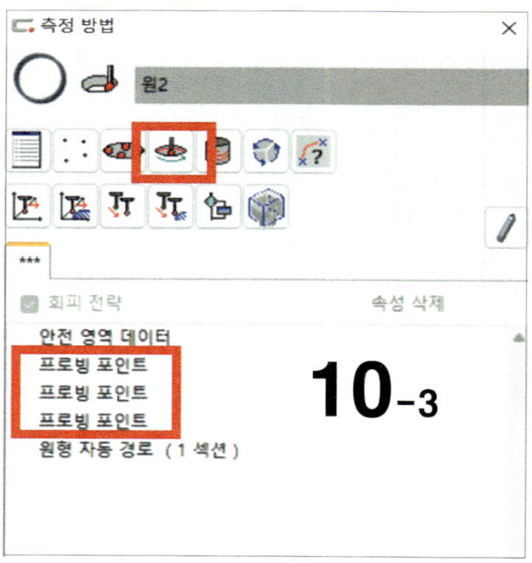

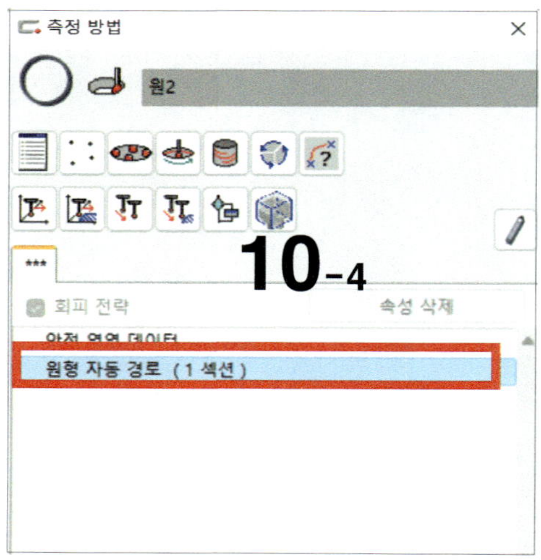

⓫ 스텝 폭을 클릭하고 0.05를 입력한다. 속도는 조건에 맞게 자동으로 변한다. 그리고 스타일러스 방향과 각도 범위도 맞는지 확인한다.

⓬ 평가를 클릭하고, 필터와 이층제거를 클릭한다.

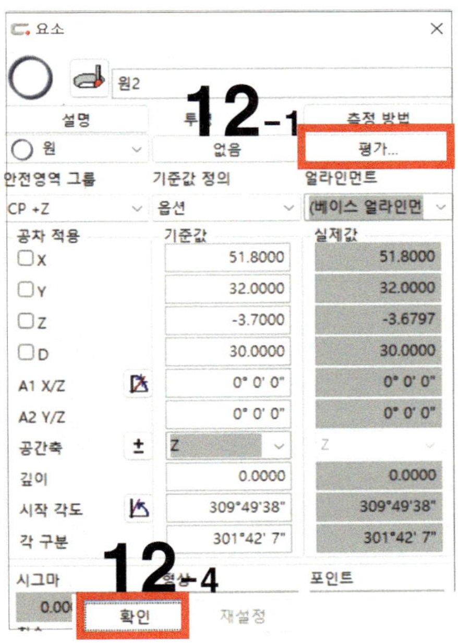

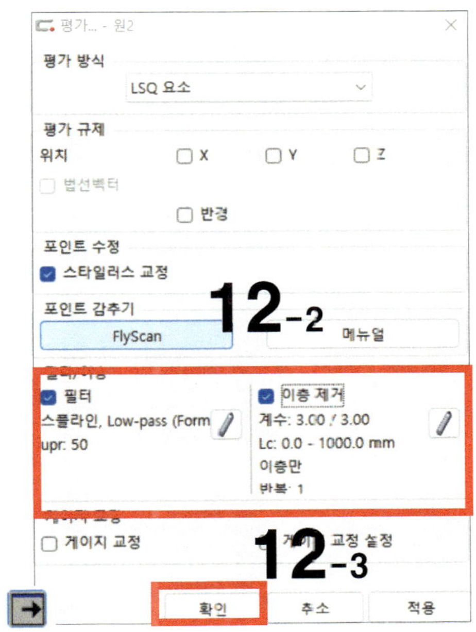

⑬ 원2가 선택된 상태에서 운영을 클릭하여 CNC로 측정한다.

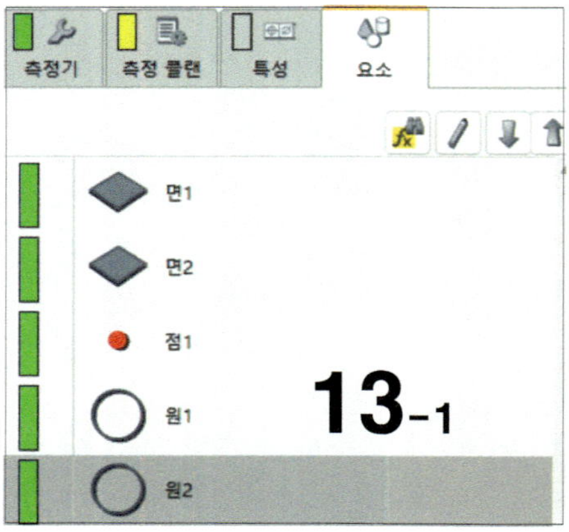

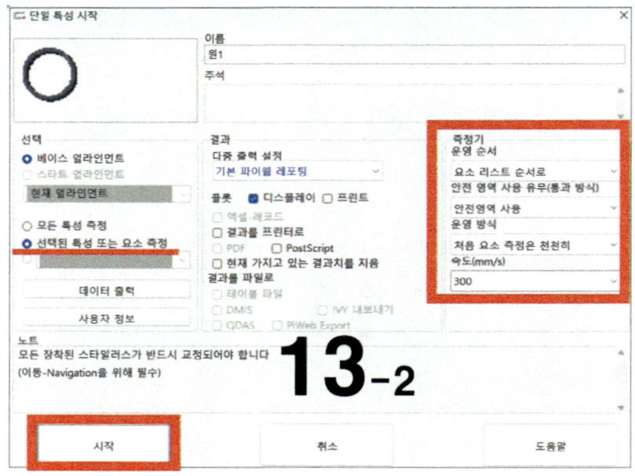

위 그림과 같이 체크하고 시작을 누르면 3차원 측정기가 작동한다.

⑭ 메뉴 [기하공차] – 진원도를 클릭하고 특성에서 진원도 2를 더블클릭한다.

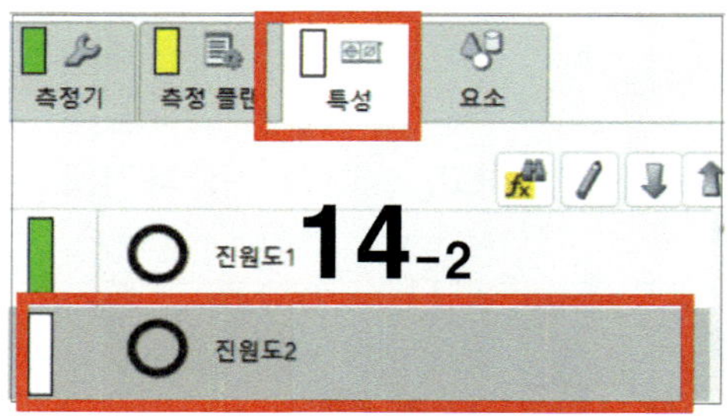

요소를 클릭하고 원2를 선택 그리고 공차를 입력한다.

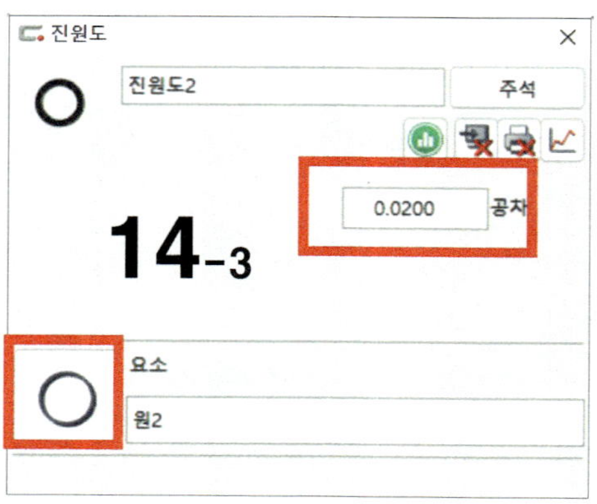

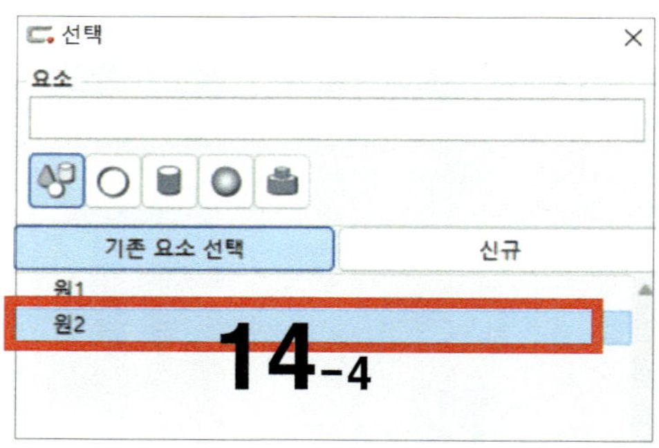

그래픽아이콘( )을 클릭하고 진원도 2를 선택한다.

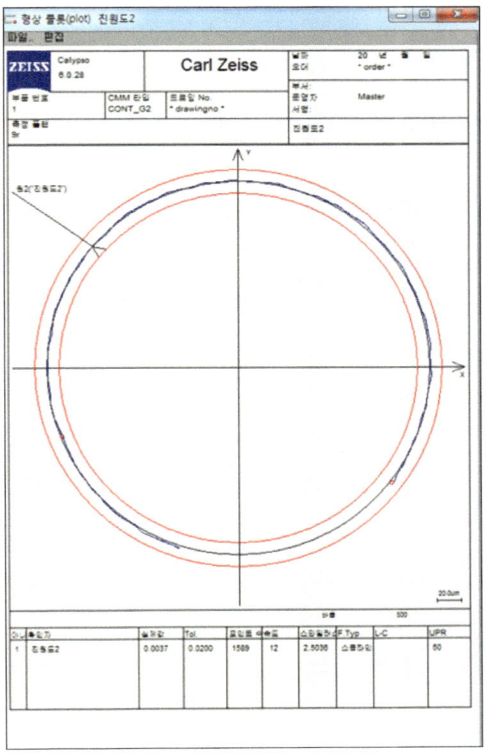

⑮ 면1의 평면도를 측정하기 위하여 면1을 복사한(Ctrl+c, 또는 마우스 오른쪽 버튼 이용) 후 생성된 면3을 더블클릭하고 측정 방법을 클릭한다.

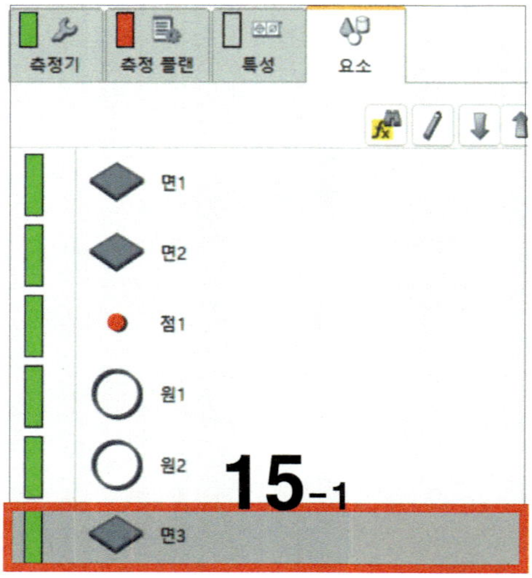

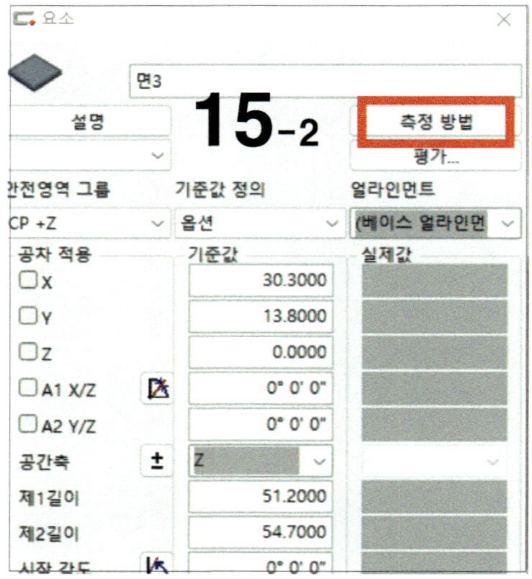

다중선( )을 클릭하고 프로빙 포인트 4개를 삭제한다. (스캐닝으로 측정하기 때문에 중복 측정을 방지하기 위하여) 다중선을 더블클릭한다. 여기서 다중 폴리라인( )을 선택해도 되지만 이것은 15과제에서 설명하기로 한다.

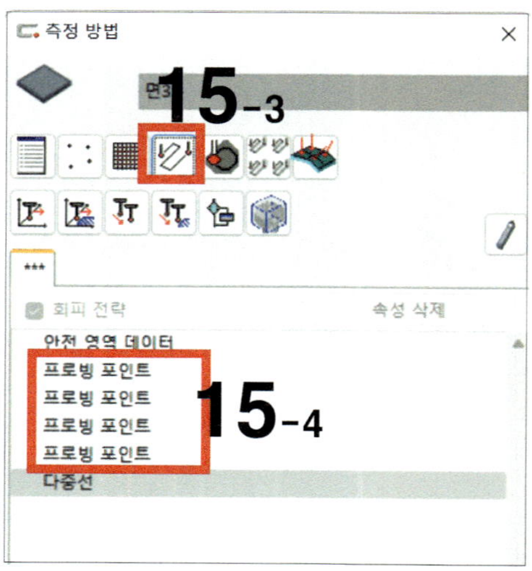

⑯ 스텝 폭을 클릭하고 0.1을 입력한다. 속도는 조건에 맞게 자동으로 변한다. 그리고 스타일러스 방향과 각도 범위도 맞는지 확인한다.

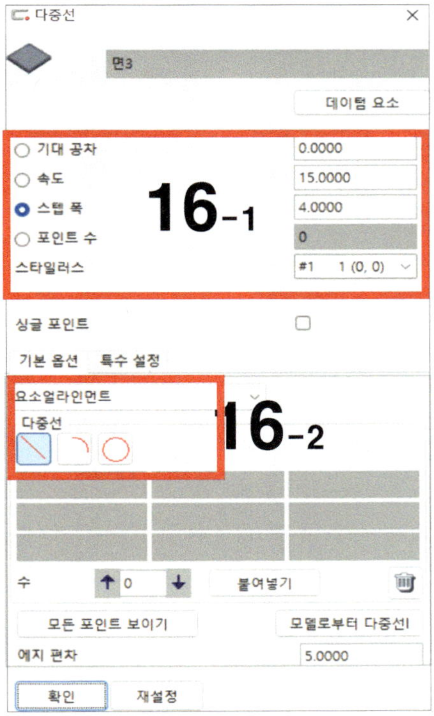

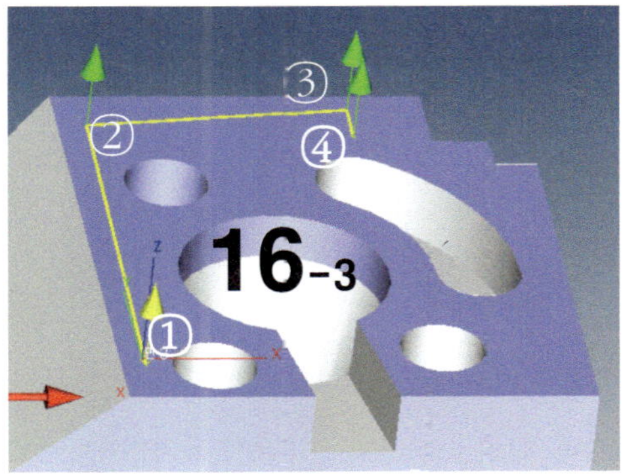

다중선의 직선 아이콘( )을 클릭하고 직선으로 스캐닝할 부분(위 그림에서 번호순으로)을 프로빙 한다.

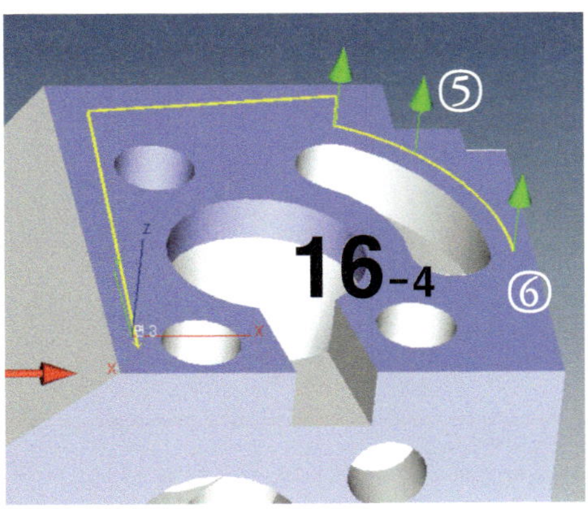

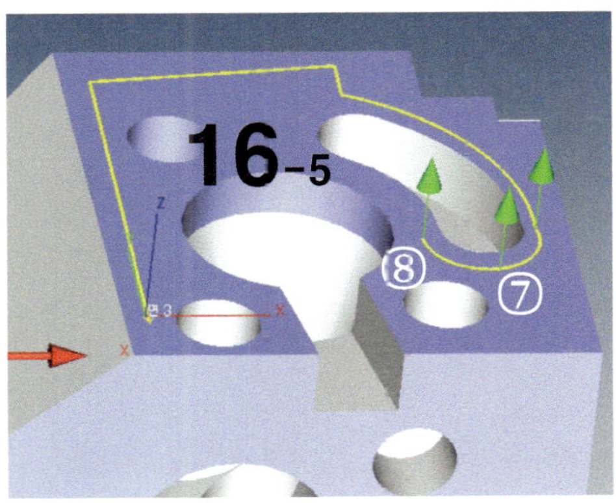

다음에 ⑤ 번과 ⑥번을 원호를 따라 프로빙 한 후 원호 아이콘( )을 클릭하면 원호가 형성된다. 마지막 3포인트로 원호가 형성된다.

계속해서 ⑦번과 ⑧번을 원호를 따라 프로빙한 후 원호 아이콘( )을 클릭하면 원호가 형성된다.

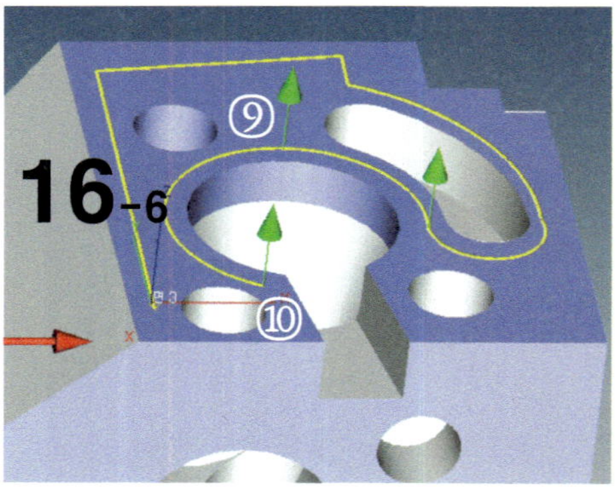

계속해서 ⑨번과 ⑩번을 원호를 따라 프로빙한 후 원호 아이콘 ( )을 클릭하면 원호가 형성된다.

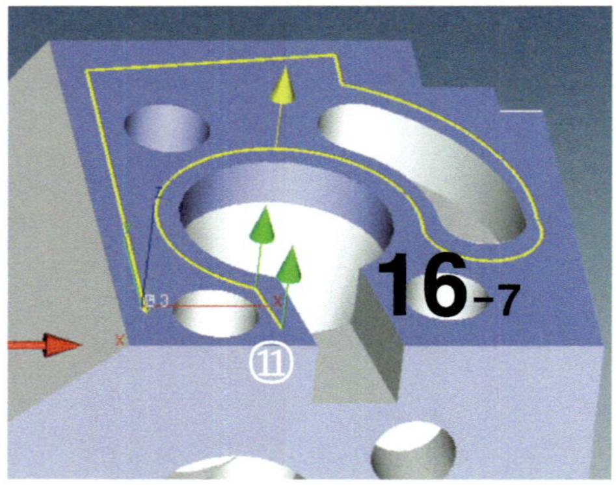

마지막으로 ⑪번을 직선으로 프로빙하면 자동으로 직선이 형성된다.

다중선 창을 닫기 위하여 확인을 누른다. 측정 방법 창도 확인을 눌러 닫는다.

⓱ 평가를 클릭하고, 필터와 이층제거를 클릭한다.

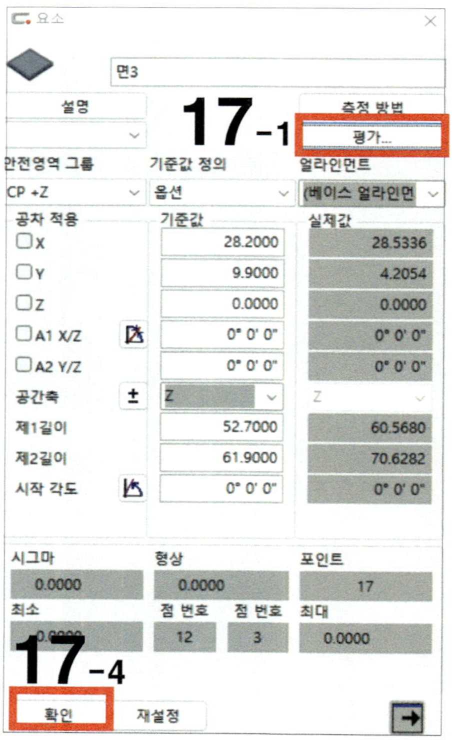

⓲ 면3이 선택된 상태에서 운영을 클릭하여 CNC로 측정한다.

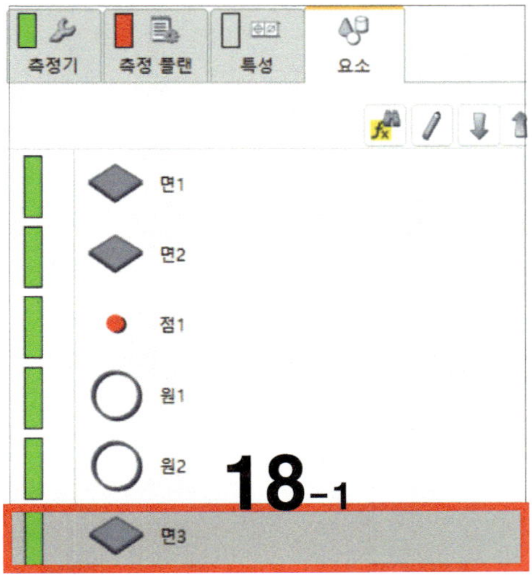

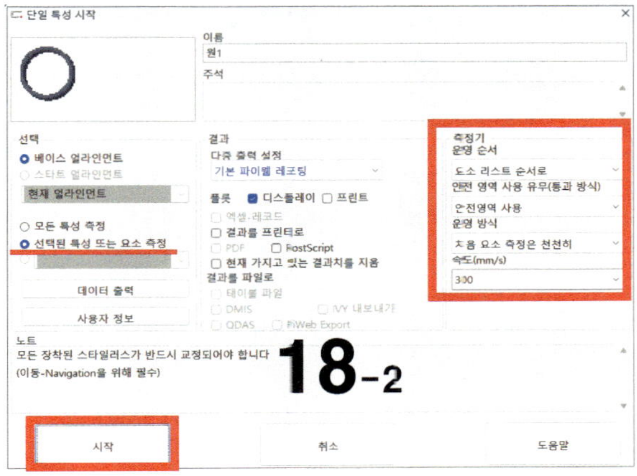

위 그림과 같이 체크하고 시작을 누르면 3차원 측정기가 작동한다.

⓳ 메뉴 [기하공차] – 평면도를 클릭하고 특성에서 평면도1을 더블클릭한다.

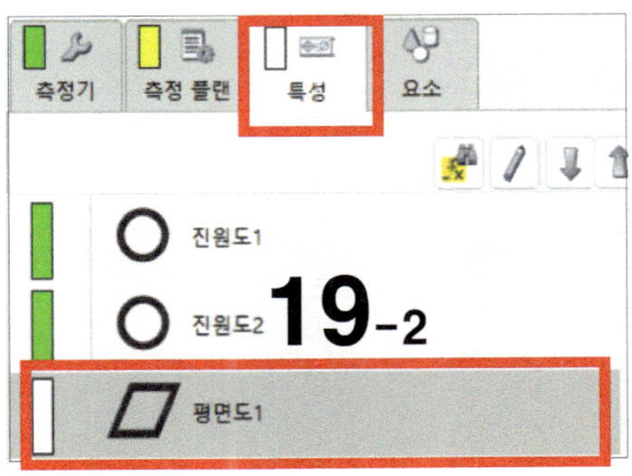

요소를 클릭하고 원1을 선택 그리고 공차를 입력한다.

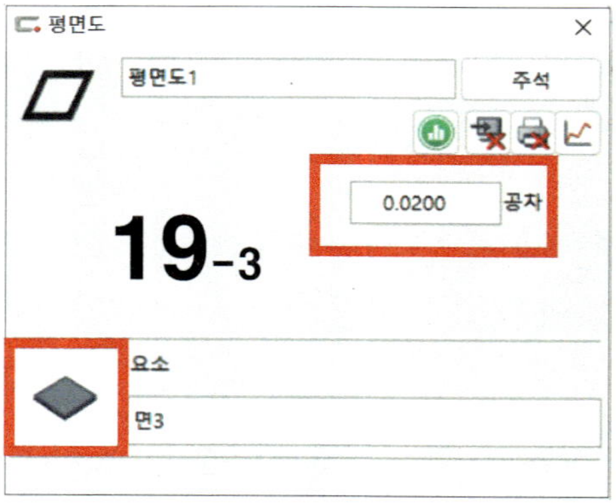

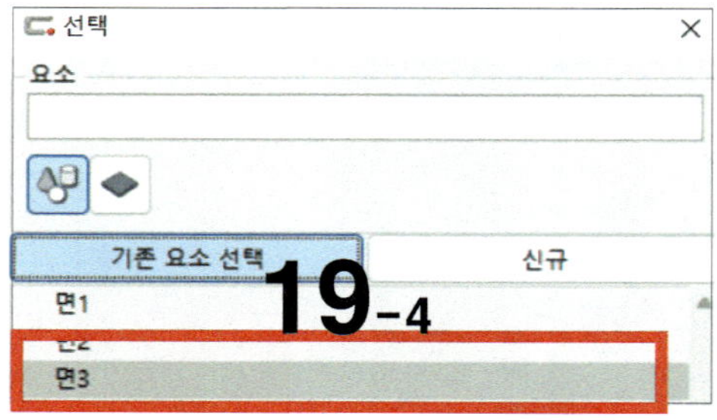

그래픽아이콘( )을 클릭하고 진원도 2를 선택한다.

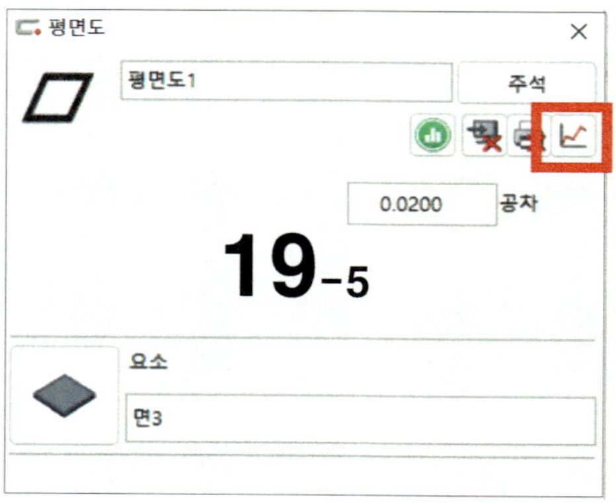

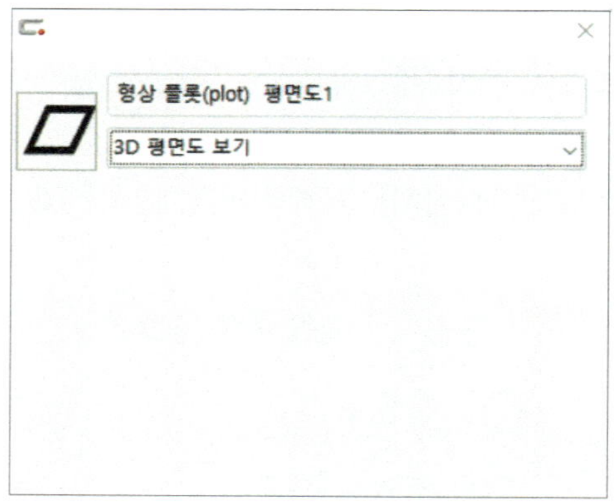

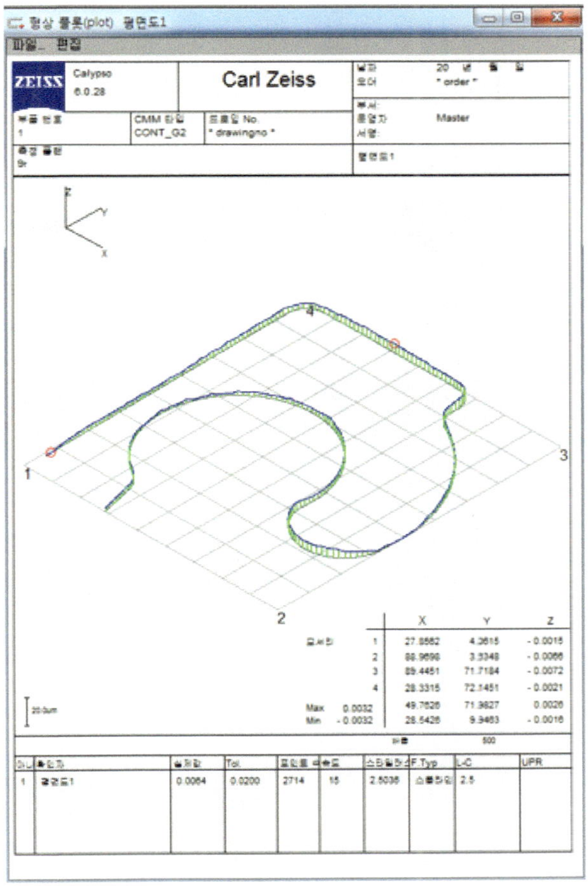

⑳ 경사면(면4)을 4점 측정하고 생성된 면3을 더블클릭하고 측정 방법을 클릭한다.

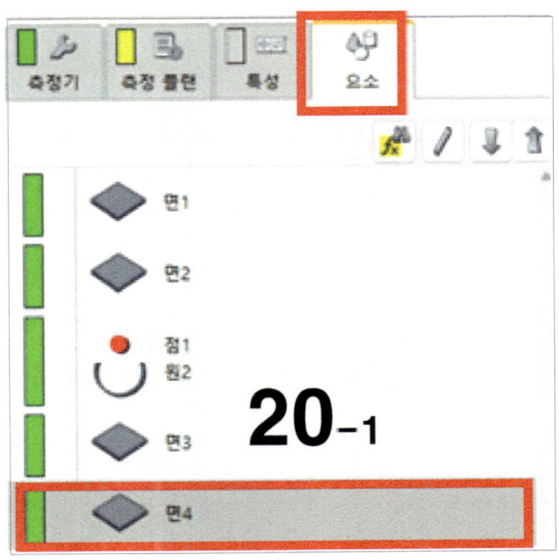

격자( )를 클릭하고 프로빙 포인트 4개를 삭제한다. (스캐닝으로 측정하기 때문에 중복 측정을 방지하기 위하여) 격자를 더블클릭한다.

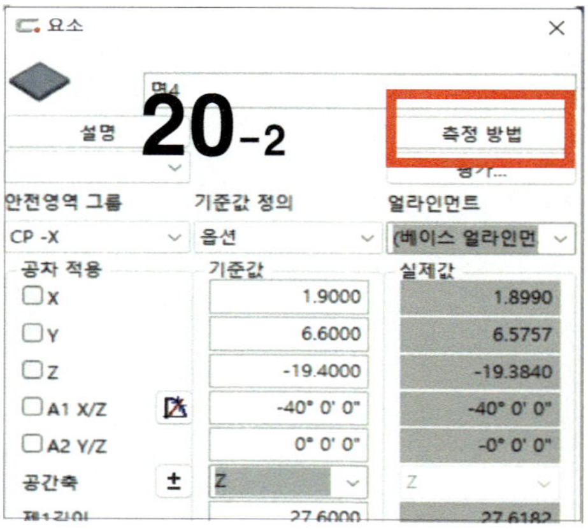

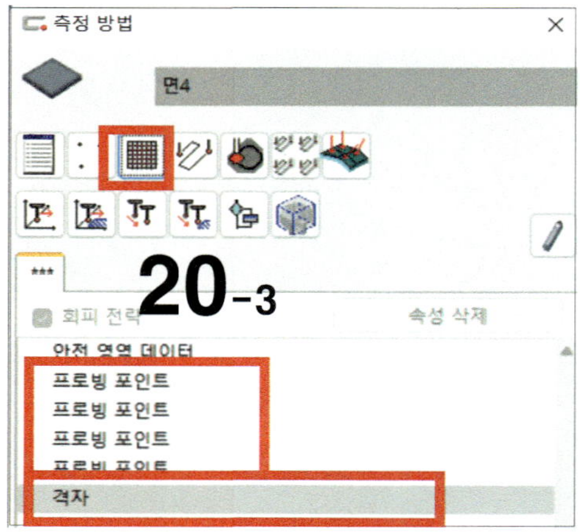

스텝 폭을 클릭하고 0.1을 입력한다. 속도는 조건에 맞게 자동으로 변한다. 그리고 격자 폭은 5개로 한다.

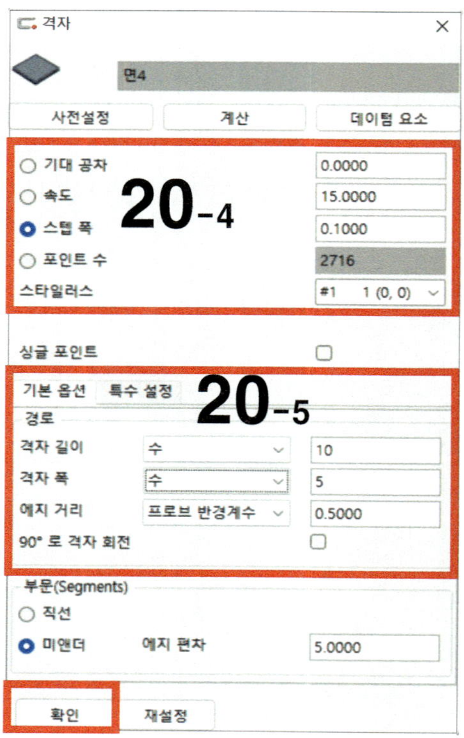

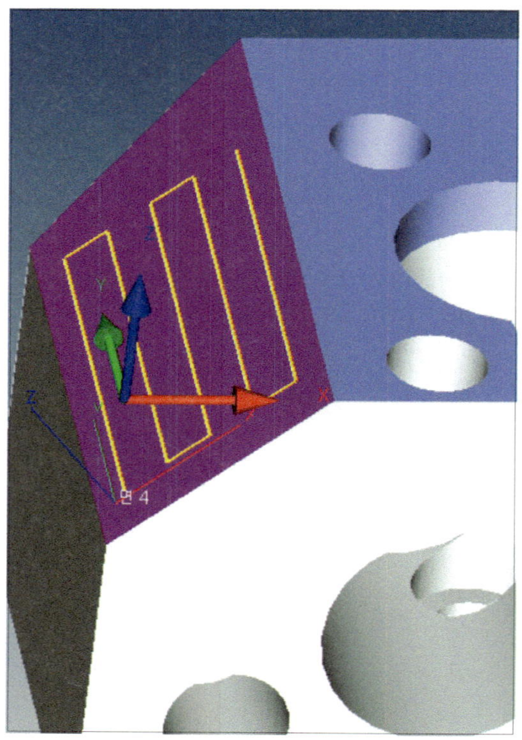

평가를 클릭하고. 필터와 이층제거를 클릭한다.

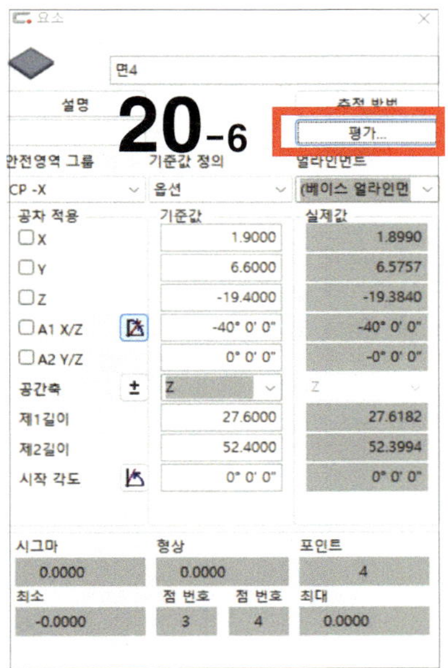

㉑ 면4가 선택된 상태에서 운영을 클릭하여 CNC로 측정한다.

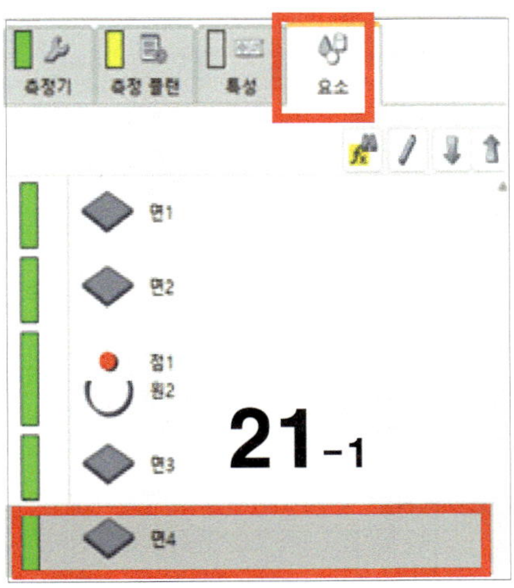

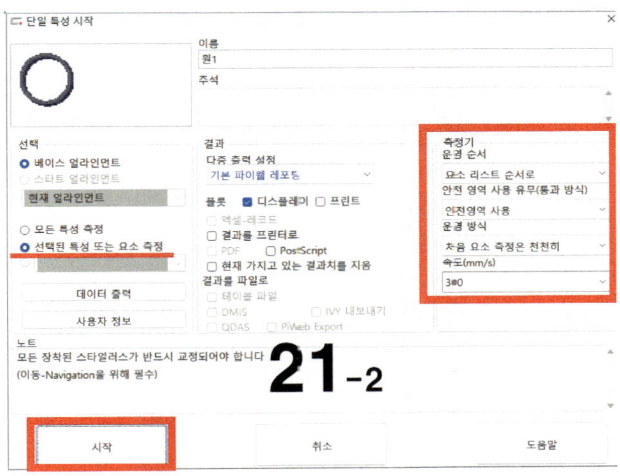

위 그림과 같이 체크하고 시작을 누르면 3차원 측정기가 작동한다.

㉒ 탑 메뉴 [기하공차] – 평면도를 클릭하고 특성에서 평면도2를 더블클릭한다.

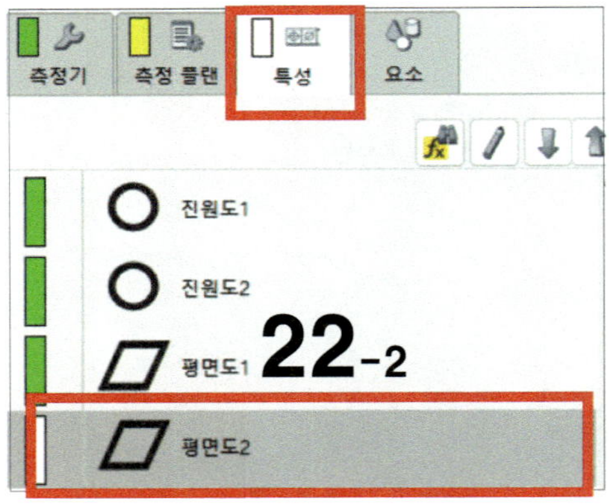

요소를 클릭하고 면4를 선택 그리고 공차를 입력한다.

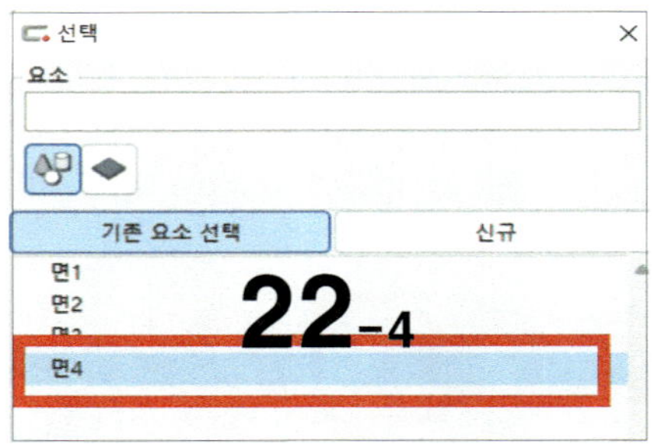

그래픽아이콘( )을 클릭한다.

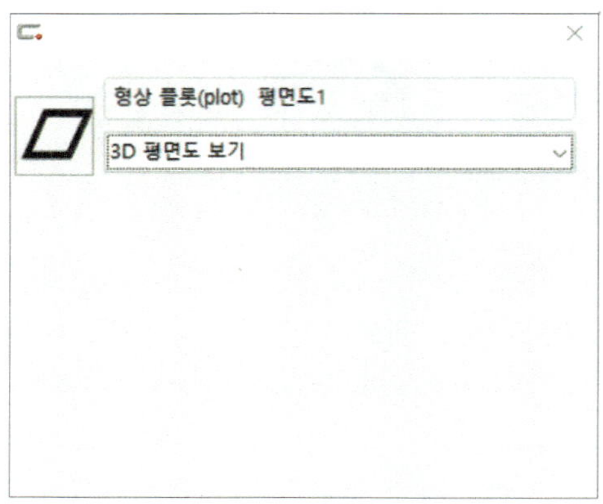

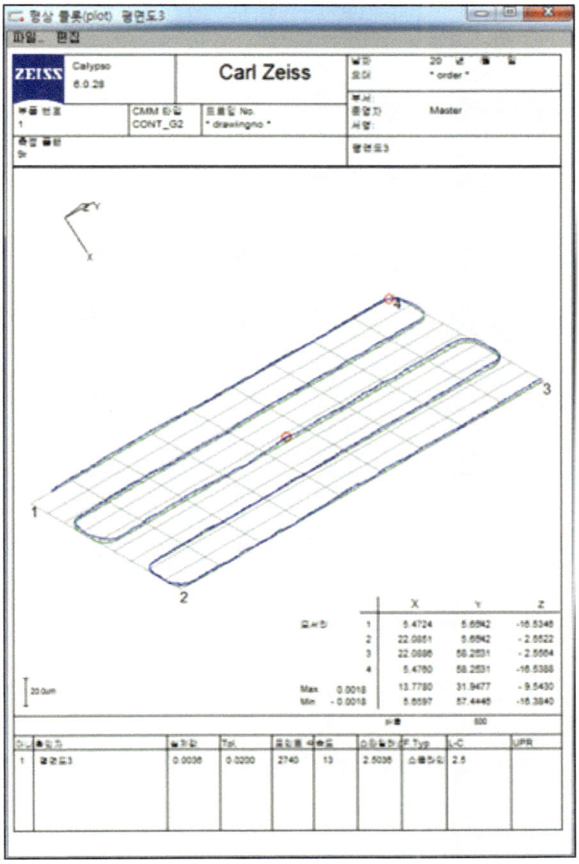

㉓ 경사도를 계산하기 위하여 [기하공차] – 경사도를 클릭하고 특성에서 경사도 1을 더블클릭한다.

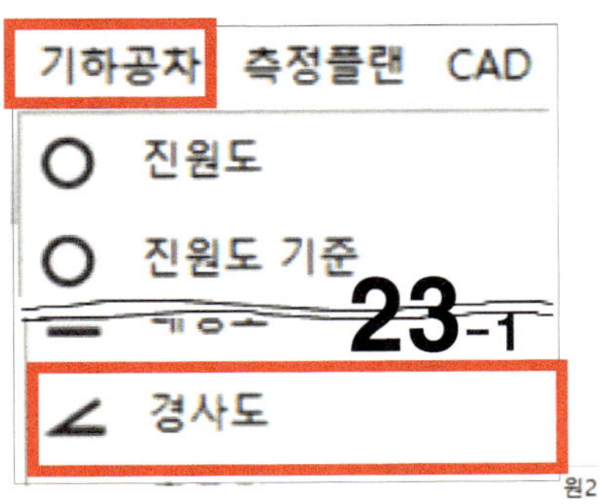

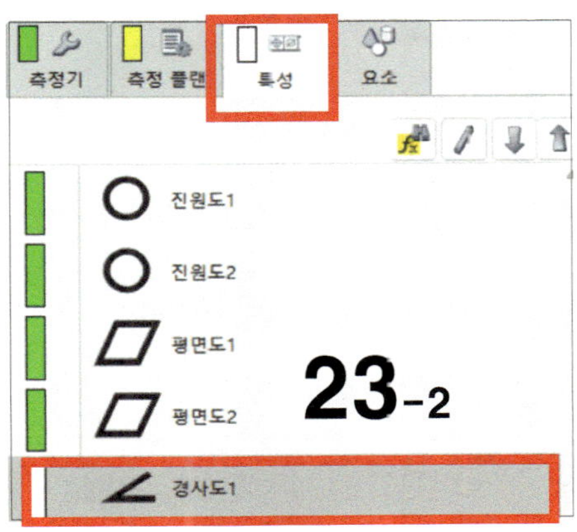

요소를 클릭하고 면4를, 1차 데이텀에 면1(또는 면3)을, 공차와 기준값을 입력한다.

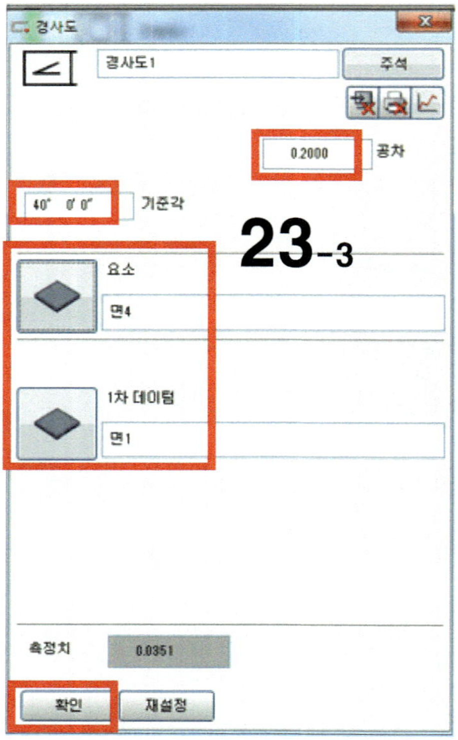

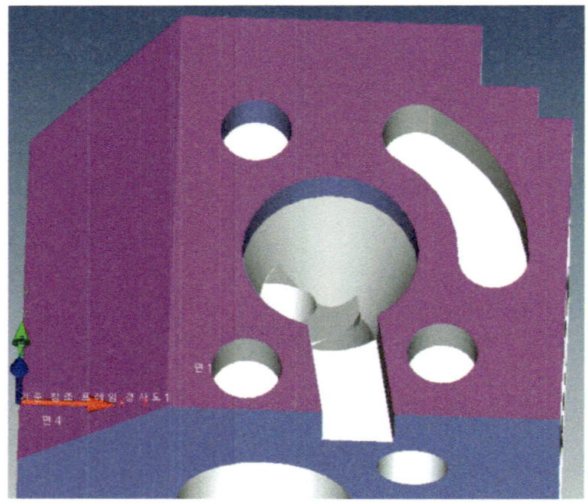

㉔ 직각도를 계산하기 위하여 [기하공차] – 직각도를 클릭하고 특성에서 직각도 1을 더블클릭한다.

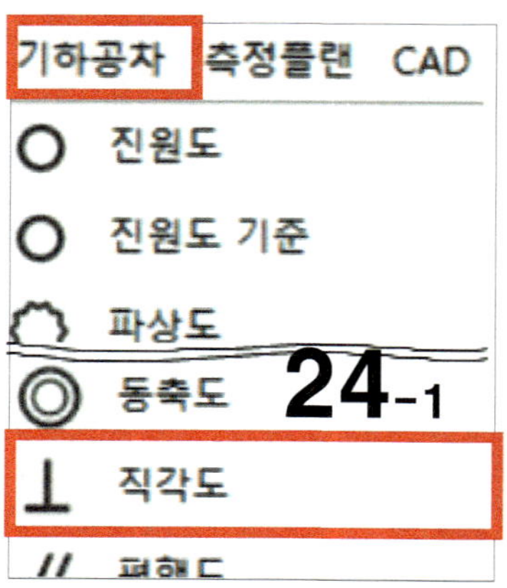

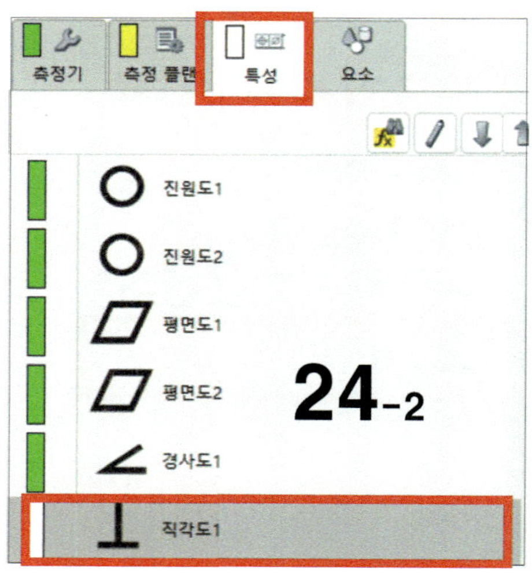

요소를 클릭하고 면4를, 1차 데이텀에 면2를, 그리고 공차를 입력한다.

㉕ 지금까지 한 측정을 CNC로 한꺼번에 실행하기 위하여 운영에서 다음 항목을 조사하고 시작을 누르면 측정기가 작동한다.

측정 결과(생략)

실습과제 12

▌학습요점 : 기하공차(⌖, // , ↗, — , Ⓜ)

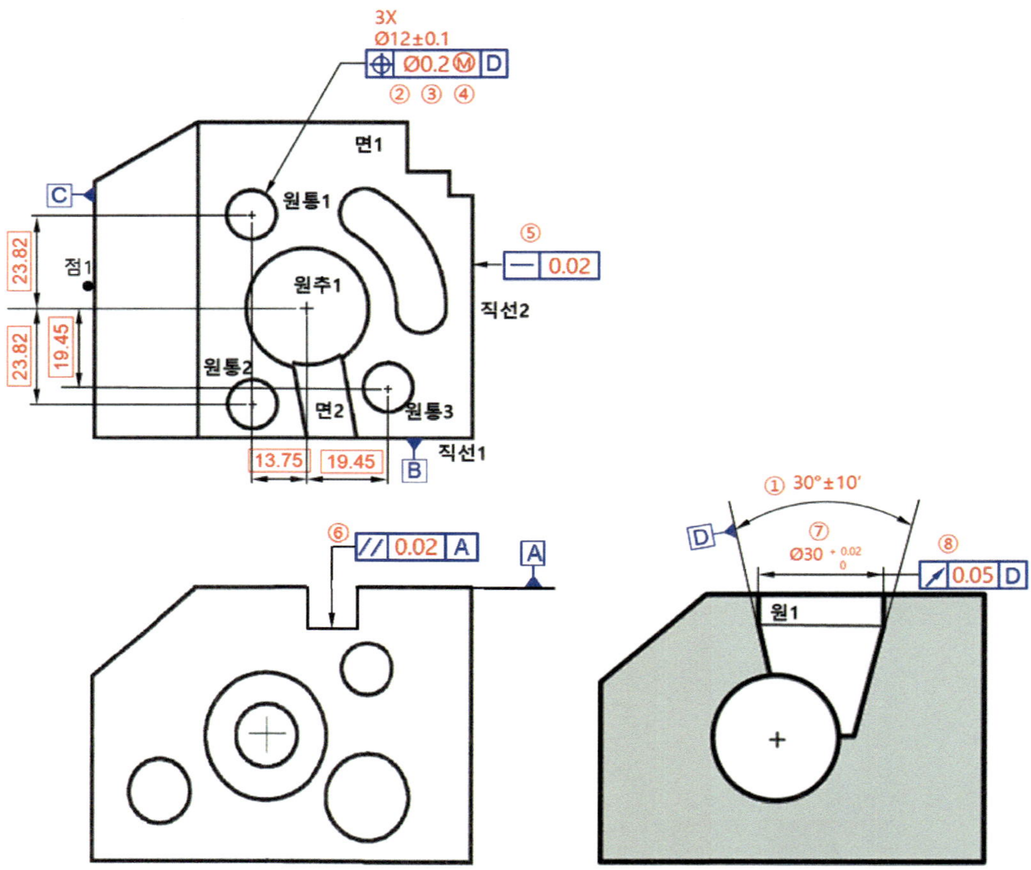

측정순서 요약

① 측정플랜 - 얼라인먼트 설정 - 새로운 베이스 얼라인먼트 생성

② 면1, 직선1, 점1 측정 〉 공간정렬(면1), 평면회전(직선1), 원점지정(점1)

③ 안전 영역설정 → 원추1 측정, 원통1~3 측정, 원통 속성복사 → CNC 측정

④ [기하공차] - 위치도 클릭 〉 요소에 원통1, 데이텀에 원추1 입력, MMC 입력

⑤ 위치도 1을 복사 〉 원통 2~3을 위와 같이 위치도 입력

⑥ 직선 2를 측정하고 진직도 측정을 위한 측정 방법 입력

⑥ 면2를 측정하고 평행도 측정을 위한 측정 방법 입력 → CNC 측정

⑦ 원1을 측정하고 → CNC 측정, 흔들림 측정을 위한 측정 방법 입력
⑧ 인쇄(생략)

측정순서

❶ [측정플랜] – 얼라인먼트 설정 – 새로운 베이스 얼라인먼트 생성 – 확인

면1, 직선1, 점1을 측정한다.

공간정렬 : 면1

평면회전 : 직선1

X 원점 점1

Y 원점 : 직선1

Z 원점 : 면1을 확인한다.

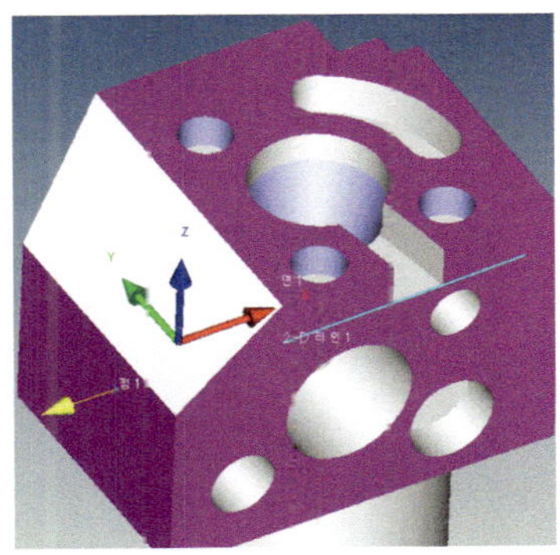

❷ 안전 영역을 설정한다.

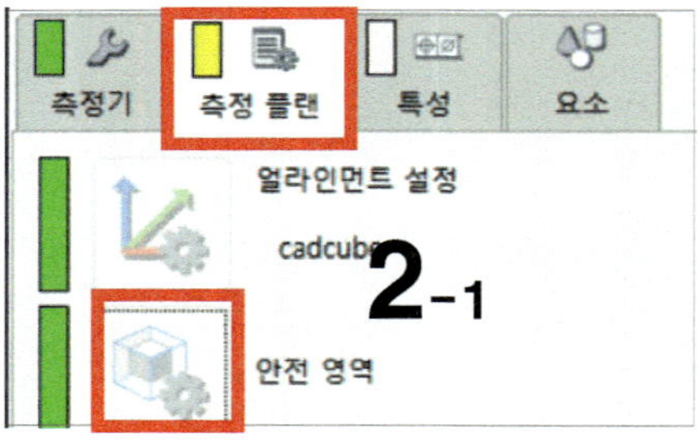

측정플랜 〉 안전 영역을 클릭한다.
우측 그림과 같이 피 측정 물 오른쪽 위 끝 모서리(+X, +Y, +Z)에서 각각 10mm 이상 떨어지게 프로브를 위치하고 우측 조이스틱 버튼을 세 번 눌러 입력한다.
다음에 왼쪽 아래 끝 모서리(-X, -Y, -Z)에 프로브를 위치하고 우측 조이스틱 버튼을 세 번 눌러 입력한다.

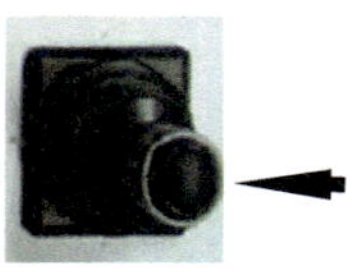

조이스틱 오른쪽
중간포인트용 버튼

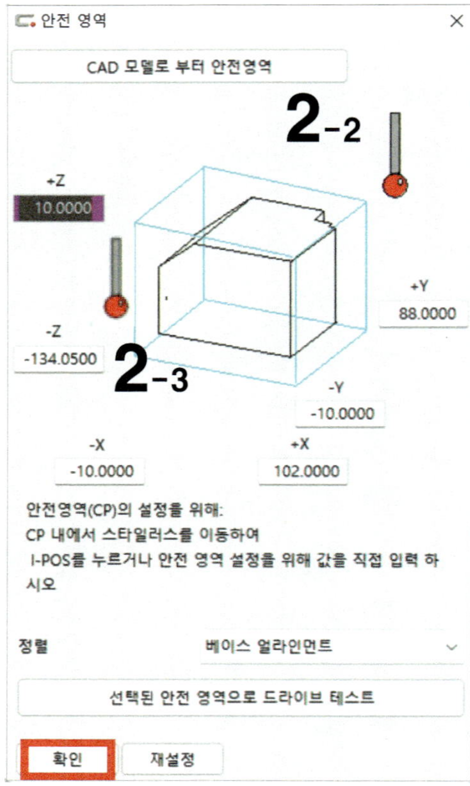

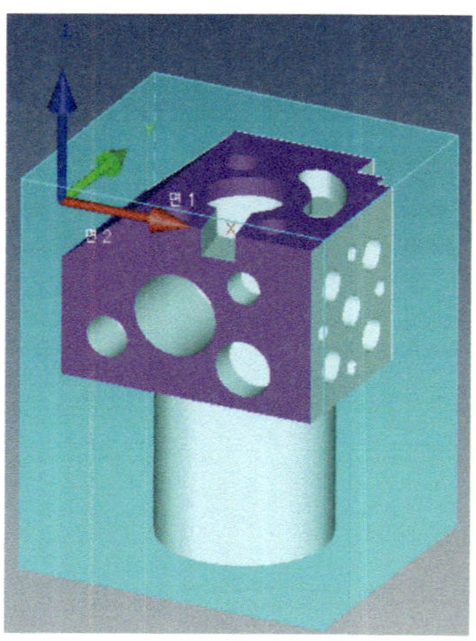

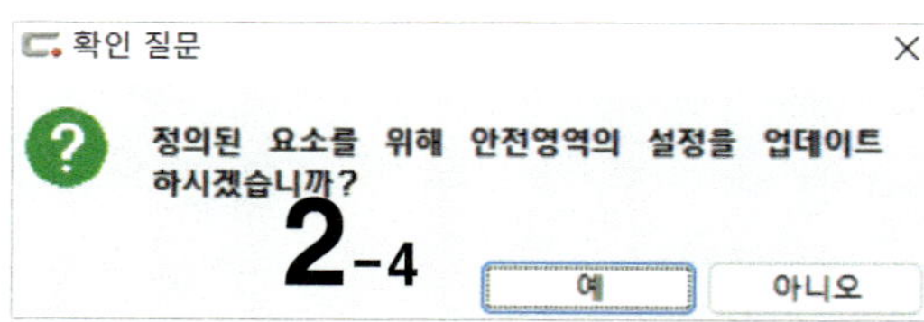

'안전 영역 업데이트하시겠습니까?' 질문에 전과 같으면 '아니오'를 새로 설정하려면 '예'를 누른다.

측정플랜 편집에서 프로브 위치를 확인한다.

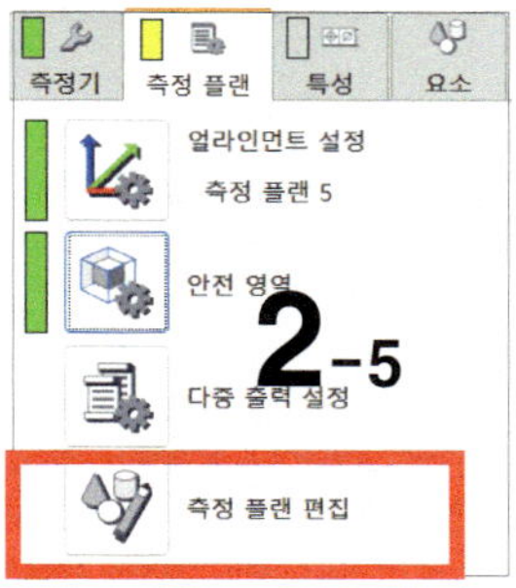

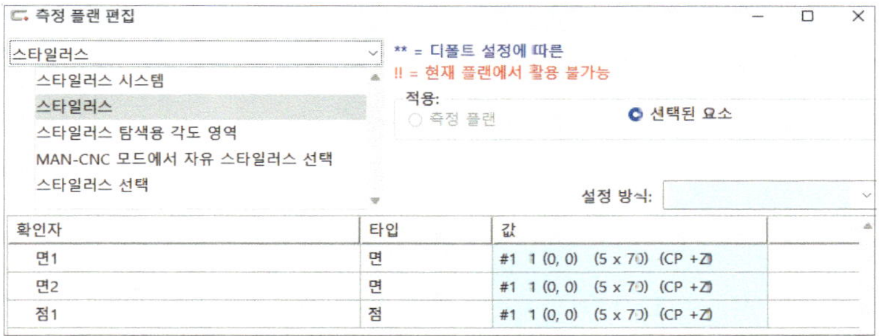

❸ 원추1을 측정하고 원추에 각도 공차를 입력한다.

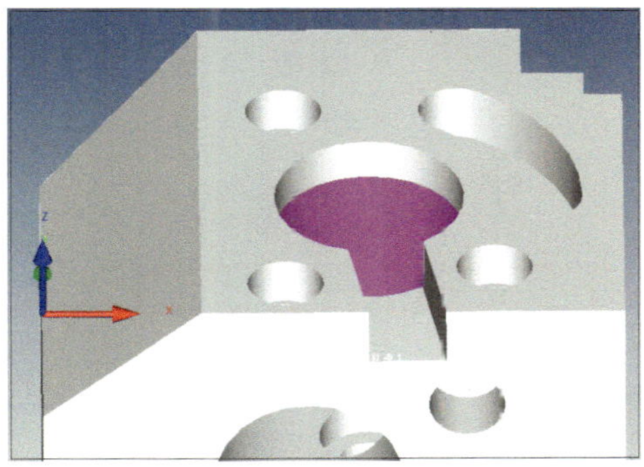

❹ 원통1~원통 3을 측정하고 직경 공차를 입력한다.

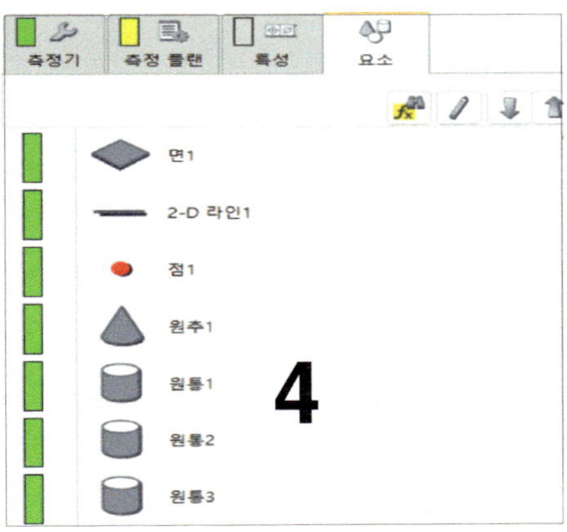

❺ 원통1을 더블클릭하여 측정 방법에서 프로빙 포인트를 삭제하고 '2서클 자동 경로'( )를 클릭하여 아래와 같이 입력한다.

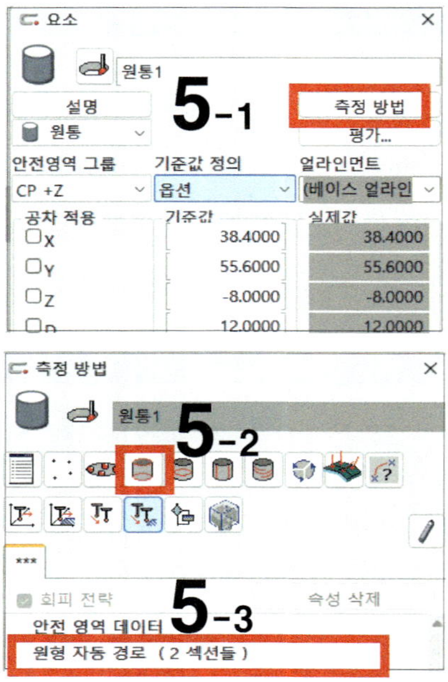

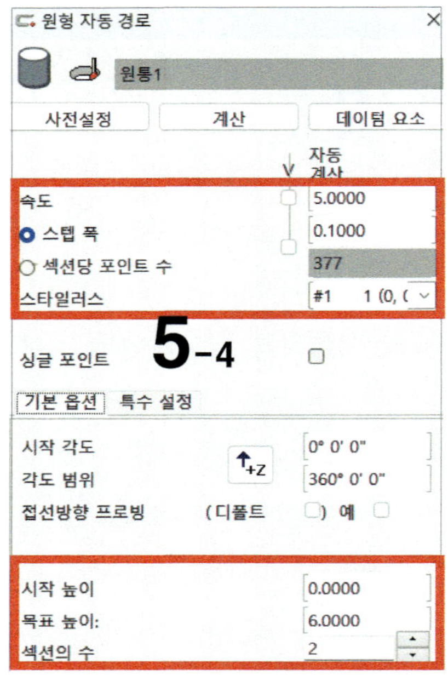

원통1의 속성을 원통 2, 3에 복사하기 위하여 원통1을 선택하고 속성복사 아이콘( )을 클릭한다. 복사할 항목을 체크한 다음에 삽입할 요소(그림 5-7)를 클릭한다.

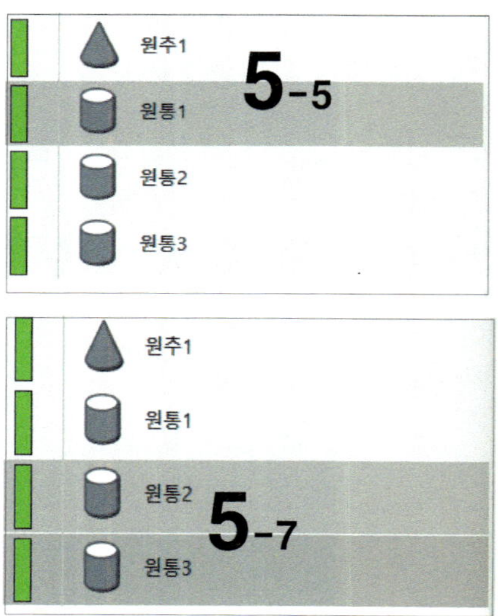

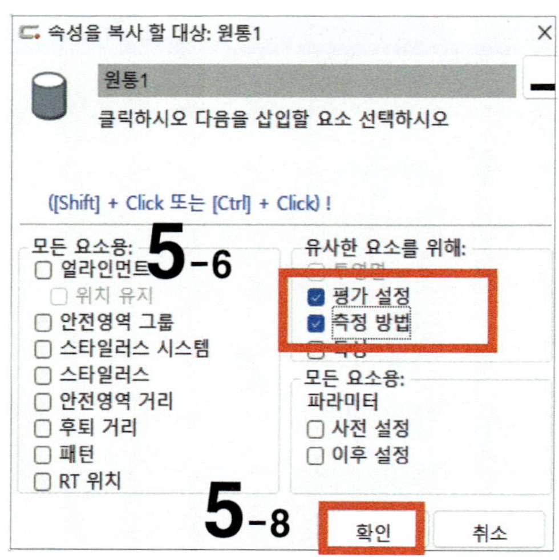

❻ 원통이 선택된 상태에서 운영을 클릭하여 CNC로 측정한다. 처음 속도는 충돌 위험이 있으므로 80 정도로 입력한다.

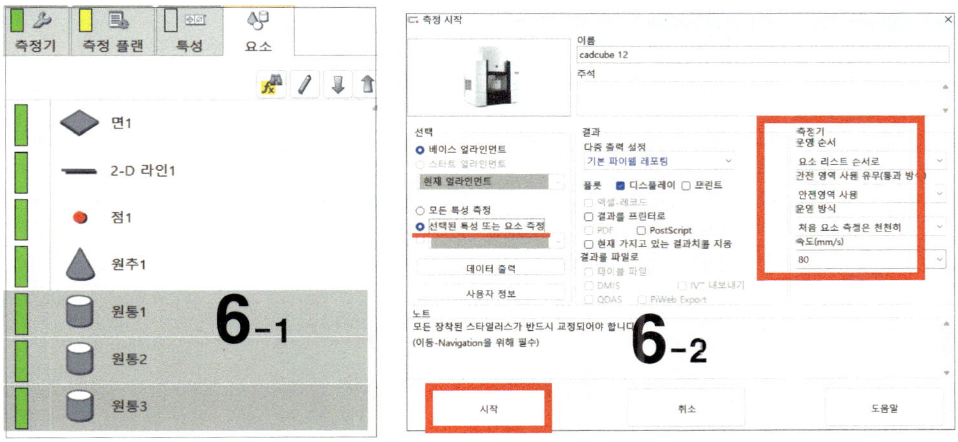

위 그림과 같이 체크하고 시작을 누르면 3차원 측정기가 작동한다.

❼ [기하공차] – 위치도 클릭 〉 위치도 1을 더블클릭하고 아래와 같이 입력한다.

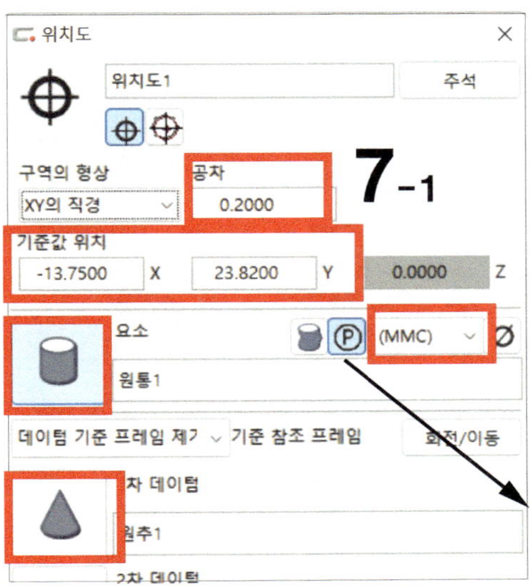

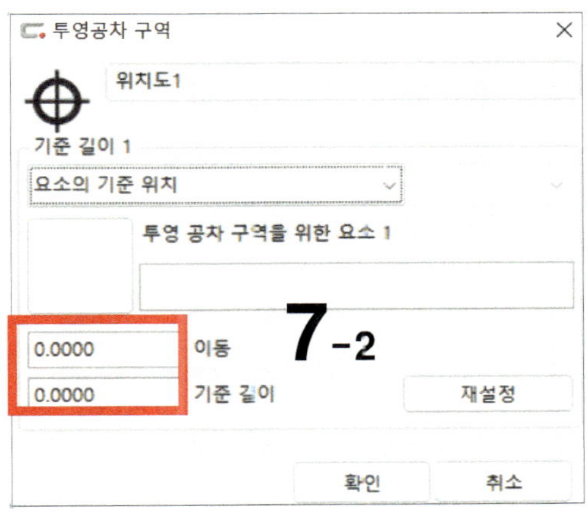

돌출공차는 없으므로 0으로 한다.

❽ 특성에서 위치도 1을 복사하여 위치도 2~3을 생성하고 위치도 2를 더블클릭한다. 요소에 원통 2, 기준값 위치에 원통 2의 값으로 수정하고 MMC를 클릭한다.

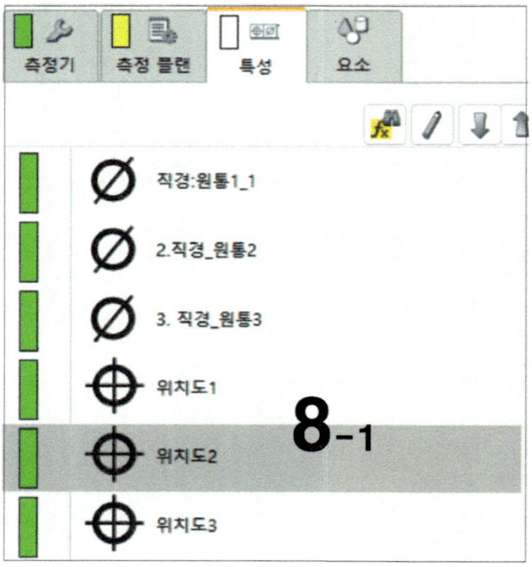

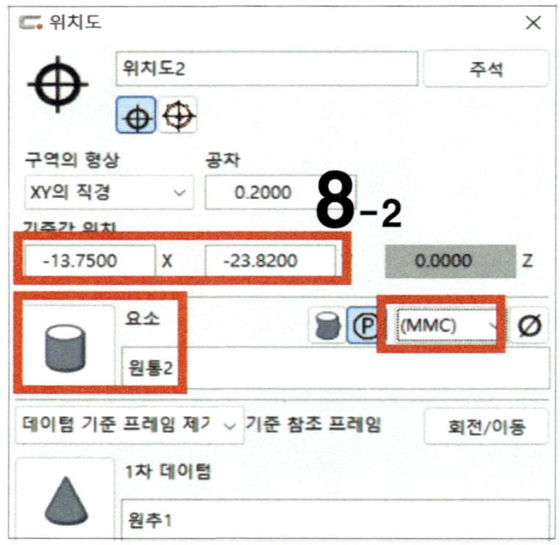

❾ 위와 같이 위치도 3을 더블클릭하여 요소에 원통 3, 기준값 위치에 원통 3의 값으로 수정하고 MMC를 확인한다.

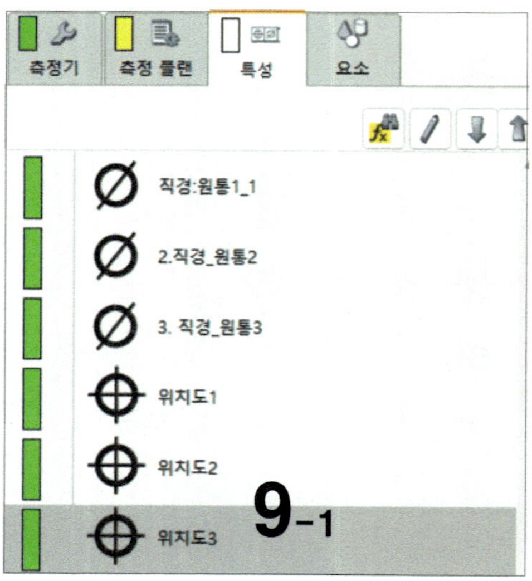

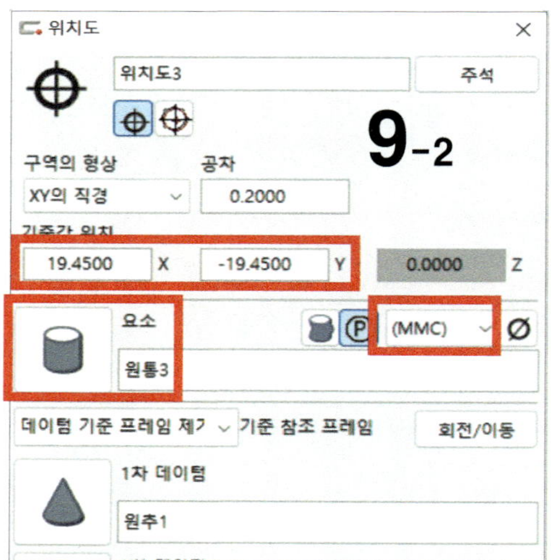

⑩ 다음은 진직도를 측정하기 위하여 우측면을 2점을 프로빙하여 직선을 생성한다. 직선 2(2-D 라인2)를 더블클릭하여 A2(Z/Y)의 각도를 0으로 수정 한다. (수평으로 측정하기 위함) 그리고 측정 방법을 클릭한다.

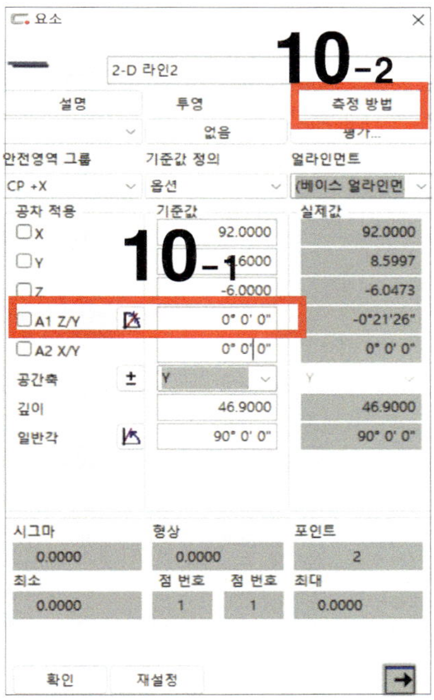

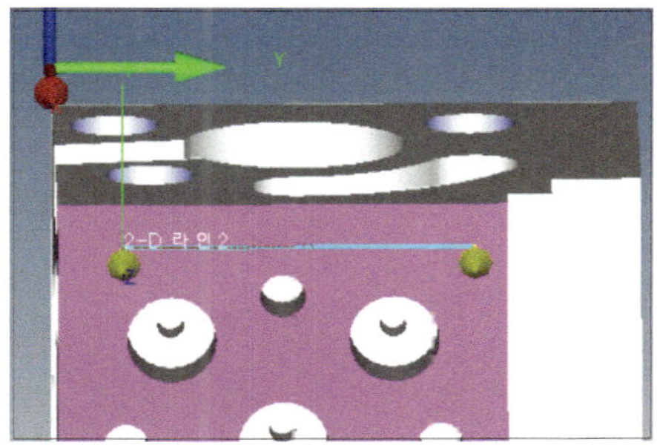

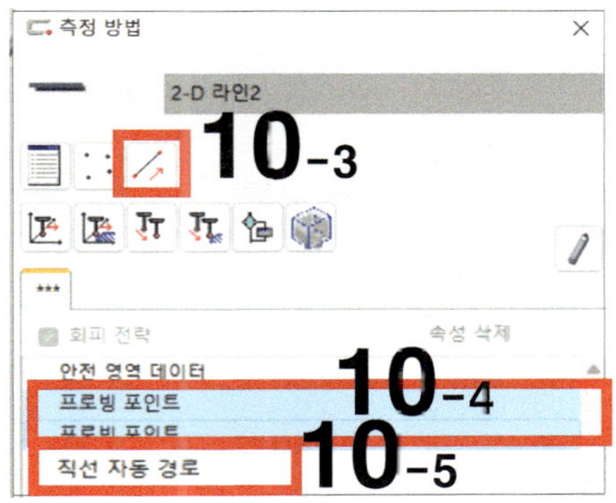

프로빙 포인트를 삭제하고 직선 자동 경로( )를 클릭한다. 생성된 '자동 직선 경로'를 더블클릭한다. (구버전에는 이 아이콘이 없음. 따라서 평면도에서와 같이 다중선을 이용하면 된다.)

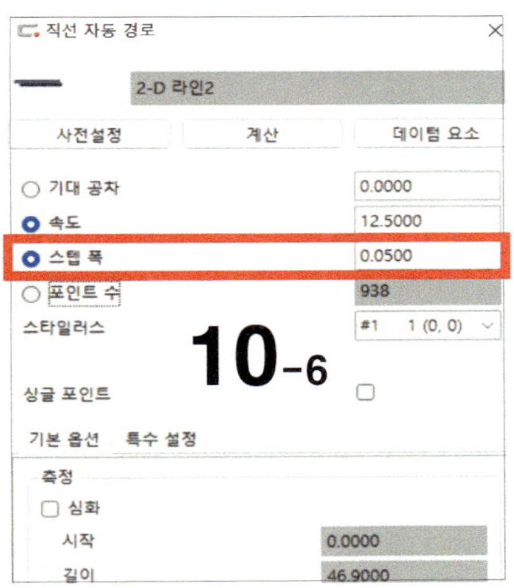

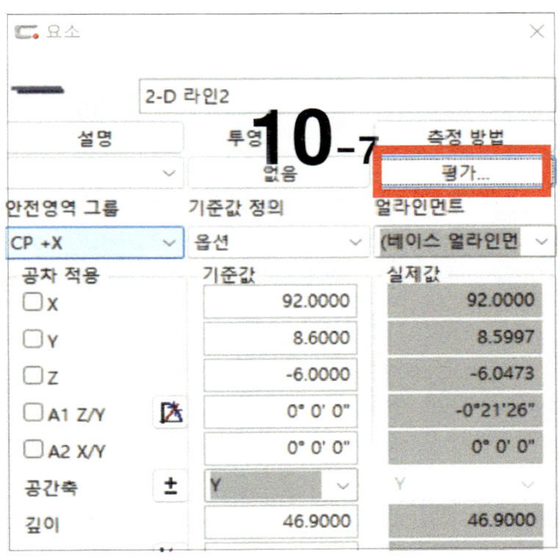

평가를 클릭하고. 필터와 이층제거를 클릭한다. 〉 확인 〉 확인

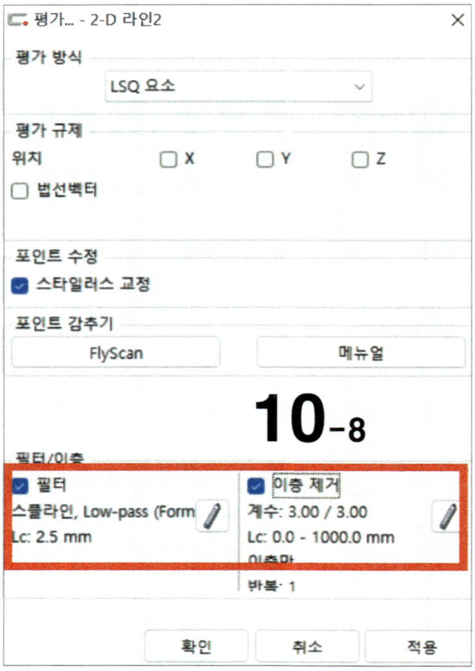

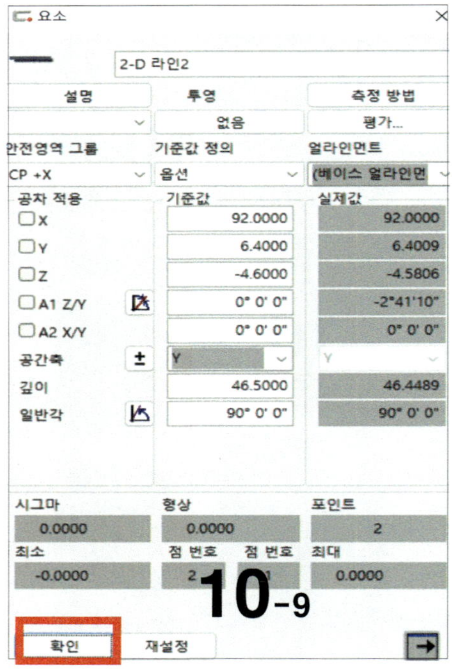

⑪ '2-D 라인2' 가 선택된 상태에서 운영을 클릭하여 CNC로 측정한다.

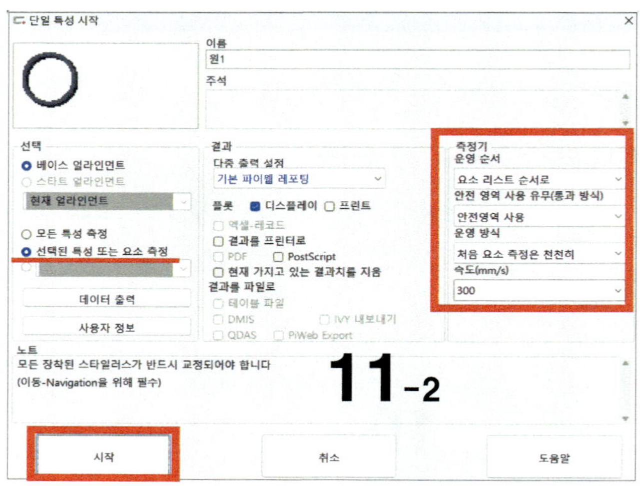

위 그림과 같이 체크하고 시작을 누르면 3차원 측정기가 작동한다.

⑫ [기하공차] – 진직도 클릭 〉 진직도 1을 더블클릭하고 아래와 같이 입력한다.

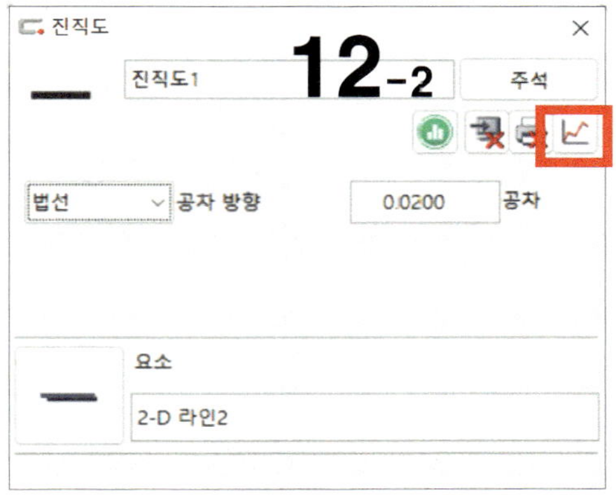

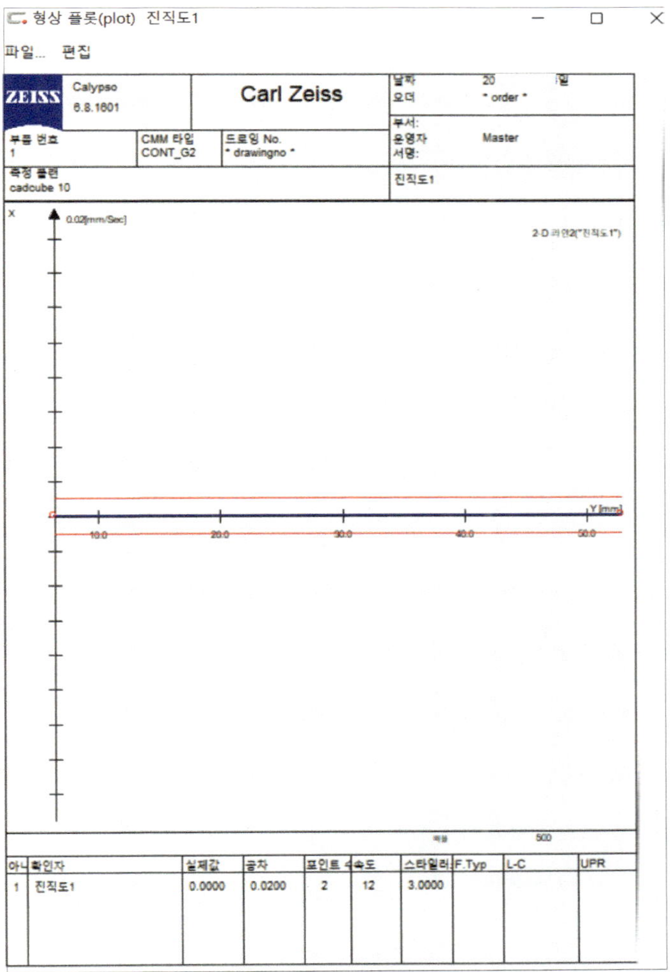

아니	확인자	실제값	공차	포인트 수	속도	스타일러스	F.Typ	L-C	UPR
1	진직도1	0.0000	0.0200	2	12	3.0000			

⓭ 다음은 평행도를 측정하기 위하여 면2를 4점 측정하고 더블클릭한다.

측정 방법을 클릭하여 프로빙 포인트를 삭제하고 다중 폴리라인()을 클릭한 후 모서리 값 2(프로브 반지름 이상의 값 : 옆면 충돌 방지 위함)를 입력한다. 생성된 다중선을 더블클릭하고 스텝 폭을 입력한다.

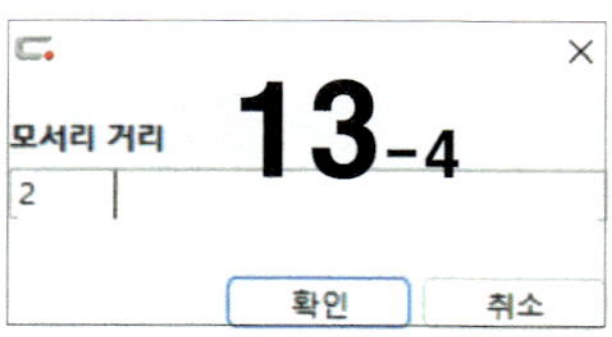

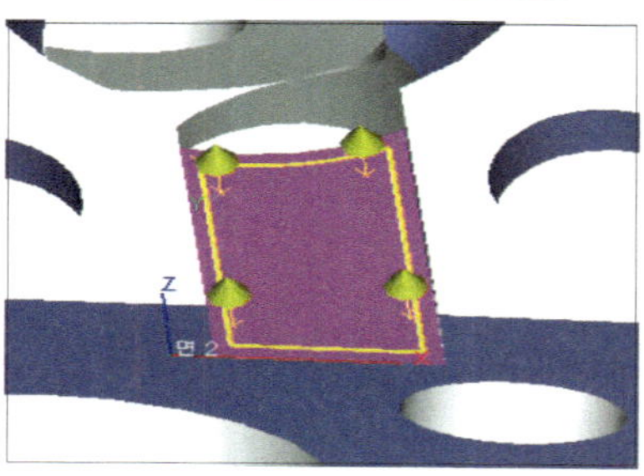

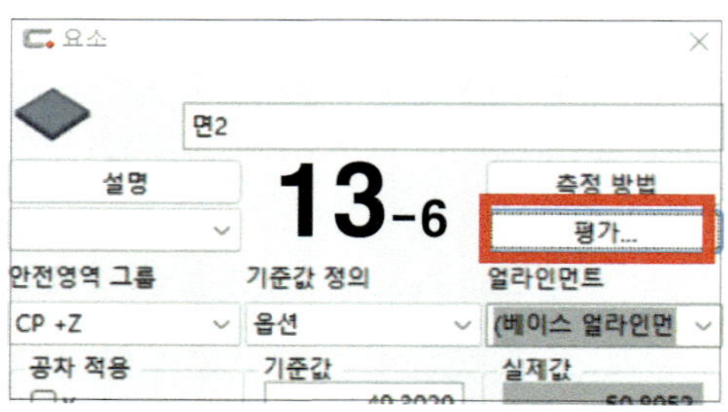

평가를 클릭하고, 필터와 이층제거를 클릭한다. 〉 확인 〉 확인 (11과제 6항 이층제거 참고)

⓮ ‘면2’가 선택된 상태에서 운영을 클릭하여 CNC로 측정한다.

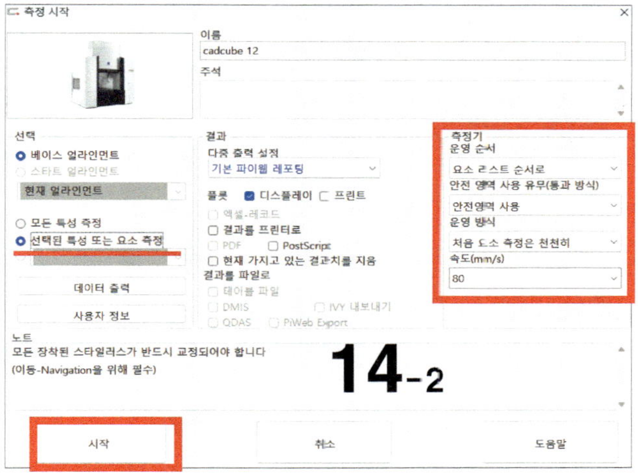

위 그림과 같이 체크하고 시작을 누르면 3차원 측정기가 작동한다.

⓯ [기하공차] – 평행도 클릭 〉 평행도 1을 더블클릭하고 아래와 같이 입력한다.

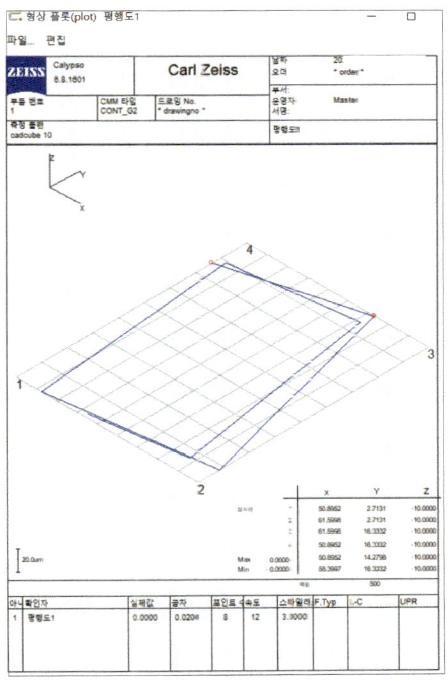

⓰ 다음은 원주 흔들림을 측정하기 위하여 원1을 3점을 번호 순서로 측정하고 더블클릭한다. (스캐닝하기 위함)

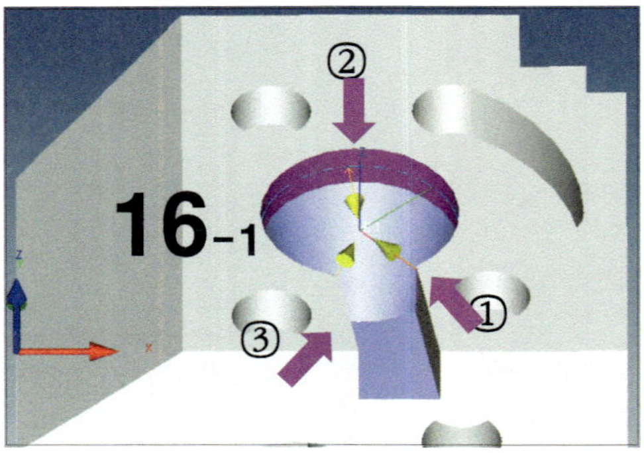

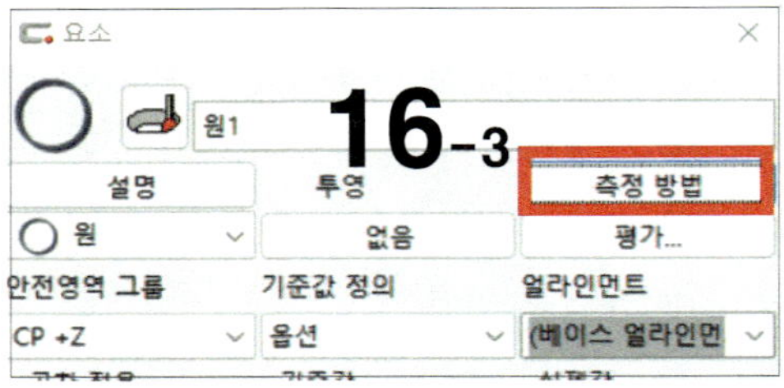

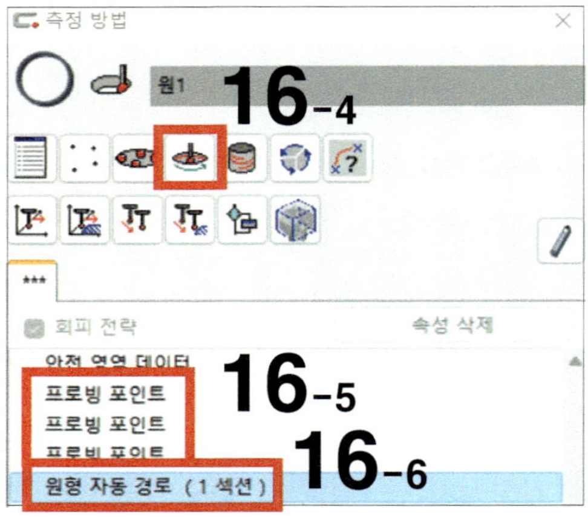

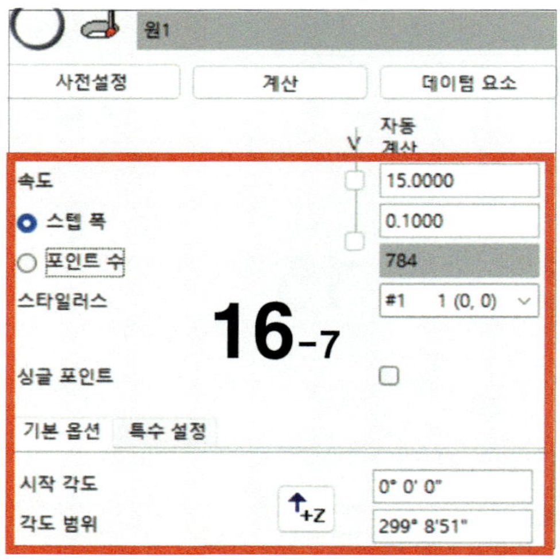

측정 방법을 클릭하여 프로빙 포인트를 삭제하고 원형 자동 경로( )을 클릭한 후 생성된 원형 자동 경로를 더블클릭한다. 스텝 폭을 입력한다.

평가를 클릭하고, 필터와 이충제거를 클릭한다. 〉 확인 〉 확인. (11과제 6항 참고)

⑰ 원1이 선택된 상태에서 운영을 클릭하여 CNC로 측정한다.

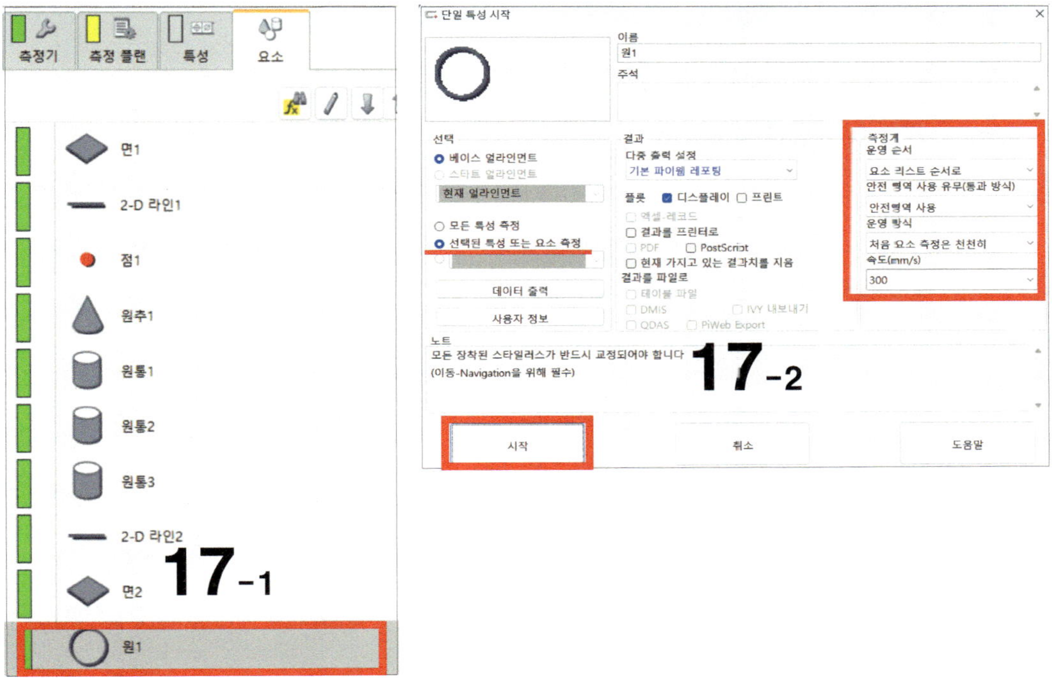

위 그림과 같이 체크하고 시작을 누르면 3차원 측정기가 작동한다.

⑱ [기하공차] – 흔들림 〉 '반경 방향 원주 흔들림' 을 클릭하고 아래와 같이 입력한다.

⑲ 지금까지 한 측정을 CNC로 한꺼번에 실행하기 위하여 운영에서 다음 항목을 조사하고 시작을 누르면 측정기가 작동한다.

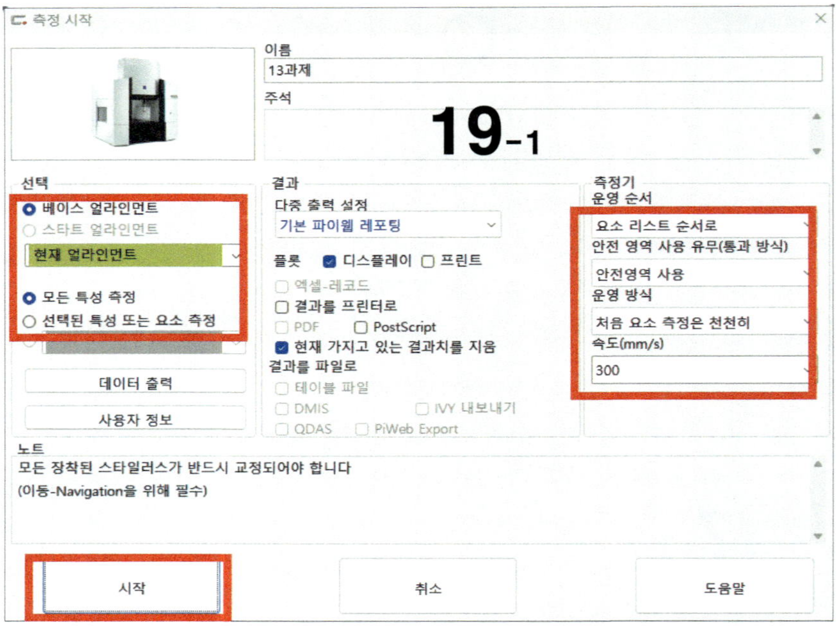

측정 결과(생략)

실습과제 13

▍학습요점 : 기하공차(◎, ⌯, ⌭, ⌓), 수선, 대칭

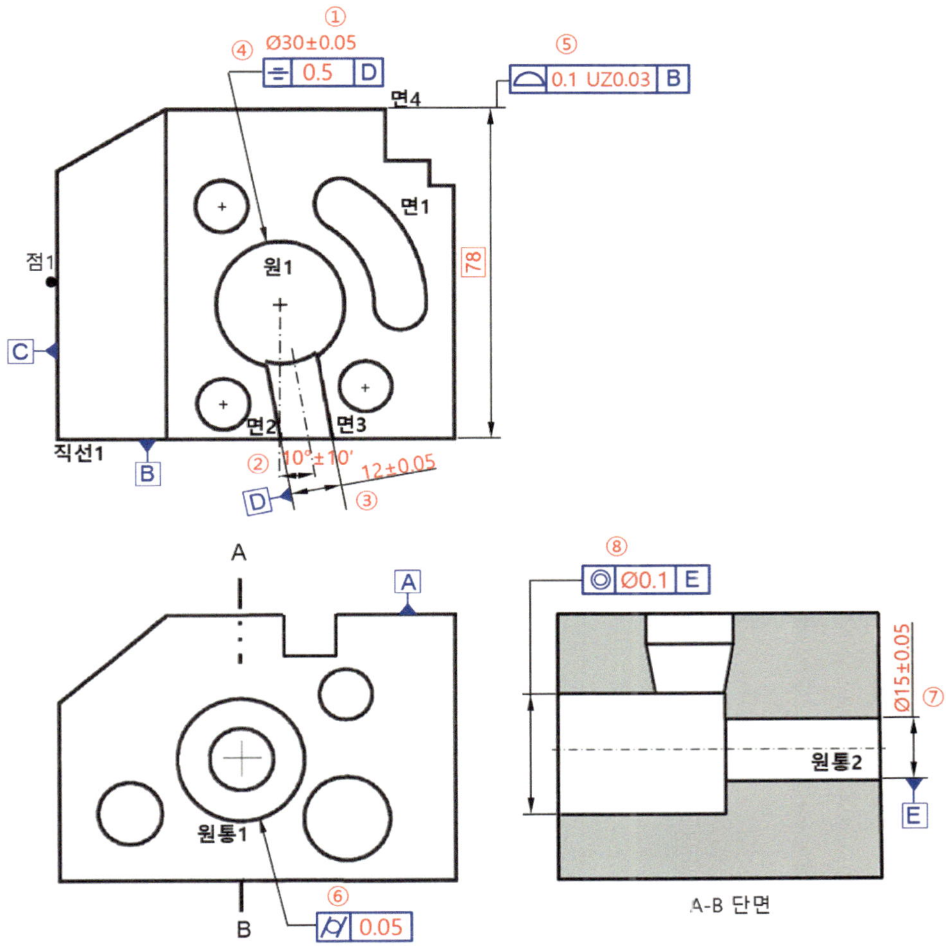

측정순서 요약

① 측정플랜 - 얼라인먼트 설정 - 새로운 베이스 얼라인먼트 생성

② 면1, 직선1, 점1 측정 〉 공간정렬(면1), 평면회전(직선1), 원점지정(점1),

③ 안전 영역설정 → 원1, 면2, 면3 측정

④ [조합] - 수선 클릭 〉 수선1을 클릭, 면2, 면3 입력

⑤ [조합] - 대칭 클릭 〉 대칭1을 클릭, 면2, 면3 입력

⑥ [기하공차] - 대칭도 클릭 〉 요소에 원1, 데이텀에 대칭1, 공차 입력
⑦ 면4 측정 〉 [기하공차〉 윤곽도 클릭 〉 요소에 면4, 데이텀에 얼라인먼트, 공차 입력
⑧ 프로브를 회전(A=90, B=-90, 프로브 교정 참조)하여 원통1 측정.
⑨ [기하공차] - 원통도 클릭 〉 요소에 원통1, 공차 입력
⑩ 프로브를 회전(A=90, B=90, 프로브 교정 참조)하여 원통 2,
⑪ [기하공차] - 동축도 클릭 〉 요소에 원통1, 데이텀에 원통 2, 공차 입력
⑫ 인쇄(생략)

측정순서

❶ [측정플랜] – 얼라인먼트 설정 – 새로운 베이스 얼라인먼트 생성 – 확인

면1, 직선1, 점1을 측정한다.

공간정렬 : 면1

평면회전 : 직선1

X 원점 : 점1

Y 원점 : 직선1

Z 원점 : 면1을 확인한다.

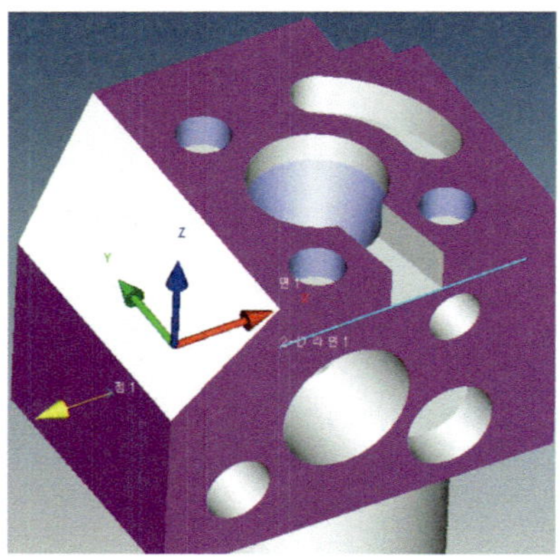

❷ 안전 영역을 설정한다. (위 12과제 (2)항 참조)

❸ 원1, 면2, 면3을 측정한다.

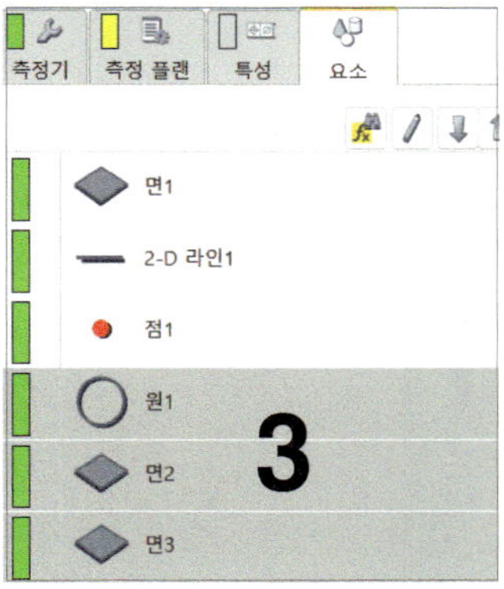

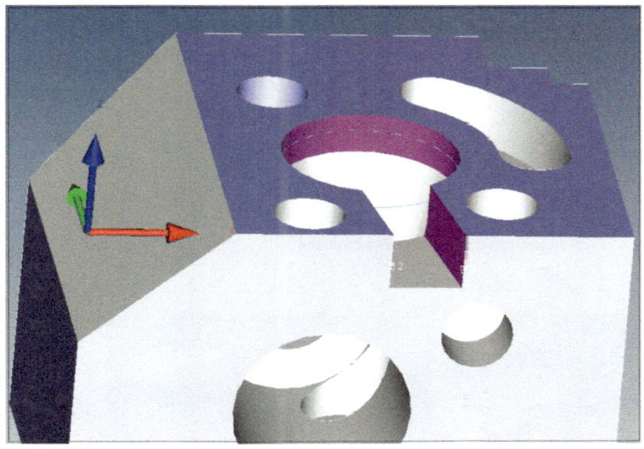

❹ [조합요소] 〉 수선 〉 수선1을 더블클릭한다.

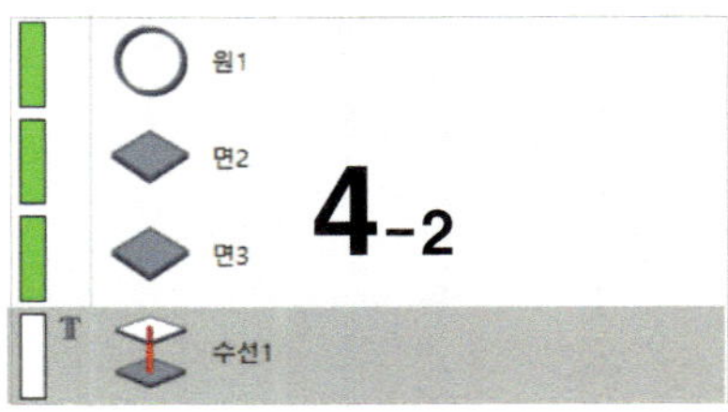

수선1에 면2와 면3을 입력한 후 깊이를 클릭하고 공차, 측정번호를 입력한다.

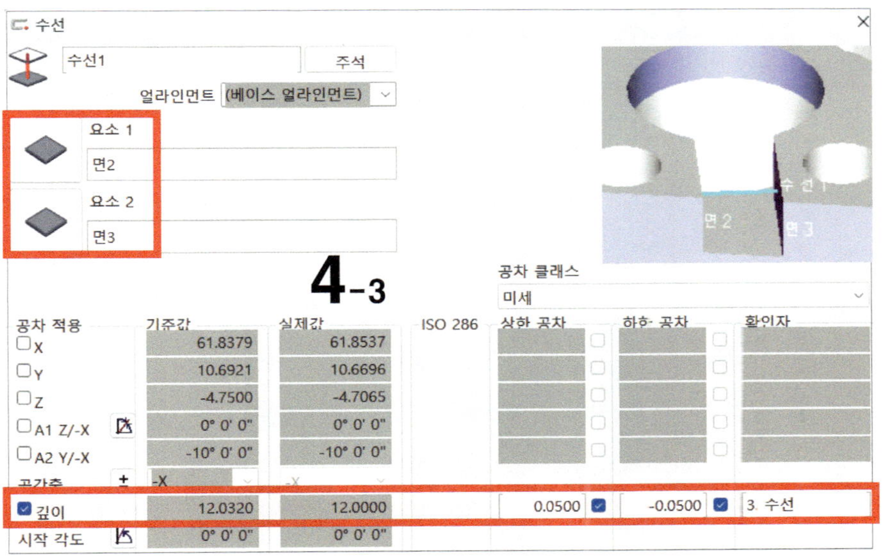

❺ [조합요소] – 대칭 〉 요소에서 대칭1을 더블클릭하고 요소1에 면2, 요소2에 면3을 입력한다. A1 각도를 클릭한다.

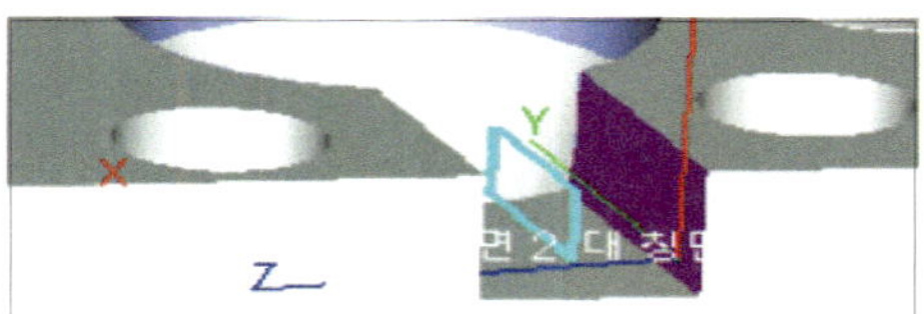

❻ [기하공차] – 대칭도 클릭 〉 요소에서 대칭도 1을 더블클릭하고 아래와 같이 입력한다.

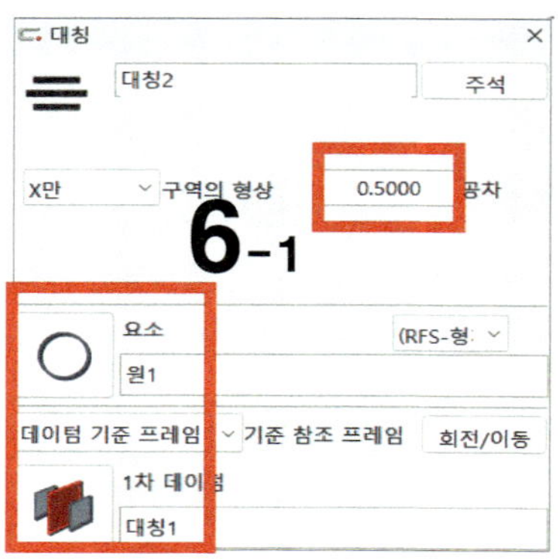

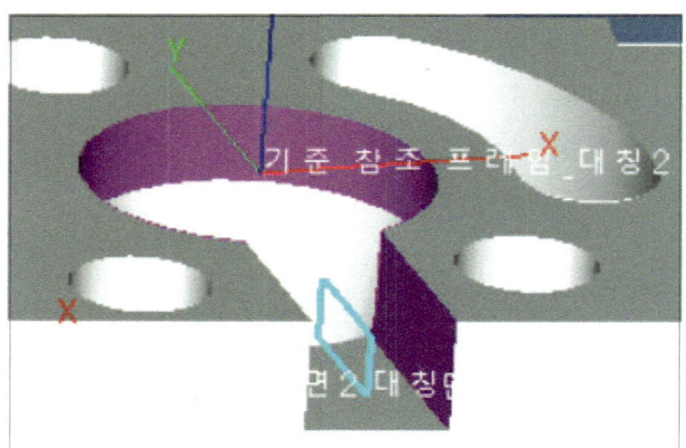

❼ 면4를 측정하고 더블클릭하여 Y값에 기준값 78을 입력한다.

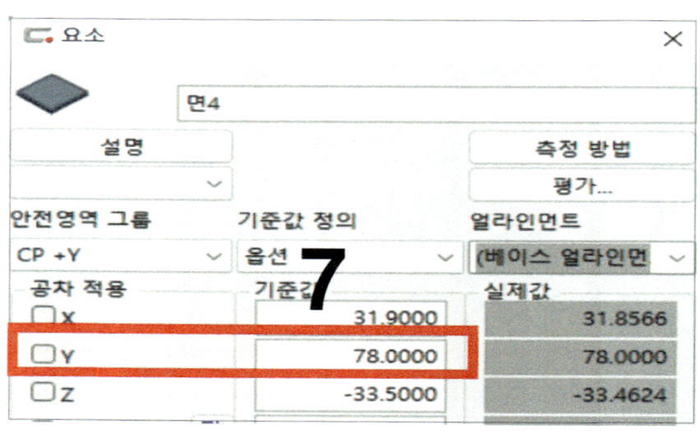

❽ [기하공차] – 윤곽도 클릭 〉 특성에서 윤곽도 1을 더블클릭하고 아래와 같이 입력한다. 요소에 면4, 1차 데이텀에 베이스 얼라인먼트, 구역의 형상에 '양측, 불균등분포–결과하나'를 선택하고 공차 0.1, 공차(편측)은 0.08을 입력한다.

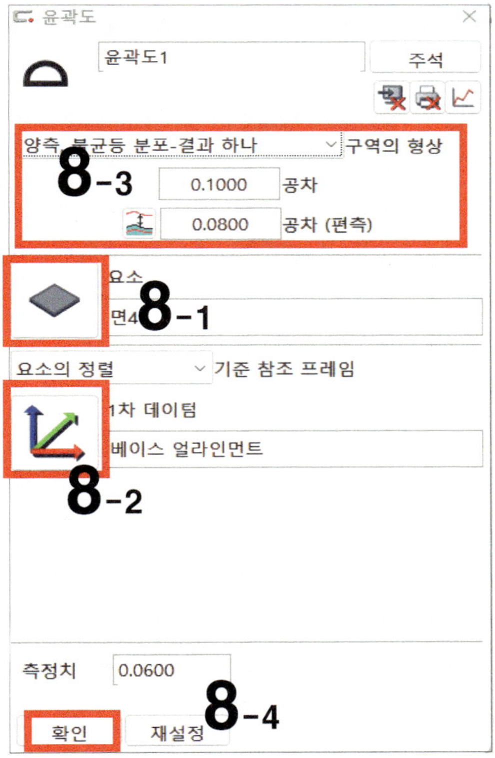

편측 공차는 UZ 0.03이므로 0.08이 된다.

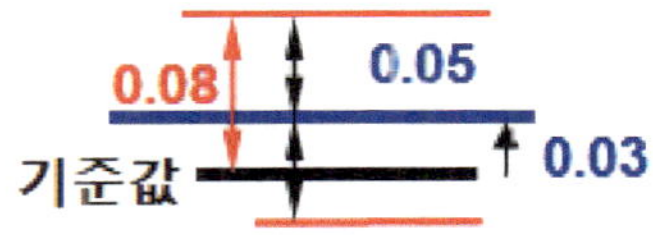

❾ 원통1 측정

① 프로브를 회전(A=90, B=-90, 프로브 교정 참조)하여 원통1을 측정(2단면×4)한다. 프로브가 회전할 때 충돌하지 않도록 주의한다.

② 요소에서 원통1을 더블 클릭하고 측정 방법을 클릭한다.

③ 1서클 자동 경로( )를 클릭하고 프로브 포인트를 삭제한다. 생성된 원형 자동 경로(1섹션)를 더블클릭한 후 스텝 폭을 입력하고 섹션의 수를 3으로 한 다음 시작 높이와 목표 높이(그림 참조)를 입력하고 창을 닫는다.

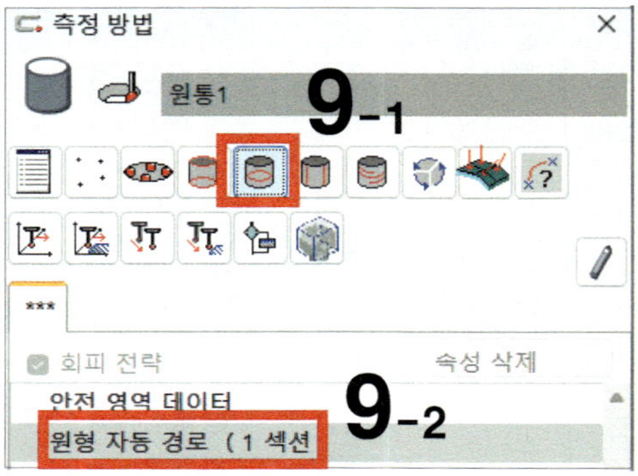

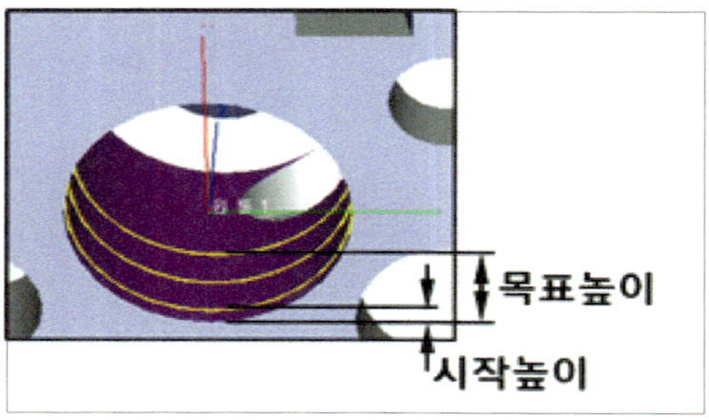

평가를 클릭하고 필터와 이충제거를 클릭한다.

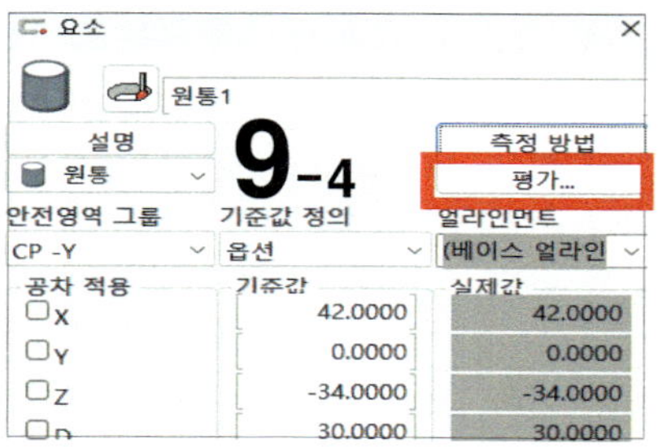

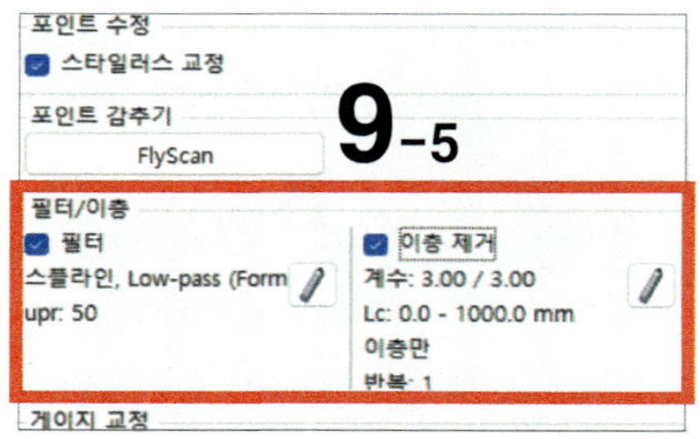

⑩ 원통1을 선택한 후 운영에서 CNC를 실행한다.

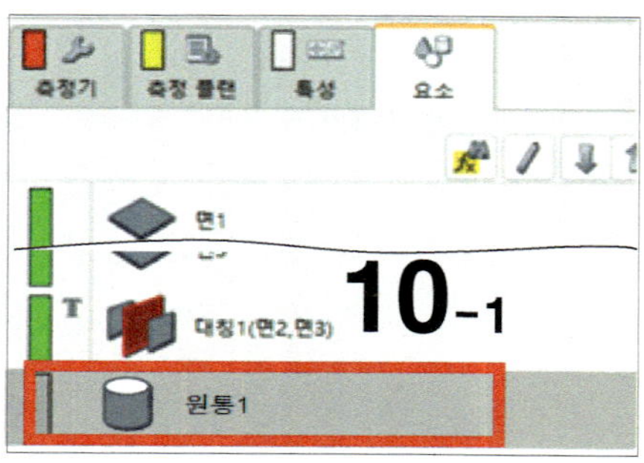

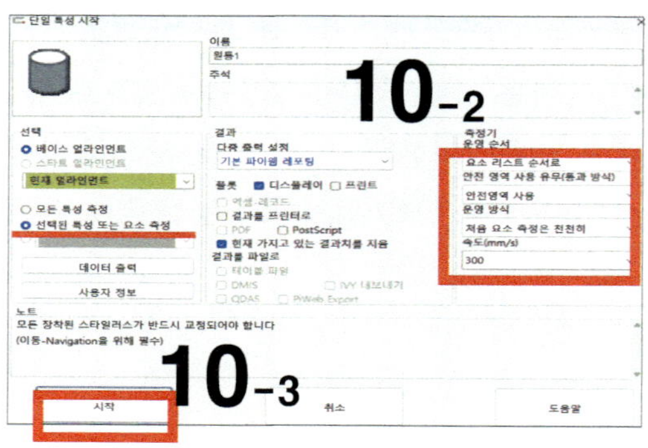

⓫ [기하공차] – 원통도 클릭 〉 특성에서 원통도 1을 더블클릭하고 아래와 같이 입력한다. 그래픽아이콘( )을 클릭한다.

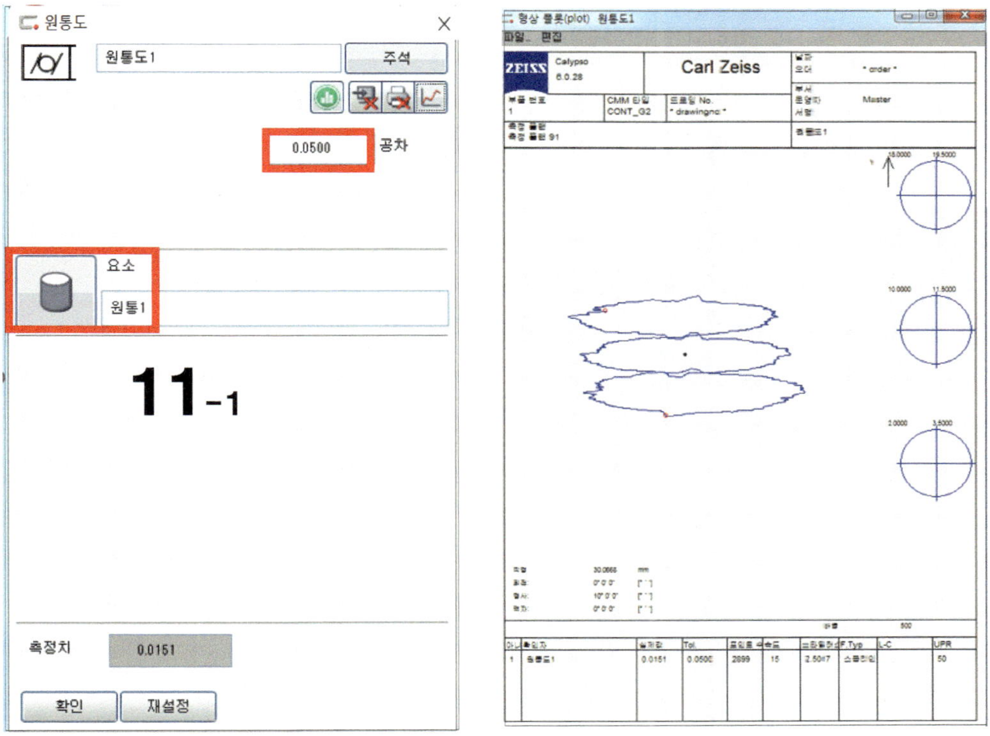

⓬ 프로브를 회전(A=90, B=90, 프로브 교정 참조)하여 원통 2를 측정한다. 프로브가 회전할 때 충돌하지 않도록 주의한다. 요소에서 원통 2를 더블 클릭하고 측정 방법을 클릭한다. 1서클 자동 경로( )를 클릭하고 프로브 포인트를 삭제한다. 생성된 원형 자동 경로(1섹션)를 더블클릭한다. 먼저 스텝 폭을 입력하고 섹션의 수를 3으로 한 다음 시작 높이와 목표 높이(그림 참조)를 입력하고 창을 닫는다.

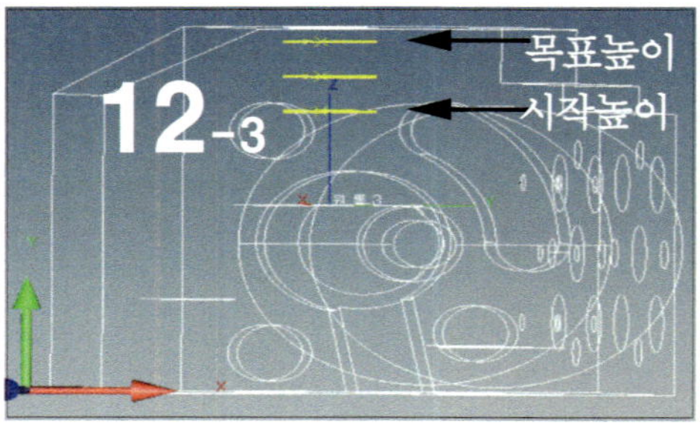

시작 높이의 기준은 프로빙한 위치임.

평가를 클릭하고 필터와 이층제거를 클릭한다.

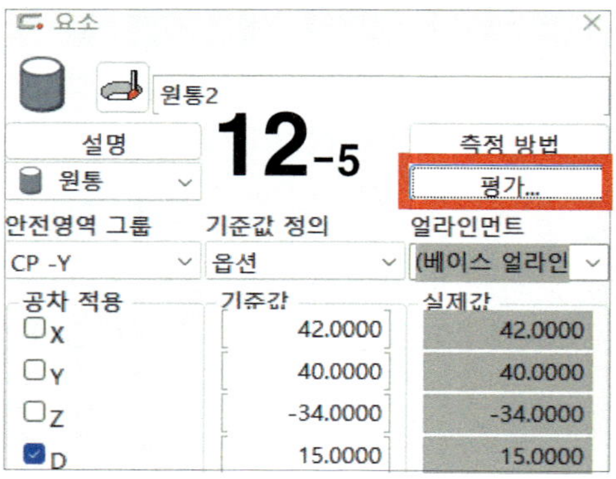

⓭ 요소에서 원통 2를 선택한 후 운영에서 CNC를 실행한다.

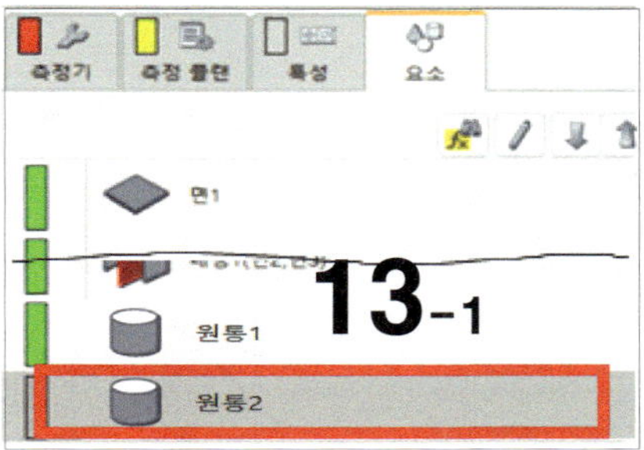

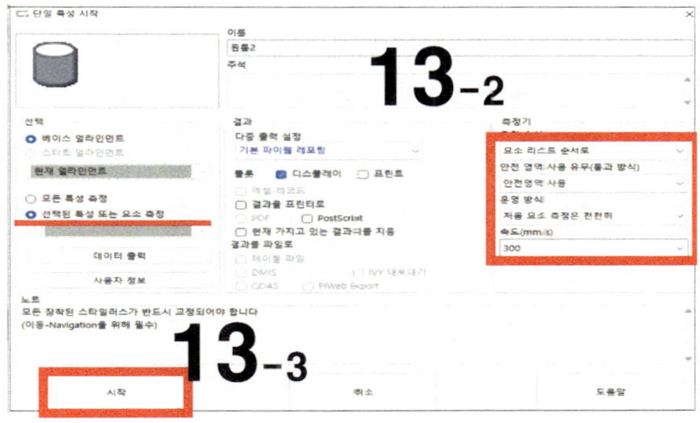

⓮ [기하공차] – 동축도 클릭 〉 특성에서 동축도 1을 더블클릭하고 아라와 같이 입력한다. 그래픽아이콘()을 클릭한다.

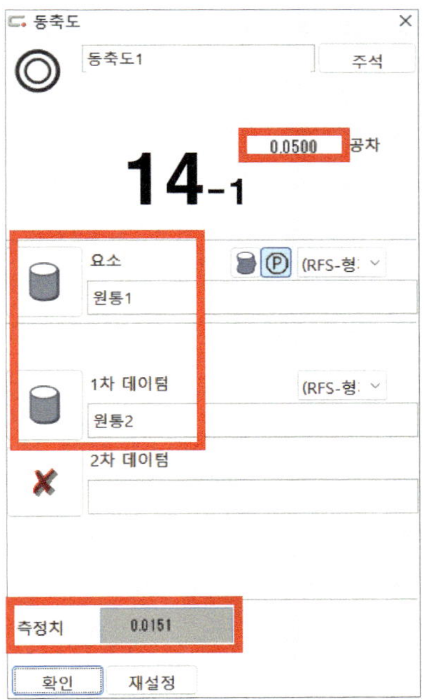

⓯ 프로브를 각도(0, 0)의 위치로 회전한다.

측정 결과(생략)

실습과제 14

❙ 학습요점 : 원형 패턴

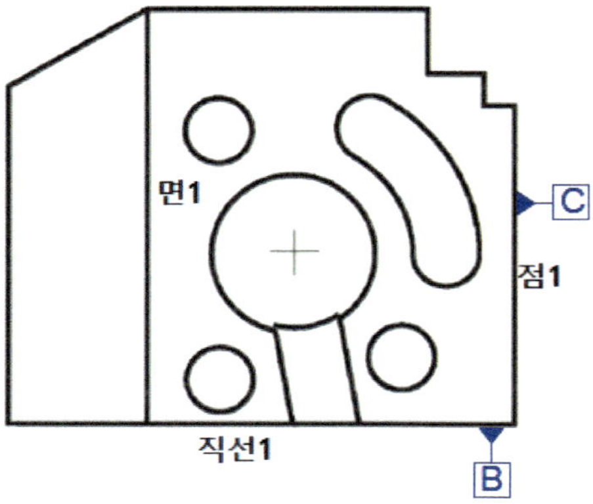

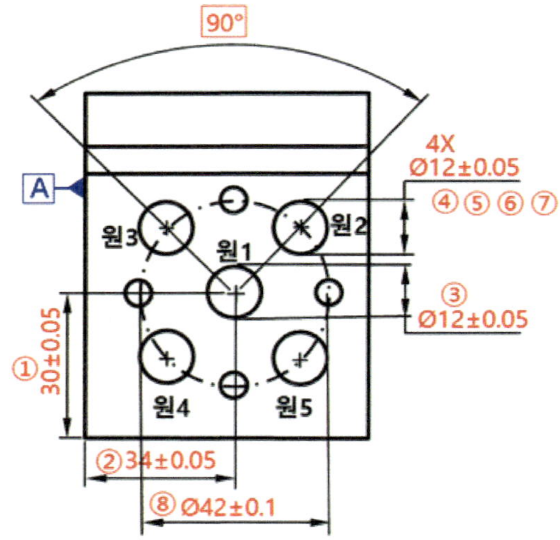

측정순서 요약

① 측정플랜 - 얼라인먼트 설정 - 새로운 베이스 얼라인먼트 생성
② 면1, 직선1, 점1 측정 〉 공간정렬(면1), 평면회전(직선1), 원점지정(점1)
③ 안전 영역설정
④ 프로브를 회전(A=0, B=-90)
⑤ 원1, 원2 측정
⑥ 요소 〉 원2 더블클릭-옵션-원형 패턴, 센터 좌표(원1의 좌표값) 입력
⑦ 운영(CNC)
⑧ 특성복사
⑨ 프로브를 회전(A=0, B=0)
⑩ [측정요소] - 원 〉 원- 옵션-되부르기(PCD 원)

인쇄(생략)

측정순서

❶ [측정플랜] – 얼라인먼트 설정 – 새로운 베이스 얼라인먼트 생성 – 확인

면1, 직선1, 점1을 측정한다.

공간정렬 : 면1

평면회전 : 직선1

X 원점 : 점1

Y 원점 : 직선1

Z 원점 : 면1을 입력하고 확인한다.

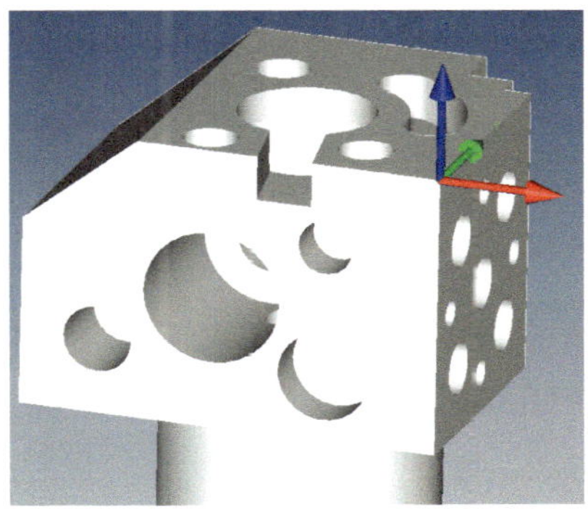

❷ 안전 영역을 설정한다. (위 12과제 (2)항 참조)

❸ 프로브를 회전(A=0, B=–90, 프로브 교정 참조)하고 원1, 원2를 측정한다.

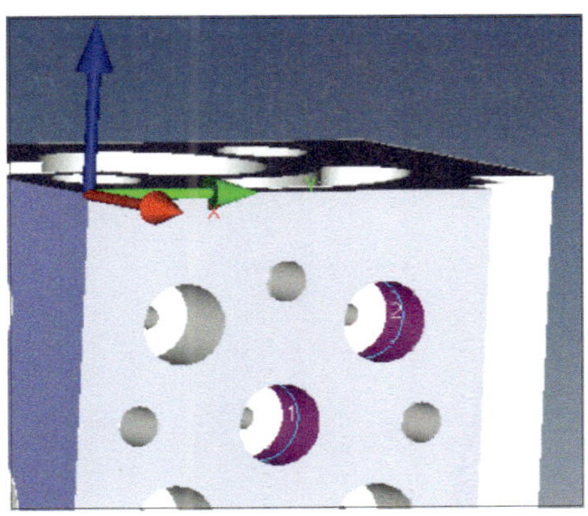

❹ 원2를 더블클릭하여 직경 D를 클릭하고 공차 입력 후, 옵션 〉 패턴 〉 원형 패턴 옵셋을 클릭하고 센터 위치{(원1의 좌표값 X : 0, Y : 30, Z : −33, 각도(90)}, 패턴으로 측정할 수(4), 공간 축(+X)을 입력한다. 그림4-4와 같이 그래픽이 4개 원이 나타나면 정상으로 입력된 것이다.

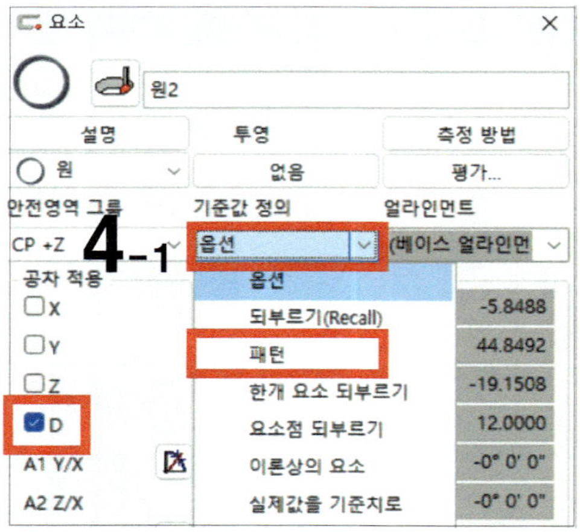

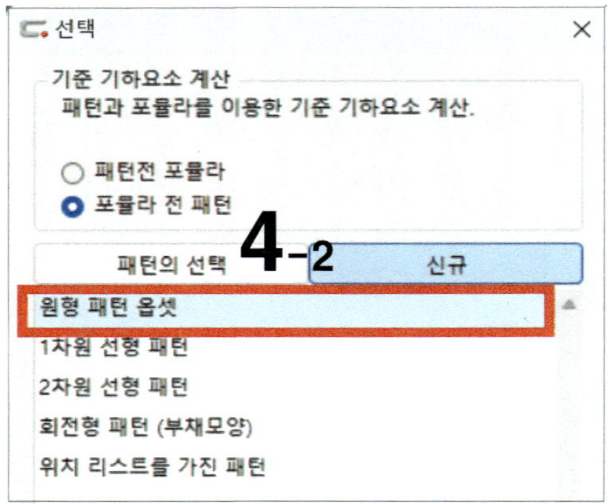

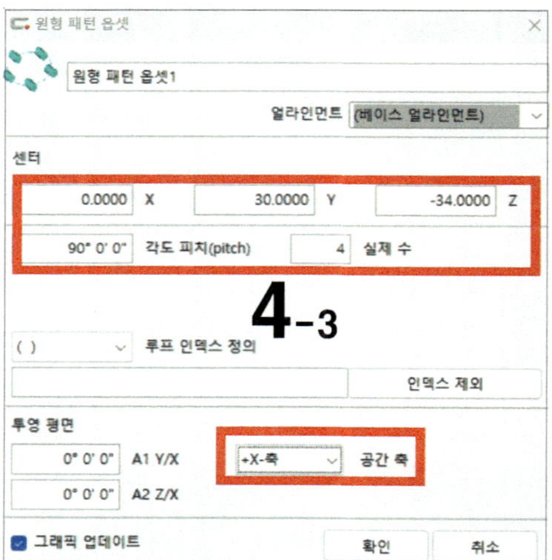

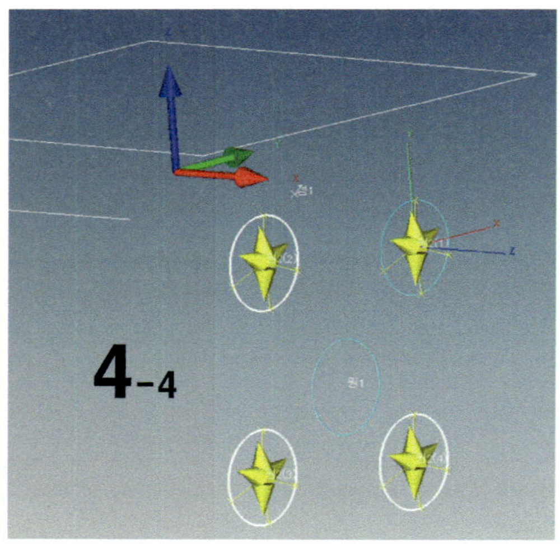

❺ 요소에서 원2를 클릭한 후 운영에서 CNC로 측정한다. 이때 프로브가 충돌하지 않도록 안전한 위치로 이동 후 실행한다.

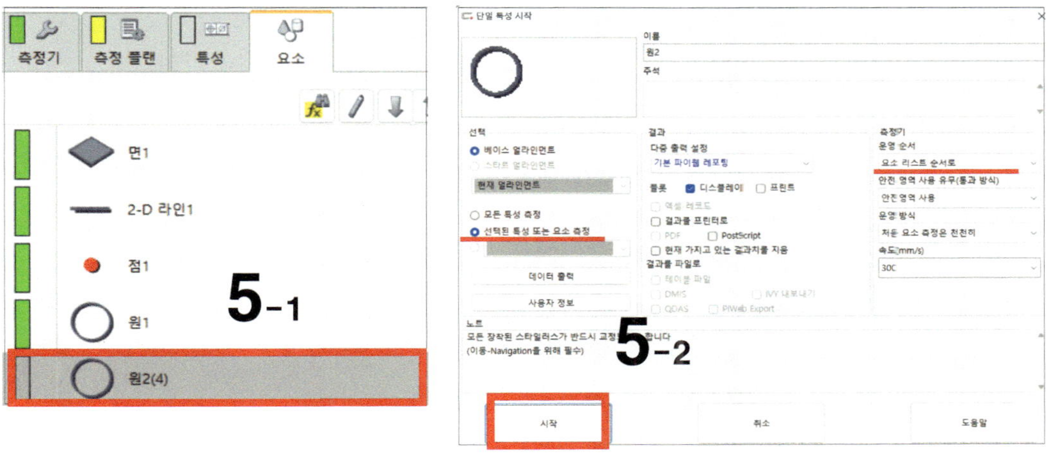

❻ 특성에서 (1,4,1) 직경_원2를 클릭한 후 복사를 3개 한다. 첫 번째{(1.4.1) 직경_원2}를 더블클릭한 후 원을 클릭한다. (그림 6-2)

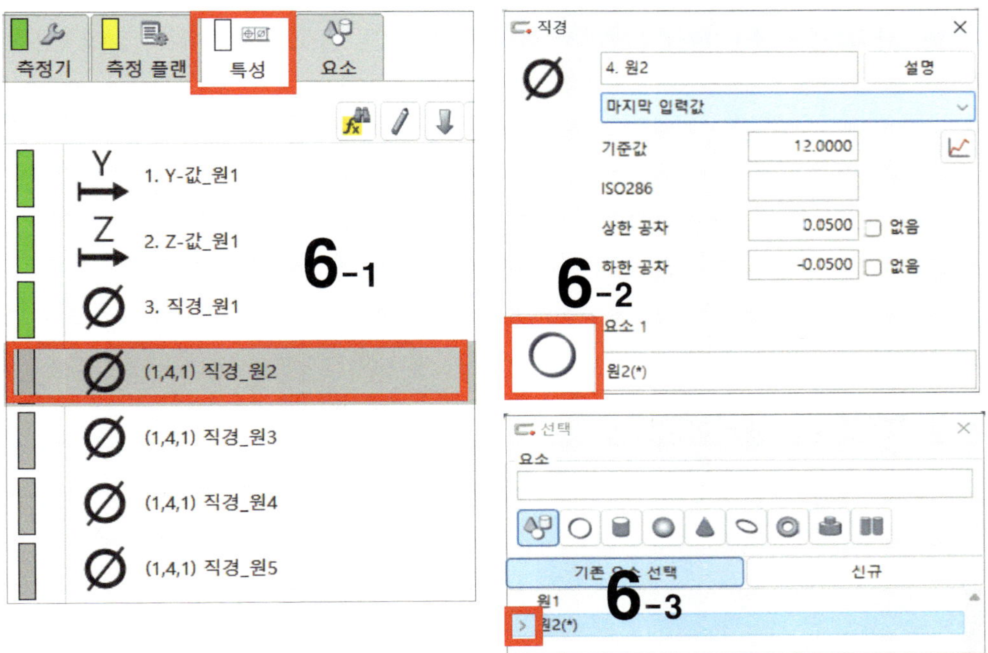

원2 앞에 있는 〉 (>)를 클릭한다. (그림 6-3)

구버전에는 + 를 클릭한다.

다음 창에 나타난 '원2(1)'을 더블클릭한다. 그러면 원2(1)의 측정값이 나타난다.

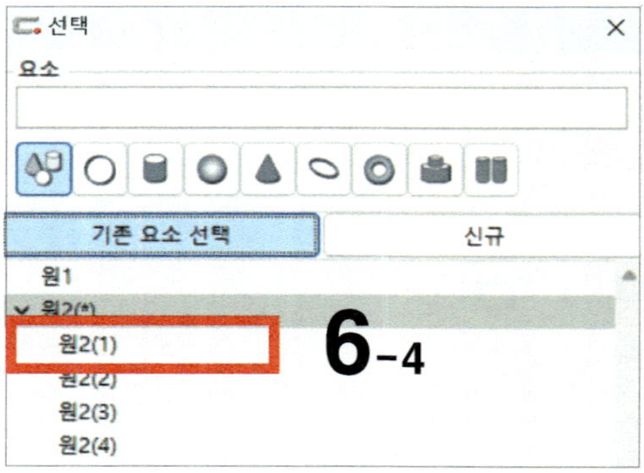

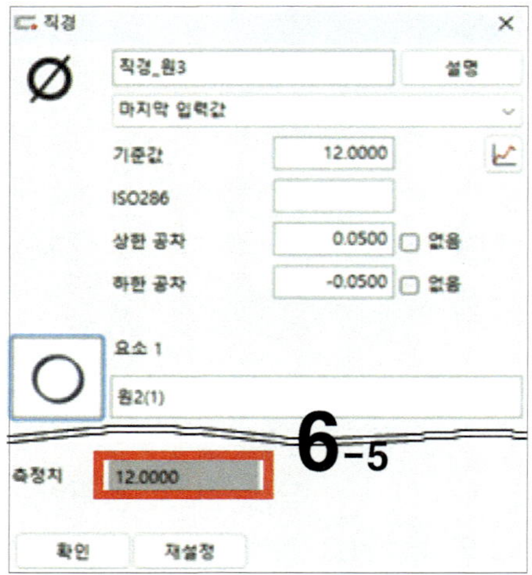

❼ 특성에서 두 번째를 더블클릭하고 원2(2)를 클릭한다. 원2(3~4)도 위와 같이 반복한다.

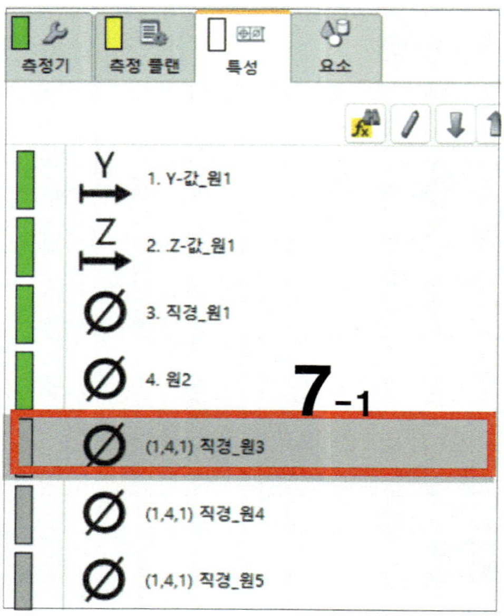

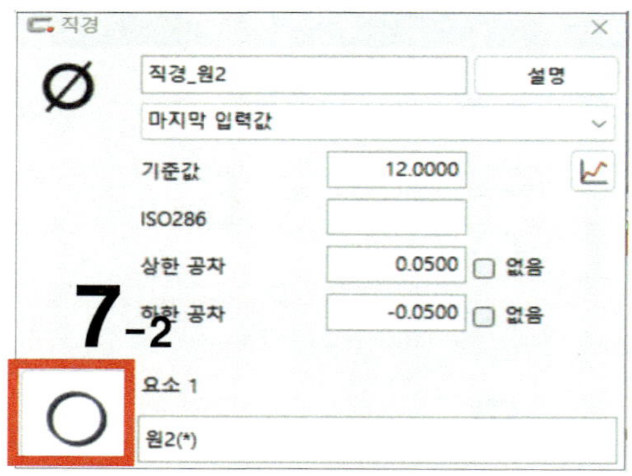

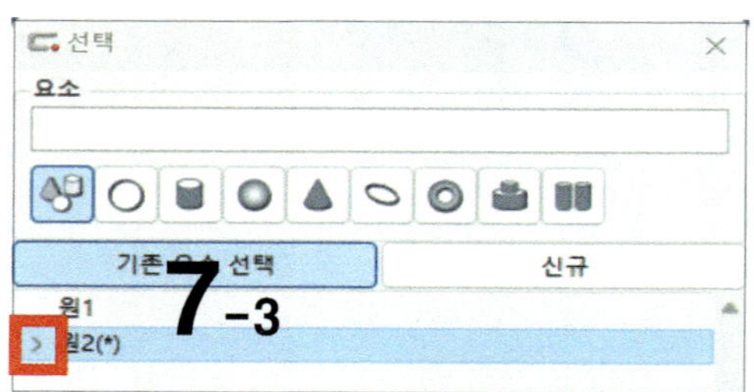

원2 앞에 있는 〉 (>)를 클릭한다. (그림 7-3)
구버전에는 +을 클릭한다.

다음 창에 나타난 '원2(2)'을 더블클릭한다. 그러면 원3의 직경이 나타난다.

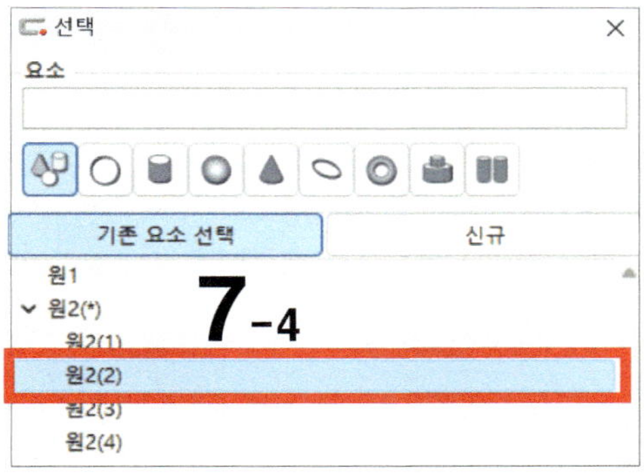

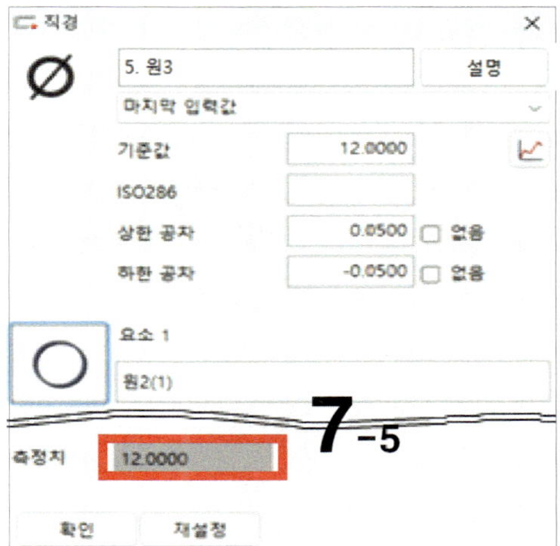

❽ 위와 같이 '(1,4,1)직경_원4'와 '(1,4,1)직경_원 5'를 반복한다.

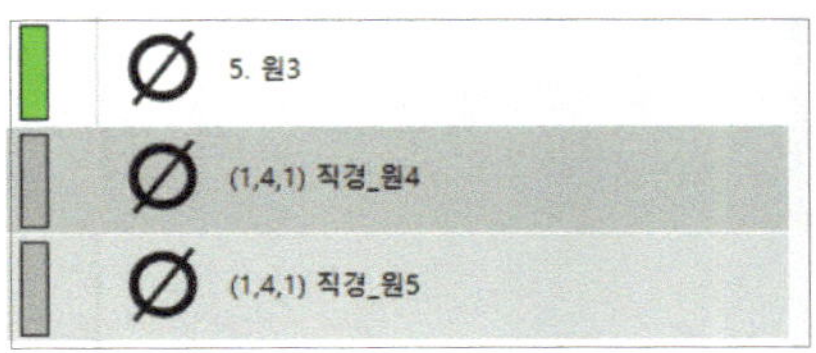

❾ [측정요소] – 원 〉 생성된 원3을 더블클릭 〉 옵션에서 되부르기를 한다.

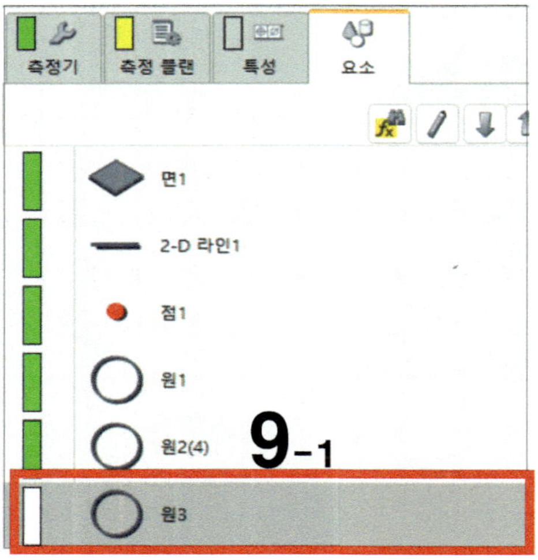

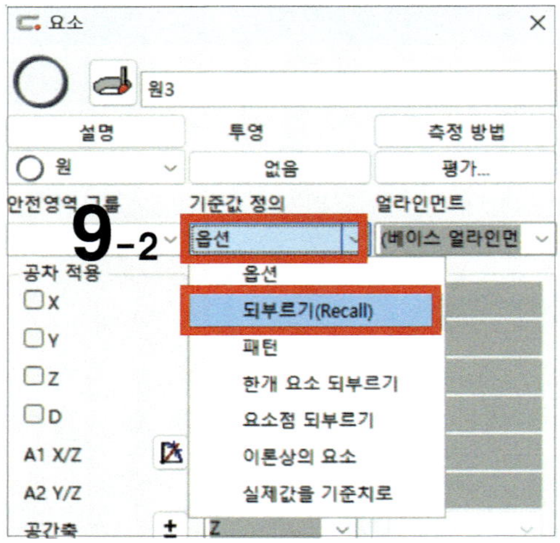

❿ 원2(1–4)를 클릭하고 공차를 입력한다. 특성에서 기준값을 입력하고 공차를 확인한다.

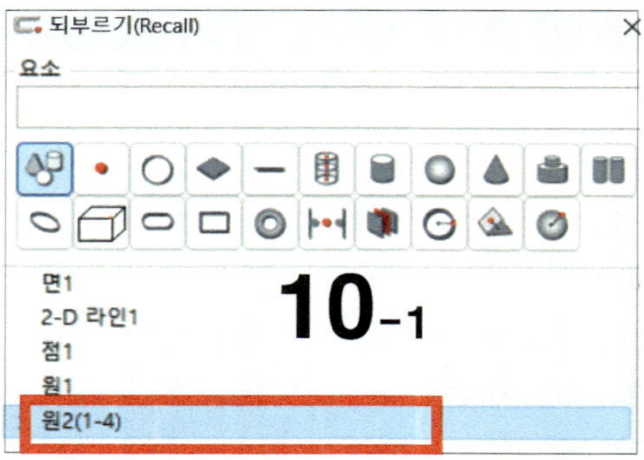

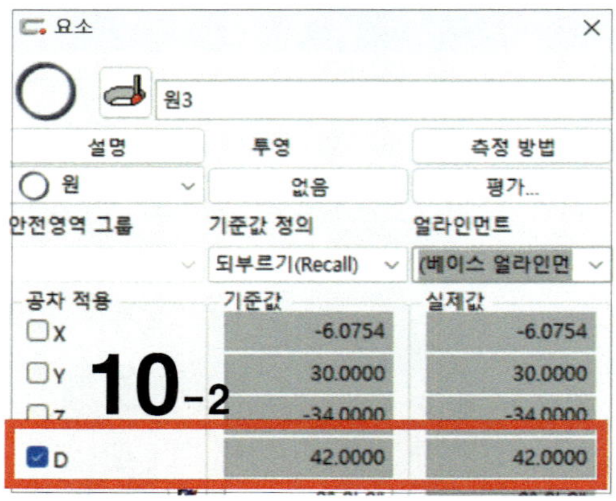

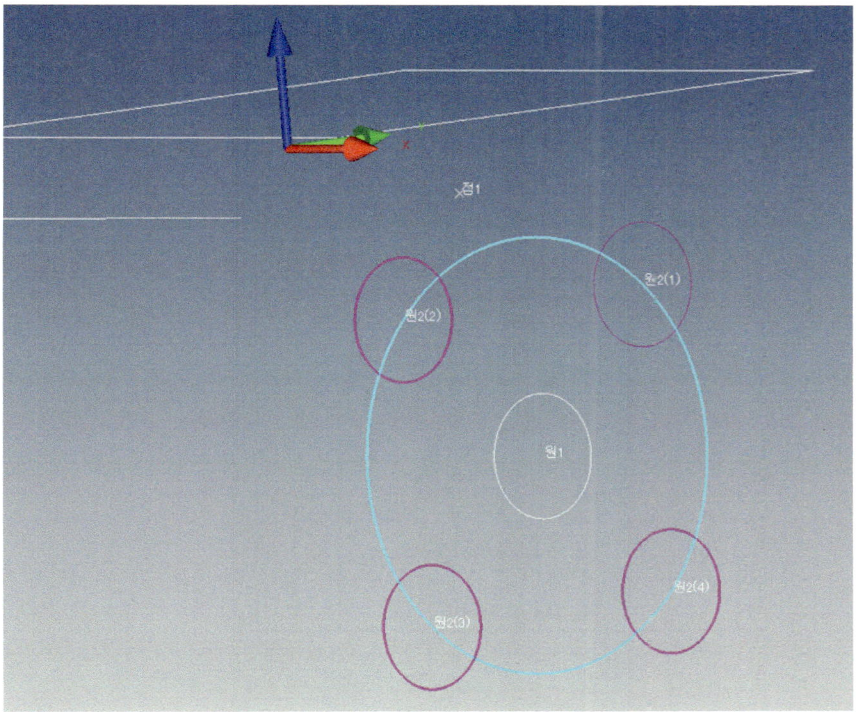

원3(PCD)

실습과제 15

▎학습요점 : CAD 파일을 이용한 프로그래밍

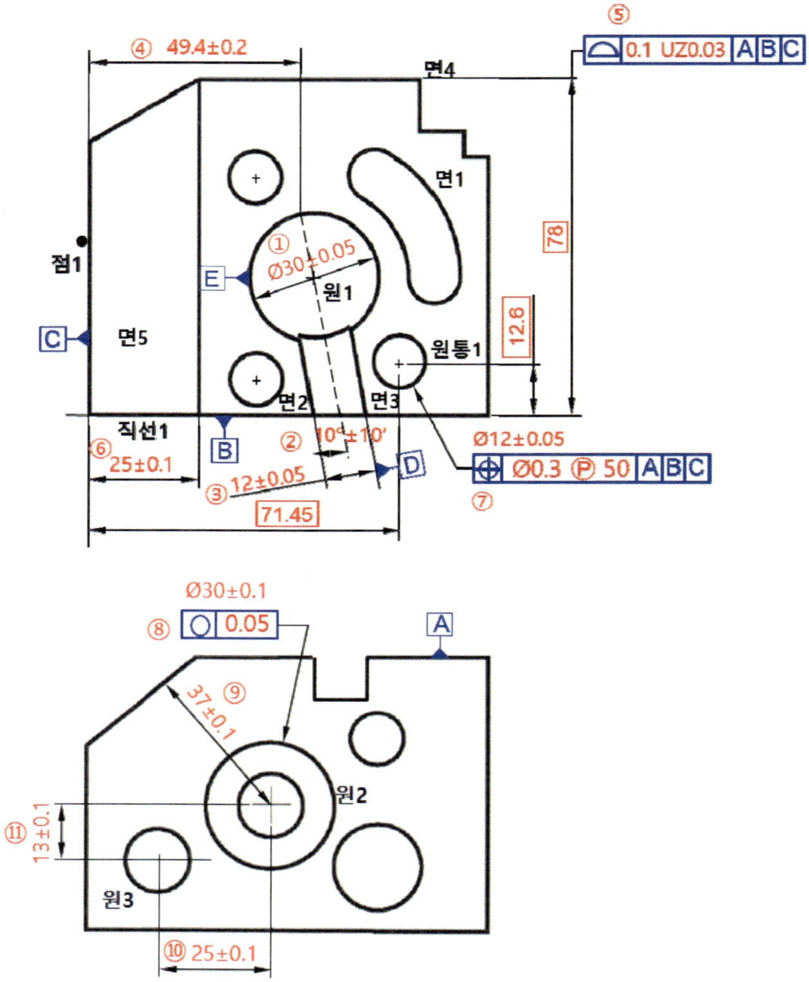

측정순서 요약

① [CAD] - CAD 파일 - 불러오기 〉 cadcube.sat

② CAD 메뉴 - '요소 추출' 〉 면1 〉 측정 방법, 평가 입력

③ 〃 - '평면상의 직선 정의' 〉 직선1 〉 측정 방법, 평가 입력

④ CAD 메뉴 - '포인트 정의' 〉 점1 프로빙

⑤ 측정플랜 - 얼라인먼트 설정 - 새로운 베이스 얼라인먼트 생성
〉 공간정렬(면1), 평면회전(직선1), 원점지정(점1),
〉 안전 영역 설정(CAD 모델로부터 안전 영역' 〉 '거리 10' 〉 확인
⑥ CAD 메뉴 - '원통 내 정의' 〉 원1, 〉 측정 방법, 평가 입력
〃 '요소 추출' 〉 면2, 면3 〉 측정 방법, 평가 입력 〉 특성복사
⑦ [조합요소] - 대칭 〉 면2, 면3 입력
⑧ [조합요소] - 수선 〉 면2, 면3 입력
⑨ [조합요소] - 교차 〉 원1, 대칭1 입력
⑩ CAD 메뉴 - 요소 추출 〉 면4 〉 측정 방법(다중선), 평가 입력
⑪ [기하공차] - 윤곽도 〉 요소에 면4, 데이텀에 면1, 직선1, 점1 입력
⑫ CAD 메뉴 - 요소 추출 〉 면5 〉 측정 방법, 평가 입력
⑬ [조합요소] - 교차 〉 면1, 면5 입력
⑭ CAD 메뉴 - 요소 추출 〉 원통1 〉 측정 방법, 평가 입력
⑮ [기하공차] - 위치도 〉 요소에 원통1, 데이텀에 면1, 직선1, 점1 입력
⑯ CAD 메뉴 - 원통 내 정의 〉 원2 〉 측정 방법, 평가 입력
⑰ [기하공차] - 진원도 〉 요소에 원2
⑱ [조합요소] - 수선 〉 요소1에 원2, 요소2에 면5 입력
⑲ CAD 메뉴 - 원통 내 정의 〉 원3 〉 측정 방법, 평가 입력
⑳ [크기] - 거리 - 거리종합 〉 원2, 원3 입력
㉑ 측정플랜 편집 - 스타일러스 시스템 〉 스타일러스 방향, 후퇴 거리 등 체크
㉒ 운영(CNC)

측정순서

❶ [CAD] - CAD 파일 - 불러오기 〉 cadcube.sat로 CAD 파일을 연다.

❷ CAD 메뉴(화면 아래) - '요소 추출'을 선택하고 면1을 클릭한다.

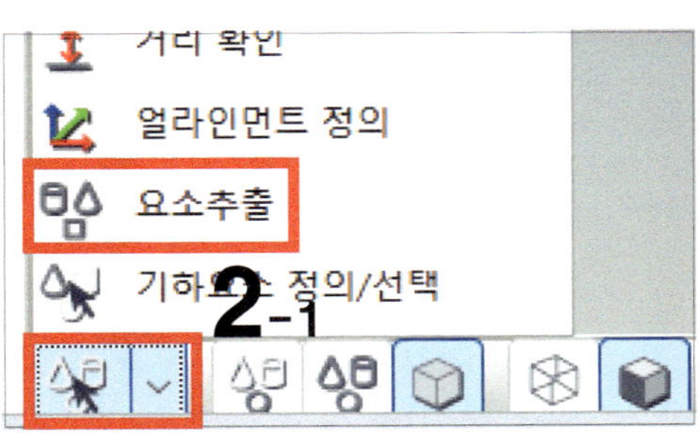

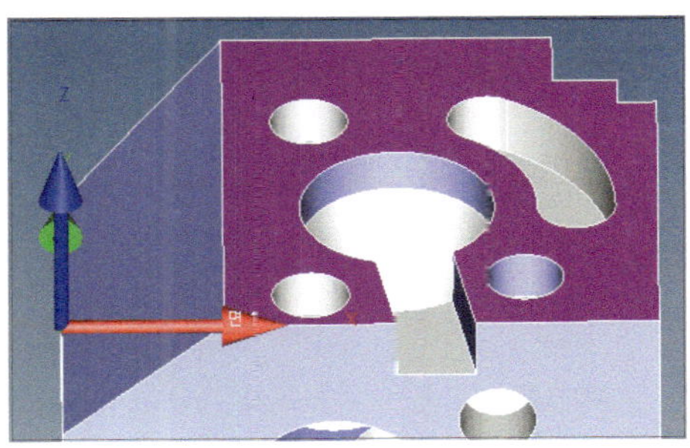

요소에서 면1을 더블클릭하고 측정 방법에서 다중 폴리라인(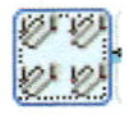)을 클릭하여 모서리 거리 2를 입력한다.

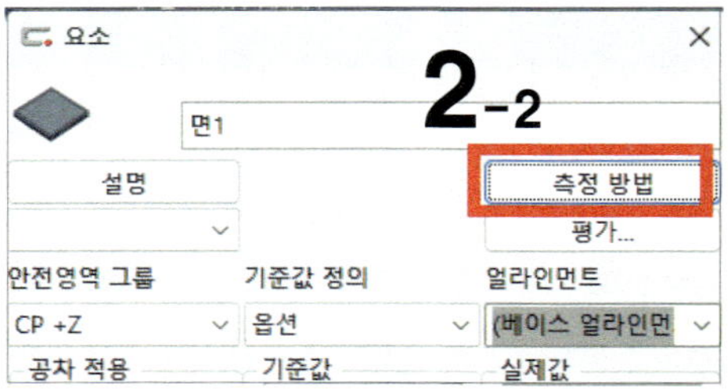

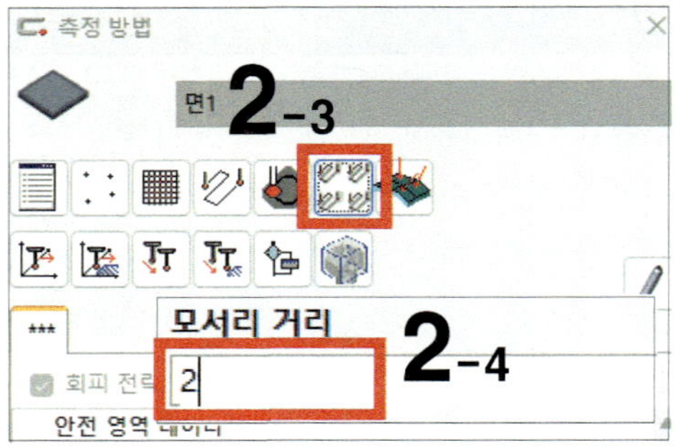

다중선 5개 요소 중 2-4 그림과 같은 외곽선 1개만 남겨두고 나머지는 삭제한다.

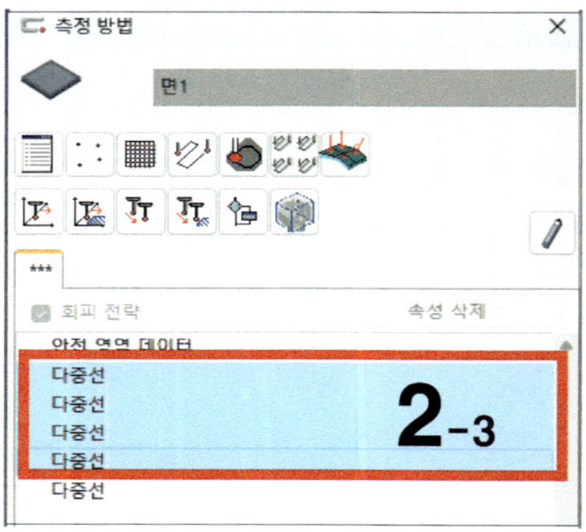

남은 다중선을 더블클릭하여 속도와 스텝 폭을 입력하고 스타일러스를 확인한다.

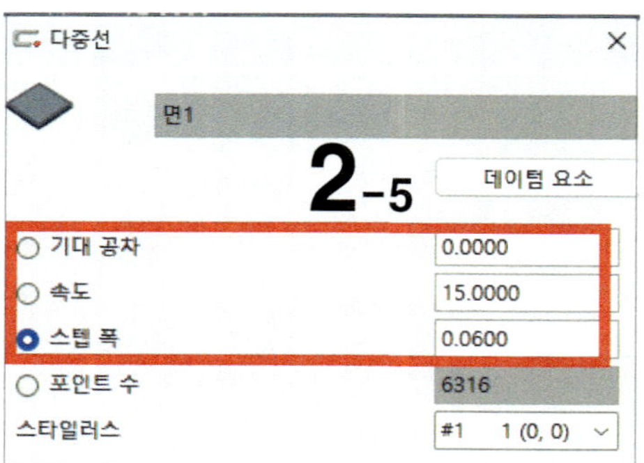

평가에서 필터와 이층제거를 선택한다.

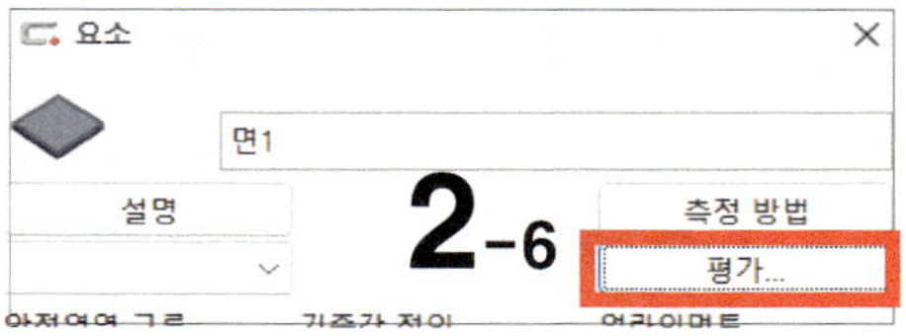

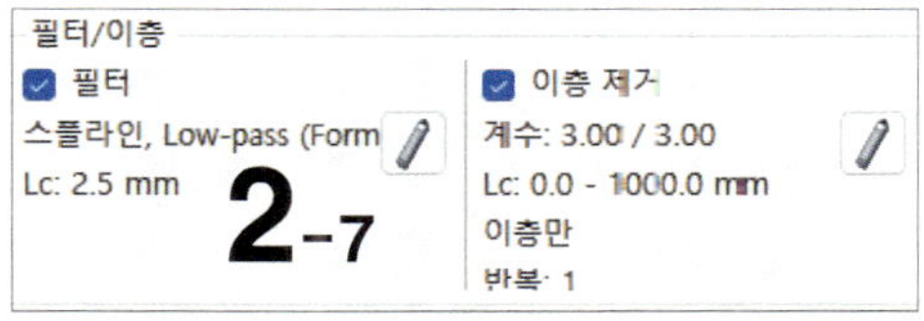

❸ CAD 메뉴 – '평면상의 직선 정의'를 선택하고 직선1을 수평으로 드래그한다.

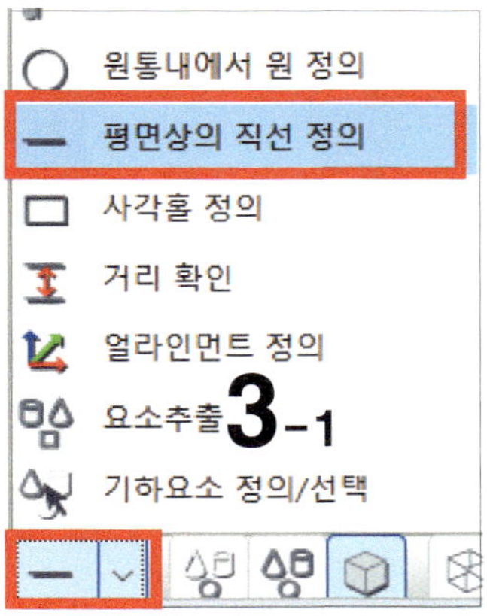

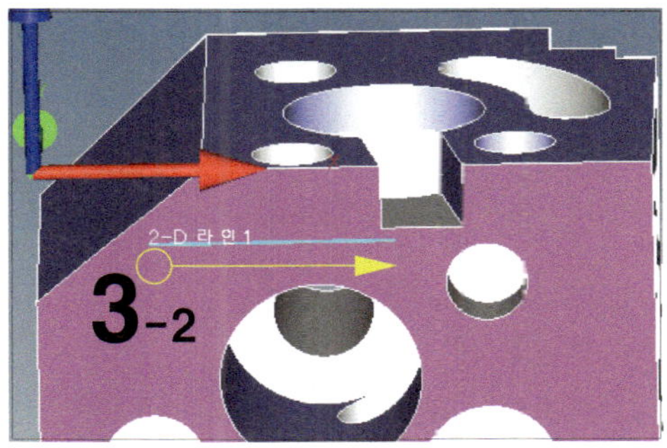

요소에서 '2-D 라인 1'을 더블클릭하고 A1, A2 각도를 0(수평으로 측정하기 위함)으로 한다. 측정 방법에서 '직선 자동 경로'를 더블 클릭한다. 이때 드래그 위치는 프로브 길이를 생각하여 클릭한다. 너무 아래쪽에 클릭하여 프로브 헤드가 닿지 않도록 한다. 이하 다른 요소에서도 주의한다.

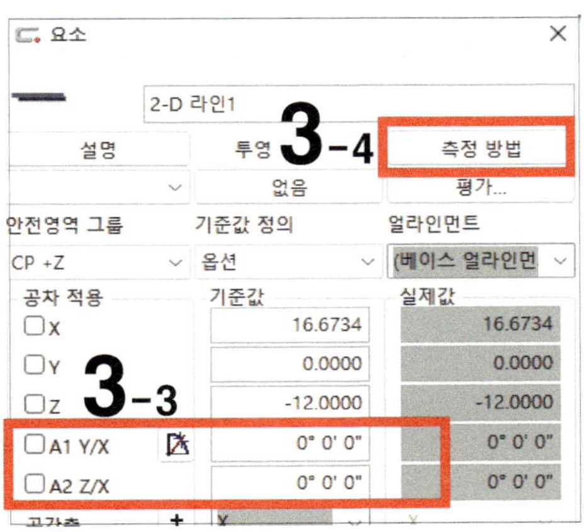

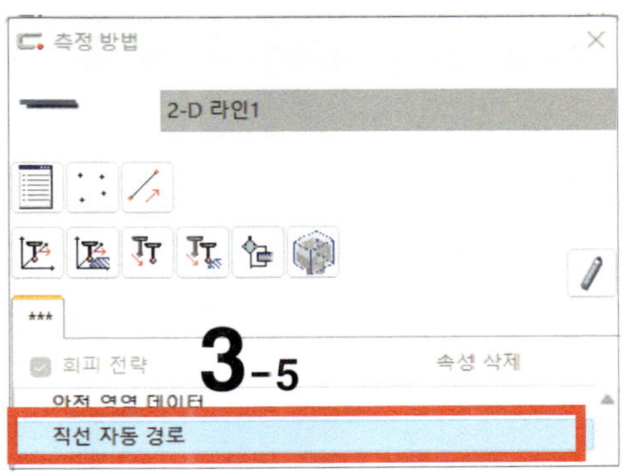

속도와 스텝을 입력하고 평가에서 필터와 이층제거를 클릭한다.

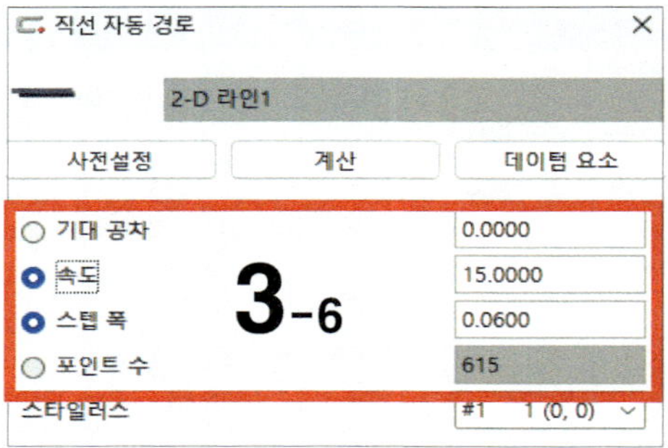

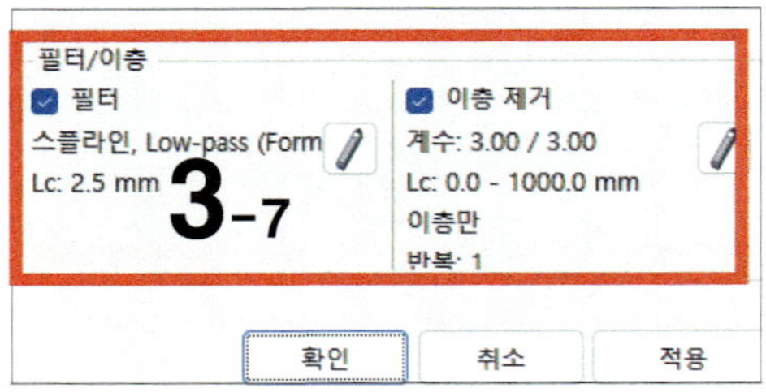

❹ CAD 메뉴 – '포인트 정의'를 선택하고 점1을 프로빙한다.

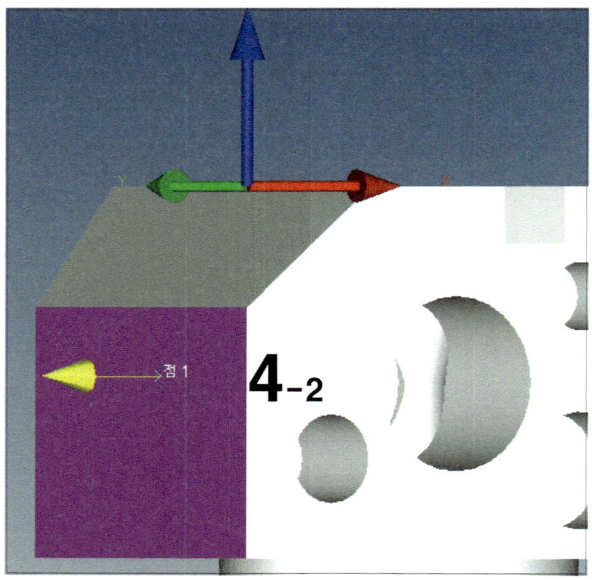

❺ [측정플랜] – 얼라인먼트 설정 – ‘새로운 베이스 얼라인먼트 생성’ – 확인.

공간정렬 : 면1
평면회전 : 직선1
X 원점 : 점1
Y 원점 : 직선1
Z 원점 : 면1을 입력하고 확인한다.

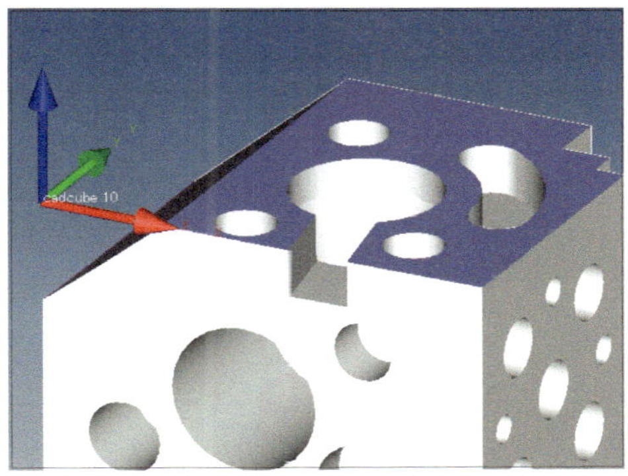

[측정플랜] - 안전 영역을 설정한다. ‘CAD 모델로부터 안전 영역’을 클릭하고 10을 입력한다.

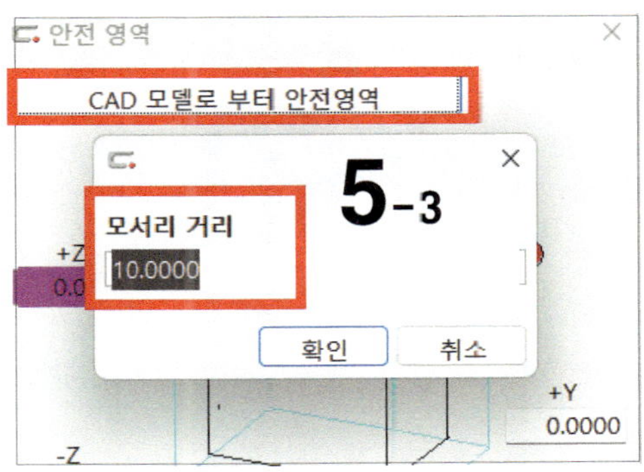

측정플랜 편집에서 스타일러스 방향을 점검한다.

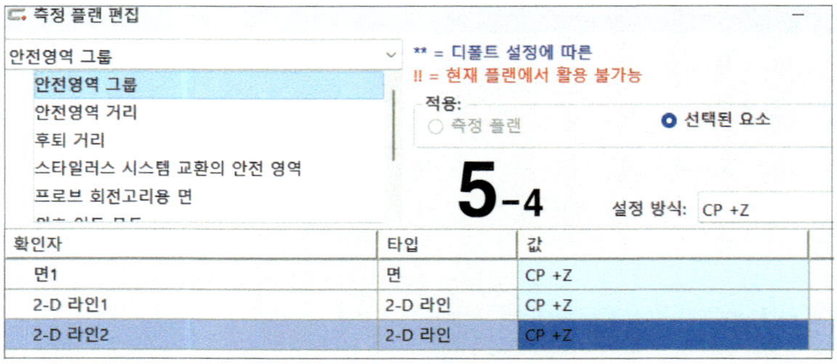

❻ CAD 메뉴 – '원통 내에서 원정의'를 선택하고 원1을 클릭한다.

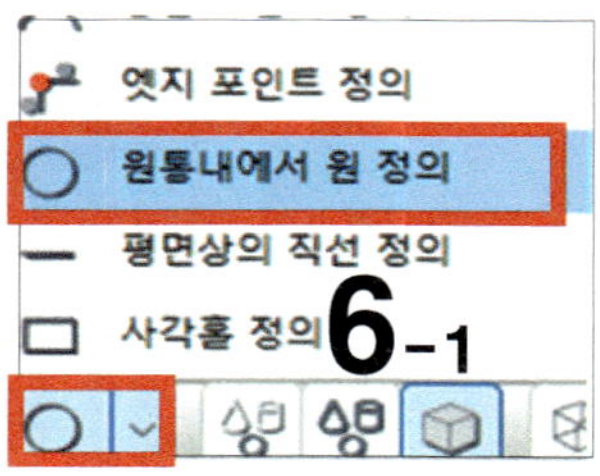

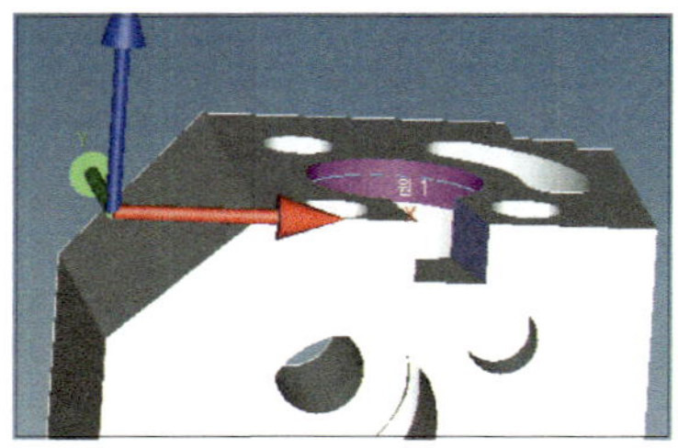

요소에서 '원1'을 더블클릭하여 직경 공차를 입력하고 측정 방법에서 '원형 자동 경로' → 속도, 스텝 폭(그림6-4) 순으로 입력한다.

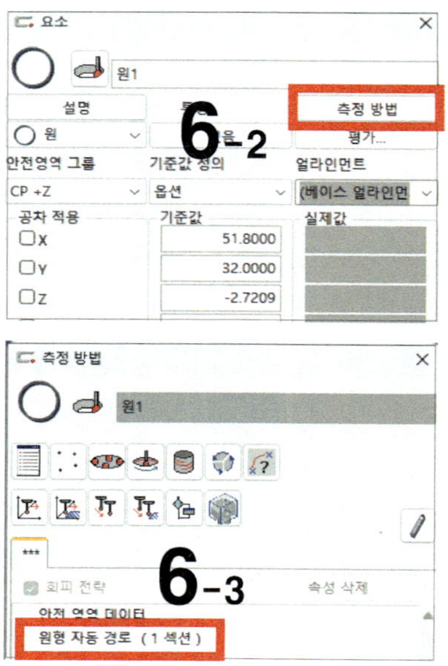

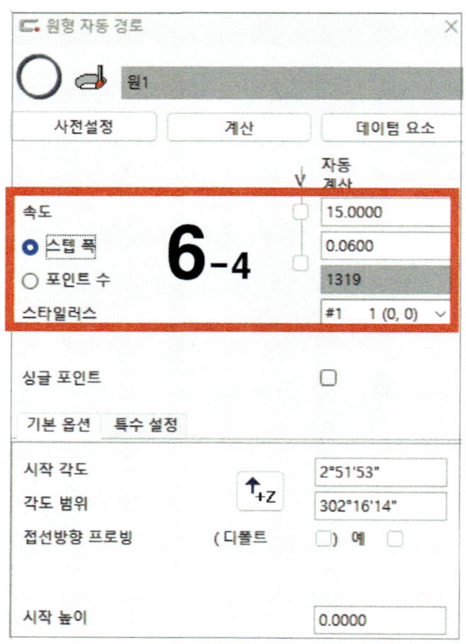

평가에서 필터와 이층제거를 체크한다.

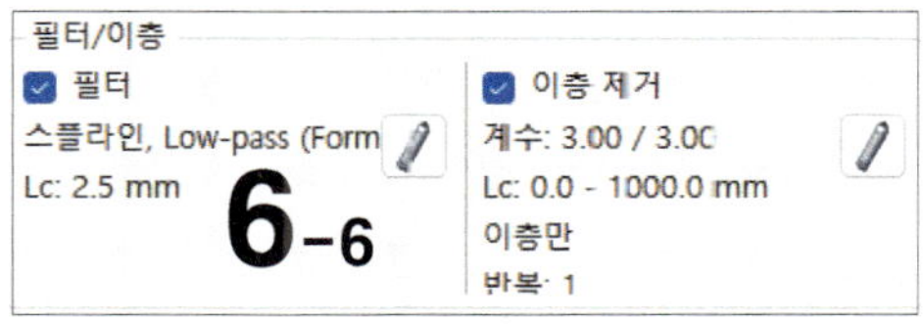

❼ CAD 메뉴 – '요소 추출'을 선택하고 면2를 클릭한다.

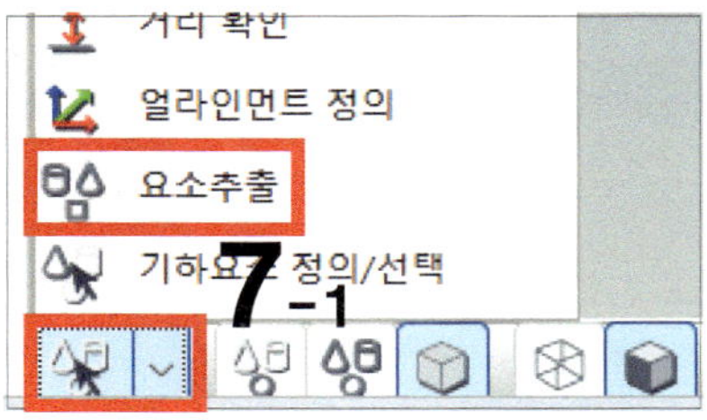

요소에서 '면2'를 더블클릭하고 측정 방법에서 다중 폴리라인( )을 클릭하여 → 모서리 값(3 정도 : 프로브 반지름 이상, 충돌 방지)→다중선 → 속도, 스텝 폭(그림 7-6) 등을 입력한다. 또 안전영역 데이터를 클릭하여 안전영역 거리를 5로 한다.(그림 7-7, 프로브 삽입 시 충돌 방지)

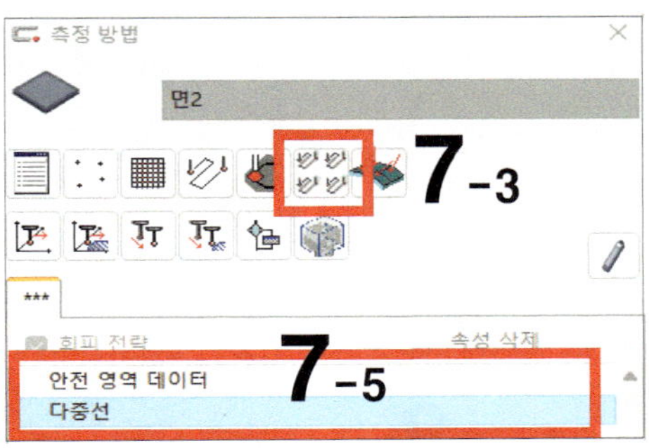

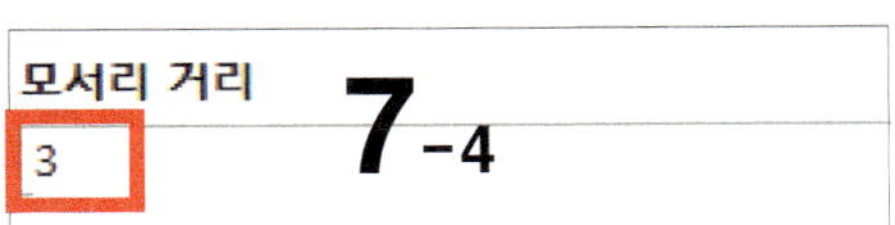

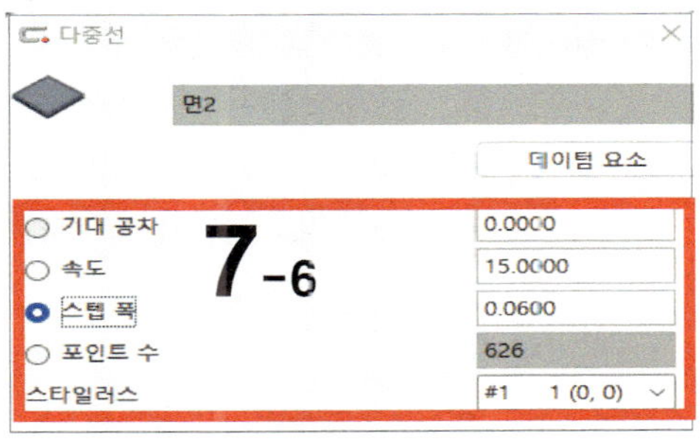

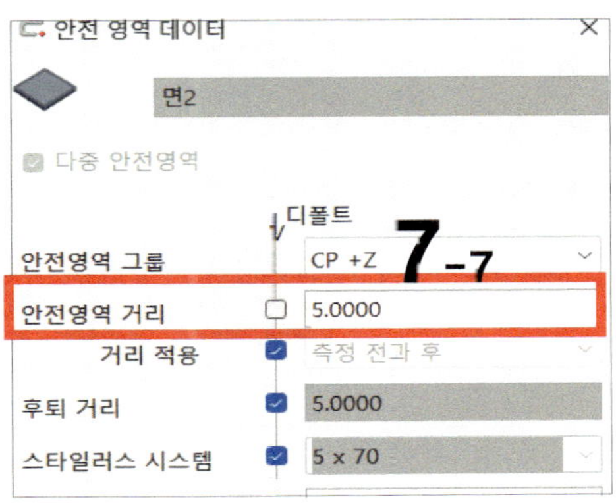

평가에서 필터와 이층제거를 체크한다.

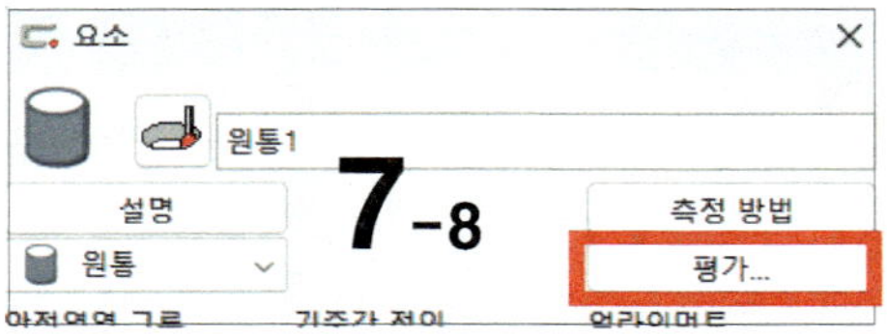

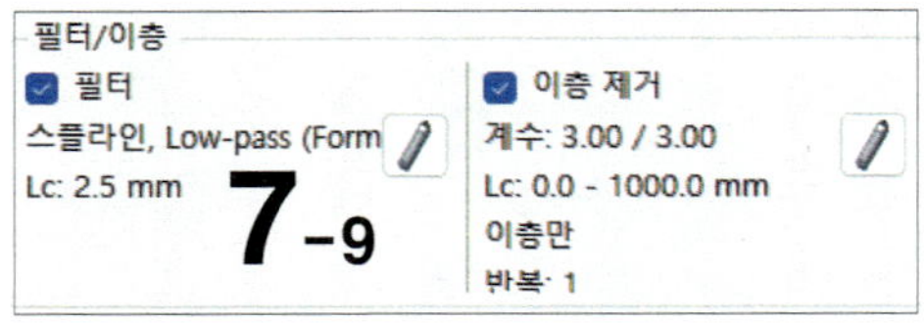

❽ CAD 메뉴 – '요소 추출'을 선택하고 면3을 클릭한다.

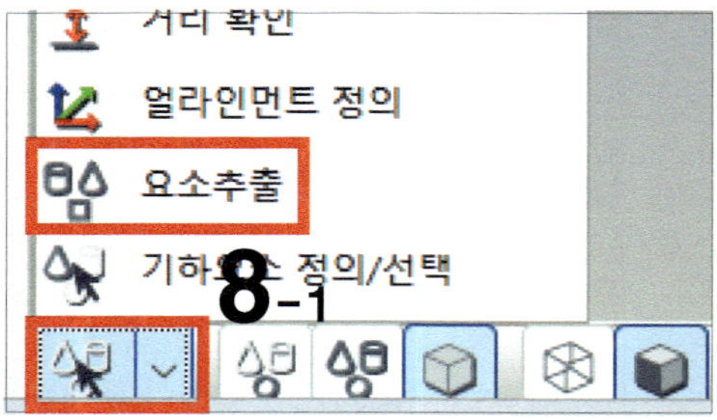

요소에서 '면2'를 클릭(그림 8-2)하고 속성복사 아이콘()클릭 → 복사항목(그림 8-3) 체크 → '면3'클릭(그림 8-4) → 확인 순으로 클릭한다.

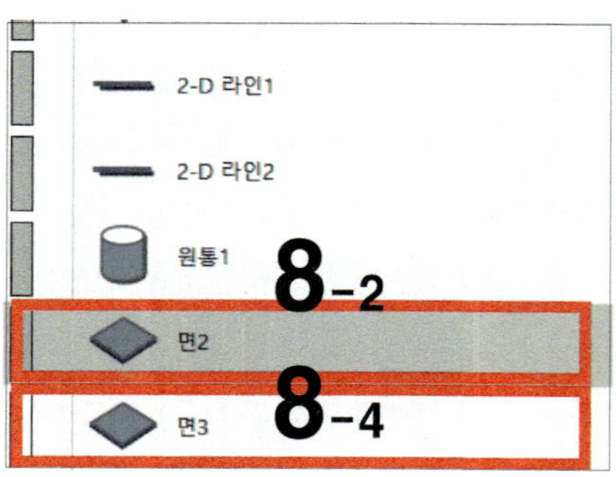

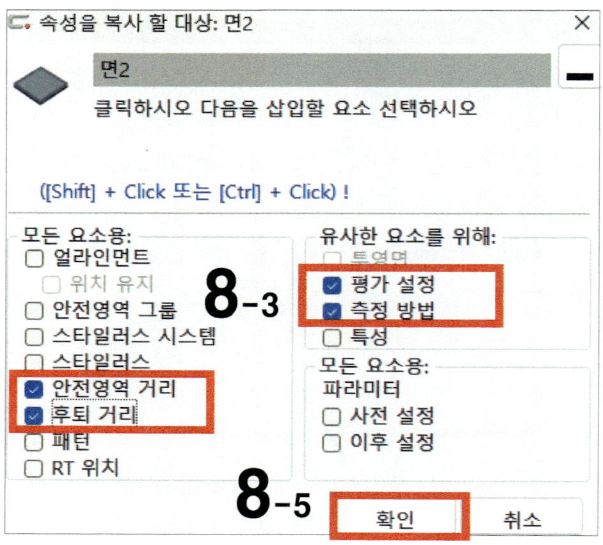

⑨ [조합요소] – 대칭 〉 요소에서 대칭1을 더블클릭하고 요소1에 면2, 요소2에 면3을 입력한 후 A1(각도)을 클릭하여 공차를 입력한다.

⑩ [조합요소] – 수선 클릭 〉 요소에서 수선1을 더블클릭한다. 그림(10–2)과 같이 요소를 입력하고 깊이를 체크한 후 공차를 입력한다. 〉 확인

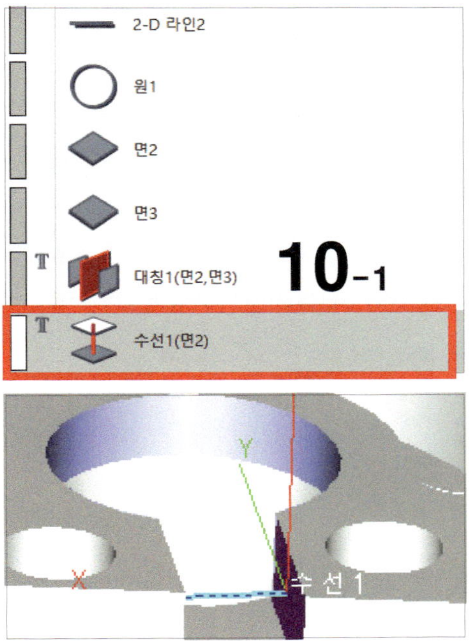

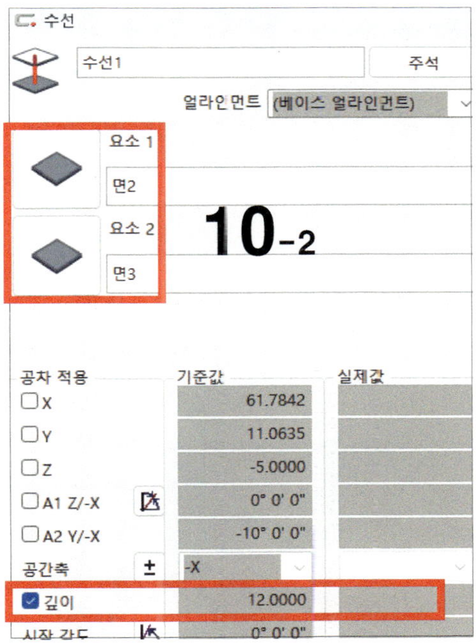

⓫ [조합요소] – 교차 클릭 〉 요소에서 교차1을 더블클릭하고 그림(11–2)과 같이 요소를 입력하고 공차를 입력한다.

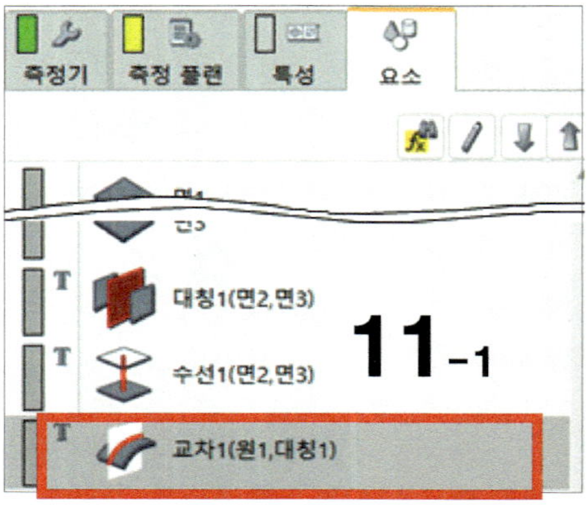

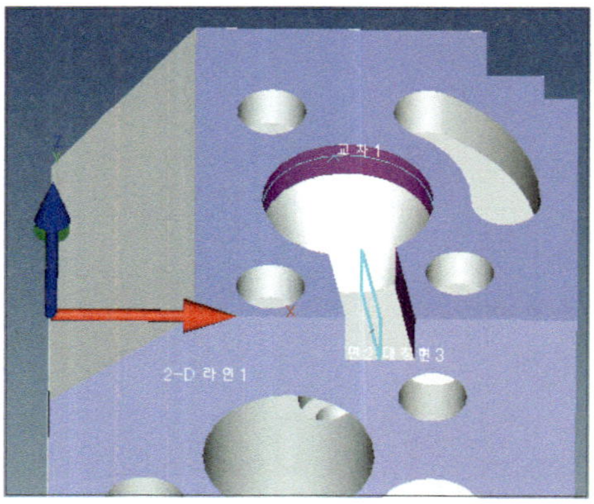

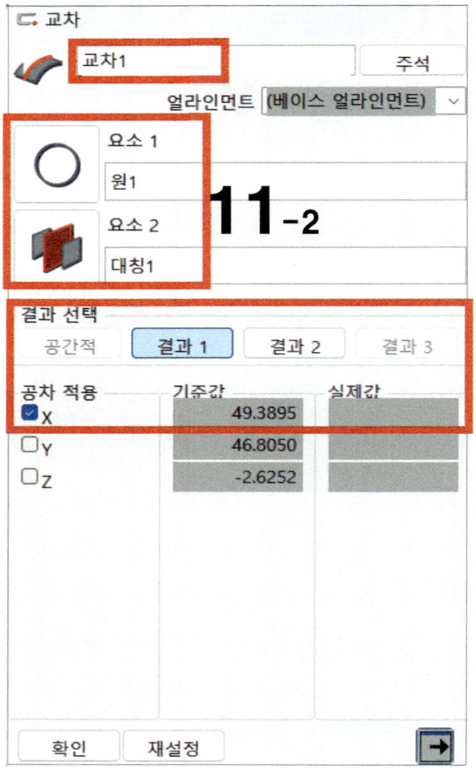

⓬ CAD 메뉴 – '요소 추출'을 선택하고 면4를 클릭한다.

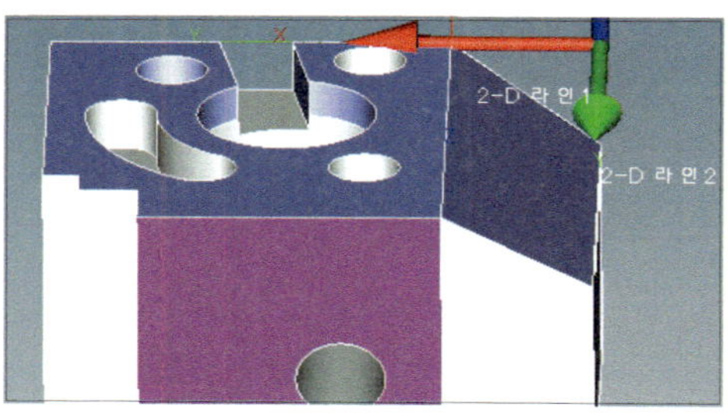

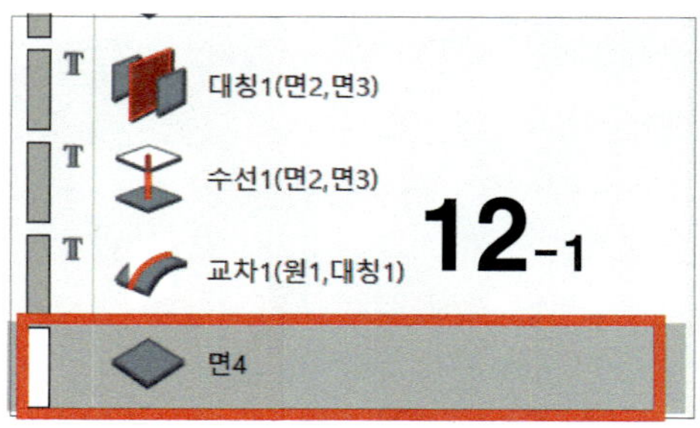

요소에서 '면4'를 더블클릭하여 측정 방법에서 '다중선'( ) → '다중선' 더블클릭 → 속도, 스텝 폭(그림 12-3)을 입력하고 직선( )을 클릭한 후 면4를 번호(16-5)순으로 포로빙한다.

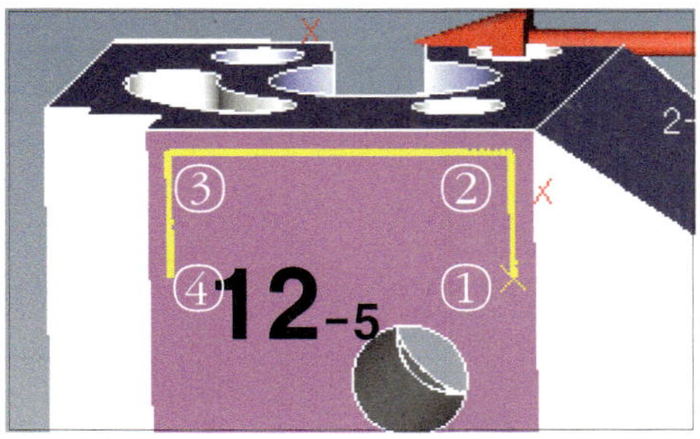

평가에서 필터와 이층제거를 클릭한다.

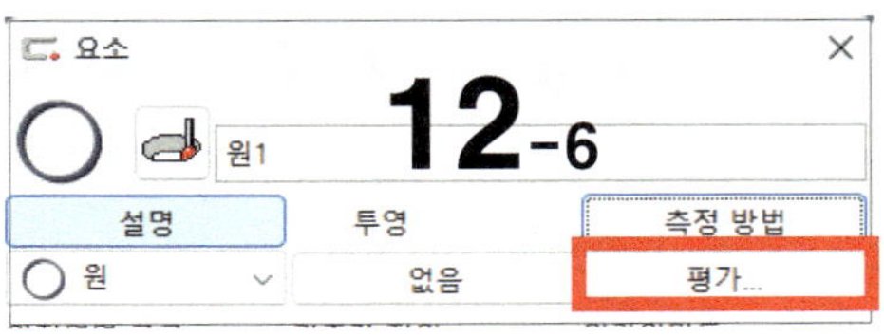

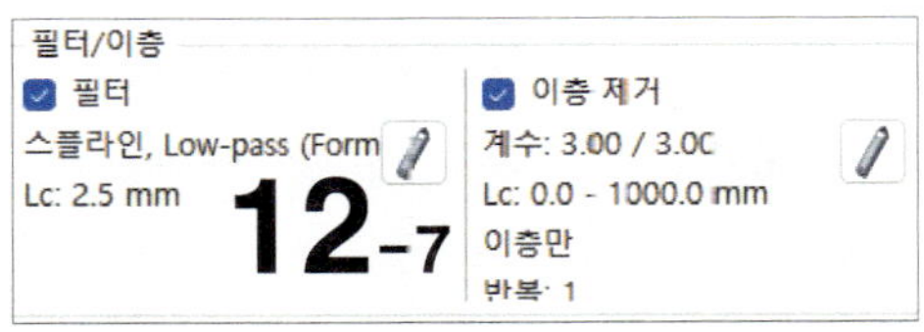

⓭ [기하공차] – 면의 윤곽도 클릭 〉 윤곽도 1을 더블클릭하고 아래와 같이 입력한다. 1, 2, 3차 데이텀에 면1, 2-D 라인 1, 점1, 요소에 면4를 입력하고 구역의 형상에 '양측 불균등분포-결과 하나'를 선택한다. 여기서 공차는 0.1이고 +공차는 0.08이 되므로 공차(편측)에 0.08을 입력한다. 그림 순서대로 입력한다.

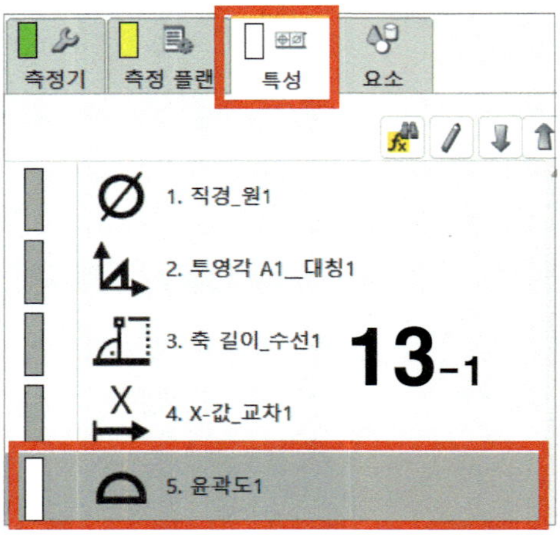

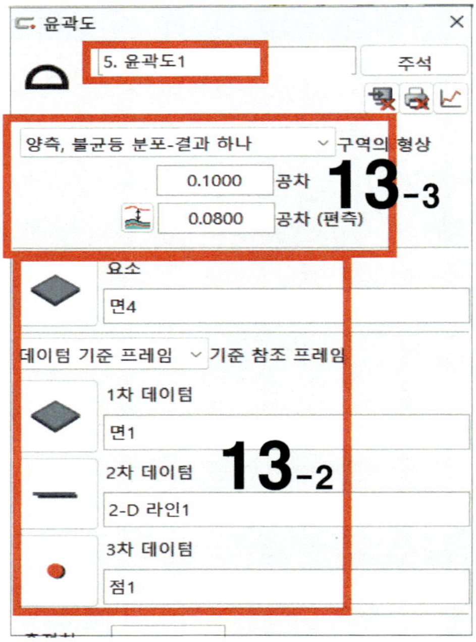

불균등 윤곽도 0.1 UZ 0.03은 아래 그림과 같이 +방향의 값은 0.03+0.05=0.08이 된다.

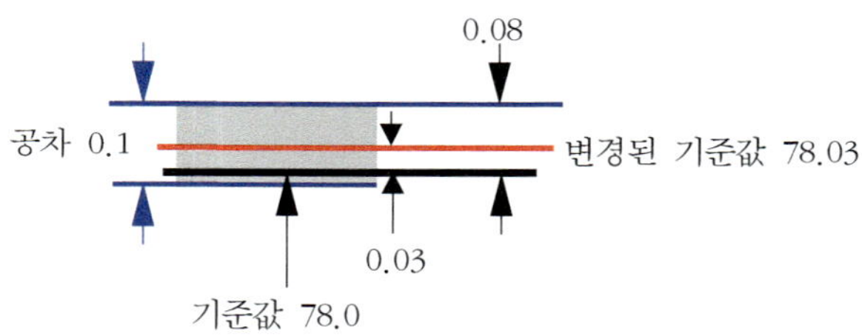

⓮ [CAD 메뉴 - '요소 추출'을 선택하고 면5를 클릭한다.

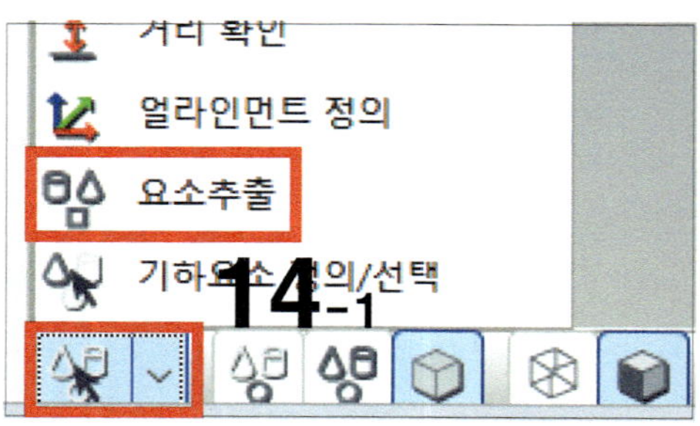

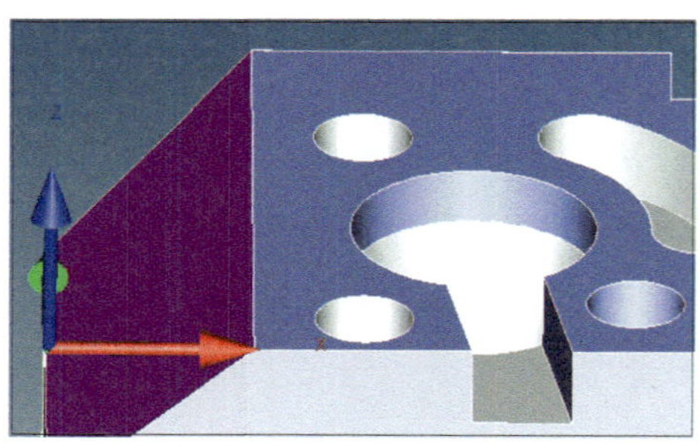

요소에서 면5를 더블클릭하고 측정 방법에서 다중 폴리라인( )을 클릭하여 모서리 거리 3을 입력한다.

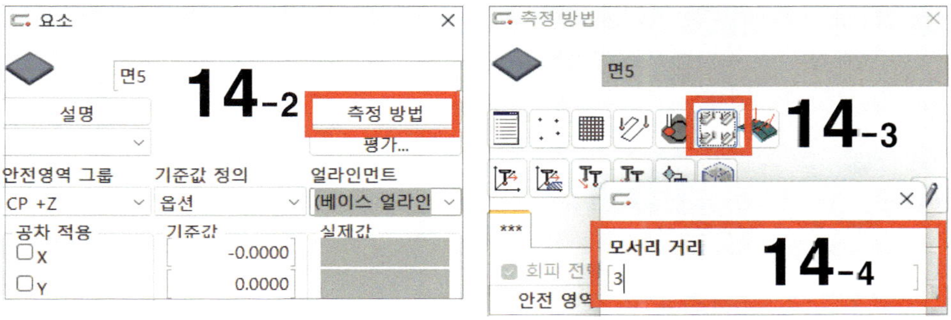

다중선을 더블클릭하여 속도와 스텝 폭을 입력한다.

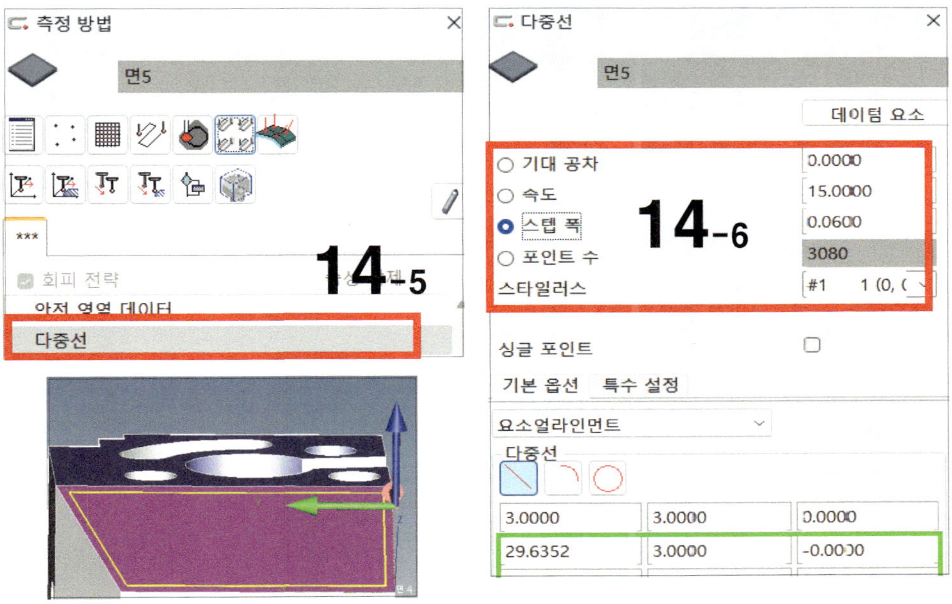

평가에서 필터와 이층제거를 선택한다.

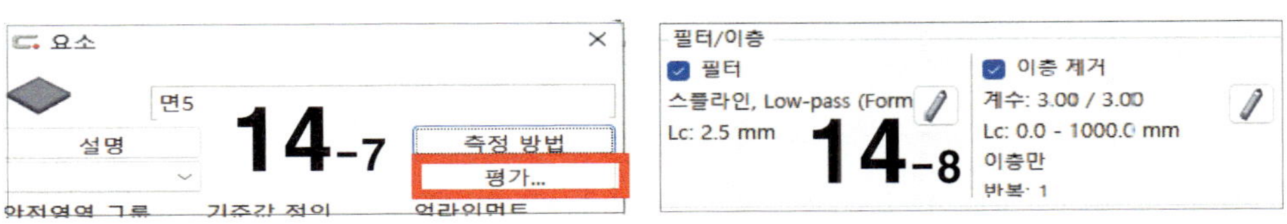

⑮ [조합요소] – 교차 클릭 〉 요소에서 교차2를 더블클릭하고 그림(15–2)과 같이 요소를 입력한 후 공차를 입력한다.

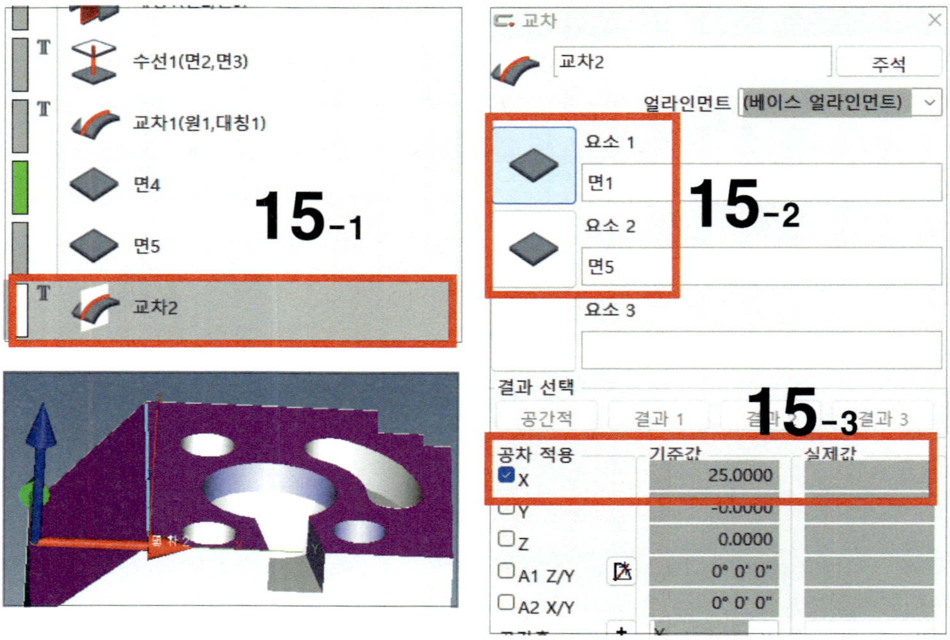

특성에서 교차2를 클릭하고 기준값과 공차를 입력한다.

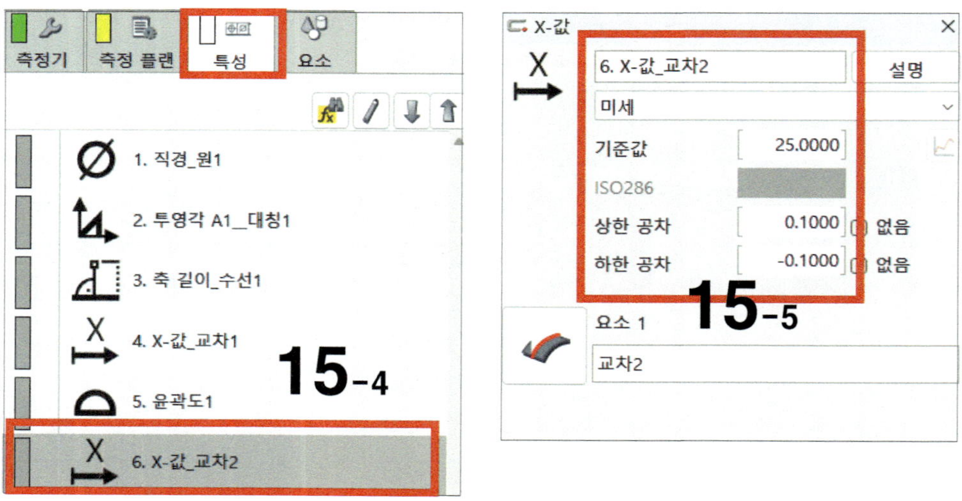

⑯ CAD 메뉴 - '요소 추출'을 선택하고 원통1을 클릭한다.

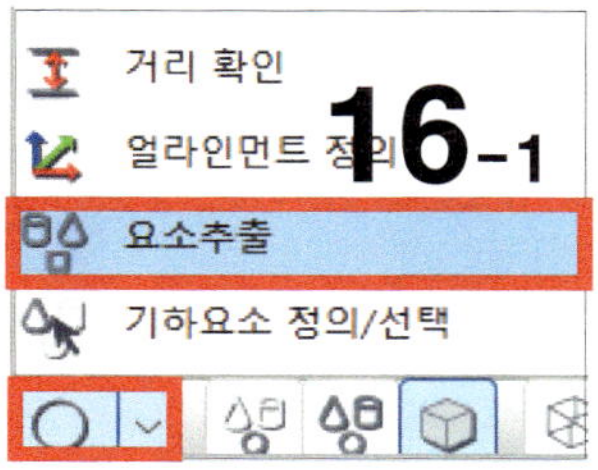

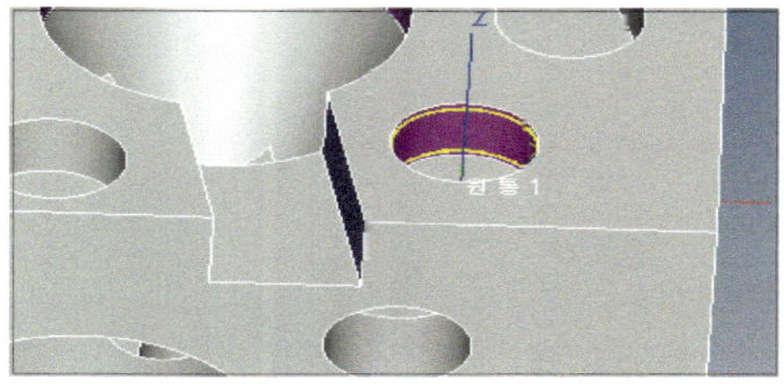

요소에서 '원통1'을 더블클릭하고 측정 방법에서 '원형 자동 경로' 더블클릭 → 스텝 폭, 속도(그림 16-4) 순으로 입력한다.

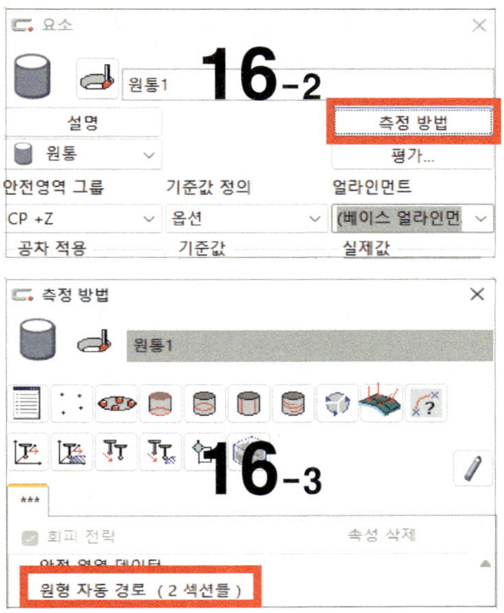

평가에서 필터와 이층제거를 클릭한다.

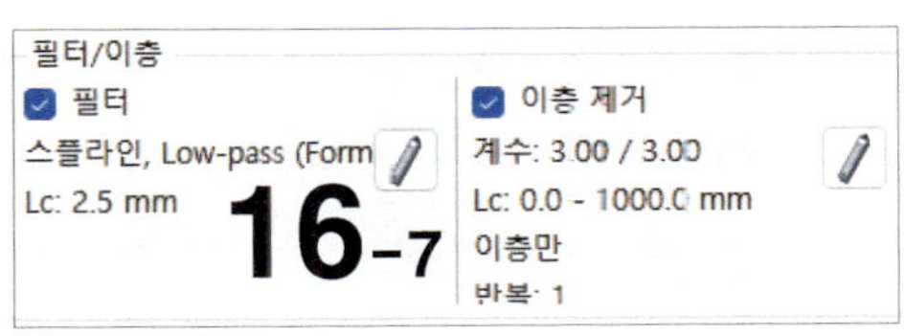

⑰ [기하공차] – 위치도 클릭 〉 위치도 1을 더블클릭하고 아래와 같이 입력한다. 1차 데이텀에 면1, 2차 데이텀에 라인 1, 3차 데이텀에 점1, 요소에 원통1을 입력한다.

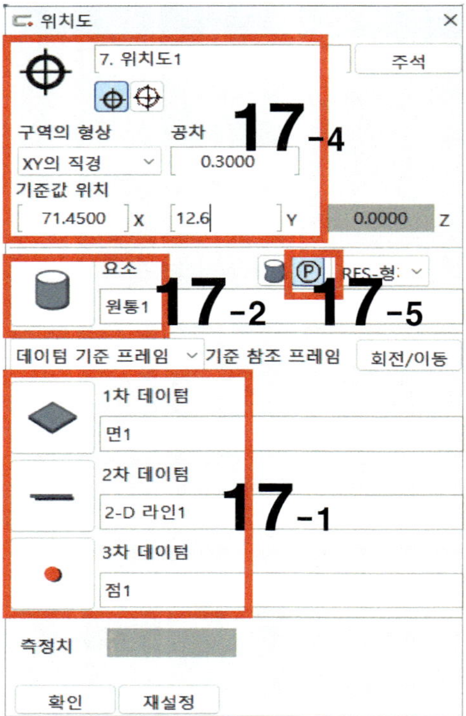

돌출공차가 50이므로 Ⓟ를 클릭하여 기준길이에 50을 입력한다.

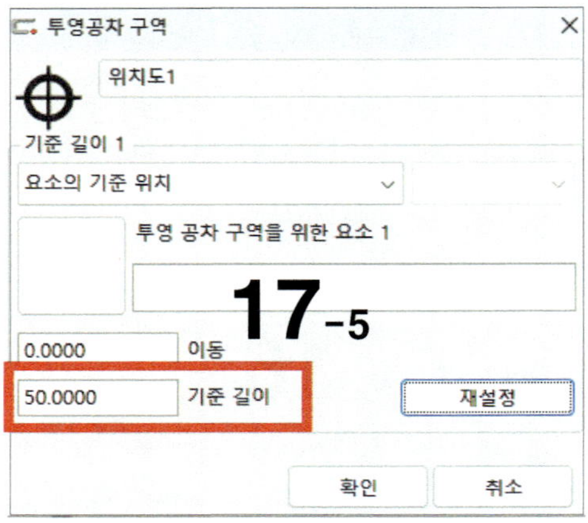

⑱ CAD 메뉴 – '원통 내에서 원정의'를 선택하고 요소에서 원2를 더블클릭하고 직경 공차를 입력한다.

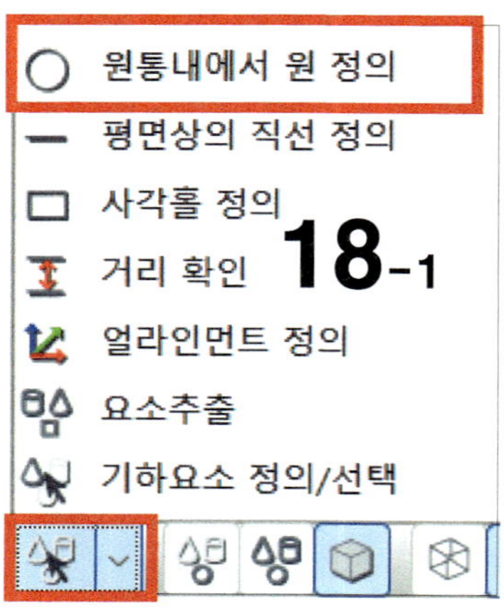

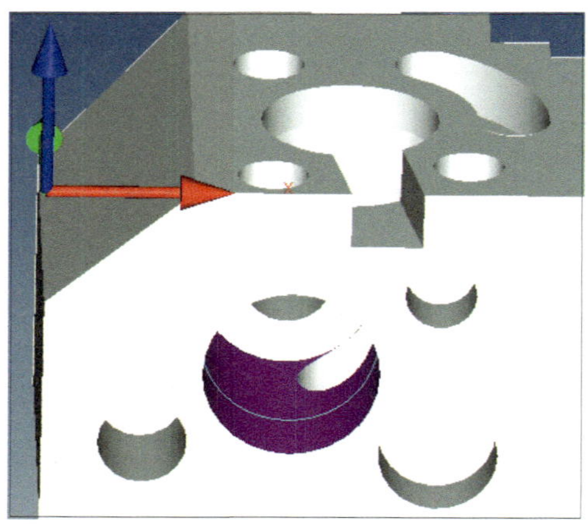

측정 방법에서 '원형 자동 경로' 더블클릭 → 스텝 폭 , 속도, 스타일러스 (그림 18-4) 순으로 입력한다. 스타일러스 방향(2)을 확인한다. 그리고 평가에서 필터와 이층제거를 클릭한다.

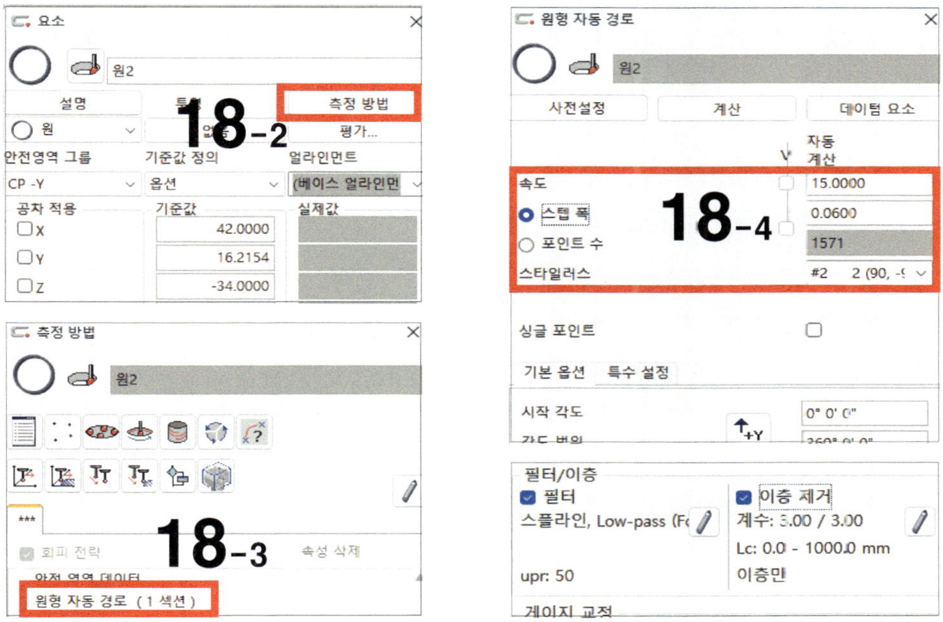

⓳ 메뉴 [기하공차] – 진원도를 클릭하고 특성에서 진원도 1을 더블클릭한다.

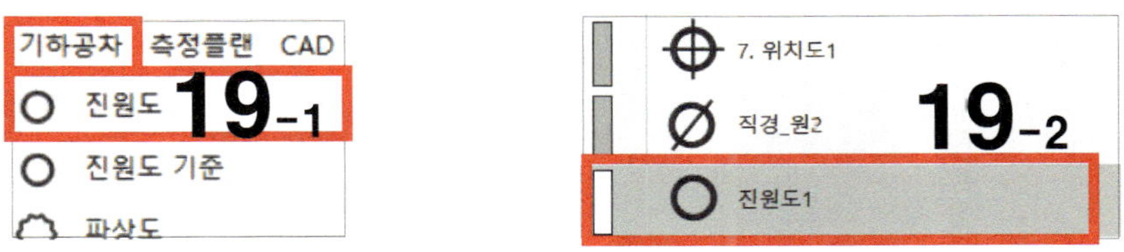

요소에 원2를 입력하고 공차와 그래픽아이콘 을 클릭한 후 진원도 1을 선택한다.

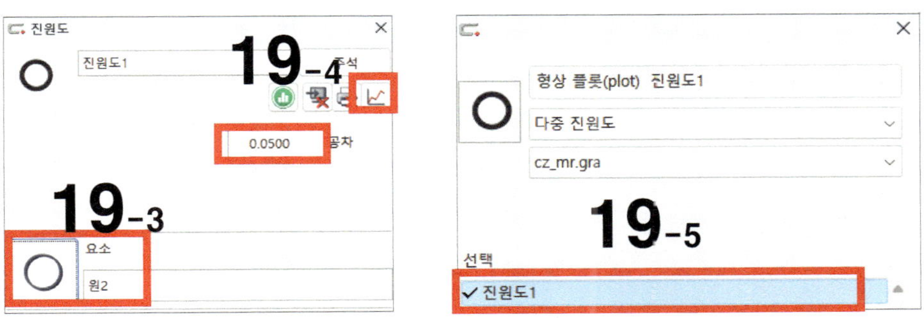

⑳ [조합요소] – 수선 클릭 〉 요소에서 수선2를 더블클릭하고 그림(20–2)과 같이 요소를 입력하고 깊이를 체크하고 공차를 입력한다.

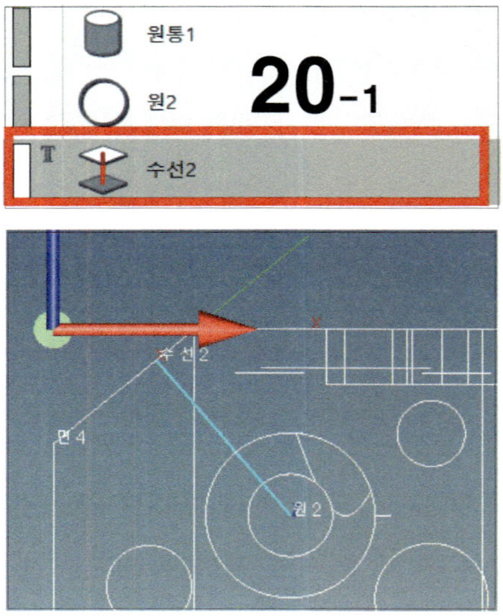

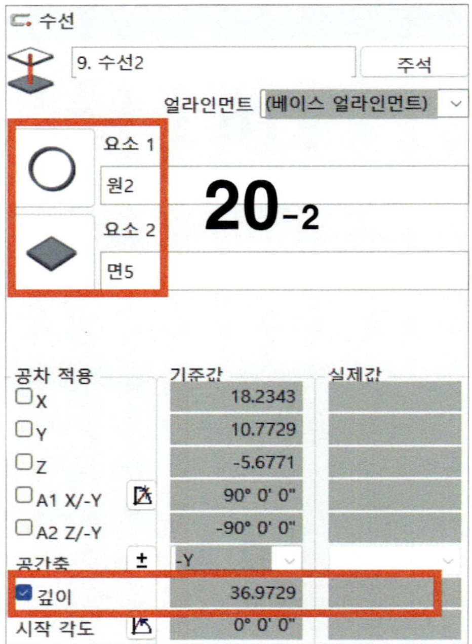

㉑ CAD 메뉴 – '원통 내에서 원정의'를 선택하고 원3을 클릭한다.

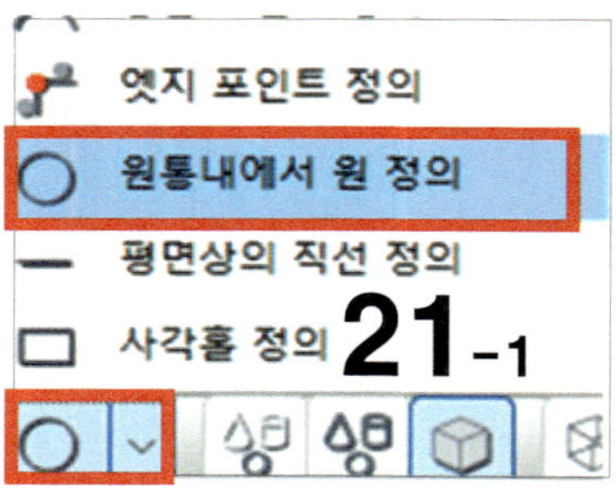

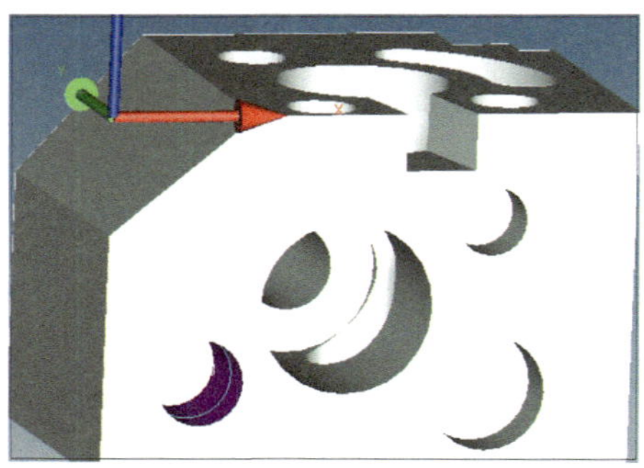

요소에서 원3을 더블클릭하고 측정 방법에서 '원형 자동 경로' 더블클릭 → 스텝 폭, 속도, 스타일러스 (그림21-4) 순으로 입력한다. 스타일러스 방향(2)을 확인한다. 그리고 평가에서 필터와 이층제거를 클릭한다.

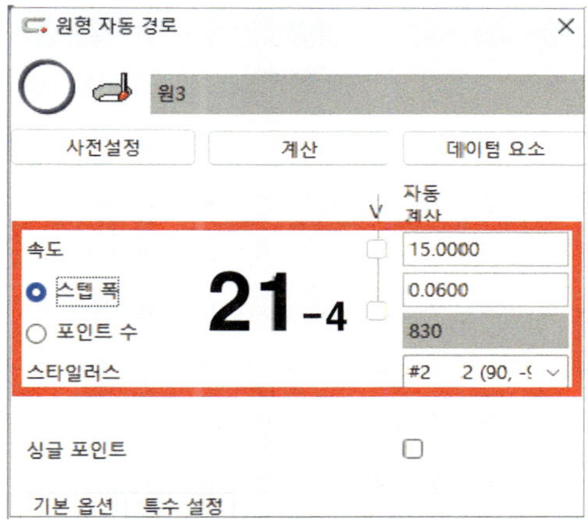

㉒ 메뉴 [크기] – 거리 – 거리종합을 클릭하고 특성에서 거리종합을 더블클릭한다.

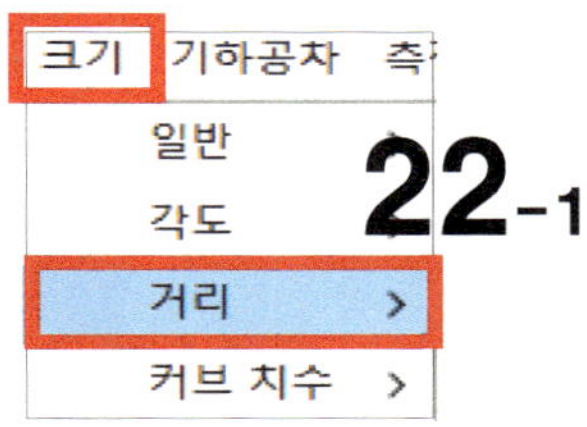

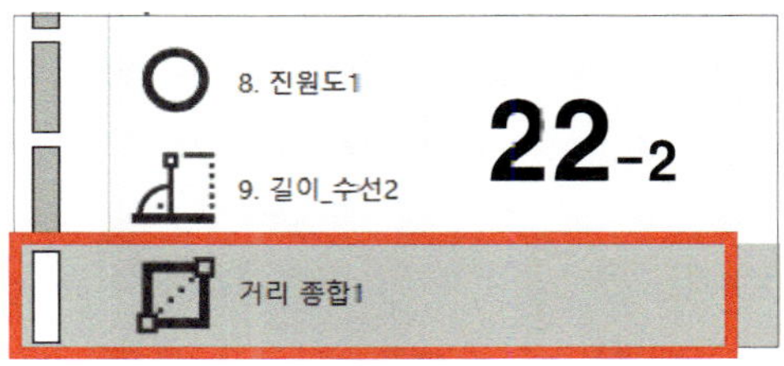

요소에 원2, 원3을 입력하고 X를 클릭 후 공차를 입력한다.
거리 종합1을 복사한 후 더블클릭한다. 그리고 Y를 선택하고 공차와 측정번호를 입력한다.

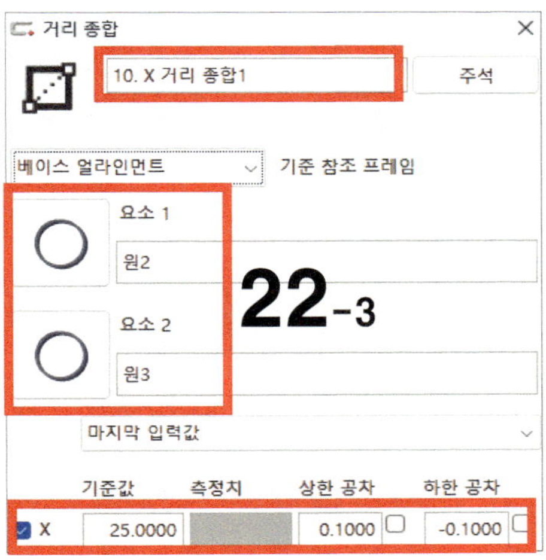

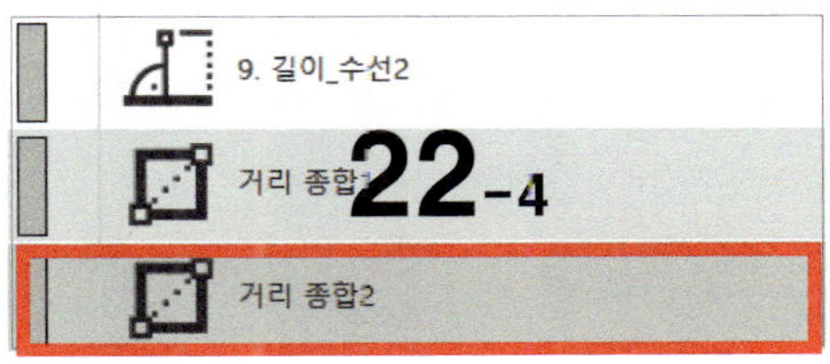

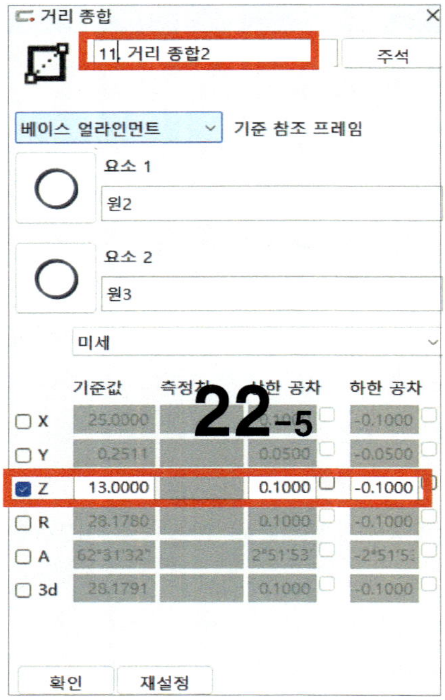

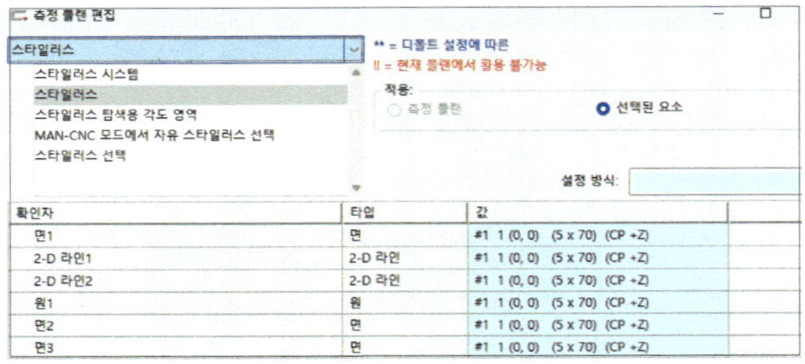

프로브 각도를 A=0, B=0으로 회전하여 안전한 위치로 이동한다. 회전 시 충돌이 일어나지 않도록 주의한다.

㉓ 측정플랜 – 측정플랜 편집 – 스타일러스 시스템 – 스타일러스에서 스타일러스 방향을 점검하고 후퇴 거리를 좁은 공간에서 충돌하지 않도록 3으로 한다. 앞에서 수정한 안전영역 거리(그림 7–7)도 확인한다.

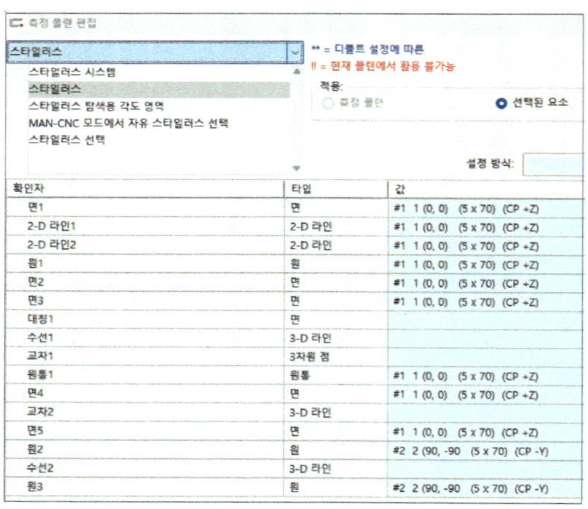

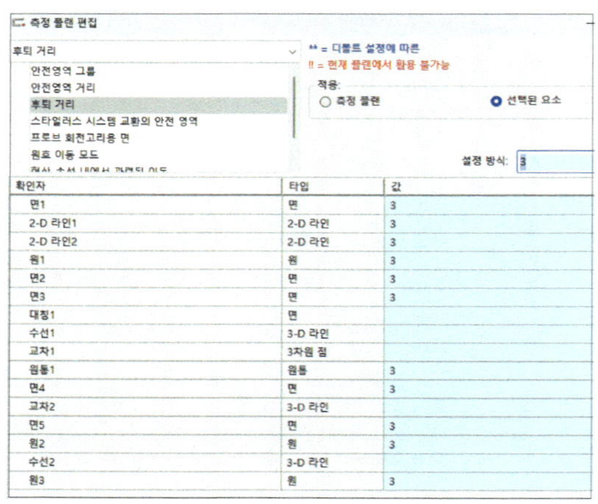

㉔ 요소 항목이 많을 때는 그룹으로 묶을 수 있다. 묶을 항목을 블록으로 설정하고 마우스 오른쪽 누르고 그룹을 선택한다. 그리고 그룹을 마우스 오른쪽을 클릭하여 새 이름에 그룹명과 설명을 입력한다.

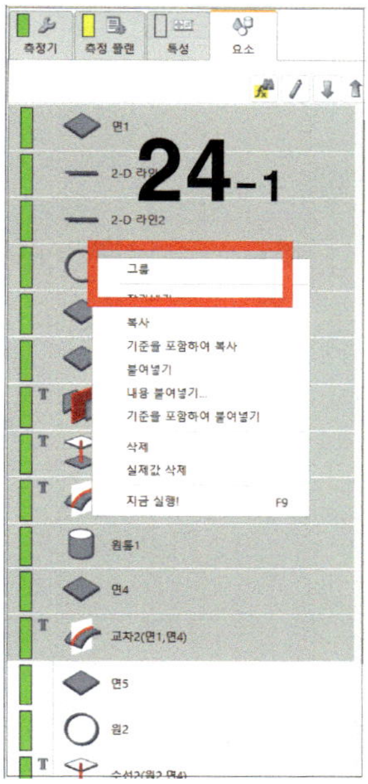

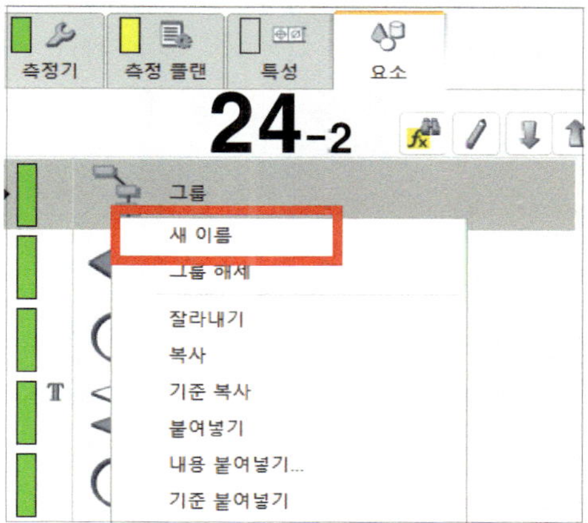

㉕ 운영에서 '현재 가지고 있는 결과를 지움' 〉 매뉴얼 얼라인먼트로 하여 좌표 설정을 하기 위하여 시작을 누른다.

아래 창이 뜨면 4포인트(면)로 프로빙하고 확인을 누른다.

아래 창이 뜨면 2포인트(선)로 프로빙하고 확인을 누른다.

아래 창이 뜨면 1포인트(점)로 프로빙 한다.

측정이 끝나면 프로브 각도를 A=0, B=0으로 회전하여 안전한 위치로 이동한다.

실습과제 16

▎학습요점 : **측정 결과 CAD 창에 표시하기**

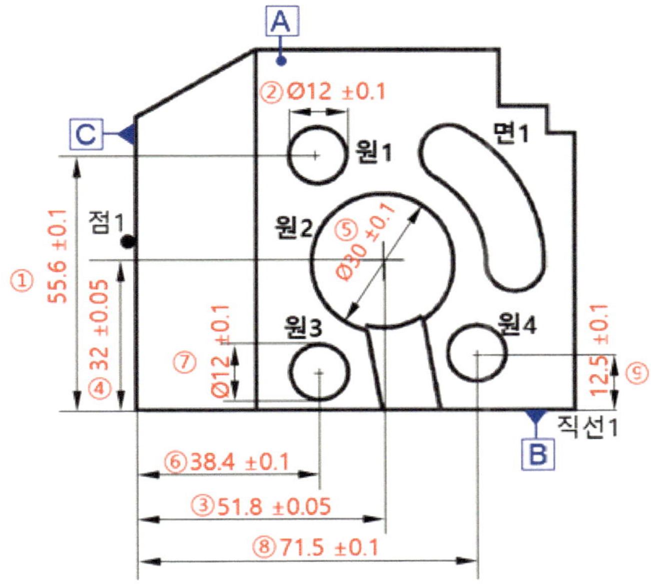

측정순서

❶ 실습과제 1과제 결과를 가지고 실습하기로 한다. 우선 요소 창에서 CAD 창에 나타내고 싶은 측정항목을 블록으로 설정한다.

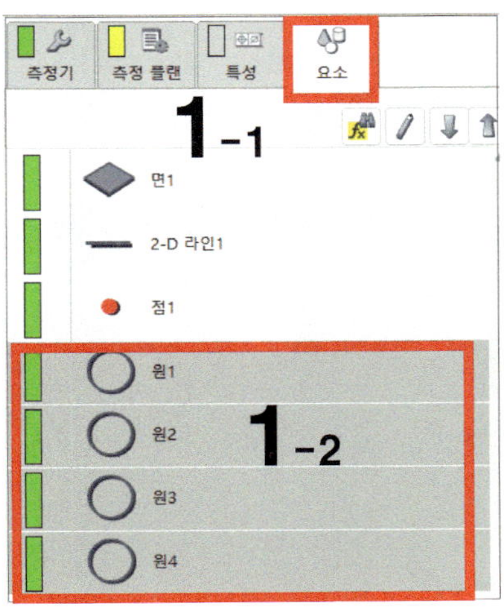

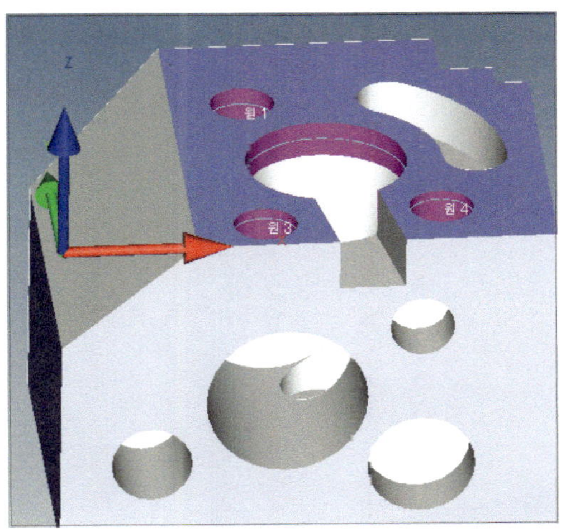

❷ [CAD] – 평가 – 요소를 클릭한다. 요소에서 배너 표시와 필요한 각 항목을 클릭한 후 확인을 누른다.

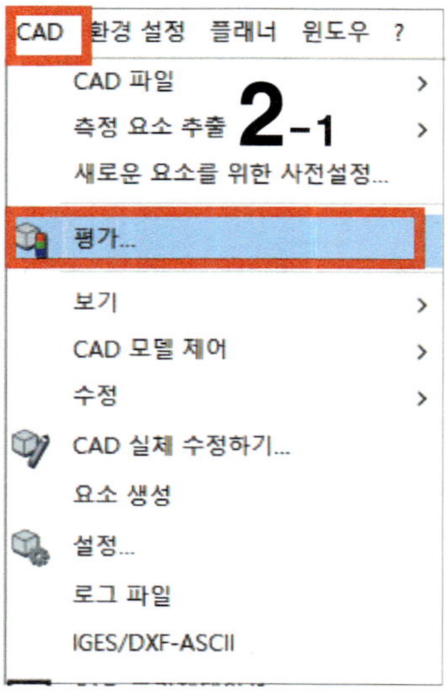

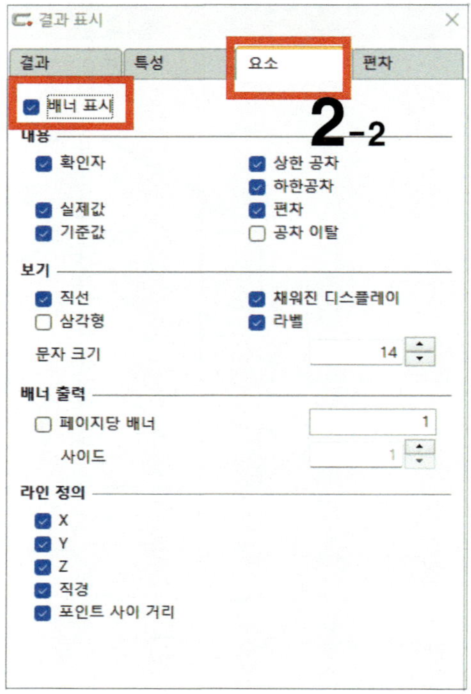

❸ 나타난 배너를 마우스 왼쪽 버튼으로 드래그하여 원하는 위치로 이동할 수 있다

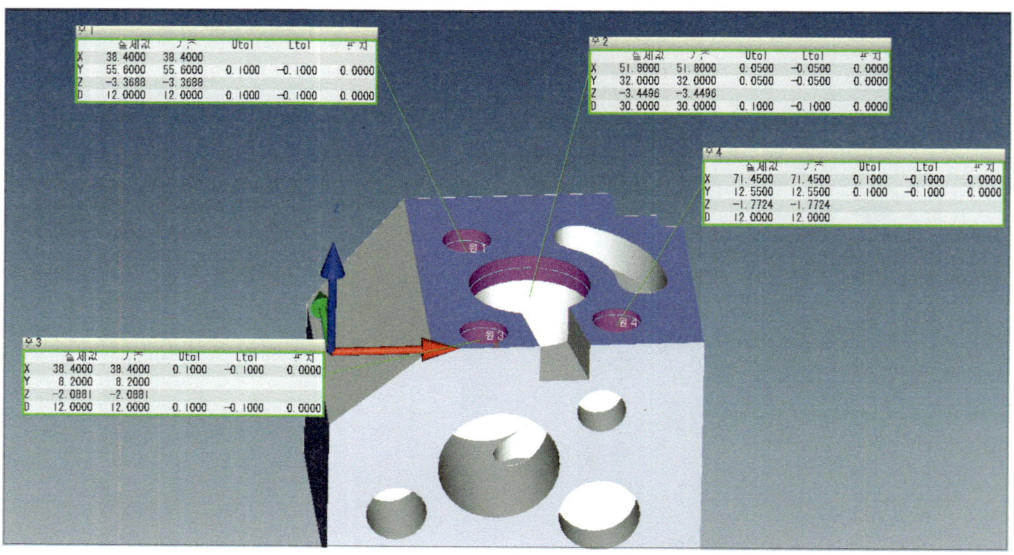

❹ 다음은 특성 창에서 CAD 창에 나타내고 싶은 측정항목을 블록으로 설정하고 앞에서와 같이 [CAD] – 평가 – 특성을 클릭한다. 특성에서 배너 표시오 필요한 각 항목을 클릭한 후 확인을 누른다.

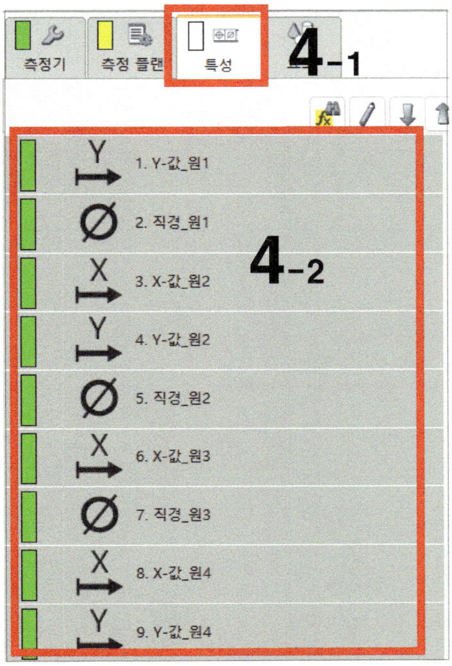

❺ 특성에서 배너 표시와 필요한 각 항목을 클릭한다. 측정 데이터가 표시 된 CAD 창을 프레젠테이션용으로 출력하려면 화면 캡처로 할 수 있으나 여기서는 뷰 저장 아이콘을 눌러 뷰 이름을 입력한다. 특성에서 'CAD–프레젠테이션 1'을 더블클릭한다.

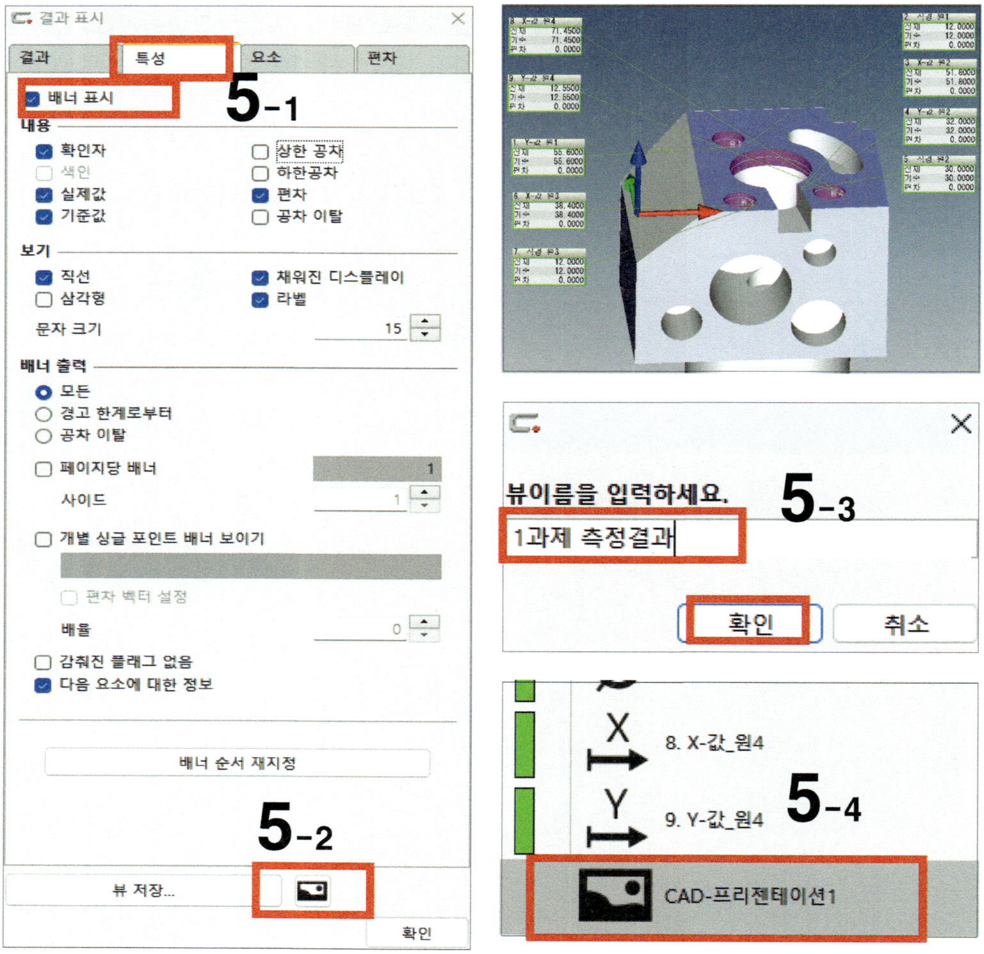

❻ 'CAD-프레젠테이션 1'창에서 뷰 이름을 선택하고 '플로트'를 클릭하면 프레젠테이션 창이 나타난다.

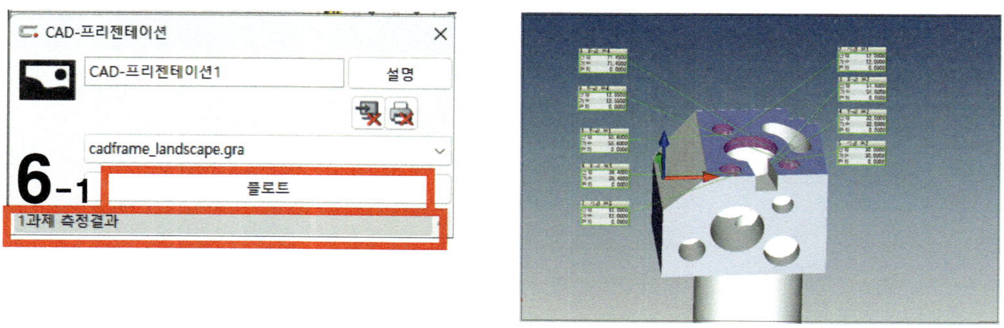

위에서 배너를 없애고자 할 때는 '배너 표시'를 해제하면 된다.

참고문헌

1. 김범식, 3차원좌표측정, 중소기업진흥공단. 1997
2. ㈜덕인, 뉴로메저 5 사용자 매뉴얼, 2016
3. ㈜덕인, 뉴로메저 5 입문과정 교안, 2015
4. ㈜덕인, 뉴로메저 5 응용과정 교안, 2017
5. 이종대, 3차원측정 이론과 실제 성안당 2006
6. 이종대, 3차원측정(LM1502010507-14v2), 한국산업인력공단, 2015
7. 최인수 외1, 3차원측정실무, 복두출판사, 2021
8. 칼자이스㈜, Calypso Cookbook
9. Carl Zeiss Calypso Basic course
10. Carl Zeiss Calypso 5.6 고급과정 교육자료
11. Carl Zeiss Calypso 2019 사용자 매뉴얼
12. Carl Zeiss Basic UMESS Course Handbook for seminar leader
13. 안인선, 3차원 측정과 실습, 기전연구사, 2014
14. 조이인터내셔날, 삼차원측정기 I , 1994
15. 한국미쓰도요(주), 정밀측정입문 핸드북, 2019
16. 사용 소프트웨어
    ㈜덕인, Neuro Measure v 5.28.030 2020
    칼자이스(주), Calypso 2019, 2015
17. 사용장비
    ㈜덕인, Champ
    칼자이스(주), Contura G2, Prismo

저 자 약 력

김범식

- 現. 중앙컨설팅 대표
- 現. 중진공 중소벤처기업연수원 외래교수
- 現. 한국공학대학교 중소기업 훈련지원센터 외래교수
- 前. 중소벤처기업진흥공단 교수 / 지역 본부장 / 연수원장 역임
- 前. 경기과학기술대학교 겸임교수 역임
- 前. 한국폴리텍대학 반도체품질측정과 겸임교수 역임
- 前. 대한민국 산업현장교수(7기)
- 前. 한국공학대학교(舊. 한국산업기술대학교) 겸임교수 역임

저자와의
협의에 의해
인지 생략

3차원 측정 따라하기

2판 1쇄 2024년 8월 20일

저 자 김범식
발행인 송광헌
발행처 복두출판사
주 소 서울특별시 영등포구 경인로82길 3-4
센터플러스 807호 (우) 07371
전 화 02-2164-2580
FAX 02-2164-2584
등 록 1993. 11. 22. 제 10-902 호

정가 : 33,000원

ISBN : 979-11-6675-532-3 93560

한국과학기술출판협회 회원사

저자의 허락이 없는 불법복사, 복제, 북스캔, 영상촬영은
저작권법 위반으로 처벌받습니다.